高校数学+α

基礎と論理の物語

宮腰 忠 著

共立出版

始めに

　ある年の最初の授業は遅刻者が多く，彼らを待つ間，基礎的なことの話でもするかと，負数の演算について話し出しました．"マイナスのマイナスはプラス"，"負×負は正"だね．な〜ぜ（何故）だ．その日はそれらを解明するつもりはさらさらなく，"そうなるように数学は創られてるのだ．文句あっか（あるか）"てな調子でやったら，なんとこれが馬鹿受け．その日の授業はチョー（超）ノリノリであった[1]．

　数学の基礎事項については中学校で習いますが，それらは基本公式として頭に染み込み，普段は無意識のうちに使っていますね．ただし，「負×負は正」を理解しているかと君たちに問えば，yesと答える人はまずいないでしょう．この問題は，全然理解できていない公式として，君たちの心のどこかに引っかかっているはずです．私の"負×負は正"についての'迷答'が受けたのも，"わからなくても悩むことはないんだよ"という，とにもかくにもスカッとした答を与えたからでしょうか．この問題は数学への理解が深まってきたある段階で意識に昇ります．もし本気でこの問題を考えると，これは難問であることがわかります．

　数学においては，いうまでもなく，理解することが最も重要です．数学を学ぶ人は，全員が理解することを目指して勉強しているはずで，"理解なくして向上なし"です．数学は記憶だというのは，理解していなくても何とか試験の点数だけはとりたいという欲から出てきます．実際には，しかし，その勉強法が通じるのは，かなりの理解ができていて，さらに要領よく勉強したいときで

---

[1] 本書は，インターネットのホームページ http://www.h6.dion.ne.jp/~hsbook_a/ で公開していたPDFファイルに加筆修正を加えて出版したものです．誤植の訂正などのアフターサービスや議論の追加・その他の話題の提供はそこで見いだされるでしょう．

す．理解できたときに初めて記憶も容易になるのです．

　ところで，理解するとはどういうことでしょうか．「理解の仕方」を敢えて分類してみると，2つの方法があると思われます．1つは，「なるほど納得」式の"ごく自然であると感じる"ようにする方法．もう1つは，感覚的には完全には納得していないけれども，正しいことから出発し，そして「論理」によって"それ以外にはあり得ない"との結論を得る方法です．

　中学校までは，具体的で目に見えるものが対象なので，「なるほど納得」でほとんどのことは理解できます．しかしながら，納得は経験に頼る部分が多く，初めて見るもの・目に見えないものに対してはうまく働きません．そのようなときには，「視覚的なイメージ」（心象）が浮かぶように，比喩や実例を持ち出して何とか納得できるようにするわけです．

　高校に入ると納得だけでやっていくのは無理があります．数学の対象が余りにも抽象的になるからです．特に数学の基礎に関する部分については，たとえ話のような説明は説得力をもちません．もう1つの方法「論理」も活用する必要が出てきます．"負×負は正"の問題は論理によってのみ理解できるものの典型です——そうなるように数学を創る他なかった．

　"負×負は正"の授業で私が了解したことは，生徒は"そのことを理解したがっている"ということです．そのためには'論理の深淵(しんえん)'に入っていく必要があり，それは大学レベルの高度なものです．一方，センター試験などに代表される穴埋め試験の結果，高校生・大学生の学力低下は知識人の頭痛の種になり，今や「論理的思考能力」つまり「考える力」の向上が強く叫ばれています．その能力は高校生のときに訓練されるべきものです．このような状況を考えたとき，"高校生の考える力を養い，そして大学の数学にも自然に結びつく数学参考書はないものか"，そんなことを考えてこの書は書き始められました．

　その目的のために，まず，この書の中心課題を数学の基礎に関する論理とその構造におきました．論理的能力を伸ばすためには，そもそも'論理とは何か'を理解しなければなりません．それも数学で用いられる超厳密な論理です．そのためには物事や言葉の意味を明確に限定する「定義」を強調し，「真に厳密な証明」とは何かを議論する必要があります．そのことは第1章で実行されます．「負×負は正」を厳密に証明するために，必要最小限の「公理系」が設定

されます．公理系とは証明に必要な全ての仮定が盛られている集合体です．そこで君たちは'超厳密な証明'の真の意味を理解することでしょう．参考のため，公理系を用いる論理の行き着く先として，ペアノの公理系（自然数の定義）やヒルベルトの公理主義を紹介します．高校生は"そこまでやるか"と思うだけで十分でしょう．

次に，論理を大切にして高校数学の全体を統一的に議論し，その全体像がわかるような書き方に努めました．高校では新たに教わる多くの数学的対象や概念があります．それらに関する基礎事項を明確にし，論理的に物事を進めるためには，それらについての定義および問題意識が明確になる必要があります．そこで，新たな対象や概念を直感的に納得しやすくするためのイメージ作りもかなり念入りに行い，数学史の話題もとり入れて意識を高めるようにしました．そのことは各章の始めの部分で感じられるでしょう．

論理的に物事を進めるために，多くの高校生が学校で教わるものとは少々違った方法で議論をすることがあります．それは初めての人には多少難しく見えるかもしれませんが，論理的には非常に明快であり，いわゆる'難問'を解くための高度なテクニックにもなっています．それは実は大学の数学の思考方法であり，暗記に頼らないで問題を解く能力をだんだんと与えてくれます．つまり，君が高校生なら，自分の頭で考えて問題を解くことができるようになるということです．

論理を大切にするということは基礎を大切にすることに直結します．基本となる定理や重要な公式はできるだけ証明します．実数の連続性，素因数分解の一意性定理，整数論の基本定理，代数学の基本定理，確率の正規分布の積分式など，高校の授業では省略しているものです．厳密な証明ではない場合もありますが納得できるものでしょう．そのために大学の知識が必要ならそれも厭いません．証明に必要な予備知識は全て自前で揃えて自己完結しているので，理解するのに心配は要りません．首尾一貫させるために，大学入試対策で重宝する高級な定理や公式などもきちんと証明しておきます．外積，行列の対角化，数列のはさみうちの原理，ロピタルの定理などです．

高校の数学は何のためにあるかといえば，本来それは大学の数学を学ぶための準備の教育であって，偏差値を生徒に割り振るためでは決してありません．

大学の数学の重要な 2 本の柱は，高校で習う「行列」と「積分」の発展形で，「行列の対角化（固有値問題）」と「微分方程式」という分野です．この参考書ではそれらが垣間見える形で議論します．それらはかつては大学入試問題でもしばしばとり上げられていました．

　この参考書を楽しく読み進められるように，いくつかの工夫をしました．その 1 つは，参考書のような書き方ではなく，物語風の書き方にしたことです．この書は君に語りかけます．君はこの書と会話をしながら読み進むことでしょう．その間に練習問題もさせられます．もう 1 つは数学の歴史の記述に力を入れたことです．また，例題や応用にとり上げる問題は，できるだけ意味があるもの，それも歴史的意味があるものを採用しました．インターネットの RSA 公開暗号，フィボナッチ数列と植物の関係，3 次方程式のカルダノの公式のパラドックス，ゼノンのパラドックス，関数電卓の原理，アルキメデスによる π の近似計算や放物線の積分，パスカルが受けたギャンブル相談，その他盛りだくさんです．その意味でこの書は数学の教育書の役割も担っています．

　この参考書はレベルが高くなりましたが，高校生は受験勉強を意識しないで読み進めましょう．知的好奇心が刺激されるままに，書いてある内容を詳細にわたって理解するのです．そのほうが君の受験勉強にとってもプラスになります．単に問題のパターンや解法を覚えるだけの勉強法はすぐ忘れるし，ちょっと問題を捻られると手も足も出ません．理解することを目的にした勉強法は"集中力と閃きによって問題を解く"秘術を教えてくれます．読むときは必ず紙と鉛筆を用意して「精読」を心がけましょう．

　以上述べたように，この書はちょっと風変わりな数学参考書となりました．そのために高校生や受験生以外の人にも役立ちます．

　近年，授業時間の短縮のために高校数学を全部終わらせずに大学に入学する人が多くなっています．また，最近は問題を解く受験技術ばかりが発達して，数学そのものは理解せずに大学に入学する人が多数派のようです．そのような実態に対し大学はどうかというと，学生の学力低下を嘆くことは嘆いても，その根本的な解決法をまだ見いだしてはいません．例えば，大学の教科書を見ると，その多くはアカデミックであることにこだわり過ぎて，高校との断絶を埋める教育的配慮に欠けています．したがって，大学に目出度く入学したのはよ

いけれど，大学の講義に接してカルチャーショックを受ける大学生はかなり多いはずです．この参考書は，計らずも，その断絶を埋める役割を果たすものになりました．大学的発想で高校数学を見直し，大学1年次の講義に直結します．その意味で高専（高等専門学校）の人にはぴったりかもしれません．また，一部には数学科に進む人にも役立つような厳密な議論もとり入れています．例えば，はさみうちの原理の証明に必要な $\varepsilon-\delta$ 論法などです．

　この参考書は高校の授業のレベルより少し高く，また高校では証明なしで用いている定理や公式も証明しているので，高校の先生方が授業や課外活動の参考になされてもよいでしょう．実は，私がこの書を書き始めた意図の1つはここにありました．また，職業柄，高校数学と一部大学のものをきっちりと学ぶ必要がある人もおられるでしょう．この書は自己完結する形で書かれているので，それこそ'通分の知識'があれば他の参考書なしで読み進められます．

　私が密かに期待している読者層は，高校時代の数学は受験勉強だけだったけれど本当は数学が好きだった社会人の皆さん，あなたです．数学の面白さは，最も大袈裟（おおげさ）にいうと，'思考によって宇宙を組み立てるような感覚'に浸れる充実感でしょうか．単に問題を解くだけの数学から解放された今，本当の数学を楽しんでみませんか．

　この本は TeX（元はギリシャ語なので，テフと読みます）というフリーのコンピュータ・ソフトを用いて書かれました[2]．目次や索引なども自動的に作成できる優れものです．また，図は大熊一弘氏（ペンネーム tDB）の emath というフリーソフトで全て描かれています[3]．

---

[2] 三重大学教授 奥村晴彦 先生のホームページ http://oku.edu.mie-u.ac.jp/~okumura/texfaq/ で TeX に関する多くの情報が得られます．

[3] emath は tDB 氏のホームページ http://emath.s40.xrea.com/ からダウンロードできます．

目次

第1章 数   1

§1.1 数直線 4
§1.2 自然数・整数・有理数 6
§1.3 数学の論理 7
    1.3.1 演算の公理 7
    1.3.2 演算の公理の意味 10
    1.3.3 命題と証明 12
§1.4 基本公式の導出 14
    1.4.1 移項の公式 14
    1.4.2 負数が関係する公式 15
        1.4.2.1 マイナスのマイナスはプラス 15
        1.4.2.2 負×負は正 15
§1.5 数学の論理構造 17
    1.5.1 無限大 ∞ は数でない 17
    1.5.2 $1+1=2$？ 20
    1.5.3 現代数学の公理 22
        1.5.3.1 ペアノの公理系 23
        1.5.3.2 公理主義 26
§1.6 集合 28
    1.6.1 集合 28
    1.6.2 真理集合と対偶 29

§1.7	2進法	32
§1.8	実数の小数表示	34
	1.8.1 有理数の性質	34
	1.8.2 循環小数でない無限小数	36
§1.9	実数の連続性	37
	1.9.1 有理数と無理数の特徴	38
	1.9.2 実数の新たな定義	40
§1.10	整数の性質	41
	1.10.1 自然数の因数分解	41
	1.10.1.1 約数・倍数・素数	41
	1.10.1.2 素因数分解の一意性	42
	1.10.1.3 公約数・公倍数	44
	1.10.2 整数の割り算	45
	1.10.2.1 ユークリッドの互除法	46
	1.10.2.2 合同式	47
	1.10.3 整数論の基本定理	50
§1.11	素数を利用した暗号	53
	1.11.1 フェルマーの小定理	53
	1.11.2 RSA公開鍵暗号	56

第2章 方程式   58

§2.1	未知数・変数	59
	2.1.1 未知数・変数の導入	59
	2.1.2 文字の変数化	60
§2.2	2次方程式	61
	2.2.1 方程式の解の定義と解法	61
	2.2.2 一般の2次方程式の解	62
§2.3	虚数	63
	2.3.1 判別式が負の解	63
	2.3.2 カルダノの公式と虚数のパラドックス	66

§2.4	因数定理	68
	2.4.1 　整式の割り算	69
	2.4.2 　剰余定理・因数定理	70
	2.4.3 　n 次方程式と代数学の基本定理	71

第3章　関数とグラフ　　74

§3.1	関数の定義	75
§3.2	実数と点の 1 対 1 対応と座標軸	76
§3.3	1 次関数・2 次関数のグラフ	78
	3.3.1 　グラフは点の集合	78
	3.3.2 　直線	81
§3.4	2 次関数のグラフの平行移動	82
	3.4.1 　放物線の丸み	83
	3.4.2 　平行移動	83
§3.5	方程式・不等式のグラフ解法	85
	3.5.1 　方程式のグラフ解法	85
	3.5.2 　不等式のグラフ解法	88
§3.6	図形の変換	89
	3.6.1 　平行移動	89
	3.6.1.1 　関数のグラフの平行移動	89
	3.6.1.2 　図形の変換の意味付け	90
	3.6.2 　種々の変換と対称性	91
	3.6.2.1 　倍変換	92
	3.6.2.2 　y 軸対称性	92
§3.7	関数の概念の発展	93
	3.7.1 　関数の拡張	93
	3.7.2 　関数概念の拡張	94
	3.7.2.1 　逆関数	95
	3.7.2.2 　合成関数	96
	3.7.2.3 　写像	98

第4章　三角関数　100

- §4.1　三角関数の定義 101
  - 4.1.1　余弦関数・正弦関数 101
  - 4.1.2　正接関数 105
  - 4.1.3　弧度法 106
- §4.2　三角関数の相互関係 107
- §4.3　三角関数のグラフ 110
- §4.4　余弦定理・正弦定理 112
  - 4.4.1　余弦定理 112
  - 4.4.2　正弦定理と三角形の面積 113
- §4.5　加法定理 116
  - 4.5.1　加法定理 116
  - 4.5.2　倍角・半角の公式と積和・和積公式 ... 118
  - 4.5.3　三角関数の合成 119
    - 4.5.3.1　三角関数の合成 119
    - 4.5.3.2　和積公式の応用 121

第5章　平面図形とその方程式　123

- §5.1　曲線の方程式 124
  - 5.1.1　放物線と直線 124
  - 5.1.2　円の方程式 128
  - 5.1.3　円と直線, 直線のパラメータ表示 130
    - 5.1.3.1　円と直線の相対的位置関係 130
    - 5.1.3.2　円の接線の方程式 131
    - 5.1.3.3　2円の交点を通る直線や円 132
    - 5.1.3.4　点と直線の距離の公式と直線のパラメータ表示 134
  - 5.1.4　アポロニウスの円と内分点・外分点 ... 137
  - 5.1.5　円のパラメータ表示 138
  - 5.1.6　一般の曲線の平行移動 140
- §5.2　領域 141

	5.2.1	関数のグラフの上側・下側	141
	5.2.2	円の内部・外部	142
	5.2.3	領域と境界	142
	5.2.4	図形の対称性	145
	5.2.5	図形の方程式のパラメータと領域	146
§5.3	2次曲線		149
	5.3.1	放物線	149
		5.3.1.1　放物線の標準形	149
		5.3.1.2　放物線の焦点	150
		5.3.1.3　斜めの軸をもつ放物線	151
	5.3.2	楕円	154
		5.3.2.1　楕円の標準形	154
		5.3.2.2　楕円と円の関係	155
		5.3.2.3　楕円の接線	156
		5.3.2.4　楕円の回転	158
		5.3.2.5　楕円と放物線の関係	159
	5.3.3	双曲線	160
		5.3.3.1　双曲線の標準形	160
		5.3.3.2　双曲線の漸近線	161
		5.3.3.3　直角双曲線	163

第6章　指数関数・対数関数　　164

§6.1	指数関数		165
	6.1.1	指数法則	165
		6.1.1.1　自然数の指数	165
		6.1.1.2　有理数の指数	166
		6.1.1.3　実数の指数	168
	6.1.2	指数関数とそのグラフ	170
§6.2	対数関数		172
	6.2.1	対数関数の導出とそのグラフ	172

6.2.2	対数の性質	174
	6.2.2.1 　浮動小数点表示	175

第7章　平面ベクトル　　177

- §7.1　矢線からベクトルへ 178
  - 7.1.1　矢線とその和 178
  - 7.1.2　ベクトルの導入 180
  - 7.1.3　ベクトルの成分表示 182
- §7.2　ベクトルの演算 184
  - 7.2.1　ベクトルの和 184
  - 7.2.2　ベクトルの差 185
  - 7.2.3　ベクトルの実数倍 186
  - 7.2.4　幾何ベクトルと数ベクトル 187
- §7.3　位置ベクトルの基本 188
  - 7.3.1　位置ベクトル 188
  - 7.3.2　内分点・外分点 189
  - 7.3.3　直線のベクトル方程式 189
- §7.4　ベクトルの1次独立と1次結合 191
  - 7.4.1　基本ベクトル 191
  - 7.4.2　ベクトルの1次結合 191
  - 7.4.3　ベクトルの1次独立と空間の次元 192
- §7.5　ベクトルと図形 (I) 193
  - 7.5.1　直線の分点表示 194
  - 7.5.2　直線上の3点 195
  - 7.5.3　三角形の重心 195
- §7.6　ベクトルの内積 197
  - 7.6.1　力がなした仕事 197
  - 7.6.2　内積の基本性質 198
  - 7.6.3　内積の成分表示 200
- §7.7　ベクトルと図形 (II) 201

- 7.7.1 余弦定理 201
- 7.7.2 三角形の面積 202
- 7.7.3 直線の法線ベクトル 203
- 7.7.4 点と直線の距離 203
- 7.7.5 斜交座標 204
  - 7.7.5.1 1次結合と図形 204
  - 7.7.5.2 斜交座標 207
  - 7.7.5.3 斜交座標の応用問題 209

第8章　空間ベクトル　210

§8.1　空間ベクトルの基礎 210
- 8.1.1 空間座標 210
- 8.1.2 空間ベクトルと演算法則 211
  - 8.1.2.1 空間ベクトルの定義 211
  - 8.1.2.2 ベクトルの演算法則 212
  - 8.1.2.3 ベクトルの公理的定義 213
- 8.1.3 空間ベクトルの1次結合と1次独立 . 215
  - 8.1.3.1 1次結合の意味と1次独立の条件 . 215
  - 8.1.3.2 ベクトルの1次独立とその応用 . 217
- 8.1.4 空間ベクトルの内積 218

§8.2　空間図形の方程式 219
- 8.2.1 直線の方程式 219
- 8.2.2 平面の方程式 221
- 8.2.3 球面の方程式 223
- 8.2.4 円柱面と円の方程式 223
  - 8.2.4.1 円柱面の方程式 223
  - 8.2.4.2 空間上の円の方程式 224
- 8.2.5 回転面の方程式 225
  - 8.2.5.1 回転面 225
  - 8.2.5.2 回転放物面・回転楕円面・回転双曲面 226

		8.2.5.3	円錐面	226
§8.3	空間ベクトルの技術			228
	8.3.1	図形と直線との交点		229
	8.3.2	点と平面の距離		229
	8.3.3	直線を含む平面		230
	8.3.4	外積		232
		8.3.4.1	平面の法線ベクトル	232
		8.3.4.2	シーソー	232
		8.3.4.3	回転の向きを表す力のモーメント	233
		8.3.4.4	外積の演算法則	235
		8.3.4.5	外積の成分表示	236
		8.3.4.6	外積の応用	237

第9章 行列と線形変換 239

§9.1	線形変換と行列			240
	9.1.1	線形変換の例		240
		9.1.1.1	対称移動	240
		9.1.1.2	回転	241
	9.1.2	線形変換と表現行列		242
		9.1.2.1	線形変換の基本法則	242
		9.1.2.2	線形変換の表現行列	243
	9.1.3	行列の演算		244
		9.1.3.1	行列の実数倍	244
		9.1.3.2	行列の和	245
		9.1.3.3	行列の積	246
		9.1.3.4	行列の割り算	249
		9.1.3.5	逆行列と線形変換	251
		9.1.3.6	行列の累乗とケーリー・ハミルトンの定理 .	252
§9.2	行列の一般化			254
	9.2.1	連立1次方程式と行列		254

		9.2.2	一般の行列 256

- 9.2.2 一般の行列 256
    - 9.2.2.1 m 行 n 列の行列 256
    - 9.2.2.2 行列の積 257
    - 9.2.2.3 行列の演算法則 259
  - 9.2.3 3元連立1次方程式 261
- §9.3 2次曲線と行列の対角化 263
  - 9.3.1 楕円・双曲線の方程式 263
    - 9.3.1.1 標準形の方程式 264
    - 9.3.1.2 曲線の回転 264
    - 9.3.1.3 曲線の対称軸と基底の変換 267
  - 9.3.2 行列の対角化 270
    - 9.3.2.1 固有値と固有ベクトル 270
    - 9.3.2.2 行列の対角化 271
    - 9.3.2.3 固有値問題 274
    - 9.3.2.4 対角化の一般化 277

第10章 複素数 278

- §10.1 複素数 280
  - 10.1.1 複素数の計算規則 280
  - 10.1.2 複素数と平面上の点の対応 282
  - 10.1.3 複素数の和・差 282
  - 10.1.4 極形式 283
  - 10.1.5 極形式を用いた複素数の積・商 285
    - 10.1.5.1 複素数の積 285
    - 10.1.5.2 複素数の商 286
  - 10.1.6 複素平面上の角 287
- §10.2 ド・モアブルの定理 289
  - 10.2.1 ド・モアブルの定理 289
  - 10.2.2 1の n 乗根 290
- §10.3 方程式 292

        10.3.1 複素係数の 2 次方程式 292
        10.3.2 3 次方程式とカルダノのパラドックス 295
        10.3.3 代数学の基本定理 297
                10.3.3.1 複素数の連続関数 297
                10.3.3.2 定理 298
                10.3.3.3 代数学の基本定理 299
§10.4 複素平面上の図形と複素変換 301
        10.4.1 複素平面上の図形 302
                10.4.1.1 円 302
                10.4.1.2 直線 303
        10.4.2 複素平面上の変換 304
                10.4.2.1 変換の例 304
                10.4.2.2 1 次分数変換 305
        10.4.3 非線形変換と非実数性 308

第 11 章　数列　　　　　　　　　　　　　　　　　　　　　311

§11.1 数列 313
        11.1.1 数列 313
        11.1.2 等差数列 313
        11.1.3 Σ 記号と階差 315
        11.1.4 等比数列 316
§11.2 階差と数列の和 318
        11.2.1 分数の和 318
        11.2.2 隣り合う自然数の積の和 319
§11.3 漸化式 321
        11.3.1 漸化式 321
        11.3.2 2 項間漸化式 322
                11.3.2.1 2 項間漸化式 322
                11.3.2.2 アルキメデスの π の近似計算 324
        11.3.3 フィボナッチ数列と 3 項間漸化式 326

		11.3.3.1	フィボナッチ数列 326

- 11.3.3.1　フィボナッチ数列 326
- 11.3.3.2　フィボナッチ数列と黄金比 328
- 11.3.3.3　黄金角と植物の成長 330
- 11.3.3.4　3項間漸化式 334

§11.4　数学的帰納法 336
- 11.4.1　帰納法の原理 336
- 11.4.2　不等式の証明 338
  - 11.4.2.1　例題 338
  - 11.4.2.2　二項係数・二項不等式 340

§11.5　数列・級数の極限 342
- 11.5.1　無限数列の極限 342
- 11.5.2　極限計算の例 344
  - 11.5.2.1　基本例題 344
  - 11.5.2.2　無限等比数列 344
  - 11.5.2.3　重要な例題 345
  - 11.5.2.4　極限の基本定理 348
- 11.5.3　極限に関する定理 349
  - 11.5.3.1　収束の厳密な定義とはさみうちの原理 349
  - 11.5.3.2　収束の基本定理 352
- 11.5.4　級数の極限 354
  - 11.5.4.1　無限級数 354
  - 11.5.4.2　無限等比級数 355

§11.6　ゼノンのパラドックスと極限 356
- 11.6.1　アキレスと亀 356
- 11.6.2　飛んでいる矢は止まっている 357
- 11.6.3　瞬間の個数 360

§11.7　無限級数の積 361
- 11.7.1　無限級数の絶対収束 361
- 11.7.2　無限級数の積 365

第 12 章　微分ー基礎編　　367

- §12.1　0 に近づける極限操作 368
  - 12.1.1　瞬間速度 368
  - 12.1.2　接線とその傾き 370
- §12.2　関数の極限 372
  - 12.2.1　関数の極限・関数の連続 372
  - 12.2.2　極限の基本定理 373
  - 12.2.3　接線の存在 375
- §12.3　導関数 377
  - 12.3.1　導関数 377
  - 12.3.2　導関数の基本公式 378
- §12.4　関数のグラフ 380
  - 12.4.1　関数の増減 380
    - 12.4.1.1　近傍での増減と微分 380
    - 12.4.1.2　区間における増減 381
  - 12.4.2　増減表と極大・極小 382
  - 12.4.3　曲線の凹凸と第 2 次導関数 383
- §12.5　種々の微分法と導関数 385
  - 12.5.1　合成関数・逆関数・パラメータ表示の微分法 . . . 385
  - 12.5.2　曲線の方程式の微分法 388
  - 12.5.3　三角関数の微分 389
    - 12.5.3.1　三角関数の極限 389
    - 12.5.3.2　三角関数の導関数 390
  - 12.5.4　指数関数・対数関数の微分 391
    - 12.5.4.1　指数関数の連続性と指数法則 391
    - 12.5.4.2　指数関数の導関数 393
    - 12.5.4.3　対数関数の導関数 394

第 13 章　微分ー発展編　　396

- §13.1　ロピタルの定理 396

- 13.1.1 平均値の定理 396
  - 13.1.1.1 ロルの定理 396
  - 13.1.1.2 平均値の定理 398
  - 13.1.1.3 コーシーの平均値の定理 399
- 13.1.2 ロピタルの定理 399
  - 13.1.2.1 ロピタルの定理の基本形 399
  - 13.1.2.2 ロピタルの定理の発展形 1 401
  - 13.1.2.3 ロピタルの定理の発展形 2 402

§13.2 テイラーの定理と関数の近似式 404
- 13.2.1 高次導関数 404
- 13.2.2 テイラーの定理 405
  - 13.2.2.1 テイラーの定理 405
  - 13.2.2.2 剰余項の別表現 408
- 13.2.3 関数の n 次式近似と関数電卓の原理 409
  - 13.2.3.1 近似と誤差 409
  - 13.2.3.2 指数関数の近似 410
  - 13.2.3.3 三角関数の近似 411
  - 13.2.3.4 対数関数の近似 413

§13.3 関数の無限級数表示 415
- 13.3.1 無限級数表示 415
- 13.3.2 指数関数・三角関数の無限級数表示 416

§13.4 複素数の極形式と複素指数関数 417
- 13.4.1 極形式と指数関数 418
- 13.4.2 複素変数の指数関数・三角関数と複素微分 419

第 14 章 積分　　　　　　　　　　　　　　　　　　　　　　422

§14.1 区分求積法 423
- 14.1.1 直角三角形の区分求積 423
- 14.1.2 x 軸より下にある直線の区分求積 425
- 14.1.3 放物線の区分求積 427

§14.2	定積分	428
	14.2.1　定積分の定義	429
	14.2.2　定積分の基本性質と拡張	433
§14.3	微積分学の基本定理と原始関数・不定積分	435
	14.3.1　微積分学の基本定理	435
	14.3.2　原始関数と不定積分	436
	14.3.3　不定積分の基本公式	438
§14.4	定積分と面積	440
	14.4.1　面積の基本公式	440
	14.4.1.1　xの区間における面積の基本公式	440
	14.4.1.2　yの区間における面積の基本公式	442
	14.4.1.3　極座標を用いた面積の基本公式	443
§14.5	積分の技術	445
	14.5.1　部分積分法	446
	14.5.2　置換積分法	447
§14.6	体積と曲線の長さ	450
	14.6.1　立体図形の体積	450
	14.6.2　曲線の長さ	453
§14.7	無限級数の項別微分積分	454
	14.7.1　一様収束と連続性	455
	14.7.2　無限級数の項別微分積分	457
§14.8	広義積分	460
	14.8.1　広義積分の定義	460
	14.8.2　広義積分の収束	461
	14.8.3　解析的階乗関数	463
§14.9	微分方程式	465
	14.9.1　ニュートンとリンゴ	465
	14.9.2　ボールの軌跡	469
	14.9.3　バネで結んだ重りの運動と行列の対角化	470
	14.9.3.1　バネによる振動	471

	14.9.3.2　バネで結んだ 2 個の重りの運動	473
	14.9.3.3　バネで結んだ重りの運動と行列の対角化. . .	475
	14.9.3.4　変換行列 P が直交行列でない場合の対角化 . .	479

第15章　確率・統計　　481

- §15.1　場合の数と確率 482
  - 15.1.1　事象と確率 482
    - 15.1.1.1　コイン投げ 482
    - 15.1.1.2　余事象・和事象・積事象 485
    - 15.1.1.3　ガリレオへのサイコロ相談 487
  - 15.1.2　順列と組合せ 491
    - 15.1.2.1　重複順列 491
    - 15.1.2.2　順列 492
    - 15.1.2.3　組合せ 495
    - 15.1.2.4　重複組合せ 497
    - 15.1.2.5　二項定理とパスカルの三角形 500
- §15.2　確率 502
  - 15.2.1　確率の基本性質 502
  - 15.2.2　確率の積と条件付き確率 504
    - 15.2.2.1　くじ引き 504
    - 15.2.2.2　確率の積・条件付き確率 506
  - 15.2.3　独立事象の確率 510
    - 15.2.3.1　事象の独立 510
    - 15.2.3.2　反復試行の確率 513
  - 15.2.4　確率の漸化式 515
  - 15.2.5　連続事象の確率 518
    - 15.2.5.1　一様分布 518
    - 15.2.5.2　ビュッフォンの針 519
- §15.3　期待値と分散 520
  - 15.3.1　期待値 520

		15.3.1.1　パスカルの配分方法	520
		15.3.1.2　期待値	521
		15.3.1.3　期待値の練習問題	525
	15.3.2	分散と標準偏差	527
		15.3.2.1　期待値からのずれ	527
		15.3.2.2　標準偏差に関する不等式	531
§15.4	二項分布		532
	15.4.1	サイコロ振りと統計的確率	532
	15.4.2	二項分布と大数の法則	535
§15.5	正規分布		537
	15.5.1	離散分布から連続分布へ	538
	15.5.2	正規分布の導出	539
	15.5.3	正規分布	544
		15.5.3.1　正規分布と中心極限定理	544
		15.5.3.2　正規分布の標準化	546
	15.5.4	視聴率	549
		15.5.4.1　視聴率の推定	549
		15.5.4.2　視聴率の検定	551

第 1 章　数

はるかな昔，人は 2 までしかものを数えられない時代もありました．2 より多いものは全て"たくさん"といいました．やがて，人は，3 まで，5 まで，10 まで，100 まで，1000 まで，… と大きな自然数を数えられるようになっていきました．事実，古代ギリシャ最大の学者アルキメデス（Archimedes, 前 287 頃〜212）は，小著『砂の計算者』で，もし宇宙を砂の粒で満たしたらその数は 10^{63}（1 のあとに 0 が 63 個並んだ数）を超えず，それよりいくらでも大きな数が存在することを示しました．しかしながら，古代のエジプト人やギリシャ人には，まだ，0 と負数の考えはありませんでした[1]．

0 は，何も無いものを在ると見なす認識論的観点というよりは，

$$1, 2, 3, \cdots, 9, 10, 11, 12, \cdots$$

などと，0 から 9 までの数字だけを用いて全ての自然数を表すこと，つまり，（10 進）「位取り記数法」に決定的でした．これは紀元後 6 世紀前後になってインドの数学に始まり，それによってどんなに大きな数も簡単に表され，計算も便利になりました．

負の数は小さな数から大きな数を引く必要性があって初めて認められる数です．古代のエジプト・ギリシャ時代には'小さな数−大きな数'は不可能であると思われていました．最近の研究によると，負数の導入とその加法・減法の法則の発見は古代中国でなされたとのことです．現存する中国最古の数学

---

[1] 歴史的記述に当たっては，労作『グレイゼルの数学史 I・II・III』（保阪秀正・山崎昇 訳，大竹出版）を始め，『数学史』（武隈良一 著，培風館），『現代数学小事典』（寺阪英孝 編，講談社），『数−体系と歴史』（足立恒雄 著，朝倉書店），『岩波数学辞典（第 3 版）』（日本数学会編，岩波書店），その他，多くのインターネットのウェブサイトを参照しました．

書『九章算術』（紀元前数百年前の著といわれます）では，例えば金額を未知数に選び，負数はその不足を表しました．「負」という漢字はもともと「借り」（負債）を意味するそうです．このような概念がインドに渡り，負数は長い間「借金」とか「不足」といった言葉で表されました．ヨーロッパでは，14世紀以後になって，ようやく一部の学者が負数を借金として解釈しました．しかし，大部分の学者は負数を"うその数"と呼んでいました．'借金×借金'の解釈，つまり，負数どうしの積の意味付けに当惑と疑いを向けられる有様では，当然といえば当然のことでした．16世紀中頃，ドイツの数学者が負数を'何もないものより小さい数'と見なして理論的基礎付けに前進しましたが，人々は何もないより小さい量が存在するという考えに慣れることができませんでした．

しかしながら，17世紀以降，数学・力学・天文学が大きく発展し，負数は正数と同じ計算規則（例えば，$(-1)+(-2)=(-2)+(-1)$ や $(-3)\times(-4)=(-4)\times(-3)$ などの最も基本的なもの）に従い，それを使うと計算が著しく軽減されるので真に役立つことが認識され，また，矛盾する結果も決して現れないので，しっかりと数学に根付いていきました．そして，19世紀の前半になって，正・負の整数についての厳密な理論が発展して，ついに負数は数として完全に公認されたのでした．それからまだ200年も経っていません．

長さ・面積・体積・重量・時間などの「量」を測定すると，いつも整数で表されるわけではないことから，どうしても分数が必要になります．古代バビロニアでは，紀元前2千年頃には数学が高い水準に達し，60進分数が人々の生活習慣に根付いていました．その数学は，ギリシャ・ヨーロッパの数学に大きな影響を与え，現在でも時間や角度の単位に時・分・秒を用いるのはその名残です．

度量衡，つまり，長さ・容積・重さなどをより正確に測定する必要が生じると，小数を用いるのは必然になります．15世紀前半，中央アジアのチムール王朝の数学者が，(10進)小数を研究して，整数部分と小数部分を区分する書式を導入しました．17世紀の初めの近代ヨーロッパでは，小数は科学者や技術者に集中的に浸透し始め，小数点(.)による区分を用いた現在の形になりました．

紀元前6世紀，ピタゴラス（Pythagoras, 前582頃〜496頃）に代表される

古代ギリシャでは幾何学が盛んでした．彼の時代に，正方形の対角線と1辺との比（の大きさ）が'分数で表すことのできない数'$\sqrt{2}$になることが示されました．これが最初に発見された**無理数**でした．当時は自然数や自然数の比（つまり分数）のみを数学の対象としていた時代です．$\sqrt{2}$を分数として表すことができないと知ったとき，ピタゴラス派の人々は，無理数を認めると自分たちの数学が否定されると恐れ，数と認めることはおろか無理数の存在そのものをひた隠しにしました．以後，古代ギリシャの学者は，「量」を数ではなく線分として考えるようになりました．

ここで，分数に注意を向けておきましょう．実は分数が数学者に数として認知されるまでには負数と同じくらいの苦難の歴史がありました．ユークリッド (Euclid，前365頃〜275，ギリシャ) は著書『原論』の中で分数にとり組むことを避け，アルキメデスは分数を用いましたがそれを「数」とは認めませんでした．彼らにとって'数は自然数'を意味していました．分数は数（自然数のこと）の比の大きさと見なされたのです．大きさは量であって数ではないというのです．同様の理由で小数も数とは認められませんでした．現在から見ると奇異に感じられると思いますが，ピタゴラスは"万物は数である"（世界は数でできている）といったくらいです．したがって，昔の数学者の数に対する思い入れはすさまじく，'自然数のみが万物を創るのにふさわしい完全な存在であり，それ以外は中途半端で不完全極まりないもの'に思えたのでしょう．自然数に対する特別な愛着は17世紀になってもまだ続いていたと思われます[2]．

現在，我々は'数と量は一体のもの'と認識し，量を表すのに数を用い，分数や無理数を自然数と同じ計算方法によって計算し，正しい結果を得ることができます．その考えは，"我思う，ゆえに我あり"の名言で有名なデカルト (René Descartes，1596〜1650，フランス) の著作『幾何学』(1637) に始まり，**数と線分の同一視**によって数と量の間の溝を埋めることが可能になりました．数と線分の同一視の議論からこの章を始めたほうが数をより深く理解するのに実り多いでしょう．

---

[2] 19世紀になってもまだ自然数信仰は残っていたようです．ドイツの数学者クロネッカー (Leopold Kronecker，1823〜1891) の印象に残る言葉を紹介しましょう："自然数は神が創りたもうた．その他の数は人の為せる業である"．

§1.1 数直線

分数や無理数が自然数と同等の数であると認められるためには，それらが自然数と同じ基本的な計算の規則に従っていること，および，それらが自然数と平等の立場にあることが一目瞭然であることが必要です．前者のほうは次の§(section)に回して，ここでは'自然数と平等の立場にある'のほうを議論しましょう．

ユークリッドを引き合いに出すまでもなく，我々が古代から最も信頼してきた数学は幾何学です．定規とコンパスを用いて作図することは中学校で習いましたね．さて，1本の直線を考え，その上の1点 O を片方の端とする線分を考えましょう（線分は量です）．次に，直線上に O と異なる1点 E をとり，線分 OE の長さを基準の長さ 1 としましょう．コンパスを用いて OE の整数倍の長さの線分は簡単に求められます．また，定規とコンパスを用いて OE を 2 等分，3 等分，$\cdots$，n 等分することは，君たちに手ごろなレッスンでしょう．

また，直線上に点 A をとりそれを動かせば，線分 OA は無理数を含むどんな長さにもなります．その意味で線分の長さは'連続的に存在する量'であると仮定し，その大前提で今後の議論を進めましょう（当たり前のことですね）．

次に線分と正数の対応を考えましょう．デカルトは正数 a を考えるとき長さ a の線分を考えました．数 $a+b$ を考えるときは長さ a と長さ b の線分の和を考えました．積 ab については長さ $a, b, 1$ の線分を考え，比 $1 : a = b : c$ を満たす長さ $c = ab$ の線分を作図することによって，数の積を線分で表しました（作図してみましょう）．よって，この考えに立つと，a^2 は面積ではなく線分の長さと解釈されます．同様にして，商 $\dfrac{a}{b}$ を求めることは，比 $a : b = d : 1$ となる長さ d の線分を求めることと同じです．つまり，'数の演算は，線分の作図に帰着でき，その結果の線分をまた数に対応させることができる'わけです．したがって，数と線分は同一視できることが示されました．

負数を線分に対応させるために，先ほど述べた点 O, E がその上にある直線

§1.1 数直線

を考え，直線上の点に数を対応させましょう．まず，点 O, E に数 0, 1 を対応させます．長さ a の線分を OA とするとき，点 A に数 a を対応させましょう．負の数 b を考えるときは，数 b の大きさに等しい長さの線分 OB を考え，点 B を点 O から見て点 E と反対の側にとって，点 B に数 b を対応させます．こうして，**直線上の点と正・負の数を対応させる**ことが可能です．

このように点と数を対応させた直線を **数直線** といい，点 O を **原点**，点 E を「**単位点**」といいます．数直線上の点として数を見ると，自然数と分数・無理数・負数はまったく平等の存在であり，自然数が特別ということはありません．こうして，自然数・分数・無理数・負数は平等に数と見なされるようになりました．また，**点は連続的に存在する**ので，それに対応する **数も連続量** と考えられるようになりました．

ただし，点と数が数直線上で 1 : 1 に完全に対応する，つまり数直線上の 1 点にはただ 1 つの数が対応し，逆に 1 つの数にはただ 1 点が対応するかどうかについては疑問の余地が残ります．点のほうは連続量なので完全に揃っていますが，数のほうは慎重に調べる必要があります．有理数までは，分数を用いて具体的に表現できるので，明らかですが，無理数についてはまだ明確ではありません．数直線上に勝手な点をとったとき，その点に対応する数を，例えば，（小数点以下の数が無限に続く）小数を用いて必ず表現できることを示す必要があります．これは高校生にはハイレベルな問題なので，巧妙な議論を後で紹介するまで先延ばししましょう．ここでは，'数は連続量である' ことが知られているとしておきます．

なお，デカルトは数を表すのに，先ほど見たように，文字 a, b, c などを用い，文字によって数の演算を表現しました．**文字を使うと，特定の数でなく，どんな数でも表すことができます**．したがって，それらに共通する基本的な計算規則を明らかにし，数の性質や方程式の解法を組織的に研究することが可能になりました[3]．

これで準備が整いました．いよいよ数の演算の規則に関係する議論にとりかかりましょう．まずは自然数・整数・有理数の復習から．

---

[3] 個々の数字の代わりに文字を用いて一般的な数を代表させ，方程式・数の関係・数の性質・数の計算法則などを研究する数学を「代数学」といいます．

§1.2 自然数・整数・有理数

ものの個数や順序を表すのに用いられる数

$$1, 2, 3, 4, 5, 6, \cdots$$

を **自然数** といいます．自然数の和や積はまた自然数になります．ところが，$2-3=-1$ のように，差については自然数にならず負数になる場合もあります．負数が使えないとすると，古代人がそうであったように，実に不便ですね．そこで，0 や $-1, -2, -3, \cdots$ などの数をつけ加えて，**整数**

$$\cdots, -3, -2, -1, 0, 1, 2, 3, \cdots$$

に拡張します．整数の中では加・減・乗の演算が自由にでき，それらの演算結果は，やはり，整数になります．ところが，$1 \div 2 = 0.5$ のように割り算をすると，整数にならない場合もあります．そこで，分数，つまり '整数ぶんの整数' の形で表される数

$$\frac{m}{n} \quad (m, n \text{ は整数，ただし } n \neq 0)$$

に数を拡張しましょう．この形の式で表される全ての数を今後は **有理数** と呼ぶことにしましょう．有理数 $\frac{m}{n}$ は，$n=1$ のとき $\frac{m}{1} = m$ となり，したがって，有理数は整数を含みます．また，$n \neq 0$ は 0 で割ることを禁じています（このことについては後ほど議論します）．

実際に，有理数 $\frac{m}{n}$ の m, n にいろいろな整数を代入して，どんな有理数や整数でも表せることを実感するとよいでしょう．数学では，'文字を用いて表現された式は，その文字に可能な数値を代入して得られる任意の[4] 数を表す' と見なされます．有理数の中では，加・減・乗・除が，0 で割ることを除いて自由にでき，その結果はまた有理数ですね．例えば，

$$\left(\frac{1}{2} - \frac{2}{3}\right) \div \frac{3}{4} = -\frac{2}{9}.$$

[4) 任意の＝思いのままの≒どの … も．用語「任意」は数学では頻繁に用いられます．

§1.3 数学の論理

1.3.1 演算の公理

さて，当たり前のように行っている計算ですが，その計算の基本ルールを振り返ってみましょう．計算の基本ルールは，君たちが小・中学校で習った計算の基本公式のうち，さらに基本中の基本となる'あまりにも当たり前な'数個の公式を選び出したものです．それらをまとめて，このテキストでは，「計算に広い意味で関係する基本的な仮定」という意味で，**演算の公理** と呼ぶことにしましょう．**公理** とは，それ以上は（正しいと）証明しなくてよい，基本的な仮定のことです．まずはそれらを復習しましょう．あまりにも当たり前のことから始めますがビックリしないように．このことは，数学の限りなく厳密な論理の展開方法と結びついていることが次第々々に理解されるはずです．

まずは等号の左辺と右辺を入れ替えることから始めましょう．

$$1 + 2 = 3 \quad ならば \quad 3 = 1 + 2$$

ですね．左辺の $1+2=3$ は '1 に 2 を加えたものは 3 に等しい' ことを表し，右辺の $3=1+2$ は '3 は 1 に 2 を加えたものに等しい' ことを表します．両者の意味は本来違うことに気づくと思いますが，$1+2=3$ が成り立てば $3=1+2$ も成り立ちますね．このことを任意の等式に一般化して，「左辺＝右辺 ならば 右辺＝左辺」が成り立つと考えるのは極めて自然です．これを，文字を用いて，「$a=b$ ならば $b=a$」と表しましょう．この当たり前の法則の証明はできない相談なので，それは公理と見なされ，いかにも偉そうな名「対称律」がつけられています．「ならば」を表す記号 $\Rightarrow$ を用いて，この基本仮定を数学らしく

$$a = b \Rightarrow b = a \qquad （対称律） \qquad \text{(A.1)}$$

と表しましょう．記号 $\Rightarrow$ は，一般表現 $p \Rightarrow q$ でいうと，p から q が必ず導かれることを表します．

次に，「$1+1=2$ かつ $2=3-1$ ならば $1+1=3-1$」が成り立つのは当然ですね．これがいわゆる「三段論法」という奴です．このことを一般化して得

られる公理：[5]

$$a = b \text{ かつ } b = c \Rightarrow a = c \qquad \text{（推移律）} \quad (A.2)$$

も任意の等式に対して成立すると仮定されます．この公理はやはり偉そうな名「推移律」がつけられ，対称律と並んで数学における最も基本的な仮定とされています．

　それから，数の演算に直接関係する法則があります．$1+2=2+1$（1に2を加えたものは2に1を加えたものに等しい）とか，$2\times 3 = 3\times 2$（2に3を掛けたものは3に2を掛けたものに等しい）のように，演算を受けるほうとするほうを入れ替えても結果は同じという**交換法則**が仮定されます．また，$(1+2)+3 = 1+(2+3)$ や $(2\cdot 3)4 = 2(3\cdot 4)$ などのように演算を始める順序によらずに結果は等しいという**結合法則**や，$2(3+4) = 2\times 3 + 2\times 4$ のように，括弧の中から先に計算しても，展開して計算しても同じという**分配法則**が仮定されます：

$$\begin{aligned}
&a+b = b+a, & &ab = ba, & &\text{（交換法則）} & &(A.3) \\
&(a+b)+c = a+(b+c), & &(ab)c = a(bc), & &\text{（結合法則）} & &(A.4) \\
&a(b+c) = ab+ac, & &(a+b)c = ac+bc. & &\text{（分配法則）} & &(A.5)
\end{aligned}$$

これらの基本仮定 (A.3–5) はまとめて**計算法則**と呼ばれています．計算法則は中学時代からお馴染みの公式ですね．

　計算法則 (A.3–5) が無理数を含む正の数に対して成立することを納得するには，前の§で議論した数と線分の対応を思い出すとよいでしょう．正の数 a, b については，長さ a, b の線分を考えると，$a+b = b+a$ が成立することが納得できるでしょう．同様に，$ab = ba$ については，縦・横が a, b の長方形の面積を考えればよいでしょう．$(a+b)+c = a+(b+c)$ は，長さ a, b, c の線分の長さの和を測るとき，$(a+b)+c$ の順でも，$a+(b+c)$ の順でも全体の長さは変わりませんね．$(ab)c = a(bc)$ は3辺 a, b, c の直方体の体積を測ることを考えればよいでしょう．$a(b+c) = ab+ac$ については，2辺が $a, (b+c)$ の長方形の面積を，そのまま $a\times(b+c)$ と測るか，分割して $a\times b + a\times c$ と測る

---

[5] 記号：（コロン）は，説明や引用をする際に，'つまり' の意味でよく用いられます．

§1.3 数学の論理

かの違いですね．これらの考察から，'計算法則が無理数を含む正の数に対して成立する'のは間違いありません．

計算法則 (A.3–5) を負の数に拡張して適用する必要性は，方程式を解くための計算から生じました．例えば，方程式 $x+2+2x+4=0$ を解くためには

$$x+2+2x+4 = x+2x+2+4 = (1+2)x+6 = 3x+6 = 0$$

と計算法則を用いて変形し，負の解 $x=-2$ を得ますね．このとき，交換法則 $2+2x=2x+2$ を用いていますが，$x<0$ のときこの法則が許されないとして，例えば，$2+2x=-2x+2$ などとするのはどうでしょうか．それはまったく何の根拠もないですね．$x>0$ のときに仮定された $2+2x=2x+2$ を，$x<0$ のときも，受け入れるしかないですね．分配法則 $x+2x=(1+2)x$ についても，$x<0$ だからといって，これ以外のものを受け入れる根拠はまったくありません．つまり，'$x>0$ のとき成り立つ計算法則 (A.3–5) は，$x<0$ のときにも，そのまま受け入れる以外に納得できる方法はない'のです．これが意味することは'負数の性質は正数の性質と同じであると考えるのが自然である'ということです．よって，'計算法則は始めから正数・負数を問わずに成り立つと見なされていた'のです．計算法則をそのまま負数に拡張して適用しても何の矛盾も生じなければ，その一般化を拒絶する理由はまったくなく，むしろそのような仮定は真に自然なものと考えられます．そこで，計算法則は有理数と無理数に対して正・負を問わずに成立すると仮定しましょう．有理数と無理数をあわせて **実数** というので，今後は **計算法則 (A.3–5) は実数に対して成立する** といいましょう．歴史的なことをいい出さなければ，計算法則を満たすものに実数があり，実数を分類すると正数と負数があるというだけのことです．なお，方程式 $x+2+2x+4=0$ の解が $x=-2$ であることを確かめるのに，$-2+2+2(-2)+4=0$ と計算しますが，このとき用いられる $2(-2)=-4$ は計算法則を含む演算の公理 (A.1–5) から導かれる定理「正×負は負」によって正当化されます．

計算法則 (A.3–5) を眺めてみると，例えば，交換法則 (A.3) $a+b=b+a$，$ab=ba$ は'文字 a にどんな数値を代入しても必ず成立'しますね．そのような等式を a についての **恒等式** といいます．(A.3) は b についても恒等式になっていますね．結合法則 (A.4)，分配法則 (A.5) でも同様です．そうです，

計算法則はどの文字についても恒等式なのです．したがって，我々の行う式変形は，そのほとんどが，恒等式を用いた変形です．'ある等式が恒等式か方程式かを区別することは決定的に重要' で，そのことは徐々に実感されるでしょう．

なお，計算法則 (A.3–5) では足し算と掛け算のみが現れましたね．しばらくの間，我々はそれらをよく知っているとして話を進めてもよいでしょう．引き算と割り算については，後々のために，ここでそれらを **定義**[6]しておきましょう．'引き算 $a-b$ は足し算 $a+(-b)$ によって定義' します．例えば，$1-2$ は $1+(-2)$ のことです．また，'割り算 $a \div b$ は，$a = bx$ を満たす x を求めることとして，掛け算によって定義' します．引き算や割り算が可能なことは暗黙のうちに仮定されています．君たちがよく知っている割り算の計算法は上の x を具体的に求めるための「アルゴリズム」，つまり '計算を実行するための手順' です．

不等式については，$a<b$ を「$a+c=b$ を満たす正数 c が存在する」によって，また $a>b$ を「$a=b+c$ を満たす正数 c が存在する」によって定義しましょう．すると，演算の公理から以下の基本性質が導かれます：

2 数 a, b について，　$a>b$,　$a=b$,　$a<b$　のどれか 1 つが成立する．
$$a<b \Rightarrow b>a,$$
$$a<b \text{ かつ } c \le d \Rightarrow a+c<b+d,$$
$$a<b \text{ かつ } c>0 \Rightarrow ac<bc,$$
$$a<b \text{ かつ } c<0 \Rightarrow ac>bc.$$

記号 $\le$ は $<$ または $=$ のどちらかが成り立つ場合に用います．上の不等式の基本性質はこの § をもう一度読み直すときに確かめればよいでしょう．

1.3.2　演算の公理の意味

さて，演算の公理 (A.1–5) にはどんな意味があるのでしょうか．偉そうな名前がついているのだから，とても重要らしいとは感じるでしょう．そうです，重要な意味があるのです．

---

[6] 定義 = 用語についてその意味内容を正確に定めること，または定めた意味．多くの場合，'定義する' は '約束する' の意味合いを含んでいます．

§1.3 数学の論理

　数学は「論理」を最も大切にする学問です．'その論理は誰に対しても同じ結論に導くもの'でなければなりません．そのためには，まず，用語や記号の意味が明確でなくてはなりません．それ故に**数学は定義にうるさい**のです．次に，「演繹」，つまり'論理の展開'が明快に実行できなくてはなりません．そのためには，能力に限りがある人間のために，'構造が簡単'でなくてはなりません．そこで，'証明なしに採用される数少ない基本仮定'，つまり**公理**を出発点におき，それらの公理だけから厳密な演繹によって全ての結果を導き出す構造にしたいわけです．これが現代数学の基本姿勢です．出発点となる公理は，少なすぎると導けることも少ないので使い物にならず，多すぎると無駄か自己矛盾に陥ります．こうして，論理の展開や計算に対して，ちょうどよく選ばれたのが演算の公理 (A.1–5) なのです[7]．

　また，日本語や英語のように自然に発生した言語を用いた演繹は曖昧な点があり，厳密な論理を展開したり証明を行うには不向きです．「p ならば q が成り立つ」を「$p \Rightarrow q$」と表しましたが，これは数学的な文章であり，「論理式」といわれます．数学者は，= (等しい) や，$\Rightarrow$ (ならば) の他に，$\wedge$ (かつ)，$\vee$ (または)，$\neg$ (でない)，$\Leftrightarrow$ (同等である)，$\forall$ (全ての，任意の)，および $\exists$ (が存在する) などの記号を導入して，'数学言語'を生み出しました．記号 $\forall$ と $\exists$ はそれぞれ Any (任意の) の A と Exist (存在する) の E をひっ繰り返したものです．

　これらの記号を用いると，自然言語の微妙なニューアンスを除いて，文章が表されます．例えば，「$x = 1$ または $x = -1$ であることは $x^2 = 1$ と同じことである」は「$x = 1 \vee x = -1 \Leftrightarrow x^2 = 1$」と表され，「全ての x に対して $x - x = 0$ である」は「$\forall x(x - x = 0)$」です．「最大の自然数は存在しない (いくらでも大きな自然数が存在する)」は，x, y を自然数として「全ての x に対して，$x < y$ となる y が存在する」と意訳して，「$\forall x(\exists y(x < y))$」と表されます．さらに，「$x$ は y が好き」という文を $L(x, y)$ で表すと，「全ての人に好かれる人がいる」などということも「$\exists y(\forall x L(x, y))$」と表されます．このような'記号の文章'

---

[7] ただし，公理の設定方法はただ1通りではなく，(A.1–5) と同等ですが異なる設定方法もあります．我々の演算の公理 (A.1–5) は最も単純な表現になるものを選んでいます．後で言及しますが，高校数学では，論理を展開する際に外に2つの公理が必要になります．

を組み立てることによって，数学は完全に厳密な演繹が実行できる構造になっています．したがって，公理から全ての定理が厳密な演繹によって導かれ，それは「証明」という方法で行われます．

1.3.3 命題と証明

公理から定理や公式を導くには「証明」といわれる手続きがなされます．証明はある「主張」に対してそれが正しいかどうかを明らかにすることです．その主張は '正しいかさもなくば正しくないかが判断できる文や式' を指し，それを **命題** といいます．つまり，ある命題が正しいかどうかを判定することが証明で，正しいと証明された命題が定理です．その意味で公理は証明なしに正しいと見なす特別な命題です．ある命題が正しいとき，その命題は **真** であるといい，正しくないとき，その命題は **偽** であるといいます．

命題は，例えば，「$x = 1 \Rightarrow x^2 = 1$」などのように，

$$p \Rightarrow q$$

の形で述べられます．p をこの命題の **仮定**，q を **結論** といいます．命題が真であることは，仮定 p から結論 q が 必ず 導かれることと同じです．上の例は真の命題ですね．上の例の仮定と結論を入れ替えた **逆** と呼ばれる命題「$x^2 = 1 \Rightarrow x = 1$」は，条件 $x^2 = 1$ を満たす一例 $x = -1$ から結論 $x = 1$ を導けないので，偽の命題です．このように命題が偽であることを示すには，それが成立しない例，つまり，**反例** を挙げれば済みます．今の例でわかるように，元の命題が真であっても，その '逆の命題は必ずしも真とは限りません'．

命題「$a > b$ ならば $a - b > 0$」とその逆「$a - b > 0$ ならば $a > b$」は共に真ですね．ある命題 $p \Rightarrow q$ とその逆 $q \Rightarrow p$ が共に真であることはよくあります．このことは p と q が述べる条件の内容が完全に一致することを意味します．その場合，「p と q は **同値** である」といい，記号で「$p \Rightarrow q$ かつ $q \Rightarrow p$」，または，より簡潔に

$$p \Leftrightarrow q$$

と表されます．

§1.3 数学の論理

「正三角形 ⇒ 三角形」の例を持ち出すとわかりやすいと思いますが，命題 $p \Rightarrow q$ が真であるとき，p は q であるための **十分条件** といいます（正三角形ならば '十分' に三角形である）．このとき，q は p であるための **必要条件** といいます（三角形であることは正三角形であるために '必要' である）．また，p と q が同値なとき，つまり，$p \Leftrightarrow q$ が成り立つときには，p は q であるための **必要十分条件** であるといいます．

等式の命題，例えば，命題「$(a+b)(a-b) = a^2 - b^2$」は，対称律 (A.1) より，命題「$a^2 - b^2 = (a+b)(a-b)$」に等しいので，右辺 $a^2 - b^2$ から左辺 $(a+b)(a-b)$ を導いてもこの命題の正しい証明になります．一般に，数式 A, B が等式 $A = B$ を満たすとき，他の一連の等式 $C = D$, $E = F, \cdots$ を用いて，$A' = B'$ と変形すると，$A = B$ と $A' = B'$ は同値であり，$A' = B'$ から逆に $A = B$ を導くことができます．このことは，必要十分条件を求める問題で，片方の条件のみで済ませられる場合があることを意味します．我々は無意識のうちにそれを行っているようです．

命題「$x > 3 \Rightarrow x > 2$」は，$x > 3$ となるどの x も $x > 2$ を満たすという意味ですから，真の命題ですね．このとき，命題「$x > 2$ でない ⇒ $x > 3$ でない」，すなわち，「$x \leq 2 \Rightarrow x \leq 3$」も真ですね．また，命題「$x > 2 \Rightarrow x > 3$」は偽ですが，このとき，命題「$x > 3$ でない ⇒ $x > 2$ でない」も偽になります．また，命題「犬 ⇒ 動物」は真で，このとき，命題「動物でない ⇒ 犬でない」も真ですね．また，考えている対象を動植物とすると，植物は動物でないから命題「犬でない ⇒ 動物」は偽で，このとき，「動物でない ⇒ 犬」も偽ですね．

一般に，'p でない' ことを $\neg p$ または $\bar{p}$ で表し[8]，命題 $p \Rightarrow q$ に対して命題 $\bar{q} \Rightarrow \bar{p}$ をその命題の **対偶** といいます．このとき，一般に，'ある命題の真偽とその対偶の真偽は一致する' ことが証明できます．よって，ある命題の対偶が真であればその命題も真であり，対偶が偽であれば命題も偽です．したがって，この定理は，ある命題を直接に証明するのが難しいときはその対偶を証明すればよいことを意味するので，とても重宝な定理です．この定理の証明には準備が要るので，それは後ほど行いましょう．

---

[8] $\neg p$ は not p, $\bar{p}$ は p バーと読みます．

§1.4 基本公式の導出

演算の公理 (A.1–5) のみを用いて，基本公式を実際に導いてみましょう．

1.4.1 移項の公式

演算の公理 (A.1–5) から移項の公式
$$a + b = c \Rightarrow b = c - a, \qquad c = a + b \Rightarrow c - a = b$$
を導きましょう．中学校では真っ先に習うこの公式が演算の公理に含まれていなかったので変だと思った人もいたでしょう．高校では，移項の公式は公理から導かれる定理になります．以下の式変形を (A.1–5) を用いてチェックしてみましょう．

$a + b = c$ が成立する任意の実数 a, b, c を考えて a を移項することを考えます．そのためには，まず，式 $(a + b) - a$ を変形します．引き算の定義と結合法則，交換法則，推移律を用います：
$$(a + b) - a = a + (b - a) = a + (-a + b) = (a - a) + b = 0 + b = b,$$
$$\text{よって} \quad (a + b) - a = b.$$
上式の左辺で $a + b = c$ を用いると
$$(a + b) - a = c - a.$$
よって，$(a + b) - a = b$ で対称律を適用して，推移律を用いると
$$b = (a + b) - a \text{ かつ } (a + b) - a = c - a \quad \text{より} \quad b = c - a.$$
よって，$a + b = c$ から $b = c - a$ が導かれました：
$$a + b = c \Rightarrow b = c - a.$$
これで左辺の a を右辺に移項できました．上式で対称律を用いると
$$c = a + b \Rightarrow c - a = b$$
が得られ，右辺の a を左辺に移項する公式が得られます．

確かに，演算の公理のみから，移項の公式が導かれましたね．これで，今後は，この公式をいつでも使えます．

1.4.2 負数が関係する公式

1.4.2.1 マイナスのマイナスはプラス

負の数を引くときに用いる公式

$$-(-a) = +a$$

のことです．中学校では移動の問題として矢印を使った長ったらしい授業があったと思います．中1の教科書を引っ張りだして見てください．ここでは移項の公式を証明したのでそれを用いましょう．$a = a$ で左辺の a を右辺に移項して $0 = a - a$．ここで $-a$ を左辺に移項して，右辺の a を $+a$ と表すと，$-(-a) = +a$．これで証明は終りです．この等式の導出の正確な意味は，いったん演算の公理を認めてしまうと，'$-(-a) = +a$ としない限りは矛盾が起こる'，ということです．

あまりにもあっさり導いたので手品のように感じた人もいるでしょう．中学校の説明では，抽象的な導出を避けたよりわかりやすいものにしようとして，付加的な説明（つまり余計な仮定）を加えています．高校では，論理的な明快さを重視して，演算の公理から導きます．これは非常に意味があることです．

1.4.2.2 負×負は正

公式 $(-1) \times (-1) = +1$ に対して未だに"唸っている"人も多いのではないでしょうか．わずか 200 年前には，世界中の人のほぼ全員が認めなかったことなので，それは無理もないことです．

中1の教科書に以下のような説明がありました：（正の時速は東に向っていることを，負の時速は西に向っていることを表すとして）時速 -50 km で走っている自動車は 3 時間後には $(-50) \times (+3) = -150$ より西へ 150 km の地点にいます．また，3 時間前には，東へ 150 km の地点にいますから，$(-50) \times (-3) = +150$ という計算になるはずというわけです．かなり強引ですね．この例解は，厳密にいえば，少なくともこの例では'負×負は正'とする必要があるということです．私の経験では，わかったようなわからないような気持ちで，公式「負×負は正」を丸暗記してしまい，その結果未だにモヤモヤしている人が多いようです．

全ての例に当てはまるようにするために，具体例などは一切用いない証明方法が，演算の公理を用いる方法です．その証明方法によるといかなる場合にも'負×負は正'が導かれます．しかし，そのためには，公理を用いる方法はどうしても'厳密だが抽象的な導出になる'ことを君たちに受け入れてもらわねばなりません．それが，論理のみを頼りとする数学の宿命であり，「厳密」は具象的実体を捨てる代わりに得られる'ご褒美'なのです．

その証明は，0 の性質[9]をうまく利用することから始まります．以下の式変形において，演算の公理 (A.1–5) およびそれから得られた移項の公式のみを用いていることを確認しましょう．

$$0 = (-a) \cdot 0 = (-a)(-b+b) = (-a)(-b) + (-a)b.$$

よって　　$(-a)(-b) + (-a)b = 0.$

よって　　$(-a)(-b) = -((-a)b).$　　　　　　　　………①

次に，
$$0 = (-a+a)b = (-a)b + ab,$$

よって　　$(-a)b = -(ab)$　$(= -ab$ と表す$).$　　………②

よって，①と②より

$$(-a)(-b) = -(-ab).$$　　　　　　　………③

また，$ab = ab$ で右辺の ab を先ほどと同様に二度移項して

$$ab = -(-ab).$$　　　　　　　………④

よって，③と④より

$$(-a)(-b) = ab.$$

上式で a, b が正のとき 負×負は正 を意味しますね．a, b に何の条件もつけずに導いたので，この等式は全ての実数 a, b について成立します．なお，①において $a < 0, b > 0$ などの場合を考えると，上式は 正×負は負，また 負×正は負 を示しています．

---

[9] 実数の厳密な理論では，0 と 1 に関係する定義が，任意の実数 a に対して

$$a + 0 = a, \quad a + (-a) = 0, \quad a \cdot 1 = a$$

のように表され，$a \cdot 0 = 0 \cdot a = 0$ は証明される定理になります．

§1.5 数学の論理構造

以上，計算の基本公式を，演算の公理だけから，いくつか導きました．その他の基本公式を導くことは君たちのレッスンとしましょう．気がついたものがあったらやってみましょう．

§1.5 数学の論理構造

数学の論理がどのような仕組みになっているのかもっと調べてみましょう．

1.5.1 無限大 ∞ は数でない

準備ができましたので，有理数 $\frac{m}{n}$ ($n \neq 0$) における $n \neq 0$ の問題，つまり，'なぜ 0 で割ることを禁じているのか' を考えてみましょう．直接 0 で割ることはできないので，0 になっていく正の数で割って調べましょう．まず $n = 0.1$ で割って，次に 0.01 で割って，0.001 で割って，0.0001 で割って，0.00001 で割って，… と繰り返していくと，分子 m を 1 として，$\frac{m}{n} = \frac{1}{n}$ は

$$10, 100, 1000, 10000, 100000, 1000000, \cdots$$

のように，どんどん大きな数になっていくことがわかります．つまり，0 で割ると，'果てしなく大きな数' (**無限大 ∞** と表しましょう) になってしまい，そんな数が式の中に現れてきます．

無限大 ∞ は果たして '数'，つまり，演算の公理を満たす実数として認めてよいのでしょうか．数として認めるか認めないかについて判定するのは単なる計算とは違います．判定するための論理が必要です．その論理そのものから議論を始めましょう．

「無限大 ∞ は実数である」という命題，つまり真偽が判断できる文を A としましょう．また，A の否定の命題「無限大 ∞ は実数でない」を Ā (A バーと読みます) としましょう．通常は，A が真なら Ā は偽，A が偽なら Ā は真となり，A と Ā の両方が真または偽になることはありません．よって，A または Ā の片方の真偽を調べるだけで済みます．よくあるのは，A を真とすると矛盾するので A は偽，よって，Ā が真となる場合です．そのような場合は，矛盾を導き出して否定するという証明法，つまり **背理法** が適用できます．

しかしながら，Aと$\bar{A}$の両方が真または偽になることは決してないのでしょうか．君たちは矛盾にまつわる話を聞いたことがあるでしょう．矛盾の語源である矛（ほこ）と盾（たて）の話はよく知っていますね．論理が明確になるように次のように表現しましょう：矛Hは全ての盾を貫（つらぬ）き，また盾Tは全ての矛を防ぐという前提で，命題B「矛Hは盾Tを貫く」．この問題では，Bが真と仮定すると「盾Tは全ての矛を防ぐ」に反するのでBは偽と判断されます．よって，Bは偽であるかというと，逆にBが偽と仮定すると，「矛Hは全ての盾を貫く」に反するのでBは偽でもありません．よって，命題Bは真でも偽でもないことになってしまいます．

この矛盾の話は笑い話で済みました．しかしながら，20世紀に入って間もなく，数学の世界に激震が走りました．「集合論」という数学の基礎に関わる重要な分野で，真としても偽としても矛盾が起こるパラドックスが見つかったからです．これは，数学が内部矛盾を含む，したがって数学は信用できないという危機でした．

そのパラドックスを直接議論するのはレベルが少々高すぎるので，ここでは「床屋のパラドックス」という例を紹介しましょう：昔々，ある村の男たちは自分でひげを剃るか，その村の床屋（♂）に剃ってもらうかのどちらかでした．そこで問題となった集合論の「集合」というのは物（もの）や者（もの）全体の集まりのことで，今の場合 '村の男たち全員の集まり' を指します．あるとき，床屋が呟（つぶや）きました："自分で髭を剃らない村の男はわしが剃っている．よって，この村の男たちの集合は '自分で髭を剃る男の集合' と，わしが剃る '自分では剃らない男の集合' に分けられる"．床屋の呟きは正しいでしょうか．すぐ気がつきましたね．床屋自身はいったいどっちの集合に属するのかという問題です．もし，床屋が自分で剃るとすると彼は '自分で髭を剃る男の集合' に属します．すると彼の髭は 'わしが剃る' ことになるので，彼は '自分では剃らない男の集合' にも属してしまい，矛盾します．では，彼が '自分では剃らない男の集合' に属するとすると，彼の髭は 'わしが剃る' ので，今度は '自分で髭を剃る男の集合' に属してしまい，やはり矛盾が起きます．したがって，床屋の呟きは真としても偽としても矛盾しますね．

この矛盾は「集合」を素朴に 'ものの集まり' と定義したことが原因で，集

§1.5 数学の論理構造

合に属すか属さないかの吟味(ぎんみ)が不十分なためでした．数学ではこのような曖昧(あいまい)さは決して許されません．数学の基礎が根底から洗い直され，'内部矛盾を含まないように数学を再構築する'精力的な試みがなされました．そのために公理と演繹の重要性がますます強調され，公理の立て方はより洗練されていきました．このテキストで公理を強調するのはこの理由によります．現在，当時の集合論は「素朴集合論」と呼ばれ，矛盾を引き起こさない公理によって再構築された集合論は「公理的集合論」といわれます．

以上のような経過を経て，命題の真偽の問題も洗い直されました．そして，

排中律: 命題は真または偽のいずれか一方のみが成立する　　(A.6)

という要請が数学に新たな公理として付加されたのです．排中律が成立するように全体の公理を設定しなさいというわけです．我々が学んでいる実数の理論は，もちろん，その要請を満たすように組み立てられています．よって，命題A「無限大∞は実数である」が真であると仮定して矛盾を見いだせば，Aは偽であることが確定します．

さて，前置きが長くなりましたが，∞が実数であるかどうかを調べましょう．そのためには，演算の公理を用いて判定するわけですから，∞を式に乗せる必要があります．そこで，∞はあまりにも大きすぎて，それに普通の数，例えば1,を加えても変らない（区別がつかない），つまり

$$\infty + 1 = \infty$$

のような性質をもつとしましょう[10]．

次に，'∞を普通の数，つまり実数と仮定'して，演算の公理(A.1–5)に反しないか検証してみましょう．我々は演算の公理から移項の公式を導いているので，もし∞が普通の数ならば，上式$\infty+1=\infty$より，∞を移項して$1=\infty-\infty$．したがって，直ちに$1=0$を得ます．1が0だなんて，こんな結果は到底認められませんね．つまり，∞を普通の数とすると矛盾が生じるわけです．したがって，排中律により命題「無限大∞は実数である」は偽であることが確定し，**無限大∞は実数ではない**ことが示されました．

---

[10] 無限大∞は厳密には'どんな実数よりも大きな数'と定義されます．このとき，$\infty+1$もどんな実数よりも大きくなるので，それも無限大です：$\infty+1=\infty$.

無限大 ∞ が現れると，公理を満たさない演算が行われて，数学はハチャメチャになります．したがって，'数学の破壊者 ∞' が現れないようにするために **0 で割ってはいけない** というわけです．

1.5.2　$1 + 1 = 2$？

数学の論理構造をもっとよく理解しましょう．そこで，たまに冗談半分で出題される「$1+1=2$ か？」という問題を考えてみましょう．これは難問でしょう！ 演算の公理をいくらいじってみても答は出てきません．つまり，この問題は演算の公理とは直接の関係はないのです．この問に答えるには自然数の定義の話から始めないといけません．つまり，'1 とは何か'，'2 とは何か' から議論を始めよということです．

1 とは 1 個の 1 や 1 番目の 1 などを表す '自然数の始めの数' のことですね．これが 1 の定義です．では，2 とは何でしょうか．難しく考えても答は出ないでしょう．単純に，2 とは $1+1$ のことである，つまり，2 は 1 の次の自然数である，というのが 2 の定義です．いわれてみれば当然ですね．よって，2 の定義によって，$2 = 1+1$ であるから $1+1=2$ です．ナーンダそういうことか！ ほとんどの人はこの解答で納得できるでしょう．

それでは，$1+1=2$ は唯一絶対の解答なのでしょうか．以下の議論において数学の理論を 2 つ紹介しますが，そこでは '等しい' ことを表す記号 $=$ が意味するもの，つまり等号の定義を吟味します．我々は，何を '等しい' とするかによって，$1+1=0$ や $1+1=1$ のような解答も可能なことを知るでしょう．

ある整数が偶数か奇数かを調べるときには，2 で割った余りが 0 か 1 かのみに関心があります．そんなときには，計算式に現れる数を 2 で割った余りに置き換えてしまうと素早く求まります．そこで，2 つの整数 a, b に対して，a と b をそれぞれ 2 で割ったときそれらの余りが '等しい' ことを $a = b$ と表しましょう．例えば，$3 = 1$, $5 = 2 \cdot 2 + 1 = 1$ です．すると，$5 + 3 \cdot 7 = 1 + 1 \cdot 1 = 2 = 0$ のような計算も正当化されます．つまり，この余りの世界では整数は結局のところ 0 か 1 になってしまい，'2 は 0 に等しい' と見なされます．よって，先ほどの $1+1=2$？の問題では，$1+1=0$ も正解になります[11]．

---

[11] ただし，記号 = の乱用が混乱を引き起さないように，通常は $1+1=0$ を $1+1 \equiv 0 \pmod 2$ と表し，これを「合同式」といいます．合同式の詳細については後ほど議論しましょう．

§1.5 数学の論理構造

　また，コンピュータでは数は電流が流れない OFF の状態に対応する 0 と電流が流れる ON の状態に対応する 1 のみがあり，計算は「2 進法」で行われます．2 進法では 1 + 1 は（1 桁上がって）10 となります．回路を用いた 2 進法の計算は全加算器という演算回路によって行われます．計算を回路で行うのはかなり複雑で，全加算器は種々の基本的な論理回路を組み合わせて作られます．論理回路の 1 つ並列回路は，電池の並列回路と同じように，片方の回路が切れても電流は流れます．

　数学者は，以下で解説されるように，並列回路の電流の ON，OFF の状態を等式 0 + 0 = 0, 1 + 0 = 1, 1 + 1 = 1 などで表すことができることを見いだしました：左辺の 0, 1 は並列回路の各回路のスイッチの OFF, ON を表し，右辺の 0, 1 は並列回路の電流の OFF, ON を表します．「+」は'または'を表す記号として用いられ，並列回路の両方が OFF の状態なら 0 + 0，片方が ON なら 1 + 0，両方が ON なら 1 + 1 と表されます．よって，0 + 0 = 0 は両方のスイッチが OFF なので並列回路に電流は流れないことを表し，1 + 0 = 1, 1 + 1 = 1 は片方または両方のスイッチが ON なので電流が流れることを表しますね．これらの等式の「=」は電流の状態が'等しい'ことを表しています．うまいことを考えたものです．このような対応を考えると 1 + 1 = 1 という解も可能ですね．

　このように奇妙な数学を用いる回路の理論は，イギリスの数学者ブール (George Bool, 1815〜1864) の名を冠する「ブール代数」という数学理論の公理によって，矛盾が起こらないことが保証されています．ブール代数はコンピュータの回路設計に利用され，特にコンピュータの速度を上げるためにはこの数学が不可欠です．また，ブール代数の公理は勝手な発明ではなく，'ある'か'ない'かだけをとり扱うときには，必ずブール代数に従うことが知られています[12]．

---

[12] ブール代数の計算規則は

　　並列回路用：　0 + 0 = 0,　0 + 1 = 1,　1 + 0 = 1,　1 + 1 = 1
　　直列回路用：　0 · 0 = 0,　0 · 1 = 0,　1 · 0 = 0,　1 · 1 = 1

です．直列用の積「·」は'かつ'と読めばわかるように，両方のスイッチが入っているときだけ電流が流れます．

以上の議論から，「＝」や「＋」の意味，さらには0や1の意味をどのように考えるかによって，1＋1は，2にも，0にも，1にもなりました．それらの定義を明確にして初めてその数学が定まるというわけです．逆の言い方をすると，**数学は，記号や数の意味を柔軟に解釈すれば，幅広い応用が可能になる**ということを意味します．そのことは大学の講義で実感するでしょう．

なお，$a = b$ は a と b が等しいという'関係にある'ことを表しますが，数学は（必ずしも数とは限らない）a と b が何らかの関係にあることに着目して理論を展開することもできます．a と b の何らかの関係を一般に $a \sim b$ と表しましょう．等式 $a = b$ や，合同式 $a \equiv b \pmod 2$ などは $a \sim b$ の例です．関係「$\sim$」に対して，「$a \sim b \Rightarrow b \sim a$」（対称律），および「$a \sim b$ かつ $b \sim c \Rightarrow a \sim c$」（推移律）に加えて，あまりにも当たり前な関係

$$\text{任意の } a \text{ に対して} \quad a \sim a \qquad \text{（反射律）} \qquad \text{(A.0)}$$

が成り立つとき，これらの関係「$\sim$」は「同値関係」であるといい，その関係にある対象物を類別に分けることができます．例えば，整数を偶数と奇数に分けるようなことですが，その他に高校数学では「ベクトル」と呼ばれる量がその類別に関係しています．ベクトルの章でそのことにちょっと触れましょう．

1.5.3 現代数学の公理

この §§ では公理や定義に関する現代数学の姿勢について議論します．かなりレベルが高い内容なので，'お話'と考えて'フーン，そういうことか'程度の理解で十分でしょう．難しいのは数式ではなく，今まで当たり前の常識だと思っていたことを根本から考え直すことの難しさです（筆者自身も含めて）．古代ギリシャの哲学者ソクラテス（Socrates，前470〜399）は"知らないことは知らないと自覚しなさい"と強調したそうですが，この種の議論ではよく知っていると思い込んでいる'常識'が論理の展開を邪魔します．本当は知らないから，どこが確かでどこが疑わしいかの区別がつきにくいのです．

この他に，1方向にだけ電流を流すために，否定（または反対）を表す記号 $'$ があり，$1' = 0$, $0' = 1$ と定義されます．対称律・推移律・交換法則・結合法則・分配法則も成り立ちます．

1.5.3.1 ペアノの公理系

前の §§ の議論から，定義，つまり用語や記号の意味を明確に定めることの重要性も認識されたと思います．現代数学ではそのとり扱う対象を 'ほとんど呆(あき)れるほど' 厳密に定義して理論を展開します．参考のために，自然数さえも定義する「ペアノ[13]の公理系」[14]と呼ばれる一連の公理群を紹介しましょう．この公理系は自然数を系列 1, 2, 3, 4, … として捉えようとする理論で，自然数は個々の自然数の「集まり」と見なされます．一般に，ものの集まりを **集合** といい，それに入っている「もの」を **要素** といいます．ペアノの公理系は自然数全体を 1 つの集合として定義しようというわけです．

では，ペアノの公理系 (1–5) を見てみましょう．理解の助けに，鶏(にわとり)のたとえ話をつけ加えておきましょう．鶏にはその先祖の鶏がいたとします．

(1) 1 は自然数 N の要素である．（先祖鶏は鶏である）
(2) n が N の要素なら，n の次の者 n' も N の要素である．
    （鶏の子は鶏である）
(3) (1), (2) の過程によって得られるものだけが N の要素である．
    （先祖鶏と子孫鶏を結ぶ家系の線は 1 本だけ）
(4) N の任意の要素 n に対して $n' \neq 1$．（子孫鶏は先祖鶏でない）
(5) N の 2 つの要素 n と m について，$n = m$ のときに限り $n' = m'$．
    （親鶏が違えば子鶏は違う）

ここで，用語 '自然数 N' は正しくは '仮に自然数 N と名づけられた未知の集まり' のことであり，それは公理 (1–5) によって '未知の集まり' N から真の自然数（の集合）に絞り込まれます．また，'次の者' も正確には定義されていない用語で，その意味は公理が明らかにします．

まず，公理 (1) で自然数 N を生み出すための「元素」とでもいうべき 1 を用意します．この世の全ての物質は元素から作られ，もし元素がなかったらこの世はありませんね．自然数も完全な無からは創ることはできないわけです．

---

[13] ペアノ（Giuseppe Peano，1858〜1932，イタリア）．
[14] 系＝一定の相互関連をもつものの集合体．または，1 つの定理からすぐに導かれる利用価値の高い定理．
公理系＝数学の理論体系を構成するに当たって，その理論の基礎となる公理の全体．

公理 (2) は N の要素であるための条件を述べています．n が N のある要素のとき，n から n の次の者といわれる 1 つの数 n' が作られ，n' は N の要素です．よって，n' の次の者 $(n')'$ も N の要素です．この手順を続けていくと，N の要素の系列

$$n, \quad n', \quad (n')', \quad ((n')')', \quad \cdots$$

が得られます．「$\cdots$」はこの系列が果てしなく続くことを表し，N の要素が無数にあることを意味します．ここで，公理 (1)，(4) を付加して上の系列を絞り込みましょう．(1) は上の系列のどれかが 1 であることを要請し，(4) は系列の先頭以外のものは 1 でないことを要求します．よって，N の系列は先頭が 1 の

$$1, \; 1', \; (1')', \; ((1')')', \; \cdots$$

に絞られます．ただし，N が複数の独立な系列からなる可能性も否定できないので，N が系列

$$1, \; 1', \; (1')', \; ((1')')', \; \cdots$$
$$1, \; 1', \; (1')', \; ((1')')', \; \cdots$$

であるような可能性は残っています．

公理 (3) は N の系列をさらに絞り込みます．(1), (2) の過程によって得られるのは単純な系列で，先に述べた複数の系列は除かれます．よって，N の系列は単純な系列 $1, 1', (1')', ((1')')', \cdots$ となります．

公理 (5) を付加すると N の要素は互いに異なることがわかります．(5) の n と m は $n \neq m$ のとき $n' \neq m'$ ですね．よって，任意の $n \neq 1$ について $n' \neq 1'$ であり，(4) より $1' \neq 1$ ですから，N の系列の 2 番目の要素 $1'$ は他の全ての要素と異なります．また，$n \neq 1'$ のとき $n' \neq (1')'$ で $(1')' \neq 1'$ ですから，$(1')'$ も他の全ての要素と異なります．以下，m を順次 $(1')', ((1')')', \cdots$ としていくと，同様にして，'N の全ての要素は互いに異なる' ことがわかります（各自確かめましょう）．

以上の議論から N の系列 $1, 1', (1')', ((1')')', \cdots$ は自然数の系列と同じものになります．それを明示するために，N の任意の要素 n とその '次の者' n' の関係を定めましょう．我々が知っている数は (1) より 1 のみであるという前

§1.5 数学の論理構造

提に立っているので，その関係は1のみを巻き込むものです．そこで，その関係を

$$n' = n + 1$$

と書いて，和 $n+1$ を定めましょう．これが1を加える加法 '+1' の定義です．

いよいよ最後の仕上げです．$n' = n + 1$ の n に 1, $1'$, $(1')'$, $((1')')'$, $\cdots$ を代入していくと

$1' = 1 + 1, (1')' = 1' + 1 = (1 + 1) + 1, ((1')')' = (1')' + 1 = ((1 + 1) + 1) + 1, \cdots$

が得られます．ここで，

$$1' = 2, \quad (1')' = 3, \quad ((1')')' = 4, \quad \cdots$$

と書いて，自然数を表す文字 2, 3, 4, $\cdots$ を導入する（定義する）と

$$2 = 1 + 1, 3 = 2 + 1 = (1 + 1) + 1, 4 = 3 + 1 = ((1 + 1) + 1) + 1, \cdots$$

と，全ての自然数が1とその和の形で定義されていることがわかりますね．

この後，公理や定義をつけ加えながら，'まだるっこいほどに' 一歩々々，しかし着実に理論を展開し，自然数の四則や整数・有理数およびその四則を定める方向に進んでいきます．例えば，加法に関する0の定義「全ての自然数 n に対して $n + 0 = n$」と公理「2つの自然数 m, n に対して $m + n' = (m + n)'$」をつけ加えると自然数の和が定義できます．また，乗法に関する1の定義「全ての自然数 n に対して $n \times 1 = n$」と公理「2つの自然数 m, n に対して $m \times n' = m \times n + m$」をつけ加えると自然数の積が定義できます．また，自然数 n に対して $n + x = 0$ を満たす x を負の整数 $-n$ と定め，これから2つの自然数 m, n に対して引き算 $m - n$ が $m + (-n)$ として定義されます．

ペアノの公理系の議論で注意すべきことは，自然数を言葉を用いて定義したのではなく，自然数が満たすべき一連の数学的条件を公理としておくことによって定義したことです．それによって自然数は論理という土俵の上に乗りました．その結果，自然数の演算は明確に定義され，そして基本的な定理が証明されました．ペアノの公理系の下では，交換法則・結合法則・分配法則の計算法則はもはや基本的な仮定ではなく証明された定理になります．現在，これらの3法則は実数の演算に関する定理となっています．

1.5.3.2 公理主義

定義や公理を強調する話をしてきました．それらは論理の基本だからです．数学は，絶対に間違った結果を導いてはいけないという宿命があります．そのために，他の分野と比べて，桁外れに厳しい論理が要求されます．その厳しさに応えるために，必然的に，単純な論理構造が要求されました．その単純な構造が公理という形で現れたのでした．

公理は，高校数学においては演算の公理のことであり，それは正しく 公(万人)に通用する 理 (真理)です．公理から，演繹的に，内部矛盾のない全ての結果が導かれれば，その方法は完全です．我々はそれが可能であろうことをある程度納得しました．また，我々の公理体系では，認められないものについて，否定的な証明もできます．それによって，例えば，無限大が普通の数(実数)ではないことが示されました．

また，定義の明確さは論理においては決定的です．我々は，$1+1=2$？の例で，そのことを痛感しました．数学では，このようなことがないように，定義は慎重に行います．古代ギリシャ時代，ユークリッドは不朽の名著『原論』をあらわし，その中で公理から厳密な論理によって幾何学を構成しました．彼は‘点とは部分をもたないものである’等と定義したのです．彼の厳密な定義は，その幾何学の公理系と共に，2000年もの間，数学の見本とされてきました[15]．

数学に現れる用語の意味をより明確に定義する試みもなされました．例えば，ほとんど自明とも思われた自然数の定義です．そこでは，自然数を，説明の語句によって直接定義するのではなく，公理系の中で一連の条件を課して，それらを満たすものとして定義しました．自然数は公理系の中で定義され，定義と公理は渾然一体となりました．

自然数の定義は，数学に現れる概念[16]をより基本的な概念によって定義しようという試みの現れです．このことを究極まで追及していくとどうなるので

---

[15] ユークリッドのに述べられた定義をいくつか列記します．(1) 点とは部分をもたないものである．(2) 線とは幅のない長さである．(3) 線の端は点である．(4) 直線とは，その上にある全ての点について一様に横たわる線である．(5) 面とは長さと幅のみをもつものである．(6) 面の端は線である．(7) 平面とは，その上にある全ての直線について一様に横たわる面である．等など．

[16] 概念＝個々の事物から共通な性質をとり出して抽象化し，それによって把握される一般的性質．

§1.5 数学の論理構造

しょうか．例えば，点の定義で，'点とは部分をもたないものである'の'部分'も，基本的とはいいにくいとして定義してみましょう．「部分」を辞書で調べると，'全体をいくつかに小分けしたものの1つ'となっています．さらに，'全体'とはと追求すると，'全ての部分'と，また'部分'が出てきます．これでは堂々巡りで行き詰ってしまいます．つまり，このような方法では点は定義できないわけです．

19世紀末期，ドイツの数学者ヒルベルト（David Hilbert, 1862～1943）は，著書『幾何学基礎論』において，点・直線・平面が関係するある公理系を提唱しました[17]．彼は，点・直線・平面といった基本的対象，および，'存在する'，'の間に'，'と合同'といった基本的関係を「基本概念」と考えて，それらに直接的な定義を与えず，基本概念は，その公理系の中で，それらが満たすべき条件によって間接的に定義されていると見なしました．つまり，点・直線・平面は，公理系に述べられている，それらの間の相互関係によって定義され，また'存在する'，'の間に'，'と合同'などの基本的関係も定義されるというわけです．このようなことはペアノの公理系が自然数を定義するだけでなく，未定義な'次の者' n' から'1を加える'演算が自然に定義されたことに対比できるでしょう．

彼が友人の数学者と酒場でビールを飲みながら，"点・直線・平面という代わりに，テーブル・椅子・ビールジョッキということができる"といったことは有名です：公理系の中で，点・直線・平面の用語を，例えば，T・C・Hと置き換えたとしましょう．まず，T・C・Hは公理系の中で，それぞれ，点・直線・平面が満たすべき基本的性質を当然ながら満たします．次に，T・C・Hに

---

[17] 一部の公理群のみ挙げておきます．(1) 任意の2点に対して，それらを通る直線が存在する．(2) 異なる2点に対して，それらを通る直線は1本より多くは存在しない．(3) 直線上には少なくとも2点が存在する．同一直線上にない少なくとも3点が存在する．(4) 同一直線上にない3点に対して，それらを含む平面が存在する．(5) 上述の3点を含む平面は1つより多くは存在しない．(6) 直線上の2点がある平面上にあるならば，この直線上の全ての点がその平面上にある．(7) 2平面が共有点をもつならば，それらは少なくとももう1つの共有点をもつ．(8) 1つの平面上にない少なくとも4点が存在する．(9) 点Bが点AとCの間にあるならば，A, B, Cは1直線上の異なる点であって，BはCとAの間にある．(10) 1直線上の任意の2点AとCに対して，少なくとも1点Bが存在して，BはCとAの間にある．(11) 1直線上にある任意の3点のうちで，他の2点の間にあるものは，1点より多くはない．等など．

課せられた公理系の条件によって，理論は公理系のみから完全に演繹的に展開され，T・C・Hに課せられた一連の定理が得られます．それらの定理は点・直線・平面が満たすべき定理に一致します．したがって，T・C・Hは，それぞれ，点・直線・平面と同一視せざるを得ないことになります．このことを指して，点・直線・平面は間接的に定義されているというわけです．このような定義の方法はまさに究極の定義といえるでしょう．点・直線・平面などの基本概念は，直接的定義を必要としない「無定義用語」になりました．

ヒルベルトの公理系は人々の公理に対する考え方をも変えました．公理は，'証明を要しない明白な真実' である必要はなく，理論を厳密に構成する目的のために証明なしに採用される，基本仮定としての命題であると見なされるようになりました．このような考え方は「公理主義」と呼ばれています．

ヒルベルトによって完全に仕上げられた公理的方法は，20世紀に他の数学分野の隅々にまで浸透していきました．無定義の基本概念と，間接的にそれらを定義している一連の公理群によって，各数学理論を厳密に公理的に構成するようになっていったのでした．

§1.6　集合

1.6.1　集合

前の§で自然数の集合が出てきたので，集合の意味を明確にしましょう．

簡単にいえばものの集まりを集合といいますが，数学では集合の定義を曖昧にしておくことができないため，'それに属するか属さないかの区別が明確なもの' だけを **集合** といい，集合に属する個々のものを **要素** といいます．例えば，自然数の集まりはそれに属するのが数 $1, 2, 3, \cdots$ であることが明確なので集合です．君のクラスの生徒の集まりも，（国籍の有無によって判別される）日本人も集合ですね．ただし，大きい数の集まりとか美人の集まりとかは，それに属する基準が明確でないので，集合ではありません．数直線上の区間，例えば閉区間 $[0, 1]$（$0 \leq x \leq 1$ である任意の実数 x の集まり）は重要な集合です．要素が有限個である集合を **有限集合**，有限でない集合を **無限集合** といいます．自然数の集合や区間は無限集合ですね．

集合を表すには記号を用いるのが便利です．例えば，自然数（の集合）N は

$$N = \{1, 2, 3, \cdots\}$$

と中括弧 { } の中にその要素を書き並べて表したり，または

$$N = \{n \mid n \text{ は自然数}\}$$

のように，要素を n などの記号で代表させ，n が集合に属する条件を縦棒 | の後に示す方法もあります．例えば閉区間 $[0, 1]$ や開区間 $(0, 1)$ は

$$[0, 1] = \{x \mid 0 \leq x \leq 1\}, \quad (0, 1) = \{x \mid 0 < x < 1\}$$

と表されます．なお，ただ 1 つの要素を含んでも集合です．例えば，$\{x \mid x = 0\}$．

集合の要素を表すにも便利な記号があります．例えば，1 が自然数 N の要素であることは

$$1 \in N \quad \text{または} \quad N \ni 1$$

と表されます．記号 $\in$ は element（要素）の頭文字 e のギリシャ文字 ϵ（イプシロンと読みます）が変化したという説が有力です．また，$\frac{1}{2}$ が自然数でないことは

$$\frac{1}{2} \notin N \quad \text{または} \quad N \not\ni \frac{1}{2}$$

と表されます．

なお，§§1.5.1 で出てきた「集合論」というのは無限集合を扱う理論であり，特に「公理的集合論」は無限集合と数学言語である論理式を用いて理論を完全に展開する数学の基礎理論です．

1.6.2 真理集合と対偶

§§1.3.3 で 'ある命題とその対偶の真偽は一致する' らしいことを議論しましたね．集合を用いるとそれをきちんと示すことができます．後で対偶を用いた証明を行うので，ここでやっておきましょう．

命題「$x > 3 \Rightarrow x > 2$」は真ですが，その意味は集合を用いて表すことができます．$x > 3$ を満たす実数 x の集合は区間 $(3, \infty) = \{x \mid 3 < x < \infty\}$ で，同様に

$x > 2$ の集合は開区間 $(2, \infty) = \{x \mid 2 < x < \infty\}$ です．このとき，区間 $(3, \infty)$ は区間 $(2, \infty)$ にすっぽり '含まれ' ますね[18]．同様に，「犬 ⇒ 動物」も真の命題なので，犬の集合 犬 と動物の集合 動物 を考えると，犬 は 動物 に含まれますね．一方，偽の命題「$x > 2 \Rightarrow x > 3$」においては区間 $(2, \infty)$ は区間 $(3, \infty)$ に含まれません．また，命題「犬でない ⇒ 動物」については，考えている全対象が動植物のとき，集合 犬でない は集合 動物 に含まれないので（犬でないもの，例えば，そこの赤いバラ ∉ 動物），その命題は偽となります．

上の議論はそのまま一般化できます．一般の命題「$p \Rightarrow q$」においてもその命題で対象とする集合 U があり，p と q は U の要素 x についての条件を与えていると考えられます．その条件を表すために p, q を $p(x)$, $q(x)$ と書き，命題を $p(x) \Rightarrow q(x)$ と考えましょう．すると，条件を成り立たせる集合 $P = \{x \mid p(x)\}$ と $Q = \{x \mid q(x)\}$ を考えたとき，

　　　命題 $p \Rightarrow q$ が真であることは $P \subseteq Q$ が成り立つことであると定める，

つまり，P が Q に含まれることをもって命題 $p \Rightarrow q$ を真と定めることができます．p や q の条件が成り立つような要素 x の集合 P, Q を $p(x)$, $q(x)$ の **真理集合**（条件が真となる集合の意味）といいます．真理集合の相互関係は右の **ベン図** によって表すのが便利で，集合 P の要素は P を表す円の内部に，Q の要素は Q を表す円の内部にあるとします．すると，$P \subseteq Q$ であるとき，P を表す円は Q を表す円の内部にありますね．

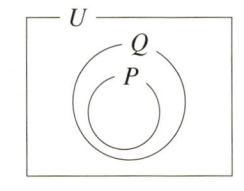

ここで練習問題．命題「$a < x < b \Rightarrow c < x < d$」（ただし，$a < b$）が真であるための条件を述べよ．ヒントは不要でしょう．答は，条件 $a < x < b$, $c < x < d$ の真理集合 $P = \{x \mid a < x < b\}$, $Q = \{x \mid c < x < d\}$ に対して $P \subseteq Q$ が成り立つことですから，$c \leq a < b \leq d$ ですね．等号の有無に注意しましょう．

---

[18] 集合 A の任意の要素 x が集合 B の要素になっているとき，'A は B の **部分集合** である'，または 'A は B に含まれる' といい，それを記号

$$A \subseteq B \quad \text{または} \quad B \supseteq A$$

で表します．

§1.6 集合

次に，命題 $p \Rightarrow q$ の対偶 $\bar{q} \Rightarrow \bar{p}$ を考えましょう（$\bar{p}$ は 'p でない' の記号）．p が $x > 3$ のとき，$\bar{p}$ は $\overline{x > 3}$ で，考えている対象は実数ですから U は実数の集合であり，よって $\overline{x > 3}$ は $x \leqq 3$ です．したがって，p の真理集合が $P = \{x | x > 3\}$ のとき，$\bar{p}$ の真理集合を $\bar{P}$ と書くと，$\bar{P} = \{x | x \leqq 3\}$ となります．同様に，q が $x > 2$ のとき，$\bar{q}$ の真理集合は $\bar{Q} = \{x | x \leqq 2\}$ となりますね．以上のことから，真の命題「$x > 3 \Rightarrow x > 2$」の対偶「$\overline{x > 2} \Rightarrow \overline{x > 3}$」については，$\overline{x > 2}$ の真理集合が $\bar{Q} = \{x | x \leqq 2\}$，$\overline{x > 3}$ の真理集合が $\bar{P} = \{x | x \leqq 3\}$ です．よって，$\bar{Q} \subseteq \bar{P}$ が成り立ち，対偶も真となります．

考えている対象が動植物のとき，偽の命題「$\overline{犬} \Rightarrow \overline{動物}$」については $\overline{犬}$ の真理集合が $P = \{x | x は犬\}$，動物の真理集合が $Q = \{x | x は動物\}$ です．その対偶「$\overline{動物} \Rightarrow \overline{犬}$」の $\overline{動物}$ の真理集合は $\bar{Q} = \{x | x は植物\}$，犬の真理集合は $\bar{P} = \{x | x は犬\}$ ですから，$\bar{Q} \subseteq \bar{P}$ が成り立たず，対偶も偽になりますね．

一般の場合はベン図を用いて議論されます．$\bar{p}$ の真理集合 $\bar{P}$ は，下のベン図にあるように，P の外，つまり対象とする全体集合 U から p の真理集合 P をとり去った部分です．$\bar{q}$ の真理集合 $\bar{Q}$ についても同様です．

真理集合 P と Q の相互関係は，$P \subseteq Q$ つまり P が Q にすっぽり入る場合のほかに，右図で表されるように，$Q \subseteq P$ の場合，P と Q が一部の要素を共有する場合，共通する要素がまったくない場合の4通りが考えられます．命題 $p \Rightarrow q$ が真の $P \subseteq Q$ の場合は，図から明らかなように，$\bar{Q} \subseteq \bar{P}$ が成り立つので対偶も真です．それ以外の3つの場合は，どれも $P \subseteq Q$ が成り立たないので $p \Rightarrow q$ は偽で，そのとき $\bar{Q} \subseteq \bar{P}$ も成り立たないので対偶も偽となります．そのことを各自で確かめましょう．

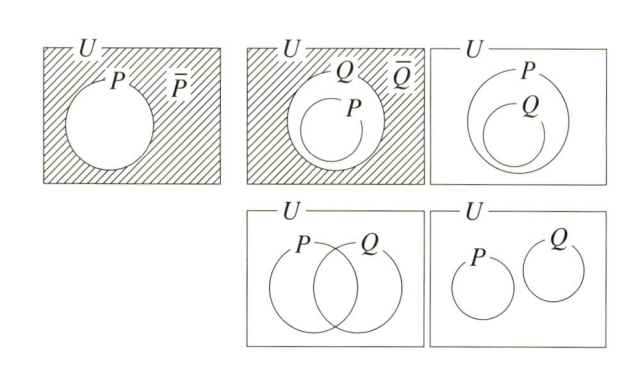

以上の議論から，
　　　　　　命題とその対偶の真偽は一致する
ことが示されました．

§1.7 2進法

「1 + 1 = 2 ?」のところで出てきた 2 進法に慣れていない人のためにこの §
を用意しました．

10 進法の 23.75 を $(23.75)_{10}$ と表すことにしましょう．23.75 は簡略表現で
あり，その正確な表現は

$$(23.75)_{10} = 2 \cdot 10 + 3 + \frac{7}{10} + \frac{5}{10^2}$$

となります．2 進法の 101.1 = $(101.1)_2$ は同様に

$$(101.1)_2 = 1 \cdot 2^2 + 0 \cdot 2 + 1 + \frac{1}{2}$$

です．2 進数では位の数が 2 以上だと桁が上がるので，位の数は 0 か 1 のみ
です．

$(23.75)_{10}$ を 2 進法で表してみましょう．10 進法の整数部分は 2 進法でも整
数部分，10 進法の小数部分は 2 進法でも小数部分となることに注意して，ま
ず整数部分を分離して調べましょう．2 進法表現の不明な部分は未知数を導入
すると（以下，10 進数 $(23)_{10}$ などは 23 と表して）

$$23 = a2^n + b2^{n-1} + \cdots + c2 + d$$

のように表されます．ただし，係数 $a, b, \cdots, c, d$ は 0 または 1 の未知数，2^n
（2 の n 乗と読みます）は 2 を n 回掛けたもの，その n を **指数** といい，今の場
合 n は未知の自然数です[19]．さて，どうやって $a, b, \cdots, c, d$ を決めるかとい

---

[19] 複雑な式が出てきて，わからなくなったという人もいるかもしれません．しかし，心配する
ことはありません．2 進法の表現からどんな形になるかはわかっていますね．わからないの
は 2 の何乗から始まるかということですね．こんなときは，方程式のときに未知数 x を導
入したときと同じように，"わかった振りをして"，未知のべき数 2^n を導入すればよいので
す．その係数も 0 か 1 かわからないので a とでもしておきます．次の項は 1 次下がるので
$+b2^{n-1}$ という具合ですね．以下，項がたくさん現れるので '$+\cdots$' 等とごまかしの表現法
を使い，最後の 2 項 $+c2 + d$ で締めくくります．このようにして，多くの未知数を含む方程
式を得たわけです．あとはこの方程式を解くだけです．未知数が多くても心配は要りませ
ん．1 個ずつ順に求まれば，未知数が 1 個の方程式と大差ありません．
参考：n については $2^5 = 32 > 23 > 16 = 2^4$ なので，n は 4 以下だとわかります．よって，
$n = 4$ として上式を書き下しても構いません．

§1.7 2進法

うと，両辺を 2 で割って，10 進法の小数部分は 2 進法でも小数部分となることを利用します：

$$\frac{23}{2} = 11 + \frac{1}{2} = a2^{n-1} + b2^{n-2} + \cdots + c + \frac{d}{2}$$

```
2 | 23
2 | 11  …1 = d
2 |  5  …1 = c
2 |  2  …1
2 |  1  …0 = b
    0   …1 = a
```

これから $d = 1$ を得ます．つまり d は 23 を 2 で割った余りですね．残った整数部分は

$$11 = a2^{n-1} + b2^{n-2} + \cdots + c$$

となり，この両辺をさらに 2 で割ると c が 1 と求まります．このとき，左辺の 11 が 23 を 2 で割ったときの商であることに注意しましょう．つまり，$c = 1$ は 23 を 2 で割ったときの商をさらに 2 で割ったときの余りです．これで求め方のコツがつかめてきたと思います．23 を 2 で割って，商 11 余り 1 = d．商 11 をさらに 2 で割って，その商 5 余り 1 = c．また商 5 を 2 で割って，その商 2 余り 1 = '$\cdots$ 項'の係数．以下同様にして，最終結果

$$(23)_{10} = 1 \cdot 2^4 + 0 \cdot 2^3 + 1 \cdot 2^2 + 1 \cdot 2 + 1 = (10111)_2$$

を得ます．

次に，23.75 の小数部分 0.75 を 2 進法で表してみましょう．整数部分のときの議論と同様に，未知数を導入して

$$0.75 = \frac{a}{2} + \frac{b}{2^2} + \cdots$$

を得ます．ここで，a, b は 0 または 1 の未知数です（もちろん，整数部分のときの a, b とは無関係）．さて，どうやって $a, b, \cdots$ を求めたらよいでしょうか．整数部分のときの解法を思い出せば，すぐわかるはずですよ．そうです，両辺に 2 を掛けて，今度は整数部分を比較すればよいのですね：

$$1.5 = a + \frac{b}{2} + \cdots$$

これから，1.5 の整数部分 1 = a ということですね．b についても同様ですね．1.5 の小数部分 0.5 を 2 倍して 1.0，その整数部分 1 = b．1.0 の小数

部分は 0 なのでこれで終り．よって，$(0.75)_{10} = (0.11)_2$．以上のことから，$(23.75)_{10} = (10111.11)_2$ が得られます．

10 進数を 2 進数に直すとき，2 で割ったり 2 を掛けたりしました．10 進数を任意の p 進数にするときは，今度は，p で割ったり p を掛けたりすればよいですね．

最後に，練習問題をやっておきましょう．$(23.23)_5$ を 10 進法で表せ．ヒント：10 で割ったり掛けたりするまでもありません．答は $(23.23)_5 = (13.52)_{10}$ ですね．もう 1 題．$(0.1)_3$ を 10 進法で表せ．ヒント：$(0.1)_3 = \dfrac{1}{3}$ ですね．定義にしたがって

$$\frac{1}{3} = \frac{a}{10} + \frac{b}{10^2} + \frac{c}{10^3} + \cdots \qquad (a, b, c, \cdots = 0, 1, 2, \cdots, 9)$$

とすると，かえって面倒になるかな．答は $(0.1)_3 = (0.333\cdots)_{10}$ だね．

§1.8 実数の小数表示

有理数は分数によって表されました．では，$\sqrt{2}$ を代表とする無理数はどう表されるのでしょうか．無理数は，この章の始めに述べたように，分数で表すことができない数のことです（後でそのことを $\sqrt{2}$ について証明しましょう）．$\sqrt{(\cdot)}$ は 2 乗すると $(\cdot)$ になる正の数という意味で使われた単なる記号です．そこで，有理数や無理数を小数を用いて表現してみましょう．すると両者の違いが浮かび上がってきます．

1.8.1 有理数の性質

有理数を小数で表してその性質を調べてみましょう．例えば，

$$\frac{3}{2} = 1.5, \quad \frac{1}{5} = 0.2, \quad \frac{2}{16} = \frac{125}{1000} = 0.125$$

などのように，分子・分母を整数倍したとき分母が $10\cdots0$ の形に書けるものは **有限小数**，つまり小数点以下のある位で終わる小数になります．整数は特別な有限小数と見なしましょう．

§1.8 実数の小数表示

そうでない有理数, 例えば,

$$\frac{4}{3} = 1.3333\cdots (= 1.\dot{3}\text{と表しましょう}),$$
$$\frac{3}{7} = 0.42857142857142\cdots (= 0.\dot{4}2857\dot{1})$$

などは **循環小数**, つまり, 小数点以下のある位から, ある数字の列が繰り返し限りなく続く小数になります. このように有理数は有限小数または循環小数で表されます.

循環小数になるメカニズムを $\frac{3}{7}$ で調べてみましょう. まず, $3 < 7$ より整数部分は 0 です. 3 を 10 倍して 7 で割ると, 商 4 (小数第 1 位の数), そのときの余り 2. 以下同様に続けていって, それらを書き下していくと, 余りが 0 となることはなく,

商　4, 2, 8, 5, 7, 1, 4, 2, 8, 5, 7, 1, 4, 2, 8, 5, 7, ⋯
余り　2, 6, 4, 5, 1, 3, 2, 6, 4, 5, 1, 3, 2, 6, 4, 5, 1, ⋯

と続きます. 余り < 7 より, 少なくとも 7 回に 1 回は同じ余り, 例えば 2 が現れますね (上の表の余りが 2 のところを参照). 余りが同じ 2 とすると, 10 倍して 7 で割った商 2 (次の小数位の数) も余り 6 も同じになります. よって, 次の次の小数位の数 8 も余り 4 も同じです. そして, 次の次の次の小数位も同じ, ⋯. これらのことから, 小数第 2 位の 2 と小数第 8 位の 2 のように, 7 位の差以内に同じ数が現れ, いったん同じ数になると, それらに続く数も同じになります. こうして循環小数になるのですね.

以上の議論から, 任意の有理数は有限小数または循環小数で表されることがわかるでしょう. 任意の有限小数・循環小数は, また逆に, 有理数の形に表すことができます. 例えば, $N = 0.\dot{1}\dot{2} = 0.12121212\cdots$ なら, 100 倍すると $100N = 12.12121212\cdots$ だから, $(100-1)N = 12$. よって, $N = \frac{4}{33}$.

最後に, 注意すればすぐに気がつくことですが, 有理数 $\frac{m}{n}$ が循環小数になるか有限小数になるかは, 何進法で考えているかによります. 例えば, $\frac{3}{7} = 0 + \frac{3}{7} = (0.3)_7$ ですね. つまり, 有理数 $\frac{m}{n}$ は n 進法では有限小数になります. このことは, 有限小数と循環小数の間に本質的な差はないことを意味します.

1.8.2 循環小数でない無限小数

任意の有理数 $\frac{m}{n}$ は，必ず有限小数か循環小数で表されることがわかりました．では，数にはその 2 種類しかないのかと考えてみましょう．循環小数は，小数点以下の数字がある周期で無限に循環する無限小数ですね．ということは，「循環しないで無限に続く無限小数」があっても不思議はありませんね．有理数の加減乗除の計算をすると結果は有理数ですから，加減乗除によってはそんな数は決して現れません．

しかしながら，図形を扱う幾何の計算では，直角三角形の斜辺の長さ等を扱います．このとき，三平方の定理を用いるので，根号計算を行います．そして，$\sqrt{2}$ などの無理数が現れます．根号 $\sqrt{}$ の定義に従って計算して，小数で表していくと

$$\sqrt{2} = 1.4142135623730950488016887242097\cdots$$

となります[20]．$\sqrt{2}$ はいくら桁を増やして精確に計算しても有限小数にも循環小数にもなりませんでした．つまり，$\sqrt{2}$ は循環しない無限小数なのです．よって，$\sqrt{2}$ は有理数ではないはずで，分数で表すことはできませんね．

そのことを，$\sqrt{2}$ が有理数であると仮定して否定する証明，つまり背理法を用いて確かめてみましょう．$\sqrt{2}$ が

$$\sqrt{2} = \frac{p}{q}$$

と分数で表せたとしましょう．ただし，$\frac{p}{q}$ が既約分数になるように，p, q は（1 以外の）公約数のない自然数とします．ここがミソです．両辺を 2 乗して，分母を払うと

$$2q^2 = p^2.$$

---

[20] $\sqrt{2}$ の求め方の一例を示します．$\sqrt{2}$ は 2 乗して 2 になる正の数というのがその定義です．そこで，小数第 1 位の 1.4 まではわかっていたとすると，小数第 2 位の数を a ($a = 0, 1, 2, \cdots, 9$) として，$(1.4a)^2 < 2$ を満たす最大の a を $0, 1, 2, \cdots, 9$ の中から探します．電卓でやるとたいして手間がかかりません．こうして，$(1.41)^2 < 2, (1.42)^2 > 2$ なので $a = 1$，よって 1.41 まで決まります．下位の数字も同様です．試しにやってみることをお勧めします．$\sqrt{2}$ の感触がつかめます．

左辺は偶数だから，右辺 p^2 も偶数．そのためには p が偶数．よって，$p = 2p'$（p' は自然数）とおけば

$$2q^2 = 4p'^2, \quad \text{よって} \quad q^2 = 2p'^2.$$

$2p'^2$ は偶数だから q^2 は偶数，よって，q は偶数です．すると p も q も偶数になるので，p, q は公約数 2 をもつことになり，p, q は公約数のない自然数としたことに反しますね．この矛盾は $\sqrt{2}$ が有理数であると仮定したために生じました．よって，$\sqrt{2}$ は有理数ではない実数，つまり無理数であることが証明されました．

同様にして，$\sqrt{3}, \sqrt{5}, \sqrt{6}, \cdots$ も，$1 + \sqrt{2}, 1 + \sqrt{3}, 1 + \sqrt{5}, \cdots$ も，$\sqrt[3]{2}, \sqrt[3]{3}, \sqrt[3]{4}, \cdots$ も無理数であることがわかります[21]．これらの例から，無数に多くの無理数が存在し，無理数のほうが有理数よりはるかに多そうです．

さらに，円周率 π：

$$\pi = 3.1415926535897932384626433832795\cdots$$

も無理数であることが示されました[22]．

§1.9　実数の連続性

我々は §1.1 で直線上の点と実数の対応を考えました．点は連続的に動かすことができるので「連続量」ですが，点と $1:1$ に対応して実数が存在して，実数も連続量になるかどうかはまだ定かではありません．実数を有限小数や無限小数で表したとして，それらの全体，つまり実数の集合を想像すると，いかにも連続的に存在すると思われるほどの多さです．また，任意の無限小数を考えるとき，その数と小数 ∞ 位で異なる小数を想像することはできます．しかしながら，きちんとした証明となると，想像を絶するほど難しそうです．

---

[21] $\sqrt[n]{(\cdot)}$ は n 乗して $(\cdot)$ になる実数です．
[22] 2002 年 12 月，日本の数学者とコンピュータ会社の技術者チームが π を 1 兆 2411 億桁まで計算し，自ら樹立していた世界記録 2061 億桁 をさらに更新しました．関心のある人はホームページ http://pi2.cc.u-tokyo.ac.jp/index-j.html をご覧ください．

実数が連続量であること，つまり，実数が連続的に存在することは真に重要なことです．例えば，連続的に流れている時間は実数で表現されますが，実数がどこかで不連続ならば，そこで時間が存在しないのと同じくらいに由々しいことです．また，数学の根幹に関わる「関数の連続性」に関する定理は実数の連続性から導かれます．それほど重要なことなのですが，高校数学はそれを暗黙の了解事項にしています．以下の議論で，実数の連続性を保障するデデキント（Julius Wilhelm Richard Dedekind, 1831～1916, ドイツ）の理論にある程度踏み入ってみましょう．その議論をするときは，我々は有理数についてはよく知っている，つまり有理数の厳密な理論があるとして話を進めましょう．

1.9.1 有理数と無理数の特徴

有理数と無理数の特徴を今までとは違う角度から調べてみましょう．両者を小数表示して近似を考えると違いが見えてきます．

k を任意の整数，n を（大きくできる）自然数として，有理数

$$a = k + \frac{m}{n} \quad (m = 0, 1, \cdots, n-1)$$

を考えてみましょう．a が表すことができる有理数は

$$k, \quad k + \frac{1}{n}, \quad k + \frac{2}{n}, \quad \cdots, \quad k + \frac{n-1}{n} \quad (k は任意の整数)$$

なので，これらの有理数の集合は，隣の有理数との差が $\frac{1}{n}$ の，0 を含む，全ての有理数を表します．分母 n を大きくすれば，隣との差 $\frac{1}{n}$ はいくらでも小さくできるので，有理数は，$-\infty$ から $+\infty$ まで，限りなく小さな間隔でびっしり並んでいることがわかります．つまり，'任意の実数に対して，その数にいくらでも近い有理数が存在する' ことになります．

数直線上の1点から左右の有理数を眺めてみましょう．左右の有理数は，遠くから近くまで，そして 'すぐ隣' までぎっしりとあります．しかし，無限に拡大してよく見るとスカスカで，その間には無理数？が連なっているようです．

次に，有理数の近似を考え，近似を上げていったときに，その有理数のごく近くでどのような状況になっているかを見てみましょう．例えば，$\frac{4}{3} = 1.333\cdots$

§1.9 実数の連続性

の第 n 位近似（小数点以下第 $n+1$ 位以下切り捨て）を考えます．第 3 位近似は 1.333 ですが，$1.333 < \frac{4}{3}$ です．第 4 位近似でも，$1.3333 < \frac{4}{3}$．第 5 位近似でも，$1.33333 < \frac{4}{3}$，$\cdots$ となって，切り捨て近似は近似を上げていくと $\frac{4}{3}$ に近づいていきますが，どの近似も $\frac{4}{3}$ より小さい値になりますね．

さて，全ての有理数の集合を有理数 $\frac{4}{3}$ によって 2 つの集合に分けましょう．それらは，数直線を $\frac{4}{3}$ で切断したとき，$\frac{4}{3}$ '未満の区間' に含まれる有理数の集合と $\frac{4}{3}$ '以上の区間' に含まれる有理数の集合です．このように分けると，近似 1.333, 1.3333, 1.33333, $\cdots$ は全て未満の区間における近似ですね．また，これらは全て有理数であり，それらは近似を上げるにつれて増加し，$\frac{4}{3}$ に下のほうから限りなく近づいていきます．

よって，未満の区間では，増加する無数の有理数が存在することになります．しかしながら，そのうちのどれが最大のものかは特定できません．このようなとき，最大のものは存在しないということにします．よって，有理数 $\frac{4}{3}$ 未満の区間では最大の有理数は存在しません．一方，$\frac{4}{3}$ 以上の区間では，最小の有理数は特定できます．$\frac{4}{3}$ それ自身が最小になりますね．

負数 $-1 = -1.000\cdots$ についても同様です．-1 未満の区間での近似 -1.1, -1.01, -1.001, $\cdots$ (< -1) も全て有理数ですが，最大のものはありません．-1 以上の区間では -1 が最小の有理数です．他の有理数についても同様で，有理数については，その未満の区間では最大の有理数がなく，その以上の区間ではその有理数それ自身が最小の有理数です．

無理数ではどうでしょうか．$\sqrt{2} = 1.41421356\cdots$ でも同様に近似してみましょう．未満の区間での近似は 1.4, 1.41, 1.414, 1.4142, $\cdots$ $(< \sqrt{2})$ となり最大の有理数はありません．以上の区間での近似は，$\sqrt{2}$ 以上になるように第 n 位近似では小数第 $n+1$ 位を切り上げます．それは未満の区間での近似に，それぞれ，0.1, 0.01, 0.001, 0.0001, $\cdots$ をつけ加えて得られます：1.5, 1.42, 1.415, 1.4143, $\cdots$ $(> \sqrt{2})$．こちらのほうは小さくなっていく有理数ですが，最小と特定できるものがないので，無理数 $\sqrt{2}$ は以上の区間においても最小の有理数は存在しません．他の無理数についても同様ですね．

1.9.2 実数の新たな定義

前の §§ の議論をまとめましょう：有理数は未満の区間で最大の有理数がなく，以上の区間で最小の有理数（その有理数自身）がある．無理数は未満の区間で最大の有理数がなく，以上の区間でも最小の有理数がない．

次に，上のまとめの文の主部と述部を入れ替えて，元の主語に'その境目の'をつけてみましょう：未満の区間で最大の有理数がなく，以上の区間で最小の有理数があるのは'その境目の'有理数である．未満の区間で最大の有理数がなく，以上の区間で最小の有理数がないのは'その境目の'無理数である．

新たな主部を見ると'有理数'だけが現れ'無理数'は消えています．そこで，述部の'その境目'を決める条件が有理数だけを用いて以下のように表現できます．

全区間に存在する全ての有理数を考えます．そして，全ての有理数を，以下の条件で，未満の区間のものと以上の区間のものにふるい分けします：未満の区間のどの有理数も以上の区間の全ての有理数より小さい．また，未満の区間に最大の有理数は存在しないという条件をつけ加えます．

このとき，以上の区間に対して，2通りの場合があります：

　　　　　（A）最小の有理数がある．　　　（B）最小の有理数はない．

デデキントは著作『連続性と無理数』(1872) の中で次のように述べました：(A) の場合には未満の区間と以上の区間の「境目」は有理数を表すと定義し，(B) の場合にはその境目は無理数を表すと定義する．無理数を定義するとは無理数の存在を定義するということです．これは凄いことをいっています．つまり，彼は無理数を定義によって'創造し'，それが理論の出発点の公理であると宣言しているのです．こういわれたらその定義を受け入れるか受け入れないかの二者択一です．そして，全ての数学者がこの定義を受け容れたのです．

次のようにいうとわかりやすいでしょうか．数直線上で，未満の区間と以上の区間を設定すると，全ての有理数は両区間のどちらかにふるい分けられて，その境目の点に対応する数が有理数か無理数かに定義されます．そこで，両区間の設定を連続的に変化させると，つまり境目を連続的に移動させると，有理数のふるい分けも連続的に変化し，境目の点の実数も連続的に有理数か無理数

に定義されていきます．つまり，連続的に全てのふるい分けを実行すると，有理数と有理数の間に潜んでいた無理数が境目として全て炙り出されるというわけです．

こうして，$-\infty$ から $+\infty$ まで実数が連続的に存在することになり，'**実数の連続性** が保障された' ことになります．我々は，以後，この新しい定義による実数を実数としましょう．

なお，この実数についての理論では加減乗除もきちっと定義して，'実数は計算法則を満たす' ことを証明しています．また新しい定義による無理数は循環しない無限小数に一致することが示されました[23]．

これでひとまず実数の基礎についての議論を終えましょう．

§1.10 整数の性質

整数の性質についての基本的な議論を行いましょう．その中には§§1.5.2 の「$1+1=2$？」で出てきた合同式もあります．今までに公理 (A.1–6) を議論しましたが，高校数学で必要なもう 1 つの公理も簡単に議論しておきます．

1.10.1 自然数の因数分解

以下，この §§ で表れる数は，簡単のために，全て自然数としましょう．

1.10.1.1 約数・倍数・素数

自然数 a が自然数 b で割り切れるとき，b は a の **約数** (divisor) といい（しばしば，b は a の因数ともいいます），a は b の **倍数** (multiple) といいましたね．'a が b で割り切れる' ことを正確に表すと

$$a = bk \text{ を満たす自然数 } k \text{ が存在する}$$

となります．自然数のうち，1 と自分自身以外に約数をもたない 2 以上の自然数を **素数** といい，残りの 1 以外の自然数を **合成数** といいます．1 は素数でも合成数でもありません．

---

[23] ここに紹介したのは「デデキントの切断」という有名な理論です．興味のある人は，集合と数列の極限を学んだ後，挑戦されるとよいでしょう．

素数を小さい順に並べると，2, 3, 5, 7, 11, 13, 17, 19, 23, 29, 31, ⋯ となり，大きくなるにつれてだんだん疎らになっていきますが，いくらでも大きなものがありそうですね．実際，2000年以上前にユークリッドはいくらでも大きな素数が存在することを証明しています：素数が有限個であると仮定して，それらを $p_1, p_2, p_3, \cdots, p_n$ としましょう．そこで，自然数

$$N = (p_1 \cdot p_2 \cdot p_3 \cdots \cdot p_n) + 1$$

を考えましょう．このとき，もし N が合成数だとすると，N は素数 $p_1, p_2, p_3, \cdots, p_n$ のどれかで必ず割り切れるはずです．ところが，実際には，N はどの p_k ($k = 1, 2, \cdots, n$) で割っても 1 余るので，N は素数でなければなりません．しからば，N は p_k のどれかに一致するかというと，どの p_k についても $p_k < N$ は明らかで，N はどの p_k にも一致しない素数ということになります．よって，素数は $p_1, p_2, p_3, \cdots, p_n$ の有限個しかないと仮定すると矛盾するので，命題「素数は有限個しかない」は否定され，したがって，排中律の公理（つまり背理法）により命題「素数は無限にある」が成立します．

2004年8月現在，知られている最大の素数は $2^{24036583} - 1$ のようです[24]．これは「メルセンヌ素数」といわれるタイプです．素数探しはコンピュータの性能試験にも役立っています．

1.10.1.2　素因数分解の一意性

素因数分解の例 $420 = 2^2 \cdot 3 \cdot 5 \cdot 7$ からわかるように，'自然数は素数の積に一意に[25]因数分解される' ことは経験的によく知られていますね．これは完全に一般的な事実で，**素因数分解の一意性定理** と呼ばれ，整数論の基本定理になっています．素因数分解の一意性は，数学的に重要なことはもちろんのこと，現在では，インターネット通信の秘密保持のための「暗号鍵」の原理として役立っています．

素因数分解の一意性定理の厳密な証明には「数列」の知識が必要になりますが，君たちはその証明を授業で教わることはまずないので，ここでは証明に近い形で解説しましょう．

---

[24] 素数に関心のある人はウェブサイト http://www.utm.edu/research/primes/largest.html で調べられます．
[25] 一意に＝ただ1通りに．

§1.10 整数の性質

まずは，2以上の自然数が必ず素因数分解されることから．例えば，10以下の自然数は全て素因数分解ができるので，'ある自然数 N までは素因数に分解できることがわかっている' としましょう．証明の核心は，自然数 N が素因数分解できれば $N+1$ も素因数分解できることが示され，その結果を用いて，まったく同様に $N+2$ についても示され，$N+3$ でも同様，… と，芋づる式に，または将棋倒しのように，いくらでも大きな自然数についても示すことができることです．

ある自然数 N までは素因数に分解できることが示されていると仮定します．次に，自然数 $N+1$ が素数ならば既に素因数分解されています．もし $N+1$ が合成数ならば，その定義によって，$N+1 = ab$ と2以上の自然数 a, b の積に因数分解できます．このとき，a, b は明らかに N 以下の自然数になるので，仮定「N までは素因数分解できる」によって，自然数 a, b は共に素因数分解でき，よって，$N+1$ が素因数分解できます．したがって，$N+1$ まで素因数分解できます．そこで今度は '$N+1$ まで素因数分解できる' ことを利用すると，同様にして，$N+2$ まで素因数分解できることが示されます（$N+2$ が合成数のとき $N+2 = a'b'$ とでもして確かめましょう）．以下，このことを繰り返していくと，原理的には，'いかに大きな自然数についても' 素因数分解できることがわかりますね．このような証明法は **数学的帰納法** と呼ばれ，§§1.3.1 の演算の公理 (A.1–5) を排中律の公理 (A.6) と共に補う，現代数学の基本公理として仮定されています[26]．数学的帰納法の原理を公理 (A.7) としましょう．以上のことから，全ての自然数は素因数に分解できることが示されました．

次は，素因数分解の一意性のほうです．まず，p を素数として，$pa = bc$ が成立するならば，p は b または c の約数になることを示しましょう：$pa = bc$ の両辺を p で割ると

$$a = \frac{bc}{p}.$$

左辺 a は自然数ですから，右辺も自然数でなければならず，(bc) は p の倍数です．このとき，$b, c, (bc)$ は素因数分解できることが既に示されていることに注意しましょう．p は素数，b, c は自然数ですから，b と c の両方が p の倍数

---

[26] 同様の論法はペアノの公理系のところでも現れ，そこでは当然のこととして黙って用いました．数学的帰納法の詳細は「数列」の章で扱います．

でないとすると (bc) は，p を因数として含まなくなるので，p で割り切れなくなり，右辺は自然数になりません．よって，b または c の少なくとも一方は p の倍数です．$pa = bcd$ が成立する場合も，b, c, d のどれも p の倍数でないとすると矛盾します．まったく同様にして，補助定理

$$pa = b_1 b_2 \cdots b_n \Rightarrow b_1, b_2, \cdots, b_n \text{ のどれかは } p \text{ の倍数}$$

が任意の自然数 n に対して得られます．

これで準備が整いました．2 以上の任意の自然数 N が，素数の 2 つの組 $p_1, p_2, \cdots, p_m$ と $q_1, q_2, \cdots, q_n$ を用いて

$$N = p_1 p_2 \cdots p_m = q_1 q_2 \cdots q_n$$

と 2 通りに表されたとしましょう．補助定理より，素数 p_1 は $q_1, q_2, \cdots, q_n$ のどれかの約数です．p_1 が q_k の約数だとすると，q_k も素数なので，両者は一致する，つまり，$p_1 = q_k$ が成り立ちます．そこで，上式の両辺を p_1 で割って，素数 p_2 について同じ議論をします．$p_3, \cdots, p_m$ についても同じことを繰り返し，それらで割っていくと左辺は 1 になります．このとき，右辺が 1 でないと矛盾するので，$p_1 p_2 \cdots p_m$ と $q_1 q_2 \cdots q_n$ は完全に同じ素数の積の形をしていなければなりません．つまり，両者とも素数を小さい順に並べてあれば，

$$p_1 = q_1, \quad p_2 = q_2, \cdots, \quad p_m = q_n \quad (m = n)$$

が成立します．少々長くなりましたが，これで素因数分解の一意性定理が示されました．

1.10.1.3 公約数・公倍数

3 つの自然数 a, b, c について，c が a の約数でもあり，かつ b の約数でもあるとき，つまり

$$a = ck, \quad b = ck' \quad \text{を同時に満たす自然数 } k, k' \text{ が存在する}$$

とき，c を a, b の **公約数** (common divisor) といいます．公約数のうち最大のものを **最大公約数** (greatest common divisor，略して，GCD) といいます．a, b の最大公約数を表すときに，記号 $\mathrm{GCD}(a, b)$ はよく用いられます．例え

§1.10 整数の性質

ば，10 と 20 の公約数は，1, 2, 5, 10 の 4 個あり，最大公約数 GCD(10, 20) は 10 です．1 は任意の自然数の約数であることに注意しましょう．自然数 a, b が 1 以外に公約数をもたないことを，"a, b は**互いに素**"であるといい，しばしば，GCD(a, b) = 1 と表されます．2 つの異なる素数 p, q は，もちろん，互いに素なので GCD(p, q) = 1 です．

3 つの自然数 a, b, c について，c が a の倍数でもあり，かつ b の倍数でもあるとき，つまり

$$c = ak, \quad c = bk' \quad \text{を同時に満たす自然数 } k, k' \text{ が存在する}$$

とき，c を a, b の **公倍数** (common multiple) といいます．公倍数のうち最小のものを **最小公倍数** (least common multiple, 略して，LCM) といいます．a, b の最小公倍数を表すときに，記号 LCM(a, b) はよく用いられます．例えば，10 と 15 の公倍数は 30, 60, 90, ⋯ と無数にあり，最小公倍数 30 は LCM(10, 15) = 30 と表します．

2 つの自然数 a, b とそれらの最大公約数 GCD(a, b) = G を用いて a, b の最小公倍数 LCM(a, b) を表すことができます：$a = Ga', b = Gb'$ とおくと，a' と b' は互いに素だから

$$\text{LCM}(a, b) = Ga'b'$$

となりますね．したがって，

$$\text{LCM}(a, b) = \frac{ab}{\text{GCD}(a, b)} \Leftrightarrow \text{GCD}(a, b)\text{LCM}(a, b) = ab$$

が成り立ちます．これは最大公約数と最小公倍数の基本的な関係です．

1.10.2　整数の割り算

約数や倍数は，問題にしている数が整数の場合には，一般に整数の範囲で考えます．ただし，最大公約数は正の公約数のうちで最大のもの，最小公倍数は正の公倍数のうちで最小のものとします．なお，0 については，任意の整数 k に対して $0 = k \times 0$（0 を k で割ると割り切れる）が成り立つので，'0 は任意の整数の倍数' です．

1.10.2.1 ユークリッドの互除法

自然数 a, b の最大公約数 GCD を求める素朴な方法は a, b を素因数分解することですが，数が大きくなるにつれて耐えがたい負担になります．例えば，13256 と 123 の GCD が 1，つまりそれらが互いに素であることを示すのに君は何分かかるでしょうか？ 割り算を何度か繰り返して最大公約数を求める**ユークリッドの互除法** というのがあります．その方法は理論的考察をする際にも重要です．

自然数 $a, b\,(a > b)$ に対して，a を b で割った商を q，余りを r とすると
$$a = bq + r, \quad 0 \leqq r < b$$
を満たす自然数 q, r がただ 1 通りに定まります．この式は，$a = bq + r$ を $a - b \times q = r$ と変形すればわかるように，a から b を繰り返して引き，その残り r が $0 \leqq r < b$ となるまで続けたとすると，引いた回数が q であることを意味しています．この見方をすると，商 q，余り r がただ 1 通りに定まること，および，割り算は引き算の繰り返しであることが納得できるでしょう．

ユークリッドの互除法の原理は a, b の最大公約数を G，また b, r の最大公約数を G' とすると，$G = G'$ となることです：まず，$a = Ga', b = Gb'$ とおくと a', b' は自然数で，このとき $a = bq + r$ より $r = Ga' - Gb'q = G(a' - b'q)$ となって G は r の約数です．よって，$b = Gb'$ も成り立つから，G は b, r の公約数です：G は G' の約数．次に，$b = G'b'', r = G'r''$ とおくと b'', r'' は自然数で，$a = bq + r = G'(b''q + r'')$ だから，G' は a, b の公約数です：G' は G の約数．したがって，G は G' の約数かつ G' は G の約数となるので，$G = G'$ が成り立ちます：
$$a = bq + r \text{ のとき} \quad \text{GCD}(a, b) = \text{GCD}(b, r).$$
そこで，今度は b を r で割ると，同様にして
$$b = rq_1 + r_1 \text{ のとき} \quad \text{GCD}(b, r) = \text{GCD}(r, r_1)$$
が得られます．これで見えてきたと思います．この割り算の手続きを繰り返すと，最後には必ず割り切れて（何故でしょう），$r_{n-1} = r_n q_{n+1} + 0$ のような形になり
$$\text{GCD}(a, b) = \text{GCD}(r_n, 0)$$

§1.10 整数の性質

が得られます．$0 = r_n \times 0$ ですから，GCD$(a, b) = r_n$ と最大公約数が求まります．

ユークリッドの互除法を用いて 13256 と 123 の最大公約数を求めてみましょう．まず，13256 を 123 で割ると，13256 = 123 × 107 + 95．次に，123 を 95 で割ると，123 = 95 × 1 + 28．以下同様にして，95 = 28 × 3 + 11．28 = 11 × 2 + 6．11 = 6 × 1 + 5．6 = 5 × 1 + 1．5 = 1 × 5 + 0．したがって，GCD(13256, 123) = GCD(1, 0) = 1 が得られますね．これらの計算は右の表のように行うのがよいでしょう．

107	13256	123	1
	13161	95	
3	95	28	2
	84	22	
1	11	6	1
	6	5	
5	5	**1**	
	5		
	0		

では，ここで練習です．GCD(13256, 1234) を求めよ．右表のように計算しましょう．答は 2 です．

1.10.2.2 合同式

日常生活では，時刻をいう場合に午前・午後を省略して，"8 時"などと言っただけで意味が通じる場合がほとんどですね．午後 8 時の場合は 20 時から 12 時を引いた 8 時，もしくは，20 時を 12 で割った余り 8 時のことを指していますね．時計の針は何年も回り続けるので，'12 で割った余り'のほうが一般的な議論に適しています．授業で，1234567 を 3 で割った余りを求めなさい等という問題が出たこともあったでしょう．実際に 1234567 を 3 で割らずとも，1 + 2 + 3 + 4 + 5 + 6 + 7 = 28 を 3 で割ったときの余り 1 が答であることを習ったと思います．割り算で余りにだけ関心がある場合は結構多いようです．

19 世紀の超偉大なドイツの数学者ガウス（Karl Friedrich Gauss, 1777～1855）は，ある自然数が素数かどうかを研究する際に，'等しい'に似た **合同** という考えを導入しました．例えば，$20 \equiv 8 \pmod{12}$ と書いて[27]，"20 と 8 は 12 を法として合同"とか"20 と 8 は mod 12 で合同"などと読み，この式を **合同式** といいます．20 を 12 で割った余りと 8 を 12 で割った余りが '等しい' という意味です．一般には，x, y を整数，m を自然数としたとき，合同式

---

[27] mod = modulo = ～を法として．「法」は '測定のもととなるもの' の意味で用いられています．

$x \equiv y \pmod{m}$ は「x は y に m の倍数を加えたもの」として定義されます：

$$x \equiv y \pmod{m} \Leftrightarrow x = y + km \text{ となる整数 } k \text{ がある}.$$

感覚的には $m \equiv 0$, つまり 'm は 0 と同じと見なす' のが mod m の合同式と思ってよいでしょう．

合同式の定義より，整数 x, y, z に対して任意の mod で，$x \equiv x$（反射律），$x \equiv y \Rightarrow y \equiv x$（対称律），および $x \equiv y$ かつ $y \equiv z \Rightarrow x \equiv z$（推移律）が成り立ちます．これらは，合同式についてはもちろん，§§1.5.2 で紹介した同値関係〜を厳密に扱うときには重要です．交換・結合・分配の計算法則は等号＝の段階で成り立つので，$x = y \Rightarrow x \equiv y$ より，もちろん成り立ちます．その他に，我々が必要な基本定理は合同式の加・減・乗に関するものです：x, y, z, w を整数として，任意の自然数 m に対して

$$x \equiv y \text{ かつ } z \equiv w \pmod{m} \Rightarrow x + z \equiv y + w \pmod{m},$$
$$x \equiv y \text{ かつ } z \equiv w \pmod{m} \Rightarrow x - z \equiv y - w \pmod{m},$$
$$x \equiv y \text{ かつ } z \equiv w \pmod{m} \Rightarrow x \cdot z \equiv y \cdot w \pmod{m}$$

が成り立ちます．これらの定理は，合同式の定義と x, y, z, w を m で割った余りを考え，$x = mk + x'$ ($0 \leq x' < m$) などと表して両辺を比較すると容易に示されます．それは練習問題にしましょう．ヒント：y を m で割った余りを y' とすると，$xy \equiv x'y' \pmod{m}$ などが成り立ちます．

積の定理から，x の n 乗に関する重要な定理

$$x^n \equiv x'^n \pmod{m} \qquad (x = mk + x')$$

が得られます．これも練習問題にしましょう．ヒント：$x \equiv x'$ を用いて，$x^2 = x \cdot x$, x^3, x^4, $\cdots$ を計算しましょう．

これで準備ができました．1234567 を 3 で割った余りはその数の各位の数の和を 3 で割った余りであることを示しましょう．1234567 は 10 進数ですから

$$1234567 = 7 + 6 \cdot 10 + 5 \cdot 10^2 + \cdots + 1 \cdot 10^6$$

と表されますね．ここで，$10 \equiv 1 \pmod{3}$ ですから，$10^n \equiv 1 \pmod{3}$ が成り立ち，よって，合同式の定理より，簡単に

$$1234567 \equiv 7 + 6 + 5 + 4 + 3 + 2 + 1 (= 28 \equiv 1) \pmod{3}$$

§1.10 整数の性質

であることが示されます．3で割った余りを考えるときは10を1と見なして計算してよいということですね．同様のことは9で割るときにも起こります．1234567を9で割ると余りは□ですね．

では，ここで問題をやってみましょう．連立方程式

$$\begin{cases} N \equiv 1 \pmod 2 & \cdots\cdots\cdots ① \\ N \equiv 2 \pmod 3 & \cdots\cdots\cdots ② \end{cases}$$

を満たす整数 N を求めよ．

①は N が奇数，②は N が3で割ると余りが2であることを表し，そのような N は無数にあります．合同式の定義より①，②の書き方は1通りでなく，①の右辺の1は任意の奇数で置き換えてもよく，②の右辺は3で割ると2余る任意の整数で構いません．そこで，上の連立方程式の右辺を，奇数かつ3で割ると2余る整数，例えば5で置き換えて

$$\begin{cases} N \equiv 5 \pmod 2 \\ N \equiv 5 \pmod 3 \end{cases}$$

と右辺の数が一致するようにすると解法が見えてきます．つまり，

$$\begin{cases} N - 5 \equiv 0 \pmod 2 \\ N - 5 \equiv 0 \pmod 3 \end{cases}$$

ですから，$N-5$ は2でも3でも割り切れる数，つまり2の倍数かつ3の倍数ですね．よって，$N-5$ は2と3の最小公倍数6の倍数：

$$N - 5 \equiv 0 \pmod 6 \Leftrightarrow N = 5 + 6k \quad (k \text{ は任意の整数})$$

となります．

練習問題を1題．7で割ったら1余り，11で割ったら4余る整数 N を求めよ．ヒントは不要でしょう．答は $N \equiv 15 \pmod{77}$ です．

合同式の加減乗の定理では mod が変わりませんが，合同式の商の定理では注意が必要です：x, y を整数，m, a を自然数とするとき，定理

$$ax \equiv ay \pmod m \Rightarrow x \equiv y \pmod{\frac{m}{\mathrm{GCD}(m,a)}}$$

が成り立ちます．$\mathrm{GCD}(m, a) > 1$ のときは mod が変わります．

この定理を証明するには $ax \equiv ay \pmod{m}$ を

$$ax = ay + mk \quad (k \text{ は整数})$$

と書いて，両辺を a で割ります：$\text{GCD}(m, a) = G$，$m = Gm'$，$a = Ga'$ とすると

$$x = y + \frac{mk}{a} = y + \frac{m'k}{a'}.$$

ここで，x, y は整数だから $\frac{m'k}{a'}$ も整数であり，m' と a' は互いに素なので k が a' の倍数になります．よって，$k = a'k'$（k' は整数）と書くと，上式は

$$x = y + m'k' = y + \frac{m}{G}k', \quad \text{よって} \quad x \equiv y \ \left(\bmod \frac{m}{\text{GCD}(m,a)}\right)$$

となり，証明されました．

1.10.3　整数論の基本定理

前の §§ の合同式の連立方程式 $N \equiv 1 \pmod 2$ かつ $N \equiv 2 \pmod 3$ は $N = 2x + 1 = 3y + 2$ となる整数 x, y を求めることと同じなので，その問題は整数係数の 1 次方程式

$$2x + 1 = 3y + 2 \iff 2x - 3y = 1 \quad (x, y \text{ は整数})$$

を解くことと同じになります．一般に，整数解に限定した整数係数の 1 次方程式

$$ax + by = c \quad (a, b, c; x, y \text{ は整数}) \quad (\text{不定方程式})$$

を 1 次の「不定方程式」といい古代ギリシャ時代から研究されてきました．この方程式は無数の整数解をもつか，$2x + 4y = 3$ の例からわかるように（左辺は偶数），1 つも整数解がないかのどちらかです．1 次不定方程式が解をもつ条件を求めることは重要で，それは以下に述べられる **整数論の基本定理**：

整数 a, b が互いに素のとき　$ax + by = 1$ は整数解をもつ

から得られます．この定理を証明し，不定方程式が解をもつ条件を調べましょう．

§1.10 整数の性質

整数論の基本定理の証明には種々の方法がありますが，最も簡明と思われる方法で行いましょう．$\mathrm{GCD}(a, b) = 1$ として，整数 x, y の式

$$N = ax + by$$

を考えます．x, y がいろいろな整数値をとると，それに対応して N はいろいろな整数値になります．例えば，$x = ka, y = kb$（k は整数）としてみると明らかなように，N は正にも負にも，また $\overset{\bullet}{0}$ にも $\overset{\bullet}{な}\overset{\bullet}{り}\overset{\bullet}{ま}\overset{\bullet}{す}$．この証明法は，全ての整数 x, y を考えて，$N = ax + by$ がとり得る値のうちで正で最小のものを仮に $N = c_0$ としたとき，$c_0 = 1$ を示そうという方法です．N の正の最小値を c_0 とすると，可能な N の値は $N \geq c_0$ または $N \leq 0$ であることに注意しましょう．

$N = c_0$ のとき，仮定により方程式

$$ax + by = c_0$$

は整数解をもちます．その解の 1 組を $(x, y) = (x_0, y_0)$ としましょう：

$$ax_0 + by_0 = c_0.$$

さて，係数 a, b を c_0 で割って，余りをそれぞれ r_1, r_2 とします：

$$a = c_0 q_1 + r_1 \qquad (0 \leq r_1 < c_0),$$
$$b = c_0 q_2 + r_2 \qquad (0 \leq r_2 < c_0).$$

このとき，上式と等式 $ax_0 + by_0 = c_0$ から

$$r_1 = a - c_0 q_1 = a - (ax_0 + by_0)q_1$$
$$= a(1 - q_1 x_0) + b(-q_1 y_0)$$

と表され，$1 - q_1 x_0$ および $-q_1 y_0$ は整数なので，r_1 は N の可能な値の範囲（$N \geq c_0$ または $N \leq 0$）にあります：$r_1 \geq c_0$ または $r_1 \leq 0$．一方，r_1 は c_0 で割った余りなので，その範囲は $0 \leq r_1 < c_0$ です．よって，両方の条件を満たすためには

$$r_1 = 0$$

でなければなりません．同様にして，$r_2 = 0$ も成立します（確かめましょう）．

$r_1 = r_2 = 0$ より $a = c_0 q_1$, $b = c_0 q_2$ となるので，c_0 は a と b の公約数です．ところが仮定によって GCD$(a, b) = 1$ でしたから，それを満たすためには $c_0 = 1$ が必要です．以上の議論から $ax_0 + by_0 = 1$ となり，互いに素な整数係数の 1 次不定方程式 $ax + by = 1$ は整数解をもつことが示されました．

次に，整数論の基本定理を用いて一般の 1 次不定方程式が解をもつ条件を調べましょう．上の議論から $ax_0 + by_0 = 1$ が成り立ちました．この両辺に整数 c を掛けると

$$a(cx_0) + b(cy_0) = c$$

ですが，これは，a, b が互いに素のとき，1 次不定方程式 $ax + by = c$ は任意の整数 c に対して解をもつことを意味しますね．

今度は，一般の整数係数不定方程式 $a'x + b'y = c'$ を考えましょう．このとき，GCD$(a', b') = G$, $a' = Ga$, $b' = Gb$ とします．両辺を G で割ると，

$$ax + by = \frac{c'}{G}$$

となりますが，左辺は整数なので右辺も整数です．右辺を c と書くと，c が整数のときは互いに素な整数係数の不定方程式 $ax + by = c$ となって解をもち，そうでないときは解がありません．したがって，定理

　　一般の整数係数 1 次不定方程式 $a'x + b'y = c'$ が整数解をもつための
　　必要十分条件は c' が GCD(a', b') で割り切れることである

が示されました．

不定方程式の例としてとり上げた

$$(N =)\ 2x + 1 = 3y + 2$$

を合同式を用いずに解いてみましょう．2 と 3 は互いに素だから整数解があることは保証されています．解の 1 組は $x = 2$, $y = 1$ よって $N = 5$ のときで，それを $(5 =)\ 2 \cdot 2 + 1 = 3 \cdot 1 + 2$ と表して方程式から辺々引くと，方程式

$$(N - 5 =)\ 2(x - 2) = 3(y - 1)$$

が得られます．2 と 3 は互いに素より，k を任意の整数として，解 $x - 2 = 3k$,

§1.11　素数を利用した暗号

よって
$$y - 1 = 2k, \quad N - 5 = 6k$$
が得られます．

　練習問題は前の§§で練習問題にした $(N =) 7x + 1 = 11y + 4$ です．合同式を用いずに解きなさい．ヒント：方程式を満たす整数解の1組を探しましょう．答は，解の1組を $x = 2, y = 1$ とすると，k を任意の整数として，$x - 2 = 11k$，よって $y - 1 = 7k, N - 15 = 77k$ です．ただし，解の表し方は解の1組の選び方によって見かけ上変わるので，k に全ての整数を代入して得られる解の集合が一致すれば正しい解です．例えば，$x = 2 + 11(k - 1) = -9 + 11k$ などと表すこともできます．

§1.11　素数を利用した暗号

　整数の基本的性質を学んできましたが，それが何の役に立つの？と思う人も多いでしょう．整数，それも最も実用にならないと考えられていた素数が，コンピュータ社会においては，なくてはならない存在になったのです．

　3713を素因数分解してみましょう．小さな素数 2, 3, 5, $\cdots$ の順で割っていくと，47で割り切れるので，$3713 = 47 \times 79$ と2つの素数の積で表されますね．4桁の自然数の素因数分解はたいしたことはありません．アメリカの科学雑誌が，1977年の8月号で，ある暗号技術の紹介と共に，百ドルの懸賞金付きで，129桁の自然数の素因数分解の問題を載せました．600人の若者がこれに応じ，各自の分担を決めて，コンピュータを駆使して答を探しました．その数が64桁の素数と65桁の素数の積であることを彼らが報告したのは1994年の4月といいますから，なんと17年後のことでした．もし1桁大きい130桁の自然数の問題だったらその10倍ぐらいの計算が必要なので，解くのに100年以上はかかるでしょう．非常に大きな自然数の素因数分解は短日では不可能ですね．以下，そのことを利用した暗号の原理を議論しましょう．

1.11.1　フェルマーの小定理

　まずは必要な数学の準備です．実数 a を n 個掛けた数を a^n と表しましたね．$a^m \times a^n$ は，a を m 個掛けてさらに n 個掛けたもの，つまり a を $m + n$ 個掛け

たものなので
$$a^m \times a^n = a^{m+n}$$
ですね．次に，$(a^m)^n$ は a^m を n 個掛けたもの，つまり a を $m \times n$ 個掛けたものです：
$$(a^m)^n = a^{mn}.$$

コンピュータでは文字は全て 2 進数の自然数に置き換えられるので文字と自然数は同じであり，ディスプレー画面に表示するときだけ異なります．そこで，ある自然数 a はある文字を表すとして，自然数 a を '文字' a と呼びましょう．そこで，§§1.10.2.2 で学んだ合同式を利用します．a を m 乗して適当な mod s をとると，a は異なる '文字' $a' \equiv a^m \pmod{s}$ に変換されます．これが暗号文字 a' です．ところが，$a' \equiv a^m$ を n 乗したとき，もし $(a^m)^n \equiv a \pmod{s}$ が成り立つならば，暗号は元の文字 a に戻るので解読できます．そんなことが可能なことを以下に示しましょう．

まず，「フェルマー[28]の小定理」と呼ばれる整数論の重要な定理を導きます．mod 5 で 2 の 2 乗，3 乗，4 乗，5 乗を計算してみてください．$2^4 = 16 \equiv 1 \pmod{5}$，よって，$2^5 \equiv 2 \pmod{5}$ ですね．mod 5 で 2 を 5 乗すると 2 に戻りましたね．これは単なる偶然ではありません．3 についても，$3^4 = 81 \equiv 1 \pmod{5}$，よって，$3^5 \equiv 3 \pmod{5}$ です．このようなことが一般に成り立つことを示したのがフェルマーの小定理です：

p を任意の素数とする．このとき，任意の整数 a に対して
$$a^p \equiv a \pmod{p} \quad (a \text{ は任意の整数})$$
が成り立つ．特に，a が p で割り切れないとき
$$a^{p-1} \equiv 1 \pmod{p} \quad (a \not\equiv 0 \pmod{p})$$
が成り立つ．

'小' 定理といわれる理由は，君たちも知っている「フェルマーの大定理」：

2 より大きい自然数 n に対して
$$\text{不定方程式} \quad x^n + y^n = z^n \quad \text{は自然数解をもたない}$$

---

[28] フェルマー（Pierre de Fermat, 1601～1655, フランス）．

§1.11 素数を利用した暗号

があるからです．大定理は，多くの努力にもかかわらず，300 年以上にわたって証明されずにいましたが，ついに 1995 年，イギリスの数学者ワイルズ（Andrew John Wiles, 1953～）がそれをなし遂げました．

　フェルマーの小定理の証明には興味ある補助定理を使います．mod 5 で 0, 1, 2, 3, 4, のそれぞれに 2 を掛けてみてください．それぞれ 0, 2, 4, 1, 3 と互いに異なる数になりましたね．このことは一般に成り立ちます：

　　p を素数，a を p で割り切れない整数，k と l を任意の整数とするとき
$$k \not\equiv l \pmod{p} \Rightarrow ka \not\equiv la \pmod{p} \quad (a \not\equiv 0 \pmod{p})$$
が成り立つ．

§§1.6.2 で命題とその対偶の真偽は一致することを議論しましたね．上の命題の対偶は
$$ka \equiv la \pmod{p} \Rightarrow k \equiv l \pmod{p}$$
なので，対偶のほうを調べましょう．$ka \equiv la \pmod{p}$ より $(k-l)a \equiv 0 \pmod{p}$ ですが，$a \not\equiv 0 \pmod{p}$ としているので，$k-l \equiv 0 \pmod{p}$ よって $k \equiv l \pmod{p}$ が得られます．したがって，対偶が真となるので命題も真です．なお，背理法を用いても証明できますが，それは練習問題としましょう．ヒント：「$k \not\equiv l \pmod{p} \Rightarrow ka \equiv la \pmod{p}$」が偽であることを示します．

　上の補助定理より，a が p で割り切れないとき，$1a, 2a, 3a, \cdots, (p-1)a$ は mod p で互いに全て異なり，よって
$$1a \cdot 2a \cdot 3a \cdots (p-1)a \equiv 1 \cdot 2 \cdot 3 \cdots (p-1) \pmod{p}$$
が成り立ちます．そこで，商の定理
$$ax \equiv ay \pmod{m} \Rightarrow x \equiv y \left(\mathrm{mod}\ \frac{m}{\mathrm{GCD}(m,a)}\right)$$
を利用して，両辺を $1 \cdot 2 \cdot 3 \cdots (p-1)$ で割ると $a^{p-1} \equiv 1 \pmod{p}$ が得られます．この式の両辺に a を掛けて，$a^p \equiv a \pmod{p}$ が得られます．この等式は，$a \equiv 0 \pmod{p}$ のとき $a^p \equiv 0 \equiv a \pmod{p}$ だから，任意の整数 a に対して成り立ちますね．

1.11.2 RSA公開鍵暗号

素因数分解が難しい素数の積を作り，暗号を解読するための仕掛けをするために，フェルマーの式を細工しましょう．p, q を異なる素数，a を p でも q でも割り切れない整数とすると，フェルマーの小定理より

$$a^{p-1} \equiv 1 \pmod{p}, \qquad a^{q-1} \equiv 1 \pmod{q}$$

が成り立ちます．$a^{p-1} \equiv 1$ を $q-1$ 乗，$a^{q-1} \equiv 1$ を $p-1$ 乗すると，$(a^m)^n = a^{mn}$ より

$$a^{(p-1)(q-1)} \equiv 1 \pmod{p}, \qquad a^{(q-1)(p-1)} \equiv 1 \pmod{q}$$

となります．暗号を解く鍵づくりに，さらに n 乗しておきましょう：

$$a^{n(p-1)(q-1)} \equiv 1 \pmod{p}, \qquad a^{n(q-1)(p-1)} \equiv 1 \pmod{q}.$$

暗号を元に戻すために，さらに a を掛けます：($a^m a^n = a^{m+n}$ に注意して)

$$a^{n(p-1)(q-1)+1} \equiv a \pmod{p}, \qquad a^{n(q-1)(p-1)+1} \equiv a \pmod{q}.$$

フェルマーの小定理のところで注意したように，この2式は任意の整数 a に対して成立しますね．

以上で素数の積を作る準備が整いました．上の2式は mod だけが異なるので，mod を使わずに等式で表すと

$$a^{n(p-1)(q-1)+1} = pk + a = ql + a \qquad (k, l \text{ は整数})$$

です．よって，$pk = ql$ ですが，p と q は異なる素数なので，$k = qk'$ (k' は整数) が成り立ちます．よって，$pk + a = pqk' + a \equiv a \pmod{pq}$ と表すと，p, q を異なる素数として

$$a^{n(p-1)(q-1)+1} \equiv a \pmod{pq} \qquad (a \text{ は任意の整数})$$

が成り立ちます．

整数 a を文字 a と呼ぶと，文字 a を暗号文字 a' に変換し，元の a に戻すには，E, D をある自然数として，上式が

$$a^{n(p-1)(q-1)+1} = a^{ED} = (a^E)^D \equiv a \pmod{pq}$$

§1.11 素数を利用した暗号

のように表され，

$$a' \equiv a^E \pmod{pq}, \qquad a'^D \equiv a \pmod{pq}$$

となっていればよいですね．その条件は

$$n(p-1)(q-1) + 1 = ED$$

です．それは素数 p, q を定めたとき，自然数 n をうまく選んでやると，左辺が自然数の積の形にできるので可能です．自然数 E は「公開鍵」と呼ばれ，D は「秘密鍵」と呼ばれています．

この暗号の仕組みを整理してみましょう．まず 100 桁以上の 2 つの素数 p, q を用意します．それらの積 $N = pq$ は公開しても，素因数分解の難しさのために p と q が知られることはありません．公開鍵 E も公開しますが秘密鍵 D がばれる心配はありません．公開された N と E を用いて暗号文を書きます．例えば，元の文が「これは解けない暗号」(各文字は自然数に直されているとします) とすると，mod N で各文字 (またはいくつかまとめたもの) を E 乗して暗号文にします．例えば，こ′ $\equiv$ こ^E (mod N)，解′ $\equiv$ 解^E (mod N) などとすると，暗号文は「こ′れ′は′解′け′な′い′暗′号′」と意味不明な文になります．この文を秘密鍵 D を知っている人に送ると，各文字を D 乗して，こ′^{D} $\equiv$ こ (mod N) などと元の文字に直せるので，元の文「これは解けない暗号」に解読できるというわけです．

なお，秘密鍵 D を知っている者どうしであれば，署名の際に名を D 乗して暗号にしておけば，受け取ったほうはそれを E 乗して本人と確認できます．

このような暗号は「RSA 公開鍵暗号」といわれ，R, S, A はこの暗号を考案した 3 人の数学者 (R.L.Ribest, A.Shamir, L.M.Adleman) の頭文字です．公開鍵と秘密鍵という 2 つの鍵を用いる暗号方式は暗号理論に飛躍的発展をもたらしました．今のところ RSA 暗号が破られる心配はありません[29]．

---

[29] 最近，「量子コンピュータ」という原子の世界の現象を利用する革命的コンピュータが注目されています．原子の世界ではコンピュータのメモリーが 0 の状態と 1 の状態が重ね合わされた状態が作れます．そのことを利用すると，$N = pq$ の素因数 p, q の '全ての候補' を同時に用意でき，N を '全ての候補' で '同時に割る' ような計算が可能になります．現在のところは 15 の素因数 3 と 5 を確認した程度ですが，あと数十年もすると実用化できるといわれています．

第2章　方程式

　未知の量を求めるときに，それが'わかったような振りをして'方程式を立てれば簡単に求まる場合が多いですね．既に4000年以上も前，古代のバビロニア人やエジプト人は，方程式を実質的に用いて，さまざまな問題を解決していました．

　紀元前1850年頃のパピルス紙に，次のような問題と解法が書かれています：「ある量とその4分の1は全部で15である」．未知数や等号に当たる記号がなかったので，等式表現はできませんでしたが，今風に表現すると $x + \frac{1}{4}x = 15$ ですね．その解答は，「（未知数を）4としてみる．その4分の1は1で，合わせて5である $(4 + \frac{4}{4} = 5 \,(= \frac{15}{3}))$．そして15を5で割り，その商3を4倍すれば，求める数は12である」．方程式を満たす数を求めようとしていることが読みとれると思います．

　最初に記号や略号を用いて方程式を書き表したのは，古代ギリシャの数学者ディオファントス（Diophantus, 246頃〜330頃）でした．しかし，せっかくの記号を無視して計算を言葉で述べたそうです．彼は移項したり同類項を約すことを知っていました．ちなみに，「代数学」の語源 Algebra（アルジェブラ）は，9世紀のアラビアの数学者，アル・ファリズミ（Al-Khwarizmi, 780頃〜850頃）の著書『アリトメティカ』のラテン語訳ですが，Algebra はもともとは移項や同類項の簡約を意味するそうです．アル・ファリズミは，2次方程式に（正の）2根と無理数の根を認めましたが，記号を用いないで言葉で表しました．15世紀までは，全ての量や計算，条件や答は，ほとんど言葉だけで表されていました．したがって，当時の代数は「ことば代数」と呼ばれています．

　等号に当たる記号が初めて用いられたのは15世紀のルネッサンス期に入ってからのことでした．現在の等号の記号＝は，イギリスの医師レコードが1557

年に導入しました．16 世紀末に，フランスの数学者ヴィエト（François Viète, 1540～1603）が，未知数ばかりでなく任意の数をも表すための文字を導入し，「記号代数」へ移行する一歩を踏み出しました．そして，18 世紀前半になってようやく代数学に通用する記号体系が確立されたのです．

§2.1 未知数・変数

2.1.1 未知数・変数の導入

小学校 6 年生のときの問題です：鶴と亀は合せて 13 匹，足は合せて 36 本です．鶴と亀はそれぞれ何匹いますか？　こんな問題に頭を悩ませたことがあったでしょう．15 世紀までは，子供ばかりでなく，世界中の大人がウンウン言いながら解いていたのです．ところが，中学生になると易しい問題になりましたね．**未知数** を用いて連立方程式を立てる方法を教わったからです．鶴を x 羽，亀を y 匹などと，答がわかったような振りをして，未知数 x, y を導入します．すると，鶴の足は 2 本，亀の足は 4 本だから，連立方程式

$$\begin{cases} x+y = 13 \\ 2x+4y = 36 \end{cases}$$

が成立します．君たちはこれを直ちに解いて，$x = 8$ 羽，$y = 5$ 匹 が求まりましたね．このように未知数 x, y を導入すると後は式の変形だけです：$x+y = 13$ より $y = 13 - x$，これを $2x + 4y = 36$ に代入して $2x + 4(13 - x) = 36$，よって $2x + 4 \cdot 13 - 4x = 36, \cdots$．したがって，'方程式を解くことは式変形を正しく実行するだけで済む' ようになりました．式の変形は，詳細に調べられ整理されて，必要最小限の計算規則が選ばれました．それらが §§1.3.1 で議論した計算法則 (A3–5) となったのです．

また，方程式 $x + y = 13, 2x + 4y = 36$ を眺めていると x, y の見当をつけてみたくなります．x, y の組 (x, y) に $x + y = 13$ を満たす整数の組 $(1, 12)$, $(2, 11), \cdots$ を代入していき，$2x + 4y = 50, 48, \cdots$ 等と様子を探っていくと，$(x, y) = (8, 5)$ のときに $2x + 4y = 36$ となることにすぐに気がつきます．つまり正しい答が求まったわけです．よって，未知数 x, y にいろいろな値を代入

する方法でも，正しい答が得られることがわかります．未知数は，定数としないで，**変数**（いろいろな値をとれる文字）のように扱うこともできるわけですね．未知数は，以後いつでも，変数としても扱いましょう．

2.1.2 文字の変数化

A 君は（東に向かって）時速 5 km で歩いています．今 O 地点を通過しました．x 時間後には O から 7 km の地点に着きました．x を求めよ．方程式は $5x = 7$，つまり $5x - 7 = 0$ です．この問題を一般化しましょう．時速 a km（負のときは西へ向かうとして）で歩いたとき，x 時間後（負のときは時間前として），O から b km の地点（負のときは O から西の地点として）に着きました．そのとき方程式は

$$ax - b = 0$$

です．この種の問題は全てこの形にまとめられます．時速 a と着いた地点 b はいろいろな値にとることができる定数です．通常は歩いた時間 x を求めるので x が未知数です．

さて，方程式 $ax - b = 0$ で，3 時間後 ($x = 3$) には 12 km の地点 ($b = 12$) に着いたとして時速 a を求めましょう．このように問題が変えられると，方程式は $3a - 12 = 0$ となって，今まで定数としていた a が未知数（変数）に化けてしまいますね．このようなことは高校数学ではむしろ頻繁に現れます．方程式 $ax - b = 0$ を $a = \dfrac{b}{x}$ と変形すると，x と b を定めると a が決まります．こんな変形はいつでも可能であり，'文字は何であっても，いつでも変数に化ける' のです．方程式においては，変数に定数を代入すると残りの文字が変数に早変わりしますし，場合によっては，変数もその他の文字も全て変数として扱うこともあります．'変数およびその他の文字を含む方程式の等号＝はそれらの文字の間の単なる相互関係を表す' ものであって，'何を変数とするかは方程式を見る人間の都合による' のです．都合に合わせて方程式を読みとるようになれば，方程式を自在に操れるようになるでしょう．

§2.2　2次方程式

2.2.1　方程式の解の定義と解法

　縦の長さ x，横の長さ $x+4$，面積 45 の長方形があります．x を求めましょう．方程式は $x(x+4) = 45$，つまり $x^2 + 4x - 45 = 0$ という2次方程式です．x にある値 a を代入したら方程式の等号が成立するとき，つまり $a^2 + 4a - 45 = 0$ が成り立つとき，"a は方程式を満たす"といい，a を方程式の **解** といいます．また，方程式の全ての解を求めることを"方程式を解く"といいます．上の方程式の x にいろいろな値を代入して，$x = 5, -9$ のときに左辺 = 0 が成立して方程式を満たすのでそれらが解となります．しかし，この問題では長さ x は正という制約があるので，負の解 $x = -9$ は捨てて，$x = 5$ が正しい解です．始めから負の解を認めないようにするには，方程式を立てたときに x の **変域**（変数がとれる値の範囲）を $x > 0$ としておけば済みます：$x^2 + 4x - 45 = 0 \ (x > 0)$．

　x に値を代入して解を求めるのは骨が折れますね．因数分解すると素早くできます：

$$x^2 + 4x - 45 = x^2 - 5x + 9x - 5 \cdot 9$$
$$= x(x-5) + 9(x-5)$$
$$= (x-5)(x+9) = 0.$$

念のため §§1.3.1 の計算法則に従って式変形していることを確認しましょう．これから直ちに $x = 5, -9$ が方程式を満たすことがわかります．

　もう1つ別の方法もあります．2次方程式に有効な，平方根を用いる方法です．

$$x^2 + 4x - 45 = (x+2)^2 - 4 - 45 = (x+2)^2 - 49 = 0.$$
$$\text{よって，}\quad (x+2)^2 = 49.$$

両辺の平方根を求めて，$x + 2 = \pm 7$．よって，$x = -2 \pm 7 = 5, -9$．

　以上の議論から，2次方程式の解法は，解の定義による方法を含め，3通りはありますね．

2.2.2 一般の 2 次方程式の解

2 次方程式の一般形は，a, b, c を実数の定数として

$$ax^2 + bx + c = 0 \quad (a \neq 0)$$

となります．$a \neq 0$ は 2 次方程式であるための条件です．この方程式の解は 2 次方程式の解の公式として知られています．ここでは，後に理論的な考察がしやすいように，因数分解の方法で導いてみましょう．

$$\begin{aligned} ax^2 + bx + c &= a\left(x^2 + \frac{bx}{a} + \frac{c}{a}\right) \\ &= a\left\{\left(x + \frac{b}{2a}\right)^2 - \frac{b^2}{4a^2} + \frac{c}{a}\right\} \\ &= a\left\{\left(x + \frac{b}{2a}\right)^2 - \frac{b^2 - 4ac}{4a^2}\right\} = 0 \end{aligned}$$

ここで，$D = b^2 - 4ac$ とおいて，公式 $x = (\sqrt{x})^2$, $x^2 - y^2 = (x-y)(x+y)$ を用いると

$$\begin{aligned} ax^2 + bx + c &= a\left\{\left(x + \frac{b}{2a}\right)^2 - \frac{D}{4a^2}\right\} \\ &= a\left\{\left(x + \frac{b}{2a}\right)^2 - \left(\frac{\sqrt{D}}{2a}\right)^2\right\} \\ &= a\left(x + \frac{b}{2a} - \frac{\sqrt{D}}{2a}\right)\left(x + \frac{b}{2a} + \frac{\sqrt{D}}{2a}\right) \\ &= a\left(x - \frac{-b + \sqrt{D}}{2a}\right)\left(x - \frac{-b - \sqrt{D}}{2a}\right) = 0. \end{aligned}$$

よって，解

$$x = \frac{-b \pm \sqrt{D}}{2a} \qquad (D = b^2 - 4ac)$$

が得られます．これが 2 次方程式 $ax^2 + bx + c = 0$ の解の公式です．$ax^2 + bx + c$ が因数 $(x - 解)$ の積の形に因数分解されたことに注意しましょう．

では，練習問題です．2 次方程式 $x^2 - 2x - 1 = 0$ を因数分解の方法で解け．ヒントは不要でしょう．答は

$$x^2 - 2x - 1 = (x-1)^2 - 1 - 1 = (x-1)^2 - 2 = (x-1)^2 - (\sqrt{2})^2$$

$$= (x-1-\sqrt{2})(x-1+\sqrt{2}) = 0$$

より，$x = 1+\sqrt{2}, 1-\sqrt{2}$. 両者をまとめて $x = 1 \pm \sqrt{2}$ と表しましょう．

さて，係数 a, b, c に対応して解がどのように現れるか調べてみましょう．先ほどの例 $x^2 + 4x - 45 = 0$ のときは $x = 5, -9$ より異なる 2 実数解をもちます．このことは $D = b^2 - 4ac$ に反映されていて，$D = 4^2 - 4(-45) = 196 > 0$，つまり正の D に対応しています．また，$x^2 + 2x + 1 = (x+1)^2 = 0$ のときは $x = -1, -1$ の **重解** をもち，このとき $D = 2^2 - 4 = 0$ となります．一般の方程式の場合は，解の公式からわかるように，$D > 0$ のとき $\pm\sqrt{D}$ 項は消えずに異なる 2 実数解をもち，$D = 0$ のときは $\pm\sqrt{D}$ 項が消えて重解となります．このように $D = b^2 - 4ac$ は 2 次方程式において解の種類を判別する重要な役割を果たすので，$D = b^2 - 4ac$ を **判別式** と呼ぶことにしましょう．

§2.3 虚数

2.3.1 判別式が負の解

さて，ここで，変な 2 次方程式 $x^2 + 1 = 0$ を考えましょう．こんな方程式が実生活で現れることはありませんが，理論的には興味があるものです．まず，判別式 D については，$D = 0^2 - 4 = -4 < 0$ より判別式は負です．このとき，解の公式より $x = \dfrac{\pm\sqrt{-4}}{2} = \pm\sqrt{-1}$ です．$\sqrt{-1}$ ですって？ これは数？ これが実数とはどうしても考えられませんね．よって，$D < 0$ のときは実数の解をもたないことになります．どうしてこんな変な解が現れたのか，因数分解をして調べてみましょう．そのとき，$a = (\sqrt{a})^2$ つまり $\sqrt{a}$ は 2 乗して a になる数として定義されましたから，$\sqrt{-1}$ は 2 乗して -1 になる数として扱わねばなりません：$(\sqrt{-1})^2 = -1$．よって

$$x^2 + 1 = x^2 - (-1) = x^2 - (\sqrt{-1})^2 = (x - \sqrt{-1})(x + \sqrt{-1}) = 0.$$

これはとんでもない因数分解です．しかしながら，悪い点は因数分解をするために $-1 = (\sqrt{-1})^2$ と変形した点だけのようです．

$\sqrt{-1}$ を i と表すと，i が満たすべき条件は $i^2 = -1$ です．i を用いてもう一度

因数分解してみましょう．

$$x^2 + 1 = x^2 - (-1) = x^2 - i^2$$
$$= x^2 - ix + ix - i^2 = x(x-i) + i(x-i)$$
$$= (x-i)(x+i) = 0.$$

こうやってみると，変な数 $i = \sqrt{-1}$ が '生成される' ときには，§§1.3.1 の計算法則 (A3–5) に従っていることがわかります．それでは，その変な数 $i = \sqrt{-1}$ ($i^2 = -1$) を用いて計算したとき，その数 i が計算法則に従っているかどうか見てみましょう．$\pm i$ は方程式 $x^2 + 1 = 0$ の解ですから，それらは方程式を満たすはずです．左辺に代入して

$$x^2 + 1 = (\pm i)^2 + 1 = i^2 + 1 = -1 + 1 = 0$$

が成り立ちます．よって，$\pm i$ は方程式を確かに満たし，それらは解に違いありません．ただし，$i^2 = (\sqrt{-1})^2 = \sqrt{-1}\sqrt{-1} = -1$ と計算しています．もし $\sqrt{-1}\sqrt{-1} = \sqrt{(-1)(-1)} = \sqrt{+1} = +1$ とやったら，$x^2 + 1 = +1 + 1 = 2 \neq 0$ となって，$i = \sqrt{-1}$ は解でなくなってしまいますね．このことを解決するために，公式 $\sqrt{a}\sqrt{b} = \sqrt{ab}$ は a, b が正または 0 の実数のときにのみ成立すると約束し直しましょう[1]．

もう 1 題，$x^2 - 2x + 3 = 0$ ($D = -8 < 0$) でやってみましょう．

$$x^2 - 2x + 3 = (x-1)^2 - 1 + 3 = (x-1)^2 + 2$$
$$= (x-1)^2 - (-2) = (x-1)^2 - 2i^2 = (x-1)^2 - (\sqrt{2}i)^2$$
$$= (x - 1 - \sqrt{2}i)(x - 1 + \sqrt{2}i) = 0.$$

よって，この問題の解は $x = 1 \pm \sqrt{2}i$ ですね．やはり，-1 を i^2 に置き換えさえすれば，この解が生成されるときには計算法則に従っていますね．逆に，この解が方程式を満たすことを見るために，解を方程式の左辺に代入して，計算法則に従って計算してみましょう：

---

[1] これで，紛らわしい $\sqrt{-1}$ を避けて，記号 i を用いる理由が明白になりましたね．今後は $\sqrt{-1}$ を用いた計算は避けましょう．記号 i は imaginary number（想像上の数＝虚の数）の頭文字です．

§2.3 虚数

$$x^2 - 2x + 3 = (1 \pm \sqrt{2}i)^2 - 2(1 \pm \sqrt{2}i) + 3$$
$$= (1 \pm \sqrt{2}i) \cdot (1 \pm \sqrt{2}i) - 2(1 \pm \sqrt{2}i) + 3$$
$$= 1 \pm 2\sqrt{2}i + (\pm \sqrt{2}i)^2 - 2 - 2(\pm \sqrt{2}i) + 3$$
$$= 1 \pm 2\sqrt{2}i - (\sqrt{2})^2 - 2 \mp 2\sqrt{2}i + 3$$
$$= 1 \pm 2\sqrt{2}i - 2 - 2 \mp 2\sqrt{2}i + 3$$
$$= 0.$$

したがって，確かにこの i を含む奇妙な数 $x = 1 \pm \sqrt{2}i$ は計算法則に従うときに方程式を満たします．逆にいうと，方程式を満たすためには，奇妙な数 i は計算法則に従う必要があります．

一般の 2 次方程式 $ax^2 + bx + c = 0$ の判別式 D が負の解についても，その解は計算法則に従うとき方程式を満たすことが確かめられます．

一般に，2 次方程式の解の公式から，D が負の解は $i = \sqrt{-1}$（$i^2 = -1$）として

$$a + bi \quad (a, b\text{ は実数}(b \neq 0))$$

の形をしていることがわかります．そして，これらの数は計算法則に従っているとしたときに正しい結果を与えます．我々にとって計算法則 (A3–5) は絶対ですが，'変な解は計算法則に刃向かってはいません'．今のところ，変な方程式を考えたために，たまたま変な解が現れたという程度です．そこで，それらの i を含む数を **虚数** と名づけて，一応，数として認める立場に立ってみましょう．ただし，虚数そのものに $1 + 2i$ 個とか $3 - 4i$ kg とかの現実的な意味付けをするわけではありません．理論的には，虚数を認めると都合がよい点があります:

- 虚数は計算法則を満たすので，単に数の種類が増えただけと見なすことができる．
- 重解を 2 解と見なすと 2 次方程式は必ず 2 解をもつ．
- 2 次式は必ず 1 次式の積に因数分解できる．

こう考えると，数学理論にとっては，虚数はあながち無用な邪魔物ではないようですね．

2.3.2 カルダノの公式と虚数のパラドックス

虚数は 3 次以上の高次方程式でも表れます．虚数が問題になったのは実は 3 次方程式のほうでした（2 次方程式では虚数は無視されていました）．以下，数学者が虚数を受け入れざるを得なくなった経緯(いきさつ)を見てみましょう．

まずは 3 次方程式のレッスンから．方程式 $x^3 - x^2 + x - 1 = 0$ を考えましょう．左辺の 3 次式を $P(x)$ とおくと

$$P(x) = x^3 - x^2 + x - 1 = x^2(x-1) + (x-1) = (x-1)(x^2+1)$$
$$= (x-1)(x^2 - i^2) = (x-1)(x-i)(x+i)$$

と因数分解できます．3 次式 $P(x)$ の x に $x = 1, i, -i$ を代入してみると，$P(1) = P(i) = P(-i) = 0$ が確かめられるので，それらは方程式 $P(x) = 0$ の解です（確かめましょう）．この因数分解から，3 次方程式は虚数解を含めると 3 解をもち，$P(x)$ は因数 $(x - 解)$ の積の形に表されると予想されます．

簡単にいってしまいましたが，虚数を受け入れるのは大変なことです．参考のために，物議を醸(かも)した 3 次方程式の解の公式に言及しておきましょう．

一般の 3 次方程式は

$$ax^3 + bx^2 + cx + d = 0 \quad (a \neq 0)$$

の形ですが，扱いやすくするために，これと同値な方程式に直しておきます．$x = X - t$ とおいて $t = \dfrac{b}{3a}$ ととると，X についての，2 次の項のない，3 次方程式が得られます（公式 $(a+b)^3 = a^3 + 3a^2b + 3ab^2 + b^3$ を利用して確かめましょう）．よって，2 次の項なしの 3 次方程式は一般の 3 次方程式に同値です．

そこで，一般の 3 次方程式に同値な方程式

$$x^3 + 3px + 2q = 0 \quad (p, q \text{ は実数})$$

を考えましょう．16 世紀の前半，カルダノ（Girolamo Cardano，1501～1576，イタリア）はこの 3 次方程式の解の公式を得ていました：
解を $x = u + v$ と和の形に表すと

$$u = \sqrt[3]{-q + \sqrt{\Delta}}, \quad v = \sqrt[3]{-q - \sqrt{\Delta}} \quad (\overset{デルタ}{\Delta} = q^2 + p^3).$$

§2.3 虚数

ホントかな．$x = u + v$ が $x^3 + 3px + 2q = 0$ の解であることを確かめましょう．
要領よく行うために，まず $uv = -p$ を導きます：

$$(uv)^3 = (-q + \sqrt{\Delta})(-q - \sqrt{\Delta}) = q^2 - \Delta = -p^3 = (-p)^3.$$

よって，$uv = \sqrt[3]{(uv)^3} = \sqrt[3]{(-p)^3} = -p$．これから

$$\begin{aligned} x^3 + 3px + 2q &= (u+v)^3 + 3p(u+v) + 2q \\ &= u^3 + 3u^2v + 3uv^2 + v^3 + 3p(u+v) + 2q \\ &= u^3 + v^3 - 3p(u+v) + 3p(u+v) + 2q \\ &= -q + \sqrt{\Delta} - q - \sqrt{\Delta} + 2q = 0 \end{aligned}$$

となるので，確かに $x = u + v$ は方程式を満たしますね．

$\Delta \geq 0$ の場合は何の問題も起こりませんでした．問題は $\Delta < 0$ の場合に起こりました．例えば，方程式

$$(x-1)(x-4)(x+5) = x^3 - 21x + 20 = 0$$

の解 1, 4, −5 は全て実数です．ところが，このとき，方程式 $x^3 + 3px + 2q = 0$ と比較すると，$p = -7$, $q = 10$ なので，$\Delta = 10^2 + (-7)^3 = -243$．よって，解 $x = u + v$ の u, v は

$$u = \sqrt[3]{-10 + \sqrt{-243}}, \qquad v = \sqrt[3]{-10 - \sqrt{-243}}$$

と虚数の3乗根で表されます．この和 $u + v$ を方程式 $(x-1)(x-4)(x+5) = 0$ の x に代入して，左辺を展開してみると，左辺はちゃんと 0 になり，方程式は満たされます．よって，$u + v$ が解であることは疑いようもありません．しかしながら，

$$u + v = \sqrt[3]{-10 + \sqrt{-243}} + \sqrt[3]{-10 - \sqrt{-243}} = 1, 4, -5$$

が成り立つとはどうしても信じられません．$u + v$ は 1, 4, −5 のどれでもないようですが，カルダノの公式は $u + v$ がそれらのどれにでもなることを要求しています．もしそれが本当なら，**虚数には重大な意味が隠されている**のに違いありません．

この虚数のパラドックスは，多くの数学者に強い興味を抱かせ虚数の研究に駆り立てました．以後，'数学者は *300* 年間も虚数と格闘' し続けました．その結果，18 世紀の終りには，虚数は代数学や微積分学およびそれらと関連した自然科学の問題の重要な研究手段の 1 つとなりました．これらの長い研究の間に，'計算法則を満たす数は実数と虚数だけである' ことが示され，実数と虚数を合せて **複素数** と呼ぶことになりました．

19 世紀中頃に，複素数の演算を幾何学的に解釈することが確立しました．ようやく最終決着が得られたのです．複素数は無矛盾な数学体系をなすことが示され，数学者は複素数を自在に使いこなして多くの成果を上げました．遂に虚数の 3 乗根が計算できるようになり，そのパラドックスは肯定的に解決されたのです．虚数の 3 乗根は，3 次方程式が 3 個の解をもつのと同様に，3 個の虚数を与え，先の $u+v$ は 1, 4, -5 のいずれにもなりました．我々はそのことを複素数の章で実際に確かめましょう．

現在では，複素数は数学のみならず，電気工学を筆頭として，科学技術の広い分野においてなくてはならない存在になっています．虚数がよくわからないうちは虚数に対して '何か深遠な意味を付与しなければならない' という哲学的な議論が強かったのですが，虚数を自在に使いこなせるようになると，人はそんな議論をすっかり忘れてしまうようです．君たちも，実数の計算に慣れた今となっては，"負数は存在しない" なんて議論に乗る人は少ないでしょう．数学にとっては「無矛盾なもの（できれば，役立つもの）が存在するもの」のようです．

虚数の歴史の話はこの辺にして，方程式の因数分解に戻りましょう．

§2.4　因数定理

一般の n 次式 ($n = 0, 1, 2, \cdots$) :

$$P(x) = a_n x^n + a_{n-1} x^{n-1} + \cdots + a_1 x + a_0$$

を総称して **整式** といいましょう．2 次・3 次のとき，整式 $P(x)$ は，方程式 $P(x) = 0$ の解を用いて，因数 ($x -$ 解) の積の形で表されました．この結果は，どうやら，一般の整式に対しても成立しそうです．

§2.4 因数定理　　　　　　　　　　　　　　　　　　　　　　　　　　　　**69**

2.4.1　整式の割り算

　割り算 $135 \div 11$ の求め方を知らない人はいないでしょう．10 進法なので正しくは

$$(1 \cdot 10^2 + 3 \cdot 10 + 5) \div (1 \cdot 10 + 1)$$

です．これを 'x 進法？' にすると

$$(1x^2 + 3x + 5) \div (1x + 1)$$

と化けて，$x^2 + 3x + 5$ を $x + 1$ で割ることを表します．計算方法も $135 \div 11$ のやり方と同じです．右の計算式から読みとれるように，高次の項を順々に消していけばよいわけです．（x と + を隠せば，今の場合，まさに $135 \div 11$ に当たりますね）．この計算式を等式を用いて表すと

$$x^2 + 3x + 5 - (x+1)x = 2x + 5$$
$$\Leftrightarrow x^2 + 3x + 5 - (x+1)(x+2) = 3$$
$$\Leftrightarrow x^2 + 3x + 5 = (x+1)(x+2) + 3$$

となります．実際，最後の式の右辺を展開すると左辺 $x^2 + 3x + 5$ に一致することが確かめられますね．よって，この割り算の等式は全ての x について成立する恒等式です．任意の整式で割るときも高次の項を順々に消していけばよく，整式の割り算の一般形は

$$（割られる整式）=（割る整式）\cdot（商）+（余り）$$

となります．この等式もやはり恒等式です．割る整式が 2 次以上のときは余りは一般に整式になり，（余りの次数）<（割る整式の次数）です．例えば，x^3 を $x^2 + 2x + 3$ で割ると $x^3 = (x^2 + 2x + 3)(x - 2) + x + 6$ です．

　上で行った割り算の縦書き計算法は，高次の項を順番に消していく方法なので，商と余りをただ 1 通りに定め，さらに，それらの求め方の手順をも与えます．一般に，計算や問題を解くための明確な手順や手続きを「アルゴリズム」と呼んでいます．

2.4.2 剰余定理・因数定理

100 次の整式 $P(x)$ を具体的に

$$P(x) = 2x^{100} + 3x^{50}$$

とでもしましょう．このとき，$P(x)$ を 1 次式 $x - \alpha$ で割った余り R を求めてみましょう．α は虚数でも構いません．とてもじゃないけど実際に割ってみる気は起こりませんね．以下の議論から得られる定理を用いると，あっと言う間に求まります．

1 次式で割るから余りは定数であり，商を $Q(x)$ とすると $P(x)$ は必ず

$$P(x) = (x - \alpha)Q(x) + R \qquad (R \text{ は定数})$$

の形で表されますね．商 $Q(x)$ を具体的に求める必要はありません．割り算の等式は恒等式であったことを思い出して，両辺の x に α を代入してみましょう．商の項は消えて，$P(\alpha) = R$．よって，余り $R = P(\alpha) = 2\alpha^{100} + 3\alpha^{50}$ です．一丁上り！このように $x - \alpha$ で割った式を考えておいて，商の項が消える x の値 α を代入すればよいのです．一般の場合も同じです．任意の整式 $P(x)$ を 1 次式 $x - \alpha$ で割った余りを R とするとき $R = P(\alpha)$，つまり

$$P(x) = (x - \alpha)Q(x) + R \quad \text{のとき} \quad R = P(\alpha). \qquad \text{（剰余定理）}$$

これを **剰余定理** といいます（剰余＝余り）．

さて，本題の **因数定理** に入りましょう．任意の n 次の整式 $P(x)$ を 1 次式 $x - \alpha$（α は虚数でも構いません）で割ったら割り切れた場合を考えましょう．この場合，商を $Q(x)$ とすると

$$P(x) = (x - \alpha)Q(x)$$

が成り立ちます．このとき，x に α を代入すると

$$P(\alpha) = 0.$$

よって，因数定理の半分を得ます：

$$\text{整式 } P(x) \text{ が 1 次式 } x - \alpha \text{ で割り切れる} \;\Rightarrow\; P(\alpha) = 0. \qquad (*)$$

§2.4 因数定理

このとき，$P(\alpha) = 0$ が成立しますが，それは α が n 次方程式 $P(x) = 0$ の解であることを意味します：

$$P(\alpha) = 0 \Leftrightarrow \alpha \text{ は } P(x) = 0 \text{ の解}.$$

因数定理の残り半分は (∗) の逆が成立することです：

$$P(\alpha) = 0 \Rightarrow P(x) \text{ は } x - \alpha \text{ で割り切れる}.$$

これを示すために，$P(x)$ を $x - \alpha$ で割った式をまた用いましょう：

$$P(x) = (x - \alpha)Q(x) + R.$$

今の場合，余り R が 0 とは限りません．x に α を代入して $P(\alpha) = R$．しかし，今の場合 $P(\alpha) = 0$ と仮定してあるので $R = 0$．よって，$P(x) = (x - \alpha)Q(x)$．つまり，$P(x)$ が $x - \alpha$ で割り切れます．

したがって，因数定理をまとめると次のようになります：
任意の整式 $P(x)$ に対して

$$P(\alpha) = 0 \Leftrightarrow P(x) = (x - \alpha) Q(x). \qquad \text{（因数定理）}$$

この定理は，"方程式 $P(x) = 0$ の解に対して，$P(x)$ は $(x - 解)$ の形の因数をもつ"．また，その逆も成り立つと述べています．

では，ここで問題です．3 次方程式 $P(x) = x^3 + 6x^2 + 11x + 6 = 0$ を解け．ヒント：因数定理ですね．解答：x に -1 を代入すると方程式を満たすので $x = -1$ は解．$P(x)$ を $x + 1$ で割ると $P(x) = (x+1)(x^2 + 5x + 6)$．$x^2 + 5x + 6 = 0$ を解いて残りの解 $x = -2, -3$ が得られます．

2.4.3　n 次方程式と代数学の基本定理

複素数 α が任意の n 次方程式 $P(x) = 0$ の解ならば 1 次式 $x - \alpha$ は $P(x)$ の因数になることがわかりました．さらに，もし $\beta, \gamma, \cdots, \delta$ も方程式 $P(x) = 0$ の解ならば，$x - \alpha$ と同様に，$x - \beta, x - \gamma, \cdots, x - \delta$ も $P(x)$ の因数になります．したがって，n 次式 $P(x)$ は，解 $\alpha, \beta, \gamma, \cdots, \delta$ が全て異なれば，

$$P(x) = (x - \alpha)(x - \beta)(x - \gamma) \cdots (x - \delta) Q(x)$$

の形になるはずです．ただし，$Q(x)$ は $P(x)$ を $(x-\alpha)(x-\beta)(x-\gamma)\cdots(x-\delta)$ で割ったときの商です．このとき，$Q(x)$ の次数は，両辺の次数が等しいから，$P(x)$ の次数 n から $(x-\alpha)(x-\beta)(x-\gamma)\cdots(x-\delta)$ の次数を引いたものです．

この議論を完成する，つまり n 次方程式 $P(x)=0$ の全ての解を用いて，$P(x)$ を因数 $(x-$解$)$ の積の形に表し尽くす，よって $Q(x)$ が定数になるためには，あと 2 つの事柄が明確になる必要があります．1 つは重解について，もう 1 つは n 次方程式の解の個数についてです．

方程式 $P(x)=0$ が重解 α をもつ場合を考えましょう．2 次方程式の場合は，§§2.2.2 の ax^2+bx+c の因数分解の式で判別式 D が 0 の場合だから，2 次式 $(x-\alpha)^2$ が $P(x)=ax^2+bx+c$ の因数になることがわかります．

高次方程式の場合を考慮して別の方法でも示しましょう．$P(x)=0$ が解 α をもつとき，因数定理より $P(x)=(x-\alpha)Q(x)$ で，商 $Q(x)$ は 1 次式です．$P(x)=0$ が重解 α をもつとき，'残りの解' α は 1 次方程式 $Q(x)=0$ の解ですから，$Q(x)=(x-\alpha)a$ （a は $P(x)$ の 2 次の係数）．よって，$P(x)=a(x-\alpha)^2$．高次方程式の場合も同様にして因数 $(x-\alpha)^2$ が現れます．高次方程式の場合には，重解（2 重解）以外に 3 重解，4 重解なども一般には現れます．そのような場合も同様の手順を繰り返して，α が k 重解（$k=2,3,\cdots$）ならば k 次式 $(x-\alpha)^k$ が $P(x)$ の因数になります．

次に，方程式の解の個数について考えましょう．以下，k 重解は k 個の解と数えることにします．すると，2 次方程式は必ず 2 個の解をもちます．3 次方程式 $P(x)=0$ の場合は，解を 1 つ見つけると，$P(x)=(x-$解$)Q(x)$ と表されて $Q(x)$ は 2 次の整式になります．よって，$P(x)=0$ の残りの解は 2 次方程式 $Q(x)=0$ の解で，それは 2 個あることがわかっています．よって，3 次方程式は，少なくとも 1 個の解の存在を前提にして，3 個の解をもちます．

一般の高次方程式においても 3 次方程式の場合と同様の議論ができます．つまり，高次方程式が，その次数によらずに，少なくとも 1 個の解をもつことを仮定すれば，解の個数は方程式の次数に一致することが示されます．以下，そのことを議論しましょう．

一般の n 次方程式 $P(x)=0$ が 1 つの複素数解 α_1 をもつとしましょう．すると，因数定理より

§2.4 因数定理

$$P(x) = (x - \alpha_1)Q_{n-1}(x)$$

と因数分解できます．このとき，$Q_{n-1}(x)$ は $n-1$ 次の整式ですが，方程式は次数によらずに1個は解をもつと仮定したので，方程式 $Q_{n-1}(x) = 0$ は解をもちます．それを α_2 とすると

$$Q_{n-1}(x) = (x - \alpha_2)Q_{n-2}(x)$$

と因数分解されます．よって，

$$P(x) = (x - \alpha_1)(x - \alpha_2)Q_{n-2}(x)$$

と方程式 $P(x) = 0$ は2解をもちます．以下同様に続けていって，最後に1次方程式 $Q_1(x) = 0$ から

$$Q_1(x) = (x - \alpha_n)a$$

が得られます．ここで，a は整式 $P(x)$ の最高次数の係数です．よって，n 次式 $P(x)$ は，$P(x) = 0$ の解を α_k ($k = 1, 2, \cdots, n$) とするとき，最終的に

$$P(x) = a(x - \alpha_1)(x - \alpha_2) \cdots (x - \alpha_n)$$

と $(x - \text{解})$ の形の1次式の積に完全に因数分解されます．このとき，解 α_k ($k = 1, 2, \cdots, n$) のいくつかまたは全部が一致しても構いません．したがって，k 重解は k 個の解と数えて

$$n \text{ 次方程式} \quad P(x) = 0 \quad \text{は } n \text{ 個の複素数解をもつ}$$

ことがわかります．この事実は **代数学の基本定理** と呼ばれ，数学における最も重要な定理の1つになりました．

　以上の議論で，'任意の次数の方程式は少なくとも1個の解をもつ' という部分だけが，我々の最後の未解決問題として残りました．それを示すには，n 次の方程式 $P(x) = 0$ の解 $x = \alpha$ をきちんと探さなければなりません．解 α は虚数の場合もあるので x は実数から複素数に拡張して探さねばなりません．このことは整式 $P(x)$ を x が複素数の場合として扱う，つまり $P(x)$ を複素数の関数とすることを意味します．ここでは最後の一歩まで迫ったことに満足し，その最後の一歩は複素数の章で踏み，定理を完成させましょう．

第3章　関数とグラフ

　紀元前 2～3 千年前頃，古代バビロニアの学者は，半径 r の円の面積 S が大雑把な近似で $S = 3r^2$ であることを導き，円の面積とその半径の相互関係，つまり円の面積はその半径の「関数」であることを無意識のうちに確立していました．また，それより遙か昔から使われていたであろう長方形の面積の公式（長方形の面積）=（底辺）×（高さ）は，当時の人々が，長方形の面積は底辺と高さに比例する，つまりそれらの 2 変数関数であると無意識のうちに認識していたことを示します．

　17 世紀前半になって，文字や記号（$a, b, c, \cdots, x, y, z, \cdots, =, +, -$ など）の導入と普及に伴って，数学に新たな発展がありました．1637 年，デカルト（René Descartes，1596～1650，フランス）は著作『幾何学』において，平面座標の方法を説明する際に，ある線分上の点の縦座標の変化を同じ点の横座標の変化に依存させて考察し，変数や関数の概念を初めて導入しました．つまり，当時は未知数 x, y の方程式と考えられていた等式 $y = ax + b$ において，x, y を単に未知数と見なすだけではなく，等式 $y = ax + b$ そのものを「x の変化に伴って y が変化する規則を表す式」と見なしました．これは x, y を「変数」，つまり「いろいろな数値をとる文字」として導入することを意味します．変数の導入は，同時に，関数の導入を意味し，その最初のものがこの 1 次関数です．また，このとき初めて，1 次方程式 $y = ax + b$ のグラフが直線になることが示されたのでした．彼の考えは瞬く間にヨーロッパの数学界に浸透していきました．彼の，代数を用いて述べられた，新しい幾何は現在「解析幾何」と呼ばれています．

　デカルトの仕事を引き継いだ同時代人や 17 世紀の偉大な数学者ニュートン，ライプニッツは，最も重要な数学の分野「微分積分学」を創設しましたが，その中では変数と関数の概念が最も重要な意義をもっています．

§3.1 関数の定義

　ニュートンは，'りんごが木から落ちるのを見て万有引力の法則を発見した' と伝えられていますが，その原点は落下するりんごの高さを時間の関数と見ることにあったのでしょう．用語「関数」(function) は，ライプニッツによってラテン語の functio（働き，機能）として初めて導入され，それは（あれこれの働きをする量の）「役割」の意味で用いられました．

§3.1　関数の定義

　地上から 10 km までは，高度が 1 km 増すごとに気温は 6 ℃下がるといいます．地上の気温が 20 ℃のとき，地上からの高度とその高度の気温の関係を求めましょう．

　高度を x km，気温を y ℃とすると，x と y の間には

$$y = 20 - 6x$$

の関係が成り立ちますね．このとき，高度 x はいろいろな値をとれる文字であり，これを **変数** といいます．変数 x が変化するとそれに伴って文字 y も変化するので，y も変数です．一般に，"変数 y があって，その値が変数 x の値によってただ 1 つ定まり，x の変化に伴って変化するとき，y は x の **関数** である" といいます．したがって，上の例は関数 $y = 20 - 6x$ といいますね．

　さて，x の「とり得る値の範囲」を x の **変域** といい，それは地表から地上 10 km までですから，$0 \leq x \leq 10$．また y の変域は，$x = 0$ のとき $y = 20$，x が増加すると y は減少して，$x = 10$ のとき $y = -40$ だから，$-40 \leq y \leq 20$ です．一般に，y が x の関数であるとき，x の変域を関数の **定義域**，y の変域を関数の **値域** といいます．関数 $y = 20 - 6x$ は y が x の 1 次式で表され，x の変域は $0 \leq x \leq 10$ なので，その変域（定義域）を明示して

$$y = 20 - 6x \quad (0 \leq x \leq 10)$$

と表すこともあります．

　関数の例をもう 1 つ．高さ 333 m の東京タワーのてっぺんからボールをそっと落しました．空気の抵抗（および障害物）が無かったとしたら，x 秒後のボールの高さ y m は y が x の 2 次式 $y = 333 - 4.9 x^2$ で表されることが知ら

れており，このような関数を 2 次関数といいます．その 2 次関数の y の変域（値域）は $0 \leqq y \leqq 333$，また，定義域は $0 \leqq x \leqq \sqrt{\frac{333}{4.9}}$ ですね．

一般に，y が x の関数であることを，

$$y = f(x), \quad y = g(x)$$

等の記号で表すと便利です（$f(x)$ の f はもちろん function の f です）．先ほどの 2 次関数では $f(x) = 333 - 4.9\,x^2$ 等とすればよいでしょう．関数 $y = f(x)$ において，x の値 a に対応する y の値を $f(a)$ で表し，それを $x = a$ における**関数値** といいます．先ほど述べた値域は関数値の変域を意味する用語です．また，関数 $y = f(x)$ を単に関数 $f(x)$ ということもあります．

§3.2　実数と点の 1 対 1 対応と座標軸

関数の詳細を調べるには x と y の関係をグラフを描いてみるのが便利です．グラフを描くために，§1.1 数直線および §§1.9.2 実数の新たな定義の議論を思い出しましょう．我々は，点は直線上で連続しており，また実数も連続して存在することを知りました．したがって，直線上の点と実数を連続的に 1 : 1 に対応させることができます．その復習と平面への拡張から始めましょう．

1 つの直線上に異なる 2 点 O, E をとり，線分 OE の長さを単位の長さ 1 とします．次に，直線上の任意に定めた点 A に対して，以下の 2 つの条件で実数 a を対応させます：

(1) 線分 OA の長さは実数 a の絶対値 $|a|$[1] の大きさに等しい：OA $= |a|$．
(2) 点 A は，$a > 0$ のとき O から見て E と同じ側に，$a < 0$ のときは E と反対側にとり，$a = 0$ のときは A $=$ O とします．

こうすると直線上の任意の 1 点に対応して実数が 1 つ定まり，また逆に，任意の実数に対応して直線上の点が 1 つ定まります．このように実数と直線上の点が連続的に 1 対 1 に対応するとき，この直線を数直線といいました．

---

[1] 絶対値の記号 $|\ |$ は，例えば，$|2| = +2$，$|-2| = +2$ のように，実数の大きさを求める記号です．正しくは，$|a|$ は数直線上の点 a と原点 O の距離として定められます．

§3.2 実数と点の 1 対 1 対応と座標軸　　　　　　　　　　　　　　　　77

　基準になる点 O を **原点**，点 E を **単位点** といいます．また，点 A に対応する実数 a を点 A の **座標** と呼びます．このとき，点 A を点 A(a) と表したり，また点 A(a) を単に「点 a」といったりします．すなわち，'実数を数直線上の対応する点と同一視して，実数が数直線上に並んでいる' と考えるわけです．原点（と単位点）があり，実数が（上のルールで）並ぶ数直線を **座標軸** と呼びます．よって，実数は座標軸上に小さいものから大きなものの順で並びます．座標軸は大きな実数の方向に向かって矢印で表すのが日本流です．また，2 点 A(a)，B(b) の距離は 2 点の座標の差の大きさ $|a-b|$ で表されます．

　関数 $y = f(x)$ 等をグラフで表すためには，変数 x に対応する横座標軸つまり x 軸と，それに原点 O で垂直に交わる，変数 y に対応する縦座標軸つまり y 軸を考えるのが便利です．このとき，x, y の 2 つの座標軸が定まった平面を考えるので，その平面を **座標平面** といいます．このとき，$x = a, y = b$ に，つまり実数の組 $(x, y) = (a, b)$ に対応する座標平面上の点を A(a, b) で表します．点 A(a, b) は，原点 O と x 軸上の点 a，y 軸上の点 b を 3 頂点とする長方形を考えたとき，4 番目の頂点に対応します．

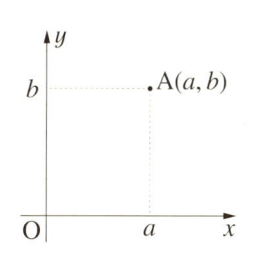

　点 A(a, b) に対応する実数の組 (a, b) を点 A の **座標** といいます．明らかに，任意の実数の組に対応して座標平面上の 1 点が定まり，逆に，座標平面上の任意の 1 点に対応して 1 組の実数が定まります．このように座標平面上では，'実数の組と平面上の点が 1 対 1 に対応' します．よって，数直線上には実数が並ぶと見なしたように，'座標平面上には実数の組が欠けることなく敷き詰められている' と考えることができます．

　また，両座標軸が直交することを考慮すると，2 点 A(a, b)，B(c, d) の距離 AB は，点 C(c, b) をとると，三平方の定理より

$$AB = \sqrt{AC^2 + CB^2}$$
$$= \sqrt{(a-c)^2 + (b-d)^2}$$

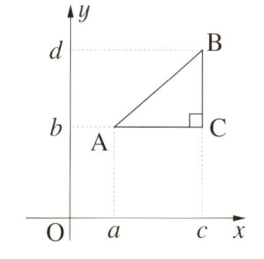

と表されます．

§3.3 1次関数・2次関数のグラフ

　§3.1 の高度 x km と気温 y ℃ の関係を表す 1 次関数 $y = 20 - 6x$ のグラフは, 傾き -6, y 切片 (y 軸との交点) が $y = 20$ の直線になることは既に習いましたね. 直線のグラフだけを見せるのはつまらないので, グラフが点の集合であることを学んでから, 1 次関数のグラフが直線になることを示しましょう. そこで, 先に 2 次関数のグラフを議論しましょう.

3.3.1 グラフは点の集合

　§3.1 のボール落下の 2 次関数 $y = 333 - 4.9\,x^2$ のグラフを考えましょう. x は時間 (秒), y はボールの高さ (m) です. ボールが落下している間 ($333 \geqq y \geqq 0$), 時間を $x = 0, 1, 2, \cdots$ と 1 秒ごとにプロット[2]したのが右図です. つまり, $x = 0, 1, 2, \cdots$ に対して, 等式 $y = 333 - 4.9\,x^2$ を満たす y を求めて, それらの組 (x, y) を点 (x, y) と同一視して xy 平面上に描いたわけです. $0, 1, 2, \cdots$ の各 x 座標から 1 秒ごとのボールの高さ y m が見てとれると思います.

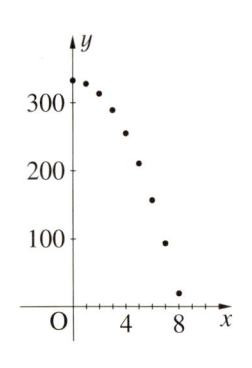

　次に, 全ての時間に対してグラフを描くことを考えましょう. そのためには関数の等式

$$y = 333 - 4.9\,x^2 \quad (x \geqq 0,\ 333 \geqq y \geqq 0)$$

を満たす全ての点 (x, y) の集まり, つまり点 (x, y) の「集合」を考えてそれらを xy 平面上にプロットする必要があります. そのように描いたものが 2 次関数 $y = 333 - 4.9\,x^2$ のグラフです.

　簡単にいってしまいましたが, 大切なことので, グラフを描く前にきちっと説明しましょう. 一般に, グラフの元となる関数の等式を **図形の方程式** といいます. 上の関数 $y = 333 - 4.9\,x^2$ のグラフに C という名をつけましょう. グ

---

[2] プロット＝座標を点で示すこと.

§3.3　1 次関数・2 次関数のグラフ

ラフ C の場合，その図形の方程式は

$$C : y = 333 - 4.9\,x^2 \quad (x \geq 0,\ 333 \geq y \geq 0)$$

と表されます．どうして方程式と呼ぶかというと，等式 $y = 333 - 4.9\,x^2$ を未知数 $x,\,y$ の方程式と見なすからです．この方程式は，実数の未知数が 2 個なのに，等式が 1 個しかないので，解の組 $(x,\,y)$ は連続的に無限個あります．そして，この無限個の解の各組 $(x,\,y)$ を，xy 平面上の点 $(x,\,y)$ と同一視します．その点 $(x,\,y)$ を「方程式を満たす点」と呼ぶことにしましょう．図形の方程式 $y = 333 - 4.9\,x^2$ の $x,\,y$ は，関数に表れる変数というよりは，その方程式を満たす点 $(x,\,y)$ の $x,\,y$ のことであると，常に念頭においておくのがよいでしょう．方程式 $y = 333 - 4.9\,x^2\ (x \geq 0,\ 333 \geq y \geq 0)$ を満たす点の全てを xy 平面上にプロットすると，連続する点の集合，すなわち「曲線」が現れます．それが関数のグラフ C というわけです．**グラフは方程式を満たす点の集合である**という認識は決定的に重要です．

　グラフ C を集合の記法を用いて表すとその意味がよくわかります．C を点の集合と見ると，'C 上の各点は，集合 C に属し，それ以上分けられない個々のもの' ですから，C 上の各点は集合 C の「要素」です．集合を用いた書き方は，§1.6 で学んだように

$$\text{グラフ } C = \{ C \text{ の要素} \mid \text{要素についての条件} \}$$

の形式を用い，中括弧 $\{\ \ \}$ は条件を満たす全ての要素の集合を意味します．具体的には，グラフ C の要素は点ですからそれを $(x,\,y)$ と表すと，

$$\text{グラフ } C = \{ (x,\,y) \mid y = 333 - 4.9\,x^2 \quad (x \geq 0,\ 333 \geq y \geq 0) \}$$

と表されます．このような表現を用いると，グラフ C が，2 次関数の等式を方程式とする解の組 $(x,\,y)$ に対応する，点 $(x,\,y)$ の集合であることがよくわかりますね．このとき，$x,\,y$ はいろいろな値をとる変数なので，点 $(x,\,y)$ を動く点つまり「動点」と考えることもできます．また，方程式を満たす 1 点 1 点と考えることもできます．グラフ上の点を 1 点ずつ移動すると考えるときなどには，後者の考え方のほうがわかりやすいようです．

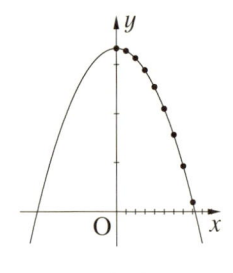

グラフ C を，ここでは $x < 0$ の区間まで変域を広げて描いてみましょう[3]．2 次関数のグラフは **放物線**[4] と呼ばれる美しい曲線になります．時間 $x\,(x \geq 0)$ を指定すると，そのときのグラフの高さ（関数値）がボールの高さを表します．このグラフは $x < 0$ のとき増加して，$x = 0$ で最大になり，$x > 0$ のとき減少していますね．また，グラフは y 軸に関して対称になっていますね．グラフがある直線に関して対称になるときその直線をグラフの **対称軸** といいます．

ここでとても重要なことを確認しておきましょう．2 次関数 $y = 333 - 4.9\,x^2$ は，x が連続的に変化するとき対応する y も連続的に変化します．より正確にいうと，x がごく僅かに変化するとき y もごく僅かに変化します．よって，そのグラフ上の点 (x, y) は連続していて，切れ目がありません．このことを関数の言葉を用いると '2 次関数 $y = 333 - 4.9\,x^2$ は **連続関数** である' といいます．一般の 2 次関数も連続関数です．さらに，n 次式で表される n 次関数が連続関数であり，そのグラフが切れ目のない滑らかな曲線になることは容易に理解できると思います．

もう 1 題，グラフ $C : y = f(x)$，ただし，
$$f(x) = 2x^2 + 4x + 5 = 2(x + 1)^2 + 3$$ 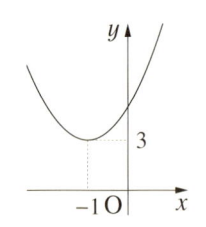
で練習して，2 次関数のグラフの特徴をつかみましょう．このグラフもやはり放物線で，今度は $x < -1$ の範囲で減少し，$x = -1$ で最小，$x > -1$ で増加します．この放物線は，y 軸に平行な直線 $x = -1$，つまり点集合

$$\{(x, y) \mid x = -1\}$$

に関して対称です．点 (x, y) に対して y の条件が書かれていないのは，y につ

---

[3] 無限個の点をプロットするのは不可能なので，実際には，図を表示する x の区間で等間隔に数百点をとって対応する関数値を求めます．次に，それらから得られる点を xy 平面上にプロットし，隣り合う点を線分で結んで表示しています．

[4] 放物線は英語でパラボラ (parabola) といいます．そう，パラボラアンテナのパラボラです．放物線を対称軸の周りに回転するとパラボラアンテナの形の曲面になります．その曲面の内面を鏡にすると，対称軸に平行にきた光が，鏡で反射して，「焦点」といわれる 1 点に集まります．その詳細は §§ 5.3.1.2 で学びます．

いての条件がない，つまり 'y は任意の値でよい' ことを意味します．この直線のことを放物線の「**対称軸**」または簡略して単に **軸** といいます．また，放物線と軸との交点を放物線の **頂点** といいます．今の場合，頂点は点 $(-1, 3)$ ですね．この放物線は，先ほどのものと違い，下に凸状になっています．このとき，このグラフは **下に凸**[5]といいます．また，2 次関数のグラフの湾曲の程度にも注意しましょう．

2 次関数のグラフは，以上の 2 つの例からわかるように，どれも似通った性質があるようです．先に 1 次関数のグラフを議論してから，その理由を考えましょう．

3.3.2 直線

1 次関数のグラフが直線になることを示しましょう．ここでは順序を逆にして，直線の方程式が 1 次関数になっていることを先に示しましょう．求める直線を傾き m，y 切片が $y = b$ の直線 ℓ として，その方程式を求めます．xy 平面上の点 (x, y) を考え，それが ℓ 上にあるための条件式が直線 ℓ の方程式になります．ℓ は点 $(0, b)$ を通り傾きが m だから，点 (x, y) が ℓ 上にあるための条件は

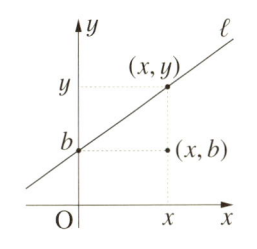

$$\frac{y - b}{x - 0} = m$$

です．この条件式を満たす $\dot{\mathrm{全}}\dot{\mathrm{て}}\dot{\mathrm{の}}$点 (x, y) が直線 ℓ 上にあることに注意しましょう[6]．分母を払って整理すると 1 次関数 $y = mx + b$ が得られます．また逆に，$y = mx + b$ から $\frac{y-b}{x-0} = m$ が導かれるので，この方程式を満たす点 (x, y)

---

[5] 下に凸・上に凸の正確な定義を述べておきましょう．関数のグラフを直線で切り，切り取られた弧を考えます．どんな直線で切っても，弧が直線の下に必ずあるとき，そのグラフは下に凸といいます．また，ある区間内で，弧が直線の下に必ずあるときは，その区間で下に凸といいます．反対に，弧が直線の上にあるときは，**上に凸** といいます．2 次関数のグラフは全区間で下に凸または上に凸のどちらかです．

[6] この表現式は傾き m を強調するためのもので，分母が 0 のときは分子も 0 と約束します．正しい表現は分母を払った $y - b = m(x - 0)$ です．

は必ず直線 ℓ 上の点になります．よって，方程式 $y = mx + b$ を満たす点の集合が直線 ℓ というわけです：

$$\ell = \{(x, y) \mid y = mx + b\}$$

通常は，直線 ℓ の方程式が $y = mx + b$ であるという意味で

$$\ell : y = mx + b$$

と表します．君たちが学校で教わるのがこれです．

応用問題をやってみましょう．点 (p, q) を通り傾き m の直線の方程式を求めよ．ヒントは不要でしょう．答は，点 (x, y) がその直線上にあるための条件が

$$\frac{y - q}{x - p} = m$$

なので，求める方程式は

$$y - q = m(x - p)$$

ですね．この形のものは頻繁に利用されます．

1次関数 $y = mx + b$ のグラフは，傾き m が実数つまり $-\infty < m < \infty$ なので，y 軸に平行な直線を表すことは叶いません．つまり，直線：$x = c$ (y は任意) のタイプのものはそれに含まれていません．両方の直線を表せる方程式にするには，y の係数を 1 としないで文字係数にして，$ay = mx + b$ のような形に拡張し，見栄えがよいように

$$ax + by + c = 0 \qquad \text{（直線の一般式）}$$

などと書き直しましょう（ただし，a, b は同時には 0 ではありません）．このように表すと，$b \neq 0$ のときは $y = -\frac{ax}{b} - \frac{c}{b}$，$b = 0$ のときは $x = -\frac{c}{a}$ となるので，どちらのタイプの直線も表せますね．

§3.4　2次関数のグラフの平行移動

グラフの平行移動を学んで 2 次関数のグラフを統一的に扱いましょう．その手法は一般のグラフにも適用できることが次第に明らかになっていきます．

3.4.1 放物線の丸み

グラフが，上に凸や下に凸になったり，湾曲が大きくまたは小さくなったりすることから始めましょう．2 次関数
$$y = ax^2 \quad (a \neq 0)$$
のグラフは，$y = x^2 \times a$ と変形すればわかるように，$y = x^2$ のグラフを'全ての x において'y 方向に a 倍したものですね．$a > 0$ のときは下に凸，$a < 0$ のときは上に凸のグラフになります．また，a の大きさ $|a|$ が大きいときは湾曲が大きいことがわかります．a を**丸み**とか「開き」ということがあります．a が 2 次の項の係数であることに注意しましょう．

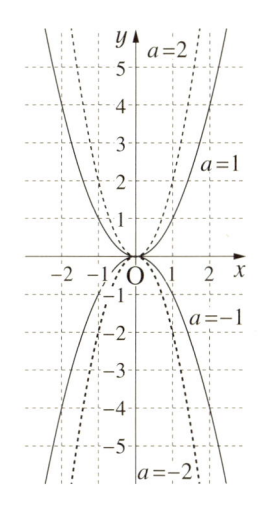

これらのグラフに共通しているのは頂点がどれも原点 O になっていることです．これが $y = ax^2$ ($a \neq 0$) のグラフの特徴です．では，頂点が原点でないグラフはどのような特徴があるのでしょうか．グラフの平行移動という観点から調べてみましょう．

3.4.2 平行移動

関数 $y = ax^2 + q$ の関数値は，関数 $y = ax^2$ の関数値と比べると，'全ての x に対して' q だけずれています：$(ax^2 + q) - ax^2 = q$．このことは，$y = ax^2 + q$ のグラフは，$y = ax^2$ のグラフを y 方向に q だけ平行移動したことを意味していますね．

次に x 方向への平行移動を議論しましょう．まずは準備から．関数 $y = x^2$ において，変数 x に c を代入すると関数値 $y = c^2$ を得ますね．では，変数 x に $x - 2$ を代入するとどうなるでしょう．形式的に代入してみると，$y = (x - 2)^2$ となり，関数 $y = x^2$ から新しい関数が作られたことを示しています．一般に'関数の変数に変数の式を代入すると新しい関数が得られます'．このことを関数の「変換」と呼ぶことにしましょう．

関数 $y = x^2$ と関数 $y = (x-2)^2$ の違いを表で見てみましょう．下の $y = (x-2)^2$ の段は上

x	-3	-2	-1	0	1	2	3	4	5
$y = x^2$	9	4	1	0	1	4	9	16	25
$y = (x-2)^2$	25	16	9	4	1	0	1	4	9

の $y = x^2$ の段を右に 2 ずらしたものになっていますね．つまり，$y = x^2$ の $x = c$ における高さ $y = c^2$ が $y = (x-2)^2$ では $x = c+2$ において実現されます：$y = (c+2-2)^2 = c^2$．このことは全ての c に対して成り立つので，$y = x^2$ のグラフ上の全ての点を x 方向に 2 だけ移動すると $y = (x-2)^2$ のグラフ上の全ての点に移ると解釈できます．つまり，関数 $y = (x-2)^2$ のグラフは $y = x^2$ のグラフを x 方向に 2 だけ平行移動したものというわけです．

同様に，関数 $y = ax^2 + q$ の x に $x - p$ を代入して得られる $y = a(x-p)^2 + q$ のグラフは，$y = ax^2 + q$ のグラフを x 方向に p だけ平行移動したものになります：$y = ax^2 + q$ の $x = c$ における高さは $y = ac^2 + q$．$y = a(x-p)^2 + q$ の $x = c + p$ における高さも $y = a(c+p-p)^2 + q = ac^2 + q$．

以上の議論から，関数 $y = a(x-p)^2 + q$ のグラフ C_{pq} は関数 $y = ax^2$ のグラフ C_{00} を x 方向に p，y 方向に q だけ平行移動したものになりますね．C_{00} の頂点は原点 O なので C_{pq} の頂点は点 (p, q) になりますね[7]．

これで準備ができました．以下，2 次関数 $y = ax^2 + \cdots$ のグラフは全て 2 次関数 $y = ax^2$ のグラフ C_{00} を平行移動したものであることを示しましょう．2 次関数の一般形は $y = ax^2 + bx + c$ $(a \neq 0)$ ですが，§§ 2.2.2 一般の 2 次方程式のところで変形したように

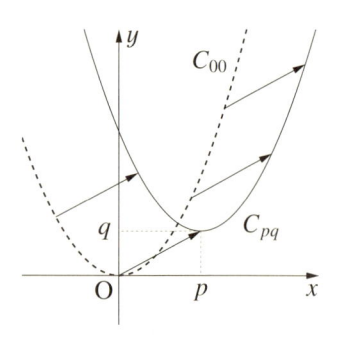

$$y = ax^2 + bx + c = a\left(x + \frac{b}{2a}\right)^2 - \frac{b^2 - 4ac}{4a}$$

となりますね．この一般形と $y = a(x-p)^2 + q$ を比較すると

---

[7] パソコンで関数のグラフを描くソフトがあります．筆者が利用したのはフリーの GRAPES （http://okumedia.cc.osaka-kyoiku.ac.jp/~tomodak/grapes/）というソフトで，慣れるとかなり便利です．

$$p = -\frac{b}{2a}, \quad q = -\frac{b^2 - 4ac}{4a}$$

となります．このことは，2 次関数 $y = ax^2 + bx + c$ のグラフは，2 次関数 $y = ax^2$ のグラフを，x 方向に $p = -\frac{b}{2a}$，y 方向に $q = -\frac{b^2 - 4ac}{4a}$ だけ，平行移動したものであることを意味しますね[8]．よって，$y = ax^2 + \cdots$ のグラフは，全て，$y = ax^2$ のグラフを平行移動したものであることがわかります．

また，点 (p, q) は頂点の座標ですから，2 次関数の一般形 $y = ax^2 + bx + c$ の頂点の座標は上式の (p, q) で与えられることになります．例えば，$a = 1$，$b = 2$，$c = 3$ のとき，$p = -1$，$q = 2$ より，頂点は点 $(-1, 2)$ ですね．また，$y = ax^2 + \cdots$ のグラフと $y = ax^2$ のグラフは，共通の a をもつので，共通の凹凸（上に凸または下に凸）および同一の湾曲をもつ，つまり同じ丸みをもちますね．

§3.5 方程式・不等式のグラフ解法

方程式 $f(x) = 0$ を連立方程式 $y = f(x)$ かつ $y = 0$ と考えて，関数 $y = f(x)$ のグラフを考えると，方程式や不等式の解に図形的意味付けができます．

3.5.1 方程式のグラフ解法

簡単な 2 次方程式 $(x-1)(x-2) = 0$ のグラフ解法を考えます．そのために，いったん新たな変数 y を導入して，連立方程式の形にしましょう：

$$(x-1)(x-2) = 0 \; (y = 0) \Leftrightarrow \begin{cases} y = (x-1)(x-2) \\ y = 0. \end{cases}$$

上式の右辺の連立方程式で y を消去すると元の方程式に戻りますね．同値記号 $\Leftrightarrow$ は，$p \Rightarrow q$ かつ $q \Rightarrow p$ の場合に，$p \Leftrightarrow q$ と表す記号でしたね．また，元の

---

[8] $p = -\frac{b}{2a}$，$q = -\frac{b^2 - 4ac}{4a}$ であることは，関数 $y = ax^2 + bx + c$ が $y = a(x-p)^2 + q$ の形に必ず表されることを意味します．また逆に，関数 $y = a(x-p)^2 + q$ が $y = ax^2 + bx + c$ の形に表すことも必ずできます．a が両関数に共通なのでそれを定数として，$(x-p)^2$ を展開して比較すると $b = -2ap$，$c = ap^2 + q$ とすればよいことがわかります．

方程式につけ加えたダミーの（便宜上の）解 $y=0$ は同値関係を厳密にするためだけに必要です．$y=(x-1)(x-2)$ は2次関数，$y=0$ は x 軸と解釈できるので，それらのグラフを描いたときに，両者を同時に満たす座標，つまり x 軸との交点が連立方程式の解で，その交点の x 座標が元の方程式の解ということになります．$y=(x-1)(x-2)$ のグラフの x 切片（x 軸との交点）は明らかに $x=1,2$ ですから元の方程式の解に一致しますね．

次に，一般の2次方程式

$$ax^2+bx+c=a(x-p)^2+q=0,$$

ただし $\quad p=-\dfrac{b}{2a}, \quad q=-\dfrac{D}{4a} \quad (D=b^2-4ac)$

を関数 $y=a(x-p)^2+q=a\{(x-p)^2+\dfrac{q}{a}\}$ のグラフで考えて，解の種類を調べましょう．

$\dfrac{q}{a}=-\dfrac{D}{4a^2}<0$，つまり判別式 $D>0$ のとき，

$$\dfrac{y}{a}=(x-p)^2+\dfrac{q}{a}$$

は x の変化に伴ってその符号を変えます：$x=p$ のとき $\dfrac{y}{a}=\dfrac{q}{a}<0$．$|x|$ が十分に大きいとき $\dfrac{y}{a}>0$．よって，y の符号も x の変化に伴って変わります．したがって，$y=a(x-p)^2+q$ のグラフは x 軸と異なる2点で交わり，2次方程式 $ax^2+bx+c=0$ は異なる2実数解をもちます．

次に，$q=0$，つまり判別式 $D=0$ のとき，$y=a(x-p)^2$ のグラフは符号を変えず，$x=p$ のときのみ $y=0$ となります．よって，グラフは $x=p$ で x 軸に接し，方程式は重解 $x=p$ をもちます．

最後に，$\dfrac{q}{a}>0$，つまり判別式 $D<0$ のとき，$y=a\{(x-p)^2+\dfrac{q}{a}\}$ は常に a と同符号になり，そのグラフは x 軸にかすりもしません．よって，この場合は方程式は実数の解をもちません．思い出してほしいのは，§2.3 のところで調べたように，判別式 $D<0$ のときには方程式は虚数解をもちましたね．その理由をグラフの式を用いて考えてみましょう．$y=a\{(x-p)^2+\dfrac{q}{a}\}$ の y の値はどんな実数 x に対しても 0 になることはありません．ところが，それを，虚数 i

§3.5 方程式・不等式のグラフ解法

の性質 $i^2 = -1$ を悪用？して，強引に

$$(x-p)^2 + \frac{q}{a} = (x-p)^2 - \left(i\sqrt{\frac{q}{a}}\right)^2$$
$$= \left(x - p - i\sqrt{\frac{q}{a}}\right)\left(x - p + i\sqrt{\frac{q}{a}}\right)$$

と因数分解し，$y=0$ となる x を'でっち上げた'わけです[9]．

ここで応用問題を 1 題やってみましょう．方程式 $x^2 + x = -x + k$ が異なる 2 実数解をもつように k の範囲を定めよ．ヒント：

考え方 (i)　右辺が 0 になるように移項すると簡単な方程式 $x^2 + 2x - k = 0$ になります．そこで，異なる 2 実数解をもつことは判別式 $D > 0$ ということなので，$D = 4 + 4k > 0$．よって $k > -1$．

考え方 (ii)　左辺と右辺のグラフを描くと，方程式が異なる 2 実数解をもつことは，それらのグラフが異なる 2 交点をもつことと同じです．両辺のグラフを描くために，同値関係

$$x^2 + x = -x + k \ (=y \text{ とおく}) \Leftrightarrow \begin{cases} y = x^2 + x \\ y = -x + k \end{cases}$$

を用いて，両辺の関数を用意しておきましょう．ただし，$y = -x + k$ のグラフは斜めの直線なので，接点を調べるのに一手間要ります．それを避けるために，方程式を $x^2 + 2x = k \ (=y \text{ とおく})$ と変形してから，$y = x^2 + 2x$ と $y = k$ のグラフの交点を調べるほうがよいでしょう．$y = x^2 + 2x = (x+1)^2 - 1$ より，この 2 次関数のグラフは下に凸で頂点は点 $(-1, -1)$ ですね．また $y = k$ は x 軸に平行な直線なので，両者が異なる 2 交点をもつためには，直線 $y = k$ が頂点より上にあることが必要です．よって，$k > -1$ となりますね（ここではグラフを頭の中で描く訓練もしておきましょう）．

この問題では圧倒的に考え方 (i) のほうが簡単で早く解けますね．しかし，公式「異なる 2 実数解をもつ $\Leftrightarrow D > 0$」の丸暗記にならないようにしましょう．むしろいろいろな考え方を習熟しておくほうがよいと思われます．

---

[9] ただし，そういうのはいい過ぎで，発見したというほうが適当でしょう．虚数も立派に役立っていますから．

3.5.2　不等式のグラフ解法

不等式 $-3x^2 - 2x + 5 > 2x + 1$ を解いてみましょう．移項して $-3x^2 - 4x + 4 > 0$ とするほうが簡単ですね．方程式の場合と同様に

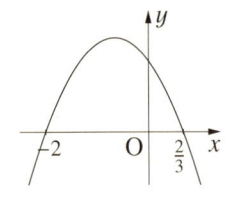

$$-3x^2 - 4x + 4 (= y) > 0 \Leftrightarrow \begin{cases} y = -3x^2 - 4x + 4 \\ y > 0 \end{cases}$$

と変形すると，放物線 $y = -3x^2 - 4x + 4$ の $y > 0$ となる x の区間であることがわかります．よって，放物線の x 切片は $-3x^2 - 4x + 4 = 0$ を解いて $x = \frac{2}{3}, -2$ を得るので，放物線が上に凸であることを考慮して，解 $-2 < x < \frac{2}{3}$ を得ます．

最後に少々難しめの応用問題をやってみましょう．考え方が大切なので，初めて見るタイプの問題と感じた人は，計算の詳細にこだわらないで問題の意味を理解してください．放物線 $y = x^2$ を，x 方向に p，y 方向に q だけ平行移動して，直線 $y = 2x - 1$ より常に上にあるようにしたい．そうなるための p, q が満たすべき条件を求めよ．

まず，平行移動後の放物線は $y = (x - p)^2 + q$ ですね．これが直線より上にあるので，不等式

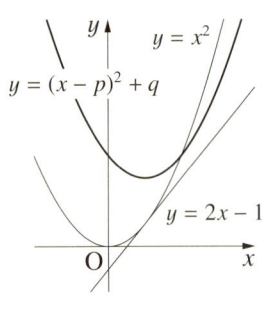

$$(x - p)^2 + q > 2x - 1$$

が成立します．ポイントは次です．そのまま不等式を解いて x の範囲を求めてしまったらアウトです．直線より常に上にあるとは，移動後の放物線の全体が必ず上にある，つまり放物線上の全ての点が直線より常に上にあるということです．よって，不等式 $(x - p)^2 + q > 2x - 1$ は '全ての x に対して成立する' と考えなければなりません．このことが理解できれば後は簡単です．左辺に移行して

$$x^2 - 2(p + 1)x + p^2 + q + 1 > 0.$$

これが全ての x に対して成立するのは，左辺の 2 次関数の最小値が正のときです．平方完成して

$$(x - p - 1)^2 + q - 2p > 0.$$

よって，最小値が正の条件 $q - 2p > 0$ が求めるものです．

§3.6 図形の変換

図形を移動したり別の図形に直したりすることを **図形の変換** といいます．その一般的方法を議論しましょう．

3.6.1 平行移動

§§3.4.2 において，関数 $y=x^2$ の変数 x に x の式 $x-p$ を代入すると，関数が変換されて，新たな関数 $y=(x-p)^2$ になり，そのグラフは元の関数のグラフを x 方向に p だけ平行移動したものになりましたね．この §§ では変数に変数の式を代入することの意味を考えてみましょう．得られる結果は非常に一般的であり，全ての関数および図形の方程式に対して成立します．

3.6.1.1 関数のグラフの平行移動

任意の関数 $y=f(x)$ の変数 x に $x-p$ を代入してみましょう．すると，関数が変換されて新たな関数 $y=f(x-p)$ が得られます．この関数を $y=g(x)$ と名づけましょう：$y=g(x)=f(x-p)$．すると，$x=c$ における $y=f(x)$ の関数値 $f(c)$ は $y=g(x)$ においては $x=c+p$ で得られます：$g(c+p)=f(c+p-p)=f(c)$．このことは，$y=f(x)$ のグラフ上の 1 点 $(c, f(c))$ を x 方向に p だけ移動すると $y=g(x)$ のグラフ上の 1 点に移る，と解釈できます．c は任意の実数でよいので，$y=f(x)$ のグラフ上の全ての点がこの移動によって $y=g(x)=f(x-p)$ のグラフ上の全ての点に移ることになります．つまり，'任意の関数 $y=f(x)$ のグラフを x 方向に p だけ平行移動したグラフを表す関数は $y=f(x-p)$ である' ということです．これはどんな関数のグラフに対しても成立します．

次に，任意の関数 $y=f(x)$ の変数 y を $y-q$ で置き換えてみましょう：$y-q=f(x)$．これは $y=f(x)+q$ と同じですから，この関数は，全ての x に対して $y=f(x)$ の関数値を定数 q だけずらしたものです．すなわち，'関数 $y=f(x)$ のグラフを y 方向に q だけ平行移動したものが関数 $y-q=f(x)$ のグラフになる' のです．

さらに，任意の関数 $y=f(x)$ において，変数 x に $x-p$ を代入し，同時に，変

数 y に $y-q$ を代入すると $y-q = f(x-p)$ ですね．これは任意の関数 $y = f(x)$ のグラフを，x 方向に p, y 方向に q だけ平行移動したグラフを表す関数ですね．つまり，2 次関数のグラフの平行移動についての公式は，実は，任意の関数のグラフに対しても成立するのです．

3.6.1.2　図形の変換の意味付け

準備が整ったようです．これらの変てこな代入，つまり関数の変換の意味付けにとりかかりましょう．関数を変換すると，その結果として，その関数のグラフが変換されることを見てきました．今度はその逆を考えましょう．つまり，グラフを変換するには関数をどのように変換すればよいかという観点で考えてみましょう．グラフを移動することは，グラフ上の点を含む，xy 平面上の全ての点を $\dot{1}\dot{点}\dot{ず}\dot{つ}$ 移動することによって実現できます．よって，移動前の点と移動後の点がどんな関係になるかと考えたとき，その関係式が変換を表す関数の方程式を与えるはずです．

任意の関数 $y = f(x)$ を，後で混乱を招かないように，$Y = f(X)$ と大文字 X, Y で表しておいて，そのグラフを C と名づけましょう．集合の記法を用いると，グラフ C は方程式 $Y = f(X)$ を満たす点 (X, Y) の集合，つまり

$$C = \{(X, Y) \mid Y = f(X)\}$$

です．点 (X, Y) は，条件 $Y = f(X)$ の下で，グラフ C 上の任意の点を表します．

さて，グラフ C を，x 方向に p, y 方向に q だけ平行移動して得られるグラフを C_{pq} と名づけ，C_{pq} の方程式を'仮に' $y = g(x)$ としておきましょう．'仮に' といった理由は，$y = g(x)$ がまだ未知の関数だからです．グラフ C_{pq} は点の集合

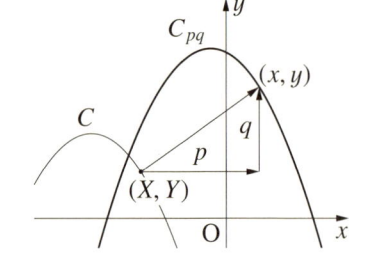

$$C_{pq} = \{(x, y) \mid y = g(x)\}$$

です．点 (x, y) はグラフ C_{pq} 上にあるとき方程式 $y = g(x)$ を満たします．

§3.6 図形の変換

以下の議論では，紛れることがないように，小文字 x, y を用いて表した点 (x, y) はグラフ C_{pq} 上の点に限定しておきましょう．すると，我々の目的は，C_{pq} 上の点 (x, y) とその移動前の点との関係から，C_{pq} 上の点の x 座標と y 座標の関係を表す式を求めること，つまり，C_{pq} の未知の方程式 $y = g(x)$ を決定することです．$y = g(x)$ は，小文字 x, y を用いて表されているから，'小文字 x, y の方程式' を見つけさえすればその方程式を決定したことになります（長々と述べてきましたが間もなくゴールです）．

C_{pq} 上の任意の点 (x, y) が C 上の点 (X, Y) を x 方向に p，y 方向に q だけ移動して得られた点とすると，点 (X, Y) は点 $(x-p, y-q)$ のことです（ここが第 1 のポイント）．このとき，点 $(x-p, y-q)$ は C 上にあるから，その点は C の方程式 $Y = f(X)$ を満たしますね（ここが第 2 のポイント）．よって，方程式 $y - q = f(x - p)$ が成立し，それは求めていた小文字 x, y の方程式です．よって，C_{pq} の方程式 $y = g(x)$ は方程式 $y - q = f(x - p)$ に他なりません（ここが第 3 のポイント）．したがって，C_{pq} の方程式は

$$C_{pq} : y - q = f(x - p)$$

と決定されました．

事実上の証明の部分はほぼ一瞬にして終わりましたね．グラフは点の集合であること，およびグラフを移動することは点を 1 点ずつ移動することに注意して読めば難しくはないと思います．なお，x 方向に p，y 方向に q だけ移動するのだから，方程式は，一見，$y + q = f(x + p)$ だと思いがちですが，第 1 のポイントで見たように，グラフの移動に関係するのは '移動する前の点' $(x-p, y-q)$ の座標であることに注意しましょう．グラフの変換に直接関係してくるのは，いつでも，変換前の点の座標です．

3.6.2 種々の変換と対称性

前の §§ では小文字の点 (x, y) は，わかりやすくするために，変換後の図形上の点としましたが，変換は図形が載っている全平面を変換すると考えて，点 (x, y) は変換後の '全平面上の点' とするほうがより一般的な議論ができます．以下，その立場で議論しましょう．

3.6.2.1 倍変換

全 xy 平面を y 方向に a 倍に伸縮する変換をしましょう．そのとき，任意の関数 $y = f(x)$ のグラフ C が変換されてグラフ C_a になったとします．C_a の方程式を求めましょう．変換後の平面上の任意の点を (x, y) とすると，変換前の点は $(x, \frac{y}{a})$ と表されます．よって，点 (x, y) がグラフ C_a 上にあるとき，点 $(x, \frac{y}{a})$ はグラフ C 上にあるので，C の方程式 $y = f(x)$ を満たしますね．よって，$\frac{y}{a} = f(x)$ が成り立ち，これが求める C_a の方程式です．これは $y = af(x) (= f(x) \times a)$ と同じなので，確かに，y 方向に a 倍に伸縮する変換になっていますね．

では，全 xy 平面を x 方向に a 倍に伸縮する変換をしたとき，任意の関数 $y = f(x)$ のグラフはどのように変換されるでしょうか．変換後のグラフの方程式を各自求めましょう．答は $y = f(\frac{x}{a})$ ですね．

これらの変換は，いずれ見るように，円と楕円を相互に変換するときなどに役立ちます．

3.6.2.2　y 軸対称性

1 次項がない 2 次関数 $y = ax^2 + c$ のグラフの軸は y 軸ですから，このグラフは y 軸に関して対称ですね．このことを確かめるには，全ての x に対して，x における関数値 $ax^2 + c$ と $-x$ における関数値 $a(-x)^2 + c$ が等しいことを示せば OK ですね．一般の関数 $y = f(x)$ でも y 軸対称になる条件は，同様にして，$f(x) = f(-x)$ となります[10]．

この条件を，関数 $y = f(x)$ のグラフ C と，それを y 軸に関する **対称移動**（対称変換）をして得られるグラフ C_y を比較して求めてみましょう．変換後の点を (x, y) とすると対称移動前の対応する点は $(-x, y)$ ですね．点 (x, y) が C_y 上にあるとき，点 $(-x, y)$ は C 上の点ですから C の方程式 $y = f(x)$ を満たします：$y = f(-x)$．これが C_y の方程式です．このとき，y 軸対称によって，C と C_y は一致します．したがって，$y = f(x)$ と $y = f(-x)$ は同じものですから，y 軸対称の条件

$$f(x) = f(-x) \hspace{3em} (偶関数)$$

が得られます．この条件を満たす関数は **偶関数** と呼ばれます．

---

[10] 変数 x を用いて表された条件は，通常，'全ての x に対して成立する' ことを意味します．

§3.7　関数の概念の発展

関数は，初期の頃，変数を用いて表される式，つまり「解析的な式」と見なされていました．しかし，数学理論が発展するにつれて関数のより拡張された定義が必要になりました．我々の用いている §3.1 の定義がそれに当たります．集合論が構築されると関数の概念はさらに一般化され，関数は「写像」，つまり像を写す役割をもつものとして考えられるようになりました．以下，高校数学と関連する部分に焦点を当てて議論しましょう．

3.7.1　関数の拡張

我々はこれまで 1 次関数・2 次関数などを議論しました．今後，三角関数・指数関数・対数関数など多くの関数を議論します．それらは，変数の式で表された '滑らかに変化する' 連続関数で，「解析的関数」と呼ばれます．それらは関数の定義，すなわち '変数 y があり，その値が変数 x の値によってただ1つ定まり，x の変化に伴って変化するとき，y は x の関数である' を当然ながら満たします．

反比例の関数 $y = \dfrac{a}{x}$ は，$x = 0$ では定義できないのでそこで不連続になりますが，関数の定義域から $x = 0$ を除けば上の定義を満たす関数になります．このように不連続な関数もあります．参考になる不連続関数を紹介しましょう．しばしば君たちがテストで悩まされるガウスの関数 $y = [\,x\,]$（ガウス x と読みます）は「$[\,x\,] = $ 実数 x を超えない最大の整数」によって定義される関数です（例えば，$[2.3] = 2$, $[3] = 3$, $[-4.5] = [-5 + 0.5] = -5$）．この関数のグラフは階段状になっていることを確認しましょう．

また上述の関数の定義から，関数は 1 個の式のみで表される必要はなく，定義域の異なる範囲では異なる式を用いて定義することも許されます．例えば「符号関数」と呼ばれる $\mathrm{sign}\,x$ は

$$\mathrm{sign}\,x = \begin{cases} -1 & (x < 0) \\ 0 & (x = 0) \\ +1 & (x > 0) \end{cases}$$

で定義されます．

また上述の定義によると，関数は必ずしも式で表す必要はなく，「ディリクレの関数」と呼ばれるいたるところ不連続な関数

$$\underset{\text{ファイ}}{\varphi}(x) = \begin{cases} 1 & (x \text{ は有理数}) \\ 0 & (x \text{ は無理数}) \end{cases}$$

なども数学理論に重要な関数として知られています．

さらに，関数の定義についてはその定義域として実数の範囲とするとは規定していません．したがって，定義域を自然数にとることもできます．例えば n を自然数として，

$$n! = 1 \cdot 2 \cdot 3 \cdots (n-1) \cdot n$$

を n の **階乗** といいますが，$f(n) = n!$ を自然数の変数 n に対して定義された関数と見なすことができます．

3.7.2 関数概念の拡張

関数 $y = f(x) = 2x+1$ を例として考えましょう．我々は，$f(x)$ は $2x+1$ を表す'便利な記号'であると見なしていますね．ここで，$f(x) = 2x+1$ に対して集合論による新しい解釈をしてみましょう．まず，変数 x はいろいろな値をとれるのでその各々の値を考え，x を実数の集合の各々の要素と見なしましょう．すると，$2x+1$ は，変数 x の式というよりは，各々の x に対応する関数値と見なされます．よって，$2x+1$ も x と同様に実数の集合の要素と見なされます．そう考えておいて，$f(x) = 2x+1$ の 'f' は任意に定めた実数 x を 1 つの実数 $2x+1$ に移す役割をもつと考えてみましょう．くだけた言い方をすると，f をカメラのレンズにたとえて，'f' は被写体の '点' x に作用して，それをフィルム上の '点' $2x+1$ に写すと考えるわけです．本当ですよ．実際，数学的には，'f は実数 x を実数 $2x+1$ に **写像** する' といいます[11]．より正確な表現をすると，'f は実数の集合の任意の要素 x に実数の集合の 1 つの要素 $2x+1$ を対応させる' といいます．f は x に $2x+1$ を対応させるのですから，もちろん対応の規則を定めています．

---

[11] このとき，x を **原像**，$2x+1$ を x の **像** といいます．

§3.7 関数の概念の発展   95

　このような f の役割を認めることにして，f を"関数"と呼ぶことにしましょう．すると，一般の $f(x)$ に対しては，"関数 f は任意の実数 x を，その定める規則によって，1つの実数 $f(x)$（関数値のこと）に移す（写像する）"ということができます．これが集合論的な関数の解釈です．

　このように考えると，'関数は集合の要素を（一般にはそれと異なる）集合の要素に移す（写す，写像する）'，または '関数は集合の要素に集合の要素を対応させる' というより広い解釈が可能になります．そこで，関数をもっと拡張して考えることができます．例えば，平面図形の変換を行うときなどに，図形上の点 P をある規則で 点 Q に移すとき，関数 f がその役割を担うと考えることが可能です．そのとき，それを $f(\mathrm{P}) = \mathrm{Q}$ と表して，f を平面上で定義された関数と考えます．君たちは，このような関数 f を「写像 f」とか「変換 f」という呼び名で学びます．

　次に，後の §§ のために，「逆関数」および「合成関数」と呼ばれる関数の議論をしておきましょう．

3.7.2.1　逆関数

　関数 $y = x^2$ ($x \geqq 0$) において，x に y を代入し同時に y に x を代入する，つまり x と y を交換してみましょう．この変換によって $x = y^2$ ($y \geqq 0$) が得られます．y を x で表すと，$y \geqq 0$ だから，関数 $y = +\sqrt{x}$ が得られます．これは，x の値を定めると対応する y の値がただ 1 つ定まるので，確かに関数です．

　関数 $y = x^2$ ($x \geqq 0$) と関数 $y = +\sqrt{x}$ のグラフを描いてみると，直線 $y = x$ に関して互いに対称になっていることがわかります．何故かというと，'変数 x と y を交換することは，x の値と y の値を全ての x, y に対して交換すること' なので，グラフ上の任意の点 (a, b) が点 (b, a) に移されるからです．関数の言葉でいうと，$b = a^2$ ($a \geqq 0$) が成り立つとき $a = \sqrt{b}$ ですから，関数 $y = x^2$ が実数 a を実数 b に写像する（移す）とき，関数 $y = \sqrt{x}$ は，逆に，実数 b を実数 a に移します．このように関数 $y = \sqrt{x}$ は関数 $y = x^2$ と逆の働きをします．

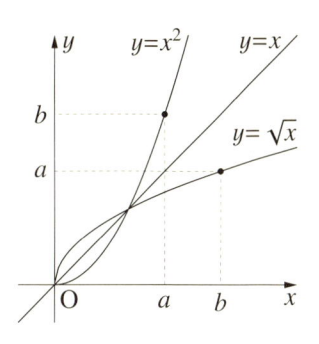

一般の関数 $y = f(x)$ についても同様のことがいえます．x と y を交換して得られる $x = f(y)$ において y を x で表したとして，それを $y = f^{-1}(x)$[12]と表記しましょう．単に表し方を変えただけなので，当然ながら

$$x = f(y) \Leftrightarrow y = f^{-1}(x)$$

が成立します．したがって，同様に

$$y = f(x) \Leftrightarrow x = f^{-1}(y)$$

も成立します．$y = f^{-1}(x)$ が関数になるとき，それを関数 $y = f(x)$ の **逆関数** といいます．関数と逆関数のグラフは直線 $y = x$ に関して互いに対称になります．関数の言葉を用いると，$y = f(x) \Leftrightarrow x = f^{-1}(y)$ より，関数 f が実数 a を実数 $b = f(a)$ に移すとき，その逆関数 f^{-1} は，実数 b を実数 $a = f^{-1}(b)$ に移します．君たちは，第 6 章で「指数関数」と「対数関数」を習います．そこで，その 2 つの関数が互いに逆関数になっていることを学ぶでしょう．

1 次関数 $y = -x + b$ や反比例の関数 $y = \dfrac{a}{x}$ は，x と y をとり換えてみればすぐわかるように，その逆関数に一致するので，グラフは直線 $y = x$ に関して対称になります．

なお，記号 f^{-1} は面白い記法で，数についての関係 $a^{-1} = \dfrac{1}{a}$，よって $a^{-1} \cdot a = 1$ を思い出させます．それは関数 f とその逆関数 f^{-1} が逆の働きをすることと密接に関係しています．そのことについては合成関数の後で議論しましょう．

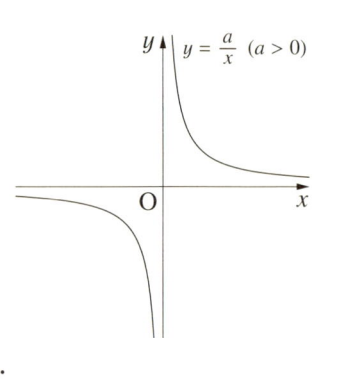

3.7.2.2 合成関数

平行移動を学んだときに，関数 $y = f(x)$ の x に $x - p$ を代入すると，そのグラフを x 方向に p だけ平行移動したグラフに対応する関数 $y = f(x - p)$ が得られました．また，2 次関数 $y = x^2 + 2x + 3$ で x に $x^2 - 1$ を代入すると 4 次関

---

[12] $f^{-1}(x)$ は 'f インバース (inverse) x' と読みます．この表記法は数 a の逆数 $\dfrac{1}{a}$ を a^{-1} のように表すと同種のものです．

§3.7 関数の概念の発展

数 $y = (x^2 - 1)^2 + 2(x^2 - 1) + 3$ が得られますね．一般に，関数 $y = f(x)$ の変数 x に関数 $g(x)$ を代入すると関数の関数

$$y = f(g(x))$$

が得られます．この新しい関数 $y = f(g(x))$ は関数 $f(x)$ と関数 $g(x)$ を合わせて1つの関数を作ったわけですから，それを **合成関数** といいます．実際，合成関数 $y = f(g(x))$ は，関数 g が実数 x を実数 $g(x)$ に写像し，さらに関数 f が実数 $g(x)$ を実数 $f(g(x))$ に写像しています．

合成関数 $y = f(g(x))$ は，慣習上

$$y = f \circ g(x)$$

と表して[13]，関数 g と f の合成関数といいます．何やら f と g の積 $f \cdot g$ みたくなってきましたが，形式的には積のように考えてよいことが以下の議論で示されます．逆関数と合成関数に関する1つの定理を導く形で話を進めていきましょう．

関数 $y = f(x)$ の逆関数 $y = f^{-1}(x) (\Leftrightarrow x = f(y))$ を考えます．x は実数，y は x を逆関数 f^{-1} で写像した実数です．$y = f^{-1}(x)$ の両辺を関数 f でさらに写像しましょう：

$$f(y) = f \circ f^{-1}(x).$$

このとき，$x = f(y)$ が成立していますから，

$$x = f \circ f^{-1}(x)$$

が成り立ちます[14]．よって，上式の右辺は x を x に移す恒等関数 $\mathbf{1}(x) = x$ です：

$$f \circ f^{-1}(x) = \mathbf{1}(x).$$

同様に，$x = f(y)$ の両辺を f^{-1} でさらに写像して，$f^{-1} \circ f(y) = y (= \mathbf{1}(y))$ が得られます（確かめましょう）．上式の等号は全ての y に対して成立します．よって，上式は恒等式なので，y を x に替えても構いません：$f^{-1} \circ f(x) = x$．

---

[13] $f \circ g$ は 'f マル g' と読んでよいでしょう．
[14] $x = f(y)$ の y に $y = f^{-1}(x)$ を代入しても同様の議論ができます．

さらに恒等式のときは，変数を省略した書き方も許されます：$f^{-1} \circ f = \mathbf{1}$. したがって，定理
$$f \circ f^{-1} = f^{-1} \circ f = \mathbf{1}$$
が成立します．この定理は，'写像の逆写像は何もしない' ことを表しています．逆関数のところで，関数と逆関数が逆の働きをする（f が a を b に移すとき f^{-1} は b を a に移す）ことを知りましたが，そのことを表したのがこの定理です．ちょうど，数に成立する関係 $a \cdot a^{-1} = a^{-1} \cdot a = 1$ の対応物になっていますね．逆関数の記号に f^{-1} を用いた理由がこれで納得できますね．

3.7.2.3 写像

集合論では，関数は極限にまで一般化されていて，関数を集合と関連づけるときは関数という代わりに**写像**という用語のほうが多く使われます．この章の終りに写像の表現の記法を学んでおきましょう．我々がとり扱う集合は，多くの場合，自然数や実数・平面や空間上の点・「ベクトル」といわれる向きをもつ線分・等々ですが，12 の約数・7 の倍数・1 年 1 組の生徒など，その集合が明確なもの，つまりその要素がその集合に属すことが明確で要素どうしが互いに区別がつくものなら何でも構いません．

さて，写像 f が，集合 A の任意の要素 x に，f の定める規則で，（一般には，集合 A とは異なる）集合 B の 1 つの要素 $f(x)$ を対応させる（または，写像 f が，集合 A の任意の要素 x を，f の定める規則で，集合 B の 1 つの要素 $f(x)$ に写す）ことができる場合を考えます．そのとき，集合 A を写像 f の定義域といい，集合 B を写像 f の「終域」[15] といいます．このとき，写像 f を表すのに

$$f : A \to B \quad \text{あるいは} \quad A \xrightarrow{f} B$$

と書く習慣があります．また，対応の規則を明示して，

$$f : A \to B, \ x \mapsto f(x)$$

と書くこともあります．

---

[15] 終域は f の値域を含む集合です．値域は明確に表すことが面倒なことも多く，終域がよく用いられます．

§3.7 関数の概念の発展

例えば，関数 $y = f(x) = 2x + 1\ (0 < x < 1)$ については，実数が実数に移されるので，実数の集合を $\boldsymbol{R}$ と表すと，

$$f : \boldsymbol{R} \to \boldsymbol{R},\ x \mapsto 2x + 1\ (0 < x < 1)$$

となります．

第4章 三角関数

　古代エジプト・バビロニアの時代から，人々は角度を利用していました．ちなみに，1°は地球が太陽を周るときの1日分の回転角として決められたといいます．角度を用いた計算が三角形の計量と深く結びついていることが明らかになってくると，その計算法は古代ギリシャ時代には「三角法」と呼ばれるようになり，天文学や地理学の発展をもたらしました．

　天文学は最も古い科学の1つで，季節の変わり目を知ったり，時刻を計ったり，暦を作ったりする必要性から生じました．天文学を発展させた重要な要因は，商業の発達がもたらした陸路や海路での旅行でした．太古から，昼は太陽，夜は月や星が，日時や季節を知るのに役立つのはもちろん，大海原で船の位置を決定するのにも，また，隊商にとっては砂漠の真ん中で正しい方向を見分けるのにも役立ちました[1]．

　天体観測の蓄積によって天体の位置を求める必要が生じました．学者たちは地上の遠い2地点と天体が作る三角形を考えて，遠い2地点間の距離とその両端の角度を測り，今で言うところの'1辺と両端の角'の知識を用いて残りの辺の長さ，つまり惑星や恒星までの距離を求めました．このようにして，天文学は三角形の辺や角を求める計算方法を開発し，そして三角法が生まれたのでした．古代バビロニアの学者たちは既に日食や月食を予想できたそうです．

　古代ギリシャの学者たちは，三角形の辺や角の中の3つ（ただし，1つは辺）を与えて，残りの辺と角を求める問題を提起しました．この問題を解くために，半径が一定の円の「中心角に対する弦の長さの表」が初めて作られました．円の半径が1のとき，この弦の半分の長さが現在の「正弦」(sine) に対応します．

---

[1] ここの表現は『グレイゼルの数学史II』（保阪秀正・山崎昇 訳，大竹出版）からお借りしました．

現在の正弦は，インドの天文学者たちによって4〜5世紀には既に採用され，また彼らは現在の「余弦」(cosine) も調べました．インドの三角法を習得したアラビアの学者はそれを熱心に発展させました．9〜10世紀には垂直な壁に直角に立てた棒を用いた日時計の研究から現在の「正接」(tangent) の概念が生まれました．その量の応用は日時計以外にも急速に広がっていき，10世紀の終わりには正接は円周に対する接線を用いて定義されました．

アラビアの学問の成果は，十字軍の遠征によって東西の交流が活発になった13〜14世紀にヨーロッパに徐々にもたらされ，15世紀のルネッサンス期を経て急速に発展しました．さまざまな物体の回転現象の観察を通して，角の概念は，ユークリッド以来用いられてきた「2つの半直線のなす角」から，半直線が1点の周りを回る「回転量としての角」へと一般化されました．このことによって，一方では，360°以上の角の考察が可能になり，他方では，'回転の向き' によって正の角と負の角が区別されるようになりました．このように一般化された '実数の角' を用いて，正弦・余弦・正接などの三角比は，18世紀の中頃，スイスの偉大な数学者オイラー (Leonhard Euler, 1707〜1783) によって，「三角関数」として初めて扱われました．

三角関数は，回転するもの・振動するもの・波や波動など，周期的に変動するものに対して応用されるようになり，現在では，ほとんどの科学・技術の分野で必須のものとなっています．また，複素数の演算は三角関数なしでは不可能です．

§4.1　三角関数の定義

三角関数は角度に関係する多くの関数の総称です．それらの関数には代表的な余弦・正弦・正接の3つの関数があります．順次紹介しましょう．

4.1.1　余弦関数・正弦関数

三角関数を定義するに当たって，できる限り応用範囲が広くまた簡単なものを考えましょう．三角形の内角は180°未満ですが，自動車の車輪は何万回転もするし，逆回転もします．逆回転の角は負の角とすると都合がよいですね．

よって，角度は $-\infty°$ から $+\infty°$ まで扱えるようにしましょう．このように拡張された角度を **一般角** といいます．また，自転車の角なら扱えても小さな一輪車の角なら無理では困るので，車輪の大小にかかわらず対応できるようにしましょう．また，時計の針先は1回転すると同じ所に戻ってきます．よって，'回転物体の位置が周期的に変わる性質を反映するもの' が望ましいわけです．

これらの要請を満たすものは意外と簡単に見つかります．図の円は中心が原点O，半径が r です．円上の任意の1点をP(x, y)，点Pから x 軸に下ろした垂線の足をHとします．また，円と x 軸との交点A(r, 0)における接線と半直線OPとの交点をTとしましょう．角度については，∠AOPを分度器で測れる $180°$ 以内の角として習ったと思います．我々の目的のためには，しかしながら，'∠AOPは半直線OPを半直線OAの位置から原点Oの周りに回転して得られた回転角である' と考えるのが便利です．このとき，回転する半直線OPを **動径** といい，また動径OPの始めの位置の半直線OAを **始線**，∠AOPを **動径OPの表す角** といいます．上の図では，反時計回り（左回り）の角を正として，∠AOP = θ (シータ)，また時計回り（右回り）の角を負として，$\theta' = \theta - 360°$ です．

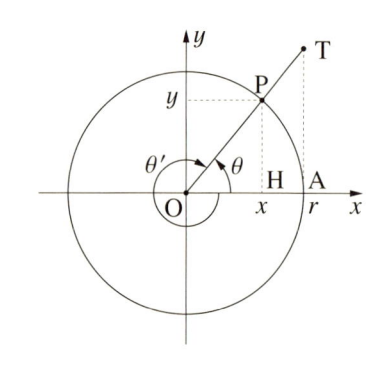

さて，点P(x, y) について，角 θ の **余弦** (cosine) と呼ばれる比 $\frac{x}{r}$ によって余弦関数 $\cos\theta$ (コサイン) を，および，**正弦** (sine) と呼ばれる比 $\frac{y}{r}$ によって正弦関数 $\sin\theta$ (サイン) を定義しましょう：

$$\cos\theta = \frac{x}{r}, \quad \sin\theta = \frac{y}{r} \quad (r = \text{OP}).$$

このとき，例えば点Pが第1象限にあるとき，

$$\frac{x}{r} = \frac{\text{OH}}{\text{PO}} = \frac{\text{OA}}{\text{TO}}, \quad \text{および} \quad \frac{y}{r} = \frac{\text{PH}}{\text{OP}} = \frac{\text{TA}}{\text{OT}}$$

が成り立つので，'$\cos\theta$ と $\sin\theta$ は，円の半径 r に関係なく，角 θ のみの関数' であることがわかります．

§4.1 三角関数の定義

また，角 θ と反対に回る角 $\theta' = \theta - 360°$ に対して，点 P の位置は同じなので，
$$\cos(\theta - 360°) = \cos\theta, \quad \sin(\theta - 360°) = \sin\theta$$
が成立します．さらに，何回転または逆回転しても点 P の位置は変わらず，
$$\cos(\theta + n \cdot 360°) = \cos\theta, \quad \sin(\theta + n \cdot 360°) = \sin\theta \quad (n \text{ は整数})$$
が成り立ちます．このことは，この 2 つの関数が，**周期** を 360° として，周期的に変化する **周期関数** であることを示しています．一般に，"関数 $f(x)$ が（全ての x に対して）関係 $f(x+p) = f(x)$ を満たし，p がその関係を成立させる最小の正の定数のとき，関数 $f(x)$ は周期 p の周期関数である"といいます．三角関数は周期関数の最も代表的なものです．

また，$\cos\theta$ と $\sin\theta$ は独立した関数ではなく，3 平方の定理より $x^2 + y^2 = r^2$ だから $r^2(\cos^2\theta + \sin^2\theta) = r^2$，よって，三角関数の相互関係
$$\cos^2\theta + \sin^2\theta = 1$$
が成立します[2]．

ここで少々練習しましょう．1 つの角が 30° の直角三角形などを描くと役立ちます．$\theta = 0°$ のときは，三角関数の定義式において $x = r, y = 0$ だから，$\cos 0° = 1, \sin 0° = 0$．$\theta = 30°$ のときは，$r = 2$ とすると，$P(\sqrt{3}, 1)$ だから，$\cos 30° = \frac{\sqrt{3}}{2}, \sin 30° = \frac{1}{2}$ です．$\theta = 45°$ のときは，$r = \sqrt{2}$ とすると，$P(1, 1)$ より，$\cos 45° = \sin 45° = \frac{1}{\sqrt{2}}$ ですね．また，鈍角 $\theta = 120°$ のときは，$r = 2$ とすると，$P(-1, \sqrt{3})$ より $\cos 120° = \frac{-1}{2}, \sin 120° = \frac{\sqrt{3}}{2}$．また，負の角 $\theta = -90°$ のときは，$x = 0, y = -r$ より，$\cos(-90°) = 0, \sin(-90°) = -1$．では，$\cos(-135°)$，および $\sin(-135°)$ はいくらでしょうか？答は，$r = \sqrt{2}$ とすると，$P(-1, -1)$ より $\cos(-135°) = \frac{-1}{\sqrt{2}}, \sin(-135°) = \frac{-1}{\sqrt{2}}$ です．

ところで，$\sin 1°$ はいくらになるでしょう．関数電卓をもっている人なら，0.0174524064… とすぐ出るでしょうが，直角三角形を用いる方法では ±30°

---

[2] 簡略表現 $\cos^2\theta = (\cos\theta)^2$，$\sin^2\theta = (\sin\theta)^2$ を用いました．一般に，$f^n(x) = (f(x))^n$ です．なお，関係を表す等式（関係式）は恒等式であり，関係する変数の全ての値に対して成立します．

や ±45° およびそれらの倍数の角でないとダメです．いずれ，「加法定理」などの定理を知ると，15° や 75° など，もう少し多くの角について求められるようになります．任意の角について，いくらでも精度よく近似を求める方法は微分の章で議論します．その方法が関数電卓の原理です．

さて，三角関数は円の半径 r によらないことがわかったので，$r = 1$ としましょう．すると，P(x, y) において $x = \cos\theta$, $y = \sin\theta$ となり，よって，P$(\cos\theta, \sin\theta)$ が得られます．つまり，'**単位円**（中心が原点の半径 1 の円）と角が θ の動径との交点の座標が $(\cos\theta, \sin\theta)$' となります．

これは非常にすっきりした結果なので，むしろ，こちらのほうが $\cos\theta$, $\sin\theta$ の定義とするのに適しています．以後，こちらのほうをそれらの定義としましょう：
動径 OP の表す角が θ のとき，OP と単位円の交点を点 P$(\cos\theta, \sin\theta)$ と定める．
つまり，単位円上の点の x 座標を $\cos\theta$, y 座標を $\sin\theta$ とするわけです．

なお，単位円上の点が $(\cos\theta, \sin\theta)$ と表されることから，これら θ の関数の値域が

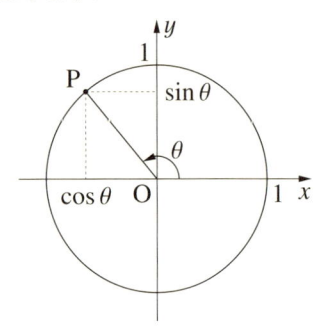

$$-1 \leq \cos\theta \leq 1, \quad -1 \leq \sin\theta \leq 1$$

に制限されることがわかります．つまり，θ の変化に伴って，コサインとサインの値は -1 と 1 の間を振動することになります．このことは三角関数が振動する物体の運動を記述するのに適していることを示唆します．実際，「単振動」と呼ばれるバネの小さな振動は三角関数によって記述されることが知られています．

また，単位円上の点 P$(\cos\theta, \sin\theta)$ を OP 方向に r 倍した点 Q(x, y) を表すには，点 P の座標を x, y の両方向に r 倍すればよいので，直ちに

$$(x, y) = (r\cos\theta, r\sin\theta)$$

を得ます．よって，余弦関数・正弦関数を用いて平面上の任意の点を容易に表すことができます．例えば，$(1, \sqrt{3}) = (2\cos 60°, 2\sin 60°)$ です．

§4.1 三角関数の定義

点 Q($r\cos\theta$, $r\sin\theta$) は原点 O と Q の距離 r と，動径 OQ の回転角 θ によって定まるので，点 Q を Q(r, θ) と表すこともあります．このとき，(r, θ) を Q の **極座標** といいます．

4.1.2 正接関数

正接 関数といわれる，もう 1 つの役に立つ三角関数 $\tan\theta$（タンジェント）を導入しましょう．点 P($\cos\theta$, $\sin\theta$) に対して，$\tan\theta$ は直線 OP の傾きとして定義されます：

$$\tan\theta = \frac{\sin\theta}{\cos\theta}.$$

このとき，直線 OP と直線 $x = 1$ の交点を T(1, t) とすると，比 $\frac{t}{1}$ は直線 OP の傾き $\tan\theta$ に等しくなるので $t = \tan\theta$．よって，T(1, $\tan\theta$) となり，'$\tan\theta$ は T の y 座標' として表されます．

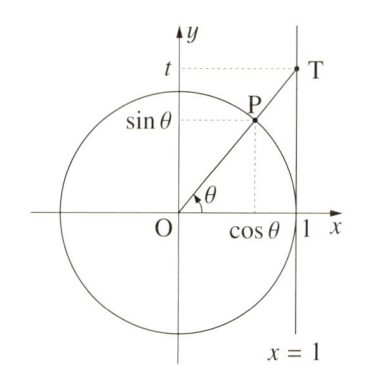

また，点 T を OP 方向に r (> 0) 倍した点を B，点 B から x 軸に下ろした垂線の足を点 A とすると，$0 < \theta < 90°$ のとき，B(r, $r\tan\theta$)，A(r, 0) となるので，AB $= r\tan\theta =$ OA$\tan\theta$ が得られます．これを用いると，「仰角」（水平面から見上げる角）θ を用いて，OA だけ離れた地点の物の高さを測ることができます．各自，図を描いて確認しましょう．

動径 OP を 1 回転すると元の傾きに戻るので

$$\tan(\theta + n \cdot 360°) = \tan\theta \quad (n \text{ は整数})$$

が成立します．また，半回転しても傾きは変わらないので

$$\tan(\theta + n \cdot 180°) = \tan\theta \quad (n \text{ は整数})$$

も成り立ちます．つまり関数 $\tan\theta$ は周期 180° の周期関数です．

練習に $\tan 45°$ を求めてみましょう．45° は傾きでいうと 1 のことだから，直ちに $\tan 45° = 1$．または，$\tan 45° = \frac{\sin 45°}{\cos 45°} = 1$ と考えることもできます．$\tan(-60°)$ はどうでしょう．傾きが $\frac{-\sqrt{3}}{1}$ だから $\tan(-60°) = -\sqrt{3}$ ですね．

では，tan 90° はどうでしょう．傾きが ∞ （正しくは，−0 で割った場合も考えて，±∞）だから tan 90° = ±∞．つまり，tan 90° は，∞ が実数でないので，数学的には定義できないのです．したがって，関数 $\tan\theta$ は，$\theta = 90° + n \cdot 180°$（$n$ は整数）のとき傾きが ∞ になり，そこでは定義できません．それら以外の θ の値のときは，関数 $\tan\theta$ が連続的に変化するので定義できます．

4.1.3 弧度法

$\sin 1500°$ を求めよ．大きな角度ですね．三角関数の周期性を用いて，

$$\sin 1500° = \sin(4 \cdot 360° + 60°) = \sin 60° = \frac{\sqrt{3}}{2}$$

です．大きな角を度で表すのはちょっと不便ですね．大きな角や周期を表すのに，また，理論的とり扱いをするのに便利な角の測り方，**弧度法** があります．円弧の長さ ℓ は円の半径 r と弧を望む中心角 θ に比例することはよく知られています：

$$\ell \propto r\theta.$$

したがって，半径 1 の円の円弧の長さ ℓ は中心角 θ だけで決まりますね．

弧度法は半径 1 の円の円弧の長さ ℓ を θ とすると，中心角も同じ数値 θ になるように測る方法で，単位はラジアン (radian) です．半径 1 の円の円周は 2π なので，

$$360° = 2\pi \quad (\text{radian})$$

の関係があります．これから，$180° = \pi\,(\text{radian})$，$90° = \dfrac{\pi}{2}\,(\text{radian})$ などが得られます．一般に，$\theta\,(\text{radian})$ のときに $\alpha°$ となるとすると，

$$\alpha° = \frac{360}{2\pi} \times \theta\,(\text{radian}) \quad \text{または} \quad \theta\,(\text{radian}) = \frac{2\pi}{360} \times \alpha°$$

の関係があります．ちなみに，

$$1(\text{radian}) = \frac{360°}{2\pi} \fallingdotseq 57.3°$$

です．角が回転角のときも同様の対応をつけるのはいうまでもありません．

弧度法では，簡単のために，単位名 radian を省略するのが普通です．例えば，$60° = \dfrac{\pi}{3}$，$-30° = -\dfrac{\pi}{6}$ です．

§4.2　三角関数の相互関係

我々は，点 $(\cos\theta, \sin\theta)$ が単位円上にあることから，任意の角 θ に対して，$\cos\theta$ と $\sin\theta$ の基本的相互関係

$$\cos^2\theta + \sin^2\theta = 1$$

を得ました．この両辺を $\cos^2\theta$ で割ると，$\tan\theta$ の定義より，

$$1 + \tan^2\theta = \frac{1}{\cos^2\theta}$$

を得ます．これは三角関数の微分・積分を行う際に必須の公式になります．

周期性を表す自分との相互関係

$$\cos(\theta + 2n\pi) = \cos\theta, \qquad \sin(\theta + 2n\pi) = \sin\theta,$$
$$\tan(\theta + 2n\pi) = \tan\theta, \qquad \tan(\theta + n\pi) = \tan\theta, \qquad (n \text{ は整数})$$

も得られました．角の単位は radian です．

次に，対称性を表す相互関係を調べてみましょう．簡単な場合は説明の図をつけませんので，必要なら単位円を描いて点をとってください．

点 $P(\cos\theta, \sin\theta)$ の θ を $-\theta$ で置き換えた点を $P'(\cos(-\theta), \sin(-\theta))$ とすると，2点 P，P' は x 軸対称の点になりますね．このことは，動径 OP が始線の位置（今の場合 x 軸の正の部分）から角 θ だけ回転して得られたのに対して，動径 OP′ は同じ始線の位置から角 $-\theta$ だけ回転して得られることから理解できるでしょう．このことは任意の角 θ に対して成り立ちます．この置き換えによって，三角関数の定義より，コサインは変わらず，サインは符号を変えるから

$$\cos(-\theta) = +\cos\theta, \qquad \sin(-\theta) = -\sin\theta, \qquad \tan(-\theta) = -\tan\theta$$

が成り立ちますね．

点 P($\cos\theta$, $\sin\theta$) の角 θ を π (= 180°) だけ進めた（遅らせた）点 P′，つまり θ を $\theta \pm \pi$ で置き換えた点 P′($\cos(\theta \pm \pi)$, $\sin(\theta \pm \pi)$)) は，任意の角 θ に対して，点 P の原点対称の点です．この置き換えで，コサイン・サインは共に符号を変えるので

$$\cos(\theta \pm \pi) = -\cos\theta, \qquad \sin(\theta \pm \pi) = -\sin\theta$$

が成り立ちます．

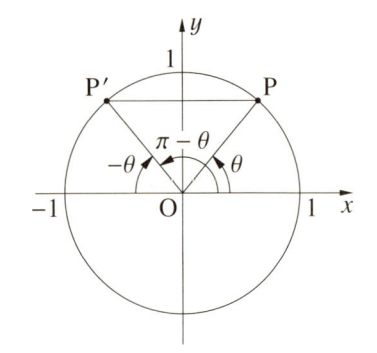

点 P($\cos\theta$, $\sin\theta$) の y 軸対称の点 P′ は，π から θ だけ小さい角 $\pi - \theta$ の動径上にあるので，P′ の座標は ($\cos(\pi - \theta)$, $\sin(\pi - \theta)$) ですね．よって，2 点 P, P′ の x 座標は符号が反対，y 座標は同じですから

$$\cos(\pi - \theta) = -\cos\theta, \qquad \sin(\pi - \theta) = +\sin\theta$$

の関係が得られます．この関係式は，θ を随意に変化させて 2 つの動径 OP, OP′ の動きを読みとるとわかるように，任意の θ に対して成立しますね．

最後に，実用上，また加法定理を導くためにも重要な関係

$$\cos(\frac{\pi}{2} - \theta) = \sin\theta, \qquad \sin(\frac{\pi}{2} - \theta) = \cos\theta$$

を導きましょう．この関係式が '任意の実数 θ に対して成立する' ことがよくわかるように少々回り道をして示します．

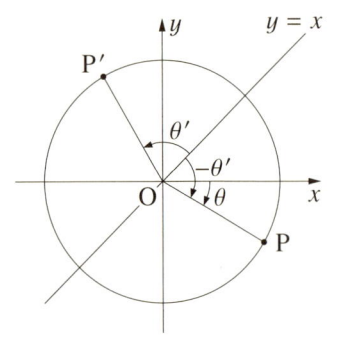

点 P($\cos\theta$, $\sin\theta$) をとります．このとき，動径 OP の始線は直線 $y = x$ の第 1 象限の部分であると考え，OP はそこから任意の角 $-\theta'$ だけ回転して得られたとしましょう．よって，

$$\theta = \frac{\pi}{4} - \theta'$$

が成り立ちます ($\frac{\pi}{4} = 45°$)．また，直線 $y = x$ に関して点 P と対称な位置に点 P′ をとりま

§4.2 三角関数の相互関係

しょう．よって，動径 OP′ は OP の始線の位置から角 $+\theta'$ だけ回転して得られます：
$$P' = (\cos(\frac{\pi}{4} + \theta'),\ \sin(\frac{\pi}{4} + \theta')).$$

動径 OP′ と x 軸のなす角 $\frac{\pi}{4} + \theta'$ は，$\theta' = \frac{\pi}{4} - \theta$ より，$\frac{\pi}{4} + \theta' = \frac{\pi}{2} - \theta$ となります．よって，点 P′ は
$$P' = (\cos(\frac{\pi}{2} - \theta),\ \sin(\frac{\pi}{2} - \theta))$$
と表されます．

さて，2点 P，P′ は，直線 $y = x$ に関して対称の位置にあるので，P′ の x, y 座標はそれぞれ P の y, x 座標になりますね：
$$P' = (\sin\theta,\ \cos\theta).$$

よって，P′ の座標の2通りの表現を比較して，求める関係式
$$\cos(\frac{\pi}{2} - \theta) = \sin\theta, \qquad \sin(\frac{\pi}{2} - \theta) = \cos\theta$$
が得られましたね．

この §を終わるに当たって，得られた関係式の意味を理解しておきましょう．例えば，関係式 $\cos(\frac{\pi}{2} - \theta) = \sin\theta$ は全ての θ について成り立つので，この式は θ についての恒等式です．よって，例えば $\theta = -c$ とおくと，$\cos(\frac{\pi}{2} + c) = \sin(-c)\ (= -\sin c)$ となりますが，θ が任意なので c も任意になります．よって，c を改めて θ と書き直すと，新しい関係式
$$\cos(\theta + \frac{\pi}{2}) = -\sin\theta$$
が得られます．つまり，元の関係式で θ を $-\theta$ で置き換えて新しい関係式を得たことになります．関係式，つまり恒等式に対するこのような操作はいつでも可能であり，一般に θ を随意の θ の式に置き換えて新たな関係式を導くことができます．例えば，θ を1次式 $a\theta + b$（a, b は定数）で置き換えてもよく，そのとき新たな関係式が得られます．

§4.3　三角関数のグラフ

　今までは，三角関数の性質を調べるために，単位円上の点 P($\cos\theta$, $\sin\theta$) を考えてきました．三角関数の基本的性質を理解するにはこれで十分です．この§では，三角関数 $\cos\theta$ や $\sin\theta$ を 'θ の関数' と考えてグラフを描き，理解を深めましょう．よって，そのグラフは '横軸に θ をとる' ことになります．それらのグラフは以下に見るように '美しい波の形' をした曲線です．三角関数が波や波動の分析に欠かせないのはこの理由によります．

　関数の式を表す場合には，点 P の x 座標が $\cos\theta$，y 座標が $\sin\theta$ ですから，$x = \cos\theta$，$y = \sin\theta$ とするのがむしろ自然です．つまり，表式 $x = \cos\theta$ においては，x は変数 θ の関数と見なし，そのグラフは縦軸に x をとることになります．今まで縦軸に y をとっていたのは，y を変数 x の関数としていたからです．x を θ の関数とする場合には横軸を θ，縦軸を x とするのが自然ですね．

　なお，三角関数の値の精確な計算法は，一般の角の値については高校では教えません．その計算法は微分と数列の知識を必要とし，大学の講義で習うことになっています．ただし，それほど難しいことではないので，意欲のある人は高校生のうちに理解できます．我々はその計算法を微分の章で議論しましょう．

　先に，$y = \sin\theta$ のグラフのほうを描きましょう．この関数は，θ の変化に伴って点 P($\cos\theta$, $\sin\theta$) が単位円上を動くとき，その y 座標を考えることに当たります．$\theta = 0$ のとき $y = 0$，θ が増加すると y も増加し，$\theta = \dfrac{\pi}{2}$ のとき y は最大値 1 に達し，以後減少に転じて，$\theta = \pi$ のとき $y = 0$ になり，さらに減少して，$\theta = \dfrac{3\pi}{2}$ (= 270°) のとき最小値 $y = -1$ に達し，その後増加して，$\theta = 2\pi$ のとき $y = 0$ を通過して，以後同様の増加・減少を繰り返しますね．得られた波形の曲線は**サインカーブ**と名がつく有名な曲線です．この曲線なら波や波動の研究に用いられても不思議はありませんね．

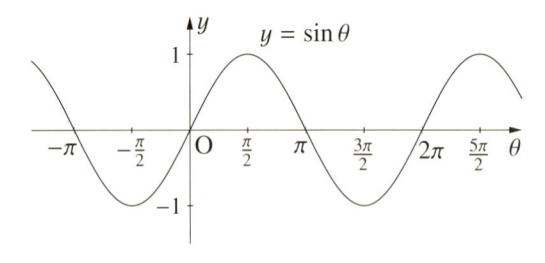

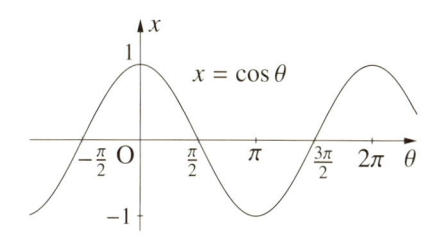

§4.3 三角関数のグラフ

次に，$x = \cos\theta$ のグラフを描きましょう．今度は点 P($\cos\theta$, $\sin\theta$) の x 座標の動きを考えればよいですね．$\theta = 0$ のとき最大値 $x = 1$，θ が増加すると x は減少して，$\theta = \dfrac{\pi}{2}$ のとき $x = 0$，さらに減少して，$\theta = \pi$ のとき最小値 $x = -1$ に達し，その後増加に転じて，$\theta = \dfrac{3\pi}{2}$ のとき $x = 0$ を通過して，$\theta = 2\pi$ のとき最大値 $x = 1$ に戻り，以後同様の減少・増加を繰り返しますね．

両者のグラフを比較して直ちに気づくことは，コサインのグラフを θ 軸方向に $\dfrac{\pi}{2}$ だけ平行移動するとサインのグラフになることですね．このことを，§§3.6.1 で学んだ平行移動の知識に基づいて，確かめてみましょう．関数 $y = f(x)$ のグラフを，x 方向に p，y 方向に q だけ平行移動したものを表す関数は

$$y - q = f(x - p)$$

でしたね．この公式によると，今の場合は，$\cos(\theta - \dfrac{\pi}{2}) = \sin\theta$ となります．これは，関係式 $\cos(-\theta) = \cos\theta$ を用いると，$\cos(\dfrac{\pi}{2} - \theta) = \sin\theta$ となり，前の § で求めた三角関数の関係式の 1 つに一致しますね．したがって，$\cos(\theta - \dfrac{\pi}{2}) = \sin\theta$ は成立し，この平行移動の関係は間違いないことが確かめられます．

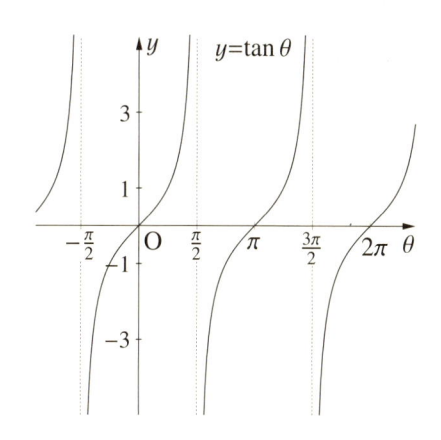

最後に，$y = \tan\theta$ のグラフを描きましょう．y は点 P($\cos\theta$, $\sin\theta$) の動径 OP の傾きになるので，OP の傾きのグラフを考えることになります．$\theta = 0$ のとき傾きは 0 だから $y = 0$，θ が増加すると傾き y は増加していき，θ が $\dfrac{\pi}{2}$ に限りなく近づいていくと傾き y は $+\infty$ に近づきます．そして，θ が $\dfrac{\pi}{2}$ を越えたとたんに傾き y は $-\infty$ になってしまいますね．その後は $-\infty$ から

増加して，$\theta = \pi$ のとき傾き $y = 0$ に戻り，それからまた $+\infty$ に向かって増加していきます．よって，$y = \tan\theta$ のグラフは，不連続になる $\theta = \dfrac{\pi}{2} + n\pi$（$n$ は整数）の場合を除いて，常に増加していることがわかります．

§4.4　余弦定理・正弦定理

　角と三角形を組み合わせて，人々は古代から多くの図形の問題を解決してきました．複雑な多角形の面積は，それを三角形に分けることで求められました．また，遠くの図形の大きさもわかります．太陽の周りを回る地球の公転を利用して，遠くの星までの距離も求められます．その原理は，君たちが苦しめられたであろう，三角形の合同条件と同じです．三角形の形状と大きさが決まるための条件は，（ア）3 辺が定まること，（イ）2 辺とその挟む角が定まること，（ウ）1 辺とその両端の 2 角が定まることの 3 つですね．これらの条件によって三角形が定まったとき，辺と頂角の間の関係を与える関係式が「余弦定理」と「正弦定理」です．余弦定理は加法定理を導くのにも利用され，理論的にも重要です．

　以後，三角形の辺と頂角を表すのに便利な記法を用いましょう．$\triangle ABC$ において，$\angle A, \angle B, \angle C$ を A, B, C で表し，対辺 BC, CA, AB の長さをそれぞれ a, b, c で表しましょう．

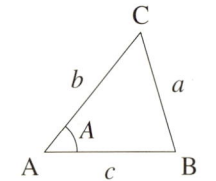

4.4.1　余弦定理

　余弦定理は，三角形が定まったとき，3 辺と 1 つの頂角の間に成り立つ関係式で，頂角が $90°$ のときに成り立つピタゴラスの定理の一般化に当たります．

　$\triangle ABC$ の頂点の座標を $A = O$，$B(c, 0)$ および $C(b\cos A, b\sin A)$ としましょう．また，この定理は，加法定理を導くのに必要で，一般角に対しても成立してほしいため，角 A は動径 OC の表す角としておきましょう．さて，頂点 C から x 軸に下ろした垂線

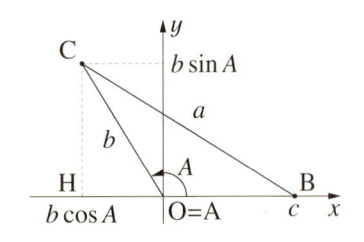

§4.4 余弦定理・正弦定理 **113**

の足を H($b\cos A$, 0) とすると，余弦定理は△HBC に三平方の定理を用いて得られます．$BC^2 = CH^2 + HB^2$ より，$\cos^2 A + \sin^2 A = 1$ を用いると，

$$\begin{aligned} a^2 &= (b\sin A)^2 + (c - b\cos A)^2 \\ &= b^2(\sin^2 A + \cos^2 A) + c^2 - 2bc\cos A \\ &= b^2 + c^2 - 2bc\cos A. \end{aligned}$$

よって　$a^2 = b^2 + c^2 - 2bc\cos A$

が成り立ちます．これは任意の角 A に対して成立することに注意しましょう．この等式は，三角形が定まったとき，3 辺と 1 つの頂角の間に成り立つ関係を表していますね．関係式 $a^2 = b^2 + c^2 - 2bc\cos A$ を右辺から左辺に向かって読むと，2 辺 b, c とその挟む角 A が与えられると△ABC が定まり，そのとき頂角 A の対辺 a が求まると解釈されます．また，この関係式を変形して

$$\cos A = \frac{b^2 + c^2 - a^2}{2bc}$$

とすると，3 辺 b, c, a が定まると△ABC が定まり，このとき頂角 A の余弦が求まると解釈されますね．また，このとき，$\cos A$ の正・負，つまり頂角 A の鋭角・鈍角は $b^2 + c^2 - a^2$ の正・負によって定まることがわかります．

3 辺 a, b, c と頂角 A, B, C をサイクリックに置き換えてやると，同様の関係式が得られます．これらが **余弦定理** です．まとめて書き下すと

$$\begin{aligned} a^2 &= b^2 + c^2 - 2bc\cos A, & \cos A &= \frac{b^2 + c^2 - a^2}{2bc}, \\ b^2 &= c^2 + a^2 - 2ca\cos B, & \cos B &= \frac{c^2 + a^2 - b^2}{2ca}, \\ c^2 &= a^2 + b^2 - 2ab\cos C, & \cos C &= \frac{a^2 + b^2 - c^2}{2ab} \end{aligned}$$

となります．複雑な式の割には覚えやすい定理です．

4.4.2　正弦定理と三角形の面積

正弦定理は，1 辺とその両端の角が与えられて三角形が定まったとき，両端の 2 角の正弦と残りの 2 辺との間の関係と考えてもよいでしょう．この定理

は三角形を扱うときにとても重宝で実用的な定理であり，三角形の外接円の半径とも関係があります．

まず，$\triangle ABC$ の頂点 A から対辺 BC に垂線 AH を引き，頂角 B, C を用いて垂線 AH を 2 通りに表しましょう．$\triangle ACH$ において $AH = b \sin C$，$\triangle ABH$ において $AH = c \sin B$ が成立します．したがって

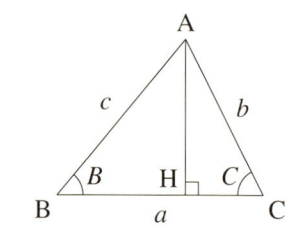

$$b \sin C = c \sin B, \text{ または } \frac{b}{\sin B} = \frac{c}{\sin C}$$

が得られます．この関係式が頂角 B や C の鋭角・鈍角によらないことに注意しましょう．また，頂点 B から対辺に垂線を下ろして，同様に考えると

$$\frac{a}{\sin A} = \frac{c}{\sin C}.$$

さらに，これらの比が$\triangle ABC$ の外接円（3 頂点を通る円）の半径 R の 2 倍，つまり直径に等しいことが示されます．ここでは

$$\frac{a}{\sin A} = 2R$$

が成り立つことを示しましょう．他の場合も同様です．

頂角 A の大きさによって場合分けが必要になります．
（ア）A が鋭角のとき，頂点 A と外接円の中心 O は弦 BC に対して同じ側にありますね．そこで，頂点 B を一端とする直径を BA′ とすると，円周角の定理により $\angle BAC = \angle BA'C$．また，$\triangle A'BC$ は $\angle C$ が直角になるので $BC = BA' \sin A'$．よって，$a = 2R \sin A$，すなわち $\frac{a}{\sin A} = 2R$ が得られます． 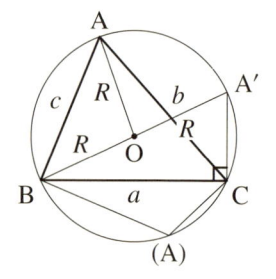
（イ）A が直角のとき，頂点 C は点 A′ の位置にきます．よって，$\sin A = 1$, $a = BA' = 2R$ より $a = 2R \sin A$ が成り立ちます．
（ウ）A が鈍角のとき，2 点 A, O は BC に対して反対側にあります．したがって，今度は円に内接する四角形の対角の和が 180° であることを利用して $\angle BA'C = 180° - \angle BAC$．よって，$\sin A' = \sin(180° - A) = \sin A$．よって，$a = 2R \sin A' = 2R \sin A$ が得られます．

§4.4 余弦定理・正弦定理

これらの結果をまとめると，**正弦定理**

$$\frac{a}{\sin A} = \frac{b}{\sin B} = \frac{c}{\sin C} = 2R$$

が得られます．

ここで正弦定理や余弦定理を利用して三角形の面積を表す公式を求めておきましょう．

$$三角形の面積 = \frac{1}{2}底辺 \times 高さ$$

ですね．$\triangle ABC$ において，底辺 $AB = c$，高さ $AC \sin A = b \sin A$ なので，$\triangle ABC$ の面積を S とすると，直ちに

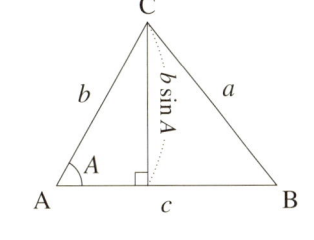

$$S = \frac{1}{2}bc \sin A$$

が得られます．同様にして，

$$S = \frac{1}{2}ca \sin B = \frac{1}{2}ab \sin C$$

が得られます（導いてみましょう）．

公式 $S = \frac{1}{2}ab \sin C$ などは面積の問題を解くときなどによく用いる公式です．実際の大きな土地の面積を測るには，土地を三角形に分けて辺の長さ a, b を歩いて測りますが，これが結構手間がかかります．正弦定理の $\frac{a}{\sin A} = \frac{b}{\sin B}$ を用いると 2 辺 a, b を測るのを 1 辺で済ませることができます．例えば b を消去すると

$$S = \frac{1}{2}a^2 \frac{\sin B \sin C}{\sin A}$$

が得られ，1 辺と 2 角を用いて三角形の面積が表されます．

ところで，紀元前の古代エジプトの人々はこれらの面積公式を用いて毎年氾濫（はんらん）するナイル川の農地を測量していたのでしょうか．残念ながら，正弦の (2 倍の) 表が作られたのは紀元後 2 世紀のギリシャ時代で，それは天文観測に利用されました．古代人は，はるか昔には単位正方形を敷き詰めて面積を算定し，紀元前 2〜3 千年頃からは，三角形の土地は '底辺を半分にして高さを掛けて' 求めるようになったとのことです．

§4.5 加法定理

加法定理は，任意の 2 つの角 α, β の和 $\alpha+\beta$ や差 $\alpha-\beta$ の三角関数を α や β の三角関数を用いて表す関係式です．加法定理は，役に立つ実用的な定理でもあり，また，それから派生的に導かれる定理は理論的にも重要です．

4.5.1 加法定理

α, β を任意の角として，単位円上に 2 点 $P(\cos\alpha, \sin\alpha)$ と $Q(\cos(-\beta), \sin(-\beta))$ をとり，この 2 点間の距離（の 2 乗）を 2 通りに表して，それらを比較すれば求める定理が得られます．

まず，$\triangle \mathrm{OPQ}$ に余弦定理を適用しましょう．$\mathrm{OP}=1$, $\mathrm{OQ}=1$, $\angle \mathrm{QOP}=\alpha+\beta$ だから

$$\mathrm{PQ}^2 = \mathrm{OP}^2 + \mathrm{OQ}^2 - 2\,\mathrm{OP}\cdot\mathrm{OQ}\cos(\alpha+\beta)$$
$$= 2 - 2\cos(\alpha+\beta)$$

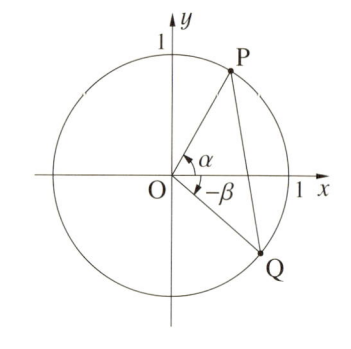

を得ます．ここで，頂角 $\alpha+\beta$ は，余弦定理を導いた際に示したように，任意の角でよいことに注意しましょう．

一方，2 点 (a, b) と (c, d) の距離の 2 乗は $(a-c)^2 + (b-d)^2$ であるから，（任意の角に対して成立する）関係 $\cos(-\beta) = +\cos\beta$, $\sin(-\beta) = -\sin\beta$, および $\cos^2\theta + \sin^2\theta = 1$ を用いると

$$\mathrm{PQ}^2 = (\cos\alpha - \cos\beta)^2 + (\sin\alpha + \sin\beta)^2$$
$$= 2 - 2(\cos\alpha\cos\beta - \sin\alpha\sin\beta).$$

よって，PQ^2 の 2 通りの表式を比較して，余弦の加法定理

$$\cos(\alpha+\beta) = \cos\alpha\cos\beta - \sin\alpha\sin\beta$$

が得られます．この定理は任意の角 α, β に対して成立することに注意しましょう．

§4.5 加法定理

これを利用して正弦の加法定理を求めましょう．コサインからサインへの変換には関係式 $\cos(\frac{\pi}{2} - \theta) = \sin\theta$，および $\sin(\frac{\pi}{2} - \theta) = \cos\theta$ を用います：

$$\begin{aligned}\sin(\alpha + \beta) &= \cos(\frac{\pi}{2} - (\alpha + \beta)) \\ &= \cos\{(\frac{\pi}{2} - \alpha) + (-\beta)\} \\ &= \cos(\frac{\pi}{2} - \alpha)\cos(-\beta) - \sin(\frac{\pi}{2} - \alpha)\sin(-\beta) \\ &= \sin\alpha\cos(-\beta) - \cos\alpha\sin(-\beta).\end{aligned}$$

ここで $\cos(-\theta) = +\cos\theta$，$\sin(-\theta) = -\sin\theta$ を用いると正弦の加法定理

$$\sin(\alpha + \beta) = \sin\alpha\cos\beta + \cos\alpha\sin\beta$$

が得られます．

さらに，タンジェントの定義 $\tan\theta = \dfrac{\sin\theta}{\cos\theta}$ を用いると，正接の加法定理も得られます．

$$\begin{aligned}\tan(\alpha + \beta) &= \frac{\sin(\alpha + \beta)}{\cos(\alpha + \beta)} \\ &= \frac{\sin\alpha\cos\beta + \cos\alpha\sin\beta}{\cos\alpha\cos\beta - \sin\alpha\sin\beta}.\end{aligned}$$

ここで，分子・分母を $\cos\alpha\cos\beta$ で割ると

$$\tan(\alpha + \beta) = \frac{\tan\alpha + \tan\beta}{1 - \tan\alpha\tan\beta}$$

が得られます．

これら3つの定理をあわせて，三角関数の **加法定理** といいます．角 α, β は任意でよいのですが，実用的にはそれらを正の角とするほうが利用しやすいので，差 $\alpha - \beta$ についての加法定理も載せておきましょう．加法定理は関係式，つまり恒等式であるから，β を $-\beta$ で置き換えると直ちに求まります．得られた全ての関係式をまとめておきます：

$$\begin{aligned}\cos(\alpha \pm \beta) &= \cos\alpha\cos\beta \mp \sin\alpha\sin\beta, \\ \sin(\alpha \pm \beta) &= \sin\alpha\cos\beta \pm \cos\alpha\sin\beta, \\ \tan(\alpha \pm \beta) &= \frac{\tan\alpha \pm \tan\beta}{1 \mp \tan\alpha\tan\beta}.\end{aligned} \quad \text{（加法定理）}$$

加法定理から，例えば，$75° = 30° + 45°$ を用いると $\cos 75° = \dfrac{\sqrt{6} - \sqrt{2}}{4}$ が，また，$15° = 45° - 30°$ より $\cos 15° = \dfrac{\sqrt{6} + \sqrt{2}}{4}$ が得られます．それらを示すのは簡単な練習問題です．

4.5.2　倍角・半角の公式と積和・和積公式

加法定理から直ちに導かれる実用的な公式を挙げておきましょう．

まず，$2\theta = \theta + \theta$ だから，加法定理から，必要なら $\cos^2\theta + \sin^2\theta = 1$ を用いて，**倍角公式** が得られます：

$$\cos 2\theta = \cos^2\theta - \sin^2\theta$$
$$= 2\cos^2\theta - 1 = 1 - 2\sin^2\theta,$$
$$\sin 2\theta = 2\sin\theta\cos\theta,$$
$$\tan 2\theta = \frac{2\tan\theta}{1 - \tan^2\theta}.$$

また，$\cos 2\theta = 2\cos^2\theta - 1 = 1 - 2\sin^2\theta$ を利用すると，**半角公式** が得られます：

$$\cos^2\theta = \frac{1 + \cos 2\theta}{2}, \qquad \sin^2\theta = \frac{1 - \cos 2\theta}{2}, \qquad \tan^2\theta = \frac{1 - \cos 2\theta}{1 + \cos 2\theta}.$$

実用的というよりは三角関数の微分や波の合成の際に役に立つ理論的公式を載せておきましょう．暗記する公式ではなく，必要なときに加法定理から導くことができればよい公式です．$\cos(\alpha + \beta)$ と $\cos(\alpha - \beta)$ の和・差，また，$\sin(\alpha + \beta)$ と $\sin(\alpha - \beta)$ の和・差を考えると，三角関数の **積和公式** が得られます：

$$\cos\alpha\cos\beta = \frac{1}{2}\{\cos(\alpha + \beta) + \cos(\alpha - \beta)\},$$
$$\sin\alpha\sin\beta = -\frac{1}{2}\{\cos(\alpha + \beta) - \cos(\alpha - \beta)\},$$
$$\sin\alpha\cos\beta = \frac{1}{2}\{\sin(\alpha + \beta) + \sin(\alpha - \beta)\},$$
$$\cos\alpha\sin\beta = \frac{1}{2}\{\sin(\alpha + \beta) - \sin(\alpha - \beta)\}.$$

§4.5 加法定理

また，これらの積和公式で，$\alpha+\beta=A$, $\alpha-\beta=B$ とおくと，$\alpha=\dfrac{A+B}{2}$, $\beta=\dfrac{A-B}{2}$ だから，**和積公式** が得られます：

$$\cos A + \cos B = 2\cos\frac{A+B}{2}\cos\frac{A-B}{2},$$
$$\cos A - \cos B = -2\sin\frac{A+B}{2}\sin\frac{A-B}{2},$$
$$\sin A + \sin B = 2\sin\frac{A+B}{2}\cos\frac{A-B}{2},$$
$$\sin A - \sin B = 2\cos\frac{A+B}{2}\sin\frac{A-B}{2}.$$

4.5.3 三角関数の合成

サイン・コサインのグラフは理想的な波の形をしていました．一般に，波と波を重ね合わせる（合成する）と複雑な波になることが予想されます．簡単な場合に合成してみましょう．

4.5.3.1 三角関数の合成

この §§ では関数 $y=a\sin\theta+b\cos\theta$ (a,b は任意の実数) を考えます．これは 2 つの波 $a\sin\theta$ と $b\cos\theta$ を合成して得られる波と解釈されます．まず，数学的準備から始めたほうがよいでしょう．実数 a,b が与えられ，
$$a^2+b^2=r^2$$
であるとしましょう．その式の解釈はいろいろできますが，実数 a,b の組 (a,b) を xy 平面上の点と考えると，点 (a,b) は原点を中心とする半径 r の円上にあると考えることができます．よって，
$$(a,b)=(r\cos\delta,\ r\sin\delta)$$
と表すことが可能です．つまり，実数 a,b が与えられると，
$$\cos\delta=\frac{a}{r},\qquad \sin\delta=\frac{b}{r}$$
となる角 δ が，2π の整数倍の不定性を除いて，定まります．これで準備ができました．

2つの波 $a\sin\theta$ と $b\cos\theta$ を合成してみましょう．上の議論と加法定理から，

$$a\sin\theta + b\cos\theta = r\cos\delta\sin\theta + r\sin\delta\cos\theta$$
$$= r(\sin\theta\cos\delta + \cos\theta\sin\delta)$$
$$= r\sin(\theta + \delta).$$

よって　$a\sin\theta + b\cos\theta = r\sin(\theta + \delta)$　　$(r = \sqrt{a^2 + b^2})$

となります．このグラフはサインカーブを r 倍して θ 軸方向に $-\delta$ だけ平行移動したものになりますね．

練習問題をやっておきましょう．$\sqrt{3}\sin\theta + 1\cos\theta$ を $r\sin(\theta + \delta)$ の形に表せ．ヒント：$r = \sqrt{3+1} = 2$ を利用して

$$\sqrt{3}\sin\theta + 1\cos\theta = 2\left\{\sin\theta\frac{\sqrt{3}}{2} + \cos\theta\frac{1}{2}\right\}$$

と表し，$\cos\delta = \frac{\sqrt{3}}{2}$, $\sin\delta = \frac{1}{2}$ となる δ を求めます．$0 \leq \delta < 2\pi$ とすると $\delta = \frac{\pi}{6}(= 30°)$ なので，

$$\sqrt{3}\sin\theta + 1\cos\theta = 2\left\{\sin\theta\cos\frac{\pi}{6} + \cos\theta\sin\frac{\pi}{6}\right\}$$
$$= 2\sin\left(\theta + \frac{\pi}{6}\right)$$

となります．

ところで，実数の組 (a, b) の代わりに (b, a) を xy 平面上の点と考えると，今度は $(b, a) = (r\cos\delta, r\sin\delta)$ と表すことになり

$$a\sin\theta + b\cos\theta = \cos\theta(r\cos\delta) + \sin\theta(r\sin\delta)$$
$$= r\cos(\theta - \delta).$$

よって　$a\sin\theta + b\cos\theta = r\cos(\theta - \delta)$　　$(r = \sqrt{a^2 + b^2})$

と表されます．ただし，今度は $\cos\delta = \frac{b}{r}$, $\sin\delta = \frac{a}{r}$ です．

$\sqrt{3}\sin\theta + 1\cos\theta$ を $r\cos(\theta - \delta)$ の形に表してみましょう．上の議論で得られた公式は忘れやすいので，公式に頼らない方法でやりましょう．関係式

$$\sqrt{3}\sin\theta + 1\cos\theta = r\cos(\theta - \delta)$$
$$= r\{\cos\theta\cos\delta + \sin\theta\sin\delta\}$$

§4.5 加法定理

は θ についての恒等式なので，それを利用して r と δ についての方程式が得られます．$\sin 0 = 0$, $\cos \frac{\pi}{2} = 0$ に注意して，$\theta = 0, \frac{\pi}{2}$ とおくと

$$1 = r\cos\delta, \qquad \sqrt{3} = r\sin\delta$$

が得られます．これは上式の $\cos\theta$, $\sin\theta$ の係数を比較して得られる結果に一致し，関数 $\cos\theta$ と $\sin\theta$ が **独立**[3] であることを表しています．上式を2乗して辺々加えると，

$$1 + 3 = r^2(\cos^2\delta + \sin^2\delta) = r^2, \quad \text{よって} \quad r = 2 \quad (r > 0)$$

が得られます．慣習上 $r > 0$ としましたが，$r < 0$ の解を選んでも構いません．$r = 2$ より

$$\cos\delta = \frac{1}{2}, \qquad \sin\delta = \frac{\sqrt{3}}{2}.$$

よって，$0 \leqq \delta < 2\pi$ とすると，$\delta = \frac{\pi}{3}$ が得られるので，答は

$$\sqrt{3}\sin\theta + 1\cos\theta = 2\cos\left(\theta - \frac{\pi}{3}\right)$$

です．この方法は三角関数の合成問題にいつでも使えます．

4.5.3.2 和積公式の応用

次に，公式 $\sin A + \sin B = 2\sin\frac{A+B}{2}\cos\frac{A-B}{2}$ を応用して波の重ね合わせをしてみましょう．異なる振動数の音を鳴らして，ある場所で時間 t と共に聞くことにします．簡単のために，$A = \omega t$, $B = \omega' t$ とすると[4]

$$\sin\omega t + \sin\omega' t = 2\sin\frac{(\omega+\omega')t}{2}\cos\frac{(\omega-\omega')t}{2}$$

---

[3] 2つの関数 $f(x)$, $g(x)$ が等式

$$kf(x) + lg(x) = 0 \qquad (k, l \text{ は定数})$$

を恒等的に満たすのが $k = l = 0$ の場合に限るとき，関数 $f(x)$ と $g(x)$ は独立であるといいます．これは，要するに，'$f(x)$ と $g(x)$ は比例関係にない関数である' ことを表しています．$f(x)$ と $g(x)$ が独立なとき，関係式

$$kf(x) + lg(x) = k'f(x) + l'g(x) \qquad (k, l, k', l' \text{ は定数})$$

は $k = k'$, $l = l'$ を意味し，逆も成り立ちます（導いてみましょう）．

[4] ω（オメガ）はギリシャ文字 Ω の小文字です．

ですね．このとき，「角振動数」と呼ばれる ω と ω' がほぼ同じ値のとき，つまり $\omega' = \omega + \Delta\omega$ として $\Delta\omega$[5] が ω に比較して小さいとき

$$\sin\omega t + \sin\omega' t = 2\sin(\omega + \frac{\Delta\omega}{2})t \cos\frac{\Delta\omega t}{2}$$
$$\fallingdotseq 2\sin\omega t \, \cos\frac{\Delta\omega t}{2}$$

となります．つまり，$\sin\omega t + \sin\omega' t$ は，始め $2\sin\omega t$ にほぼ等しいのですが，時間と共にずれが大きくなり，それがゆっくり振動する因数 $\cos\frac{\Delta\omega t}{2}$ に現れます．つまり，

$$|\sin\omega t + \sin\omega' t| \leq 2\left|\cos\frac{\Delta\omega t}{2}\right|$$

という特徴が現れます．

　$y = \sin\omega t + \sin\omega' t$ のグラフをパソコンを使って描くと，右図のようになります．図では $\Delta\omega = 0.1\omega$ にとってあります．因数 $\cos\frac{\Delta\omega t}{2} = 0$ となる時間のときに振動の大きさが'絞られる'ことがわかります．この波は音波としていますが，その音はどのように聞こえるでしょうか？ウオーン・ウオーンと大きな音と小さな音が交互にやって来る「うなり」と感じますね．

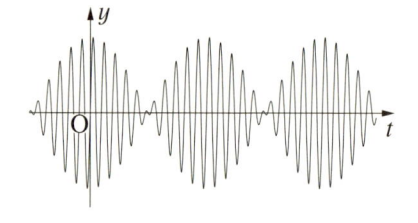

---

[5] Δ（デルタ）はギリシャ文字 δ の大文字です．

第5章　平面図形とその方程式

　図形の研究，つまり，幾何学は，文明の発生と同時に始まりそして発展したことでしょう．ナイル川は雨季の氾濫の際しばしば区画の境界を押し流し，その復旧のために再び測定し直さなければなりませんでした．また，遠隔地との通商では，陸路では砂漠で正しい道を進むために，海路では大海原で船の位置を知るために，太陽や月・星の観測が欠かせませんでした．多くの学者が幾何学の発展に関わり，その成果の多くが紀元前3世紀に古代ギリシャの数学者ユークリッド（Euclid, 前365頃～275）の著作『原論』に納められ，厳密な理論体系の下で体系的・演繹的に叙述されました．

　ユークリッドのやや後には，古代世界最大の数学・物理学者アルキメデス（Archimedes, 前287頃～212）が活躍し，アルキメデスの後にはアポロニウス（Apollonius, 前262～190頃）が続きました．アポロニウスは彼の名を冠する「アポロニウスの円」によって有名ですが，彼を古代ギリシャの最も偉大な幾何学者の1人たらしめたのは著書『円錐曲線』でした．彼は直円錐を平面で切ったときに得られる'切り口の図形'が円や楕円・放物線・双曲線，つまり，今でいうところの「2次曲線」であることを示しました．

　その後は政治や経済などの要因により幾何学の飛躍的な発展は止まりましたが，ゆっくりとした発展は紀元後3世紀までヒッパルコス，メネラウス，パッポス，プトレマイオス等によってなされました．古代ギリシャの崩壊と共に幾何学の発展は事実上永い眠りにつき，それは15世紀になってルネッサンス期が始まるまで続きました．

　1482年，ユークリッドの『原論』がイタリアのヴェニスで初めて印刷されて数学の復興は顕著になり，その波はヨーロッパ中に広がっていきました．1637年，デカルト（René Descartes, 1596～1650, フランス）が著書『幾何学』を

出版するに至って，幾何学はそれまでの定規とコンパスによる研究とはまったく異なる側面から光が当てられました．変数と共に座標を導入し，図形を代数的方程式によって表現することが可能になったのです．我々は第3章で既に直線や放物線の方程式を学びましたが，デカルトの業績は算数や代数を幾何と統一するまさに革命的なものであったことを認識しましょう．

§5.1 曲線の方程式

5.1.1 放物線と直線

1次関数 $y = ax + b$ のグラフが直線を，2次関数 $y = ax^2 + bx + c$ のグラフが放物線を表すことは第3章で学びました．ここでは直線と放物線の相対的位置関係に関する事柄を調べましょう．

その関係は，放物線 $C : y = f(x) = (x-3)^2 + 2$ と直線 $\ell : y = g(x) = a(x+2) + 11$ で具体的に調べれば直ちに一般的議論ができます．放物線 C が直線 ℓ より常に上にあるとは全ての x に対して $f(x) > g(x)$ が恒に成り立つこと，つまり，関数値の差 $f(x) - g(x) > 0$ が恒に成り立つことですね．例えば，$a = -3$ のとき

$$f(x) - g(x) = (x-3)^2 + 2 + 3(x+2) - 11$$
$$= \left(x - \frac{3}{2}\right)^2 + \frac{15}{4}$$

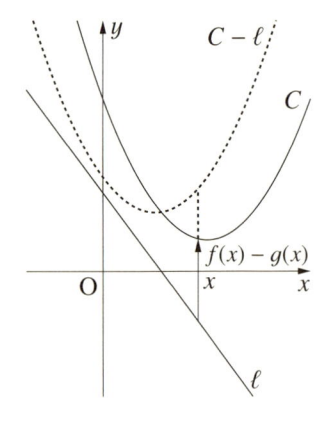

ですから常に正になり，よって C が ℓ より常に上にある場合です．

今の場合 C と ℓ は交わることはありません．もし，同じ高さになる x がある，つまり $f(x) = g(x)$ となる実数 x があるとして方程式 $f(x) - g(x) = 0$ を解くと，本当は実数解がないのだから，判別式 D は負になり虚数解が現れます（確かめましょう）．また逆に，方程式 $f(x) - g(x) = 0$ が虚数解をもつとき，C と ℓ は交わることはありませんね．

注意すべきことは，一般に，関数値の差 $f(x) - g(x)$ は，各 x に対して，'$g(x)$ の高さから見た $f(x)$ の高さ' であり，差の関数 $y = f(x) - g(x)$ のグラフ $C - \ell$

§5.1 曲線の方程式

は，C と ℓ の両者を描いたグラフでいうと，各 x に対して，'$g(x)$ の高さ分だけ全体を押し下げて（$g(x) < 0$ のときは押し上げて），ℓ が x 軸に重なるようにしたときの C のグラフ'になっていることです．このような見方は 2 つのグラフの相対的位置関係を調べるときにはとても重要です．

次に，C と ℓ が異なる 2 点で交わる場合，例えば $a = -1$ のとき，関数値の差 $f(x) - g(x) = x^2 - 5x + 2$ は x の変化と共に正にも負にもなり，差の関数 $y = f(x) - g(x)$ のグラフ $C - \ell$ は今度は x 軸より下の部分が現れます（確かめましょう）．ということは，$C - \ell$ は x 軸と異なる 2 点で交わることなので，方程式 $f(x) - g(x) = 0$ を解くと今度は交点の x に一致する異なる 2 つの実数解が得られます．逆に，方程式 $f(x) - g(x) = 0$ が異なる 2 実数解をもつときは，それらの x の値で $f(x) = g(x)$ が成り立ち，高さが等しい異なる 2 点がある，つまり C と ℓ は異なる 2 点で交わることがわかります．

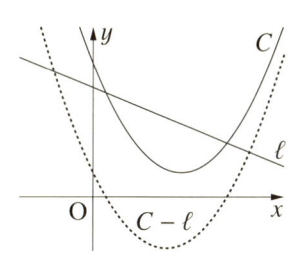

2 交点が一致して 1 点になる場合，C と ℓ はどういう位置関係になるでしょう．C はただ 1 点を除いて ℓ より上にあり，その 1 点でのみ高さが一致し，C が ℓ より下になることはありません．このような場合，C と ℓ は接するといい，ℓ を C の **接線**，接している点を **接点** といいます[1]．C と ℓ が接しているときの a の値を求めてみましょう．C はただ 1 点を除いて ℓ より上にあるので，$f(x) > g(x)$ が接点の x を除いて成立し，接点でのみ $f(x) = g(x)$ が成立します．このとき，差の関数 $y = f(x) - g(x)$ のグラフ $C - \ell$ は，接点の x の値のときに x 軸に接し，それ以外のときは x 軸より上にあります．したがって，方程式 $f(x) - g(x) = 0$ は重解をもつことになります．よって，

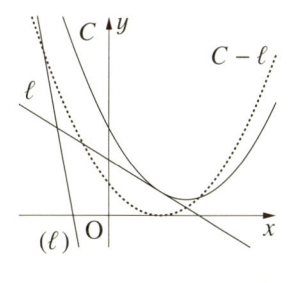

$$f(x) - g(x) = (x - 3)^2 + 2 - a(x + 2) - 11$$
$$= x^2 - (a + 6)x - 2a = 0$$

---

[1] ここの接線の定義は不十分なものです．微分の章でより厳密な定義をしましょう．

の判別式 $D = (a+6)^2 + 8a = 0$ が求める条件になります．a を未知数としてこの 2 次方程式を解くと $a = -2, -18$ の 2 解が得られます．したがって，ℓ として $y = -2(x+2) + 11 = -2x + 7$ と $y = -18(x+2) + 11 = -18x - 25$（図で（$\ell$）と記したほう）を得ます．接点は，方程式 $f(x) - g(x) = x^2 - (a+6)x - 2a = 0$ で $a = -2, -18$ とすると，それぞれ重解 $x = 2, -6$ を得るので，それぞれ $\ell : y = -2x + 7, \ell : y = -18x - 25$ に代入して，接点が $(2, 3), (-6, 83)$ と求まります．

判別式を用いない興味深い方法は，方程式 $f(x) - g(x) = 0$ が重解をもつことを直接に表してしまう方法です．$f(x) - g(x) = 0$ が重解 $x = p$ をもつとすると，それは一般に

$$f(x) - g(x) = x^2 - (a+6)x - 2a = c(x-p)^2$$

の形に表され，2 次の係数は一致するので $c = 1$ です．このとき $(x-p)^2$ は $x^2 - (a+6)x - 2a$ を平方完成して得られるので，上の等式は方程式ではなく恒等式です．よって，全ての x に対して等号が成り立つので，係数比較ができて，連立方程式 $-(a+6) = -2p, -2a = p^2$ を得ます．これを解いて a と接点の x 座標 p が同時に求まります（確かめましょう）．

【実は，この問題を作るに当たって，$f(x) - g(x) = (x-2)^2$ から出発して，始めから $x = 2$ で接するようにしておきました．

$$(x-2)^2 = (x-3)^2 + 2 + 2(x+2) - 11$$

と変形すると $f(x) = (x-3)^2 + 2, g(x) = -2(x+2) + 11$ とできるので，直線の傾きを文字に置き換えて，$g(x) = a(x+2) + 11$ とひねって出題したわけです．整数の答になったのはこのためです．君たちの先生方はこんなふうにして出題しているのですよ．】

上述の議論を利用すると，グラフ $C : y = f(x)$ の任意の $x = p$ における接線 $\ell : y = g(x)$ を求めるときに，$f(x)$ を $(x-p)^2$ で割り算を行って求める方法があります．

$f(x) = (x-3)^2 + 2, g(x) = -2(x+2) + 11$ のときには $f(x) - g(x) = (x-2)^2$ と求まりましたね．ここで，もし $f(x)$ と $(x-2)^2$ が既知で $g(x)$ が未知の場合には，$g(x) = f(x) - (x-2)^2$ より $g(x)$ が求められます．さて，$\ell : y = g(x)$ は

§5.1 曲線の方程式　　　　　　　　　　　　　　　　　　　　　　　　　　　**127**

$C：y = f(x)$ と $x = 2$ で接するので，$(x-2)^2$ は方程式 $f(x) - g(x) = 0$ が重解 $x = 2$ をもつことの表現であり，その 2 次の係数 1 は $f(x)$ の 2 次の係数 1 を受け継いでいます．

　もし，$x = p$ における接線 $y = g(x)$ を求める場合には，$(x-2)^2$ を $(x-p)^2$ に置き換えて，$g(x) = f(x)-(x-p)^2 = (x-3)^2+2-(x-p)^2$ より $g(x) = (2p-6)x-p^2+11$ が得られます．$g(x)$ が 1 次式であることに注意しましょう．

　さらに，$f(x) = (x-p)^2 + g(x)$ と移項し，$g(x)$ が 1 次式であることに注意して，この式を凝視してみましょう．この式は，$(x-p)^2$ が 2 次で $g(x)$ が 1 次だから，割り算の式くさいと感じたら正解です．だけど，それが接線と何の関係があるのかな？　なになに，今 $f(x)$ と $(x-p)^2$ を既知としているから，この割り算で $g(x)$ が求まる，なに，接線が求まるだって！　実際に割り算を実行して $g(x) = (2p-6)x - p^2 + 11$ が求まったぞ．てな感じでしょうか．というわけで，'$y = f(x)$ の $x = p$ における接線 $y = g(x)$ は $f(x)$ を $(x-p)^2$ で割ったときの余りの式として求められる' と解釈できることになります．この解釈が可能なのは，$f(x)$ が 2 次だからというわけではなく，割るほうの式 $(x-p)^2$ が 2 次で，余り $g(x)$ が 1 次であるためです．よってこの解釈は任意次数の整式 $f(x)$ についても成立します[2]．

　以上見たように，'一見何の関係もなさそうなことが問題を解く鍵になっています' ね．このようなことは数学に限らず科学・技術の分野ではよくあることです．公式丸暗記の勉強をしていては，楽しみはよい点数だけで，それでは自分で考える訓練が足りず，新しいことに自分で気づく楽しみを自ら閉ざしてしまいます．囲碁や将棋の世界では毎日が自分で考える訓練であり，実力が 1 段上がるごとに何が大事であるかの感覚が無意識のうちに変わっていくそうです．数学の勉強でも同じことがいえるでしょう．何が本当の勉強方法であるかもわからないうちに，予備校や塾の講師がいう '要領のよい方法' なるものに飛びつくのは危険です．まずは，'最小の努力で最大の効果を得る方法' などという甘い誘惑に惑わされず，'物事は何でも凝視する癖' をつけることから始めましょう．自分で考えると，"間違いはないか，ホントかな，別の可能性はないか" など，'今まで無視していた事柄にも注意を払う新境地に入る' こ

---

　　[2] この方法は某有名塾系列で実際に教えられています．

とができます．そのとき一皮剥けるでしょう[3]．

かなり脱線しました．最後に，微分を学ぶと任意の関数のグラフの接線の一般的な求め方を教わるので，ここの方法は'じっくり考えると発想の転換ができていい知恵が浮かぶ'例としておきましょう．参考までに，一般の放物線 $y = ax^2 + bx + c$ の $x = p$ における接線 ℓ を割り算の方法で求めてみましょう．練習問題としますが

$$\ell : y = (2ap + b)(x - p) + ap^2 + bp + c$$

となることが確かめられるはずです．

5.1.2 円の方程式

円を描くときにはコンパスを用いますね．コンパスは，大げさにいうと，平面上で，定点から等距離にある点の **軌跡** を描くとき，つまり定点から等距離にある点（の全体）の集合を描くときに用いられます．

中心が A(a, b)，半径が r の円 C を数式として表しましょう．そのためには，いったん xy 平面上の任意の点 P(x, y) を考えておいて，点 P が定点 A から常に一定の距離 r にあるための条件を課し，それを方程式として表現すればよいわけです．2 点 A(a, b) と P(x, y) の距離 AP は，§3.2 の議論より，AP $= \sqrt{(x-a)^2 + (y-b)^2}$．これが円の半径 r に等しいので，不要な根号をとり除いて，円 C の方程式

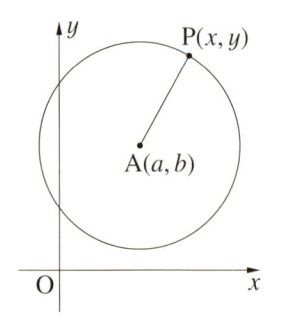

$$C : (x - a)^2 + (y - b)^2 = r^2 \qquad \text{(円 I)}$$

が得られます．これが中心 (a, b)，半径 r の円 C の方程式です．中心 (a, b) および半径 r は任意に定められるので，これは円の方程式の一般形です．

---

[3] テレビの番組で，中小企業の社長が新入社員の研修にマッチ箱のような銅の小片を与え，千分の 1 ミリの誤差で研磨するように指示しました．社長は彼に何のヒントも教えません．彼は何度も失敗し，半日も格闘していたでしょうか．彼は研磨台を丁寧に拭き始めました．そうです，彼は気づきました．千分の 1 ミリの世界では塵の大きさが影響すると．彼はうまくいかなかった原因をついに突き止めたのです．「時間を気にせず，自分で考え，没頭する」．こんな体験を通じて，人は新しい世界に踏み入っていくのでしょう．

§5.1　曲線の方程式

集合の記法を用いると，定点から等距離にある点の集合であることがより明確になります：
$$C = \{(x, y) \mid (x-a)^2 + (y-b)^2 = r^2\}.$$
集合による表現は円 C のグラフそのものを表すと見なされます．

円 C の方程式は，$y = b \pm \sqrt{r^2 - (x-a)^2}$ と表すと明らかなように，各 x の値に対して y の値が1つ定まるわけではないので，関数ではありません．ただし，2つの値が定まるので関数の概念を拡張して「2価関数」ということもあります．

円 C の方程式の特徴を見てみましょう．平方部分を展開して整理すると
$$x^2 + y^2 - 2ax - 2by + (a^2 + b^2 - r^2) = 0$$
なので，x と y についての2次の方程式の形をしています[4]．

このことから，円の方程式の最も一般的な形は，l, m, n を定数として，
$$x^2 + y^2 + lx + my + n = 0 \tag{円II}$$
の形をしていることがわかります．実際，平方完成して
$$(x + \frac{l}{2})^2 + (y + \frac{m}{2})^2 = \frac{l^2 + m^2 - 4n}{4}$$
とすると，右辺 > 0 の条件で，円の方程式（円I）と同じですね．この方程式は，右辺 $= 0$ のときは1点 $(-\frac{l}{2}, -\frac{m}{2})$ のみを表し，右辺 < 0 のときは方程式を満たす (x, y) がないので図形を表しません．

円の方程式を決定する問題では（円I）と（円II）の方程式をうまく使い分けるとよいでしょう．円の半径と中心がすぐ求められる問題，例えば，2点 $(-2, 0), (8, 4)$ を直径の両端とする円の場合は，中心が $(3, 2)$，半径が $\sqrt{29}$ と直ちに求まるので，（円I）が便利です．また，それらがすぐには求められ

---

[4] x と y についての2次方程式は，x の次数と y の次数の和が2次および2次以下の項からなる方程式です．最も一般的な x, y の2次方程式には 'xy の形の2次の項' があります．xy 項が現れることは，例えば反比例の関数 $y = \frac{k}{x}$ の分母を払うと $xy - k = 0$ となるので，不思議ではありません．方程式 $xy - k = 0$ のグラフは「直角双曲線」と呼ばれています．また，xy 項は放物線や楕円を回転して軸が斜めになった方程式にも現れます．

ない場合，例えば，3点 (2, 6), (−1, −3), (6, 4) を通る円では，3点の座標を（円 II）の方程式に代入して l, m, n を決定するほうが楽でしょう（答は $x^2 + y^2 − 4x − 2y − 20 = 0$ です．確かめましょう）．なお，任意に定めた3点を通る円がただ1つ存在することを図形的に実感するのは容易でしょう．そのことは式の上でも反映されていなければなりません．円の方程式（円 I, II）は3つの未知の定数 a, b, r または l, m, n を含み，それらの定数は円が通る3点の座標が与えられると定まります．

5.1.3 円と直線，直線のパラメータ表示

円と直線に関係する事柄を多角的に議論しましょう．

5.1.3.1 円と直線の相対的位置関係

円と直線の位置関係は，それらが交わるか，接するか，かすりもしないかのどれかですね．始めの2つの場合には，両者の **共有点**，つまり円上かつ直線上にある点が存在します．この用語を用いると，円と直線の位置関係は，（ア）異なる2点を共有する，（イ）1点を共有する，（ウ）共有点がない等と表現できます．

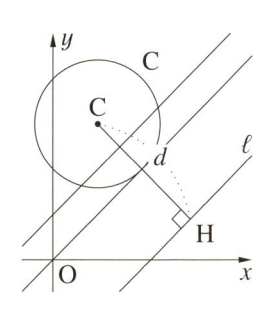

共有点の有無は，円の方程式と直線の方程式を連立させて，それらの方程式を同時に満たす共有点の個数を調べてみるとわかります．例えば，円 C と直線 ℓ の方程式を

$$C : (x − 1)^2 + (y − 3)^2 = 2, \qquad \ell : y = x + k$$

としましょう．それらを連立すると2次方程式 $(x − 1)^2 + (x + k − 3)^2 = 2$，つまり，$2x^2 + 2(k − 4)x + k^2 − 6k + 8 = 0$ が得られます[5]．共有点の個数は

---

[5] 円の方程式 $(x − 1)^2 + (y − 3)^2 = 2$ は $y = 3 \pm \sqrt{2 − (x − 1)^2}$ に同値ですから，直線 $y = x + k$ と連立することは $3 \pm \sqrt{2 − (x − 1)^2} = x + k$ と同じ，つまり，グラフが同じ高さになる x の値を求めることに同じです．よって，この連立の操作は §§5.1.1 で放物線と直線の方程式を連立してそれらの交点を求めたときの場合と何ら変わりません．

§5.1 曲線の方程式

実数解の個数に一致するので，判別式 D の符号を調べれば済みます．実際，
$\frac{D}{4} = (k-4)^2 - 2(k^2 - 6k + 8) = -k(k-4)$ より，$D > 0$，つまり $0 < k < 4$ のとき異なる 2 実数解をもち，円と直線は交わります．$D = 0$，よって，$k = 0, 4$ のときは共有点は 1 つで両者は接し，また，$D < 0$ のとき，つまり $k < 0$ または $4 < k$ のときは実数解がないので共有点はありません．

5.1.3.2 円の接線の方程式

円と直線の位置関係で重要なのはそれらが接する場合です．一般の円について接線の方程式を求めてみましょう．そのためには，まず，原点 O を中心とする半径 r の円 $C_0 : x^2 + y^2 = r^2$ 上の点 $A_0(x_0, y_0)$ における接線 ℓ_0 を求め，それから円 C_0 と接線 ℓ_0 を平行移動すればよいわけです．

接線 ℓ_0 は直線 OA_0 に垂直なので，点 A_0 を原点の周りに 90° 回転して得られる点を A_0' とすると，接線は直線 OA_0' に平行です．$OA_0 = r$ なので，動径 OA_0 の表す角を α とすると，$(x_0, y_0) = (r\cos\alpha, r\sin\alpha)$ と表されます．よって，点 A_0' の座標については，加法定理などを利用すると，

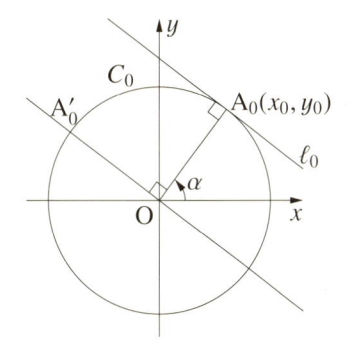

$$A_0' = (r\cos(\alpha + 90°), r\sin(\alpha + 90°)) = (-r\sin\alpha, r\cos\alpha) = (-y_0, x_0)$$

より $A_0'(-y_0, x_0)$ です．よって，直線 OA_0 の傾き $m = \frac{y_0}{x_0}$ に対してそれに直交する直線 OA_0' の傾き $m' = -\frac{x_0}{y_0}$ が得られます．このとき，2 直線についての **直交条件** といわれる傾きの積の関係 $mm' = -1$ が成立しますね．

以上のことから，円 $C_0 : x^2 + y^2 = r^2$ 上の点 $A_0(x_0, y_0)$ における接線 ℓ_0 の方程式は，§§3.3.2 の議論より，$y - y_0 = -\frac{x_0}{y_0}(x - x_0)$ となります．分母を払って，点 A_0 が円 C_0 上にある条件 $x_0^2 + y_0^2 = r^2$ を用いると

$$\ell_0 : x_0 x + y_0 y = r^2 \qquad (x_0^2 + y_0^2 = r^2)$$

となることがわかります．この方程式は，§§3.3.2 で議論した直線の方程式の

一般形の表現方法に従っているので，$x_0 = 0$，または，$y_0 = 0$ の場合にも成り立ちます．

さて，円 C_0 とその接線 ℓ_0 を x, y 方向にそれぞれ a, b だけ平行移動して得られる円 C とその接線 ℓ を求めましょう．円 C は中心が (a, b)[6]，半径が r ですから，その方程式は

$$C : (x-a)^2 + (y-b)^2 = r^2$$

となります．これは円 $C_0 : x^2 + y^2 = r^2$ の x, y にそれぞれ $x-a, y-b$ を代入したものですね．点 $A_0(x_0, y_0)$ における円 C_0 の接線 $\ell_0 : x_0 x + y_0 y = r^2$ を同様に平行移動した接線 ℓ の方程式は，関数のグラフの平行移動の議論より，x, y にそれぞれ $x-a, y-b$ を代入すればよいですね：$\ell : x_0(x-a) + y_0(y-b) = r^2$．このとき円 C_0 上の接点 $A_0(x_0, y_0)$ を平行移動した円 C 上の接点を $A(x_1, y_1)$ と表すと，$x_0 = x_1 - a$, $y_0 = y_1 - b$ の関係がありますね．したがって，円 C 上の点 $A(x_1, y_1)$ における接線 ℓ の方程式は，最終的に，

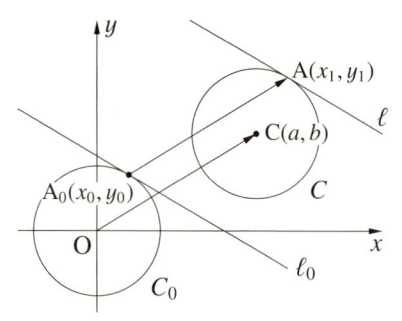

$$\ell : (x_1 - a)(x - a) + (y_1 - b)(y - b) = r^2$$

と表されます．ただし，条件 $(x_1 - a)^2 + (y_1 - b)^2 = r^2$ がつきますが，それは点 $A(x_1, y_1)$ が円 C 上にあるためです．

5.1.3.3　2円の交点を通る直線や円

2つの円の交点は，それらを表す方程式を連立して，両方程式を同時に満たす共有点を求めればよいですね．例として，2円 C_1, C_2 の連立方程式を

$$\begin{cases} C_1 : x^2 + y^2 - 4 = 0 & \text{(c1)} \\ C_2 : x^2 + y^2 - 4x - 2y + 4 = 0 & \text{(c2)} \end{cases}$$

としましょう．交点を求める最も簡単な方法は辺々引き算をして

$$(x^2 + y^2 - 4) - (x^2 + y^2 - 4x - 2y + 4) = 4x + 2y - 8 = 0$$

---

[6] 円の名とその中心の名を同じにする習慣があります．円 C の中心が点 (a, b) のとき，中心を $C(a, b)$ と書きます．

§5.1 曲線の方程式

と 2 次の項を消すと，$y = -2x + 4$ が得られます．それを (c1) に代入して，x の 2 次方程式 $x^2 + (-2x+4)^2 - 4 = 0$ を解くと，交点の x 座標 $x = \frac{6}{5}, 2$ が求められます．交点の y 座標は，$y = -2x + 4$ の x に $\frac{6}{5}$ および 2 を代入して，$y = \frac{8}{5}, 0$ が得られます．したがって，2 交点 $(\frac{6}{5}, \frac{8}{5})$, $(2, 0)$ が求まります．

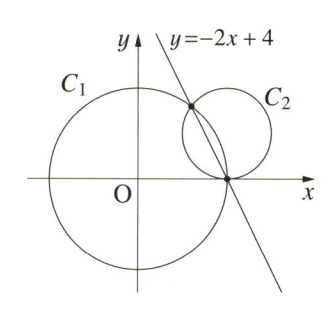

　これらの手続きを論理的に考えてみましょう．辺々引き算をして得られた $y = -2x + 4$ を (c1) に代入したことは，(c1) と辺々引き算の式を連立したことになります：

$$\begin{cases} C_1 : x^2 + y^2 - 4 = 0 & \text{(c1)} \\ C_{引} : (x^2 + y^2 - 4) - (x^2 + y^2 - 4x - 2y + 4) = 0. & \text{(c引)} \end{cases}$$

この連立は，(c1) の条件の下で，(c引) が $0 - (x^2 + y^2 - 4x - 2y + 4) = 0$ と元の (c2) と同値になるので，(c1) と (c2) の連立と確かに同じことですね．

　このように考えると，(c1) と (c2) を連立して得られる 2 円の交点を得るには，(c1) と (c引) を連立する以外にも，もっとさまざまな連立の仕方がありそうです．例えば，辺々引き算の式に実数の係数 p, q をつけた連立方程式

$$\begin{cases} C_1 : x^2 + y^2 - 4 = 0 & \text{(c1)} \\ C_{pq} : p(x^2 + y^2 - 4) + q(x^2 + y^2 - 4x - 2y + 4) = 0 & \text{(cpq)} \end{cases}$$

のようなものも，$q \neq 0$ の条件で (c1) と (c2) の連立と同値になり，同じ 2 交点を与えますね．曲線 C_{pq} は一般には円を表し，$p + q = 0$ のときだけ直線 ($y = -2x + 4$) になりますね（確かめましょう）．

　さて，本題はここからです．上の (c1) と (cpq) の連立が (c1) と (c2) の連立と同じ 2 交点を与えるということは，その 2 交点が円 C_1 上にあることはもちろん曲線 C_{pq} 上にもあることを意味します．つまり，曲線 C_{pq} は，$p, q\,(q \neq 0)$ の値によらずに，その 2 交点を通ることになります．

　例解をかねて，問題を 1 題解いてみましょう．先の 2 円 C_1, C_2 の交点を通る円の中で原点を通るものを求めましょう．上の (c1) と (cpq) の連立を

利用すればよいですね．原点を通るから (cpq) で $(x, y) = (0, 0)$ とおくと $p(-4) + q(4) = 0$，よって，$p = q$ が求める条件です[7]．よって，求める円の方程式は
$$C_{qq} : q(x^2 + y^2 - 4) + q(x^2 + y^2 - 4x - 2y + 4) = 0.$$

整理して，$C_{qq} : x^2 + y^2 - 2x - y = 0$ となります．この円が先ほど求めた 2 交点 $(\frac{6}{5}, \frac{8}{5})$，$(2, 0)$ を通ることを確かめましょう．

以上の議論は直ちに一般化できます．任意の 2 つの曲線 C_1，C_2 が交点をもつとき，それらの連立方程式を

$$\begin{cases} C_1 : f(x, y) = 0 & \text{(c1)} \\ C_2 : g(x, y) = 0 & \text{(c2)} \end{cases}$$

と表しましょう．もし，曲線が放物線などの関数のグラフであれば，曲線の方程式 $f(x, y) = 0$ を $y - f(x) = 0$ などとすればよいでしょう．先ほどの議論とまったく同様に，同じ交点に導く連立方程式は，$p, q\ (q \neq 0)$ を定数として，

$$\begin{cases} C_1 : f(x, y) = 0 & \text{(c1)} \\ C_{pq} : pf(x, y) + qg(x, y) = 0 & \text{(cpq)} \end{cases}$$

と表すことができます．このとき，曲線 $C_{pq} : pf(x, y) + qg(x, y) = 0$ は曲線 C_1，C_2 の交点の全てを通ります．そして，そのような曲線 C_{pq} は，p, q の各値に対応して，無数に存在します．

5.1.3.4　点と直線の距離の公式と直線のパラメータ表示

円と直線の相対的位置関係は，§§5.1.3.1 の最初の図からわかるように，円の半径を r，円の中心と直線との（最短）距離を d とすると，d と r の相対的大きさによって決まりますね：円と直線は，$d > r$ のとき共有点がなく，$d = r$ のとき接し，$d < r$ のとき交わる．

また，△ABC の 3 頂点の座標が与えられたときなど，頂点 A から対辺 BC（つまり直線 BC）に下ろした垂線の長さ d を求める公式があれば，△ABC の面

---

[7] 文字 p, q は，§§2.1.2 で述べたように，方程式の中でもともとは定数であった文字が変数に化けた例です．

§5.1 曲線の方程式

積が簡単に求まりますね．点と直線の距離 d を与える美しい公式が知られています．それを求めましょう．ただし，普通の方法でやると計算がグジャグジャになるので，新しい手法を導入してきれいな計算になるようにしましょう．

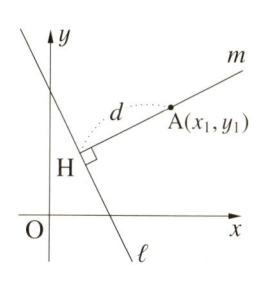

点を $A(x_1, y_1)$ とし，直線を $\ell : ax + by + c = 0$ と一般形で表し，点 A から直線 ℓ に下ろした垂線の足を H とすると，$d = AH$ です．よって，垂線の足 H の座標が求まればほとんどできあがりです．そのためには点 A を通り直線 ℓ に垂直な直線の方程式 m が必要ですね．直線 ℓ の傾きは $-\dfrac{a}{b}$ なので，それに直交する直線 m の傾きは $\dfrac{b}{a}$．よって，直線 m の方程式は $y - y_1 = \dfrac{b}{a}(x - x_1)$．分母を払って整理すると $m : b(x - x_1) - a(y - y_1) = 0$ が得られます．

そこで，2 直線 ℓ と m の方程式を連立して交点 H の座標を求めると … といきたいところですが，いかんせん，計算力に相当自信のある諸君でもこの汚い計算にはてこずるでしょう．こんなときのために，数学は便利な道具「直線のパラメータ表示」を用意しています．それを利用しましょう．

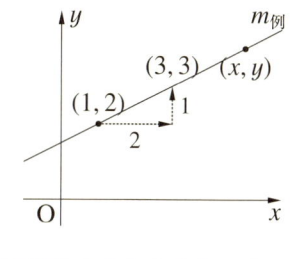

直線を描くとき，定規に鉛筆の芯を当てて定規に沿って動かしますね．動いていく芯の座標 (x, y) の軌跡を時間 t を用いて表してみましょう．例として，直線
$$m_{例} : y - 2 = \frac{1}{2}(x - 1)$$
を考えましょう．その傾きは $\dfrac{1}{2}$ ですから，直線 $m_{例}$ 上の点は 1 秒間に x, y 方向にそれぞれ 2, 1 だけ移動するとしましょう．芯は点 $(1, 2)$ を時間 $t = 0$ で通過したとすると，芯の座標は時間 t のとき $x = 1 + 2t, y = 2 + 1t$ と表されますね．この表式は $t < 0$ のときも成り立つことを確かめましょう．よって，全ての時間 t に関する点 (x, y) の集合は直線 $m_{例}$ のグラフに一致します．また，表式 $x = 1 + 2t, y = 2 + 1t$ から t を消去すると直線 $m_{例}$ の方程式が得られますね．そこで，表式 $x = 1 + 2t, y = 2 + 1t$ は，変数 x, y とは別の第 3 の変数 t を媒介として，直線 $m_{例}$ の方程式を表すと考えるわけです：

$$m_{例} : \begin{cases} x = 1 + 2t \\ y = 2 + 1t. \end{cases}$$

変数 t を **パラメータ**（または媒介変数）といい，また，このような変数 x, y の関数関係の表示を **パラメータ表示**（または媒介変数表示）といいます．パラメータ t の範囲が明示されないときは，任意の実数であると見なします．

それでは，直線 $\ell : ax + by + c = 0$ に直交し，点 $A(x_1, y_1)$ を通る直線 m のパラメータ表示を求めましょう．直線 m の傾きは $\frac{b}{a}$ でしたから，m 上の点は1秒間に x, y 方向にそれぞれ a, b だけ移動するとして差し支えなく，また，$t = 0$ で点 $A(x_1, y_1)$ を通るとしてよいので，

$$m : \begin{cases} x = x_1 + at \\ y = y_1 + bt \end{cases}$$

と非常に簡単な表示になりますね．

2直線 ℓ, m の交点，つまり点 A から直線 ℓ に下ろした垂線の足 H を求めるには，直線 m のパラメータ表示の x, y を直線 ℓ の方程式に代入し，時間 t についての方程式

$$a(x_1 + at) + b(y_1 + bt) + c = 0$$

に直します．よって，˙こ˙の˙連˙立˙に˙よ˙って求まるのは，直線 m 上の点 (x, y) が点 H を通過する時間'

$$t = -\frac{ax_1 + by_1 + c}{a^2 + b^2}$$

ということになります．そこで，この時間 t の値を直線 m のパラメータ表示の t に代入すると，点 H の座標が求められます：

$$x = x_1 - a\frac{ax_1 + by_1 + c}{a^2 + b^2}, \quad y = y_1 - b\frac{ax_1 + by_1 + c}{a^2 + b^2}.$$

したがって，点 $A(x_1, y_1)$ と点 H の距離 $d = AH$ は，$\sqrt{x^2} = |x|$ に注意すると，最終的に

$$d = \frac{|ax_1 + by_1 + c|}{\sqrt{a^2 + b^2}}$$

となることがわかります（確かめましょう）．

§5.1 曲線の方程式

練習として，3 点 (1, 4)，(−2, 3)，(4, 0) が頂点である三角形の面積を求めてみましょう．答は $\frac{15}{2}$ です．

最後に，直線のパラメータ表示は，いずれ習う予定の「ベクトル」という章において，直線上の点の位置を表す「位置ベクトル」というものに事実上なっています．例えば，直線 $m_{例}$ 上の点 (x, y) の位置ベクトル表示は（縦書きの表し方をすると）

$$\begin{pmatrix} x \\ y \end{pmatrix} = \begin{pmatrix} 1 \\ 2 \end{pmatrix} + t \begin{pmatrix} 2 \\ 1 \end{pmatrix}$$

です．$\begin{pmatrix} 1 \\ 2 \end{pmatrix}$ が $t = 0$ のときの位置を，$\begin{pmatrix} 2 \\ 1 \end{pmatrix}$ が速度の大きさと方向を表しています．詳細はベクトルの章で学びましょう．

5.1.4 アポロニウスの円と内分点・外分点

紀元前 3 世紀の古代ギリシャの数学者アポロニウスは「2 定点からの距離が定比である点の軌跡は円になる」ことを発見しました．このことを確かめてみましょう．

まず，2 定点が A(1, 2)，B(4, 5) であるとして，AP : PB = 2 : 1 を満たす点 P(x, y) の軌跡を求めてみましょう．AP : PB = 2 : 1 より 2PB = AP．これを座標を用いて表すと

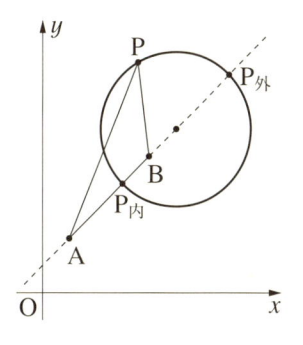

$$2\sqrt{(x-4)^2 + (y-5)^2} = \sqrt{(x-1)^2 + (y-2)^2}.$$

両辺を 2 乗して整理すると

$$x^2 + y^2 - 10x - 12y + 53 = 0, \quad \text{よって} \quad (x-5)^2 + (y-6)^2 = 8.$$

したがって，求める点 P(x, y) の軌跡は点 (5, 6) を中心とする半径 $2\sqrt{2}$ の円ですね．

軌跡上の点のうち特に次の 2 点が重要です：点 P が線分 AB 上にあるとき，その点を P$_{内}$ とすると AP$_{内}$: P$_{内}$B = 2 : 1 を満たすので，P$_{内}$ を線分 AB を

2 : 1 に内分する **内分点** といいます．同様に点 P が線分 AB の延長上にあるとき，その点を P$_{外}$ とすると AP$_{外}$: P$_{外}$B = 2 : 1 を満たすので，P$_{外}$ を線分 AB を 2 : 1 に外分する **外分点** といいます．

内分点・外分点は，円上にも直線 AB 上にもあるので，それら 2 点は方程式を連立すれば求めることができます．直線 AB の方程式は，その傾きが $\frac{5-2}{4-1} = 1$，また点 A(1, 2) を通るので，直線 AB : $y = x - 1 + 2 = x + 1$ と決まります．したがって，直線 AB : $y = x + 1$ と円 : $(x-5)^2 + (y-6)^2 = 8$ を連立して，内分点 P$_{内}$(3, 4) と外分点 P$_{外}$(7, 8) が得られます（確かめましょう）．

2 定点が一般の点 A(x_1, y_1)，B(x_2, y_2) で，AP : PB = $m : n$ ($m \neq n$) のときも，計算が少々長くなるだけで，点 P の軌跡は円

$$\left(x - \frac{m^2 x_2 - n^2 x_1}{m^2 - n^2}\right)^2 + \left(y - \frac{m^2 y_2 - n^2 y_1}{m^2 - n^2}\right)^2 = \frac{m^2 n^2}{(m^2 - n^2)^2}\{(x_1 - x_2)^2 + (y_1 - y_2)^2\}$$

であることがわかります．これと 2 点 A(x_1, y_1)，B(x_2, y_2) を通る直線

$$AB : y - y_1 = \frac{y_2 - y_1}{x_2 - x_1}(x - x_1), \quad \text{または} \quad y - y_2 = \frac{y_2 - y_1}{x_2 - x_1}(x - x_2)$$

を連立して，線分 AB を $m : n$ に内分・外分する点

$$P_{内}\left(\frac{mx_2 + nx_1}{m + n}, \frac{my_2 + ny_1}{m + n}\right), \quad P_{外}\left(\frac{mx_2 - nx_1}{m - n}, \frac{my_2 - ny_1}{m - n}\right)$$

が求められます（$m^2 \text{PB}^2 = n^2 \text{AP}^2$ を座標で表した式を利用すると意外に簡単に求まります）．

なお，AP : PB = $m : n = 1 : 1$ のときは AP = PB なので点 P の軌跡は線分 AB の垂直 2 等分線になります．2 定点が A(1, 2)，B(4, 5) のとき，AB の垂直 2 等分線の方程式が $y = -x + 6$ であることを確かめましょう．

5.1.5 円のパラメータ表示

直線のパラメータ表示は §§5.1.3.4 において既に学びました．パラメータ表示は円についても有効で，実は，君たちはそれを既に知っています．

我々は §4.1 において単位円上の任意の点 P が P($\cos\theta$, $\sin\theta$) と表されることを学びました．よって，点 P を OP 方向に r (> 0) 倍した点 (x, y) は

§5.1 曲線の方程式

$(x, y) = (r\cos\theta, r\sin\theta)$ となり，点 (x, y) は原点を中心として半径 r の円上にあります．このとき角 θ を $0 \leq \theta < 2\pi$ の範囲で動かすと，点 (x, y) の軌跡は円になりますね．実際，この円を C とすると，$\cos^2\theta + \sin^2\theta = 1$ より $x^2 + y^2 = r^2\cos^2\theta + r^2\sin^2\theta = r^2$ が成立して，円 C の方程式 $x^2 + y^2 = r^2$ が得られます．

このように円 C の方程式は $C : x^2 + y^2 = r^2$ と表すこともできますが，x, y とは別に第 3 の変数 θ を考え，これを媒介として x, y の関数関係 $x = r\cos\theta, y = r\sin\theta$ を表示して，これが円 C の方程式を表すと見なすこともできます：

$$C : \begin{cases} x = r\cos\theta \\ y = r\sin\theta. \end{cases}$$

これが中心 O，半径 r の円 C の方程式のパラメータ表示です．

円 C のパラメータ表示で変数 θ の範囲を明示しない場合，θ は任意の一般角であることを意味します．このことを逆用すると，円のパラメータ表示を用いて半円や四分円を簡単に表せます．例えば，円 C の第 1 象限の四分円 $C_{\frac{\text{円}}{4}}$ は

$$C_{\frac{\text{円}}{4}} : \begin{cases} x = r\cos\theta \\ y = r\sin\theta \end{cases} \quad (0 \leq \theta \leq \frac{\pi}{2})$$

と表すことができます（厳密には，第 1 象限は x, y 軸を含まないので $0 < \theta < \frac{\pi}{2}$ が正しい）．

円のパラメータ表示を用いて，中心が点 (a, b)，半径が r の円 $C_{(a,b)}$ を表してみましょう．そのためには円 C を x 方向に a，y 方向に b だけ平行移動すればよいですね．原点が中心の円 C のパラメータ表示は $x = r\cos\theta, y = r\sin\theta$ ですから，中心が点 (a, b) の円にするためには，円 C のパラメータ表示で x, y の値をそれぞれ a, b だけ増加させればよいですね．よって円 $C_{(a,b)}$ のパラメータ表示は

$$C_{(a,b)} : \begin{cases} x = a + r\cos\theta \\ y = b + r\sin\theta \end{cases}$$

となります．実際，上の表式を $x - a = r\cos\theta, y - b = r\sin\theta$ と移行して，両辺を 2 乗すると，円 $C_{(a,b)}$ の方程式 $(x - a)^2 + (y - b)^2 = r^2$ が得られますね．

このように，円 C の方程式 $x^2 + y^2 = r^2$，またはそのパラメータ表示において，x を $x-a$ で，y を $y-b$ で置き換えたものは，円 C を x 方向に a，y 方向に b だけ平行移動した円 $C_{(a,b)}$ の方程式，またはそのパラメータ表示になることがわかります．

5.1.6 一般の曲線の平行移動

§§3.6.1 で学んだように，一般の関数 $y = f(x)$ のグラフを x 方向に a，y 方向に b だけ平行移動したグラフを与える関数は，関数 $y = f(x)$ において x を $x-a$ で y を $y-b$ で置き換えた $y - b = f(x-a)$ でしたね．我々は，§§5.1.5 において，円の方程式またはそのパラメータ表示においても同じ置き換えが円の平行移動をもたらすことを見いだしました．よって，その置き換えによって平行移動が表されることは，関数だけでなく一般の曲線の方程式やそのパラメータ表示でも成立することを暗示しています．このことを確かめてみましょう．

一般の曲線 K の方程式，またはそのパラメータ表示を一括して
$$K : f(x, y; \theta) = 0$$
と表しましょう[8]．もしそれが図形の方程式ならば，パラメータ θ は現れません．また，パラメータ表示なら 2 つの方程式を表します．

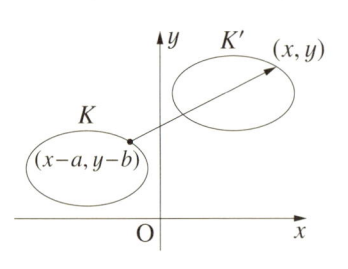

さて，曲線 $K : f(x, y; \theta) = 0$ を x 方向に a，y 方向に b だけ平行移動して得られる曲線を K' としましょう．平行移動後の点を (x, y) とすると移動前の点は $(x-a, y-b)$ です．点 (x, y) が曲線 K' 上にあるとき，変数 x, y の満たす方程式が曲線 K' の方程式ですね．またそのとき，移動前の点 $(x-a, y-b)$ は曲線 K 上にあります．よって，点 $(x-a, y-b)$ は曲線 K の方程式を満たすので，$f(x-a, y-b; \theta) = 0$ が成り立ちます．この方程式は移動後の点 (x, y) が満たす方程式になっているので曲線 K' の方程式，またはそのパラメータ表示に他なりません．よって，非常に一般的な定理が得られます：

---

[8] 円 $x^2 + y^2 = r^2$ ならば $f(x, y; \theta) = 0$ は $x^2 + y^2 - r^2 = 0$ のことです．また，そのパラメータ表示 $x = r\cos\theta$，$y = r\sin\theta$ なら，$f(x, y; \theta) = 0$ は $x - r\cos\theta = 0$ かつ $y - r\sin\theta = 0$ を表します．

一般の曲線 K の方程式（パラメータ表示を含む）が $K : f(x, y; \theta) = 0$ と表されるとき，K を x 方向に a，y 方向に b だけ平行移動して得られる曲線を K' とすると，K' の方程式（パラメータ表示）は

$$K' : f(x-a, y-b; \theta) = 0$$

である．

賢明な諸君は，同様の議論が，曲線の平行移動にとどまらず，対称移動や倍変換・回転，さらにもっと一般的な図形の変換に対しても適用できることを嗅ぎとるでしょう．実際，我々は §5.3 において放物線や楕円などの 2 次曲線を回転することを学びます．

§5.2 領域

我々は方程式で表される直線や曲線などの平面図形を学んできました．ここでは広がりをもつ平面図形も学びましょう．それらは **領域** と呼ばれる点の集合で，不等式によって表されます．

5.2.1 関数のグラフの上側・下側

任意の関数 $y = f(x)$ について，グラフの上側・下側を調べましょう．そのためには，xy 平面上の点 (x, y) と関数 $y = f(x)$ のグラフ上の同じ x 座標の点 $(x, f(x))$ を比較して，どちらの y 座標が大きいかを見れば一目瞭然です．テキストの図では点 (x, y) のほうが上にあるので，それらの y 座標を比較して，不等式 $y > f(x)$ が成立します．そこで，この不等式を満たす全ての点 (x, y) の集合がグラフの上側の領域 D ということになります：

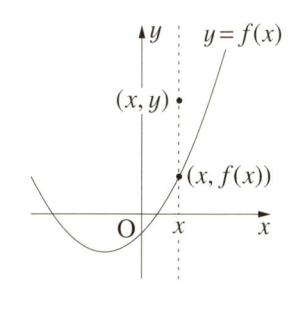

$$D = \{(x, y) \mid y > f(x)\}.$$

よって，関数 $y = f(x)$ のグラフの上側の領域 D を表す不等式は

$$D : y > f(x)$$

と表されます．例えば，直線 $y = mx+n$ の上側は不等式 $y > mx+n$ によって表されます．同様に，関数 $y = f(x)$ のグラフの下側を表す不等式は $y < f(x)$ となります．ちなみに，この考えに立つと，そのグラフを表す方程式が $y = f(x)$ であるのは，点 (x, y) と点 $(x, f(x))$ が一致するからだと見なすことになります．

ついでながら，y 軸に平行な直線 $\ell : x = c$ の右側は，点 (x, y) と ℓ 上の点 (c, y) の x 座標を比較すると，不等式 $c < x$ で表されますね．同様に直線 ℓ の左側は不等式 $x < c$ で表されます．

5.2.2　円の内部・外部

円 $C : (x-a)^2 + (y-b)^2 = r^2$ の内部・外部を議論するときも，前の §§ と同様，点 P(x, y) を考えると容易です．点 P(x, y) が円 C の内部にあるとき，点 P と円の中心 C(a, b) の距離 CP は円の半径 r より小さいですね．よって，CP $< r$ より $\sqrt{(x-a)^2 + (y-b)^2} < r$．したがって，円 C の内部を表す不等式は
$$(x-a)^2 + (y-b)^2 < r^2$$
となります．この不等式を満たす全ての点 (x, y) の集合が円 C の内部を表します．同様に，円 C の外部を表す不等式は $(x-a)^2 + (y-b)^2 > r^2$ となりますね．

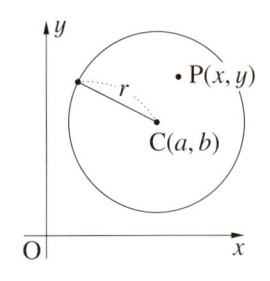

円 C とその内部を合わせて円板 D といいましょう．円板 D を表す不等式は
$$(x-a)^2 + (y-b)^2 \leqq r^2$$
ですね．

5.2.3　領域と境界

前の §§ の議論で関数 $y = f(x)$ のグラフの上側（下側）の領域は不等式 $y > f(x)$（$y < f(x)$）で表され，円 $x^2 + y^2 = r^2$ の内部（外部）の領域は不等式 $x^2 + y^2 < r^2$（$x^2 + y^2 > r^2$）によって表されることがわかりました．不等式が表す領域を統一的に扱ってみましょう．以下の議論は，高校数学で現れる不等式については，かなり実用的です．

§5.2 領域

不等式 $y > f(x)$ ($y < f(x)$) を $y - f(x) > 0$ ($y - f(x) < 0$) と書き直して，2変数 x, y の関数 $f(x, y) = y - f(x)$ を導入しましょう．すると不等式 $f(x, y) > 0$ ($f(x, y) < 0$) を満たす領域が関数 $y = f(x)$ のグラフの上側（下側）を表しますね．同様に，$f(x, y) = x^2 + y^2 - r^2$ とすると，$f(x, y) > 0$ ($f(x, y) < 0$) が円の外部（内部）を表しますね．以後，不等式 $f(x, y) > 0$ ($f(x, y) < 0$) を満たす領域を $f(x, y)$ の**正領域**（**負領域**），それらの境目の曲線を**境界**と呼ぶことにしましょう．

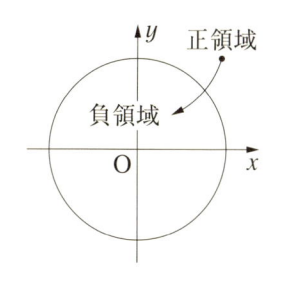

さて，2変数関数 $f(x, y) = x^2 + y^2 - r^2$ の符号は，点 (x, y) が xy 平面上を動くとき，どのように変化するでしょうか．点 (x, y) が関数 $f(x, y)$ の正領域（円の外部）を動いている間は $f(x, y)$ は正のままです．また，点 (x, y) が $f(x, y)$ の負領域（円の内部）を動いているときには $f(x, y)$ は負です．よって，'$f(x, y)$ の符号の変化が現れるのは点 (x, y) が正領域と負領域の境界を通過したときのみ' です．同じことが $f(x, y) = y - f(x)$ についても，一般の $f(x, y)$ の場合でも成立することは，正領域・負領域の定義から明らかでしょう．よって，xy 平面を正領域と負領域の境界によっていくつかの領域に分けたとき，境界上にないある点で $f(x, y)$ が正（負）ならばその点を含む領域は正領域（負領域）であることがわかります．

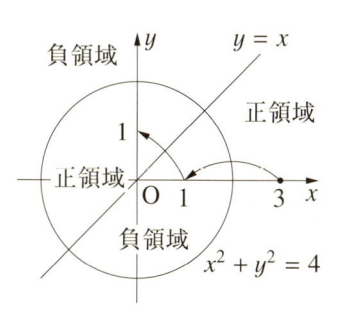

このような議論が有用なのは $f(x, y)$ が積や商の形の場合，例えば，

$$f(x, y) = (x - y) \times (x^2 + y^2 - 4)$$

です．この場合の境界は円 $x^2 + y^2 - 4 = 0$ と直線 $x - y = 0$ ですから，xy 平面はそれらの境界によって4つの領域に分かれます．そこで，点 (x, y) が，例えば，点 $(3, 0)$ のとき，$f(3, 0) = 3 \times 5 > 0$ より点 $(3, 0)$ を含む領域は正領域となります．次に，点 (x, y) が点 $(3, 0)$ から境界 $x^2 + y^2 - 4 = 0$ を通過して点 $(1, 0)$ に移動すると，$x^2 + y^2 - 4$ の符号が正から負に変わり，$x - y$ の符号は正のままなので，点 $(1, 0)$ を含む領域は負領域とわかります．次に，点 (x, y) が点 $(1, 0)$ から境界

$x-y=0$ を通過して点 $(0,1)$ に移動すると，今度は $x-y$ の符号が正から負に変わるので，点 $(0,1)$ を含む領域は正領域となります．もし，点 (x,y) が点 $(3,0)$ から点 $(0,1)$ に移動するときに，別の経路を通っていったとしても，点 $(0,1)$ が正領域であることには変わりありません（もし，円と直線の交点 $(\sqrt{2}, \sqrt{2})$ を通れば，そこで x^2+y^2-4 と $x-y$ の符号が同時に変わります）．このように点 (x,y) が1つの境界を通過するたびに $f(x,y)$ の符号が変わるので，'全ての境界とある1点における $f(x,y)$ の符号がわかると，正領域と負領域は容易に決定できます'．不等式 $f(x,y)>0$ の表す領域は正領域の全体であり，また，不等式 $f(x,y) \leq 0$ の表す領域は負領域の全体に境界を加えたものですね．

関数 $f(x,y)$ が商の形，例えば，

$$f(x,y) = \frac{(x-y)(x^2+y^2-4)}{x+y}$$

のときは，点 (x,y) が直線 $x+y=0$ を横切るときに $x+y$ の符号が変わり，よって $f(x,y)$ の符号も変わるので同様の議論ができます．この場合の境界は分子の $x-y=0$, $x^2+y^2-4=0$ に加えて分母の $x+y=0$ からなりますね．よって，この $f(x,y)$ の正領域・負領域は少し複雑になります（求めてみましょう）．不等式 $\frac{(x-y)(x^2+y^2-4)}{x+y} < 0$ を境界を利用して解く方法と，通常の場合分けによる方法を比較することを，君たちの練習に残しておきましょう．なお，もっと練習したい人には次の問題がお奨めです：不等式 $(\sin x)(\sin y) \geq 0$ を解け．ヒント：格子模様が目に入らぬか，かな．

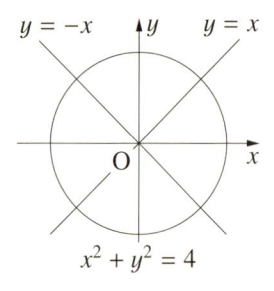

最後に，注意すべきことを2点ほど述べておきます．

$$f(x,y) = \frac{(x-y)^2(x^2+y^2-4)}{x+y}$$

などの場合のように，完全平方の因数 $(x-y)^2$ が含まれるような場合には，点 (x,y) が2重直線 $(x-y)^2=0$ を横切っても $(x-y)^2$ の符号に変化はないので，$(x-y)^2=0$ は正領域と負領域の境界にはなりません．また，関数 $f(x,y)$ が $\sqrt{x-y}$ などの根号を含む場合には，前提とする領域が始めから $x-y \geq 0$ に制限されてしまうことに注意しましょう．

5.2.4　図形の対称性

図形の x 軸対称・y 軸対称・原点対称などの対称性を議論しましょう．対称性がわかると図形の一部から全体のグラフが理解できます．曲線の対称性と領域の対称性を関連させて議論したほうが合理的でしょう．

まず，例として，単位円 $x^2+y^2=1$ と単位円板 $x^2+y^2 \leqq 1$ を一緒に議論しましょう．それらを同じ記号 C で表して，C の方程式（不等式）を，前の §§ と同様に 2 変数関数 $f(x, y) = x^2+y^2-1$ を導入して，

$$C : f(x, y) = x^2 + y^2 - 1 = 0 \ (\leqq 0)$$

と表しましょう．単位円（板）C は，図形の形から見ると，いうまでもなく，x 軸対称・y 軸対称および原点対称な図形ですね．このことを数式で表しましょう．C 上の任意の点 (x, y) は方程式（不等式）$f(x, y) = x^2 + y^2 - 1 = 0 \ (\leqq 0)$ を満たしますね．そのとき，点 (x, y) に x 軸対称な点 $(x, -y)$ を考えると，$f(x, -y) = x^2 + (-y)^2 - 1 = x^2 + y^2 - 1 = f(x, y)$ だから，方程式（不等式）

$$f(x, -y) = 0 \ (\leqq 0)$$

が成立し，点 $(x, -y)$ も単位円（板）C 上にあることになります．点 (x, y) は C 上の任意の点ですから，$f(x, -y) = 0 \ (\leqq 0)$ が成立することは C が x 軸対称であることを意味し，この方程式（不等式）が x 軸対称であるための条件式になります．

同様に，単位円（板）C が，y 軸対称であることは $f(-x, y) = 0 \ (\leqq 0)$ を示せばよく，原点対称であることは $f(-x, -y) = 0 \ (\leqq 0)$ を示すことで済みます．

一般の図形 $C : f(x, y) = 0 \ (\leqq 0)$ についてもまったく同様の議論ができます（不等号 $\leqq 0$ は，場合に応じて，$< 0, > 0, \geqq 0$ に替えます）．点 (x, y) が C 上の任意の点であるとき，

$$f(x, -y) = 0 \ (\leqq 0)$$

が成り立てば，点 $(x, -y)$ も図形 C 上にあり，図形 C は x 軸対称です．

なお，$C : f(x, y) = 0 \ (\leq 0)$ 上の任意の (x, y) に対して $f(x, -y) = 0 \ (\leq 0)$ が成立するのは，ほとんどの場合，$f(x, y)$ が変数 y について偶関数である，つまり $f(x, -y) = f(x, y)$ である場合です．よって，図形 C の x 軸対称性は，実質的には，関係式 $f(x, -y) = f(x, y)$ が成り立つことを調べれば済むでしょう．x 軸対称性・原点対称性についてもまったく同様の議論ができます．

5.2.5 図形の方程式のパラメータと領域

図形の方程式が，変数 x, y 以外に，事実上変数として扱われる文字（パラメータ）を含むときは，図形を描く方法が今までとまったく異なってきます．その方法は高校では単なる受験技術の 1 つと思われていますが，変数 x, y とパラメータを同列におく考え方は数学の理解をグーンと深めるものですから，しっかり理解しましょう．

まず，簡単な例です．直線 $\ell : y = x + b$ について，y 切片 b が条件 $0 \leq b \leq 1$ を満たすものの全てを考え，それが占める領域 D_b を調べましょう．いろいろな b の値に対する直線 $\ell : y = x + b$ を全て考えるとわかるように，D_b は直線 $y = x + 0$ と直線 $y = x + 1$ との間にある領域ですね．

この領域を点の集合と考え直してみましょう．直線 ℓ は方程式 $y = x + b$（b は定数）を満たす点 (x, y) の集合です．よって，領域 D_b は，b が $0 \leq b \leq 1$ を満たす任意の実数という条件の下で，方程式 $y = x + b$ を満たす点 (x, y) の集合になります．このことを，領域

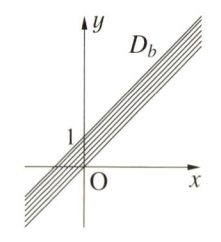

$$D_b : y = x + b \quad (0 \leq b \leq 1)$$

と表しましょう．領域 D_b 上の点，例えば点 $(2, 3)$ $(b = 1)$ を求める場合，今までの常識では，まず $b = 1$ として直線 $y = x + 1$ が決まり，次に $x = 2$ より $y = 3$ が決まるという順序で行いますね．

順序を変えて，先に点 $(2, 3)$ を直線の方程式 $y = x + b$ に代入しても，§§2.1.2 で議論したように，文字 b が変数化されて，同じ結果が得られます．実際，$(x, y) = (2, 3)$ とすると，$3 = 2 + b$ と b の方程式になり，よって，$b = 1$ が得られますね．それでは，点 $(2, 4)$ ならどうでしょう．直線の方程式に代入する

§5.2 領域

と，$4 = 2 + b$ より $b = 2$ だから，点 $(2,4)$ は直線 $y = x + 2$ 上にあり，領域 D_b 上の点ではないことがわかりますね．したがって，点の座標を先に直線の方程式に代入して，後から b の値を求める順で行うと，その点が領域 D_b 上にあるかどうかが判定できますね．

このことは直ちに一般化できます．xy 平面上のある点 (x, y) を直線の方程式 $y = x + b$ に代入すると，文字 b についての方程式 $y = x + b$ になりますね．この方程式の x, y は，ある点 (x, y) の座標と考えているので，定数と見なされます（そういえば，§§3.3.1 で議論したように，$y = x + b$ などの図形の方程式の x, y そのものを点 (x, y) の座標であると見なして差し支えありませんでしたね．今後はそのように扱いましょう）．方程式 $y = x + b$ より $b = y - x$ ですから，条件 $0 \leqq b \leqq 1$ より，不等式 $0 \leqq y - x \leqq 1$ が得られます．これが領域 D_b 上に点 (x, y) があるための条件であり，領域 D_b を表す不等式でもあります．不等式 $0 \leqq y - x \leqq 1$ を $x \leqq y$，かつ，$y \leqq x + 1$ と書き直すとわかりやすいでしょう．

以上の議論はそのまま一般の図形の場合にも当てはまります．図形の方程式に任意の点の座標を代入すると，対象としている領域上にその点が存在するかどうかが判定できます．この事実を用いると，図形の方程式が x, y 以外の実質的に変数として扱われる文字（パラメータ）を含む場合には非常に強力な武器となります．

次の例で，その方法の威力を見てみましょう．直線 $\ell_t : y = 2tx - t^2$ に対して，パラメータ t が任意の実数であるとき，直線 ℓ_t の集合が作る領域 D_t を求めましょう．先の例にならうと，領域 D_t は

$$D_t : y = 2tx - t^2 \quad (-\infty < t < \infty)$$

と表されます．

先の例と同様に，平面上のある点の座標を方程式 $y = 2tx - t^2$ に代入したとき，その点が領域 D_t 上にあればその方程式を満たす実数 t が（少なくとも 1 つ）存在し，領域 D_t 上になければその方程式を満たす実数 t はありません．例えば，点 (x, y) が $(3, 5)$ のとき，方程式は $5 = 6t - t^2$ となり実数解 $t = 1, 5$ が得られます．これは点 $(3, 5)$ が直線 $y = 2x - 1$ または

$y = 10x - 25$ 上にあること，よって，その点は領域 D_t 上にあることを意味します．同様に，原点 $(0, 0)$ も D_t 上にあります（確かめましょう）．しかしながら，点 $(0, 1)$ に対する方程式は $1 = 0 - t^2$ なので実数解をもちません．よって，その点を通る直線 ℓ_t は存在せず，したがって，点 $(0, 1)$ は D_t 上にありません．

先の例と同様に議論を一般化しましょう．直線の方程式 $y = 2tx - t^2$ の x, y は平面上のある点 (x, y) の座標と解釈しましょう．すると，x, y は定数と見なされます．よって，$y = 2tx - t^2$ は，ある点 (x, y) に対してパラメータ t が実数であるかどうかを判定する，t についての2次方程式

$$t^2 - 2xt + y = 0$$

と解釈されます．そこで，この方程式が実数解を（1つでも）もてば，実数解の値（t_1 としましょう）に対応する直線 $y = 2t_1 x - t_1^2$ が存在し，それは方程式の x, y に対応する点 (x, y) を通ります．よって，その点 (x, y) は求める領域 D_t 上にあります．反対に，実数解がなければその点 (x, y) は求める領域 D_t 上にありません．

2次方程式 $t^2 - 2xt + y = 0$ が実数解をもつための条件は判別式 $D \geq 0$ です．よって，その条件を満たす点 (x, y) だけが領域 D_t 上に存在することになり，それらの点の集合が領域 D_t というわけです．判別式 D を計算して

$$\frac{D}{4} = x^2 - y \geq 0, \quad よって \quad y \leq x^2$$

を満たす点 (x, y) の集合が領域 D_t です．直線の集合を考えていたのに放物線 $y = x^2$ が現れるのはおかしいと思う人は，いろいろな t の値の直線 $y = 2tx - t^2$ を引いてみてください．t と共に傾きも y 切片も変わりますが，どの t に対応する直線も放物線 $y = x^2$ の接線になるので，そのからくりがわかるでしょう[9]．

最後に問題を1つ．放物線 $C_t : y = x^2 - (2t-1)x + t^2 + 2t + 1$ のパラメータ t が任意の実数であるとき，放物線 C_t の集合が作る領域 D_t を求めよ．ヒントは不要でしょうが，やっていることの意味を噛みしめながら解答しましょう．答は $D_t : y \geq 3x$ ですね．

---

[9] §§3.4.2 で紹介した，GRAPES という関数描画コンピュータ・ソフトを使って直線 $y = 2tx - t^2$ をいろいろな t について描いてみると，領域 $D_t : y \leq x^2$ が一目瞭然にわかります．

§5.3　2次曲線

2次曲線は変数 x, y の2次の方程式

$$ax^2 + hxy + by^2 + cx + dy + e = 0 \qquad (a, b, h \text{ は同時には } 0 \text{ でない})$$

によって表される平面図形の総称です．例えば，$a = b \, (\neq 0)$, $h = 0$ ならば円を，$b = h = 0 \, (a, d \neq 0)$ ならば軸が y 軸に平行な放物線を表します．その他に，楕円・双曲線・2直線なども表します．xy 項が現れるときは2次曲線の対称軸が斜めになります．

2次曲線を図形の特徴から定義することもできます．そのときには，「焦点」という特別な定点や「準線」という定直線を用います．ここではその立場で議論し，それらの曲線の方程式が2次の形になることを示しましょう．

5.3.1　放物線

5.3.1.1　放物線の標準形

定点 F(p, 0)（p は実数）を **焦点**，定直線 $\ell : x = -p$ を **準線** と名づけて，焦点 F と準線 ℓ から等距離にある点 P(x, y) の軌跡を求めてみましょう．

点 P(x, y) から準線 ℓ に下ろした垂線の足を H とすると H($-p$, y) だから，等距離の条件 PF = PH は座標を用いて

$$\sqrt{(x-p)^2 + y^2} = |x + p|$$

と表されます．両辺を2乗して整理すると，放物線の方程式の標準形と呼ばれる

$$y^2 = 4px$$

が得られます．

この曲線が放物線であることは，xy 平面上の点を直線 $y = x$ に関して折り返してやると，§§3.7.2.1 で議論したように，任意の点 (x, y) が点 (y, x) に移るので，方程式 $y^2 = 4px$ が方程式 $x^2 = 4py$ に変換されることからわかります．

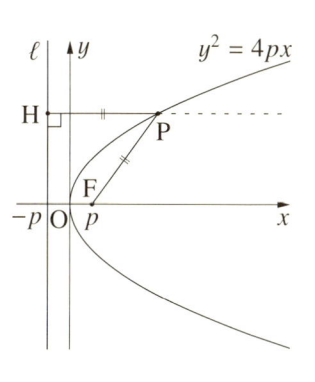

放物線 $y^2 = 4px$ は x 軸に関して対称です．準線を，例えば，斜めの線に変えると，得られる放物線とその対称軸が変わります．一般に，放物線は焦点から準線に引いた垂線に関して対称であり，対称軸を放物線の軸といい，軸と放物線の交点を頂点といいます．

5.3.1.2 放物線の焦点

ここで，定点 F が焦点と呼ばれる由来を調べてみましょう．放物線をその軸の周りに回転すると，「放物面」(paraboloid) と呼ばれる曲面ができます．その内面を鏡にすると，§§3.3.1 の脚注で述べたように，軸に平行にやってきた全ての光は，鏡で反射した後，1 点に集まることが知られていて，その 1 点が焦点というわけです．衛星放送のパラボラアンテナはこの原理を利用して電波を集めています．

このことが本当かどうか調べてみましょう．軸に平行にやってきた任意の光線を 1 本調べれば済みます．放物面を反射点と焦点および頂点を通る平面で切ると，反射光はその平面内にあります．また，その切り口は放物線になるので，鏡は反射点における放物線の接線で代用できます．放物線の方程式が $y^2 = 4px$ だと，接線を求める計算が汚くなるので，軸が y 軸になるように方程式を $x^2 = 4py$ に変えましょう．さらにもっと簡単になるよう，ここでは $4p = 1$ とおき，放物線を $y = x^2$ としましょう．一般の場合は君たちの練習にとっておきます．計算がほんの僅か多くなるだけです．

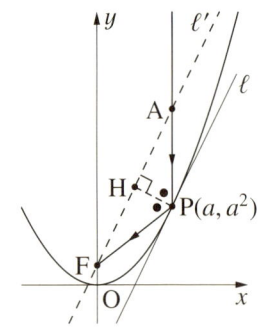

軸に平行にやってきた光線が，放物線上の点 $P(a, a^2)$（a は任意の実数）で反射されたとき，反射光が反射点 P によらずに焦点 $F(0, \frac{1}{4})$ を通ることを示します．準備として，鏡の代わりの点 P における接線 ℓ，接線 ℓ と同じ傾きで焦点 F を通る直線 ℓ'，直線 ℓ' と軸に平行にやってきた光線の交点 A，および，点 P から直線 ℓ' に下ろした垂線の足 H を用意しましょう．

反射の法則は，入射角と反射角が等しいことなので，$\angle$HPA $= \angle$HPF を示すことになりますが，それは線分の関係 PA $=$ PF を示すのと同じことですね．

§5.3 2次曲線   **151**

点 P(a, a^2) における放物線 $y = x^2$ の接線 ℓ を，未知の傾き m を導入して，$\ell : y - a^2 = m(x - a)$ としましょう．すると，放物線 $y = x^2$ と連立して得られる方程式 $x^2 - a^2 = m(x - a)$ が重解をもつので，判別式 $D = m^2 - 4(am - a^2) = 0$ より，$m = 2a$ と接線の傾き m が決まります．よって，焦点 F(0, $\frac{1}{4}$) を通る直線 ℓ' が $\ell' : y = 2ax + \frac{1}{4}$ と求まります．したがって，直線 ℓ' 上の点 A の座標が (a, $2a^2 + \frac{1}{4}$) と決まります．そこで，

$$\mathrm{PA} = 2a^2 + \frac{1}{4} - a^2 = a^2 + \frac{1}{4}$$

となります．また，P(a, a^2)，F(0, $\frac{1}{4}$) より

$$\mathrm{PF} = \sqrt{a^2 + \left(a^2 - \frac{1}{4}\right)^2} = a^2 + \frac{1}{4}$$

が得られ，したがって，PA = PF が確かめられます．また，逆に，PA = PF ならば，明らかに ∠HPA = ∠HPF が成り立ちますね．よって，入射角と反射角が等しいことが保障されます．また，点 P は放物線上の任意の点，つまり放物面上の任意の点と見なせるので，放物面の軸に平行にやってきた光は全て焦点 F に集まるわけです．

5.3.1.3 斜めの軸をもつ放物線

軸が x 軸の放物線 $C_0 : y^2 = 4px$ を原点の周りに 45° 回転して得られる放物線 C_{45} にはどのような特徴があるでしょうか．我々は，三角関数の知識から回転についての理解があり，また，§§3.6.1.2 および §§5.1.6 において図形の変換の原理的な事柄を学んだので，放物線 C_{45} の方程式を求めることができます．忘れてしまった人は見直しておきましょう．

まずは図形の回転の原理的な話から始めましょう．次ページの図で表されるように，放物線 $C_0 : y^2 = 4px$ を原点の周りに 45° 回転して得られる C_{45} 上の任意の点を P(x, y) とすると，放物線 C_{45} を表す方程式は変数 x, y によって表されますね．点 P(x, y) を原点の周りに −45° 回転して得られる点を $\mathrm{P}_0(x_0, y_0)$ とすると，その点は元の放物線 $C_0 : y^2 = 4px$ 上にあるので，点 $\mathrm{P}_0(x_0, y_0)$ は C_0 の方程式を満たします：$y_0^2 = 4px_0$．

したがって，x_0, y_0 を x, y を用いて表すと，$y_0^2 = 4px_0$ から x と y の関係，つまり放物線 C_{45} の方程式が得られます．そのために点 $P(x, y)$ を極座標を用いて $P(r\cos\theta, r\sin\theta)$ の形に表しましょう．ここで，$r = \mathrm{OP} = \sqrt{x^2 + y^2}$, θ は動径 OP の表す角です．したがって，$x = r\cos\theta$, $y = r\sin\theta$ と表されます．一方，点 $P(x, y)$ を $-45°$ 回転した点 $P_0(x_0, y_0)$ については，点 P の座標が $(r\cos\theta, r\sin\theta)$ だから，点 $P_0(x_0, y_0)$ については

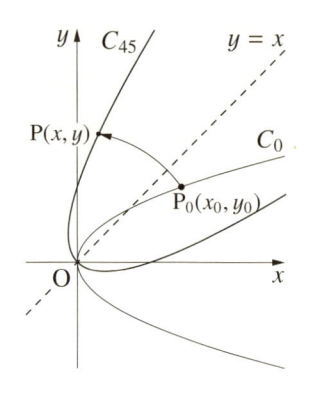

$$(x_0, y_0) = (r\cos(\theta - 45°), r\sin(\theta - 45°))$$

と表されます．加法定理を用いると，

$$x_0 = \frac{r}{\sqrt{2}}(\cos\theta + \sin\theta), \quad y_0 = \frac{r}{\sqrt{2}}(\sin\theta - \cos\theta)$$

が得られ，ここで，$x = r\cos\theta$, $y = r\sin\theta$ を用いると，

$$x_0 = \frac{1}{\sqrt{2}}(x + y), \quad y_0 = \frac{1}{\sqrt{2}}(y - x)$$

の関係が導かれます．それを C_0 上の点 (x_0, y_0) が満たす方程式 $y_0^2 = 4px_0$ に代入して放物線 C_{45} の方程式

$$(y - x)^2 = 4\sqrt{2}p(x + y)$$

が得られ，整理して

$$C_{45} : x^2 - 2xy + y^2 - 4\sqrt{2}p(x + y) = 0$$

となります．

この方程式は，x^2 項も y^2 項も現れるので，一見，放物線の方程式とは思われませんね．今の場合のように，放物線の軸が直線 $y = x$ のように斜めになると，xy 項を含む 2 次の項が現れます．したがって，2 次曲線の種類を特定するにはそれらを分類するための一般的な議論が必要になります．

§5.3　2次曲線

　ここで，図形の回転を練習するよいチャンスなので，しばしば引き合いに出される曲線

$$C: \sqrt{x} + \sqrt{y} = 1$$

が，実は，放物線の一部であることを示しておきましょう．曲線 C の方程式の x, y を交換しても同じ方程式になるので，曲線 C は直線 $y = x$ に関して対称です．よって，先ほどと同様に，曲線 C を原点の周りに 45° 回転すると，放物線の方程式が得られることを示せばよいですね．

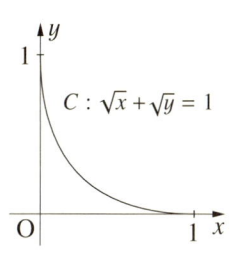

　計算が容易になるように曲線 C の方程式から根号をはずしておきましょう．まず，$\sqrt{y} = 1 - \sqrt{x}$ の両辺を 2 乗すると，$y = (1 - \sqrt{x})^2 = 1 - 2\sqrt{x} + x$ が得られます[10]．よって，$2\sqrt{x} = x - y + 1$ と移項して，また 2 乗すると，根号がない方程式 $4x = (x - y + 1)^2$ が得られます（このとき，新たな曲線 $2\sqrt{x} = -(x - y + 1)$ が付加されます）．

　曲線 $4x = (x - y + 1)^2$ を原点の周りに 45° 回転するには，先ほどと同様の議論をすると，結果として，方程式 $4x = (x - y + 1)^2$ の x, y にそれぞれ $\frac{1}{\sqrt{2}}(x + y)$，$\frac{1}{\sqrt{2}}(y - x)$ を代入すればよいことになります[11]．よって，

$$4 \frac{1}{\sqrt{2}}(x + y) = \left(\frac{1}{\sqrt{2}}(x + y) - \frac{1}{\sqrt{2}}(y - x) + 1 \right)^2.$$

整理して，放物線の方程式

$$y = \frac{\sqrt{2}}{2} x^2 + \frac{\sqrt{2}}{4}$$

が得られます．上の放物線の一部（$y \leq \frac{1}{\sqrt{2}}$ の部分）が曲線 $C: \sqrt{x} + \sqrt{y} = 1$ を原点の周りに 45° 回転したものになっています．

---

[10] 2 乗するときには $x^2 = a^2$ が $x = \pm a$ と同値であることに注意しましょう．2 乗することによって，元の曲線 C には含まれなかった曲線 $\sqrt{y} = -(1 - \sqrt{x})$ が付加されます．

[11] 曲線 $4x = (x - y + 1)^2$ 上の点を $P_0(x_0, y_0)$ とすると，$4x_0 = (x_0 - y_0 + 1)^2$ が成り立ちますね．この点を原点の周りに 45° 回転した点を $P(x, y)$ とすると，(x_0, y_0) は (x, y) を $-45°$ 回転した点であり，$x_0 = \frac{1}{\sqrt{2}}(x + y)$，$y_0 = \frac{1}{\sqrt{2}}(y - x)$ の関係がありますね．

5.3.2 楕円

円の中心が 2 つに分裂したらどんな図形になるでしょう.

5.3.2.1 楕円の標準形

2 定点からの距離の和が一定な点の軌跡を **楕円** (ellipse) といいます. その 2 定点は「焦点」と呼ばれます.

2 つの焦点を $F(c, 0)$, $F'(-c, 0)$ $(c > 0)$, 距離の和を $2a$ $(a > 0)$, 軌跡上の点を $P(x, y)$ とすると, 和が一定の条件は

$$PF + PF' = 2a$$

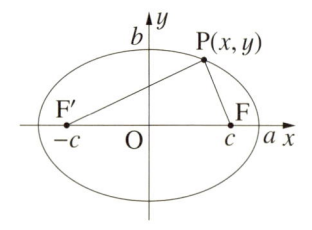

ですね. 座標で表すと

$$\sqrt{(x-c)^2 + y^2} + \sqrt{(x+c)^2 + y^2} = 2a.$$

移項して,

$$\sqrt{(x+c)^2 + y^2} = 2a - \sqrt{(x-c)^2 + y^2}.$$

両辺を 2 乗して整理すると,

$$a\sqrt{(x-c)^2 + y^2} = a^2 - cx.$$

さらに両辺を 2 乗して整理すると,

$$(a^2 - c^2)x^2 + a^2 y^2 = a^2(a^2 - c^2)$$

が得られます[12].

ここで, △PFF' については三角形の成立条件[13] より

$$(2c =) \ FF' < PF + PF' (= 2a).$$

---

[12] 2 乗を 2 回するのがいやな人はこんな手があります: $PF + PF' = 2a$ の両辺に $PF - PF'$ を掛けて, $PF^2 - PF'^2 = 2a(PF - PF')$. よって, $PF - PF' = -\dfrac{2c}{a}x$ を得るから, $PF + PF' = 2a$ と組み合わせて, $PF = a - \dfrac{c}{a}x$ が得られます.

[13] 三角形の 1 辺は, 残りの 2 辺の和より小さく, 2 辺の差より大きい.

§5.3 2次曲線

よって，$(0<) c<a$ であるから，$a^2 - c^2 = b^2 \ (b>0)$ とおくことができ，上式を $a^2 b^2$ で割ると，楕円の方程式

$$E_0 : \frac{x^2}{a^2} + \frac{y^2}{b^2} = 1 \qquad (b^2 = a^2 - c^2, \ b > 0)$$

が得られます．

楕円は，図からわかるように 2 つの（対称）**軸** をもち，両軸の交点を楕円の **中心**，軸が楕円によって切り取られる線分のうち，長いほうを **長軸**（長さ $2a$），短いほうを **短軸**（長さ $2b$）といいます．2 焦点は長軸上にあることに注意しましょう．これらの楕円の特徴は 2 焦点間の距離 $2c$ と距離の和 $2a$ のみによって定まり，その 2 条件を保って焦点を移動しても，得られる軌跡は移動前の楕円に合同な楕円になります．2 焦点を x 軸上に原点対称に配置した楕円 E_0 は **楕円の標準形** といわれ，x 軸上に長軸，y 軸上に短軸があり，x 軸・y 軸および原点に関して対称です．

なお，楕円を長軸の周りに回転すると「回転楕円面」と呼ばれる立体図形ができます．その面の内面を鏡にすると，一方の焦点から光を任意の方向に発射したとき，楕円面で反射された光は他方の焦点に集まることが知られています．

5.3.2.2 楕円と円の関係

楕円は円に近い図形で，時として「長円」とも呼ばれます．実際，楕円の 2 焦点が一致する場合には楕円は円になります．逆に，円を長軸・短軸方向に伸縮すると楕円になるように思われます．そのことを確かめてみましょう．

そのために，楕円の標準形 E_0 を $\left(\frac{x}{a}\right)^2 + \left(\frac{y}{b}\right)^2 = 1$ と書き換えて単位円 $C_1 : x^2 + y^2 = 1$ と比較し，§§3.6.2.1 の倍変換を思い出しましょう．単位円 C_1 を x, y 方向にそれぞれ a, b 倍に伸縮した図形を E とし，それが E_0 に一致することを示します．点 (x, y) が図形 E 上にあるとき，点 (x, y) が満たす方程式が E を表す方程式になりますね．その

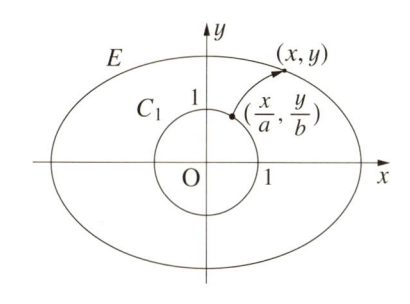

とき，E 上の点 (x, y) に対応する変換前の点は $(\frac{x}{a}, \frac{y}{b})$ であり，その点は C_1 上にあるので E 上の点 (x, y) は方程式 $(\frac{x}{a})^2 + (\frac{y}{b})^2 = 1$ を満たしますね．よって，この方程式は E 上の点が満たすべき方程式，すなわち図形 E の方程式になります．よって，図形 E は楕円 E_0 に一致しますね．したがって，楕円 E_0 は単位円 $x^2 + y^2 = 1$ を x, y 方向に a, b 倍に伸縮すれば得られます．

なお，楕円 E_0 の方程式を

$$\left(\frac{b}{a}x\right)^2 + y^2 = b^2$$

と表すと，楕円 E_0 は円 $x^2 + y^2 = b^2$ を x 方向に $\frac{a}{b}$ 倍したものとも見なせます．

同じことが楕円の方程式をパラメータ表示してもわかります．§§5.1.5 の議論から，単位円 $x^2 + y^2 = 1$ のパラメータ表示は $x = \cos\theta, y = \sin\theta$．つまり，方程式を満たすように変数 x, y を第 3 の変数（パラメータ）で表した式でしたね．同様に，楕円の方程式 $E_0 : \frac{x^2}{a^2} + \frac{y^2}{b^2} = 1$ を満たす変数 x, y は $x = a\cos\theta, y = b\sin\theta$ と表すことができますね．この表式と単位円のパラメータ表示を比較すると，明らかに，単位円上の任意の点 $(\cos\theta, \sin\theta)$ を x, y 方向に a, b 倍した点が楕円 E_0 上にあることがわかりますね．

なお，楕円 E_0 の正式なパラメータ表示は

$$E_0 : \begin{cases} x = a\cos\theta \\ y = b\sin\theta \end{cases}$$

です．

5.3.2.3 楕円の接線

楕円の標準形 $E_0 : \frac{x^2}{a^2} + \frac{y^2}{b^2} = 1$ 上の点 (x_0, y_0) における接線 ℓ_0 を求めましょう．接線を求める基本的方法は，接点 (x_0, y_0) を通る未知の傾き m の直線 $y - y_0 = m(x - x_0)$ と楕円 E_0 の方程式を連立したとき，重解をもつという条件で m が定まり，よってその直線は接線 ℓ_0 になるというものです．その方法はある程度の計算力を必要とします．ここでは，ちょっと工夫して，楕円を倍変換すると円になることを利用して，円の接線を楕円の接線に変換する方法を考えましょう．

§5.3 2次曲線

まず，x, y 方向にそれぞれ p, q 倍する変換を行うと，これまでの議論からわかるように，任意の直線 $ax + by + c = 0$ はその x, y を $\frac{x}{p}$, $\frac{y}{q}$ で置き換えて得られる直線 $a\frac{x}{p} + b\frac{y}{q} + c = 0$ に変換されますね．よって，'倍変換によって直線は直線に移る' ことがわかります．同様に，'曲線の接線は，倍変換によって，変換された曲線の接線に移る' ことも納得できるでしょう．

楕円 $E_0 : \frac{x^2}{a^2} + \frac{y^2}{b^2} = 1$ は，x, y 方向にそれぞれ $\frac{1}{a}$, $\frac{1}{b}$ 倍する倍変換を行うと，E_0 の方程式の x, y は逆に a, b 倍されて単位円 $C_1 : x^2 + y^2 = 1$ に移りますね．そのとき E_0 上の点 (x_0, y_0) は単位円 C_1 上の点 $\left(\frac{x_0}{a}, \frac{y_0}{b}\right)$ に移ります．すると，その点における C_1 の接線の傾きは，§§5.1.3.2 の議論より，$-\frac{bx_0}{ay_0}$ となりますね．よって，その接線の方程式は

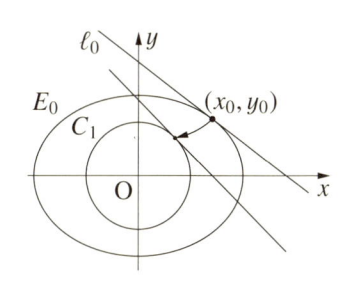

$$y - \frac{y_0}{b} = -\frac{bx_0}{ay_0}\left(x - \frac{x_0}{a}\right)$$

となります．この接線を x, y 方向に a, b 倍すると，点 (x_0, y_0) における楕円 E_0 の接線 ℓ_0 の方程式になります：

$$\frac{y}{b} - \frac{y_0}{b} = -\frac{bx_0}{ay_0}\left(\frac{x}{a} - \frac{x_0}{a}\right).$$

ここで，接点 (x_0, y_0) が楕円 E_0 上にあるための条件 $\frac{x_0^2}{a^2} + \frac{y_0^2}{b^2} = 1$ を用いて整理すると，最終的に

$$\ell_0 : \frac{x_0 x}{a^2} + \frac{y_0 y}{b^2} = 1$$

が得られます．

このように，図形の変換を利用して接線を求めるのは非常に強力な方法です．放物線 $y^2 = 4px$ 上の点 (x_0, y_0) における接線を求めるのに，いったん，平面を直線 $y = x$ に関して折り返して，放物線を $x^2 = 4py$ に変換しておく方法があります．練習として手ごろな問題です．求める接線の方程式は

$$y_0 y = 2p(x + x_0)$$

であることを確かめましょう．

5.3.2.4 楕円の回転

楕円の標準形 $E_0: \dfrac{x^2}{a^2} + \dfrac{y^2}{b^2} = 1$ を原点の周りに 45° 回転して得られる楕円の方程式 E_{45} をパラメータ表示で求めてみましょう．§§5.1.6 と §§5.3.2.2 の議論から，楕円 E_{45} は，楕円の標準形 E_0 のパラメータ表示：$x = a\cos\theta,\ y = b\sin\theta$ において，変数 $x,\ y$ を

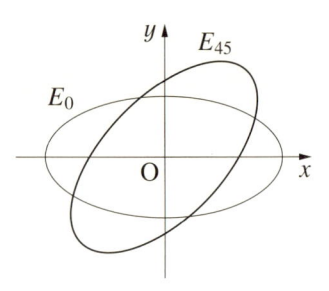

$$\frac{1}{\sqrt{2}}(x+y), \qquad \frac{1}{\sqrt{2}}(y-x)$$

で置き換えればよい，つまり，パラメータ表示の (x, y) を原点の周りに $-45°$ 回転した点で置き換えれば得られます：

$$\frac{1}{\sqrt{2}}(x+y) = a\cos\theta, \quad \frac{1}{\sqrt{2}}(y-x) = b\sin\theta.$$

整理して，

$$E_{45} : \begin{cases} x = \dfrac{1}{\sqrt{2}}(a\cos\theta - b\sin\theta) \\ y = \dfrac{1}{\sqrt{2}}(a\cos\theta + b\sin\theta) \end{cases}$$

が得られます．コンピュータで作図するときにはこのパラメータ表示が用いられます．

なお，楕円 E_{45} の方程式は，関係式 $\cos^2\theta + \sin^2\theta = 1$ を利用すると，$\cos\theta,\ \sin\theta$ を $x,\ y$ で表して

$$\left(\frac{1}{\sqrt{2}\,a}(x+y)\right)^2 + \left(\frac{1}{\sqrt{2}\,b}(y-x)\right)^2 = 1$$

が得られ，整理すると

$$E_{45} : (a^2+b^2)(x^2+y^2) - 2(a^2-b^2)xy - 2a^2b^2 = 0$$

となりますね．対称軸が斜めになると，放物線の場合と同様，xy 項を含む 2 次の項が現れますね．

5.3.2.5 楕円と放物線の関係

楕円には焦点が2つあり，放物線には1つしかありません．また，楕円は閉じた曲線ですが，放物線は開いています．もし，楕円の焦点の片方が無限の彼方に飛んでいったらどうなるのでしょうか．調べてみましょう．

まず，楕円 $E_0 : \frac{x^2}{a^2} + \frac{y^2}{b^2} = 1$ を x 方向に a だけ平行移動して得られる楕円を E_p とすると，その方程式は $\frac{(x-a)^2}{a^2} + \frac{y^2}{b^2} = 1$，つまり，

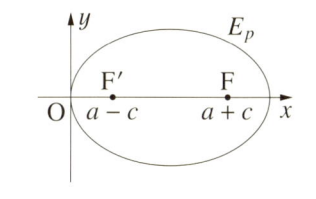

$$E_p : y^2 = b^2\left(1 - \frac{(x-a)^2}{a^2}\right) = b^2\left(-\frac{x^2}{a^2} + 2\frac{x}{a}\right)$$

となります．楕円 E_p の2焦点は F$(a+c, 0)$, F$'(a-c, 0)$ になりますね．

ここで，焦点 F$'$ を固定しておいて，焦点 F を無限に飛ばすことを考えましょう．それには $a - c = p$ を一定にしておいて，a と c を無限に大きくしていけばよいわけです．$b^2 = a^2 - c^2 = (a-c)(a+c) = p(2c+p)$ より，楕円 E_p の方程式は c と p で表され，$\frac{p}{c}$ を p/c と書くと，

$$y^2 = -\frac{p(2c+p)}{(c+p)^2}x^2 + \frac{2p(2c+p)}{c+p}x = -\frac{p(2+p/c)}{(1+p/c)(c+p)}x^2 + \frac{2p(2+p/c)}{1+p/c}x$$

となります．

ここで，c を限りなく大きくしていくと，$2+p/c$ は2に，$1+p/c$ は1に，$c+p$ は ∞ に限りなく近づいていきます．また，我々が前提にしている領域は原点から有限の距離にある部分なので，点 (x, y) の両座標は有限の値です．よって，楕円 E_p の方程式の1次項は限りなく $\frac{2p(2+0)}{1+0}x = 4px$ に近づいていき，2次の項は $-\frac{p(2+0)}{(1+0)\infty}x^2 = 0$ に近づいていきます．よって，$c = \infty$ となる極限で，楕円 E_p の方程式は

$$E_p : y^2 = 4px$$

になります．

この方程式は前の §§ で得られた放物線の標準形そのものですね．したがって，'放物線は片方の焦点が無限遠にある楕円' と考えることができるわけです．

5.3.3 双曲線

前の §§ で，楕円の焦点の片方が無限遠に飛ぶと放物線になることを見ました．さらに，変数 x の値が正から負に変わるときに関数 $y = \dfrac{1}{x}$ の関数値が $+\infty$ から $-\infty$ に変わるように，∞ に消えた焦点が $-\infty$ のほうからひょっこり顔を出したとしたらどうでしょう．こんな場合に当たるのが双曲線です．

5.3.3.1 双曲線の標準形

双曲線 (hyperbola) の定義は焦点と呼ばれる 2 定点からの距離の差（の大きさ）が一定である点の軌跡です．双曲線の 2 つの焦点を F(c, 0)，F′($-c$, 0) ($c > 0$)，距離の差を $2a$ (> 0)，軌跡上の点を P(x, y) とすると，双曲線の定義は

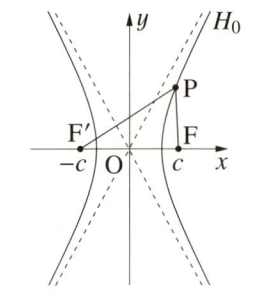

$$|\mathrm{PF} - \mathrm{PF'}| = 2a,$$

つまり，PF $-$ PF′ $= \pm 2a$ です．これを座標で表すと，

$$\sqrt{(x-c)^2 + y^2} - \sqrt{(x+c)^2 + y^2} = \pm 2a$$

です．楕円のときと同様，2 乗を 2 回行うと次の式が得られます．

$$(c^2 - a^2)x^2 - a^2 y^2 = a^2(c^2 - a^2).$$

ここで，△PFF′ の成立条件より ($2c =$) FF′ $>$ |PF $-$ PF′| ($= 2a$)，よって，$c > a$ (> 0) に注意すると，$c^2 - a^2 = b^2$ ($b > 0$) とおけるので，両辺を $a^2 b^2$ で割ると **双曲線の標準形** の方程式

$$H_0 : \frac{x^2}{a^2} - \frac{y^2}{b^2} = 1 \qquad (b^2 = c^2 - a^2 \ (b > 0))$$

が得られます．

2 焦点 FF′ を通る直線を双曲線の **主軸**，主軸と双曲線の交点を **頂点**，2 つの頂点の中点を **中心** といいます．標準形 H_0 については，主軸は x 軸，頂点は (a, 0)，($-a$, 0)，中心は原点で，グラフは x 軸・y 軸および原点について対称です．

§5.3 2次曲線

双曲線の標準形 H_0 についても，楕円の場合と同様，簡単なパラメータ表示ができます．関係式 $\cos^2\theta + \sin^2\theta = 1$ の両辺を $\cos^2\theta$ で割って移項すると，関係式 $\dfrac{1}{\cos^2\theta} - \tan^2\theta = 1$ が得られます．したがって，この関係式が H_0 の方程式と同値になるように，標準形 H_0 のパラメータ表示を

$$H_0 : \begin{cases} x = \dfrac{a}{\cos\theta} \\ y = b\tan\theta \end{cases}$$

とすればよいことがわかります（標準形 H_0 の図はこのパラメータ表示を用いて描きました）．

なお，双曲線の標準形 H_0 のグラフを直線 $y = x$ に関して折り返すと，変換後には 2 焦点が F(0, c)，F'(0, $-c$) ($c > 0$) と y 軸上にあり，距離の差が $2a$ ($0 < a < c$) の双曲線になります．その主軸は y 軸で，頂点は y 軸上にあり，方程式は，$c^2 - a^2 = b^2$ ($b > 0$) として，

$$\dfrac{y^2}{a^2} - \dfrac{x^2}{b^2} = 1, \quad \text{つまり} \quad \dfrac{x^2}{b^2} - \dfrac{y^2}{a^2} = -1$$

と表されることに注意しましょう．

主軸の周りに双曲線を回転すると，「回転双曲面」という曲面ができます．その曲面の焦点の側を鏡にすると，曲面の向こう側の焦点に向けて発射された光は曲面で反射されて手前の焦点に集まります．

5.3.3.2　双曲線の漸近線

双曲線の標準形 $H_0 : \dfrac{x^2}{a^2} - \dfrac{y^2}{b^2} = 1$ の図（前のページの図）を見ると，双曲線は，x, y の値が $\pm\infty$ になっていくと，ある直線（図の破線で表された直線）に近づいていくように見えます．一般に，曲線がある直線に限りなく近づくとき，この直線を曲線の**漸近線**といいます（漸＝だんだんに進むこと）．

標準形 H_0 の方程式を $H_0 : \dfrac{x^2}{a^2} - \dfrac{y^2}{b^2} - 1 = 0$ と表してみるとわかるように，x^2, y^2 の値が無限に大きくなると，定数項 -1 は無視できます．よって，方程式 $\dfrac{x^2}{a^2} - \dfrac{y^2}{b^2} = 0$ はそこで双曲線 H_0 を近似的に表し，これから標準形 H_0 の漸近線

$$y = \pm\dfrac{b}{a}x$$

が得られます．ただし，この操作は，無限を直接扱うような形で行われているために，数学的には正当なものとは認められない操作であり，漸近線の見当をつける処方箋と見なされます．

　正しい扱いは，完全に有限の範囲で行わなければなりません．そのために，漸近線（の候補）と双曲線の差を考え，その差が 0 に近づいていくという議論を行って正当化します．標準形 H_0 のグラフは，x 軸・y 軸に関して対称なので，第 1 象限の漸近線について調べれば十分です．H_0 の方程式を y について解くと，第 1 象限では

$$y = \frac{b}{a}\sqrt{x^2 - a^2}$$

です．よって，上の関数と漸近線の候補 $y = \frac{b}{a}x$ との差を調べる，つまり，それらのグラフの高さの差を調べることになります：

$$\left|\frac{b}{a}\sqrt{x^2 - a^2} - \frac{b}{a}x\right| = \frac{b}{a}(x - \sqrt{x^2 - a^2}).$$

$x - \sqrt{x^2 - a^2}$ は，x の値が無限に大きくなると $\infty - \infty$ の形になり，このままでは調べられません．そこで，右辺の分母・分子に $x + \sqrt{x^2 - a^2}$ を掛けます．すると，分子の根号が外れて，

$$\frac{b}{a}(x - \sqrt{x^2 - a^2}) = \frac{b}{a} \cdot \frac{a^2}{x + \sqrt{x^2 - a^2}}$$

となります．この右辺の値は，第 1 象限にある双曲線 H_0 上の点に対応する全ての x（つまり $x \geq a$）に対して有限であり，x の値が無限に大きくなると限りなく 0 に近づきます．よって，$\frac{b}{a}\sqrt{x^2 - a^2}$ は $\frac{b}{a}x$ に限りなく近づく，つまり，双曲線 H_0 上の点は直線 $y = \frac{b}{a}x$ に限りなく近づきます．

　他の象限の場合についても同様に議論できて，双曲線の標準形 H_0 上の点 (x, y) は，$|x|$ の値が限りなく大きくなるとき，直線 $y = \pm\frac{b}{a}x$ に限りなく近づくことがわかります．したがって，この 2 直線が双曲線 $H_0 : \frac{x^2}{a^2} - \frac{y^2}{b^2} = 1$ の漸近線であることが保証されます．

5.3.3.3 直角双曲線

2つの漸近線が直交する双曲線を **直角双曲線** といいます．標準形 $H_0 : \dfrac{x^2}{a^2} - \dfrac{y^2}{b^2} = 1$ の2つの漸近線 $y = \pm\dfrac{b}{a}x$ が直交するのは，傾きの積が -1 の場合，つまり $\dfrac{b}{a}(-\dfrac{b}{a}) = -1$，よって $a = b$ の場合です．そのとき，直角双曲線の標準形は

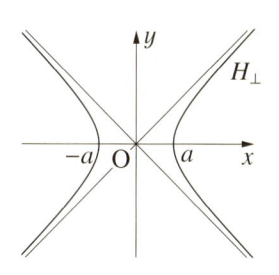

$$H_\perp : x^2 - y^2 = a^2$$

と表すことができます．この双曲線の頂点は $(\pm a, 0)$，漸近線は $y = \pm x$ ですね．

さて，この直角双曲線の標準形 $H_\perp$ を，原点の周りに 45° だけ回転してください．どこかで見たような気がしませんか．そうです，そのグラフの $x > 0$ の部分は反比例のグラフですね．このことを確かめてみましょう．

直角双曲線の標準形 $H_\perp$ を原点の周りに 45° だけ回転するには，§§5.3.1.3 で学んだように，$H_\perp$ の方程式 $x^2 - y^2 = a^2$ の変数 x, y にそれぞれ $\dfrac{1}{\sqrt{2}}(x+y)$, $\dfrac{1}{\sqrt{2}}(y-x)$ を代入すれば得られますね．整理すると，確かに反比例の方程式

$$xy = \dfrac{a^2}{2}$$

が得られますね．それを確かめるのは練習問題にしましょう．

第6章　指数関数・対数関数

　同じ数を何度か掛けて得られる数，つまり **累乗**（冪）の起源は，おそらく正方形の面積や立方体の体積を求めることと関連して現れ，それはほとんど文明の起源近くまでさかのぼるでしょう．既に4000年前，古代バビロニアの学者は平方の表と平方根の表を作成し利用していました．2乗・3乗を平方・立方と呼ぶのは古代ギリシャに起源があるそうです．

　数 a の n 乗 a^n の n を **指数** (exponent) といいます．指数は，最初はもちろん自然数に限定されていましたが，$(ab)^n = a^n b^n$ などの「指数法則」の一般化と共に，自然数から徐々に実数に拡張されていきました．15世紀の初め，ペルシャの数学者はその著書に等式 $a^0 = 1$ $(a \neq 0)$ を記しています．ヨーロッパでも15世紀に0の指数，続いて負の整数の指数が $a^{-n} = \dfrac{1}{a^n}$ として導入されました．n 次方程式の解に現れる n 乗根については，14世紀のフランスの数学者が $a^{\frac{1}{n}} = \sqrt[n]{a}$ として分数指数を導入し，一般化された指数法則を述べています．

　指数 n が実数の変数 x に拡張されたとき，「指数関数」

$$y = a^x \quad (a > 0, a \neq 1)$$

が生まれました．指数関数は，科学技術のみならず，産業革命によって発展した商業や金融の場においても，複雑な複利計算に現れます．

　指数関数がより有用な役割を果たすのは，指数関数 $y = a^x$ を x について解いた（x を y で表した）として，それを「対数関数」

$$x = \log_a y \quad (a > 0, a \neq 1)$$

としたときです．対数関数では，後ほど示されるように，y が積 pq や商 $\dfrac{p}{q}$ の

形のとき，その関数は和や差の形で表すことができます：

$$\log_a(pq) = \log_a p + \log_a q, \qquad \log_a \frac{p}{q} = \log_a p - \log_a q.$$

17世紀の初め，天文学や航海術，生産の発展によって，大きな数値に対する精度の高い計算が要求されるようになり，数学者や技術者の大きな負担となっていました．積や商の計算よりは和や差の計算のほうが明らかに簡単です．惑星は太陽を1つの焦点とする楕円軌道上を動くことを発見した偉大な天文学者ケプラー（Johannes Kepler，1571〜1630，ドイツ）は，彼の弟子の作った y と $\log_a y$ の関係を表す「対数表」（当時は $a = 10$ の「常用対数表」）を利用して，膨大な計算を軽減していました．例えば，大きな数 p と q の積 pq を計算するには，$\log_a(pq) = \log_a p + \log_a q$ と対数表を利用して，$\log_a p$ と $\log_a q$ を求めます．それらの和は $\log_a(pq)$ に等しいので，また対数表を利用して pq が求められます．

対数（logarithm）の用語を導入し，より精度の高い対数表を20年以上も費やして完成したネイピア（John Napier，1550〜1617，イギリス）や，彼に続く人々の対数表が科学技術の発展に果たした貢献は計り知れません．対数表を用いずに済むようになったのは20世紀後半にコンピュータが発明されてからです．それからまだ半世紀しか経っていません．

§6.1 指数関数

6.1.1 指数法則

累乗 a^n の指数 n を自然数から実数に拡張していくときに重要なのは指数法則と呼ばれる累乗に関する3つの定理です．そのことを詳しく議論しましょう．

6.1.1.1 自然数の指数

以下，m, n を自然数，a, b を実数としましょう．a^m と a^n の積は a を $m+n$ 回掛けた a^{m+n} になりますね．また，a^m を n 回掛けることは a を $m \times n$ 回掛けることと同じですね．また，ab を n 回掛けることは，a を n 回掛けたものにさ

らに b を n 回掛けたものになりますね．これら3つの性質の総称を **指数法則**
$$a^m a^n = a^{m+n}, \quad (a^m)^n = a^{mn}, \quad (ab)^n = a^n b^n$$
といいます．累乗に関する性質は指数法則によって完全に表されています．以下，我々は，累乗 a^n の指数 n を自然数から実数に拡張していき，一般化された累乗つまり指数関数 a^x を考えます．その理論的裏付けは一般化された指数法則から得られます．

6.1.1.2 有理数の指数

累乗の定義を，自然数 n を指数とする a^n から有理数 p を指数とする a^p に一般化しましょう．一般化するときには'指数が自然数の場合に成立していた累乗の性質が自然に拡張されること'が要請されます．その唯一の自然な方法は，指数法則を，自然数の場合に成立していた形と，同じ形で保存することですね．そこで，指数法則は，指数が有理数の場合にも，
$$a^p a^q = a^{p+q}, \quad (a^p)^q = a^{pq}, \quad (ab)^p = a^p b^p \quad (p, q \text{ は有理数})$$
となることを要請しましょう．このような要請は，実は，§§1.3.1 を読み返してみればわかるように，本来は自然数についての性質であった計算法則 (A3–5) を，§§1.3.1 や §2.3 において，負数や虚数に対しても'同じ形で成立するように仮定した'ことと同質であり，それは実質的に唯一の可能な拡張方法です．数学的概念を一般化するときになされるこのような要請は「普遍性の原理」とか「保存の原理」などと呼ばれています．

正数 a の平方根 $\sqrt{a}$ は，2乗すると a になるので，$\sqrt{a}\sqrt{a} = a$ および $(\sqrt{a})^2 = a$ が成立します．そこで，$\sqrt{a} = a^{\frac{1}{2}}$ と考えて（定義して），拡張された指数法則との整合性を調べると，$\sqrt{a}\sqrt{a} = a^{\frac{1}{2}} a^{\frac{1}{2}} = a^{\frac{1}{2} + \frac{1}{2}} = a^1 = a$, $(\sqrt{a})^2 = (a^{\frac{1}{2}})^2 = a^{\frac{1}{2} \cdot 2} = a^1 = a$ と好ましい結果が得られます．一般の n 乗根 $\sqrt[n]{a}$ については
$$\underbrace{\sqrt[n]{a} \cdots \sqrt[n]{a}}_{n \text{ 個}} = a, \quad \text{つまり} \quad (\sqrt[n]{a})^n = a$$
が成立するので，同様の議論によって，
$$a^{\frac{1}{n}} = \sqrt[n]{a}$$

§6.1 指数関数

と定義すべきことがわかります．このとき，指数法則との整合性から，

$$\sqrt[n]{a^m} = (a^m)^{\frac{1}{n}} = a^{m \cdot \frac{1}{n}} = a^{\frac{m}{n}}, \quad \text{よって} \quad a^{\frac{m}{n}} = \sqrt[n]{a^m}$$

と定めるべきことがわかります[1]．

なお，方程式 $x^n = a$ は，x を n 乗すると a になるということです．したがって，n が偶数のときは，$a > 0$ の条件で正の実数解 $x = \sqrt[n]{a}$ と負の実数解 $x = -\sqrt[n]{a}$ があり，また，n が奇数のときは，a の正負によらずに1つの実数解 $\sqrt[n]{a}$（$a > 0$ のとき正，$a < 0$ のときは負）があります．また，$a = 0$ のときには，解は $\sqrt[n]{0} = 0$（n 重解）です．もし，方程式 $x^n = a$ の複素数解まで考えるときは，解は（k 重解を k 個と数えて）n 個あります．

次に，負の整数の指数を考えて，a^{-n} を

$$a^{-n} = \frac{1}{a^n} \qquad (a \neq 0)$$

によって定義しましょう．そのとき，指数法則との整合性から，

$$a^n a^{-n} = a^{n-n} = a^0, \quad a^n a^{-n} = \frac{a^n}{a^n} = 1,$$

$$\text{よって} \quad a^0 = 1 \ (a \neq 0)$$

と定めなければなりません．また，

$$\frac{1}{\sqrt[n]{a^m}} = \sqrt[n]{\frac{1}{a^m}} = \sqrt[n]{a^{-m}} = (a^{-m})^{\frac{1}{n}} = a^{-m \cdot \frac{1}{n}} = a^{-\frac{m}{n}},$$

$$\text{よって} \quad a^{-\frac{m}{n}} = \frac{1}{\sqrt[n]{a^m}}$$

と定めるべきです．

上述の2つの定義が，拡張された指数法則を満たすことを，完全に正当化するためには，$p = \pm \frac{m}{n}$, $q = \pm \frac{m'}{n'}$（m', n' は自然数）などとして，拡張された

---

[1] $\sqrt[n]{a^m} = (\sqrt[n]{a})^m, \quad \dfrac{1}{\sqrt[n]{a^m}} = \left(\dfrac{1}{\sqrt[n]{a}}\right)^m = \sqrt[n]{\dfrac{1}{a^m}} = \sqrt[n]{\left(\dfrac{1}{a}\right)^m}$

などの性質が成り立ちます．なお，$a > 1$ のとき $1 < \sqrt[n]{a} < a$, $0 < a < 1$ のときは $a < \sqrt[n]{a} < 1$ であることに注意しましょう．

指数法則に代入し，等号が成立することを示す必要があります．それには指数法則から累乗根を追い出すのがよいでしょう．例えば，$a^p a^q = a^{p+q}$ の両辺を nn' 乗して，$a^{(pn)n'} a^{n(qn')} = a^{(pn)n' + n(qn')}$ が成り立つことを示せば済みます．残りの2つの法則も成り立つことを示すのは君たちの練習問題としましょう．

6.1.1.3 実数の指数

指数関数を考えるためには指数を実数に拡張する必要があります．その議論の例解として，指数が無理数 $\pi = 3.141592653589793\cdots$ の場合を議論しましょう．無理数は循環しない無限小数で表されます．π の小数第 n 位までの近似（第 $n+1$ 位以下切り捨て）を π_n，つまり，$\pi_1 = 3.1, \pi_2 = 3.14, \pi_3 = 3.141, \cdots$ としましょう．このとき π_n は有理数であり，したがって，a^{π_n} ($a > 0$) は指数が有理数の累乗です．

さて，a^{π_n} は，簡単のために $a = 2$ とすると，n と共に $2^{3.1} = 8.57418\cdots$，$2^{3.14} = 8.81524\cdots$，$2^{3.141} = 8.82135\cdots$，$2^{3.1415} = 8.82441\cdots$，$2^{3.14159} = 8.82496\cdots$，$2^{3.141592} = 8.824973\cdots$，$2^{3.1415926} = 8.824977\cdots$，$\cdots$ のように変化します．このことから，2^{π_n} は単調に増加し，ある一定の値（図の白丸）に急速に近づいていくように見えます．実際，$2^{\pi_{n+1}}$ と 2^{π_n} の比を考えると，$\dfrac{2^{\pi_{n+1}}}{2^{\pi_n}} = 2^{\pi_{n+1} - \pi_n} > 2^0 = 1$ より $2^{\pi_{n+1}} > 2^{\pi_n}$ だから，2^{π_n} は n と共に必ず増加します．

しかしながら，2^{π_n} が増加するとき，本当はいくらでも増加し，その上限がないという心配があります．実際には，$\pi_n = 3.1\cdots < 4$ より $\pi_n < 4$ が全ての n について成立するので，2^{π_n} は決して $2^4 = 16$ を超えて大きくなることはありません．このような条件の下では，'ゴムを張った壁に向かって突進しても壁の手前で止まる' ようなもので，2^{π_n} は 16 以下の 'ある一定の値に下のほうから限りなく近づく' しかありませんね．そのような一定の値は「極限値」と呼ばれます．

数学では，2^{π_n} ($n = 1, 2, 3, \cdots$) のような数の並びの全体を考えて，それを「数列」と呼び，16 のように数列がそれを超えて大きくはなれない数があることを "上に有界" といい，また，数列が有限なある一定の値に限りなく近づく

§6.1 指数関数

ことを"収束する"といいます．そのとき，"上に有界な単調に増加する数列は収束する"という有名な定理が厳密に証明されています．同様に，数列がそれを超えて小さくなれない数があることを"下に有界"といい，定理："下に有界な単調に減少する数列は収束する"が成立します．我々はこれらの定理を数列の章で証明しましょう．

$a = 2$ の場合で例解しましたが，$a > 0\,(a \neq 1)$ の範囲にある場合は，n が限りなく大きくなるとき，同様にして，数列 $a^{\pi_n}\,(n = 1, 2, 3, \cdots)$ はある一定の値に限りなく近づくことがわかります．なお，$a = 0, 1$ のときは n によらずに $0^{\pi_n} = 0, 1^{\pi_n} = 1$ となります．また，$a < 0$ のときは，負数の偶数累乗根は存在しないので，数列 a^{π_n} そのものが定義されません．

数列 $a^{\pi_n}\,(n = 1, 2, 3, \cdots)$ の極限値が存在することは，その極限値を '無理数 π を指数とする累乗 a^π として定義できる' ことを意味します．任意の無理数 α に対しても，π のときと同様に，α を近似する有理数の数列 $\alpha_n\,(n = 1, 2, 3, \cdots)$ を考えれば，$n \to \infty$ のときの a^{α_n} の極限値 a^α が定義できます．

これらのことから，任意の実数 x に対して（拡張された）累乗 a^x を正の実数 a に対して定義することが可能になります．これで，全実数を定義域（x の変域）とする指数関数

$$y = a^x$$

を考えることができます．このとき，$a\,(a > 0)$ を指数関数 a^x の<ruby>底<rt>てい</rt></ruby>といいます．$a = 1$ のときは，x によらずに $y = 1^x = 1$ となるので指数関数らしくなく，また，次の§の対数関数で示すように，対応する対数関数が関数にならないので，$a = 1$ を底としない約束です．

指数法則についても，任意の無理数 α, β の近似有理数列を α_n, β_n とすると

$$a^{\alpha_n} a^{\beta_n} = a^{\alpha_n + \beta_n}, \quad (a^{\alpha_n})^{\beta_n} = a^{\alpha_n \beta_n}, \quad (ab)^{\alpha_n} = a^{\alpha_n} b^{\alpha_n}$$

が全ての自然数 n に対して成立するので，n を無限に大きくしていった極限においても当然成立します[2]．したがって，指数 p, q を実数として，指数法則

$$a^p a^q = a^{p+q}, \quad (a^p)^q = a^{pq}, \quad (ab)^p = a^p b^p \quad (p, q \text{ は実数})$$

が成立します．

---

[2] 直感的には明らかでしょう．ただし，厳密な証明を行うには数列の極限についてかなりの知識が必要になります．我々はそれを数列の章以降で行いましょう．

6.1.2 指数関数とそのグラフ

指数関数 $y = f(x) = a^x$ $(a > 0, a \neq 1)$ の特徴を調べてグラフを描いてみましょう．まず，定義域は全実数で，$f(0) = a^0 = 1$ だから，グラフは，a に無関係に，定点 $(0, 1)$ を通ります．また，$f(1) = a$ より，点 $(1, a)$ を通ります．

任意の関数 $f(x)$ に対して，その定義域にある任意の x_1, x_2 について，

$$x_1 < x_2 \Rightarrow f(x_1) < f(x_2) \text{ となるとき，} f(x) \text{ は\textbf{単調増加}である}$$

といい，

$$x_1 < x_2 \Rightarrow f(x_1) > f(x_2) \text{ となるとき，} f(x) \text{ は\textbf{単調減少}である}$$

といいます．単調に増加もしくは減少する関数は **単調関数** といわれます．

指数関数 $y = a^x$ について調べると，$x_1 < x_2$ のとき

$$\frac{f(x_2)}{f(x_1)} = \frac{a^{x_2}}{a^{x_1}} = a^{x_2 - x_1} \begin{cases} > 1 & (a > 1) \\ < 1 & (0 < a < 1) \end{cases}$$

が成り立ちます．よって，$a > 1$ のとき $x_1 < x_2 \Rightarrow f(x_1) < f(x_2)$ だから，$y = a^x$ $(a > 1)$ は単調増加関数になります．また，$0 < a < 1$ のとき $x_1 < x_2 \Rightarrow f(x_1) > f(x_2)$ だから，$y = a^x$ $(0 < a < 1)$ は単調減少関数です．なお，指数関数が連続関数であることはほとんど自明ですが，その厳密な証明には微分の知識が必要です．

変数 x が実数 c に限りなく近づくとき，関数 $f(x)$ が実数 α に限りなく近づくことを

$$x \to c \text{ のとき } f(x) \to \alpha,$$

$$\text{または，} \quad f(x) \to \alpha \ (x \to c)$$

と表しましょう[3]．すると，$a > 1$ の場合ならば，$x \to +\infty$ のとき $a^x \to +\infty$，また，$x \to -\infty$ のとき $a^x \to 0$ と簡単に表され，$0 < a^x < +\infty$ $(a > 1)$ と関数の値域（y の変域）がわかります．また，$0 < a < 1$ の場合なら，$a^x \to 0$ $(x \to +\infty)$，$a^x \to +\infty$ $(x \to -\infty)$ だから，値域 $0 < a^x < +\infty$ $(0 < a < 1)$ がわかります．

---

[3] 便宜上，c, α が $\pm\infty$ となることも可とします．

§6.1 指数関数

これらのことをもとに，指数関数 $y = a^x$ のグラフを描いたのが右図です．実際には，$a > 1$ および $0 < a < 1$ の具体例として $a = 2$ と $a = \frac{1}{2}$ としていますが，指数関数の性質はよく表れています．$a > 1$ のとき，グラフは x の増加と共に急激に増加しますね．

1時間に1回分裂するバクテリアは，1日経つと，$2^{24} \fallingdotseq 1700$ 万倍に増殖します．'指数関数的に増加'とはうまく言ったものです．たとえ $a = 1.1$ であったとしても，$1.1^{100} \fallingdotseq 13780$ ですから，例えば年利 10％で借りたお金の 100 年後の元利合計は約 1 万 4 千倍近くにもなります．$0 < a < 1$ のときは，反対に，たちどころに減少し，限りなく 0 に近づきます．

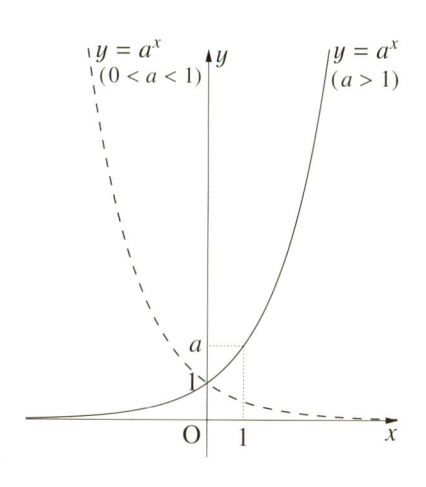

図の 2 つのグラフは y 軸対称になっていますが，これは $a = 2, \frac{1}{2}$ としてあるからで，一般に，$y = \left(\frac{1}{a}\right)^x = a^{-x}$ ですから，$y = \left(\frac{1}{a}\right)^x$ のグラフが $y = a^x$ のグラフに y 軸対称となることは，§§3.6.2.2 の y 軸対称性を読み返すまでもなく了解されるでしょう．

なお，定理
$$x_1 = x_2 \Leftrightarrow a^{x_1} = a^{x_2},$$

および
$$x_1 < x_2 \Leftrightarrow \begin{cases} a^{x_1} < a^{x_2} & (a > 1) \\ a^{x_1} > a^{x_2} & (0 < a < 1) \end{cases}$$

が成立することは，グラフを見ればほとんど自明でしょう（同値記号 $\Leftrightarrow$ は記号 $\Leftarrow$ も含むので，右から左に向かって読むことも忘れないでネ）．これらの定理をきちんと証明するには指数関数が単調関数であることを用います．これらの性質は指数関数が関係する方程式や不等式の問題を解く際の基本公式で，指数関数の基本性質 $a^x > 0$ と共によく用いられます．

§6.2 対数関数

6.2.1 対数関数の導出とそのグラフ

x^2 の値が k と与えられたとき，思わず $x = \pm\sqrt{k}$ と解を求めてしまいますね．指数関数 $y = a^x$ においても，関数値 y の値を定めたとき x の値がいくらになるかは当然興味があることです．指数関数は単調関数なので，x と y は $1:1$ に対応し，x は y の関数と見なすこともできます．§§3.7.2.1 の逆関数のところで学んだ表現を使って，$y = f(x)$ を '関数 f は実数 x を実数 y に移す' と読めば，y の値から x の値を求めることは '実数 y を実数 x に移す' となります．そのことを $x = f^{-1}(y)$ で表し，f^{-1} を関数 f の逆関数と呼びました．$y = f(x)$ と $x = f^{-1}(y)$ は，例えば，$y = x^2\ (x > 0)$ を x について解いて $x = \sqrt{y}\ (y > 0)$ と表すのと同様，同じ物について異なる表現をしただけですから，それらは同値です：
$$y = f(x) \Leftrightarrow x = f^{-1}(y).$$

よって，指数関数 $y = f(x) = a^x$ に対して，形式的に $x = f^{-1}(y) = \log_a y$ と表すと，同値関係
$$y = f(x) = a^x \Leftrightarrow x = f^{-1}(y) = \log_a y$$

が成立します．変数 x と y を交換すると，
$$x = f(y) = a^y \Leftrightarrow y = f^{-1}(x) = \log_a x$$

となり，関数 $y = f(x) = a^x$ の逆関数 $y = f^{-1}(x) = \log_a x$ が得られます．関数
$$y = \log_a x$$

は **対数関数** といわれます．このとき，a を対数 $\log_a x$ の **底** といい，x を，歴史的いきさつから，対数 $\log_a x$ の **真数** と呼びます．

対数関数 $y = \log_a x$ は $x = a^y$ と同値なので，y が全実数を動くと x は正の全実数を動き，対数関数 $y = \log_a x$ の定義域は $x > 0$，値域は全実数となります．また，対数関数 $y = \log_a x$ は指数関数 $y = a^x$ の逆関数なので，対数関数の関数値は指数関数を利用して計算できます．

§6.2 対数関数

なお，底が 1 の対数関数？ $y = \log_1 x$ を考えると，$y = \log_1 x \Leftrightarrow x = 1^y = 1$ ですから，そのグラフは直線 $x = 1$ となり，$y = \log_1 x$ は関数になりません（何故でしょう）．これが対数の底 $a \neq 1$ の理由で，対応する $y = 1^x$ を指数関数に含めなかったのもこのためです．§§ 3.7.2.1 の逆関数の議論から，対数関数 $y = \log_a x$ のグラフとその逆関数 $y = a^x$ のグラフは直線 $y = x$ に関して対称であることがわかります．

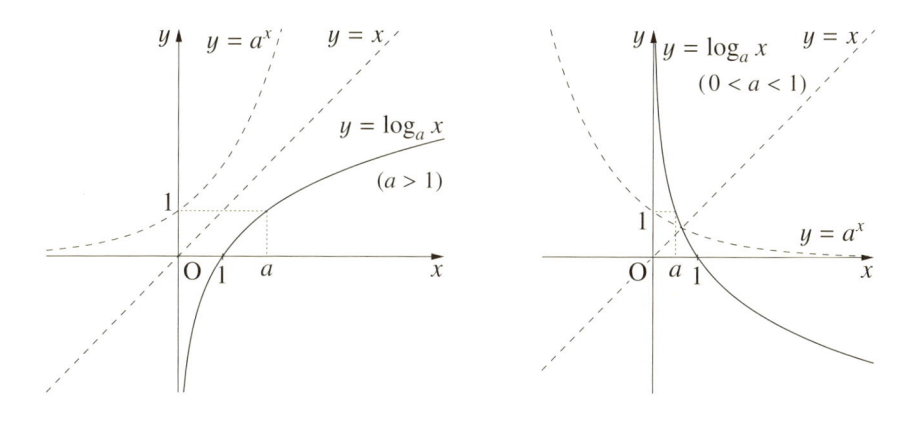

対数関数のグラフの特徴を見てみましょう．$y = \log_a x$ のグラフは，$y = a^x$ のグラフを直線 $y = x$ に関して折り返したものなので，$a > 1$ のときは単調に増加し，$0 < a < 1$ のときは単調に減少します．よって，定理

$$x_1 = x_2 \Leftrightarrow \log_a x_1 = \log_a x_2,$$

$$x_1 < x_2 \Leftrightarrow \begin{cases} \log_a x_1 < \log_a x_2 & (a > 1) \\ \log_a x_1 > \log_a x_2 & (0 < a < 1) \end{cases}$$

が成立します．次に，どちらの場合も，x 切片が $x = 1$ ですが，これは $a^0 = 1 \Leftrightarrow \log_a 1 = 0$ の結果です．また，$a = a^1 \Leftrightarrow \log_a a = 1$ より，$x = a$ のとき $y = 1$ です．指数関数 $y = a^x$ が x 軸を漸近線にもつために，対数関数 $y = \log_a x$ は x が 0 に近づくとき y は $\pm\infty$ に近づきます．また，図は原点から遠くない部分を示したので気がつかないと思いますが，x が非常に大きいところでは，対数関数は極めてゆっくりと増加（減少）します．このことは，例えば，$a = 2$ のとき $y = 100$ となる x は $\log_2 x = 100 \Leftrightarrow x = 2^{100}$ より

$x \fallingdotseq 1.27 \times 10^{30}$ にもなることからわかります．これは $y = 2^x$ が極めて急激に増加することからくる結果です．

なお，指数関数が連続関数なので，その逆関数の対数関数も連続関数です．

6.2.2 対数の性質

対数には，その定義と指数法則から得られる有用な性質があります．それらの性質を先に表示しておいてから，証明するほうが有益でしょう．以下，底の条件や 真数> 0 の条件は守られているとします．対数の基本性質は

$$\log_a MN = \log_a M + \log_a N, \tag{1}$$

$$\log_a \frac{M}{N} = \log_a M - \log_a N, \tag{2}$$

$$\log_a M^p = p \log_a M \tag{3}$$

の3つです．以下，それらを指数法則から導きましょう．ここで

$$\log_a M = q \ (\Leftrightarrow M = a^q), \qquad \log_a N = p \ (\Leftrightarrow N = a^p)$$

とおきましょう．すると，指数法則 $a^q a^p = a^{q+p}$ と対数の定義より

$$MN = a^{q+p} \Leftrightarrow \log_a MN = q + p.$$

よって，$\log_a MN = \log_a M + \log_a N$．これが (1) です．同様に，負の累乗の定義 $\frac{a^q}{a^p} = a^{q-p}$ より (2) が得られます．これは君たちの練習問題としましょう．また，指数法則 $(a^q)^p = a^{qp}$ において，$a^q = M$, $q = \log_a M$ を代入すると，$M^p = a^{p \log_a M}$．これは $p \log_a M = \log_a M^p$ と同値，よって，(3) が示されました．性質 (1), (2) を記憶するときは，"積の対数は対数の和"，"商の対数は対数の差" とつぶやくとよいでしょう．性質 (3) は "真数の指数は降ろせる" がよいでしょうか．

コンピュータのない時代にはこれらの性質のために対数関数がありがたがられました．対数関数は単調関数なので，x と $\log_a x$ は $1 : 1$ に対応します．よって，x が天文学的数 M, N などの場合に積 MN を精度よく計算するには，「対数表」と呼ばれる x と $\log_a x$ の値を換算する表を用いて，$\log_a M$, $\log_a N$

§6.2 対数関数　　　　　　　　　　　　　　　　　　　　　　　　　　　　**175**

の値を調べ，和 $\log_a M + \log_a N$ を計算します．それが $\log_a MN$ に等しいことから，また対数表を用いると積 MN が得られます．x を $\log_a x$ に換えることを x の"対数をとる"といいますが，数学史の対数のところを読みますと，その用語は苦労して膨大な計算をした先人たちを偲ばせます．

6.2.2.1　浮動小数点表示

前の§で，バクテリアは 1 日経つと $2^{24} \fallingdotseq 1700$ 万倍に増殖する話をしましたが，それよりはるかに大きな数になると，$2^{100} \fallingdotseq 1.27 \times 10^7$ などと表すしかありませんね．同様に，体の 70 %を占める水を構成する水素原子 H の直径の測定結果は約 6.0×10^{-9} cm などと表します．このように，非常に大きな数や小さな数を $a \times 10^n$ という形で表したものを **浮動小数点表示** といいます．また，水素原子の直径の測定結果を約 6.0×10^{-9} cm と表したときに，6.0 などと小数第 1 位の数をわざわざ 0 と記しています．これは小数第 2 位を 4 捨 5 入して小数第 1 位が 0 になったことを意味し，6 と 0 の数字は信用できます．このことを **有効数字** が 2 桁の測定などといいます．

さて，9 以下の自然数のうち 2, 3, 7 の近似の対数

$$\log_{10} 2 \fallingdotseq 0.3010, \quad \log_{10} 3 \fallingdotseq 0.4771, \quad \log_{10} 7 \fallingdotseq 0.8451$$

の知識を利用すると，3^{100} のような大きな数を，関数電卓に頼らずに，（有効数字 4 桁以内の）浮動小数点表示で表すことができます．

まず，3^{100} が何桁の数か調べましょう．$\log_{10} 3 \fallingdotseq 0.4771$ より $3 \fallingdotseq 10^{0.4771}$．よって，

$$3^{100} \fallingdotseq (10^{0.4771})^{100} = 10^{47.71} = 10^{47+0.71} = 10^{47} \cdot 10^{0.71},$$
$$よって \quad 3^{100} \fallingdotseq 10^{47} \cdot 10^{0.71}.$$

このとき，$0 < 0.71 < 1$ より $10^0 < 10^{0.71} < 10^1$，つまり，$1 < 10^{0.71} < 10$．よって，

$$10^{47} < 3^{100} < 10^{48}$$

が得られます．ここで，$1 = 10^0, 10 = 10^1, 100 = 10^2, \cdots$，したがって，$10^1 < 23 < 10^2$ などに注意すると，3^{100} は 48 桁の数であることがわかります．

次に，3^{100} の最高位の数字を調べてみましょう．$3^{100} \fallingdotseq 10^{0.71} \cdot 10^{47}$ ですが $1 < 10^{0.71} < 10$ でしたね．ここで，$\log_{10} 2 \fallingdotseq 0.3010$, $\log_{10} 3 \fallingdotseq 0.4771$, $\log_{10} 7 \fallingdotseq 0.8451$ を利用しましょう．まず，$1 = 10^0$. 次に，$\log_{10} 2 \fallingdotseq 0.3010$ より $2 \fallingdotseq 10^{0.3010}$. 同様に，$3 \fallingdotseq 10^{0.4771}$. 4 については $4 = 2^2$ を用いて，$4 \fallingdotseq (10^{0.3010})^2 \fallingdotseq 10^{0.6020}$ [4]．5 については $5 = \dfrac{10}{2}$ を利用して

$$5 = 10 \cdot 2^{-1} \fallingdotseq 10 \cdot (10^{0.3010})^{-1} = 10^{1-0.3010} = 10^{0.6990}$$

より $5 \fallingdotseq 10^{0.699}$. 同様に，$6 = 2 \cdot 3 \fallingdotseq 10^{0.778}$, $7 \fallingdotseq 10^{0.8451}$, $8 = 2^3 \fallingdotseq 10^{0.903}$, $9 = 3^2 \fallingdotseq 10^{0.954}$ が得られます．よって，

$$5 \fallingdotseq 10^{0.699} < 10^{0.71} < 10^{0.778} \fallingdotseq 6.$$

つまり，$5 < 10^{0.71} < 6$ が得られるので，$10^{0.71} = 5.\cdots$. したがって，3^{100} の最高位の数字は 5 であることがわかります．

2 番目に高位の数字を求めるのは容易ではありません．$3^{100} \fallingdotseq 10^{0.71} \cdot 10^{47}$ の 71 は近似 $\log_{10} 3 \fallingdotseq 0.4771$ の 71 に由来しますね．したがって，この近似から不等式

$$10^{0.705} \cdot 10^{47} \leqq 3^{100} < 10^{0.715} \cdot 10^{47}$$

が得られます．常用対数表で調べると，$10^{0.705} = 5.07$, $10^{0.715} = 5.19$ ですから，2 番目に高位の数字は 0 または 1 となることまではわかります．

もし，より良い近似 $\log_{10} 3 \fallingdotseq 0.47712$ を用いたとすると，同様にして，不等式 $10^{0.7115} \cdot 10^{47} \leqq 3^{100} < 10^{0.7125} \cdot 10^{47}$ から $5.14 \cdot 10^{47} \leqq 3^{100} < 5.16 \cdot 10^{47}$ が得られます．

同様の議論は 5^{-100} のような非常に小さな数を調べる際にも役立ちます．この数は小数点以下第何位に初めて 0 でない数字が現れるでしょうか．またその数字は何でしょうか．これは君たちのレッスンにしましょう．電卓で調べると $5^{-100} = 1.26765\cdots \times 10^{-70}$ と出てきます．

---

[4] 一般に，計算をすると有効数字は桁落ちします．例えば，$\log_{10} 2 = 0.30102999\cdots$ より $2 = 10^{0.30102999\cdots}$. よって，$4 = 2^2 = (10^{0.30102999\cdots})^2 = 10^{0.6020599\cdots} \fallingdotseq 10^{0.6021}$, よって，$4 \fallingdotseq 10^{0.6021}$ が正しいのです．ただし，計算のたびに有効数字の桁落ちを考慮するのは大変なので，最後の結果が出てから計算の回数だけ桁落ちさせれば十分です．

第7章　平面ベクトル

　君たちが中学校の理科の授業で目にした'矢線'↗を数学的に洗練させたものを「ベクトル」といいます．ベクトルは初め物理学者によって利用され，測地学者によって数学的に研究されました．数学者がベクトルの研究に本格的に乗り出したのはそれからかなり後の時代になってからのことです．

　16世紀の終り頃から，イタリアのレオナルド・ダ・ヴィンチ（Leonardo da Vinci, 1452～1519）やガリレオ・ガリレイ（Galileo Galilei, 1564～1642），その他の物理学者が力を直感的に表すために矢線↗を利用し始め，彼らは既に「力の平行四辺形の法則」を知っていました．18世紀末にデンマークの測地学者ウェッセル（Caspar Wessel, 1745～1818）は，測量技術の仕事を軽減する目的で複素数を研究し，平面ベクトルの計算を今日の教科書に述べられているものとほとんど同じように述べています．残念なことに彼の研究はデンマーク語で書かれたために，丸々100年もの間注目されませんでした．19世紀の初めにはフランスの数学者L.カルノーがベクトルを用いた計算を行っています．1827年，ドイツの数学者メビウスはその著書『重心の計算』でカルノーの考え方を体系化しています．スイスの数学者アルガンは1806年に『幾何学的作図における虚数量の表示法試論』を書き，ベクトルを幾何や代数や力学のさまざまな問題を解決するのに用いています．

　ベクトル研究のその後の発展も複素数と関連していました．神童の誉れ高いイギリスの数学者ハミルトン（William Rowan Hamilton, 1808～1865）は1853年の『四元数についての講義』の中で"ベクトル"の用語を初めて採用し，ベクトル代数とベクトル解析の基礎を与えています．彼とは独立にドイツの数学者グラスマン（Hermann Güenther Grassmann, 1809～1877）もベクトルの概念に到達し，1844年の著書『長さについての研究』でベクトル計算の基

礎を説明しています．その中で，2次元の平面と3次元空間の理論を特別な場合として含む「n 次元ユークリッド空間」についての研究が初めて説明されています．

　ベクトルの基礎理論の確立に伴い，ベクトル計算は自然科学にますます採用されていきました．電磁場理論の創始者マックスウェル（James Clerk Maxwell, 1831～1879, イギリス）はその著『電気と磁気の研究』においてベクトル計算を体系的に適用しました．ベクトル計算に今日の形を与えたのは化学的熱力学と統計力学の創始者ギッブス（Josiah Willard Gibbs, 1839～1903, アメリカ）で，彼は 1881～1884 年の著書『ベクトル解析の基礎』にグラスマンの考えを適用しました．19 世紀の終りにはベクトルは数学の独立した分野になるほど発展を遂げました．

§7.1　矢線からベクトルへ

7.1.1　矢線とその和

　物の移動や力・速度などを表すのに **矢線** ↗ を用いると雰囲気がよく出ますね．これらの矢線 ↗ を数学的に統一して扱うことを試みましょう．

　サッカーの試合で，位置 A の N 君はボールを位置 B の Y 君にパスしました．物体が運動によって位置を変えること，またはその変化を表す量を **変位** といいます．この用語を用いると，ボールは位置 A から位置 B に変位し，この変位を矢線 $\overrightarrow{AB}$ で表して，変位 $\overrightarrow{AB}$ といいましょう．変位にはその始めの位置と終りの位置があるので，変位を表す矢線 $\overrightarrow{AB}$ の A をその **始点**，B を **終点** といいます．

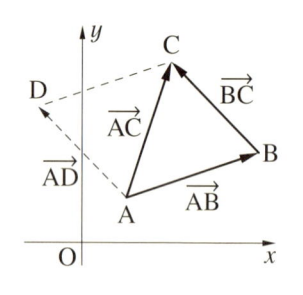

　さて，位置 B の Y 君はボールをすかさず位置 C の I 君にパスしました．この変位は変位 $\overrightarrow{BC}$ です．結果として，ボールは始めの位置 A から位置 C に変位したことになり，これを変位 $\overrightarrow{AC}$ としましょう．ここで，変位は，その途中の経路に無関係で，その始点と終点のみによって決まる量としましょう．すると，変位 $\overrightarrow{AC}$ は変位 $\overrightarrow{AB}$ と変位 $\overrightarrow{BC}$ の合成，つまり変位の和であり，このこ

§7.1 矢線からベクトルへ

とを

$$\vec{AC} = \vec{AB} + \vec{BC} \tag{H}$$

と表しましょう．なお，図の D は，後の議論のために，四辺形 ABCD が平行四辺形になるようにとった点です．

ところで，位置 A の N 君は，ボールを蹴った直後に，相手方の選手 P と K から同時に押されました．彼らの力を表すには，力の大きさと方向の他に，力が作用する点が必要です．今の場合，力の作用点は位置 A なので，A から力を表す矢線を描き，その長さが力の大きさを，その方向が力の方向を表すことにしましょう．力の矢線はもちろん抽象的な平面上に描かれます．

選手 P の力を具体的に表すために，先ほどの変位の図の矢線 $\vec{AB}$ を借用しましょう．そのとき，力の作用点 A を明示するには，選手 P の力を力 $\vec{AB}$ と表し，'矢線の始点 A に作用点 A を対応させる' と便利です．ただし，'矢線の終点 B は抽象的な平面上の点' で，Y 君の位置 B とは無関係です．同様に，選手 K の力は，矢線 $\vec{AD}$ を借用して，力 $\vec{AD}$ と表示しましょう．点 D は，力の矢線を描いた抽象的な平面上で，四辺形 ABCD が平行四辺形になるようにとった点とします．

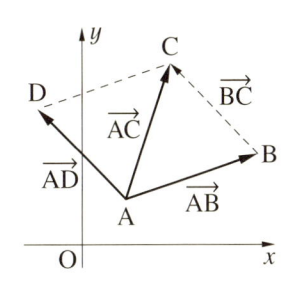

ここで，力 $\vec{AB}$ と力 $\vec{AD}$ の和，つまり合力は，「力の平行四辺形の法則」と呼ばれる実験事実によって，矢線 $\vec{AC}$ で表される 1 つの力 $\vec{AC}$ が働くことに等しいことが知られています（3 人綱引きのことを思い出しましょう）．つまり，二人の選手 P と K が押した力の合力は一人の仮想的な選手が押した力 $\vec{AC}$ によって完全に表されるということです．このことを

$$\vec{AC} = \vec{AB} + \vec{AD} \tag{F}$$

で表しましょう．

変位や力に対して矢線の表現を同一の形式にしたのは，変位であれ力であれ，矢線の演算を統一的に扱おうという理由からです．表式 (H) と表式 (F) のどちらも，矢線という数学的観点で見てみると，矢線 $\vec{AC}$ を 2 つの矢線の和で表しています．表式 (F) を仮に変位の式と考えると，変位 $\vec{AB}$ に引き続いて変位 $\vec{AD}$ を行うと変位 $\vec{AC}$ になるという意味不明なものになります．また，表式 (H)：$\vec{AC} = \vec{AB} + \vec{BC}$ を仮に力の式と考えると，力 $\vec{AB}$ と力 $\vec{BC}$ を加えると力

$\overrightarrow{AC}$ になるという意味になりますが，これらの力の作用点は異なる位置 A, B と解釈されるので，それらの合力は力 $\overrightarrow{AC}$ にはなりません．よって，変位については表式 (H) が正しいのであって表式 (F) は誤りであり，また，力については表式 (F) が正しく，表式 (H) で代用することはできません．このことは，2 つの矢線 $\overrightarrow{BC}$ と矢線 $\overrightarrow{AD}$ は共に同じ長さと向きをもつが，それらの始点の位置が異なることに起因しています．

7.1.2 ベクトルの導入

矢線の始点を問題にする限り，変位や力の和については表式 (H) と (F) のどちらか一方しか成り立ちません．(H): $\overrightarrow{AC} = \overrightarrow{AB} + \overrightarrow{BC}$ と (F): $\overrightarrow{AC} = \overrightarrow{AB} + \overrightarrow{AD}$ で異なる部分は $\overrightarrow{BC}$ と $\overrightarrow{AD}$ です．それらは始点は異なりますが，大きさと向きは一致しています．そこで，仮に矢線の始点は適当に考えるとして，大きさと向きが一致するものは同じものであると見なしてみましょう．つまり

$$\overrightarrow{BC} = \overrightarrow{AD}$$

と考えてしまうわけです．すると変位については表式 (F) は表式 (H) のことであると解釈でき，表式 (F) も正当化できます．力についてはどうでしょうか．物体の運動は'物体の重心の運動'と'重心の周りの回転運動'に分けることができます（2 つの重りを棒でつないで回転させ，その落下を考えてみましょう）．重心の運動については，全ての力が重心に働いたとして合力を求め，その合力も重心に働くとした場合に，その重心運動が正しく記述できることが知られています．よって，力の場合には重心の運動を考えているとして，その作用点は全て重心だと見なして $\overrightarrow{BC} = \overrightarrow{AD}$ を認めれば，表式 (H) も正当化できます．

そこで，矢線の始点は無視することにして，矢線の長さと向きのみを考え，それを矢線の類似物として，**ベクトル**と呼ぶことにしましょう．例えば，矢線 $\overrightarrow{BC}$ の長さと向きのみを考えてベクトル $\overrightarrow{BC}$ というわけです[1]．すると，$\overrightarrow{BC}$ と

---

[1] 記号 $\overrightarrow{BC}$ そのものには 2 重の意味をもたせていることに注意しましょう．つまり，$\overrightarrow{BC}$ を矢線 $\overrightarrow{BC}$ といえばそれは（始点と終点がある）矢線であり，ベクトル $\overrightarrow{BC}$ といえばそれはベクトルです．変位や力についても，それらをベクトルとして扱うときは，変位のベクトル・力のベクトルと考えます．

§7.1 矢線からベクトルへ

$\overrightarrow{AD}$ をベクトルと見なす場合には，両者は長さと向きが一致するので同じものになり，

$$\overrightarrow{BC} = \overrightarrow{AD}$$

が成立します．この等式は両辺のベクトルが変位のベクトルであっても力のベクトルであっても成立し，その結果 (H) と (F) をベクトルの表式と見なした場合にはそれらは同じことを表します．つまり，変位を考えているときは (F) を (H) と見直し，力を考えているときは (H) を (F) と見直すことができるわけです．このように考えると，矢線を用いて表される量を統一的に扱うことができますね．

　長さと向きのみをもつベクトルなる量を考えたわけですが，それが実体のない幽霊みたいなものでは困るので，いったいどんな存在なのか考えてみましょう．1つの矢線を考えてそれを平行移動するとわかるように，始点は異なっても大きさと向きは一致する矢線は無数に存在します．そこで，平行移動によって互いに重なり合う全ての'矢線の集合'を考えたとすると，その集合にはもはや位置を考えることはできません．そこで，同じ長さと向きをもつ矢線の集合をベクトルと考えればよいわけです．したがって，ベクトルは'矢線の集合に対する呼び名'であると見なすことができます．こう考えると，上の等式 $\overrightarrow{BC} = \overrightarrow{AD}$ は，'矢線 $\overrightarrow{BC}$ と長さと向きが同じな矢線の集合は矢線 $\overrightarrow{AD}$ と長さと向きが同じな矢線の集合に一致する'ことを意味し，等号が成り立つのは当然といえます．

　そのような集合については，多くの例が，身近な所においても見いだせます．例えば，自然数を考えたとき，偶数は 2, 4, 6, ⋯ の集合を，奇数は 1, 3, 5, ⋯ の集合を表しますね（偶数＋奇数＝奇数 などの和も定義できます）．日曜日も，ワールドカップ・サッカーの代表も，日本人だって集合を表す言葉ですね．というわけで，ベクトルは集合を表すありふれた存在の1つと考えられます．

　一般に，集合の要素のある性質に着目し，それと同じ性質をもつ要素の集合をその要素が属する「同値類」といい，そのとき元の集合は各同値類によって完全に分類されます（例えば，自然数は偶数と奇数に分類されますね）．同じ同値類に属する要素は'同値である'といわれます．例えば，合同関係 $2 \equiv 4 \pmod 2$ は，自然数 2 と 4 が共に偶数であるという意味で，同値であることを

表しています．

　矢線の集合についていえば，矢線 $\overrightarrow{BC}$ の長さと向きのみに着目して得られた同値類は [$\overrightarrow{BC}$] と表され，これがベクトル $\overrightarrow{BC}$ の正しい表現になります．ベクトル $\overrightarrow{BC}$ は同値類 [$\overrightarrow{BC}$] を矢線 $\overrightarrow{BC}$ で代表した同値類の表現というわけです．

　最後に，ベクトルの抽象的な定義とその記号について述べておきましょう．今まで，ベクトルを考えるのに矢線[2]から出発しましたね．ここでいったん矢線を忘れて，'長さと向きのみの性質をもつ量' を（抽象的に）ベクトルと（新たに）定義して，それを $\vec{a}$ などの（始点や終点の位置とは無関係であることを強調する）記号で表しましょう．すると，ベクトル $\vec{a}$ は矢線の同値類と同じものであり，その同値類で表されることになります．例えば，ベクトル $\vec{a}$ を矢線 $\overrightarrow{BC}$ の同値類とすると，$\vec{a} =$ [$\overrightarrow{BC}$] と表すのが正しい表現ですが，同値類 [$\overrightarrow{BC}$] を矢線 $\overrightarrow{BC}$ で代表して

$$\vec{a} = \overrightarrow{BC}$$

と簡略するのが普通です．

　なお，矢線 $\overrightarrow{BC}$ の始点 B，終点 C を，実用上，ベクトル $\overrightarrow{BC}$ の始点，終点ということがあります．ベクトルを矢線で表すときはそのベクトルの同値類に属する適当な矢線を選んで描くことになります．

7.1.3　ベクトルの成分表示

　矢線 $\overrightarrow{AB}$ が表すベクトル $\overrightarrow{AB}$ を表現してみましょう．それは座標を持ち込めば意外に簡単にできます．2 点 A(a, c)，B(b, d) をとると，ベクトル $\overrightarrow{AB}$ の長さと向きは，点 A から点 B までの移動を表す場合と同様に，2 点 A，B の x, y 座標の差 $b - a$, $d - c$ を用いて，例えば，

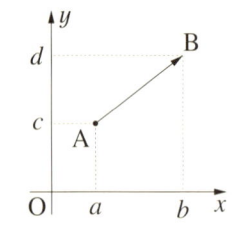

$$\overrightarrow{AB} = \begin{pmatrix} b - a \\ d - c \end{pmatrix}$$

---

[2] 矢線は数学用語「有向線分」に当たります．ただし，有向線分はその長さと向きだけを考えたとき，それをベクトルという場合があります．その場合，有向線分は矢線とベクトルの 2 重の意味をもつことになります．そんな紛らわしさを避けて，このテキストではその用語を使わないことにしました．

§7.1 矢線からベクトルへ

または，
$$\overrightarrow{AB} = (b-a,\ d-c)$$

のように表現できます．このような表現をベクトル $\overrightarrow{AB}$ の **成分表示** といい，$b-a$ を $\overrightarrow{AB}$ の **x 成分**，$d-c$ を **y 成分** といいます．

ベクトル $\overrightarrow{AB}$ の成分表示が矢線 $\overrightarrow{AB}$ の位置によらないことは，差 $b-a,\ d-c$ の値が $p,\ q$ のとき，

$$\overrightarrow{AB} = \begin{pmatrix} p \\ q \end{pmatrix} \quad \text{または} \quad \overrightarrow{AB} = (p,\ q)$$

と表されるので明らかでしょう．ベクトルは，長さと向きという 2 つの性質を表すために，ベクトルの表現を 1 つの実数で表すことは不可能です．したがって，必然的に，平面上の点の表現に 1 組の数を用いるのと似たものになります．

$\begin{pmatrix} p \\ q \end{pmatrix}$ は数の組を縦に並べた形のベクトルなので「列ベクトル」とか「縦ベクトル」といい，一方 $(p,\ q)$ は横に並べた形なので「行ベクトル」とか「横ベクトル」といい，それらを総称して **数ベクトル** といいます．一方，最初に議論した，矢線から出発して座標に無関係に定義したベクトルは **幾何ベクトル** と呼ばれます．

列ベクトルは行列の章で習う「行列」と関連づける際に便利なので，以後，我々はベクトルの成分表示を列ベクトルで統一しましょう．

ベクトル $\vec{a}$ の長さ（大きさ）は，$\vec{a} = \overrightarrow{AB} = \begin{pmatrix} p \\ q \end{pmatrix}$ のとき，矢線 $\overrightarrow{AB}$ の長さを，つまり線分 AB の長さを意味し，数式を用いると

$$|\vec{a}| = |\overrightarrow{AB}| = \left| \begin{pmatrix} p \\ q \end{pmatrix} \right|, \quad \text{よって} \quad |\vec{a}| = AB = \sqrt{p^2 + q^2}$$

と定められます．

2 つのベクトル $\vec{a} = \begin{pmatrix} p \\ q \end{pmatrix}$ と $\vec{b} = \begin{pmatrix} r \\ s \end{pmatrix}$ が等しいことは，$\vec{a}$ と $\vec{b}$ の長さと向きが一致することですから，それらの成分表示の各成分が一致すること，つまり，$p = r$ かつ $q = s$ が成り立つことと同じです：

$$\vec{a} = \begin{pmatrix} p \\ q \end{pmatrix},\ \vec{b} = \begin{pmatrix} r \\ s \end{pmatrix} \quad \text{のとき，} \quad \vec{a} = \vec{b} \Leftrightarrow p = r,\ q = s.$$

§7.2 ベクトルの演算

矢線を用いた場合のベクトルの和については既に議論しました．ここではベクトルの成分表示を利用してベクトルの和・差・実数倍などの演算を議論しましょう．

7.2.1 ベクトルの和

ベクトル $\vec{a} = \begin{pmatrix} p \\ q \end{pmatrix}$, $\vec{b} = \begin{pmatrix} r \\ s \end{pmatrix}$ のとき，$\vec{a}$, $\vec{b}$ を表す矢線の位置は自由なので，両者の始点を原点 O にとると終点の座標は (p, q), (r, s) です．よって，ベクトル $\vec{a}$, $\vec{b}$ の和は，平行四辺形の法則または変位の和に合致するように，

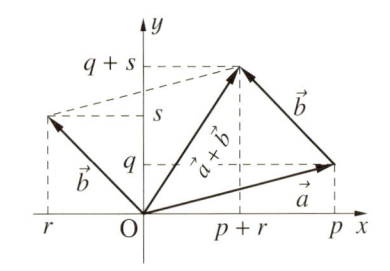

$$\vec{a} + \vec{b} = \begin{pmatrix} p \\ q \end{pmatrix} + \begin{pmatrix} r \\ s \end{pmatrix} = \begin{pmatrix} p+r \\ q+s \end{pmatrix},$$

よって，

$$\vec{a} = \begin{pmatrix} p \\ q \end{pmatrix}, \quad \vec{b} = \begin{pmatrix} r \\ s \end{pmatrix} \quad \text{のとき} \quad \vec{a} + \vec{b} = \begin{pmatrix} p+r \\ q+s \end{pmatrix}$$

と定めるべきことがわかります[3]．さらにベクトル $\vec{c} = \begin{pmatrix} s \\ t \end{pmatrix}$ を加えたときには

$$(\vec{a}+\vec{b}) + \vec{c} = \begin{pmatrix} p+r \\ q+s \end{pmatrix} + \begin{pmatrix} s \\ t \end{pmatrix} = \begin{pmatrix} p+r+s \\ q+s+t \end{pmatrix} = \begin{pmatrix} p \\ q \end{pmatrix} + \begin{pmatrix} r+s \\ s+t \end{pmatrix}$$

が成り立ちますね．また，$\begin{pmatrix} p+r \\ q+r \end{pmatrix} = \begin{pmatrix} r+p \\ s+q \end{pmatrix}$ などの性質も成り立ちます．

---

[3] ベクトルが複素数の研究と共に発展したことは，複素数の和を見れば，ある程度納得できるでしょう．2つの複素数を $p + qi$, $r + si$ ($i^2 = -1$; p, q, r, s は実数) とすると，

$$(p+qi) + (r+si) = (p+r) + (q+s)i$$

です．複素数と平面ベクトルの関係については，ベクトルの公理系のところでさらに議論しましょう．

§7.2 ベクトルの演算

したがって，ベクトルの和についての基本法則

$$\vec{a} + \vec{b} = \vec{b} + \vec{a}, \qquad \text{(交換法則)}$$
$$(\vec{a} + \vec{b}) + \vec{c} = \vec{a} + (\vec{b} + \vec{c}) \qquad \text{(結合法則)}$$

が成り立つことは明らかでしょう．

7.2.2 ベクトルの差

実数の差 $a - b$ は和 $a + (-b)$ によって定義されましたね．ベクトルの差も同様にして定義されます．

ベクトル $\vec{a}$ と大きさ（長さ）が等しく，向きが反対のベクトルを $-\vec{a}$ で表し，$\vec{a}$ の **逆ベクトル** といいます．よって，ベクトル $\vec{a} = \overrightarrow{OA} = \begin{pmatrix} p \\ q \end{pmatrix}$ のとき，

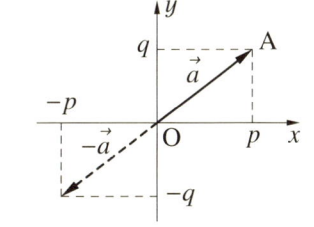

$$-\vec{a} = -\overrightarrow{OA} = \overrightarrow{AO} = -\begin{pmatrix} p \\ q \end{pmatrix} = \begin{pmatrix} -p \\ -q \end{pmatrix}.$$

よって $\vec{a} = \begin{pmatrix} p \\ q \end{pmatrix}$ のとき $-\vec{a} = \begin{pmatrix} -p \\ -q \end{pmatrix}$

となります．

ベクトル $\vec{a}$ とベクトル $\vec{b}$ の差 $\vec{a}-\vec{b}$ を和 $\vec{a}+(-\vec{b})$ によって定義しましょう．これらのベクトルを $\vec{a} = \overrightarrow{OA} = \begin{pmatrix} a \\ c \end{pmatrix}$, $\vec{b} = \overrightarrow{OB} = \begin{pmatrix} b \\ d \end{pmatrix}$ とすると，

$$\vec{a} - \vec{b} = \overrightarrow{OA} - \overrightarrow{OB} = \overrightarrow{OA} + \overrightarrow{BO} = \overrightarrow{BO} + \overrightarrow{OA} = \overrightarrow{BA}$$

だから

$$\vec{a} - \vec{b} = \begin{pmatrix} a \\ c \end{pmatrix} - \begin{pmatrix} b \\ d \end{pmatrix} = \begin{pmatrix} a \\ c \end{pmatrix} + \begin{pmatrix} -b \\ -d \end{pmatrix} = \begin{pmatrix} a - b \\ c - d \end{pmatrix}.$$

したがって，

$$\vec{a} = \begin{pmatrix} a \\ c \end{pmatrix}, \quad \vec{b} = \begin{pmatrix} b \\ d \end{pmatrix} \text{ のとき } \vec{a} - \vec{b} = \begin{pmatrix} a - b \\ c - d \end{pmatrix}$$

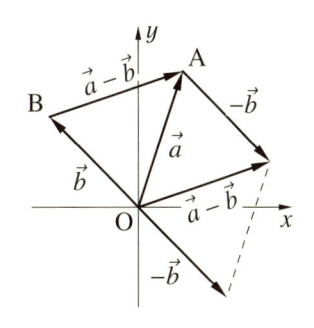

となります．よって，差のベクトル $\vec{a}-\vec{b}$ は，ベクトル $\vec{a}$ と $\vec{b}$（を表す矢線）の始点が一致するように描いたとき，'$\vec{b}$ の終点から $\vec{a}$ の終点に向かう矢線の表すベクトル' になりますね．

特に，ベクトル $\vec{a} = \vec{b} = \overrightarrow{AB} = \begin{pmatrix} p \\ q \end{pmatrix}$ のときは

$$\vec{a}-\vec{b} = \overrightarrow{AB} + \overrightarrow{BA} = \overrightarrow{AA} = \begin{pmatrix} 0 \\ 0 \end{pmatrix}$$

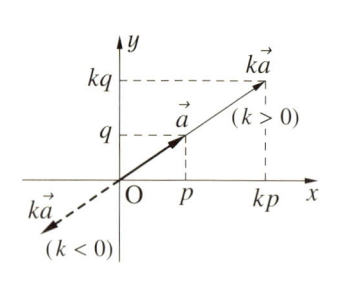

となり，始点と終点が一致した長さが0のベクトル $\overrightarrow{AA} = \begin{pmatrix} 0 \\ 0 \end{pmatrix}$ が現れます．これは実数でいえば0に当たるので，**零ベクトル**（または **ゼロベクトル**）と呼び，$\vec{0}$ で表します．零ベクトル $\vec{0}$ については向きは考えません．

7.2.3 ベクトルの実数倍

ベクトルの積については，ベクトルに実数を掛ける場合とベクトルにベクトルを掛ける場合が考えられます．ここでは前者の場合を議論しましょう．

ベクトル $\vec{a} = \begin{pmatrix} p \\ q \end{pmatrix}$ のとき，ベクトル $\vec{a}$ に実数 k を掛けた $k\vec{a}$ は，$k>0$ のときは $\vec{a}$ を k 倍に伸縮したもの，$k<0$ のときは反対向きに $|k|$ 倍に伸縮したものと考えます．このとき，$k\vec{a}$ は $\vec{a}$ の x, y 成分を k 倍したものなので

$$\vec{a} = \begin{pmatrix} p \\ q \end{pmatrix} \quad \text{のとき} \quad k\vec{a} = k\begin{pmatrix} p \\ q \end{pmatrix} = \begin{pmatrix} kp \\ kq \end{pmatrix}$$

（k は実数）と定めましょう．特に $k=0$ のときは，$0\vec{a} = \vec{0}$ です．

ベクトルの実数倍については，次の基本性質が成り立ちますね：

$$k(l\vec{a}) = (kl)\vec{a},$$
$$(k+l)\vec{a} = k\vec{a} + l\vec{a},$$
$$k(\vec{a}+\vec{b}) = k\vec{a} + k\vec{b} \qquad (k, l \text{ は実数}).$$

証明は君たちに任せますが，矢線を用いても成分表示を用いても構いません．

§7.2 ベクトルの演算

長さが1のベクトルを**単位ベクトル**といいます．ベクトル $\vec{a}$ と同じ向きの単位ベクトルは $\vec{a}$ をその長さ $|\vec{a}|$ で割ったものですね：

$$\frac{1}{|\vec{a}|}\vec{a}.$$

零ベクトル $\vec{0}$ でない2つのベクトル $\vec{a}, \vec{b}$ が，同じ向きまたは反対向きのとき，ベクトル $\vec{a}, \vec{b}$ は'平行である'といい，$\vec{a} \parallel \vec{b}$ と表します．$\vec{a} \parallel \vec{b}$ は，$\vec{0}$ でない $\vec{a}, \vec{b}$ に対して，$\vec{a} = k\vec{b}$ を満たす実数 $k\,(\neq 0)$ が存在することを意味します．

$\vec{a} \parallel \vec{b}$ を成分表示で表すと，$\vec{a} = \begin{pmatrix} a \\ c \end{pmatrix}, \vec{b} = \begin{pmatrix} b \\ d \end{pmatrix}$ のとき，

$$\begin{pmatrix} a \\ c \end{pmatrix} \parallel \begin{pmatrix} b \\ d \end{pmatrix} \Rightarrow a:c = b:d \Leftrightarrow ad - bc = 0,$$

したがって，

$$\vec{a} = \begin{pmatrix} a \\ c \end{pmatrix}, \vec{b} = \begin{pmatrix} b \\ d \end{pmatrix} \text{ が平行 } \Rightarrow ad - bc = 0$$

が成り立ちます．条件 $ad - bc = 0$ は $\vec{a} = \vec{0}$ または $\vec{b} = \vec{0}$ の場合を含むことに注意しましょう．なお，平行でないときは，$\vec{a} = k\vec{b}$ を満たす実数 $k\,(\neq 0)$ は存在せず，

$$\vec{a} \not\parallel \vec{b} \Leftrightarrow ad - bc \neq 0$$

となります．

7.2.4 幾何ベクトルと数ベクトル

成分表示を考えず，矢線との関連だけで議論するベクトルを幾何ベクトルといいましたね．我々は幾何ベクトルから出発し，その中でベクトルの相等・和・差・実数倍を定義し，それをベクトルの成分表示，つまり数ベクトルの表現に翻訳してベクトル演算の基本法則を導きました．高校の多くの教科書ではそのような進め方をしています．

ところで，幾何ベクトルだけを用いて'完結した理論体系'，つまり「公理系」を構成することができます（ユークリッド幾何は座標に無関係なことを思

い出すとよいでしょう）．一方，数ベクトルだけを用いても幾何ベクトルと同等の公理系を導くことができます．その意味で幾何ベクトルと数ベクトルは本来は別物と見なされています（ユークリッド幾何とデカルトの解析幾何の違いのようなものと考えるとわかりやすいでしょう）．実際，数ベクトルをベクトルの定義として出発し，ベクトルの相等・和・差・実数倍を成分表示によって定義したとしましょう．すると，成分表示に矢線を対応させて幾何ベクトルを導くことができます．

ベクトルのイメージとしては幾何ベクトルのほうが優れていますが，扱いやすさや一般化のしやすさを考慮すると，数ベクトルをベクトルの定義として出発するのもすっきりした方法と思われます．したがって，このテキストでは，矢線はベクトルのイメージと考え，それから成分表示を導いた段階で，数ベクトルを改めてベクトルの定義と見なすことにしましょう．そのほうが君たちにとっても，証明の労力が軽減できるでしょう．なお，ベクトルの公理系についての議論は空間ベクトルの章で行います．

§7.3 位置ベクトルの基本

図形の方程式は点の座標を用いて表されます．ベクトルを用いて図形の方程式を表すことはできないものでしょうか．そのためには，'ベクトルを点のように扱う' 必要があります．

7.3.1 位置ベクトル

ベクトルは，長さと向きしか考えないので，平面上の点を直接表すことはできません．しかしながら，原点を O として，任意のベクトル $\vec{p}$ に対してベクトル

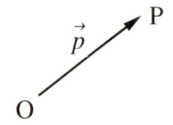

$$\overrightarrow{OP} = \vec{p}$$

を考えると，点 P の位置はベクトル $\vec{p}$ によってただ 1 つ定まり，逆に，点 P に対して $\vec{p} = \overrightarrow{OP}$ となるベクトル $\vec{p}$ はただ 1 つ定まります．このように原点を始点とする矢線が表すベクトル $\overrightarrow{OP}$ を考えると，点 P とベクトル $\vec{p}$ が 1 : 1 に対応します．この $\vec{p}$ を点 P の **位置ベクトル** と名づけましょう．

7.3.2 内分点・外分点

既に§§5.1.4で求めた内分点・外分点の公式を，ベクトルを用いて，もう一度導いてみましょう．

線分ABを$m:n$の比に内分する点Pの位置ベクトル$\vec{p} = \overrightarrow{OP}$は

$$\vec{p} = \overrightarrow{OP} = \overrightarrow{OA} + \overrightarrow{AP} = \overrightarrow{OA} + \frac{m}{m+n}\overrightarrow{AB}$$

$$= \overrightarrow{OA} + \frac{m}{m+n}(\overrightarrow{OB} - \overrightarrow{OA}),$$

よって $\vec{p} = \overrightarrow{OP} = \dfrac{m\overrightarrow{OB} + n\overrightarrow{OA}}{m+n}$

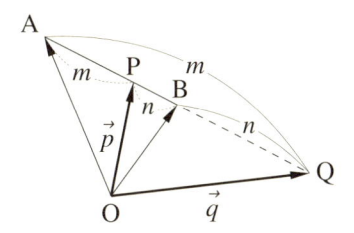

と表されます．特に，線分ABの中点Mについては

$$\overrightarrow{OM} = \frac{\overrightarrow{OA} + \overrightarrow{OB}}{2}$$

ですね．

同様に，線分ABを$m:n$の比に外分する点Qの位置ベクトル$\vec{q} = \overrightarrow{OQ}$は

$$\vec{q} = \overrightarrow{OQ} = \overrightarrow{OA} + \overrightarrow{AQ} = \overrightarrow{OA} + \frac{m}{m-n}\overrightarrow{AB}$$

$$= \overrightarrow{OA} + \frac{m}{m-n}(\overrightarrow{OB} - \overrightarrow{OA}),$$

よって $\vec{q} = \overrightarrow{OQ} = \dfrac{m\overrightarrow{OB} - n\overrightarrow{OA}}{m-n}$ （ただし，$m \neq n$）

と表されます．

7.3.3 直線のベクトル方程式

既に§§5.1.3.4で学んだ直線のパラメータ表示と同値なベクトルで表された方程式を導きましょう．

動点P(x, y)は等速度で直線ℓ上を動き，時刻$t = 0$で点Aを，時刻$t = 1$で点Bを通過しました．位置ベクトル$\begin{pmatrix} x \\ y \end{pmatrix} = \overrightarrow{OP}$を用いて時刻$t$における点P

の位置を表しましょう．$\overrightarrow{AP} = t\overrightarrow{AB}$ なので

$$\begin{pmatrix} x \\ y \end{pmatrix} = \overrightarrow{OP} = \overrightarrow{OA} + \overrightarrow{AP}$$
$$= \overrightarrow{OA} + t\overrightarrow{AB}$$

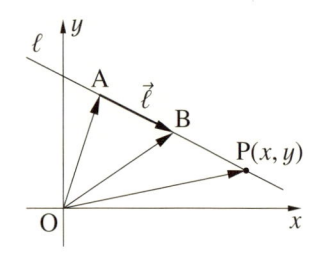

となりますね．この等式は，3 点 A, B, P が同一直線上にある条件，つまり点 (x, y) が直線 ℓ 上にあるための条件を表し，$-\infty < t < \infty$ の間に点 (x, y) は直線 ℓ 上の全ての点を通過します．よって，この等式は直線 ℓ を表す方程式になります．このとき，動点 P の速度を表すベクトル $\overrightarrow{AB}$ は直線 ℓ の方向を表すので，それを直線 ℓ の **方向ベクトル** と呼び，記号 $\vec{\ell}$ で表しましょう．よって，直線 ℓ の方程式は

$$\ell : \begin{pmatrix} x \\ y \end{pmatrix} = \overrightarrow{OA} + t\vec{\ell}$$

となります．これを直線 ℓ の「ベクトル方程式」といいます．

　直線 ℓ の方程式を具体的に表すために，通る 1 点を A(x_0, y_0) とし，方向ベクトルを $\vec{\ell} = \begin{pmatrix} a \\ b \end{pmatrix}$ （つまり，傾きが $\dfrac{b}{a}$）とすると

$$\ell : \begin{pmatrix} x \\ y \end{pmatrix} = \begin{pmatrix} x_0 \\ y_0 \end{pmatrix} + t\begin{pmatrix} a \\ b \end{pmatrix}$$

と表されます．これを x, y 成分に分けて表すと，連立方程式の形

$$\ell : \begin{cases} x = x_0 + at \\ y = y_0 + bt \end{cases}$$

に表され，直線 ℓ のパラメータ表示になります．t がパラメータ（媒介変数）です．

　これからパラメータ t を消去すると，各時刻 t における x と y の直接の関係を表す式，つまり直線の方程式

$$\ell : bx - ay - bx_0 + ay_0 = 0$$

が得られます．

§7.4　ベクトルの1次独立と1次結合

7.4.1　基本ベクトル

任意の位置ベクトル $\vec{p} = \begin{pmatrix} x \\ y \end{pmatrix}$ に対して

$$\begin{pmatrix} x \\ y \end{pmatrix} = \begin{pmatrix} x \\ 0 \end{pmatrix} + \begin{pmatrix} 0 \\ y \end{pmatrix} = x \begin{pmatrix} 1 \\ 0 \end{pmatrix} + y \begin{pmatrix} 0 \\ 1 \end{pmatrix}$$

が成り立ちますから，2つのベクトル $\vec{e_1} = \begin{pmatrix} 1 \\ 0 \end{pmatrix}, \vec{e_2} = \begin{pmatrix} 0 \\ 1 \end{pmatrix}$
を用いて，

$$\vec{p} = x\vec{e_1} + y\vec{e_2} \qquad \text{（1次結合表示①）}$$

と表すことができます．$\vec{e_1}, \vec{e_2}$ は，共に長さが1でそれぞれ x 軸，y 軸の正の方向を向くベクトルであり，**基本ベクトル** と呼ばれます．

$x\vec{e_1} + y\vec{e_2}$（x, y は実数）の形のベクトルを，ベクトル $\vec{e_1}, \vec{e_2}$ の **1次結合**（または **線形結合**）といいます．上の1次結合表示 ① において，実数 x, y を定めるとベクトル $\vec{p}$ がただ1つ定まり，逆に $\vec{p}$（の長さと向き）を定めると実数 x, y の組がただ1通りに定まりますね．このことを，ベクトル $\vec{p}$ の1次結合表示 ① は"ただ1通りである"といいましょう．このことは，一般に，2つのベクトルの1次結合を用いて任意のベクトルを表す可能性を示唆しています．

7.4.2　ベクトルの1次結合

$\vec{a}, \vec{b}$ を与えられた $\vec{0}$ でないベクトルとしましょう．
$\vec{a}, \vec{b}$ の1次結合を用いて，任意のベクトル $\vec{p}$ をただ1通りに表すことができるかどうか調べてみましょう．

$$\vec{p} = s\vec{a} + t\vec{b} \quad \text{（s, t は実数）} \quad \text{（1次結合表示②）}$$

において，s, t を定めると $\vec{p}$ がただ1つ定まることはベクトルの和の定義から明らかですね．逆に，$\vec{p}$

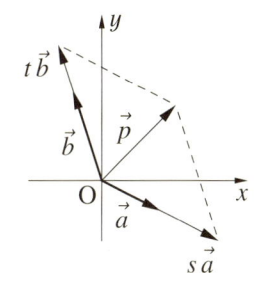

を任意に定めたとき，s, t はただ 1 通りに定まるのでしょうか．その答はベクトル $\vec{a}, \vec{b}$ がどのように与えられた (定められた) かによります．

$\vec{a}$ と $\vec{b}$ が平行でない場合は，$\vec{p}$ を定めると，平行四辺形の法則から，ベクトル $s\vec{a}, t\vec{b}$ が，つまり s, t がただ 1 通りに定まりますね．$\vec{a}, \vec{b}$ が平行になる場合，つまり $\vec{b} = k\vec{a}$ の場合はどうでしょうか．この場合は $s\vec{a} + t\vec{b} = (s + tk)\vec{a}$ となり，一般に $\vec{p}$ は $\vec{a}$ と異なる方向なので，$\vec{p}$ を定めたとき 1 次結合表示 ② を満たす s, t はありませんね[4]．

以上のことから，「$\vec{a} \neq \vec{0}, \vec{b} \neq \vec{0}$ で $\vec{a} \not\parallel \vec{b}$ の場合に限り，任意のベクトル $\vec{p}$ は，2 ベクトル $\vec{a}, \vec{b}$ の 1 次結合の形 $\vec{p} = s\vec{a} + t\vec{b}$ に，ただ 1 通りに表される」ことがわかりました．この定理はベクトルの幅広い応用をもたらしますが，それは追々理解されるでしょう．

7.4.3 ベクトルの 1 次独立と空間の次元

上の定理に現れた $\vec{a} \not\parallel \vec{b}$ の条件を一般化してみましょう．まず，1 次結合の式を利用して $\vec{a}, \vec{b}$ に対する条件

$$s\vec{a} + t\vec{b} = \vec{0} \Rightarrow s = t = 0 \qquad (1 次独立 V^2)$$

を考えましょう．$\vec{a} = \vec{0}$ または $\vec{b} = \vec{0}$ の場合や，$\vec{a} \parallel \vec{b}$ の場合には $s\vec{a} + t\vec{b} = \vec{0}$ を満たす 0 でない s, t がいくらでもあります．しかし，$\vec{a} \not\parallel \vec{b}$ の場合にはそれ

---

[4] 式を用いて示すときは，成分表示を用いて $\vec{p} = \begin{pmatrix} p \\ q \end{pmatrix}, \vec{a} = \begin{pmatrix} a \\ c \end{pmatrix}, \vec{b} = \begin{pmatrix} b \\ d \end{pmatrix}$ などと表しておきます．

$$\begin{pmatrix} p \\ q \end{pmatrix} = s \begin{pmatrix} a \\ c \end{pmatrix} + t \begin{pmatrix} b \\ d \end{pmatrix} = \begin{pmatrix} sa + tb \\ sc + td \end{pmatrix}$$

より，連立方程式 $as + bt = p, cs + dt = q$ が得られ，これを解いて，

$$s = \frac{dp - bq}{ad - bc}, \quad t = \frac{aq - cp}{ad - bc}$$

となります．これがただ 1 組の解をもつ条件は，

$$ad - bc \neq 0$$

ですね．$\vec{a} = \begin{pmatrix} a \\ c \end{pmatrix}, \vec{b} = \begin{pmatrix} b \\ d \end{pmatrix}$ なので，この条件は $\vec{a} \not\parallel \vec{b}$ および $\vec{a} \neq \vec{0}, \vec{b} \neq \vec{0}$ の 3 条件を意味します．

を満たす解は $s=t=0$ のみですね．よって，(1次独立 V^2) の条件は $\vec{a} \not\parallel \vec{b}$ を表し，これを満たすベクトル $\vec{a}, \vec{b}$ は **1次独立** または **線形独立** であるといわれます．

これから直ちに得られる定理は，$\vec{a} \not\parallel \vec{b}$ のとき，
$$p\vec{a} + q\vec{b} = p'\vec{a} + q'\vec{b} \Rightarrow p = p', \; q = q'$$
が成り立つことです．それを確かめるのは簡単な練習問題です．

次に，3つのベクトル $\vec{a}, \vec{b}, \vec{c}$ について，条件
$$s\vec{a} + t\vec{b} + u\vec{c} = \vec{0} \Rightarrow s = t = u = 0 \qquad (1次独立\; V^3)$$
を考えてみましょう．今の場合，3つのベクトルがどれも $\vec{0}$ でなく，どの2つも平行でなくとも，2つのベクトルの1次結合を用いて残りのベクトルを表すことができ，例えば，$\vec{c} = p\vec{a} + q\vec{b}$ です．このとき $s = t = u = 0$ 以外の解がありますね．よって，この条件は意味がありませんね．平面のベクトルを考えている限りは．

$\vec{a} \not\parallel \vec{b}$，かつ，$\vec{c}$ が $\vec{a}, \vec{b}$ の両方に直交する場合を考えてみましょう．そんなベクトル $\vec{a}, \vec{b}, \vec{c}$ は同一平面上に描けませんね．しかしながら，3本の鉛筆をベクトルに見立ててみればわかるように，空間上には描けます．そこで，これらのベクトルを空間のベクトルとしたときには，(1次独立 V^3) の条件は意味があり，それを満たすベクトル $\vec{a}, \vec{b}, \vec{c}$ は「1次独立」であるといいます．そして，1次独立な3つのベクトルの1次結合を用いて，空間上の任意のベクトルをただ1通りに表すことができます（空間ベクトルのところで示しましょう）．このように1次独立なベクトルの個数は「空間の次元」と密接に関連しています．平面を「2次元空間」，我々が住む空間を「3次元空間」というのはその理由からです．その意味において，数学的には，4次元空間，5次元空間，$\cdots$，一般に，n 次元空間が存在します．

§7.5　ベクトルと図形 (I)

ベクトルを用いて，図形の解析にとりかかりましょう．ベクトルがその威力を発揮し始めるのはこの辺りからです．

7.5.1 直線の分点表示

2点 A, B を通る直線 ℓ のベクトル方程式は，直線上の点を $P(x, y)$ とすると，$\overrightarrow{AP} = t\overrightarrow{AB}$ (t は実数) として

$$\begin{pmatrix} x \\ y \end{pmatrix} = \overrightarrow{OP} = \overrightarrow{OA} + t\overrightarrow{AB}$$

でしたね．この式が内分点・外分点の式と同じであることを示しましょう：

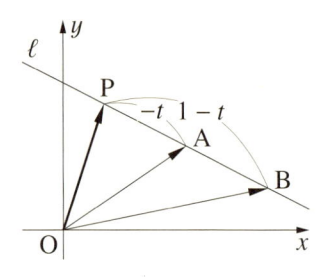

$$\overrightarrow{OP} = \overrightarrow{OA} + t(\overrightarrow{OB} - \overrightarrow{OA}) = t\overrightarrow{OB} + (1-t)\overrightarrow{OA} = \frac{t\overrightarrow{OB} + (1-t)\overrightarrow{OA}}{t + (1-t)}.$$

この式は，§§7.3.2 の内分点・外分点の公式と比較すると，点 $P(x, y)$ が線分 AB を，$0 \leq t \leq 1$ のとき $t : 1-t$ の比に内分し，$t > 1$ または $t < 0$ のときは $|t| : |1-t|$ の比に外分することを表していますね．実は，ちょっと考えれば，大して驚くことではなく

直線の方程式 = 2定点と点 (x, y) が同一直線上にあるための条件式
= 点 (x, y) が 2 定点を結ぶ線分の内分点または外分点

ということでした．

今の議論によると，内分点と外分点を分けて考える必要はなく，また，比を正に制限しないほうが都合がよいようです．そこで，内分点や外分点をまとめて **分点** と呼び，t を実数としておいて

$$\overrightarrow{OP} = t\overrightarrow{OB} + (1-t)\overrightarrow{OA}$$

と表したとき，P を線分 AB を '$t : 1-t$ の比に分ける分点' ということにしましょう．

なお，上の方程式で，$0 \leq t \leq 1$ と制限したとき

$$\begin{pmatrix} x \\ y \end{pmatrix} = \overrightarrow{OA} + t\overrightarrow{AB} = t\overrightarrow{OB} + (1-t)\overrightarrow{OA} \quad (0 \leq t \leq 1)$$

は線分 AB の方程式を表します．

§7.5 ベクトルと図形 (I)　　　　　　　　　　　　　　　　　　　　　　**195**

7.5.2　直線上の 3 点

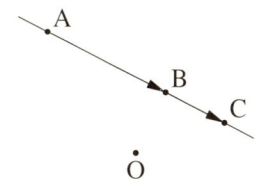

　3 点 A, B, C が同一直線上にあるための最も簡単な条件を求めてみましょう．点 C が線分 AB を $t : 1 - t$（t は実数）の比に分けるとすると

$$\overrightarrow{OC} = t\overrightarrow{OB} + (1 - t)\overrightarrow{OA} = \overrightarrow{OA} + t\overrightarrow{AB}$$

を満たす実数 t が存在します．ここで，$\overrightarrow{OC} - \overrightarrow{OA} = \overrightarrow{AC}$ だから，

$$\overrightarrow{AC} = t\overrightarrow{AB} \text{ を満たす実数 } t \text{ が存在する}$$

ことが 3 点 A, B, C が同一直線上にあるための条件です．ベクトル $\overrightarrow{AB}$, $\overrightarrow{AC}$ の始点が一致することに注意しましょう．

7.5.3　三角形の重心

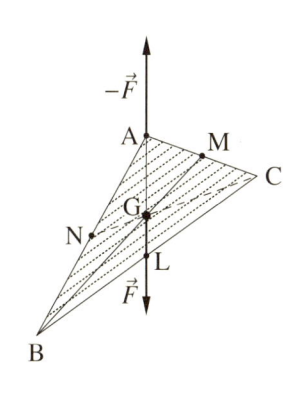

　まず，均質な厚紙で△ABC を作ってちょっとした実験をしてみましょう．△ABC のあちこちに小さな穴を開け，片方の端を玉結びした糸を穴に通して吊り上げます．どの穴に通して吊り上げても糸が作る鉛直線は△ABC の 'ど真ん中' の 1 点を通ることに注意しましょう．図は頂点 A で吊り上げた場合で，鉛直線は図の直線 AL になります．頂点 B で吊り上げたときは鉛直線は BM になり，問題の 1 点は 2 直線 BM と AL の交点 G で，それは**重心**と呼ばれます．重心 G に糸を通してそっと吊り上げると，他の場合と違って，△ABC は水平に上がってきますね．

　重力の働きを考えて，重心 G の意味を調べてみましょう．重力は△ABC の全ての部分に働きます．各部分に働く重力の総和の合力は，△ABC を吊り上げる力（図の $-\vec{F}$）と釣り合っているので，図の下向きの力 $\vec{F}$ で表されます．どの点で吊り上げても $\vec{F}$ は鉛直線上にあり，また重心 G も必ずその線上にあるので，△ABC に働く総重力 $\vec{F}$ の作用点は重心 G であると断定できます．し

たがって，その 1 点 G に △ABC の全ての重さ（正確には質量）が集まって，それに重力が働くかのように考えてよいことになります．

重心 G の位置を求めましょう．図の点線で表されたように辺 BC に平行な直線で △ABC を '極細の帯' に切り分けます．極細帯は実質的に長方形と見なせるので，各細帯の重心は明らかにその帯の中点で，そこにその細帯の重さが全て集まったと見なせます．よって，辺 BC の中点を L とすると，各細帯の重心は全て中線 AL 上にあり，重力の働きだけを考えたときには，△ABC は重さをもつ線分 AL と同一視できます．よって，△ABC の重心 G は中線 AL 上にあることがわかります．同様に線分 AC に平行な直線で △ABC を極細の帯に切り分けると，同様の議論によって，△ABC は重さをもつ中線 BM と同一視でき，重心 G は中線 BM 上にあります．よって，重心 G は 2 中線 AL と BM の交点であることがわかります．

重心 G を求める最後の仕上げには，△ABC のどの 2 辺も平行でないので，例えば，ベクトル $\vec{b} = \overrightarrow{AB}$ と $\vec{c} = \overrightarrow{AC}$ が 1 次独立であることから導かれた定理を用います：
$$s\vec{b} + t\vec{c} = s'\vec{b} + t'\vec{c} \Leftrightarrow s = s' \text{ かつ } t = t'.$$

さて，重心 G は中線 AL 上にあるので，
$$\overrightarrow{AG} = s\overrightarrow{AL} = s\frac{1}{2}(\vec{b} + \vec{c}).$$

また，重心 G は中線 BM 上にあるので，G が線分 BM を $t : 1-t$ の比に分ける点とすると，
$$\overrightarrow{AG} = t\overrightarrow{AM} + (1-t)\overrightarrow{AB} = (1-t)\vec{b} + t\frac{\vec{c}}{2}.$$

両式を比較して，ベクトル $\vec{b}$ と $\vec{c}$ が 1 次独立であることから（係数を比較して）
$$\frac{s}{2} = 1 - t, \quad \frac{s}{2} = \frac{t}{2}.$$

これを解いて，$s = t = \frac{2}{3}$．したがって，
$$\overrightarrow{AG} = \frac{2}{3}\overrightarrow{AL}.$$

つまり，重心 G は中線 AL を 2 : 1 の比に内分する点であることがわかります．

また，容易にわかるように，重心 G は中線 BM や中線 CN を 2 : 1 の比に内分する点でもあり，そこで 3 つの中線は交わります．

表式 $\overrightarrow{AG} = \frac{2}{3}\overrightarrow{AL}$ は，適当なところに原点 O をとると，位置ベクトルを用いて

$$\overrightarrow{OG} - \overrightarrow{OA} = \frac{2}{3}(\overrightarrow{OL} - \overrightarrow{OA})$$

と表され，$\overrightarrow{OL} = \frac{1}{2}(\overrightarrow{OB} + \overrightarrow{OC})$ より，重心 G は

$$\overrightarrow{OG} = \frac{1}{3}(\overrightarrow{OA} + \overrightarrow{OB} + \overrightarrow{OC})$$

と表すことができます．この表式は，△ABC の重さを 3 頂点に $\frac{1}{3}$ ずつ均等に振り分けたと考えて，重心 G の位置を計算した場合に一致します．ただし，これは単なる偶然であって，四角形以上の場合では，重さを頂点に等分して重心を計算するのは誤りです．

§7.6　ベクトルの内積

7.6.1　力がなした仕事

物体に力を加えると物体は一般に動きますね．力を加えたのと同じ向きに物体が動いたとき，力の大きさと動いた距離の積，いわゆる（力）×（距離）を力が物体になした「仕事」といいます．この意味での仕事を，君たちは中学校の理科の授業で習ったことでしょう．仕事は重要な量です．何故かというと，それは物体の'エネルギーの変化'を直接表すからです．

力を加えた方向と物体の動いた方向は，一般には，一致しません．例えば，右図は坂道で物体 M を力 $\vec{F}$ で引っ張ったときに，物体が変位 $\vec{s}$ だけ移動することを表しています．そこで，力 $\vec{F}$ のなす仕事（の量）W を考えるときに，力のベクトル $\vec{F}$ と変位のベクトル $\vec{s}$ に関するある'一般化された積'を定義し，

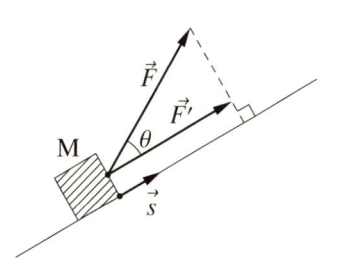

それによって仕事 W を表したいと思うのはごく自然な発想です．そこで，そのような積を $\vec{F}\cdot\vec{s}$ と表して[5]）
$$W = \vec{F}\cdot\vec{s}$$
が成り立つように，その積の正しい定義を考えましょう．

図の $\vec{F'}$ は，ベクトル $\vec{F}$ の $\vec{s}$ に平行（斜面に平行）な部分のベクトルで，$\vec{F}$ の $\vec{s}$ 方向への **正射影ベクトル** と呼ばれます．このとき，力 $\vec{F'}$ で引っ張ったときに物体 M の変位が $\vec{s}$ であれば，積 $\vec{F}\cdot\vec{s}$ は $\vec{F'}\cdot\vec{s}$ と同量の仕事になることを要請しましょう：
$$W = \vec{F}\cdot\vec{s} = \vec{F'}\cdot\vec{s}.$$

このとき，$\vec{F'} \parallel \vec{s}$ だから，いわゆる（力）×（距離）は $|\vec{F'}|\times|\vec{s}|$ のことです．よって，$\vec{F}$ と $\vec{F'}$ のなす角[6]）が θ $(0° \leqq \theta \leqq 90°)$ のときは $|\vec{F}|\cos\theta = |\vec{F'}|$ ですから，問題の積を
$$\vec{F}\cdot\vec{s} = |\vec{F}||\vec{s}|\cos\theta$$
と定義すればよいことがわかります．この積はベクトル $\vec{F}$ と $\vec{s}$ の **内積** といわれます．

なお，$90° < \theta \leqq 180°$ のときは $\cos\theta < 0$ なので，$\vec{F}\cdot\vec{s} < 0$ となり，引っ張る力 $\vec{F}$ だけによる仕事は負になります（このようなことは，上側に引っ張ったのにもかかわらず（力が弱くて）物体がずり落ちる場合，つまり変位 $\vec{s}$ が坂の下向き方向になった場合に起こります）．しかし，この場合に内積を拡張しても仕事の理論に不都合はなく，理論は首尾一貫しています．したがって，以後は内積の角 θ を $0° \leqq \theta \leqq 180°$ としましょう．

7.6.2 内積の基本性質

前の §§ の議論によって，ベクトル $\vec{a}, \vec{b}$ のなす角を θ とすると，それらの内積 $\vec{a}\cdot\vec{b}$ は
$$\vec{a}\cdot\vec{b} = |\vec{a}||\vec{b}|\cos\theta$$

---

[5]） 積の記号は ・（ドット）を用います．記号 × を用いた積 $\vec{a}\times\vec{b}$ は空間ベクトル $\vec{a}, \vec{b}$ の両者に直交するベクトルを表すために用意されています．

[6]） 2つのベクトルが表す矢線の始点を一致させて描いたとき，矢線のなす角をベクトルのなす角といいます．

§7.6　ベクトルの内積

によって定義されました．両ベクトルが $\vec{0}$ でないとき，内積の値は $\cos\theta$ に比例するので，その値は角 θ が鋭角のとき正，直角のとき 0，鈍角のとき負になります．

$\vec{a}\cdot\vec{b}=0$ はベクトル $\vec{a}$, $\vec{b}$ が直交するか，少なくとも片方が $\vec{0}$ であることを意味します．

ベクトル $\vec{a}$ の自分自身との内積は $\vec{a}\cdot\vec{a}=|\vec{a}|^2$ です．よって，

$$|\vec{a}|=\sqrt{\vec{a}\cdot\vec{a}}$$

が成り立ちます．なお，$\vec{a}\cdot\vec{a}$ を $\vec{a}^2$ と簡略表記することもあります．

内積の定義より，明らかに $\vec{a}\cdot\vec{b}=\vec{b}\cdot\vec{a}$（内積の交換法則）が成り立つことに注意しましょう．

内積は 2 つのベクトルの長さとなす角にのみ依存するので，両者の相対的位置関係を保ったまま移動して，片方のベクトルを x 軸に平行にしても内積の値は変わりません．よって，$\vec{a}=\begin{pmatrix}a\\0\end{pmatrix}$, $\vec{b}=\begin{pmatrix}b\\d\end{pmatrix}$ のとき，$\vec{b}$ の $\vec{a}$ 方向への正射影ベクトルを $\vec{b'}$ とすると，

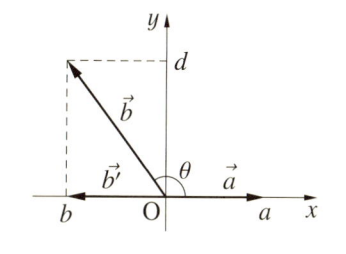

$$\vec{a}\cdot\vec{b}=|\vec{a}||\vec{b}|\cos\theta$$
$$=\vec{a}\cdot\vec{b'}=\pm|\vec{a}||\vec{b'}|$$
$$=ab$$

が成り立ち，内積は両ベクトルの x 成分の積で表されます（上式の ± で，$\vec{a}$ と $\vec{b'}$ が同じ向きのときは +，反対向きのときは - です）．

内積についても分配法則

$$\vec{a}\cdot(\vec{b}+\vec{c})=\vec{a}\cdot\vec{b}+\vec{a}\cdot\vec{c}$$

が成り立ちます．それを導きましょう．$\vec{a}=\begin{pmatrix}a\\0\end{pmatrix}$, $\vec{b}=\begin{pmatrix}b\\d\end{pmatrix}$, $\vec{c}=\begin{pmatrix}c\\e\end{pmatrix}$ とすると，

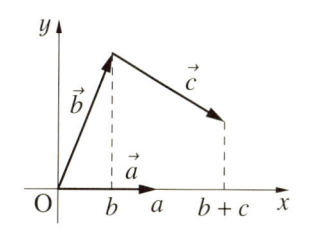

$$\vec{a}\cdot(\vec{b}+\vec{c}) = \begin{pmatrix}a\\0\end{pmatrix}\cdot\left(\begin{pmatrix}b\\d\end{pmatrix}+\begin{pmatrix}c\\e\end{pmatrix}\right) = \begin{pmatrix}a\\0\end{pmatrix}\cdot\begin{pmatrix}b+c\\d+e\end{pmatrix}$$

$$= a(b+c) = ab+ac$$
$$= \vec{a}\cdot\vec{b} + \vec{a}\cdot\vec{c}.$$

同様にして，$(\vec{a}+\vec{b})\cdot\vec{c} = \vec{a}\cdot\vec{c}+\vec{b}\cdot\vec{c}$ も成り立ちます．

実数倍したベクトルの内積 $(k\vec{a})\cdot\vec{b}$ について $(k\vec{a})\cdot\vec{b} = \vec{a}\cdot(k\vec{b}) = k(\vec{a}\cdot\vec{b})$ が成り立つことは明らかでしょう．

以上の結果をまとめておきましょう：

$$\vec{a}\cdot\vec{b} = 0 \Leftrightarrow \vec{a}\perp\vec{b} \quad \text{または} \quad \vec{a}=\vec{0} \quad \text{または} \quad \vec{b}=\vec{0},$$

$$\vec{a}\cdot\vec{a} = |\vec{a}|^2, \quad |\vec{a}| = \sqrt{\vec{a}\cdot\vec{a}},$$

$$\vec{a}\cdot\vec{b} = \vec{b}\cdot\vec{a}, \qquad\qquad\qquad (交換法則)$$

$$\vec{a}\cdot(\vec{b}+\vec{c}) = \vec{a}\cdot\vec{b}+\vec{a}\cdot\vec{c}, \quad (\vec{a}+\vec{b})\cdot\vec{c} = \vec{a}\cdot\vec{c}+\vec{b}\cdot\vec{c}, \quad (分配法則)$$

$$(k\vec{a})\cdot\vec{b} = \vec{a}\cdot(k\vec{b}) = k(\vec{a}\cdot\vec{b}) \quad (k\text{ は実数}).$$

7.6.3 内積の成分表示

基本ベクトル $\vec{e_1} = \begin{pmatrix}1\\0\end{pmatrix}$, $\vec{e_2} = \begin{pmatrix}0\\1\end{pmatrix}$ の特徴は $|\vec{e_1}| = |\vec{e_2}| = 1$, $\vec{e_1}\perp\vec{e_2}$ ですから，

$$\vec{e_1}\cdot\vec{e_1} = \vec{e_2}\cdot\vec{e_2} = 1, \quad \vec{e_1}\cdot\vec{e_2} = \vec{e_2}\cdot\vec{e_1} = 0$$

が成り立ちます．これらの性質と内積の分配法則を組み合わせると，任意のベクトル $\vec{a}=\begin{pmatrix}a\\c\end{pmatrix}$, $\vec{b}=\begin{pmatrix}b\\d\end{pmatrix}$ の内積を成分で表すことができます．

$$\vec{a}\cdot\vec{b} = \begin{pmatrix}a\\c\end{pmatrix}\cdot\begin{pmatrix}b\\d\end{pmatrix} = \left(a\begin{pmatrix}1\\0\end{pmatrix}+c\begin{pmatrix}0\\1\end{pmatrix}\right)\cdot\left(b\begin{pmatrix}1\\0\end{pmatrix}+d\begin{pmatrix}0\\1\end{pmatrix}\right)$$

$$= ab+cd.$$

よって，

$$\vec{a}=\begin{pmatrix}a\\c\end{pmatrix}, \quad \vec{b}=\begin{pmatrix}b\\d\end{pmatrix} \quad \text{のとき} \quad \vec{a}\cdot\vec{b} = ab+cd$$

が成立して，内積が x 成分の積と y 成分の積の和で表されます．これはとても便利な公式で，2 つのベクトルが成分表示されていれば，$ab+cd$ の値からそれらのなす角の鋭角・直角・鈍角が容易にわかります．例えば，$\vec{a}$ と $\vec{b}$ が $\vec{0}$ でないとき，

$$\vec{a} \perp \vec{b} \Leftrightarrow \vec{a} \cdot \vec{b} = ab + cd = 0$$

ですね．なお，今の場合，$\vec{a}$ と $\vec{b}$ が平行であれば $ad - bc = 0$ でしたね．

さらに，ベクトルが成分表示されているときには，$\vec{a}$ と $\vec{b}$ のなす角の余弦 $\cos\theta$ は，内積の成分表示と内積の定義式 $\vec{a} \cdot \vec{b} = |\vec{a}||\vec{b}|\cos\theta$ を組み合わせて表すことができます：

$$\vec{a} = \begin{pmatrix} a \\ c \end{pmatrix}, \quad \vec{b} = \begin{pmatrix} b \\ d \end{pmatrix} \quad \text{のとき} \quad \cos\theta = \frac{\vec{a} \cdot \vec{b}}{|\vec{a}||\vec{b}|} = \frac{ab+cd}{\sqrt{a^2+c^2}\sqrt{b^2+d^2}}.$$

§7.7 ベクトルと図形 (II)

ベクトルを図形の問題にさらに応用してみましょう．その中にはベクトルの 1 次結合を応用した「斜交座標」という理論的にも重要なものも含まれます．

7.7.1 余弦定理

ベクトル計算を用いると余弦定理が簡単に導かれます．$\triangle ABC$ において

$$BC^2 = \left|\overrightarrow{BC}\right|^2 = \overrightarrow{BC} \cdot \overrightarrow{BC}$$

などと，辺の長さが内積を用いて表されることに注意しましょう．上式に $\overrightarrow{BC} = \overrightarrow{AC} - \overrightarrow{AB}$ を代入して整理すると

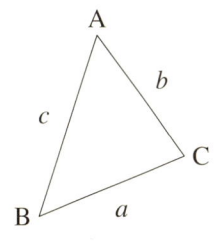

$$\begin{aligned} BC^2 &= AC^2 + AB^2 - 2\overrightarrow{AC} \cdot \overrightarrow{AB} \\ &= AC^2 + AB^2 - 2AC \cdot AB \cos A \\ \Leftrightarrow \quad a^2 &= b^2 + c^2 - 2bc \cos A \end{aligned}$$

となって，確かに余弦定理が得られます．

なお，余弦定理を用いると内積を成分の積の和で定義できます[7]．

7.7.2 三角形の面積

内積を用いて $\triangle \mathrm{ABC}$ の面積 S を求めましょう．

$$\begin{aligned} S &= \frac{1}{2}\mathrm{AB} \cdot \mathrm{AC} \sin A = \frac{1}{2}\mathrm{AB} \cdot \mathrm{AC} \sqrt{1-\cos^2 A} \\ &= \frac{1}{2}\sqrt{\mathrm{AB}^2 \cdot \mathrm{AC}^2 - (\mathrm{AB} \cdot \mathrm{AC} \cos A)^2} \\ &= \frac{1}{2}\sqrt{\left|\overrightarrow{\mathrm{AB}}\right|^2 \left|\overrightarrow{\mathrm{AC}}\right|^2 - \left(\overrightarrow{\mathrm{AB}} \cdot \overrightarrow{\mathrm{AC}}\right)^2}. \end{aligned}$$

これで三角形の面積を辺に対応するベクトルを用いて表すことができました．

さらに，ベクトルを成分表示して，$\overrightarrow{\mathrm{AB}} = \begin{pmatrix} a \\ c \end{pmatrix}$, $\overrightarrow{\mathrm{AC}} = \begin{pmatrix} b \\ d \end{pmatrix}$ とすると

$$\begin{aligned} S &= \frac{1}{2}\sqrt{(a^2+c^2)(b^2+d^2) - (ab+cd)^2} = \frac{1}{2}\sqrt{(ad-bc)^2} \\ &= \frac{1}{2}|ad-bc| \end{aligned}$$

と非常に簡単な式で表されます．$S = 0$ のとき $ad - bc = 0$ となりますが，この条件は $\overrightarrow{\mathrm{AB}} \parallel \overrightarrow{\mathrm{AC}}$ と同じです．

---

[7] ベクトルを成分表示で定義した場合は，ベクトル $\vec{a} = \begin{pmatrix} a \\ c \end{pmatrix}$, $\vec{b} = \begin{pmatrix} b \\ d \end{pmatrix}$ の内積は，$\vec{a} \cdot \vec{b} = ab + cd$ と，各成分の積の和で定義することになります．これを正当化するには，その内積の定義から内積の角表示 $\vec{a} \cdot \vec{b} = |\vec{a}||\vec{b}|\cos\theta$（$\theta$ は $\vec{a}$ と $\vec{b}$ のなす角）を導く必要があります．そのためには余弦定理が必要です．$\triangle \mathrm{ABC}$ において，$\overrightarrow{\mathrm{AB}} = \begin{pmatrix} a \\ c \end{pmatrix}$, $\overrightarrow{\mathrm{AC}} = \begin{pmatrix} b \\ d \end{pmatrix}$ とおいて，$ab + cd = \mathrm{AB} \cdot \mathrm{AC} \cos A$ を示せばよいでしょう．$\overrightarrow{\mathrm{AB}} = \begin{pmatrix} a \\ c \end{pmatrix}$ より $\overrightarrow{\mathrm{AB}} \cdot \overrightarrow{\mathrm{AB}} = a^2 + c^2 = \mathrm{AB}^2$，よって，$\overrightarrow{\mathrm{AB}} \cdot \overrightarrow{\mathrm{AB}} = \mathrm{AB}^2$ などが成り立ちます．また，$\overrightarrow{\mathrm{BC}} = \overrightarrow{\mathrm{AC}} - \overrightarrow{\mathrm{AB}} = \begin{pmatrix} b-a \\ d-c \end{pmatrix}$ です．よって，余弦定理から

$$\begin{aligned} 2\mathrm{AB} \cdot \mathrm{AC} \cos A &= \mathrm{AB}^2 + \mathrm{AC}^2 - \mathrm{BC}^2 \\ &= a^2 + c^2 + b^2 + d^2 - (b-a)^2 - (d-c)^2 \\ &= 2(ab+cd). \end{aligned}$$

したがって，$ab + cd = \mathrm{AB} \cdot \mathrm{AC} \cos A$，つまり $\overrightarrow{\mathrm{AB}} \cdot \overrightarrow{\mathrm{AC}} = \left|\overrightarrow{\mathrm{AB}}\right|\left|\overrightarrow{\mathrm{AC}}\right|\cos A$ が導かれます．空間ベクトルにおいてもまったく同様の議論ができます．

7.7.3 直線の法線ベクトル

直線 ℓ を定めるには ℓ が通る1点 A と ℓ の方向ベクトル $\vec{\ell}$ を与えればよいですね．方向ベクトル $\vec{\ell}$ にはそれに直交するベクトル $\vec{n}$ があり，それを直線 ℓ の **法線ベクトル** といいます．よって，直線 ℓ はそれが通る1点 A と法線ベクトル $\vec{n}$ によって定めることもできます．このことを確かめてみましょう．

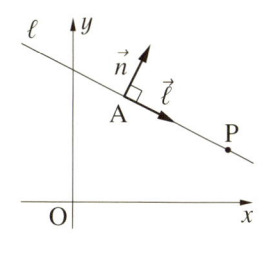

点 A の座標を (x_0, y_0)，法線ベクトル $\vec{n}$ を $\begin{pmatrix} a \\ b \end{pmatrix}$ としましょう．直線 ℓ 上の任意の点を P(x, y) とすると，ベクトル $\overrightarrow{\mathrm{AP}} = \begin{pmatrix} x - x_0 \\ y - y_0 \end{pmatrix}$ は方向ベクトル $\vec{\ell}$ に平行なので，法線ベクトル $\vec{n}$ に直交します．よって

$$\vec{n} \cdot \overrightarrow{\mathrm{AP}} = 0$$

が成立します．これを成分で表すと

$$\begin{pmatrix} a \\ b \end{pmatrix} \cdot \begin{pmatrix} x - x_0 \\ y - y_0 \end{pmatrix} = 0 \quad \text{つまり} \quad a(x - x_0) + b(y - y_0) = 0$$

です．これは明らかに直線の方程式を表し，したがって，直線 ℓ の方程式は上式，または，

$$\ell : ax + by = ax_0 + by_0, \quad \text{または，} \quad \ell : \begin{pmatrix} a \\ b \end{pmatrix} \cdot \begin{pmatrix} x \\ y \end{pmatrix} = \begin{pmatrix} a \\ b \end{pmatrix} \cdot \begin{pmatrix} x_0 \\ y_0 \end{pmatrix}$$

などのように表すことができます．

7.7.4 点と直線の距離

点と直線の距離の公式は §§5.1.3.4 で苦労しながら求めましたね．ここではベクトルを用いてあっさりと導きましょう．その際，直線の法線ベクトル $\vec{n}$ が大きな役割を担います．

1点 A(x_1, y_1) から直線 $\ell : ax + by + c = 0$ に下ろした垂線の足を H(p, q) としたとき，点 A と直線 ℓ の距離 d は線分 AH の長さでしたね．導出のポイント

は，$d = |\overrightarrow{\text{HA}}|$，$\overrightarrow{\text{HA}} \parallel \vec{n} = \begin{pmatrix} a \\ b \end{pmatrix}$，および，点 $\text{H}(p, q)$ が直線 ℓ 上にある（つまり，$ap + bq + c = 0$ が満たされている）ことの3点です．

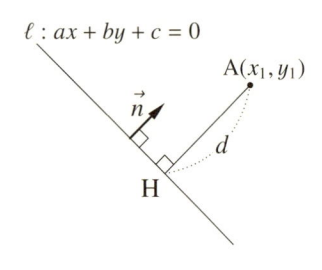

内積 $\vec{n} \cdot \overrightarrow{\text{HA}}$ を2通りの方法で計算しましょう．$\vec{n}$ と $\overrightarrow{\text{HA}}$ が同じ向きであるか，反対向きかに注意して

$$\vec{n} \cdot \overrightarrow{\text{HA}} = |\vec{n}| |\overrightarrow{\text{HA}}| (\pm 1) = \pm \sqrt{a^2 + b^2}\, d\,.$$

また，
$$\begin{aligned}
\vec{n} \cdot \overrightarrow{\text{HA}} &= \begin{pmatrix} a \\ b \end{pmatrix} \cdot \begin{pmatrix} x_1 - p \\ y_1 - q \end{pmatrix} \\
&= a(x_1 - p) + b(y_1 - q) = ax_1 + by_1 - (ap + bq) \\
&= ax_1 + by_1 - (-c)\,.
\end{aligned}$$

両者を比較して

$$\pm \sqrt{a^2 + b^2}\, d = ax_1 + by_1 + c, \quad \text{よって，} \quad d = \frac{|ax_1 + by_1 + c|}{\sqrt{a^2 + b^2}}.$$

垂線の足Hの座標を求めないでAHの長さが得られ，確かに §§5.1.3.4 の結果に一致しましたね．

7.7.5 斜交座標

7.7.5.1 1次結合と図形

△OAB と1点Pがあり，位置ベクトル $\overrightarrow{\text{OP}}$ が2つのベクトル $\vec{a} = \overrightarrow{\text{OA}}$，$\vec{b} = \overrightarrow{\text{OB}}$ の1次結合で表されるとしましょう：

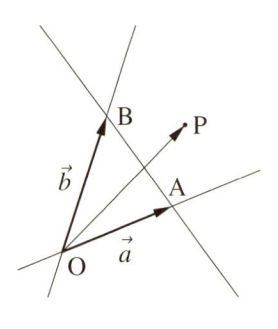

$$\overrightarrow{\text{OP}} = x\vec{a} + y\vec{b}.$$

このとき，実数 x, y に条件をつけると，点Pはある図形上にあり，そのような図形を

1次結合 $\overrightarrow{\text{OP}} = x\vec{a} + y\vec{b}$ が表す図形

§7.7 ベクトルと図形 (II)

といいましょう[8]．例えば，$(x, y) = (0, 0)$ のとき図形は 1 点 $P = O$ ですね．逆に，この 1 次結合がある図形を表すとき，実数 x, y はある条件を満たすことになります．

1 次結合が以下に与える図形を表すとき，実数 x, y が満たすべき条件を考えましょう．簡潔に表すために箇条書きにします．A)～F) の上の段で問題の図形を述べ，下の段はその解説です．

A)　1 点 A：

$P = A$ ということですから，$\overrightarrow{OP} = 1\vec{a} + 0\vec{b}$. よって，$(x, y) = (1, 0)$ ですね．

B)　直線 OB：

点 P が直線 OB 上にある条件ですから，$\overrightarrow{OP} = 0\vec{a} + y\vec{b}$ (y は任意の実数). よって，求める条件は $x = 0$ ですね．

C)　直線 AB：

P は線分 AB の内分点（外分点）になりますから，$\overrightarrow{OP} = t\vec{b} + (1-t)\vec{a}$ (t は実数) と表されます．よって，$x = 1 - t, y = t$ ですから，求める条件は，パラメータ t を消去して，$x + y = 1$ になります．もし $\vec{a}, \vec{b}$ が特に基本ベクトル $\vec{e}_1, \vec{e}_2$ ならば，この条件 $x + y = 1$ は 2 点 A(1, 0), B(0, 1) を通る直線の方程式 $y = -x + 1$ そのものですね．この点に留意しておくことは以下の議論の理解に決定的に重要です．

D)　線分 AB：

今度は P は線分 AB の内分点です．$\overrightarrow{OP} = t\vec{b} + (1-t)\vec{a}$ ($0 \leq t \leq 1$) と表されるので，$x = 1-t, y = t, 0 \leq t \leq 1$. よって，条件は $x+y = 1$ ($0 \leq x \leq 1$) です．この条件は $x + y = 1$ ($0 \leq x, 0 \leq y$) と表すこともできます．

---

[8] ベクトル $\vec{a}, \vec{b}$ が，特別な場合として，基本ベクトル $\vec{e}_1 = \begin{pmatrix} 1 \\ 0 \end{pmatrix}, \vec{e}_2 = \begin{pmatrix} 0 \\ 1 \end{pmatrix}$ を含むことに注意しましょう．その場合，1 次結合は $x\vec{e}_1 + y\vec{e}_2 = \begin{pmatrix} x \\ y \end{pmatrix}$ となり，xy 座標平面上の点 (x, y) を表す通常の位置ベクトルになります．

E) 半直線 OA, OB に挟まれた領域 Q1（境界を除く）：

1次結合 $x\vec{a}+y\vec{b}$ を変位と見なして，点 P が原点 O から領域 Q1 の1点に移動すると考えてみましょう．まず，原点 O から変位 $x\vec{a}$ だけ直線 OA 上を移動しますが，それが点 A に向かう方向であるためには $x>0$. 次に，そこから $y\vec{b}$ だけ移動しますが，この移動は直線 OB に平行な移動なので，点 P が領域 Q1 上にある移動になるためには $y>0$. よって，求める条件は $x>0, y>0$ です．もし $\vec{a}, \vec{b}$ が特に基本ベクトル $\vec{e_1}, \vec{e_2}$ ならばこの領域は第1象限ですので，条件 $x>0, y>0$ は第1象限に対応する領域を表すと考えてよいでしょう．

F) △OAB の内部：

まず，点 P が半直線 OA, OB に挟まれた領域 Q1 にあると考えて，条件 $x>0, y>0$ の下で考えます．次に，$x\vec{a}+y\vec{b}$ を変位と考えて，もし点 P が原点から線分 AB の内分点に移動したとしたら条件 $x+y=1$ が付加されますが，実際には，P は AB の内分点には届かず△OAB の内部にとどまるのだから，付加条件は $x+y<1$. したがって，求める条件は $x>0, y>0, x+y<1$ です[9]．この問題も，$\vec{a}, \vec{b}$ が基本ベクトル $\vec{e_1}, \vec{e_2}$ であるかのように考えて，△OAB の内部は，'第1象限' $x>0, y>0$ のうち，2点 A, B を通る直線 $y=-x+1$ より下の領域 $y<-x+1$ と考えることができますね．

1次独立なベクトル $\vec{a}, \vec{b}$ の1次結合 $x\vec{a}+y\vec{b}$ の性質は基本ベクトルの1次結合 $x\vec{e_1}+y\vec{e_2}$ のものに似ていますね．この類似性は重要です．

---

[9] きちっと導出するには以下のようにします．点 P は線分 AB の内分点と原点を結ぶ線分上にあると考えると，

$$\vec{OP}=k\{t\vec{b}+(1-t)\vec{a}\} \quad (0<t<1, 0<k<1)$$

と表すことができます．よって，$x=k(1-t), y=kt$. t を消去して $x+y=k$ が得られます．また，k を消去すると $(x+y)t=y$ です．ここで，$0<k=x+y<1$ だから $0<x+y<1$, また，$0<t=\dfrac{y}{x+y}<1$ より，$0<y<x+y$. これは $0<y$ かつ $y<x+y$ のことだから，$0<y, 0<x$ を得ます．以上をまとめると，$x>0, y>0, x+y<1$ です．

7.7.5.2 斜交座標

以上見てきたように，一般の1次結合 $x\vec{a} + y\vec{b}$ ($\vec{a} \neq \vec{0}$, $\vec{b} \neq \vec{0}$, $\vec{a} \not\parallel \vec{b}$) と，その特別な場合の基本ベクトルの1次結合 $x\vec{e_1} + y\vec{e_2}$ の間に，いくつかの類似点が見られました．1次結合が位置ベクトルを表すとして，もう少し調べてみましょう．

任意の実数 p, q に対して $(x, y) = (p, q)$ のとき，1次結合 $x\vec{a} + y\vec{b}$ は位置ベクトル $p\vec{a} + q\vec{b}$ に対応する点を表し，1次結合 $x\vec{e_1} + y\vec{e_2} = \begin{pmatrix} x \\ y \end{pmatrix}$ は点 (p, q) を表します．

また，$x = p$（y は任意）のとき，$x\vec{a} + y\vec{b}$ は位置ベクトル $p\vec{a}$ が表す点を通り $\vec{b}$ に平行な直線を表し，$x\vec{e_1} + y\vec{e_2}$ は点 $(p, 0)$ を通り $\vec{e_2}$ に平行な直線，つまり，直線 $x = p$ を表します．

$y = q$（x は任意）のときは，$x\vec{a} + y\vec{b}$ は位置ベクトル $q\vec{b}$ が表す点を通り $\vec{a}$ に平行な直線を表し，また $x\vec{e_1} + y\vec{e_2}$ は直線 $y = q$（点 $(0, q)$ を通り $\vec{e_1}$ に平行な直線）を表しますね．

どうも一般の1次結合 $x\vec{a} + y\vec{b}$ はわかりにくいようです．何かよい方法を考えてみましょう．思い切って，xy 座標軸に対応する '斜めの座標軸' を導入し，新しい座標軸方向の '長さの尺度を変更する' というのはどうでしょうか．位置ベクトル $\vec{a} = \overrightarrow{OA}$, $\vec{b} = \overrightarrow{OB}$ に沿って新しい座標軸をとり，$\vec{a}$ 方向に長さの尺度を $|\vec{a}| = 1$ となるようにとり，$\vec{b}$ 方向には $|\vec{b}| = 1$ としてみましょう．このように，2つの座標軸が斜めに交わる座標系の座標を「斜交座標」と呼びましょう．すると，点 A の斜交座標は $(1, 0)$，点 B は $(0, 1)$，位置ベクトル $\overrightarrow{OA} + \overrightarrow{OB}$ に対応する点の斜交座標は $(1, 1)$ とすることができ，1次結合 $\overrightarrow{OP} = x\vec{a} + y\vec{b}$ に対応する点 P の斜交座標は (x, y) と表されます．

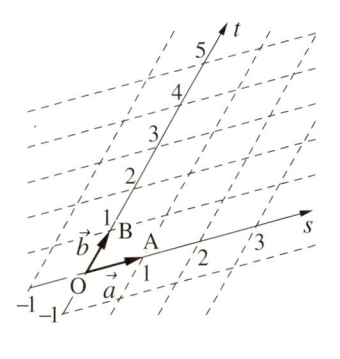

$p\vec{a} + q\vec{b}$ が斜交座標 (p, q) を表すことになったので，位置ベクトルの表示 $\begin{pmatrix} x \\ y \end{pmatrix} = x\vec{e_1} + y\vec{e_2}$ にならって，ベクトル $\vec{a}, \vec{b}$ の1次結合を

$$\begin{pmatrix} s \\ t \end{pmatrix} = s\vec{a} + t\vec{b}$$

と表しましょう．変数 s, t を用いたのは，基本ベクトルの 1 次結合と区別するためと，x, y 座標系にならって，原点 O を通り方向ベクトル $\vec{a}$ の直線 $t = 0$ を 's 軸'，また O を通り方向ベクトル $\vec{b}$ の直線 $s = 0$ を 't 軸' というためです．直交する x, y 軸を定める座標系を **直交座標系** というのに対して，s, t 軸は直交せずに斜めに交わり，このような座標系を **斜交座標系** といいます．1 次結合 $s\vec{a} + t\vec{b}$ が表す位置ベクトルに対応する点の斜交座標を '点 (s, t)' と呼びましょう．

直交座標系の直線の方程式 $y = mx + k$ に当たる，斜交座標系の方程式 $t = ms + k$ が直線を表すかどうか調べてみましょう．このとき，1 次結合が表す位置ベクトルは

$$\begin{pmatrix} s \\ t \end{pmatrix} = s\vec{a} + t\vec{b} = s\vec{a} + (ms + k)\vec{b}$$
$$= k\vec{b} + s(\vec{a} + m\vec{b})$$

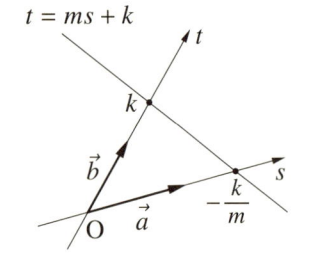

となるので，$k\vec{b}$ が表す点 $(0, k)$ を通り，方向ベクトルが $\vec{a} + m\vec{b}$ の直線を表します．また，s 軸との交点は，$(ms + k)\vec{b} = \vec{0}$ より，$(s, t) = (-\frac{k}{m}, 0)$ です．直線 $y = mx + k$ も xy 座標系の 2 点 $(0, k)$，$(-\frac{k}{m}, 0)$ を通りますね．したがって，$y = mx + k$ と $t = ms + k$ は直交座標系と斜交座標系の '座標が同じ点' を通る直線になりますね．

斜交座標を理解するには，直交座標系を斜めから見たら斜交座標系になるといえばわかりやすいでしょうか．直線は斜めから見ても直線ですね．

斜交座標は多くの分野で応用されています．例えば，アインシュタインの相対性理論のことを聞いたことがあるでしょう．そう，ほとんど光速で飛んでいるロケットから見ると，物体が縮んだり時間が遅れたりするという理論です．この興味をチョーそそる理論では長さや時間の尺度が変わるので，斜交座標はごく普通に利用されています．

7.7.5.3 斜交座標の応用問題

最後に，君たちに直接役立つ問題をやってみましょう．

3点 O, A, B は同一直線上にないとする．実数 k, l, m が条件 $k \geq 0, l \geq 0$, $k+l=1, 1 \leq m$ を満たして変化するとき

$$k\overrightarrow{PA} + l\overrightarrow{PB} + m\overrightarrow{PO} = \vec{0}$$

を満たす点 P の存在する領域の面積 S と $\triangle OAB$ の面積の比を求めよ．

3点 O, A, B は定点なので，位置ベクトル $\overrightarrow{OP}$ を位置ベクトル $\overrightarrow{OA}, \overrightarrow{OB}$ で表すと，問題の意味がわかるでしょう．与式より

$$k(\overrightarrow{OA} - \overrightarrow{OP}) + l(\overrightarrow{OB} - \overrightarrow{OP}) + m(-\overrightarrow{OP}) = \vec{0}.$$

したがって，

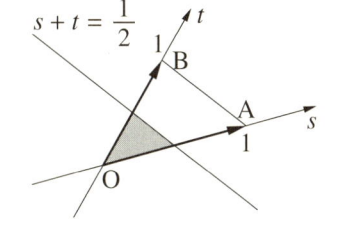

$$(k+l+m)\overrightarrow{OP} = k\overrightarrow{OA} + l\overrightarrow{OB},$$

$$\overrightarrow{OP} = \frac{k}{k+l+m}\overrightarrow{OA} + \frac{l}{k+l+m}\overrightarrow{OB}.$$

ここで

$$s = \frac{k}{k+l+m}, \qquad t = \frac{l}{k+l+m}$$

とおくと，$\overrightarrow{OP} = s\overrightarrow{OA} + t\overrightarrow{OB}$ と表されます（ここがポイントです）．そこで，条件 $k \geq 0, l \geq 0, k+l=1, 1 \leq m$ より

$$s \geq 0, \quad t \geq 0, \quad s+t = \frac{k+l}{k+l+m} = \frac{1}{1+m} \leq \frac{1}{2}.$$

これを整理すると

$$\overrightarrow{OP} = s\overrightarrow{OA} + t\overrightarrow{OB} \qquad (s \geq 0, t \geq 0, s+t \leq \frac{1}{2})$$

です．したがって，点 P の存在範囲は，'第1象限'（半直線 OA, OB で挟まれた領域）のうち，直線 $t = -s + \frac{1}{2}$ （線分 OA の中点と線分 OB の中点を結ぶ直線）以下の部分ですね．よって，求める面積比は $S : \triangle OAB = 1 : 4$ です．

第8章　空間ベクトル

§8.1　空間ベクトルの基礎

空間ベクトルを表す記号は平面ベクトルと同じです．実際，両者は基本的にはよく似た性質をもちます．

8.1.1　空間座標

我々は空間の中に住んでいます．空間上の位置を指定する方法を考えましょう．空間上に 1 つの平面を考え，その平面上に原点 O および互いに直交する x 軸, y 軸をとります．この x 軸, y 軸を含む平面を **xy 平面** といいます．xy 平面上の各点でその平面に垂直な直線があり，その中で原点 O を通るものを z 軸とします．x, y, z 座標の尺度はもちろん共通とします．y 軸, z 軸を含む平面を **yz 平面**, z 軸, x 軸を含む平面を **zx 平面** といいます．

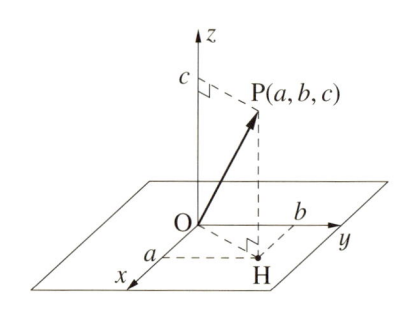

図の x, y, z 軸の正の向きは，それぞれ，右手の親指，人差し指，中指を広げたときにそれらの指の指す向きになっているので，「右手系」と呼ばれます．もし，図の z 軸を下向きに正にとるならば「左手系」です．

空間上の点 P の座標を定めるには，まず P から xy 平面に下ろした垂線の足を H として，点 H の x, y 座標が a, b のとき H の空間座標を $(a, b, 0)$ とします．次に，P から z 軸に下ろした垂線の足の z 座標が c のとき，点 P の空間座標を (a, b, c) とします．このように x, y, z 軸を定めたとき，点の座標はただ 1 通りに定まります．

§8.1 空間ベクトルの基礎

点 P と原点 O の距離 OP は，△OPH が直角三角形なので，

$$\mathrm{OP} = \sqrt{\mathrm{OH}^2 + \mathrm{HP}^2}$$
$$= \sqrt{a^2 + b^2 + c^2}$$

と，平面の場合に似た式で表されます．

8.1.2 空間ベクトルと演算法則

ベクトルの演算法則は平面ベクトル・空間ベクトルに共通であり，このことから，ベクトルは次元に関係せずに定義できることがわかります．

8.1.2.1 空間ベクトルの定義

空間上においても，平面の場合と同様に，向きと長さをもつ量が定義できるので，それを **空間ベクトル** といいましょう．空間ベクトルも矢線で表すことができ，その矢線の長さをベクトルの長さ（大きさ）というのは平面ベクトルの場合と同じです．例えば，前の §§ の点 P(a, b, c) について，位置ベクトル $\overrightarrow{\mathrm{OP}}$ の長さは

$$\left|\overrightarrow{\mathrm{OP}}\right| = \mathrm{OP} = \sqrt{a^2 + b^2 + c^2}$$

と定められます．

ベクトル $\overrightarrow{\mathrm{OP}}$ の成分表示は，原点 O から点 P(a, b, c) への変位と考えて，

$$\overrightarrow{\mathrm{OP}} = \begin{pmatrix} a \\ b \\ c \end{pmatrix}$$

のように列ベクトルで表すことができます[1]．

空間ベクトルの相等や・和・差・実数倍の定義は，関係する 2 つのベクトルを表す矢線の始点を一致させれば適当な平面上で議論できるので，平面ベクトルの場合と同様です．ベクトルの成分表示で表すと，

$$\vec{a} = \begin{pmatrix} a \\ b \\ c \end{pmatrix}, \quad \vec{b} = \begin{pmatrix} d \\ e \\ f \end{pmatrix}$$

---

[1] $\overrightarrow{\mathrm{OP}} = (a, b, c)$ のように，行ベクトルで表しても構いません．

のとき

$$\vec{a} = \vec{b} \Leftrightarrow a = d,\ b = e,\ c = f,$$

$$\vec{a} + \vec{b} = \begin{pmatrix} a+d \\ b+e \\ c+f \end{pmatrix}, \qquad \vec{a} - \vec{b} = \begin{pmatrix} a-d \\ b-e \\ c-f \end{pmatrix},$$

$$k\vec{a} = \begin{pmatrix} ka \\ kb \\ kc \end{pmatrix} \qquad (k は実数)$$

などが成り立ちますね[2]．

8.1.2.2　ベクトルの演算法則

空間ベクトルについても，容易に確かめられるように，平面ベクトルの場合と同じ演算法則が成り立ちます：

$$\vec{a} + \vec{b} = \vec{b} + \vec{a}, \qquad \text{（交換法則）}$$

$$(\vec{a} + \vec{b}) + \vec{c} = \vec{a} + (\vec{b} + \vec{c}). \qquad \text{（結合法則）}$$

実数 $k,\ l$ に対して

$$k(l\vec{a}) = (kl)\vec{a},$$

$$(k + l)\vec{a} = k\vec{a} + l\vec{a},$$

$$k(\vec{a} + \vec{b}) = k\vec{a} + k\vec{b}.$$

これらの演算法則が成り立つことは，平面ベクトルも空間ベクトルも似たような性質をもっていることを意味します．実際，ほとんどの場合に両者は同じように扱うことができます．

このように'ベクトルの基本性質は空間の次元によらない'ことが示唆されたので，もう少し議論しましょう．'1 次元ベクトル'を考えます．これは直線上の，例えば，x 軸上のベクトルです．そんなベクトルが上の演算法則を満たすことは容易に確かめられます．1 次元ベクトルとは何でしょう．1 次元では

---

[2] 空間ベクトルについても，成分表示をベクトルの定義とする立場をとり，上述のベクトルの相等や，和，差，実数倍の成分表示についても定義と見なしましょう．

§8.1 空間ベクトルの基礎

向きは同じ向きか反対向きかのどちらかなので，大きさと合わせて考えると，1次元ベクトルは実数そのものと見なされます．実際，上の演算法則で，記号に惑わされないように，$\vec{a}, \vec{b}, \vec{c}$ を a, b, c と書き直してみましょう：

$$a + b = b + a, \qquad \text{(交換法則)}$$
$$(a + b) + c = a + (b + c), \qquad \text{(結合法則)}$$
$$k(la) = (kl)a, \qquad \text{(積の結合法則)}$$
$$(k + l)a = ka + la, \quad k(a + b) = ka + kb. \qquad \text{(分配法則)}$$

これらはまさに実数の計算法則そのものですね．これで，実数は1次元ベクトルである（つまり，実数は1次元ベクトルと区別がつかない）ことが納得されるでしょう．

　実数の計算法則は，実数を複素数にすると，複素数の計算法則になりますね．複素数 $x + iy$（x, y は実数）は2つの実数で表されるので，複素数は2次元ベクトル，つまり平面ベクトルと同じように扱うことができます．君たちは，複素数の章で，このことを実感するでしょう．ベクトル計算の発展が複素数計算の発展と一緒になされた理由は，複素数の計算法則とベクトルの演算法則が実質的に同じであるためです（ベクトルの演算法則で $\vec{a}, \vec{b}, \vec{c}$ を複素数だと思ってみましょう）．

8.1.2.3　ベクトルの公理的定義

　ベクトルの演算法則の重要性に気がついた数学者は，'ベクトルをその演算法則によって定義する' ことを企てました．きちっといいますと，先に述べた演算法則

$$\vec{a} + \vec{b} = \vec{b} + \vec{a}, \qquad (\vec{a} + \vec{b}) + \vec{c} = \vec{a} + (\vec{b} + \vec{c}), \qquad k(l\vec{a}) = (kl)\vec{a},$$
$$(k + l)\vec{a} = k\vec{a} + l\vec{a}, \qquad k(\vec{a} + \vec{b}) = k\vec{a} + k\vec{b} \qquad (k, l \text{ は実数})$$

が成立すること，および，'これらの演算の結果はまたベクトルになる' ことを要請し，また，零ベクトル $\vec{0}$，および，ベクトル $\vec{a}$ の逆ベクトル $-\vec{a}$ が存在すること，つまり

$$\vec{a} + \vec{0} = \vec{a}, \qquad \vec{a} + (-\vec{a}) = \vec{0}$$

を満たすベクトル $\vec{0}$ および $-\vec{a}$ の存在を仮定します．これらの仮定や要請は'しごくもっとも'ですね．

　これらをベクトルの公理系であるとする，つまり，'この公理系の要請を満たす量 $\vec{a}, \vec{b}, \vec{c}$（なら何であっても，それら）をベクトルと定義する' わけです．これらの性質をもつ量をベクトルであると考えたとき，上の公理系はベクトルの基本的計算に必要な演算法則をそろえており，それから得られる全ての結果はまさにベクトルに対する結果になります．したがって，これもまた確かにベクトルの定義といえるでしょう．

　非常に荒っぽいたとえをすると，ベクトルの姿形を見ているのが矢線によるベクトルの定義であり，ベクトルのレントゲン写真を見ているのがベクトルの成分表示（数ベクトル表示）による定義，ベクトルの振る舞いを見ているのが上の公理系によるベクトルの定義といえるでしょうか．どの見方（定義）もベクトルの本質を捉えています．君たちが大学で教わるベクトルはこの公理系によって定義されたベクトルです．ここで学んでおけばビックリしないで済むでしょう．

　ちょっと補足しますと，上の公理系は，ベクトルの本質部分のみを述べているのであって，矢線や数ベクトル・直交座標系などと直接に関係しているわけではありません．よって，ベクトルの長さや内積を議論するには直交座標系を導入する必要があります．高校の授業では，矢線やベクトルの成分表示を考えたときには，直交座標系は当然のこととされますね．

　最後に，公理的に定義されたベクトルとその次元について補足しましょう．上の公理系はベクトルの詳細とベクトルの次元については何もいっていません．ということは，その公理系を満たすものなら何でもベクトルにしてしまって，そのベクトルの次元については問わないわけです．よって，ベクトルの公理的定義は，ベクトルの概念を一般化しその応用範囲を広げます．例えば，君たちは n 元連立1次方程式の n 個の未知数をまとめて並べたら，それが数ベクトルになることを行列の章で学ぶでしょう．また，大学の「線形代数」という講義では関数を無数に並べたものが無限次元ベクトルになることを学ぶでしょう．線形代数は電気回路や「量子力学」（原子や分子のような極微の世界を扱う学問）などには必須です．

8.1.3 空間ベクトルの1次結合と1次独立

平面ベクトルで学んだベクトルの1次独立の概念が本領を発揮するのは空間ベクトルにおいてです．

8.1.3.1 1次結合の意味と1次独立の条件

§7.4 で平面ベクトルの1次結合と1次独立を議論しました．空間ベクトルでも同様の議論ができます．

空間の基本ベクトル

$$\vec{e_1} = \begin{pmatrix} 1 \\ 0 \\ 0 \end{pmatrix}, \quad \vec{e_2} = \begin{pmatrix} 0 \\ 1 \\ 0 \end{pmatrix}, \quad \vec{e_3} = \begin{pmatrix} 0 \\ 0 \\ 1 \end{pmatrix}$$

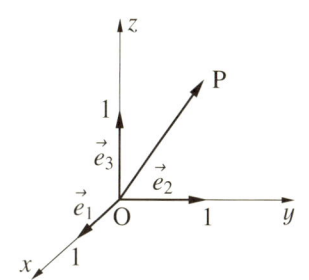

を用いると，任意の位置ベクトル $\overrightarrow{\mathrm{OP}} = \begin{pmatrix} x \\ y \\ z \end{pmatrix}$ は

$$\begin{pmatrix} x \\ y \\ z \end{pmatrix} = x\begin{pmatrix} 1 \\ 0 \\ 0 \end{pmatrix} + y\begin{pmatrix} 0 \\ 1 \\ 0 \end{pmatrix} + z\begin{pmatrix} 0 \\ 0 \\ 1 \end{pmatrix} = x\vec{e_1} + y\vec{e_2} + z\vec{e_3}$$

だから

$$\overrightarrow{\mathrm{OP}} = \begin{pmatrix} x \\ y \\ z \end{pmatrix} = x\vec{e_1} + y\vec{e_2} + z\vec{e_3}$$

と基本ベクトルの1次結合で表すことができます．この1次結合による表示はもちろん'ただ1通り'である，つまり，$\overrightarrow{\mathrm{OP}}$ の長さと向きを定めるとベクトルの係数 x, y, z がただ1通りに定まります．

さて，任意の空間ベクトル $\vec{p}$ を3つのベクトル $\vec{a}$, $\vec{b}$, $\vec{c}$ の1次結合でただ1通りに表すことができるための条件を調べましょう．まず必要条件を求めます．$\vec{p}$ を任意に定めたとき

$$\vec{p} = s\vec{a} + t\vec{b} + u\vec{c} \quad (s, t, u \text{ は実数})$$

と表されたとしましょう．ただ1通りに表されるということは，仮に

$$\vec{p} = s'\vec{a} + t'\vec{b} + u'\vec{c} \quad (s', t', u' \text{ は実数})$$

と表されたとしても，$s = s'$, $t = t'$, $u = u'$ が成立することを意味します．この条件は

$$(s-s')\vec{a} + (t-t')\vec{b} + (u-u')\vec{c} = \vec{0} \Rightarrow s = s', t = t', u = u'$$

あるいは，より簡潔に s, t, u を変数として

$$s\vec{a} + t\vec{b} + u\vec{c} = \vec{0} \Rightarrow s = t = u = 0 \qquad (1\text{次独立 } V^3)$$

と表されます．この条件は，$\vec{a}, \vec{b}, \vec{c}$ のどれも $\vec{0}$ でなく，かつ，どの1つも他の2つの1次結合で表すことができないことを意味します（例えば，$\vec{c} = p\vec{a} + q\vec{b}$ の場合を調べてみましょう）．これを一言でいうと，'$\vec{a}, \vec{b}, \vec{c}$ は同一平面上に描けない' ということです．これが 'ただ1通りに表される' ための必要条件です．

上の条件は十分条件でもあります．それを示すには，同一平面上に描けない $\vec{a}, \vec{b}, \vec{c}$ の1次結合が任意のベクトル $\vec{p}$ を表すことができることを示せばよいわけです．$\vec{p}$ を任意の位置ベクトル $\overrightarrow{OP}$ として

$$\overrightarrow{OP} = s\vec{a} + t\vec{b} + u\vec{c}$$

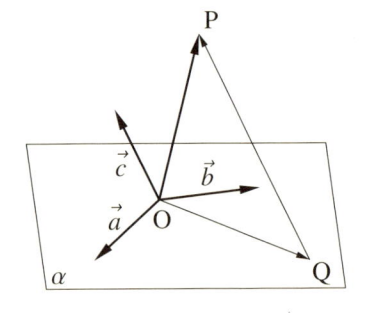

と表示できるかどうか調べましょう．$\vec{a}, \vec{b}$ を位置ベクトルとすると，両ベクトルがその上にある平面 α が定まります．このときベクトル $\vec{c}$ は平面 α 上に描けないので，点 P を通り方向ベクトルが $\vec{c}$ の直線は平面 α と交わります．その交点を Q とすると

$$\overrightarrow{OP} = \overrightarrow{OQ} + \overrightarrow{QP}$$

と表すことができます．$\overrightarrow{OQ}$ は，平面 α 上にあるので，$\vec{a}, \vec{b}$ の1次結合で表せます．$\overrightarrow{QP}$ は，$\vec{c}$ に平行なので，$\vec{c}$ の定数倍です．よって，任意のベクトル $\overrightarrow{OP}$ は $\vec{a}, \vec{b}, \vec{c}$ の1次結合で表すことができます．これで証明は完成です．

1次独立 V^3 の条件を満たすこれら3つのベクトルは **1次独立** である，または **線形独立** であるといいます．

8.1.3.2 ベクトルの1次独立とその応用

3ベクトル $\vec{a}, \vec{b}, \vec{c}$ が1次独立、つまり「$s\vec{a} + t\vec{b} + u\vec{c} = \vec{0} \Rightarrow s = t = u = 0$」が成立するとき、直ちに、定理

$$s\vec{a} + t\vec{b} + u\vec{c} = s'\vec{a} + t'\vec{b} + u'\vec{c} \Rightarrow s = s', \ t = t', \ u = u'$$

が得られます（示しましょう）.

これを応用して問題を解いてみましょう．
四面体 OABC の辺 AB，AC の中点をそれぞれ M，N とする．△OMN の重心を G として，直線 AG と平面 OBC の交点を P とする．$\overrightarrow{OP}$ を $\vec{a} = \overrightarrow{OA}, \vec{b} = \overrightarrow{OB}, \vec{c} = \overrightarrow{OC}$ の1次結合で表せ．

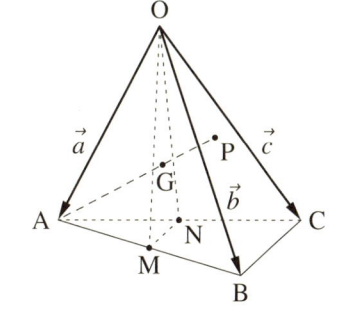

一見して難しそうですが，P は直線と平面の交点であるから，P は直線上にあり、かつ、平面上にあります．そのことを2つの式で表して'連立すればよい'わけです．

まず、△OMN の重心 G は平面 OMN 上にあるので，平面ベクトルで導いた重心の公式が使えます：

$$\overrightarrow{OG} = \frac{1}{3}(\overrightarrow{OO} + \overrightarrow{OM} + \overrightarrow{ON}).$$

同様に、辺 AB，AC の中点 M，N はそれぞれ平面 OAB，OAC 上にあるので

$$\overrightarrow{OM} = \frac{1}{2}(\vec{a} + \vec{b}), \quad \overrightarrow{ON} = \frac{1}{2}(\vec{a} + \vec{c}).$$

よって、

$$\overrightarrow{OG} = \frac{1}{6}(2\vec{a} + \vec{b} + \vec{c}).$$

点 P は直線 AG 上にあるので、$\overrightarrow{AP} = t\overrightarrow{AG}$ として

$$\overrightarrow{OP} = \overrightarrow{OA} + t\overrightarrow{AG} = \vec{a} + t\left(\frac{1}{6}(2\vec{a} + \vec{b} + \vec{c}) - \vec{a}\right)$$

$$= \left(1 - \frac{2}{3}t\right)\vec{a} + \frac{t}{6}(\vec{b} + \vec{c}).$$

一方、点 P は平面 OBC 上にあるので、$\overrightarrow{OP}$ は $\vec{b}, \vec{c}$ の1次結合で表されます：

$$\overrightarrow{OP} = k\vec{b} + l\vec{c}.$$

よって，$\overrightarrow{OP}$ は 1 次独立なベクトル $\vec{a}$, $\vec{b}$, $\vec{c}$ によって 2 通りに表されたので，それらの表式を比較して

$$1 - \frac{2}{3}t = 0, \quad \frac{t}{6} = k = l.$$

よって，$t = \frac{3}{2}$ が得られるので，答は

$$\overrightarrow{OP} = \frac{1}{4}(\vec{b} + \vec{c}).$$

8.1.4 空間ベクトルの内積

空間ベクトルの内積は，その成分表示を除いて，平面ベクトルの内積に一致します：ベクトル $\vec{a}$, $\vec{b}$ のなす角を θ とすると，それらの内積は

$$\vec{a} \cdot \vec{b} = |\vec{a}||\vec{b}|\cos\theta$$

と表されます．

空間ベクトルの内積は平面ベクトルの場合と同じ基本性質

$$\vec{a} \cdot \vec{b} = 0 \Leftrightarrow \vec{a} \perp \vec{b} \quad \text{または} \quad \vec{a} = \vec{0} \quad \text{または} \quad \vec{b} = \vec{0},$$

$$\vec{a} \cdot \vec{a} = |\vec{a}|^2, \quad |\vec{a}| = \sqrt{\vec{a} \cdot \vec{a}},$$

$$\vec{a} \cdot \vec{b} = \vec{b} \cdot \vec{a}, \quad \text{(交換法則)}$$

$$\vec{a} \cdot (\vec{b} + \vec{c}) = \vec{a} \cdot \vec{b} + \vec{a} \cdot \vec{c}, \quad (\vec{a} + \vec{b}) \cdot \vec{c} = \vec{a} \cdot \vec{c} + \vec{b} \cdot \vec{c}, \quad \text{(分配法則)}$$

$$(k\vec{a}) \cdot \vec{b} = \vec{a} \cdot (k\vec{b}) = k(\vec{a} \cdot \vec{b}) \quad (k \text{ は実数})$$

をもちます．それらの示し方は平面ベクトルの場合と同様です[3]．

---

[3] 分配法則以外のものは $\vec{a} \cdot \vec{b} = |\vec{a}||\vec{b}|\cos\theta$ を用いると容易に示されます．

分配法則については，内積の性質から $\vec{a} = \begin{pmatrix} a \\ 0 \\ 0 \end{pmatrix}$ としても一般性を失わないので，ベクトル $\vec{b}$, $\vec{c}$ のベクトル $\vec{a}$ 方向への正射影ベクトルを $\vec{b'} = \begin{pmatrix} b \\ 0 \\ 0 \end{pmatrix}$, $\vec{c'} = \begin{pmatrix} c \\ 0 \\ 0 \end{pmatrix}$ とすると，平面ベクトルの内積の場合と同様にして

$$\vec{a} \cdot \vec{b} = \vec{a} \cdot \vec{b'} = ab, \quad \vec{a} \cdot \vec{c} = \vec{a} \cdot \vec{c'} = ac$$

が成り立ちますね．これを示すこと，およびこの続きは君たちに任せましょう．

§8.2 空間図形の方程式

内積の成分表示を求めるには，基本ベクトル $\vec{e}_1, \vec{e}_2, \vec{e}_3$ を用いて

$$\begin{pmatrix} a_1 \\ a_2 \\ a_3 \end{pmatrix} = a_1 \vec{e}_1 + a_2 \vec{e}_2 + a_3 \vec{e}_3, \quad \begin{pmatrix} b_1 \\ b_2 \\ b_3 \end{pmatrix} = b_1 \vec{e}_1 + b_2 \vec{e}_2 + b_3 \vec{e}_3$$

と表して内積 $\vec{a} \cdot \vec{b} = \begin{pmatrix} a_1 \\ a_2 \\ a_3 \end{pmatrix} \cdot \begin{pmatrix} b_1 \\ b_2 \\ b_3 \end{pmatrix}$ に代入するか，もしくは，$\vec{a} = \overrightarrow{OA}, \vec{b} = \overrightarrow{OB}$ として，△OAB に余弦定理を適用します．結果は

$$\vec{a} \cdot \vec{b} = \begin{pmatrix} a_1 \\ a_2 \\ a_3 \end{pmatrix} \cdot \begin{pmatrix} b_1 \\ b_2 \\ b_3 \end{pmatrix} = a_1 b_1 + a_2 b_2 + a_3 b_3$$

となり，平面ベクトルの場合と同様に，各成分の積の和で表されます[4]．

よって，空間ベクトル $\vec{a}, \vec{b}$ のなす角 θ は

$$\cos\theta = \frac{\vec{a} \cdot \vec{b}}{|\vec{a}||\vec{b}|} = \frac{a_1 b_1 + a_2 b_2 + a_3 b_3}{\sqrt{a_1^2 + a_2^2 + a_3^2}\sqrt{b_1^2 + b_2^2 + b_3^2}}$$

を用いて求めることができます．

§8.2 空間図形の方程式

8.2.1 直線の方程式

空間上の直線 ℓ も，平面の場合と同様，通る 1 点 A と ℓ の方向ベクトル $\vec{\ell}$ で特徴づけられます．ℓ 上の点を $P(x, y, z)$ とすると，$\overrightarrow{AP} = t\vec{\ell}$ として

$$\ell : \begin{pmatrix} x \\ y \\ z \end{pmatrix} = \overrightarrow{OA} + t\vec{\ell}$$

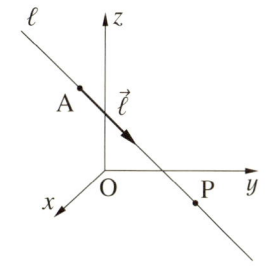

と表されます．これが直線 ℓ のベクトル方程式です．

---

[4] 平面ベクトルの内積のところで注意したように，ベクトルを成分表示で定義すると空間ベクトルの内積も各成分の積の和で定義されます．その定義から内積の基本性質や内積の角表示が導かれます．

A(a, b, c), $\vec{\ell} = \begin{pmatrix} l \\ m \\ n \end{pmatrix}$ とすると，ℓ のベクトル方程式から直線 ℓ のパラメータ表示

$$\ell : \begin{cases} x = a + lt \\ y = b + mt \\ z = c + nt \end{cases}$$

が得られます．これからパラメータ t を消去すると，直線 ℓ の方程式

$$\ell : \frac{x-a}{l} = \frac{y-b}{m} = \frac{z-c}{n} \; (=t)$$

が得られます．もし，方向ベクトル $\vec{\ell}$ の成分 l, m, n のどれかが 0，例えば $l = 0$ ならば $x = a + lt = a$ だから

$$\ell : x = a, \quad \frac{y-b}{m} = \frac{z-c}{n}$$

などと変更します．通常は，（直線の方程式では）分母が 0 ならば分子も 0 と約束して，その煩わしさを避けます．

　直線 ℓ の方程式には，等号＝が 2 個現れましたね．これは，空間上の直線の方程式は，3 変数 x, y, z に対して，2 つの方程式が付加されたことを意味します．よりわかりやすい例として z 軸を考えましょう．点 P(x, y, z) が z 軸上にあるための条件は $x = 0, y = 0$ （z は任意）です．したがって，z 軸を表す方程式は

$$z \text{ 軸} : x = y = 0$$

となりますね．このことは，空間上の点 P に 3 つの方程式を付加すると P は固̇定̇さ̇れ̇る̇けれども，3 つの方程式のうち 1̇ つ̇を外すと P は‘線上を動く自由が得られる’と解釈できます．それは直線のパラメータ表示のパラメータが 1 個であることに起因しています．

　空間図形においては，このように，その方程式の等号＝の個数やパラメータの個数が図形の基本的性質を決定します．平面や球面の方程式を次の §§ で議論します．それらの方程式の等号の個数はいくつでしょうか．ちょっと考えればわかりますね．

8.2.2　平面の方程式

空間上に異なる 3 点 A, B, C を定めるとそれらを通る平面 α はただ 1 つ定まりますね．この平面上の任意の点を P(x, y, z) として平面 α の方程式を求めましょう．

位置ベクトル

$$\overrightarrow{OP} = \overrightarrow{OA} + \overrightarrow{AP}$$

において，点 P が平面 α 上にあるとき，$\overrightarrow{AP}$ は $\overrightarrow{AB}$, $\overrightarrow{AC}$ の 1 次結合で表されます：

$$\overrightarrow{AP} = s\overrightarrow{AB} + t\overrightarrow{AC} \qquad (s, t \text{ は実数}).$$

したがって，平面 α のベクトル方程式は

$$\alpha : \begin{pmatrix} x \\ y \\ z \end{pmatrix} = \overrightarrow{OA} + s\overrightarrow{AB} + t\overrightarrow{AC}$$

と表すことができます．

上の平面 α のベクトル方程式は，2 つのパラメータ s, t を含み，平面のパラメータ表示と実質的に同じものです．パラメータ s, t を消去して平面の方程式を導くには，$\overrightarrow{OA}$, $\overrightarrow{AB}$, $\overrightarrow{AC}$ を成分で表して s と t の連立方程式を立てれば可能ですが，誤らずに行うにはかなりの計算力を要します．

平面の方程式を求めるもう 1 つの方法は，2 つのベクトルが直交するときそれらの内積は 0 になることを利用するものです．平面にはそれに垂直なベクトルがありますね．それを平面の **法線ベクトル** といいます．法線ベクトルは平面上のベクトルに直交するので，平面 α の法線ベクトルを $\vec{\alpha}$ とすると

$$\vec{\alpha} \cdot \overrightarrow{AB} = 0, \quad \vec{\alpha} \cdot \overrightarrow{AC} = 0$$

が成立します．したがって，平面 α のベクトル方程式の両辺に $\vec{\alpha}$ を内積すると，方程式

$$\alpha : \vec{\alpha} \cdot \begin{pmatrix} x \\ y \\ z \end{pmatrix} = \vec{\alpha} \cdot \overrightarrow{OA}$$

が得られます．これは平面 α の「内積表示」と呼ばれます．法線ベクトルの求め方は後で学ぶことにしましょう．

平面の内積表示の意味を考えましょう．参考のために通常の解説とは逆の道をたどります．$\begin{pmatrix} x \\ y \\ z \end{pmatrix} = \overrightarrow{OP}$ ですから，上式より $\vec{\alpha} \cdot \overrightarrow{OP} = \vec{\alpha} \cdot \overrightarrow{OA}$，よって

$$\vec{\alpha} \cdot (\overrightarrow{OP} - \overrightarrow{OA}) = \vec{\alpha} \cdot \overrightarrow{AP} = 0$$

が得られます．これは $\vec{\alpha} \perp \overrightarrow{AP}$ を意味し，点 P が平面 α 上にあるための条件です．この条件 $\vec{\alpha} \cdot \overrightarrow{AP} = 0$ は，平面 α を定めるには，その法線ベクトル $\vec{\alpha}$ と α 上の 1 点 A を定めれば十分であることを表しています．

平面 α の内積表示は，法線ベクトルを $\vec{\alpha} = \begin{pmatrix} a \\ b \\ c \end{pmatrix}$ として，$\vec{\alpha} \cdot \overrightarrow{OA} = -d$ とおくと

$$\begin{pmatrix} a \\ b \\ c \end{pmatrix} \cdot \begin{pmatrix} x \\ y \\ z \end{pmatrix} = -d \quad \text{つまり} \quad ax + by + cz + d = 0$$

が得られます．これが「平面の方程式」の一般形です．

この一般形から平面の方程式を決定するには，平面上の 3 点の座標を方程式に代入して，a, b, c, d についての連立方程式を解き，それらの比を求めます．練習問題として，3 点が $(p, 0, 0)$, $(0, q, 0)$, $(0, 0, r)$ $(p, q, r \neq 0)$ のとき，平面の方程式が

$$\frac{x}{p} + \frac{y}{q} + \frac{z}{r} = 1$$

となることを確かめましょう．

平面の方程式 $ax + by + cz + d = 0$ は 3 変数 x, y, z に対して，1 つの方程式を付加していますね．これは空間上の直線の方程式より弱い条件なので，平面の方程式は平面上の点 P(x, y, z) が前後・左右に動き回る自由を与えています．このことは平面のベクトル方程式のパラメータが 2 個であることからもわかります．

変数の個数（次元の数）から図形上の点に付加された方程式の個数を引いた数を **自由度** といいます．自由度は，平面上では $3 - 1 = 2$，直線上では $3 - 2 = 1$，定点では $3 - 3 = 0$ ですね．

8.2.3 球面の方程式

球面は球の表面のことです．中心が $C(a, b, c)$，半径が r の球面 S の方程式を求めましょう．点 $P(x, y, z)$ が S 上にあるための条件は $CP = r$ または $|\overrightarrow{CP}| = r$ です．これより直ちに球面 S の方程式

$$S : (x-a)^2 + (y-b)^2 + (z-c)^2 = r^2$$

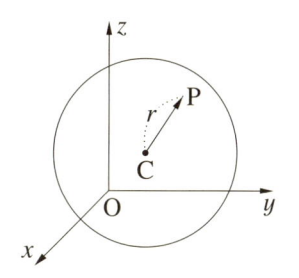

が得られます．この方程式も等号が 1 個ですから自由度 2 を与えます．球面上では前後・左右に動けると考えるとよいでしょう．

なお，この球面 S にその内部を加えたものは球 S_0 になりますが，それはそのための条件 $CP \leqq r$ より，不等式

$$S_0 : (x-a)^2 + (y-b)^2 + (z-c)^2 \leqq r^2$$

で表されます．球の内部では前後・左右に加えて上下にも動けるので，不等式は自由度に影響しないと見なされ，自由度は $3 - 0 = 3$ です．

8.2.4 円柱面と円の方程式

8.2.4.1 円柱面の方程式

平面（2 次元空間）上では，原点を中心とする半径 r の円の方程式は $x^2 + y^2 = r^2$ でした．空間上で，この方程式はどんな図形を表すのでしょうか．考えてみましょう．等号が 1 個なので，何らかの面を表すことは確かで，円を表すことはありませんね．球面だとすると，変数 z を巻き込むはずなので，それも違いますね．方程式 $x^2 + y^2 = r^2$ を変形して，その意味を考えてみましょう．

その図形上の点を $P(x, y, z)$ として，P についての方程式に直せばよいですね．$x^2 + y^2 = r^2$ は z を含まないので，

$$(x-0)^2 + (y-0)^2 + (z-z)^2 = r^2$$

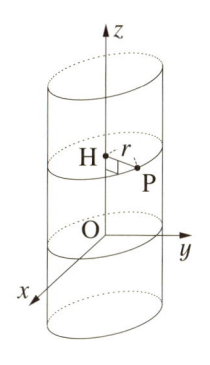

と変形して，点 H(0, 0, z) を導入しましょう．すると，条件 $x^2+y^2=r^2$ は，点 P の座標が (x, y, z) だから

$$x^2+y^2+(z-z)^2 = r^2 \Leftrightarrow \mathrm{HP}^2 = r^2 \Leftrightarrow \mathrm{HP} = r$$

と解釈されます．H(0, 0, z) は点 P(x, y, z) から z 軸に下ろした垂線の足なので，HP = r はその垂線の長さ HP が一定値 r であることを意味します．このとき，z には何の制約もないので，この条件は点 P の z 座標には無関係に成り立ちます．よって，HP = r を満たす点 P は z 軸を対称軸とし半径 r の（無限に長い）円柱の面上にあるので，$x^2+y^2=r^2$ は「円柱面」の方程式であることがわかります．

8.2.4.2 空間上の円の方程式

それでは，空間上の xy 平面で，中心が原点で半径 r の円 C の方程式はどのように表せばよいでしょうか．答を聞けば，ああそうかで済んでしまいますが，理解を深めるために，先に空間上の直線の方程式で議論しておきましょう．

点 (a, b, c) を通り，方向ベクトルが $\begin{pmatrix} l \\ m \\ n \end{pmatrix}$ である直線 ℓ の方程式は

$$\ell : \frac{x-a}{l} = \frac{y-b}{m} = \frac{z-c}{n}$$

でしたね．これを明白な連立方程式として，

$$\ell : \begin{cases} \alpha : \dfrac{x-a}{l} = \dfrac{y-b}{m} \\ \beta : \dfrac{y-b}{m} = \dfrac{z-c}{n} \end{cases}$$

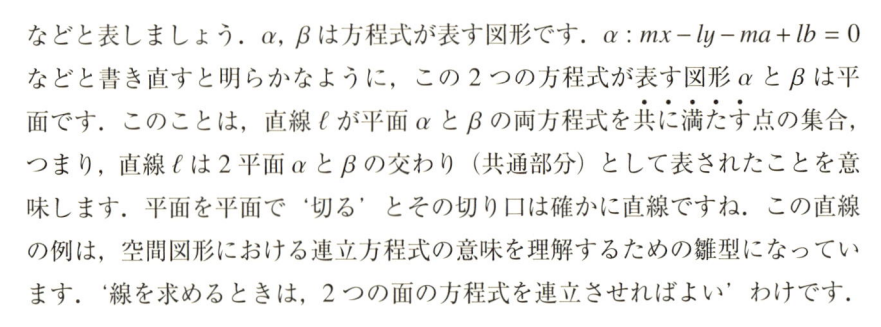

などと表しましょう．α, β は方程式が表す図形です．$\alpha : mx - ly - ma + lb = 0$ などと書き直すと明らかなように，この 2 つの方程式が表す図形 α と β は平面です．このことは，直線 ℓ が平面 α と β の両方程式を共に満たす点の集合，つまり，直線 ℓ は 2 平面 α と β の交わり（共通部分）として表されたことを意味します．平面を平面で '切る' とその切り口は確かに直線ですね．この直線の例は，空間図形における連立方程式の意味を理解するための雛型になっています．'線を求めるときは，2 つの面の方程式を連立させればよい' わけです．

§8.2 空間図形の方程式

これで，中心が原点で半径 r の xy 平面上にある円 C の方程式の求め方が理解できたと思います．まず，円柱面 $C_z : x^2 + y^2 = r^2$ を求め，それを xy 平面 $z = 0$ と連立させる，つまり，円柱面 C_z を xy 平面で切ればよいですね．したがって，求める円 C は

$$C : \begin{cases} x^2 + y^2 = r^2 \\ z = 0 \end{cases}$$

と表されます．

なお，円 C は球面 $x^2 + y^2 + z^2 = r^2$ と xy 平面 $z = 0$ の交わりとしても表すこともできます．

では，ここで練習問題．原点 O を 3 平面の交わりとして表せ．難しく考える必要はありません．例えば，$x = 0, y = 0, z = 0$ です．

8.2.5 回転面の方程式

8.2.5.1 回転面

曲面の中には，平面上の曲線を同じ平面上にある直線の周りに回転させて作られるものがあり，それを「回転面」といいます．例えば，前の §§ で議論した円柱面 $x^2 + y^2 = r^2$ は yz 平面上の直線 $y = r, x = 0$ を z 軸の周りに回転して得られますね．また，球面 $x^2 + y^2 + z^2 = r^2$ も xy 平面上の円 $x^2 + y^2 = r^2, z = 0$ を x 軸または y 軸の周りに回転して得られた回転面と見なすこともできます．

回転の中心となる直線を「回転軸」といいます．以下，回転軸を z 軸として議論しましょう．回転面上の任意の点を P(x, y, z) として，P から z 軸に下ろした垂線の足を H$(0, 0, z)$ とします．このとき

$$r = \text{PH} = \sqrt{x^2 + y^2}$$

とすると，r は点 P の z 座標のみに依存し，一般に，その z 座標と共に変化しますね．この r と z の関係の仕方によって種々の回転面があります．最も簡単なものが $r = $ 一定の円柱面ですね．

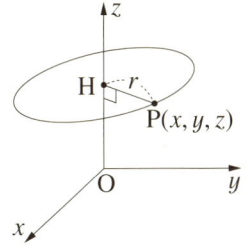

8.2.5.2 回転放物面・回転楕円面・回転双曲面

yz 平面上の放物線 $z = ay^2 + c$, $x = 0$ を z 軸の周りに回転して得られる回転面は「回転放物面」と呼ばれます．放物線上の点 $Q(0, y_0, z_0)$ $(z_0 = ay_0^2 + c)$ を z 軸の周りに回転して得られる円上に点 $P(x, y, z)$ があるとすると，$z = z_0$ で，$r = $ PH とすると，

$$r = \sqrt{x^2 + y^2}, \quad \text{QH} = |y_0| = r$$

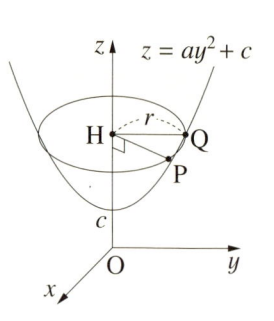

が成り立ちます．よって，r と z の関係は $z = ar^2 + c$ で与えられ，その回転放物面の方程式は，$r^2 = x^2 + y^2$ より

$$z = a(x^2 + y^2) + c$$

で表されます．

yz 平面上の楕円 $\dfrac{y^2}{a^2} + \dfrac{z^2}{b^2} = 1$, $x = 0$ を z 軸の周りに回転して得られる図形が「回転楕円面」です．そのとき r と z の関係は，回転放物面の場合と同様にして，$\dfrac{r^2}{a^2} + \dfrac{z^2}{b^2} = 1$ となるので，その方程式は

$$\frac{x^2 + y^2}{a^2} + \frac{z^2}{b^2} = 1$$

となります（確かめましょう）．

同様に，yz 平面上の双曲線 $\dfrac{y^2}{a^2} - \dfrac{z^2}{b^2} = 1$, $x = 0$ を z 軸の周りに回転したものが「回転双曲面」です．r と z の関係は $\dfrac{r^2}{a^2} - \dfrac{z^2}{b^2} = 1$ で，方程式は

$$\frac{x^2 + y^2}{a^2} - \frac{z^2}{b^2} = 1.$$

8.2.5.3 円錐面

交わる 2 直線の一方を回転軸とし，その周りに「母線」と呼ばれる他方の直線を，2 直線がなす角を一定に保ったまま，回転します．そのとき得られる回転面を「円錐面」といいます．

§8.2 空間図形の方程式

z 軸を回転軸とし，それと点 A$(0,0,c)$ で交わる yz 平面上の直線 ℓ を母線としましょう．母線 ℓ を z 軸の周りに回転して円錐面を作ります．母線 ℓ の方向ベクトルを $\vec{\ell}$ として

$$\ell : \begin{pmatrix} x \\ y \\ z \end{pmatrix} = \overrightarrow{\mathrm{OA}} + t\vec{\ell}$$

と表し，z 軸と母線 ℓ のなす角を θ とすると，$\vec{e}_3 \cdot \vec{\ell} = |\vec{\ell}|\cos\theta$ なので，$\vec{\ell} = \begin{pmatrix} 0 \\ \sin\theta \\ \cos\theta \end{pmatrix}$ のようにとると好都合でしょう（何故かな？）．このとき

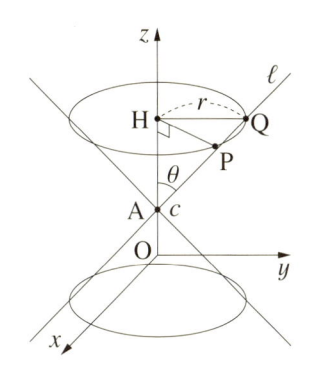

$$\ell : \begin{cases} x = 0 \\ y = t\sin\theta \\ z = c + t\cos\theta \end{cases}$$

となります．

よって，母線 ℓ 上に点 Q$(0, t\sin\theta, z_\theta)$ $(z_\theta = c + t\cos\theta)$ をとると，Q を z 軸の周りに回転して得られる円上の任意の点を P(x, y, z)，P から z 軸に下ろした垂線の足を H$(0, 0, z)$ とすると，$z = z_\theta$ で，$r = \mathrm{PH}$ とすると

$$r^2 = \mathrm{PH}^2 = x^2 + y^2, \qquad \mathrm{QH} = r = |t\sin\theta| = |(z-c)\tan\theta|$$

となるので，円錐面の方程式

$$x^2 + y^2 = (z-c)^2 \tan^2\theta$$

が得られます．

なお，母線 ℓ を直接用いず，ℓ と z 軸のなす角が θ であることだけを用いて

$$\vec{e}_3 \cdot \overrightarrow{\mathrm{AP}} = \mathrm{AP}\cos\theta$$

から導く方法もあります（厳密には両辺の絶対値をとります）．これが先に求めた円錐面の方程式を導くことを確かめるのは簡単な練習問題です．

この方法は回転軸が任意の方向であっても適用できます．新しい回転軸 m の方向ベクトルを $\vec{m}$，回転軸と母線のなす角を θ，A を回転軸と母線の交点とすると，円錐面の方程式は

$$\vec{m} \cdot \overrightarrow{\mathrm{AP}} = |\vec{m}|\mathrm{AP}\cos\theta$$

から導かれます（厳密には両辺の絶対値をとる）．

新しい回転軸 m と元の回転軸 z 軸のなす角を α とすると，新たに得られる円錐面 C_α は元の円錐面を角 α だけ傾けたものになりますね．このとき円錐面 C_α と xy 平面との交わりは，C_α の回転軸から角 α だけ傾けた法線をもつ平面で C_α を切った切り口の曲線を表します．アレクサンドリア時代の優れた幾何学者アポロニウス（Apollonius，前 262〜190 頃，ギリシャ）は，定規とコンパスだけを用いて，この切り口が円や楕円，放物線，双曲線であることを示しました．図は切り口が楕円の場合です．

かなりの発展問題になりますが，興味をもった人はこのことを確かめることによって，偉大な先人を偲びましょう．それを行うには，

$$\vec{m} = \begin{pmatrix} 0 \\ \sin\alpha \\ \cos\alpha \end{pmatrix}, \qquad \mathrm{A}(0,\ c\sin\alpha,\ c\cos\alpha) \quad (c > 0)$$

として，回転軸を $m: \begin{pmatrix} x \\ y \\ z \end{pmatrix} = \overrightarrow{\mathrm{OA}} + t\vec{m}$ とするのがわかりやすいでしょう．円錐面 C_α の方程式を $\vec{m} \cdot \overrightarrow{\mathrm{AP}} = |\vec{m}|\mathrm{AP}\cos\theta$ から求め，$z = 0$ とおくと xy 平面による切り口の方程式になります．$0 < \theta < 90°$ とすると，円錐面 C_α を yz 平面で切った切り口の 2 直線が y 軸に平行になるのは $\alpha = 90° - \theta$，$90° + \theta$ のときなので，$\alpha = 0$ のとき円，$0 < \alpha < 90° - \theta$ のとき楕円，$\alpha = 90° - \theta$ のとき放物線，$90° - \theta < \alpha < 90° + \theta$ のとき双曲線であることが確かめられるでしょう．

§8.3　空間ベクトルの技術

空間図形が関係する問題は一般に難しく，初等的解法をするのが嫌になることもあります．応用が広い技術をいくつか紹介しましょう．

8.3.1 図形と直線との交点

ある図形 A（直線，平面，球面など）と直線 ℓ の交点を求めるときは，A と ℓ の方程式を連立しますね．このとき直線 ℓ の方程式として

$$\ell : \frac{x-a}{l} = \frac{y-b}{m} = \frac{z-c}{n}$$

の形のものを直接使うのは多くの場合手間がかかります．このような場合には，直線のパラメータ表示

$$\ell : \begin{cases} x = a + lt \\ y = b + mt \\ z = c + nt \end{cases}$$

に直してから代入し，'時間' t の方程式にするとよいでしょう．すると，ℓ 上の動点 (x, y, z) が A に衝突する時間 $t = t_1$ が求まります．この t_1 を ℓ のパラメータ表示の t に代入すると，衝突した場所（交点）の (x, y, z) が求まります．このとき，交点が存在しない場合があることに注意しましょう．そのときは t の実数解はありません．

では，練習問題です．点 A(2, 3, 4) から平面 $\alpha : x + y + z = 6$ に下ろした垂線の足 H を求めよ．ヒント：垂線の方向ベクトルは平面 α の法線ベクトルにできますね．答は H(1, 2, 3) です．

8.3.2 点と平面の距離

空間上の 1 点 A から平面 α に下ろした垂線の足を H とします．垂線の長さ AH を求める問題で H の座標に無関係に求める解法があります．それは，§§7.7.4 で，平面上における点と直線の距離の公式を求めた方法と実質的に同じです．導き方も同じです．

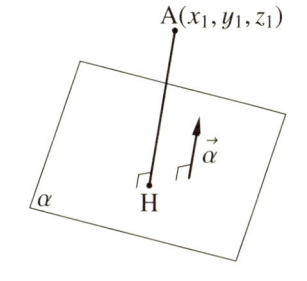

1 点を A(x_1, y_1, z_1)，平面を

$$\alpha : ax + by + cz + d = 0,$$

垂線の足を H(p, q, r) とすると，§§7.7.4 の導き方がほとんどそのまま使えます．
$$\mathrm{AH} = \frac{|ax_1 + by_1 + cz_1 + d|}{\sqrt{a^2 + b^2 + c^2}}$$
であることを確かめるのは練習問題にしましょう．

なお，平面 α の法線ベクトルを $\vec{\alpha} = \begin{pmatrix} a \\ b \\ c \end{pmatrix}$ として，
$$\vec{\alpha} \cdot \overrightarrow{\mathrm{HA}} = |\vec{\alpha}||\overrightarrow{\mathrm{HA}}|(\pm 1) = |\vec{\alpha}|h$$
とおくと，
$$h = \frac{ax_1 + by_1 + cz_1 + d}{\sqrt{a^2 + b^2 + c^2}} \qquad (|h| = \mathrm{AH})$$
と表されます．このとき，点 A が平面 α から $\vec{\alpha}$ が向く側にあるときは $h > 0$，反対側にあるときは $h < 0$ となります．h は「平面 α から見た点 A の高さ」と呼ばれ，垂線の足 H の座標や点 A の平面 α に関する対称点などを求めるときに役立ちます．

8.3.3 直線を含む平面

平面を決定する問題で，平面が直線を含む場合があります．直線上の適当な 2 点を求めて，それらが平面上にあるとするのがこの問題の正攻法ですが，それではかなり手間がかかります．今の場合，直線の方程式が連立方程式であることを利用すると，巧妙な方法を見いだします．

一般の直線 $\ell : \dfrac{x-a}{l} = \dfrac{y-b}{m} = \dfrac{z-c}{n}$ で議論しましょう．直線 ℓ がどのような平面に含まれるかは，それを連立方程式の形
$$\ell : \begin{cases} \alpha : \dfrac{x-a}{l} - \dfrac{y-b}{m} = 0 \\ \beta : \dfrac{y-b}{m} - \dfrac{z-c}{n} = 0 \end{cases}$$
に表せばわかります．

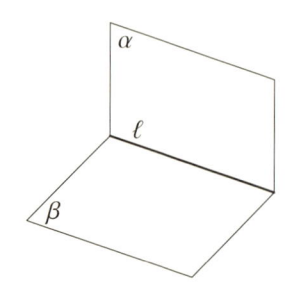

§8.3 空間ベクトルの技術

こんなふうに表すと，直線 ℓ は α と β の方程式を同時に満たす点 (x, y, z) の集合として表されたことになります．このとき，直線 ℓ 上の全ての点 (x, y, z) は，ℓ の方程式を満たすので，α と β の方程式も満たしますね．α と β は明らかに平面です．よって，'直線 ℓ 上の全ての点は平面 α 上にも β 上にもある'，つまり，'直線 ℓ は平面 α にも β にも含まれる' ことになります．逆の言い方をすると，'α と β は直線 ℓ を含む 2 平面であり，それらの交わり（共通部分）として直線 ℓ を定めている' ということです．2 つの曲面の交わりを **交線** というので，直線を表す連立方程式は直線を 2 つの平面の交線として表したことになります．

上の連立方程式にはそれと同値な連立方程式が無数に存在します．そのことはちょっとした細工をすればわかります：

$$\ell : \begin{cases} \alpha : \dfrac{x-a}{l} - \dfrac{y-b}{m} = 0 \\ B : p\left(\dfrac{x-a}{l} - \dfrac{y-b}{m}\right) + q\left(\dfrac{y-b}{m} - \dfrac{z-c}{n}\right) = 0 \end{cases} \quad (p, q(\neq 0) \text{ は実数})$$

平面 B の方程式の p の項は，α の方程式より $\dfrac{x-a}{l} - \dfrac{y-b}{m} = 0$ だから，無いのと同じです．よって，B の方程式は，α の方程式と連立する場合には，β の方程式に同値です．したがって，平面 α と平面 B の交線は直線 ℓ であり，平面 B は直線 ℓ を含むことになります．このように直線を連立方程式を用いて表す方法は 1 通りではありません．

この 1 通りでないことを逆手にとります．平面 B は（共には 0 でない）実数 p, q の '任意の値に対して' 直線 ℓ を含みます．実際，直線 ℓ 上の全ての点は，任意の実数 p, q に対して，B の方程式を満たします．その意味で，B は直線 ℓ を含む '平面の集団' を表しています．そして，その集団は直線 ℓ を回転軸として平面 α や β を回転すると得られます．実数 p, q （の比）を定めて直線 ℓ を含む平面を決定するには，例えば，（ℓ 上にない）任意の 1 点を通るという条件をつけ加えればよいでしょう．

最後に練習問題をやりましょう．直線 $x = y = z$ を含み点 $(1, 0, 0)$ を通る平面を求めよ．ヒント：B の方程式を利用します．答は $y - z = 0$ ですね．

8.3.4 外積

ベクトルとベクトルの積が，内積の場合と異なり，再びベクトルになるような積の定義があり，それを「外積」といいます．

8.3.4.1 平面の法線ベクトル

3点 A, B, C を通る平面 α の法線ベクトル $\vec{a}$ を求めるには，(ア) 平面の方程式の一般形 $ax+by+cz+d=0$ に 3 点の座標を代入して a, b, c, d の比を決定し，$\vec{a} = \begin{pmatrix} a \\ b \\ c \end{pmatrix}$ とするか，(イ) $\vec{a}$ は $\overrightarrow{AB}, \overrightarrow{AC}$ の両方に直交するので，$\vec{a} = \begin{pmatrix} x \\ y \\ z \end{pmatrix}$ などと未知のベクトルにしておいて，$\vec{a} \cdot \overrightarrow{AB} = 0$, $\vec{a} \cdot \overrightarrow{AC} = 0$ から x, y, z の比を求めるかのどちらかでしょう．

どちらの方法も未知数が 3 個以上なので計算には手こずります．そこで，君たちの多くは (イ) の方法をより洗練した方法で実行するために，「外積」という '2 つの空間ベクトルの両方に直交するベクトル' の求め方を習うことでしょう．また，外積は，ベクトルの長さの定義と組み合わせると，空間上の三角形の面積や四面体の体積の計算などを容易にするのに役立ち，それはまさに受験対策のためにあると思われるような方法です．

外積は，しかしながら，そんな程度の低俗なレベルのもののために考え出されたのではなく，それは科学・技術の発展の中から生まれてきたことを知る必要があります．

8.3.4.2 シーソー

我々は，§§7.5.3 で，物体の各部に働く重力の合力は全てその重心に働くかのように扱ってよいことを見ました．その力は物体を回転させるものではありませんね．今度は '物体を回転させる力' を調べてみましょう．

右図のシーソーの例で考えてみましょう．シーソーの端 A に子供が座りました．子供には重力 $\vec{f}$ が働くので，シーソーには中心 O の周りに左回り（反時計回り）に回転させる力が働きます．A と反対側の位置 B に大人が座りました．大人は重力 $\vec{F}$ を受け，シーソーに

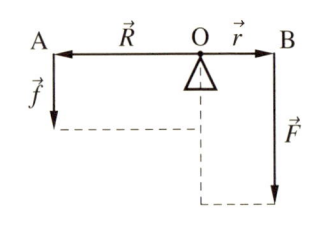

§8.3　空間ベクトルの技術　　　　　　　　　　　　　　　　　　　　**233**

は右回りに回転させる力が働きます．両者の回転させる力が釣り合うのはどんな場合でしょうか．君たちは，日常の経験から，「てこの原理」と呼ばれるその答を知っていますね．位置ベクトル $\vec{R} = \overrightarrow{OA}$, $\vec{r} = \overrightarrow{OB}$ を用いると，釣り合うのは

$$|\vec{R}||\vec{f}| = |\vec{r}||\vec{F}|$$

が成り立つ場合ですね．これを図形的にいうと，$\vec{R}$ と $\vec{f}$ が作る長方形の面積が $\vec{r}$ と $\vec{F}$ が作る長方形の面積に等しい場合です．ただし，この条件は回転の向きについては触れていないので，真の釣り合いの条件ではないことに注意しましょう．

　今の場合，（大人の例でいうと）位置ベクトル $\vec{r}$ と力ベクトル $\vec{F}$ は直交しており，それらの長さの積 $|\vec{r}||\vec{F}|$ は「力のモーメント」と呼ばれます．力のモーメントは '回転を引き起こす力に直接関係する量' として定義されました．残念ながら，この定義では，回転の向きを表すことができず，またそれらのベクトルが直交しない場合には適用できません．これらの事柄を考慮して，力のモーメントを一般化しましょう．

8.3.4.3　回転の向きを表す力のモーメント

　回転の向きを考慮し，また，位置ベクトル $\vec{r}$ と力ベクトル $\vec{F}$ が直交しない場合も想定して，力のモーメントを一般化することを考えましょう．それは $\vec{r}$ と $\vec{F}$ の 'ある種の積' を力のモーメントと考えれば可能です．簡単な場合から始めましょう．

　力が働いて物体が回転するとき，回転の中心となるのは，（ア）（シーソーのように固定された）回転軸か，（イ）物体の重心です．回転中心を原点 O として，xy 平面上の点 A を作用点とする xy 平面上の力 $\vec{F}$ が働いて回転を引き起こす場合を考えましょう（回転と関係のないことは無視します）．

　一般には位置ベクトル $\vec{r} = \overrightarrow{OA}$ と力 $\vec{F}$ は直交しません．その場合，$\vec{r}$ の $\vec{F}$ に直交する成分を $\vec{r'}$ とすると，力のモーメントの大きさは，てこの原理より，$|\vec{r'}||\vec{F}|$ で与えられます．この大きさは '$\vec{r}$ と $\vec{F}$ が作る平行四辺形（次ページの図の $\square$OABC）の面積' に等しくなりますね．

　さて，力 $\vec{F}$ による回転の向きを考えましょう．回転中心は原点 O で，$\vec{r}$ と $\vec{F}$

は共に xy 平面上にあるとしているので，物体の回転軸は z 軸です．よって，'回転軸は $\vec{r}$ と $\vec{F}$ の両方に直交' しています．このとき，回転の向きは（z 軸の正の方向から見て）右回りか左回りの 2 通りあります．どちらであるかは位置ベクトル $\vec{r}$ と力ベクトル $\vec{F}$ の相対的な向きの関係で決まります．$\vec{r}$ を（180°以内で）回転してその向きが $\vec{F}$ の向きと同じになるようにしましょう．その回転の向きは回転軸周りの回転の向きと同じですね．図の例は，その回転角を θ で表し，左回りを表すために回転角を表す弧に矢印をつけています．

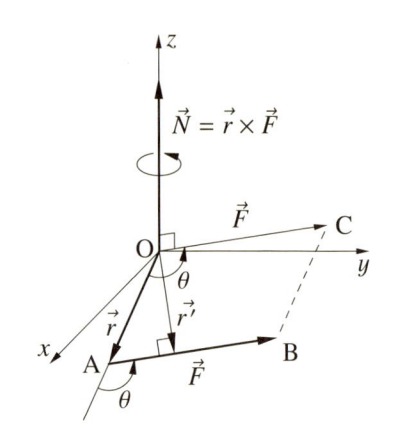

この回転軸と回転の向きの情報を力のモーメントにとり入れましょう．それを行うにはネジの回転を考えるとよいでしょう．ネジを板に刺して'右回りに回す'とネジは進みますね．ネジを回転軸上においてみましょう．ただし，ネジの先は，$\vec{r}$ を $\vec{F}$ と同じ向きになるように回転したときに，ネジが進む向きにとります．このようにおかれたネジはベクトルの向きの性質をもちます．そこで，力のモーメントを一般化してベクトルに昇格させ，そのベクトルの向きを回転軸におかれたネジの向きにとりましょう．こうすることによって，力 $\vec{F}$ が引き起こす回転の向きを'ベクトルとしての力のモーメント $\vec{N}$'の向きに対応させることができるわけです．

$\vec{N}$ は，その大きさが $\vec{r}$ と $\vec{F}$ が作る平行四辺形の面積なので，今の向きの議論とあわせると，ベクトルとして完全に定義されたことになります．そこで，一般の位置ベクトル $\vec{r}$ と力のベクトル $\vec{F}$ に対して力のモーメント $\vec{N}$ を定義することができます．$\vec{N}$ は $\vec{r}$ と $\vec{F}$ から作られたので

$$\vec{N} = \vec{r} \times \vec{F}$$

と表し，$\vec{r} \times \vec{F}$ を $\vec{r}$ と $\vec{F}$ の **外積** と呼ぶことにしましょう．外積 $\vec{r} \times \vec{F}$ は，その大きさが $\vec{r}$ と $\vec{F}$ が作る平行四辺形の面積に等しく，その向きは $\vec{r}$ と $\vec{F}$ の両方に直交し，かつ $\vec{r}$ を回転して $\vec{F}$ に重なるようにネジを回転させたときにネジが進む方向と定めます．

§8.3 空間ベクトルの技術

先にシーソーのところで，子供と大人に働く重力による回転の働きの釣り合いを議論しました．力のモーメントの外積表現を用いると，外積 $\vec{R}\times\vec{f}$ と $\vec{r}\times\vec{F}$ は大きさが等しく，向きは反対のベクトルになるので，シーソーの釣り合いは

$$\vec{R}\times\vec{f}+\vec{r}\times\vec{F}=\vec{0}$$

のように表現できます．左辺の外積の和は全体の力のモーメントが各モーメントの和として表されることを意味します．

なお，力のモーメント $\vec{N}=\vec{r}\times\vec{F}$ の議論において，力 $\vec{F}$ が k 倍になったとすると力のモーメントも k 倍になりますね．このことは，外積が実数倍について

$$\vec{r}\times(k\vec{F})=k(\vec{r}\times\vec{F})$$

の性質をもつことを意味します．これは k が負のときも成立します．

また，力 $\vec{F}$ に加えて力 $\vec{F'}$ が同じ点に働いた場合の全体の力のモーメントは，$\vec{r}\times\vec{F}+\vec{r}\times\vec{F'}$，または $\vec{F}$ と $\vec{F'}$ の合力を先に求めて，$\vec{r}\times(\vec{F}+\vec{F'})$ によって求められます．このことは，外積に対して，分配法則

$$\vec{r}\times(\vec{F}+\vec{F'})=\vec{r}\times\vec{F}+\vec{r}\times\vec{F'}$$

が成り立つことを要請しています．

8.3.4.4 外積の演算法則

力のモーメント $\vec{N}=\vec{r}\times\vec{F}$ の話はひとまず終えて，一般のベクトル $\vec{a}$ と $\vec{b}$ の外積 $\vec{c}=\vec{a}\times\vec{b}$ の演算法則を確認しましょう．それがわかると外積の表現，つまり成分表示ができるようになります．

外積 $\vec{a}\times\vec{b}$ は，その大きさが $\vec{a}$ と $\vec{b}$ が作る平行四辺形の面積に等しく，その向きは $\vec{a}$ を $\vec{b}$ と同じ向きになるように回転したときにネジが進む方向であると定めましょう．この定義は外積 $\vec{a}\times\vec{b}$ が $\vec{a}$ と $\vec{b}$ の両方に直交することを含みます．

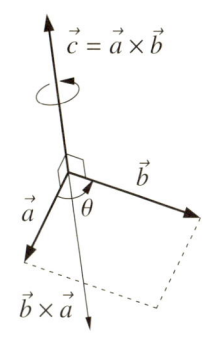

外積は，力のモーメントのところで触れたように，実数倍について

$$\vec{a}\times(k\vec{b})=k(\vec{a}\times\vec{b})$$

の性質をもち，また，分配法則

$$\vec{a} \times (\vec{b} + \vec{c}) = \vec{a} \times \vec{b} + \vec{a} \times \vec{c}$$

を満たします．これらの性質は外積の定義から直接導くこともできます．

外積 $\vec{a} \times \vec{b}$ と $\vec{b} \times \vec{a}$ は同じものでしょうか．両ベクトルは，同じ長さで，共に $\vec{a}$ と $\vec{b}$ の両方に直交します．しかしながら，$\vec{a}$ を $\vec{b}$ と同じ向きにする回転角を $+\theta$ とすると，$\vec{b}$ を $\vec{a}$ と同じ向きにする回転角は $-\theta$ です．よって，両者は向きが反対になり，外積は

$$\vec{a} \times \vec{b} = -(\vec{b} \times \vec{a})$$

という奇妙な性質をもつことがわかります．この性質は，君たちが初めて体験する'交換法則が成り立たない例'です．

この性質を上述の外積の基本性質に適用すると，（ベクトルの記号を適当に変えて）

$$(k\vec{a}) \times \vec{b} = k(\vec{a} \times \vec{b}), \quad (\vec{a} + \vec{b}) \times \vec{c} = \vec{a} \times \vec{c} + \vec{b} \times \vec{c}$$

が得られ，外積が関係する演算法則が完成します．

8.3.4.5　外積の成分表示

準備が整ったので，ベクトル $\vec{a}$, $\vec{b}$ の成分表示からそれらの外積 $\vec{a} \times \vec{b}$ の成分表示を求めましょう．

$$\vec{a} = \begin{pmatrix} a_1 \\ a_2 \\ a_3 \end{pmatrix}, \quad \vec{b} = \begin{pmatrix} b_1 \\ b_2 \\ b_3 \end{pmatrix}$$

とすると，それらは，基本ベクトル $\vec{e}_1$, $\vec{e}_2$, $\vec{e}_3$ を用いて

$$\vec{a} = a_1\vec{e}_1 + a_2\vec{e}_2 + a_3\vec{e}_3, \quad \vec{b} = b_1\vec{e}_1 + b_2\vec{e}_2 + b_3\vec{e}_3$$

と表されます．よって，$\vec{a} \times \vec{b}$ の計算は，外積の演算法則を用いて展開すると，基本ベクトルの外積計算に還元されますね．

例えば，基本ベクトル $\vec{e}_1$, $\vec{e}_2$ は，それぞれ，x 軸，y 軸の正の方向を向く長さ 1 のベクトルなので，外積 $\vec{e}_1 \times \vec{e}_2$ は z 軸の正の方向を向く長さ 1 のベクトル，つまり $\vec{e}_3$ になりますね：$\vec{e}_1 \times \vec{e}_2 = \vec{e}_3$．他の基本ベクトルの外積も同様に

§8.3 空間ベクトルの技術

考えて，
$$\vec{e}_1 \times \vec{e}_2 = \vec{e}_3, \quad \vec{e}_2 \times \vec{e}_1 = -\vec{e}_3,$$
$$\vec{e}_2 \times \vec{e}_3 = \vec{e}_1, \quad \vec{e}_3 \times \vec{e}_2 = -\vec{e}_1,$$
$$\vec{e}_3 \times \vec{e}_1 = \vec{e}_2, \quad \vec{e}_1 \times \vec{e}_3 = -\vec{e}_2,$$
$$\vec{e}_1 \times \vec{e}_1 = \vec{0}, \quad \vec{e}_2 \times \vec{e}_2 = \vec{0}, \quad \vec{e}_3 \times \vec{e}_3 = \vec{0}$$

が得られます．

これらの結果を用いると，多少の単純な計算の後
$$\vec{a} \times \vec{b} = (a_1\vec{e}_1 + a_2\vec{e}_2 + a_3\vec{e}_3) \times (b_1\vec{e}_1 + b_2\vec{e}_2 + b_3\vec{e}_3)$$
$$= (a_2b_3 - a_3b_2)\vec{e}_1 + (a_3b_1 - a_1b_3)\vec{e}_2 + (a_1b_2 - a_2b_1)\vec{e}_3$$

が得られ，したがって，外積の成分表示
$$\vec{a} \times \vec{b} = \begin{pmatrix} a_1 \\ a_2 \\ a_3 \end{pmatrix} \times \begin{pmatrix} b_1 \\ b_2 \\ b_3 \end{pmatrix} = \begin{pmatrix} a_2b_3 - a_3b_2 \\ a_3b_1 - a_1b_3 \\ a_1b_2 - a_2b_1 \end{pmatrix}$$

が得られます（確かめましょう）．

この成分表示を用いて外積 $\vec{a} \times \vec{b}$ が $\vec{a}, \vec{b}$ の両方に直交することを確かめることは内積を用いると簡単にできます．外積の大きさ $|\vec{a} \times \vec{b}|$ が $\vec{a}, \vec{b}$ の作る平行四辺形の面積に等しいことを確かめるには，$\vec{a}, \vec{b}$ の作る三角形の面積 S が公式

$$S = \frac{1}{2}\sqrt{|\vec{a}|^2|\vec{b}|^2 - \left(\vec{a} \cdot \vec{b}\right)^2}$$

で与えられることを用います．こちらのほうは結構大変ですが，確かめることを勧めます．

8.3.4.6 外積の応用

外積の成分表示は覚えにくいので，まず，$\vec{a} = \begin{pmatrix} a_1 \\ a_2 \\ a_3 \end{pmatrix}, \vec{b} = \begin{pmatrix} b_1 \\ b_2 \\ b_3 \end{pmatrix}$ の外積を簡単に計算する方法から始めましょう．次ページの表にあるように，$\vec{a}, \vec{b}$ の成分を縦に並べます．ただし，y, z, x, y 成分の順で y 成分は二度書きます．次に y, z

成分の積を表の実線や破線の組合せで計算します．実線の積 a_2b_3 から破線の積 a_3b_2 を引いた数が $\vec{a}\times\vec{b}$ の x 成分 $a_2b_3 - a_3b_2$ になります．このように一見奇妙な計算になったことは $\vec{e}_2\times\vec{e}_3 = \vec{e}_1$, $\vec{e}_3\times\vec{e}_2 = -\vec{e}_1$ に起因します．他の成分についても同様にして外積の成分表示が得られます．

$$
\begin{array}{c|ccc}
 & \vec{a} & \vec{b} & \vec{a}\times\vec{b} \\
y: & a_2 & b_2 & a_2b_3 - a_3b_2 \\
z: & a_3 & b_3 & a_3b_1 - a_1b_3 \\
x: & a_1 & b_1 & a_1b_2 - a_2b_1 \\
y: & a_2 & b_2 &
\end{array}
$$

では，練習です．$\begin{pmatrix}1\\2\\3\end{pmatrix} \times \begin{pmatrix}4\\3\\2\end{pmatrix}$ を求めよ．答は $\begin{pmatrix}-5\\10\\-5\end{pmatrix} = -5\begin{pmatrix}1\\-2\\1\end{pmatrix}$ ですね．

外積 $\vec{a}\times\vec{b}$ の大きさが $\vec{a}, \vec{b}$ の作る平行四辺形の面積に等しいことから，空間の三角形の面積の公式が得られます．△ABC の面積は

$$S = \frac{1}{2}\left|\overrightarrow{AB} \times \overrightarrow{AC}\right|.$$

君たちが外積を利用するのは，ほとんどの場合，平面の法線ベクトルを求めるときか三角形の面積を求めるときでしょう．

最後に挑戦問題です．四面体 ABCD の体積 V は，外積と内積を用いて

$$V = \frac{1}{2}\cdot\frac{1}{3}\left|(\overrightarrow{AB}\times\overrightarrow{AC})\cdot\overrightarrow{AD}\right|$$

と表されることを示せ．ノーヒントです．本気でやってみよう．

第9章　行列と線形変換

　未知数が3個の3元連立1次方程式を解いたことがあるでしょう．手こずりませんでしたか？　多元連立1次方程式を最も合理的に解く方法を求めて，17世紀に「行列式」(determinant) が生まれ，やがて「行列」(matrix) の理論に発展しました．
　2元連立1次方程式

$$\begin{cases} ax + by = p \\ cx + dy = q \end{cases}$$

の解は

$$x = \frac{pd - qb}{ad - bc}, \quad y = \frac{aq - cp}{ad - bc}$$

ですが，2次の行列式を

$$\begin{vmatrix} a & b \\ c & d \end{vmatrix} = ad - bc$$

と定義すると，解は

$$x = \frac{\begin{vmatrix} p & b \\ q & d \end{vmatrix}}{\begin{vmatrix} a & b \\ c & d \end{vmatrix}}, \quad y = \frac{\begin{vmatrix} a & p \\ c & q \end{vmatrix}}{\begin{vmatrix} a & b \\ c & d \end{vmatrix}}$$

のように表されます．n元連立1次方程式の解に対応するには，この2次の行列式を，n個の未知数に対する$n \times n$個の係数から作られるn次の行列式に一般化すればよいわけです．
　日本の数学者 関孝和（1642頃～1708）の1683年の手稿によると，彼は3～5次の行列式をドイツの指導的数学者ライプニッツ（Gottfried Wilhelm Leibniz, 1646～1716）に先駆けて見いだしたようです．

数学者は未知数の個数が方程式の個数に一致しない連立 1 次方程式も研究し，19 世紀にはケーリー（Arthur Cayley，1821〜1895，イギリス）によって行列の理論が構築されました．先ほどの 2 元連立 1 次方程式 $ax + by = p$, $cx + dy = q$ は，後ほど示されるように，

$$\begin{pmatrix} a & b \\ c & d \end{pmatrix} \begin{pmatrix} x \\ y \end{pmatrix} = \begin{pmatrix} p \\ q \end{pmatrix}$$

と表すことができ，そのとき現れる $\begin{pmatrix} a & b \\ c & d \end{pmatrix}$ が 2 行 2 列の行列です．行列の理論は連立 1 次方程式の研究に用いられるだけでなく，解析学，物理学の多くの問題にも適用され，それらを君たちは「線形代数」という大学の講義で習うことでしょう．

我々はベクトルの変換から行列に入っていきましょう．

§9.1　線形変換と行列

簡単のため，この § で考えるベクトルは平面ベクトル，行列は 2 行 2 列の行列に限定しましょう．よって，任意の行列といった場合でも 2 行 2 列のものと見なしてください．行列の一般化は次の § で行います．

9.1.1　線形変換の例

9.1.1.1　対称移動

xy 平面上の点 $P(x, y)$ を点 $P'(x', y')$ に移動する変換 f を考えましょう．この変換 f を

$$P' = f(P)$$

または位置ベクトル $\overrightarrow{OP} = \begin{pmatrix} x \\ y \end{pmatrix}$, $\overrightarrow{OP'} = \begin{pmatrix} x' \\ y' \end{pmatrix}$ を用いて

$$\begin{pmatrix} x' \\ y' \end{pmatrix} = f \begin{pmatrix} x \\ y \end{pmatrix}$$

と表しましょう．このとき f は，点 P に点 P' を対応させる，またはベクトル $\begin{pmatrix} x \\ y \end{pmatrix}$ にベクトル $\begin{pmatrix} x' \\ y' \end{pmatrix}$ を対応させる働きがあるので，'一般化された関数' と見なすことができます．

§9.1 線形変換と行列

例えば，P$'(x', y')$ が点 P(x, y) を x 軸に関して折り返した点であるとき，$x' = x$, $y' = -y$ なので

$$\begin{pmatrix} x' \\ y' \end{pmatrix} = f \begin{pmatrix} x \\ y \end{pmatrix} = \begin{pmatrix} x \\ -y \end{pmatrix}$$

と表されます．また，P$'$ が点 P に原点対称な点であるときは

$$\begin{pmatrix} x' \\ y' \end{pmatrix} = f \begin{pmatrix} x \\ y \end{pmatrix} = \begin{pmatrix} -x \\ -y \end{pmatrix}$$

ですね．

では，簡単な練習問題です．P$'$ が点 P を直線 $y = x$ に関して折り返した点であるとき，$f\begin{pmatrix} x \\ y \end{pmatrix}$ を求めよ．答は $f\begin{pmatrix} x \\ y \end{pmatrix} = \begin{pmatrix} y \\ x \end{pmatrix}$ ですね．

9.1.1.2 回転

点を原点の周りに角 θ だけ回転する変換 f を特に f_θ とし，$\begin{pmatrix} x' \\ y' \end{pmatrix} = f_\theta \begin{pmatrix} x \\ y \end{pmatrix}$ を求めましょう．点 P(x, y) と原点 O の距離を r，半直線 OP と x 軸とのなす角を α として，三角関数の知識を使うのが簡明です．すると

$$\begin{pmatrix} x \\ y \end{pmatrix} = r \begin{pmatrix} \cos \alpha \\ \sin \alpha \end{pmatrix}, \quad \begin{pmatrix} x' \\ y' \end{pmatrix} = r \begin{pmatrix} \cos (\alpha + \theta) \\ \sin (\alpha + \theta) \end{pmatrix}$$

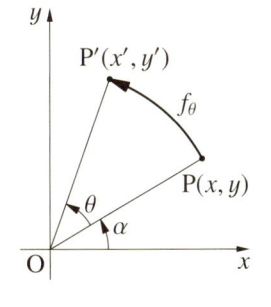

と表されますね．ここで，加法定理を用いると

$$r \begin{pmatrix} \cos (\alpha + \theta) \\ \sin (\alpha + \theta) \end{pmatrix} = r \begin{pmatrix} \cos \alpha \cos \theta - \sin \alpha \sin \theta \\ \sin \alpha \cos \theta + \cos \alpha \sin \theta \end{pmatrix} = \begin{pmatrix} r \cos \alpha \cos \theta - r \sin \alpha \sin \theta \\ r \sin \alpha \cos \theta + r \cos \alpha \sin \theta \end{pmatrix}$$

$$= \begin{pmatrix} x \cos \theta - y \sin \theta \\ y \cos \theta + x \sin \theta \end{pmatrix}$$

となるので，

$$\begin{pmatrix} x' \\ y' \end{pmatrix} = f_\theta \begin{pmatrix} x \\ y \end{pmatrix} = \begin{pmatrix} x \cos \theta - y \sin \theta \\ x \sin \theta + y \cos \theta \end{pmatrix}$$

であることがわかります．なお，この表式は $\begin{pmatrix} x \\ y \end{pmatrix}$ が任意のベクトルのときも成立します．

9.1.2 線形変換と表現行列

9.1.2.1 線形変換の基本法則

前の §§ の変換 f の特徴を調べましょう. $f\begin{pmatrix}x\\y\end{pmatrix}$ には，x, y の '1 次の項のみ' が現れ，定数項や 2 次以上の項は現れませんね. このような変換は，一般に

$$f\begin{pmatrix}x\\y\end{pmatrix} = \begin{pmatrix}ax+by\\cx+dy\end{pmatrix} \quad (a, b, c, d \text{ は定数}) \qquad (\text{線形表現})$$

の形のベクトルで表すことができ，**1 次変換** とか **線形変換** などと呼ばれます.

線形変換 f の特徴を見るために，その基本性質を導きましょう. それは次に述べる 2 つの性質に集約されます：
線形変換 f は，ベクトルをベクトルに変換し，$\vec{x}, \vec{y}$ を任意のベクトルとするとき，次の 2 つの性質を満たす：

1) $f(\vec{x}+\vec{y}) = f(\vec{x}) + f(\vec{y})$,
2) $f(k\vec{x}) = kf(\vec{x})$ 　　(k は任意の実数).

これは非常にすっきりした表現で，通常はこれがむしろ線形変換 f の定義とされます. 上の（線形表現）$f\begin{pmatrix}x\\y\end{pmatrix} = \begin{pmatrix}ax+by\\cx+dy\end{pmatrix}$ が性質 1), 2) と同値であることを示しましょう. $\vec{x} = \begin{pmatrix}x_1\\x_2\end{pmatrix}, \vec{y} = \begin{pmatrix}y_1\\y_2\end{pmatrix}$ とすると，（線形表現）より

$$f\left(\begin{pmatrix}x_1\\x_2\end{pmatrix} + \begin{pmatrix}y_1\\y_2\end{pmatrix}\right) = f\begin{pmatrix}x_1+y_1\\x_2+y_2\end{pmatrix} = \begin{pmatrix}a(x_1+y_1)+b(x_2+y_2)\\c(x_1+y_1)+d(x_2+y_2)\end{pmatrix}$$

$$= \begin{pmatrix}ax_1+bx_2\\cx_1+dx_2\end{pmatrix} + \begin{pmatrix}ay_1+by_2\\cy_1+dy_2\end{pmatrix}$$

$$= f\begin{pmatrix}x_1\\x_2\end{pmatrix} + f\begin{pmatrix}y_1\\y_2\end{pmatrix}.$$

また， $f\left(k\begin{pmatrix}x_1\\x_2\end{pmatrix}\right) = f\begin{pmatrix}kx_1\\kx_2\end{pmatrix} = \begin{pmatrix}akx_1+bkx_2\\ckx_1+dkx_2\end{pmatrix} = k\begin{pmatrix}ax_1+bx_2\\cx_1+dx_2\end{pmatrix}$

$$= kf\begin{pmatrix}x_1\\x_2\end{pmatrix}$$

が得られます. よって，1), 2) が成立することがわかります.

§9.1 線形変換と行列

逆に，基本性質 1), 2) から (線形表現) を導くのは君たちに任せます．ヒント：$f\begin{pmatrix}1\\0\end{pmatrix}$ と $f\begin{pmatrix}0\\1\end{pmatrix}$ は定ベクトルなので，それらを $\begin{pmatrix}a\\c\end{pmatrix}$, $\begin{pmatrix}b\\d\end{pmatrix}$ とおいて，$\begin{pmatrix}x\\y\end{pmatrix} = x\begin{pmatrix}1\\0\end{pmatrix} + y\begin{pmatrix}0\\1\end{pmatrix}$ を用いるとあっさりと導かれます．重要なので必ずやってね．

9.1.2.2 線形変換の表現行列

線形変換 $f\begin{pmatrix}x\\y\end{pmatrix} = \begin{pmatrix}ax+by\\cx+dy\end{pmatrix}$ の表現をもっとスッキリした '積の形' で表現することが考案されました：

$$f\begin{pmatrix}x\\y\end{pmatrix} = \begin{pmatrix}ax+by\\cx+dy\end{pmatrix} = \begin{pmatrix}a & b\\c & d\end{pmatrix}\begin{pmatrix}x\\y\end{pmatrix}. \qquad \text{(変換の行列表現)}$$

つまり，行と列の並び $\begin{pmatrix}a & b\\c & d\end{pmatrix}$ とベクトル $\begin{pmatrix}x\\y\end{pmatrix}$ の積が $\begin{pmatrix}ax+by\\cx+dy\end{pmatrix}$ であるように定義します[1]．この式を眺めると，$\begin{pmatrix}a & b\\c & d\end{pmatrix}$ は，変換 f を表すように見えることから，f の **表現行列** と呼ばれます．そのことは $f : \begin{pmatrix}a & b\\c & d\end{pmatrix}$ と表されますが，表現行列の意味を正しく理解するには

$$f\begin{pmatrix}x\\y\end{pmatrix} = \begin{pmatrix}a & b\\c & d\end{pmatrix}\begin{pmatrix}x\\y\end{pmatrix} \Leftrightarrow f : \begin{pmatrix}a & b\\c & d\end{pmatrix}$$

であることを忘れてはいけません．

この表現行列は「2 行 2 列の行列」または **2 × 2 行列** と呼ばれます．行列の各文字を行列の **成分** といい，例えば a は第 1 行第 1 列の成分なので (1, 1) 成分，c は第 2 行第 1 列の成分なので (2, 1) 成分などと呼ばれます．

---

[1] 積 $\begin{pmatrix}a & b\\c & d\end{pmatrix}\begin{pmatrix}x\\y\end{pmatrix}$ の計算法のコツは，$\begin{pmatrix}a & b\\c & d\end{pmatrix}$ を行ベクトル $(a\ \ b)$ と $(c\ \ d)$ を並べた $\begin{pmatrix}(a & b)\\(c & d)\end{pmatrix}$ と見て，積 $(a\ \ b)\begin{pmatrix}x\\y\end{pmatrix}$ が $ax+by$ になり，積 $(c\ \ d)\begin{pmatrix}x\\y\end{pmatrix}$ が $cx+dy$ になると考えて

$$\begin{pmatrix}(a & b)\\(c & d)\end{pmatrix}\begin{pmatrix}x\\y\end{pmatrix} = \begin{pmatrix}(a & b)\begin{pmatrix}x\\y\end{pmatrix}\\(c & d)\begin{pmatrix}x\\y\end{pmatrix}\end{pmatrix}$$

のように見るのがよいでしょう．このような見方は今後になされる行列の積の一般化の基本になるものです．

前の §§ で議論した，点やベクトルを角 θ だけ回転する変換 f_θ については，

$$\begin{pmatrix} x' \\ y' \end{pmatrix} = f_\theta \begin{pmatrix} x \\ y \end{pmatrix} = \begin{pmatrix} x\cos\theta - y\sin\theta \\ x\sin\theta + y\cos\theta \end{pmatrix} = \begin{pmatrix} \cos\theta & -\sin\theta \\ \sin\theta & \cos\theta \end{pmatrix} \begin{pmatrix} x \\ y \end{pmatrix}$$

となるので，f_θ の表現行列は $\begin{pmatrix} \cos\theta & -\sin\theta \\ \sin\theta & \cos\theta \end{pmatrix}$ です．この回転を表す 1 次変換 f_θ はしばしば利用されるので，その表現行列を R_θ と略記しましょう：

$$f_\theta : R_\theta = \begin{pmatrix} \cos\theta & -\sin\theta \\ \sin\theta & \cos\theta \end{pmatrix}.$$

2 つの線形変換 $f : \begin{pmatrix} a & b \\ c & d \end{pmatrix}$ と $g : \begin{pmatrix} e & f \\ g & h \end{pmatrix}$ が同じになるは，当然のことながら，それらの表現行列の各成分が一致する場合ですね：

$$\begin{pmatrix} a & b \\ c & d \end{pmatrix} = \begin{pmatrix} e & f \\ g & h \end{pmatrix} \Leftrightarrow a = e,\ b = f,\ c = g,\ d = h.$$

9.1.3 行列の演算

行列は実数に似たところもあります．行列の実数倍・和・積・商などの演算の性質を議論しましょう．

9.1.3.1 行列の実数倍

任意の実数 k に対して

$$k \begin{pmatrix} a & b \\ c & d \end{pmatrix} \begin{pmatrix} x \\ y \end{pmatrix} = k \begin{pmatrix} ax + by \\ cx + dy \end{pmatrix} = \begin{pmatrix} kax + kby \\ kcx + kdy \end{pmatrix}$$
$$= \begin{pmatrix} ka & kb \\ kc & kd \end{pmatrix} \begin{pmatrix} x \\ y \end{pmatrix}$$

が成立しますね．このときベクトル $\begin{pmatrix} x \\ y \end{pmatrix}$ は任意なので，次ページの脚注の議論からわかるように，$\begin{pmatrix} x \\ y \end{pmatrix}$ をとり除くことができ

$$k \begin{pmatrix} a & b \\ c & d \end{pmatrix} = \begin{pmatrix} ka & kb \\ kc & kd \end{pmatrix}$$

§9.1 線形変換と行列

と表すことができます[2]. 行列の実数倍は，ベクトルの実数倍と同様に，各成分を実数倍したものと同じです．

行列の実数倍の演算法則がベクトルの場合と同様に成り立ちます．行列を表す簡略記号 A などを用いると，任意の実数 p, q に対して

$$p(qA) = (pq)A$$

です．これは A を $\begin{pmatrix} a & b \\ c & d \end{pmatrix}$ などと成分で表してみるとほぼ明らかでしょう．

9.1.3.2 行列の和

線形変換を $f : \begin{pmatrix} a+e & b+f \\ c+g & d+h \end{pmatrix}$ とすると

$$\begin{pmatrix} a+e & b+f \\ c+g & d+h \end{pmatrix}\begin{pmatrix} x \\ y \end{pmatrix} = \begin{pmatrix} (a+e)x + (b+f)y \\ (c+g)x + (d+h)y \end{pmatrix} = \begin{pmatrix} ax+by \\ cx+dy \end{pmatrix} + \begin{pmatrix} ex+fy \\ gx+hy \end{pmatrix}$$

$$= \begin{pmatrix} a & b \\ c & d \end{pmatrix}\begin{pmatrix} x \\ y \end{pmatrix} + \begin{pmatrix} e & f \\ g & h \end{pmatrix}\begin{pmatrix} x \\ y \end{pmatrix}$$

が成り立ちます．これもベクトルを省略して

$$\begin{pmatrix} a & b \\ c & d \end{pmatrix} + \begin{pmatrix} e & f \\ g & h \end{pmatrix} = \begin{pmatrix} a+e & b+f \\ c+g & d+h \end{pmatrix}$$

と表すと，行列の和は各成分の和として定義できることがわかります．

成分が全て 0 の行列 $\begin{pmatrix} 0 & 0 \\ 0 & 0 \end{pmatrix}$ は O で表し，**零行列** または **ゼロ行列** と呼ばれます．O は任意の行列 A に対して

$$A + O = O + A = A$$

となりますね．

---

[2] $\begin{pmatrix} x \\ y \end{pmatrix}$ が任意のベクトルのとき

$$\begin{pmatrix} a & b \\ c & d \end{pmatrix}\begin{pmatrix} x \\ y \end{pmatrix} = \begin{pmatrix} e & f \\ g & h \end{pmatrix}\begin{pmatrix} x \\ y \end{pmatrix} \Leftrightarrow \begin{pmatrix} ax+by \\ cx+dy \end{pmatrix} = \begin{pmatrix} ex+fy \\ gx+hy \end{pmatrix} \Leftrightarrow \begin{cases} ax+by = ex+fy \\ cx+dy = gx+hy \end{cases}$$

において，x, y は任意なので，$y = 0$ とか $x = 0$ などとして係数比較をすると

$$\begin{pmatrix} a & b \\ c & d \end{pmatrix} = \begin{pmatrix} e & f \\ g & h \end{pmatrix}$$

が導かれ，ベクトル $\begin{pmatrix} x \\ y \end{pmatrix}$ をとり除いてもよいことがわかります．

ベクトルの場合と同様に，行列の和の演算法則が成り立ちます．行列を表す簡略記号 A, B, C などを用いると

$$A + B = B + A, \qquad\qquad (交換法則)$$
$$(A + B) + C = A + (B + C) \qquad\qquad (結合法則)$$

です．行列の成分を考えると，これらを示すのは簡単な練習問題でしょう．

行列の実数倍と組み合わせると分配法則が成り立ちます．任意の行列 A, B と実数 p, q に対して

$$(p + q)A = pA + qA, \qquad p(A + B) = pA + pB$$

です．これも練習問題にしましょう．

9.1.3.3 行列の積

§§3.7.2.2 で合成関数 $f \circ g(x) = f(g(x))$ を学びましたね．ここでは変数がベクトルになった場合を学びましょう．2 つの線形変換 $f : A = \begin{pmatrix} a & b \\ c & d \end{pmatrix}$, $g : B = \begin{pmatrix} p & r \\ q & s \end{pmatrix}$ を g, f の順に行った合成変換

$$f \circ g \begin{pmatrix} x \\ y \end{pmatrix} = f \left(g \begin{pmatrix} x \\ y \end{pmatrix} \right) = A \left(B \begin{pmatrix} x \\ y \end{pmatrix} \right)$$

を考えます．

$$B \begin{pmatrix} x \\ y \end{pmatrix} = \begin{pmatrix} p & r \\ q & s \end{pmatrix} \left(x \begin{pmatrix} 1 \\ 0 \end{pmatrix} + y \begin{pmatrix} 0 \\ 1 \end{pmatrix} \right) = x \begin{pmatrix} p \\ q \end{pmatrix} + y \begin{pmatrix} r \\ s \end{pmatrix}$$

より

$$A \left(B \begin{pmatrix} x \\ y \end{pmatrix} \right) = \begin{pmatrix} a & b \\ c & d \end{pmatrix} \left(\begin{pmatrix} p & r \\ q & s \end{pmatrix} \begin{pmatrix} x \\ y \end{pmatrix} \right) = \begin{pmatrix} a & b \\ c & d \end{pmatrix} \left(x \begin{pmatrix} p \\ q \end{pmatrix} + y \begin{pmatrix} r \\ s \end{pmatrix} \right)$$

$$= x \begin{pmatrix} ap + bq \\ cp + dq \end{pmatrix} + y \begin{pmatrix} ar + bs \\ cr + ds \end{pmatrix} = \begin{pmatrix} (ap + bq)\,x + (ar + bs)\,y \\ (cp + dq)\,x + (cr + ds)\,y \end{pmatrix}$$

$$= \begin{pmatrix} ap + bq & ar + bs \\ cp + dq & cr + ds \end{pmatrix} \begin{pmatrix} x \\ y \end{pmatrix}$$

が成り立ちます．

§9.1 線形変換と行列

最後の行列 $\begin{pmatrix} ap+bq & ar+bs \\ cp+dq & cr+ds \end{pmatrix}$ は複雑です．そこで，それを

$$\begin{pmatrix} ap+bq & ar+bs \\ cp+dq & cr+ds \end{pmatrix} = \begin{pmatrix} a & b \\ c & d \end{pmatrix}\begin{pmatrix} p & r \\ q & s \end{pmatrix} = AB$$

のように表し，行列の積であると考えてみましょう[3]．つまり，これが行列の積の定義であるとするわけです．

このように積を定義すると

$$A\left(B\begin{pmatrix} x \\ y \end{pmatrix}\right) = (AB)\begin{pmatrix} x \\ y \end{pmatrix} \qquad (*)$$

が成り立ちます．

この等式から行列の積についての基本性質

$$A(BC) = (AB)C \qquad \text{（結合法則）}$$

が導かれます．$\begin{pmatrix} x \\ y \end{pmatrix}$ は任意のベクトルなので，それに行列 C を掛けたベクトル $C\begin{pmatrix} x \\ y \end{pmatrix}$ で置き換えても等式は成立します：

$$A\left(B\left(C\begin{pmatrix} x \\ y \end{pmatrix}\right)\right) = (AB)\left(C\begin{pmatrix} x \\ y \end{pmatrix}\right).$$

$(*)$ より，上式の左辺は $A\left((BC)\begin{pmatrix} x \\ y \end{pmatrix}\right) = (A(BC))\begin{pmatrix} x \\ y \end{pmatrix}$，右辺は $((AB)C)\begin{pmatrix} x \\ y \end{pmatrix}$ となるので

$$(A(BC))\begin{pmatrix} x \\ y \end{pmatrix} = ((AB)C)\begin{pmatrix} x \\ y \end{pmatrix}$$

---

[3] 行列の積 $\begin{pmatrix} a & b \\ c & d \end{pmatrix}\begin{pmatrix} p & r \\ q & s \end{pmatrix}$ の計算は，左側の $\begin{pmatrix} a & b \\ c & d \end{pmatrix}$ を行ベクトルを並べた $\begin{pmatrix} (a & b) \\ (c & d) \end{pmatrix}$，右側の $\begin{pmatrix} p & r \\ q & s \end{pmatrix}$ を列ベクトルを並べた $\left(\begin{pmatrix} p \\ q \end{pmatrix} \begin{pmatrix} r \\ s \end{pmatrix}\right)$ と見て，$(a \ b)\begin{pmatrix} p \\ q \end{pmatrix} = ap+bq$，$(c \ d)\begin{pmatrix} p \\ q \end{pmatrix} = cp+dq$ などに注意し，

$$\begin{pmatrix} (a & b) \\ (c & d) \end{pmatrix}\left(\begin{pmatrix} p \\ q \end{pmatrix}\begin{pmatrix} r \\ s \end{pmatrix}\right) = \begin{pmatrix} (a & b)\begin{pmatrix} p \\ q \end{pmatrix} & (a & b)\begin{pmatrix} r \\ s \end{pmatrix} \\ (c & d)\begin{pmatrix} p \\ q \end{pmatrix} & (c & d)\begin{pmatrix} r \\ s \end{pmatrix} \end{pmatrix}$$

と見るとよいでしょう．さらに，

$$\begin{pmatrix} a & b \\ c & d \end{pmatrix}\begin{pmatrix} p & r \\ q & s \end{pmatrix} = \left(\begin{pmatrix} a & b \\ c & d \end{pmatrix}\begin{pmatrix} p \\ q \end{pmatrix} \ \begin{pmatrix} a & b \\ c & d \end{pmatrix}\begin{pmatrix} r \\ s \end{pmatrix}\right)$$

と見なすこともできることに注意しましょう．

が成立します．$\begin{pmatrix}x\\y\end{pmatrix}$ は任意なので，それを除くと結合法則が得られます．

行列の積に関する他の演算法則

$$(A+B)C = AC+BC, \quad A(B+C) = AB+AC, \qquad (分配法則)$$
$$(pA)B = A(pB) = p(AB) \qquad (p は実数)$$

を示すには，行列の成分表示を用いて積を計算するほうが簡単でしょう．

なお，等式 $A\left(B\begin{pmatrix}x\\y\end{pmatrix}\right) = (AB)\begin{pmatrix}x\\y\end{pmatrix}$ は，線形変換の合成はまた線形変換であること，また線形変換 $f:A$, $g:B$ の合成変換 $f \circ g$ の表現行列は AB であることを示しています．合成変換を $f \circ g$ のように積の形で表した理由が納得できるでしょう．

ところで，$A = \begin{pmatrix}1 & -1\\-2 & 1\end{pmatrix}$, $B = \begin{pmatrix}2 & 1\\1 & 3\end{pmatrix}$ のとき，$AB = \begin{pmatrix}1 & -2\\-3 & 1\end{pmatrix}$, $BA = \begin{pmatrix}0 & -1\\-5 & 2\end{pmatrix}$ となるので，一般に，

$$AB \neq BA$$

であり，行列の積については，交換法則は成り立ちません．

では，ここで問題です．任意の行列 A と交換する行列 $C = \begin{pmatrix}k & l\\m & n\end{pmatrix}$ はあるか．あるとすれば，どんな形の行列か．ヒント：$A = \begin{pmatrix}a & b\\c & d\end{pmatrix}$ などと成分表示して，任意の実数 a, b, c, d に対して $AC = CA$ を（各成分で）満たす C を探すことになります．まず，$A = \begin{pmatrix}a & 0\\0 & 0\end{pmatrix}$ などとしておいて，k, l, m, n に条件をつけておくほうがよいでしょう．答は，k を任意の実数として，$C = k\begin{pmatrix}1 & 0\\0 & 1\end{pmatrix}$ です．特に $k = 0$ のとき C は零行列 O になりますね．

$\begin{pmatrix}1 & 0\\0 & 1\end{pmatrix}$ を 2 次の **単位行列** といい，I で表します．単位行列 I と $O = \begin{pmatrix}0 & 0\\0 & 0\end{pmatrix}$ の積に関する性質をまとめると，任意の行列 A に対して

$$AI = IA = A \quad 特に \quad I^2 = I,$$
$$AO = OA = O \quad 特に \quad O^2 = O$$

です．ただし，行列 A について，AA を A^2, A^2A を A^3, $\cdots$ のように表します．O, I は実数でいえば $0, 1$ に当たる行列ですね．

§9.1 線形変換と行列

行列の和や積の演算法則を見ると，行列は実数に似たところもあり，積の交換法則が成り立たないなど，違う点もありますね．決定的に違う点を示す例を挙げてみましょう．$A = \begin{pmatrix} 0 & 1 \\ 0 & 0 \end{pmatrix}$ のとき，$A^2 = \begin{pmatrix} 0 & 1 \\ 0 & 0 \end{pmatrix}^2$ を計算すると零行列 O になりますね．また $\begin{pmatrix} 0 & 0 \\ 1 & 0 \end{pmatrix}\begin{pmatrix} 0 & 0 \\ 0 & 1 \end{pmatrix} = O$ ですね．このように，行列にはそれ自身は O でなくとも積が O になる場合があります．行列の積の特殊性を示す例を考えるとき，行列 $\begin{pmatrix} 0 & 1 \\ 0 & 0 \end{pmatrix}$ と $\begin{pmatrix} 0 & 0 \\ 1 & 0 \end{pmatrix}$ が示す性質

$$\begin{pmatrix} 0 & 1 \\ 0 & 0 \end{pmatrix}\begin{pmatrix} a & b \\ c & d \end{pmatrix} = \begin{pmatrix} c & d \\ 0 & 0 \end{pmatrix}, \quad \text{よって} \quad \begin{pmatrix} 0 & 1 \\ 0 & 0 \end{pmatrix}\begin{pmatrix} a & b \\ 0 & 0 \end{pmatrix} = O,$$

$$\begin{pmatrix} 0 & 0 \\ 1 & 0 \end{pmatrix}\begin{pmatrix} a & b \\ c & d \end{pmatrix} = \begin{pmatrix} 0 & 0 \\ a & b \end{pmatrix}, \quad \text{よって} \quad \begin{pmatrix} 0 & 0 \\ 1 & 0 \end{pmatrix}\begin{pmatrix} 0 & 0 \\ c & d \end{pmatrix} = O$$

は参考になるでしょう．

9.1.3.4 行列の割り算

実数 a の逆数 a^{-1} に当たるものを，行列の演算で考えましょう．積の交換則 $AB = BA$ が成立しないことに注意して，

$$AX = I \quad \text{かつ} \quad XA = I$$

を満たす X が存在するとき，それを行列 A の **逆行列** と定義し，A^{-1} で表しましょう．したがって，

$$AA^{-1} = A^{-1}A = I$$

が成り立つ行列 A^{-1} が A の逆行列です．

行列 $A = \begin{pmatrix} a & b \\ c & d \end{pmatrix}$ と成分表示して，その逆行列 A^{-1} を求めましょう．A^{-1} を $\begin{pmatrix} p & r \\ q & s \end{pmatrix}$ などと成分表示して条件 $AA^{-1} = A^{-1}A = I$ に代入し，成分を決めるのはかなり骨が折れます．そこで，逆行列 A^{-1} が存在するとして，それが満たす条件，つまり，必要条件から A^{-1} を求めて，それが十分条件を満たすかどうかを調べることにしましょう．

求める必要条件は線形変換 $f : A$ とその逆変換 $f^{-1} : A^{-1}$ を考えると得られます.

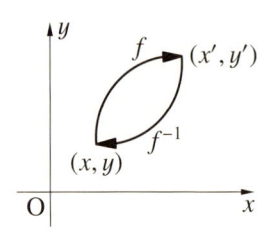

$$A\begin{pmatrix}x\\y\end{pmatrix} = \begin{pmatrix}x'\\y'\end{pmatrix}, \quad \begin{pmatrix}x\\y\end{pmatrix} = A^{-1}\begin{pmatrix}x'\\y'\end{pmatrix}$$

としましょう. A を成分表示しておいて, A から A^{-1} を導きましょう. $A = \begin{pmatrix}a & b\\c & d\end{pmatrix}$ とすると

$$\begin{pmatrix}a & b\\c & d\end{pmatrix}\begin{pmatrix}x\\y\end{pmatrix} = \begin{pmatrix}x'\\y'\end{pmatrix} \Leftrightarrow \begin{pmatrix}ax+by\\cx+dy\end{pmatrix} = \begin{pmatrix}x'\\y'\end{pmatrix} \Leftrightarrow \begin{cases}ax+by = x'\\cx+dy = y'\end{cases}$$

だから, 最後の連立方程式を x, y について解くと

$$x = \frac{x'd - y'b}{ad - bc}, \quad y = \frac{ay' - cx'}{ad - bc} \Leftrightarrow \begin{pmatrix}x\\y\end{pmatrix} = \frac{1}{ad - bc}\begin{pmatrix}x'd - y'b\\ay' - cx'\end{pmatrix}$$

$$\Leftrightarrow \begin{pmatrix}x\\y\end{pmatrix} = \frac{1}{ad - bc}\begin{pmatrix}d & -b\\-c & a\end{pmatrix}\begin{pmatrix}x'\\y'\end{pmatrix}$$

が得られます. これを $\begin{pmatrix}x\\y\end{pmatrix} = A^{-1}\begin{pmatrix}x'\\y'\end{pmatrix}$ と比較すると

$$A = \begin{pmatrix}a & b\\c & d\end{pmatrix} \text{ のとき } A^{-1} = \frac{1}{ad - bc}\begin{pmatrix}d & -b\\-c & a\end{pmatrix}$$

であることがわかります.

ここで, 上の A^{-1} は必要条件から得られたので注意が必要です. まず, $ad - bc = 0$ ならば 0 で割ることになるので, その場合には A の逆行列 A^{-1} は存在しません. $ad - bc$ は行列 $A = \begin{pmatrix}a & b\\c & d\end{pmatrix}$ の **行列式** と呼ばれ, $\det(A)$ や $|A|$ または $\begin{vmatrix}a & b\\c & d\end{vmatrix}$ などで表されます. A の逆行列がないのは A が零行列 O である場合に限らないので注意が必要です (逆行列をもたない行列の例を 3 つ挙げてみましょう). なお, 行列 A に逆行列 A^{-1} が存在するとき A は **正則** であるといいます.

次に, 上で得られた A^{-1} が逆行列の定義 $AA^{-1} = A^{-1}A = I$ を満たすことを確かめなければなりません. 練習問題として実際に計算してみましょう. 確か

§9.1 線形変換と行列

に満たすことが確認できますね．よって，正しい逆行列は必要条件から得られたものであることがわかりました．
　ここで，逆行列に関する 2 つの定理

$$(A^{-1})^{-1} = A, \qquad (AB)^{-1} = B^{-1}A^{-1}$$

を示すのを練習問題としましょう．証明方法は何通りもあります．前者の意味は明らかでしょう．後者は，線形変換 $f : A$, $g : B$ の合成変換 $f \circ g : AB$ によって点 P が P→Q→R と移されたとしたら，その逆変換 $(f \circ g)^{-1}$ は R→Q→P と移す変換 $g^{-1} \circ f^{-1}$ であることを述べています．

9.1.3.5　逆行列と線形変換

　逆行列の応用として，図形の線形変換を議論しておきましょう．曲線 C の方程式が $F(x, y) = 0$ と表されるとき，ベクトル $\begin{pmatrix} x \\ y \end{pmatrix}$ を用いてそれを

$$C : F\left(\begin{pmatrix} x \\ y \end{pmatrix}\right) = 0$$

と表しておきましょう．曲線 C が線形変換 $f : A$ によって曲線 C_f に移されたとき，C_f 上の点を (x, y) とすると，C_f の方程式は変数 x, y を用いて表されますね．このとき，(x, y) が C 上の点 (x_0, y_0) から $f : A$ によって移った点とすると，それらの点を表す位置ベクトルについて

$$\begin{pmatrix} x_0 \\ y_0 \end{pmatrix} = A^{-1} \begin{pmatrix} x \\ y \end{pmatrix}$$

の関係があります．このとき，(x_0, y_0) は C 上の点ですから，C の方程式について $F\left(A^{-1}\begin{pmatrix} x \\ y \end{pmatrix}\right) = 0$ が成り立ち，その $\begin{pmatrix} x \\ y \end{pmatrix}$ は C_f 上の点 (x, y) に対応する位置ベクトルです．したがって，その方程式は曲線 C_f を表す方程式になります：

$$C_f : F\left(A^{-1}\begin{pmatrix} x \\ y \end{pmatrix}\right) = 0.$$

よって，曲線 $C : F\left(\begin{pmatrix} x \\ y \end{pmatrix}\right) = 0$ を線形変換 $f : A$ によって移された曲線 C_f の方程式は，$F\left(\begin{pmatrix} x \\ y \end{pmatrix}\right) = 0$ の $\begin{pmatrix} x \\ y \end{pmatrix}$ を単に $A^{-1}\begin{pmatrix} x \\ y \end{pmatrix}$ で置き換えればよいことになります．このことを C の元の表現 $F(x, y) = 0$ に戻していうと，$F(x, y) = 0$ の変

数 x, y を $A^{-1}\begin{pmatrix}x\\y\end{pmatrix}$ の x, y 成分でそれぞれ置き換えると，$f:A$ で変換された曲線 C_f の方程式が得られるというわけです．§§5.3.1.3 の斜めの軸をもつ放物線や，§§5.3.2.4 の楕円の 45° 回転の問題を上の方法でやり直してみると非常にすっきりした議論になるでしょう．$R_{45}^{-1}\begin{pmatrix}x\\y\end{pmatrix}$ の x, y 成分がそれぞれ $\dfrac{x+y}{\sqrt{2}}$, $\dfrac{-x+y}{\sqrt{2}}$ となることを確認して，もう一度読み直してみましょう．

9.1.3.6 行列の累乗とケーリー・ハミルトンの定理

任意の行列 $A = \begin{pmatrix} a & b \\ c & d \end{pmatrix}$ に対して，その '2 次の' 多項式

$$f(A) = A^2 - (a+d)A + (ad-bc)I$$

を計算してみましょう．$f(A) = (A - aI)(A - dI) - bcI$ と変形しておくと少し簡単になるでしょう．なんと，零行列 O になりましたね．このことは，任意の行列 A に対して，

$$A^2 - (a+d)A + (ad-bc)I = O,$$

よって $$A^2 = (a+d)A - (ad-bc)I$$

が成り立つ，つまり A の '2 次の' 項 A^2 は A の 1 次式で表されることを意味します．同様に，上の等式を繰り返して用いると，A^n ($n = 3, 4, \cdots$) もやはり A の 1 次式で表されますね．したがって，'行列の多項式には次数の概念が基本的に$\overset{\cdot\cdot}{な}\overset{\cdot}{い}$' のです．

次数を持ち込むためには，例えば上の多項式に対して，始めに実数 x の 2 次の多項式

$$f(x) = x^2 - (a+d)x + (ad-bc)$$

を用意しておいて，その x を行列 A で置き換え，定数項に単位行列 I をつけた

$$f(A) = A^2 - (a+d)A + (ad-bc)I$$

を A の 2 次の多項式 $f(A)$ と定義します．一般の行列の多項式を定義するときも，同様に，実数の多項式から出発します．

§9.1 線形変換と行列

$f(x)$ については

$$\begin{aligned} f(x) &= x^2 - (a+d)x + (ad-bc) \\ &= (x-a)(x-d) - bc = (a-x)(d-x) - bc \\ &= \begin{vmatrix} a-x & b \\ c & d-x \end{vmatrix} \end{aligned}$$

のように 2 次の行列式で表され，さらに $A = \begin{pmatrix} a & b \\ c & d \end{pmatrix}$ だから

$$\begin{aligned} f(x) &= \begin{vmatrix} a-x & b \\ c & d-x \end{vmatrix} = \left| \begin{pmatrix} a & b \\ c & d \end{pmatrix} - x \begin{pmatrix} 1 & 0 \\ 0 & 1 \end{pmatrix} \right| \\ &= |A - xI| \end{aligned}$$

と表されることに注意しておきましょう．

任意の行列 $A = \begin{pmatrix} a & b \\ c & d \end{pmatrix}$ に対して

$$f(A) = A^2 - (a+d)A + (ad-bc)I = O$$

が成り立つことは **ケーリー・ハミルトンの定理** として知られています．$f(x)$ や $f(A)$ は行列の理論において重要な役割を演じます．

さて，任意の高次の行列の多項式 $F(A)$ を A の 1 次以下の式で表す簡単な方法を示しましょう．行列の多項式 $F(A)$ に対応する x の多項式 $F(x)$ を 2 次の多項式 $f(x) = x^2 - (a+d)x + (ad-bc)$ で割り，その商を $Q(x)$，余りを $R(x)$ としましょう：

$$F(x) = f(x)Q(x) + R(x).$$

ここで x を A で置き換えると，ケーリー・ハミルトンの定理より $f(A) = O$ だから

$$F(A) = R(A)$$

が成立します．$f(x)$ は 2 次なので $R(x)$ は 1 次以下，よって $R(A)$ も A の 1 次以下の式になります．

問題をやるとよくわかるでしょう．$A = \begin{pmatrix} 1 & 2 \\ 2 & 1 \end{pmatrix}$ のとき A^6 を求めよ．ヒント：$f(x) = x^2 - 2x - 3 = (x+1)(x-3)$ と $f(x)$ が因数分解されることを利用します．

$F(x) = x^6$ とおいて $f(x)$ で割り,商を $Q(x)$,余りを $R(x) = px + q$ とすると
$$F(x) = x^6 = (x+1)(x-3)Q(x) + px + q.$$
よって,$F(-1) = (-1)^6 = -p + q$,$F(3) = 3^6 = 3p + q$ より,$p = \dfrac{3^6 - 1}{4}$,$q = \dfrac{3^6 + 3}{4}$ が得られます.したがって,答は

$$\begin{aligned}A^6 = pA + qI &= \frac{3^6 - 1}{4}\begin{pmatrix} 1 & 2 \\ 2 & 1 \end{pmatrix} + \frac{3^6 + 3}{4}\begin{pmatrix} 1 & 0 \\ 0 & 1 \end{pmatrix} \\ &= \frac{1}{2}\begin{pmatrix} 3^6 + 1 & 3^6 - 1 \\ 3^6 - 1 & 3^6 + 1 \end{pmatrix}\end{aligned}$$

ですね.

§9.2 行列の一般化

行列の次数を2次から3次,$\cdots$,n 次と一般化しましょう.その次数は対象になっている問題の未知数や変数の個数に一致します.

9.2.1 連立1次方程式と行列

2元連立1次方程式
$$\begin{cases} ax + by = p \\ cx + dy = q \end{cases}$$
から始めましょう.2つのベクトルが等しいとはそれらの各成分が等しいことでしたね:$\begin{pmatrix} a \\ c \end{pmatrix} = \begin{pmatrix} b \\ d \end{pmatrix} \Leftrightarrow a = b,\ c = d$.このことを応用すると,連立方程式の各々をベクトルの各成分の方程式と見立てて,それをベクトル方程式のように表すことができます:
$$\begin{pmatrix} ax + by \\ cx + dy \end{pmatrix} = \begin{pmatrix} p \\ q \end{pmatrix}.$$
これを
$$\begin{pmatrix} a & b \\ c & d \end{pmatrix}\begin{pmatrix} x \\ y \end{pmatrix} = \begin{pmatrix} p \\ q \end{pmatrix}$$

§9.2 行列の一般化

と表しましょう．ただし，$\begin{pmatrix} a & b \\ c & d \end{pmatrix}$ と $\begin{pmatrix} x \\ y \end{pmatrix}$ の積の計算方法は行列とベクトルの積の定義に従うものとします．すると，$A = \begin{pmatrix} a & b \\ c & d \end{pmatrix}$ として，両辺に $A^{-1} = \begin{pmatrix} a & b \\ c & d \end{pmatrix}^{-1}$ を左側から掛けると，$A^{-1}A = I$ より

$$\begin{pmatrix} x \\ y \end{pmatrix} = \begin{pmatrix} a & b \\ c & d \end{pmatrix}^{-1} \begin{pmatrix} p \\ q \end{pmatrix} = \frac{1}{ad-bc} \begin{pmatrix} d & -b \\ -c & a \end{pmatrix} \begin{pmatrix} p \\ q \end{pmatrix}$$

$$= \frac{1}{ad-bc} \begin{pmatrix} pd-qb \\ aq-cp \end{pmatrix}$$

と正しい解が得られます．

このことは，x, y が単なる未知数であってもそれらを並べてベクトルとして扱うことができ，行列の演算方法に従って計算できることを意味します．もし方程式が不能や不定の場合は係数の行列 $\begin{pmatrix} a & b \\ c & d \end{pmatrix}$ の逆行列が存在しません[4]．

さらに，同じ係数をもつ 2 組の連立方程式

$$\begin{cases} ax + by = p \\ cx + dy = q \end{cases} \quad \begin{cases} az + bw = r \\ cz + dw = s \end{cases} \Leftrightarrow \begin{pmatrix} a & b \\ c & d \end{pmatrix} \begin{pmatrix} x \\ y \end{pmatrix} = \begin{pmatrix} p \\ q \end{pmatrix}, \quad \begin{pmatrix} a & b \\ c & d \end{pmatrix} \begin{pmatrix} z \\ w \end{pmatrix} = \begin{pmatrix} r \\ s \end{pmatrix}$$

を考えます．前の §§ で注意したように，行列と行列の積に関する特徴

$$\begin{pmatrix} a & b \\ c & d \end{pmatrix} \begin{pmatrix} x & z \\ y & w \end{pmatrix} = \left(\begin{pmatrix} a & b \\ c & d \end{pmatrix} \begin{pmatrix} x \\ y \end{pmatrix} \quad \begin{pmatrix} a & b \\ c & d \end{pmatrix} \begin{pmatrix} z \\ w \end{pmatrix} \right)$$

を逆手にとると，この 2 組の連立方程式は 1 つの行列の方程式

$$\begin{pmatrix} a & b \\ c & d \end{pmatrix} \begin{pmatrix} x & z \\ y & w \end{pmatrix} = \begin{pmatrix} p & r \\ q & s \end{pmatrix}$$

にまとめることができ，係数行列の逆行列を左から掛けて正しい解が得られます．このことから，行列はベクトルを並べたものと解釈でき，また，'ベクトルは行列の特別な場合' と見なすこともできます．

---

[4] 不能は方程式に解がないこと，不定は解が無数にあるために解が定まらないことです．不能の場合は $ad - bc = 0$ であり，不定の場合は，$a:c = b:d = p:q$ なので，$ad - bc = 0$ に加えて $\begin{pmatrix} pd - qb \\ aq - cp \end{pmatrix} = \vec{0}$ も成り立ちます．

また，不定な解をもつ方程式 $ax + by = p$ を

$$(a \quad b)\begin{pmatrix} x \\ y \end{pmatrix} = p$$

と表したとき，ベクトル $\begin{pmatrix} x \\ y \end{pmatrix}$ を特別な行列と見なしたわけですから，行ベクトル $(a \quad b)$ も行列と見なしましょう．

また，一般に不能な連立方程式

$$\begin{cases} ax + by = p \\ cx + dy = q \\ ex + fy = r \end{cases} \Leftrightarrow \begin{pmatrix} ax + by \\ cx + dy \\ ex + fy \end{pmatrix} = \begin{pmatrix} p \\ q \\ r \end{pmatrix} \text{ を } \begin{pmatrix} a & b \\ c & d \\ e & f \end{pmatrix}\begin{pmatrix} x \\ y \end{pmatrix} = \begin{pmatrix} p \\ q \\ r \end{pmatrix} \text{ と表し，}$$

3 行 2 列の行列なども考えることができます．左辺の行列とベクトルの積の計算方法は明らかでしょう．

3 つの方程式を連立して一般に解をもつものは 3 元の

$$\begin{cases} ax + by + cz = p \\ dx + ey + fz = q \\ gx + hy + iz = r \end{cases} \Leftrightarrow \begin{pmatrix} ax + by + cz \\ dx + ey + fz \\ gx + hy + iz \end{pmatrix} = \begin{pmatrix} p \\ q \\ r \end{pmatrix} \Leftrightarrow \begin{pmatrix} a & b & c \\ d & e & f \\ g & h & i \end{pmatrix}\begin{pmatrix} x \\ y \\ z \end{pmatrix} = \begin{pmatrix} p \\ q \\ r \end{pmatrix}$$

ですね．今度は 3 行 3 列の行列が現れました．

9.2.2 一般の行列

9.2.2.1 m 行 n 列の行列

前の §§ の議論から，一般の m 行 n 列の行列 ($m, n = 1, 2, 3, \cdots$) を考えることは意味がありそうです．行列の成分の数が多いときは，第 i 行，第 j 列にある (i, j) 成分を a_{ij} などと 2 重の添字をつけて表すのが便利です．すると m 行 n 列の行列 A は

$$A = \begin{pmatrix} a_{11} & a_{12} & \cdots & a_{1n} \\ a_{21} & a_{22} & \cdots & a_{2n} \\ \vdots & \vdots & \ddots & \vdots \\ a_{m1} & a_{m2} & \cdots & a_{mn} \end{pmatrix}$$

のように表すことができます．

§9.2 行列の一般化

ただし，いつでもこのように表すのは不便なので，(i, j) 成分で代表させて
$$A = (a_{ij})$$
のように表したりします．

m 行 n 列の行列を簡単のために **$m \times n$ 行列** といいます．特に，行と列が等しい $n \times n$ 行列を **n 次の正方行列**，$m \times 1$ 行列を「m 次の列ベクトル」，$1 \times n$ 行列を「n 次の行ベクトル」といいます．

さて，2×2 行列で成立した演算を一般の行列に拡張して定義しましょう．

行列 $A = (a_{ij})$ の全ての成分を p 倍して得られる行列を pA で表します：
$$A = (a_{ij}) \quad \text{のとき} \quad pA = (pa_{ij}).$$

2つの行列 A，B が共に $m \times n$ 行列のとき，行列 A，B は **同じ型** であるといいます．同じ $m \times n$ 型の行列 $A = (a_{ij})$，$B = (b_{ij})$ の対応する成分が全て等しいとき，A，B は等しいといい，$A = B$ で表します：
$$A = B \iff a_{ij} = b_{ij}. \quad (i = 1, 2, \cdots, m, \quad j = 1, 2, \cdots, n)$$

同じ型の2つの行列 A，B の対応する成分の和を成分とする行列を A と B の和といい，$A + B$ と書きます：
$$A = (a_{ij}), B = (b_{ij}) \quad \text{のとき} \quad A + B = (a_{ij} + b_{ij}).$$

なお，同じ型の行列 A，B の差 $A - B$ は和 $A + (-1)B$ と定めます．

9.2.2.2 行列の積

行列の積については，前の §§ で見たように，同じ型の正方行列の積の場合でなくても定義できます．方程式 $a_1 x_1 + a_2 x_2 + \cdots + a_n x_n = p$ を

$$\begin{pmatrix} a_1 & a_2 & \cdots & a_n \end{pmatrix} \begin{pmatrix} x_1 \\ x_2 \\ \vdots \\ x_n \end{pmatrix} = p$$

と表して，行ベクトルと列ベクトルの積を導入しましょう．この積はベクトルの内積に当たります．この行ベクトル，列ベクトルはそれぞれ $1 \times n$，$n \times 1$ 型の行列ですね．

2つの行列 $A = (a_{ij})$, $B = (b_{ij})$ の積 AB は，A, B がそれぞれ $m \times n$ 型，$n \times l$ 型の行列のとき定義できます．積 AB が表す行列を $C = (c_{ij})$ として

$$AB = \begin{pmatrix} a_{11} & a_{12} & \cdots & a_{1n} \\ a_{21} & a_{22} & \cdots & a_{2n} \\ \cdots\cdots\cdots\cdots\cdots\cdots \\ a_{m1} & a_{m2} & \cdots & a_{mn} \end{pmatrix} \begin{pmatrix} b_{11} & b_{12} & \vdots & b_{1l} \\ b_{21} & b_{22} & \vdots & b_{2l} \\ \vdots & \vdots & \vdots & \vdots \\ b_{n1} & b_{n2} & \vdots & b_{nl} \end{pmatrix} = C = (c_{ij}),$$

$$c_{ij} = \begin{pmatrix} a_{i1} & a_{i2} & \cdots & a_{in} \end{pmatrix} \begin{pmatrix} b_{1j} \\ b_{2j} \\ \vdots \\ b_{nj} \end{pmatrix} = a_{i1}b_{1j} + a_{i2}b_{2j} + \cdots + a_{in}b_{nj}$$

のように定義しましょう．このとき $C = AB$ は $m \times l$ 型の行列になります．この行列の積の定義はこれまで議論してきたものをそのまま一般化したものになっていますね．

　行列 A, B の積 $AB = C$ の (i, j) 成分 c_{ij} は多くの項の和になっています．こんな場合に便利な，また使い慣れると強い味方になる，和の記号 $\overset{シグマ}{\Sigma}$ を導入しましょう[5]．整数の変数 k に対して，k の式 $f(k)$ （例えば，$f(k) = k^2$，または $f(k) = a_k$ など）が与えられたとき

$$\sum_{k=m}^{n} f(k) = \begin{cases} f(m) + f(m+1) + f(m+2) + \cdots + f(n) & (m < n) \\ f(m) & (m = n) \end{cases}$$

と定義しましょう（$m > n$ のときは定義されません）．この Σ 記号を用いると $m \times n$ 型の行列 A と $n \times l$ 型の行列 B の積は

$$AB = (a_{ij})(b_{ij}) = \left(\sum_{k=1}^{n} a_{ik}b_{kj} \right)$$

のように表されます．

　では，ここで練習です．次の積を求めよ．

(i) $\begin{pmatrix} 2 & 0 & 1 \\ -2 & 1 & 3 \end{pmatrix} \begin{pmatrix} 2 & 0 \\ 0 & -1 \\ 1 & -2 \end{pmatrix}$, 　(ii) $\begin{pmatrix} p \\ q \\ r \end{pmatrix} \begin{pmatrix} a & b & c \end{pmatrix}$.

---

[5] Σ はギリシャ文字でローマ字の S に当たります．英語の Sum（和）の意味で Σ を使います．

(ii) のヒント：列ベクトルは 3×1 行列，行ベクトルは 1×3 行列ですから，積は 3×3 行列になります[6]．答は

$$(\text{i}) \begin{pmatrix} 5 & -2 \\ -1 & -7 \end{pmatrix}, \qquad (\text{ii}) \begin{pmatrix} pa & pb & pc \\ qa & qb & qc \\ ra & rb & rc \end{pmatrix}.$$

9.2.2.3　行列の演算法則

行列の和・実数倍・積の定義から得られる演算法則をまとめて列挙します．和について

$$A + B = B + A, \qquad (A + B) + C = A + (B + C).$$

実数倍について

$$(p + q)A = pA + qA, \qquad p(A + B) = pA + pB, \qquad p(qA) = (pq)A.$$

積について

$$(AB)C = A(BC), \qquad A(B + C) = AB + AC,$$
$$(A + B)C = AC + BC, \qquad p(AB) = (pA)B = A(pB).$$

このうち，積に関する結合法則 $(AB)C = A(BC)$ を除くと容易なので，それらの証明は君たちに任せます．$(AB)C = A(BC)$ を示すのに，A, B, C を成分表示しておいて，それらの積の行列を直接求めるのはいくら何でも無謀ですから，Σ をうまく活用しましょう．ただし，3 つの行列の積ですから 2 重の Σ が現れます．

証明に先立って，計算に必要な公式を導いておきましょう．

$$\sum_{k=1}^{n} x_k = x_1 + x_2 + \cdots + x_n, \qquad \sum_{l=1}^{n} x_l = x_1 + x_2 + \cdots + x_n.$$

$$\text{よって} \quad \sum_{k=1}^{n} x_k = \sum_{l=1}^{n} x_l.$$

つまり，Σ の変数は整数であれば何でもよいわけです．次に，

---

[6] これはただのお遊びではありません．大学で trace というものを習うと実際に現れます．

$$\sum_{k=1}^{n}(ax_k+by_k)=(ax_1+by_1)+(ax_2+by_2)+\cdots+(ax_n+by_n)$$
$$=(ax_1+ax_2+\cdots+ax_n)+(by_1+by_2+\cdots+by_n)=\sum_{k=1}^{n}ax_k+\sum_{k=1}^{n}by_k$$
$$=a(x_1+x_2+\cdots+x_n)+b(y_1+y_2+\cdots+y_n)=a\sum_{k=1}^{n}x_k+b\sum_{k=1}^{n}y_k.$$

よって $\sum_{k=1}^{n}(ax_k+by_k)=\sum_{k=1}^{n}ax_k+\sum_{k=1}^{n}by_k=a\sum_{k=1}^{n}x_k+b\sum_{k=1}^{n}y_k.$

注意すべきは
$$\sum_{k=1}^{n}(x_ky_l+x_ky_m)=\sum_{k=1}^{n}x_ky_l+\sum_{k=1}^{n}x_ky_m=\left(\sum_{k=1}^{n}x_k\right)y_l+\left(\sum_{k=1}^{n}x_k\right)y_m$$

です.k と l,m が無関係なので,y_l,y_m は x_k に対して定数です.

では,$(AB)C=A(BC)$ を示しましょう.$A=(a_{ij})$, $B=(b_{ij})$, $C=(c_{ij})$ をそれぞれ $m\times p$, $p\times q$, $q\times n$ 行列としましょう.積の行列 AB, BC の (i,j) 成分を表すのに記号 $(AB)_{ij}$, $(BC)_{ij}$ も用いましょう:

$$AB=\bigl((AB)_{ij}\bigr)=\left(\sum_{k=1}^{p}a_{ik}b_{kj}\right),\qquad BC=\bigl((BC)_{ij}\bigr)=\left(\sum_{l=1}^{q}b_{il}c_{lj}\right),$$
また, $(AB)_{il}=\sum_{k=1}^{p}a_{ik}b_{kl},\qquad (BC)_{kj}=\sum_{l=1}^{q}b_{kl}c_{lj}.$

これで準備ができました.$A(BC)$ から $(AB)C$ を導きます.

$$A(BC)=\left(\sum_{k=1}^{p}a_{ik}(BC)_{kj}\right)=\left(\sum_{k=1}^{p}a_{ik}\left(\sum_{l=1}^{q}b_{kl}c_{lj}\right)\right)$$
$$=\left(\sum_{k=1}^{p}a_{ik}(b_{k1}c_{1j}+b_{k2}c_{2j}+\cdots+b_{kq}c_{qj})\right)$$
$$=\left(\sum_{k=1}^{p}(a_{ik}b_{k1}c_{1j}+a_{ik}b_{k2}c_{2j}+\cdots+a_{ik}b_{kq}c_{qj})\right)$$
$$=\left(\sum_{k=1}^{p}a_{ik}b_{k1}c_{1j}+\sum_{k=1}^{p}a_{ik}b_{k2}c_{2j}+\cdots+\sum_{k=1}^{p}a_{ik}b_{kq}c_{qj}\right)$$
$$=\left(\left(\sum_{k=1}^{p}a_{ik}b_{k1}\right)c_{1j}+\left(\sum_{k=1}^{p}a_{ik}b_{k2}\right)c_{2j}+\cdots+\left(\sum_{k=1}^{p}a_{ik}b_{kq}\right)c_{qj}\right)$$
$$=\bigl((AB)_{i1}c_{1j}+(AB)_{i2}c_{2j}+\cdots+(AB)_{iq}c_{qj}\bigr)$$
$$=\left(\sum_{k=1}^{q}(AB)_{ik}c_{kj}\right)=(AB)C.$$

これで,$(AB)C=A(BC)$ が示されましたね.

9.2.3　3元連立1次方程式

　この章の始めに2元連立1次方程式の解を2次の行列式を用いて表しましたね．ここでは，3元連立1次方程式に対して同様のことを試みましょう．その際に直交するベクトルの内積が0であることを用いるので，先に2元連立方程式で練習しましょう．

　2元連立1次方程式

$$\begin{cases} ax + by = p \\ cx + dy = q \end{cases} \Leftrightarrow \begin{pmatrix} ax + by \\ cx + dy \end{pmatrix} = \begin{pmatrix} p \\ q \end{pmatrix} \Leftrightarrow x\begin{pmatrix} a \\ c \end{pmatrix} + y\begin{pmatrix} b \\ d \end{pmatrix} = \begin{pmatrix} p \\ q \end{pmatrix}$$

を考えます．最後の表式に注目しましょう．x の解を求めるには，ベクトル $\begin{pmatrix} b \\ d \end{pmatrix}$ に直交するベクトル，例えば $\begin{pmatrix} d \\ -b \end{pmatrix}$ を両辺に内積して，y の項を消去すればよいですね：

$$x(d \ -b)\begin{pmatrix} a \\ c \end{pmatrix} + y(d \ -b)\begin{pmatrix} b \\ d \end{pmatrix} = (d \ -b)\begin{pmatrix} p \\ q \end{pmatrix} \Leftrightarrow (ad - bc)x = pd - qb$$

$$\Leftrightarrow \begin{vmatrix} a & b \\ c & d \end{vmatrix} x = \begin{vmatrix} p & b \\ q & d \end{vmatrix}.$$

ここで，$\begin{vmatrix} a & b \\ c & d \end{vmatrix} = ad - bc$ は2次の行列式です．y の解を求めるのは君たちの練習にしましょう．

　3元連立1次方程式

$$\begin{cases} ax + by + cz = p \\ dx + ey + fz = q \\ gx + hy + iz = r \end{cases} \Leftrightarrow \begin{pmatrix} ax + by + cz \\ dx + ey + fz \\ gx + hy + iz \end{pmatrix} = \begin{pmatrix} p \\ q \\ r \end{pmatrix} \Leftrightarrow x\begin{pmatrix} a \\ d \\ g \end{pmatrix} + y\begin{pmatrix} b \\ e \\ h \end{pmatrix} + z\begin{pmatrix} c \\ f \\ i \end{pmatrix} = \begin{pmatrix} p \\ q \\ r \end{pmatrix}$$

も同様に考えます．x の解を求めるには空間ベクトル $\begin{pmatrix} b \\ e \\ h \end{pmatrix}$, $\begin{pmatrix} c \\ f \\ i \end{pmatrix}$ の両方に直交するベクトルが必要です．このようなベクトルは §§8.3.4.5 で学んだ外積ですね．よって，外積

$$\begin{pmatrix} b \\ e \\ h \end{pmatrix} \times \begin{pmatrix} c \\ f \\ i \end{pmatrix} = \begin{pmatrix} ei - hf \\ hc - bi \\ bf - ec \end{pmatrix}$$

を方程式の両辺に内積して

$$(a(ei-hf)+d(hc-bi)+g(bf-ec))x = p(ei-hf)+q(hc-bi)+r(bf-ec)$$

が得られます.

ここで, x の係数 $\Delta = a(ei-hf)+d(hc-bi)+g(bf-ec)$ を式変形して, 方程式の係数で作られる行列

$$A = \begin{pmatrix} a & b & c \\ d & e & f \\ g & h & i \end{pmatrix}$$

との対応が見やすいようにしましょう. 2 次の行列式を用いると

$$\Delta = a\begin{vmatrix} e & f \\ h & i \end{vmatrix} - d\begin{vmatrix} b & c \\ h & i \end{vmatrix} + g\begin{vmatrix} b & c \\ e & f \end{vmatrix}$$
$$= (-1)^{1+1}a\begin{vmatrix} e & f \\ h & i \end{vmatrix} + (-1)^{2+1}d\begin{vmatrix} b & c \\ h & i \end{vmatrix} + (-1)^{3+1}g\begin{vmatrix} b & c \\ e & f \end{vmatrix}$$

のように表すことができます. $a\begin{vmatrix} e & f \\ h & i \end{vmatrix}$ は a と, 係数の行列 A で a を含む行と列を除いてできる, 小行列 $\begin{pmatrix} e & f \\ h & i \end{pmatrix}$ の行列式との積と考えることができます. $d\begin{vmatrix} b & c \\ h & i \end{vmatrix}$, $g\begin{vmatrix} b & c \\ e & f \end{vmatrix}$ も同様に考えます. 2 行目の符号因子 $(-1)^{i+j}$ は, 見かけ上全ての項を和の形に表すためのもので, a, d, g が係数行列 A の $(1,1)$, $(2,1)$, $(3,1)$ 成分であることを利用しています.

上の Δ の表式はとても見通しがよいので, 3 次の行列式を

$$\begin{vmatrix} a & b & c \\ d & e & f \\ g & h & i \end{vmatrix} = (-1)^{1+1}a\begin{vmatrix} e & f \\ h & i \end{vmatrix} + (-1)^{2+1}d\begin{vmatrix} b & c \\ h & i \end{vmatrix} + (-1)^{3+1}g\begin{vmatrix} b & c \\ e & f \end{vmatrix}$$

によって定義しましょう. すると

$$\begin{vmatrix} a & b & c \\ d & e & f \\ g & h & i \end{vmatrix} x = p(ei-hf)+q(hc-bi)+r(bf-ec)$$
$$= \begin{vmatrix} p & b & c \\ q & e & f \\ r & h & i \end{vmatrix}$$

§9.3 2次曲線と行列の対角化   263

となるので，x は3次の行列式を用いて表されます（確かめましょう）．

同様に，方程式 $x\begin{pmatrix}a\\d\\g\end{pmatrix} + y\begin{pmatrix}b\\e\\h\end{pmatrix} + z\begin{pmatrix}c\\f\\i\end{pmatrix} = \begin{pmatrix}p\\q\\r\end{pmatrix}$ から，外積を用いて x, z の項を消すと y が，x, y の項を消すと z が得られます．このとき，3次の行列式を整理し直すと，容易に得られる定理

$$\begin{vmatrix}a & b & c\\ d & e & f\\ g & h & i\end{vmatrix} = (-1)^{1+2}b\begin{vmatrix}d & f\\ g & i\end{vmatrix} + (-1)^{2+2}e\begin{vmatrix}a & c\\ g & i\end{vmatrix} + (-1)^{3+2}h\begin{vmatrix}a & c\\ d & f\end{vmatrix}$$

$$= (-1)^{1+3}c\begin{vmatrix}d & e\\ g & h\end{vmatrix} + (-1)^{2+3}f\begin{vmatrix}a & b\\ g & h\end{vmatrix} + (-1)^{3+3}i\begin{vmatrix}a & b\\ d & e\end{vmatrix}$$

を用いると

$$\begin{vmatrix}a & b & c\\ d & e & f\\ g & h & i\end{vmatrix}y = \begin{vmatrix}a & p & c\\ d & q & f\\ g & r & i\end{vmatrix}, \quad \begin{vmatrix}a & b & c\\ d & e & f\\ g & h & i\end{vmatrix}z = \begin{vmatrix}a & b & p\\ d & e & q\\ g & h & r\end{vmatrix}$$

と表すことができます．

200年以上も前に，日本が誇る江戸時代の数学者関孝和はこれらの結果を独力で見いだしたのでした．残念なことに，当時の日本にはこのような高度な数学を必要とする産業がまだなく，彼の研究を発展させる素地はありませんでした．

§9.3 2次曲線と行列の対角化

「固有値」，「固有ベクトル」と呼ばれるものの議論を根本から行います．ここの議論は大学入試対策というよりはむしろ大学の「線形代数」を視野に入れています．ここでは2次曲線を扱いますが，その方法はそのまま現代科学の最先端の分野に応用されていきます．この§を読み終えた後に，'なぜ行列を学ぶか'について納得するための手がかりが得られれば幸いです．

9.3.1 楕円・双曲線の方程式

楕円や双曲線の方程式を行列を用いて表しましょう．方程式が標準形であるか，そうでないかがその行列に反映されます．

9.3.1.1　標準形の方程式

§§5.3.2 と 5.3.3 で学んだ楕円や双曲線の方程式の標準形

$$\frac{x^2}{a^2}+\frac{y^2}{b^2}=1, \qquad \pm\frac{x^2}{a^2}\mp\frac{y^2}{b^2}=1$$

をまとめて，

$$C: \alpha x^2 + \beta y^2 = 1$$

と表しましょう．これを行列を用いて書き換えると

$$C: \alpha x^2 + \beta y^2 = 1 \iff (x\ y)\begin{pmatrix}\alpha x\\ \beta y\end{pmatrix}=1$$

$$\iff (x\ y)\begin{pmatrix}\alpha & 0\\ 0 & \beta\end{pmatrix}\begin{pmatrix}x\\ y\end{pmatrix}=1$$

のように表すことができますね．以下，これを分析しましょう．

ここに現れた行列

$$D=\begin{pmatrix}\alpha & 0\\ 0 & \beta\end{pmatrix}$$

は，例えば，$\alpha=\frac{1}{3^2}$，$\beta=\frac{1}{2^2}$ ならば C の方程式が長軸 3×2，短軸 2×2 の楕円を表すことがわかるように，曲線 C を決定づける要素のほとんど全てを含む重要な行列です．行列 D は対角の $(1,1)$，$(2,2)$ 成分のみが 0 でないので **対角行列** と呼ばれます．もし D が対角行列でなく，例えば $\begin{pmatrix}1 & 1\\ 1 & -1\end{pmatrix}$ だとしたら C はどんな曲線かわかりませんね．

9.3.1.2　曲線の回転

標準形 $C:(x\ y)D\begin{pmatrix}x\\ y\end{pmatrix}=1$ に対して，その '形や大きさを変えない線形変換'，例えば §§9.1.1.2 で学んだ原点周りの回転を行い，変換後の曲線 C' の方程式がどうなるか調べましょう．

標準形 C を原点の周りに角 $-\theta$ だけ回転[7]して得られる曲線を C' としま

---

[7] 回転角を $+\theta$ としないで $-\theta$ としたことには大した意味はありません．そのほうが式が見やすくなるというだけのことです．

§9.3 2次曲線と行列の対角化

しょう．このとき，C 上の点 (x, y) に対応する C' 上の点を (x', y') とすると

$$\begin{pmatrix} x' \\ y' \end{pmatrix} = f_{-\theta}\begin{pmatrix} x \\ y \end{pmatrix} = R_{-\theta}\begin{pmatrix} x \\ y \end{pmatrix},$$

$$R_{-\theta} = \begin{pmatrix} \cos\theta & \sin\theta \\ -\sin\theta & \cos\theta \end{pmatrix} \left(= \begin{pmatrix} c & s \\ -s & c \end{pmatrix} \text{と略記}\right)$$

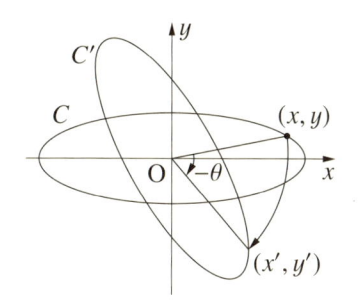

ですね．(x, y) は C 上の点，(x', y') は C' 上の点ですから，C' の方程式は変数 x', y' を用いて表されます．それを得るには，C の方程式が変数 x, y で表されていることを利用して，

$$\begin{pmatrix} x \\ y \end{pmatrix} = R_{-\theta}^{-1}\begin{pmatrix} x' \\ y' \end{pmatrix} = R_{\theta}\begin{pmatrix} x' \\ y' \end{pmatrix}$$

を C の方程式に代入すればよいわけです[8]．

そのような代入には，$C : (x \ \ y)D\begin{pmatrix} x \\ y \end{pmatrix} = 1$ ですから，列ベクトル $\begin{pmatrix} x \\ y \end{pmatrix}$ を $\begin{pmatrix} x' \\ y' \end{pmatrix}$ で表すのに加えて，行ベクトル $(x \ \ y)$ を $(x' \ \ y')$ で表す必要があります．議論の全体像が把握できるように，一般論で説明しましょう．

行ベクトル $(x \ \ y)$ は，列ベクトル $\begin{pmatrix} x \\ y \end{pmatrix}$ の行と列の成分を入れ替えて得られる行列で，$\begin{pmatrix} x \\ y \end{pmatrix}$ の **転置行列** といいます．これを

$$(x \ \ y) = \begin{pmatrix} x \\ y \end{pmatrix}^T$$

と表しましょう．一般の行列 $A = (a_{ij})$ に対しては，その転置行列 A^T の (i, j) 成分を a'_{ij} と書くと

$$A^T = (a'_{ij}) = (a_{ji})$$

が転置行列の定義になります．

---

[8] 角 α の回転の逆は角 $-\alpha$ の回転ですから

$$R_{\alpha}^{-1} = R_{-\alpha}$$

が成り立ちますね．この関係は逆行列を直接に計算しても得られます．

列ベクトル $\begin{pmatrix} x \\ y \end{pmatrix} = R_\theta \begin{pmatrix} x' \\ y' \end{pmatrix}$ の転置行列を得るために必要な定理は

$$(AB)^T = B^T A^T$$

です．$A = (a_{ij})$，$B = (b_{ij})$ をそれぞれ $m \times p$，$p \times n$ 行列とすると，B^T，A^T はそれぞれ $n \times p$，$p \times m$ 行列で，

$$(AB)^T = \Big(\sum_{k=1}^{p} a_{jk} b_{ki} \Big),$$

$$B^T A^T = \Big(\sum_{k=1}^{p} b'_{ik} a'_{kj} \Big) = \Big(\sum_{k=1}^{p} b_{ki} a_{jk} \Big) = \Big(\sum_{k=1}^{p} a_{jk} b_{ki} \Big)$$

が得られます．したがって，両者は一致しますね．

この定理を $\begin{pmatrix} x \\ y \end{pmatrix} = R_\theta \begin{pmatrix} x' \\ y' \end{pmatrix}$ に適用して

$$(x \ y) = \begin{pmatrix} x \\ y \end{pmatrix}^T = \left(R_\theta \begin{pmatrix} x' \\ y' \end{pmatrix} \right)^T = \begin{pmatrix} x' \\ y' \end{pmatrix}^T R_\theta^T$$

$$= (x' \ y') R_\theta^T$$

が得られます．

以上の結果を標準形 $C: (x \ y) D \begin{pmatrix} x \\ y \end{pmatrix} = 1$ に代入すると，変数 x'，y' で表される方程式，つまり C' の方程式が得られます：

$$C': (x' \ y') R_\theta^T D R_\theta \begin{pmatrix} x' \\ y' \end{pmatrix} = 1, \quad \text{ただし} \quad D = \begin{pmatrix} \alpha & 0 \\ 0 & \beta \end{pmatrix}, \quad R_\theta = \begin{pmatrix} c & -s \\ s & c \end{pmatrix}.$$

整理して

$$C': (x' \ y') A \begin{pmatrix} x' \\ y' \end{pmatrix} = 1, \quad \text{ただし} \quad A = R_\theta^T D R_\theta = \begin{pmatrix} c^2 \alpha + s^2 \beta & -cs(\alpha - \beta) \\ -cs(\alpha - \beta) & s^2 \alpha + c^2 \beta \end{pmatrix}$$

となります．行列 A には非対角の (1, 2)，(2, 1) 成分があるので $x'y'$ 項が現れ，方程式だけを見ても C' がどんな曲線か見当がつきませんね．以下で学ぶ数学理論は，それを可能にすると豪語してます．

§9.3　2次曲線と行列の対角化　　　　　　　　　　　　　　　　　　　**267**

9.3.1.3　曲線の対称軸と基底の変換

曲線 C' に現れた非対角の行列 A が何であっても C' の正体を明らかにする方法を考えましょう．

まず，標準形 $C : (x\ \ y)D\begin{pmatrix}x\\y\end{pmatrix}=1$ に戻って考えてみましょう．楕円や双曲線の'標準形はその2つの対称軸が x 軸，y 軸に平行'な配置になっていますね．このことは $\begin{pmatrix}x\\y\end{pmatrix}$ を

$$\begin{pmatrix}x\\y\end{pmatrix} = x\begin{pmatrix}1\\0\end{pmatrix}+y\begin{pmatrix}0\\1\end{pmatrix} = x\vec{e}_1+y\vec{e}_2$$

と表して，§§7.4.1 と 7.4.2 で議論したベクトルの1次結合の議論を思い出すと，確認できます．基本ベクトル $\vec{e}_1$ の係数が x，$\vec{e}_2$ の係数が y ですから，$\vec{e}_1$ 方向に x 軸，$\vec{e}_2$ 方向に y 軸をとっていますね．位置ベクトル $x\vec{e}_1+y\vec{e}_2$ は，もちろん，xy 座標系の点 (x, y) に対応する，正確にいうと，xy 座標系の座標が (x, y) である点に対応します．

さて，標準形 C を角 $-\theta$ だけ回転して，曲線 $C': (x'\ \ y')R_\theta^T D R_\theta \begin{pmatrix}x'\\y'\end{pmatrix}=1$ に変換するには，関係

$$\begin{pmatrix}x'\\y'\end{pmatrix}=R_{-\theta}\begin{pmatrix}x\\y\end{pmatrix} \Leftrightarrow \begin{pmatrix}x\\y\end{pmatrix}=R_{+\theta}\begin{pmatrix}x'\\y'\end{pmatrix}$$

を用いて，C の方程式 $(x\ \ y)D\begin{pmatrix}x\\y\end{pmatrix}=1$ の x, y を x', y' で表すだけで済みました．上の関係を基本ベクトルの観点から見直して，C' のもう1つの表し方を試みましょう．

$$\begin{pmatrix}x\\y\end{pmatrix}=R_\theta\begin{pmatrix}x'\\y'\end{pmatrix}=R_\theta\left(x'\begin{pmatrix}1\\0\end{pmatrix}+y'\begin{pmatrix}0\\1\end{pmatrix}\right) \quad\Leftrightarrow\quad x\vec{e}_1+y\vec{e}_2=x'R_\theta\vec{e}_1+y'R_\theta\vec{e}_2$$

より，$R_\theta\begin{pmatrix}x'\\y'\end{pmatrix}$ はベクトルの1次結合の形で表すことができますね．

左辺はふつうの基本ベクトルの1次結合ですが，右辺は基本ベクトルを角 θ だけ回転したベクトル $\vec{a}=R_\theta\vec{e}_1$，$\vec{b}=R_\theta\vec{e}_2$ の1次結合です：

$$x\vec{e}_1+y\vec{e}_2 = x'\vec{a}+y'\vec{b}.$$

右辺の1次結合は§§7.4.2で議論したように，$\vec{a}$の係数がx'，$\vec{b}$の係数がy'ですから，ベクトル$\vec{a}$方向にx'軸，$\vec{b}$方向にy'軸をとったことになります．これを$x'y'$座標系ということにしましょう．この座標系は，$|\vec{a}|=1$, $|\vec{b}|=1$, $\vec{a}\perp\vec{b}$なので，「正規直交座標系」といわれます．

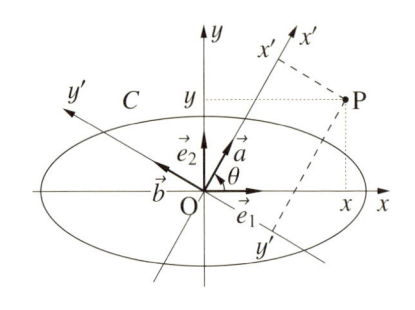

左辺の位置ベクトル$x\vec{e_1}+y\vec{e_2}$がxy座標系の座標(x,y)である点Pを表すとすると，上の等式によって，同じ点Pは$x'y'$座標系においては座標(x',y')で表されます．

座標軸の向きを決める'基本ベクトル'のことを**基底**といい，特に$\vec{e_1}$, $\vec{e_2}$を「標準基底」といいます．ベクトル$\begin{pmatrix}x\\y\end{pmatrix}$の基底は標準基底です．$x'y'$座標系のベクトル$\begin{pmatrix}x'\\y'\end{pmatrix}$が基底$\vec{a}$, $\vec{b}$を用いていることを示すために，記号

$$\begin{pmatrix}x'\\y'\end{pmatrix}_\theta = x'\vec{a}+y'\vec{b}\ \left(=R_\theta\begin{pmatrix}x'\\y'\end{pmatrix}\right)$$

を用いましょう．すると，$C': (x'\ y')R_\theta^T DR_\theta\begin{pmatrix}x'\\y'\end{pmatrix}=1$ は

$$C': (x'\ y')_\theta D\begin{pmatrix}x'\\y'\end{pmatrix}_\theta = 1$$

と表されます．この結果は，Cの方程式$(x\ y)D\begin{pmatrix}x\\y\end{pmatrix}=1$で，基底を標準基底から$\vec{a}$, $\vec{b}$基底にとり替えただけで得られました．

以上の議論から

座標の角$-\theta$回転$\begin{pmatrix}x'\\y'\end{pmatrix}=R_{-\theta}\begin{pmatrix}x\\y\end{pmatrix}$ $\Leftrightarrow$ 基底の角$+\theta$回転 $x'\vec{a}+y'\vec{b}=x\vec{e_1}+y\vec{e_2}$

であることがわかります．つまり，'回転した結果は新しい基底の座標で元の曲線を眺めることと同じである'というわけです．実際，$x'y'$座標系で見ると標準形Cのグラフは角$-\theta$だけ回転した曲線C'のグラフのように見えますね．また，基底の議論をすると曲線C'で$x'y'$項をもたらす非対角行列$A=R_\theta^T DR_\theta$

§9.3　2次曲線と行列の対角化

が現れた理由が明らかになります．xy 座標系の標準基底 $\vec{e}_1$, $\vec{e}_2$ の方向が標準形 C の対称軸と同じ方向であるのに対して，$x'y'$ 座標系の基底 $\vec{a}$, $\vec{b}$ の方向は C の対称軸の方向と異なるからですね．

今度は，標準基底を用いて表された曲線 C' の方程式 $(x'\ y')A\begin{pmatrix}x'\\y'\end{pmatrix}=1$（ただし $A=R_\theta^T D R_\theta$）に対して，基底の変換を行って標準形に戻しましょう．曲線 C' の対称軸は座標軸と角 $-\theta$ だけずれています．そこで，標準基底を角 $-\theta$ だけ回転して得られる基底 $R_{-\theta}\vec{e}_1$, $R_{-\theta}\vec{e}_2$ を用いることにして，対称軸と基底の方向が同じになるようにしてみましょう．新たな座標系を uv 座標系とすると

$$\begin{pmatrix}x'\\y'\end{pmatrix}=x'\vec{e}_1+y'\vec{e}_2=uR_{-\theta}\vec{e}_1+vR_{-\theta}\vec{e}_2\ \left(=\begin{pmatrix}u\\v\end{pmatrix}_{-\theta}\text{と表す}\right)$$

と表されます．新たな基底を用いて得られる曲線を $C'_{-\theta}$ としましょう．

$$\begin{pmatrix}x'\\y'\end{pmatrix}=R_{-\theta}(u\vec{e}_1+v\vec{e}_2)=R_{-\theta}\begin{pmatrix}u\\v\end{pmatrix}=\begin{pmatrix}u\\v\end{pmatrix}_{-\theta}$$

より，C' の $\begin{pmatrix}x'\\y'\end{pmatrix}$, $(x'\ y')$ に $\begin{pmatrix}u\\v\end{pmatrix}_{-\theta}$, $(u\ v)_{-\theta}$ を代入すると，$R_\theta^T=R_\theta^{-1}=R_{-\theta}$ に注意して

$$C'_{-\theta}:(u\ v)_{-\theta}A\begin{pmatrix}u\\v\end{pmatrix}_{-\theta}=1\ \Leftrightarrow\ (u\ v)R_{-\theta}^T A R_{-\theta}\begin{pmatrix}u\\v\end{pmatrix}=1,$$

$$\text{よって}\quad C'_{-\theta}:(u\ v)A'\begin{pmatrix}u\\v\end{pmatrix}=1,\ \text{ただし}\quad A'=R_\theta A R_{-\theta}$$

が得られます．この表式で現れた行列 A' は，$A=R_\theta^T D R_\theta$ より

$$A'=R_\theta A R_{-\theta}=R_\theta(R_\theta^T D R_\theta)R_{-\theta}=(R_\theta R_\theta^T)D(R_\theta R_{-\theta})$$
$$=D=\begin{pmatrix}\alpha & 0\\0 & \beta\end{pmatrix}.$$

よって，A' が対角行列 D になるので，曲線 $C'_{-\theta}$ の方程式は $\alpha u^2+\beta v^2=1$ となり，$C'_{-\theta}$ がどんな曲線であるか特定できるようになります．

以上の議論から，曲線の対称軸と基底の方向を同じにすることが決定的に重要であることがわかりました．基底の変換の方法は，曲線の方程式を意識することなく，単に基底ベクトルをとり替えればよいだけなので，非常に有力な方法です．

9.3.2 行列の対角化

基底の変換の方法を学びました．それを未知の曲線 $C_? : (x \ y) A \begin{pmatrix} x \\ y \end{pmatrix} = 1$ に適用し，その曲線がどんなものであるかを明らかにする一般的な方法を考えましょう．その方法は，真に一般的であり，我々が扱う問題より遥かに広い分野の問題に適用でき，科学・技術の最先端で応用されています．

9.3.2.1 固有値と固有ベクトル

基底をどのようにとるべきかを調べるために，まず，前の §§ で議論した曲線

$$C'_{-\theta} : (u \ v) A' \begin{pmatrix} u \\ v \end{pmatrix} = 1 \quad (A' = D) \quad \Leftrightarrow \quad (u \ v)_{-\theta} A \begin{pmatrix} u \\ v \end{pmatrix}_{-\theta} = 1,$$

ただし $\begin{pmatrix} u \\ v \end{pmatrix}_{-\theta} = R_{-\theta} \begin{pmatrix} u \\ v \end{pmatrix} = u R_{-\theta} \vec{e}_1 + v R_{-\theta} \vec{e}_2, \quad A = R_\theta^T D R_\theta$

の行列 A' が対角行列 $D = \begin{pmatrix} \alpha & 0 \\ 0 & \beta \end{pmatrix}$ になった理由を，基底 $\vec{a} = R_{-\theta} \vec{e}_1$, $\vec{b} = R_{-\theta} \vec{e}_2$ と行列 A の関連で調べましょう．

A を基底 $\vec{a}, \vec{b}$ に掛けてみましょう．$R_\theta^T = R_\theta^{-1} = R_{-\theta}$ に注意して

$$A\vec{a} = (R_\theta^T D R_\theta) R_{-\theta} \vec{e}_1 = R_\theta^T \begin{pmatrix} \alpha & 0 \\ 0 & \beta \end{pmatrix} \begin{pmatrix} 1 \\ 0 \end{pmatrix} = R_{-\theta} \begin{pmatrix} \alpha \\ 0 \end{pmatrix} = \alpha R_{-\theta} \begin{pmatrix} 1 \\ 0 \end{pmatrix} = \alpha \vec{a},$$

よって $A\vec{a} = \alpha \vec{a}$,

$$A\vec{b} = (R_\theta^T D R_\theta) R_{-\theta} \vec{e}_2 = R_\theta^T \begin{pmatrix} \alpha & 0 \\ 0 & \beta \end{pmatrix} \begin{pmatrix} 0 \\ 1 \end{pmatrix} = R_{-\theta} \begin{pmatrix} 0 \\ \beta \end{pmatrix} = \beta R_{-\theta} \begin{pmatrix} 0 \\ 1 \end{pmatrix} = \beta \vec{b},$$

よって $A\vec{b} = \beta \vec{b}$

となります．この結果は，$A\vec{a} \parallel \vec{a}$, $A\vec{b} \parallel \vec{b}$ で，かつ比例定数が曲線の基本的性質を表す α, β であることを意味します．

上で得られた結果は一般的な議論をする際にも重要であると考えられ，α, β は行列 A の **固有値**，$\vec{a}, \vec{b}$ はそれぞれ固有値 α, β に対する A の **固有ベクトル** といわれます．

9.3.2.2 行列の対角化

今までの議論を活用して，未知の曲線（楕円か双曲線）

$$C_? : (x\ y) A \begin{pmatrix} x \\ y \end{pmatrix} = 1$$

の種別や形および対称軸を明らかにしましょう．一般的な方法を用いて議論します．

A は非対角成分が 0 でない行列ですが，曲線 C' のときの議論で現れた非対角行列 $A = R_\theta^T D R_\theta$ の性質

$$A^T = (R_\theta^T D R_\theta)^T = R_\theta^T D^T (R_\theta^T)^T = R_\theta^T D R_\theta = A,$$

$$よって \quad A^T = A$$

を満たすとしましょう．この性質を満たす行列 A を **対称行列** といいます．

以下，行列 A の固有値・固有ベクトルを調べて $\begin{pmatrix} x \\ y \end{pmatrix}$ の基底を標準基底から固有ベクトルの基底に置き換えます．先の例では，回転を表す1次変換を用いて新しい基底 $\vec{a}, \vec{b}$ が得られましたね．ここでは，基底を変える変換に対して，回転行列の1性質 $R_\theta^T = R_\theta^{-1}$ については引き継ぐような線形変換 $f_P : P$ に一般化しましょう：

$$P^T = P^{-1} \iff P^T P = I.$$

この性質をもつ行列 P を **直交行列** といい，それを表現行列とする線形変換 f_P を「直交変換」といいます．

この変換によって任意のベクトル $\begin{pmatrix} x \\ y \end{pmatrix}$ の長さが変わらないことは

$$\left| f_P \begin{pmatrix} x \\ y \end{pmatrix} \right|^2 = \left(P \begin{pmatrix} x \\ y \end{pmatrix} \right)^T P \begin{pmatrix} x \\ y \end{pmatrix} = (x\ y) P^T P \begin{pmatrix} x \\ y \end{pmatrix} = (x\ y) P^{-1} P \begin{pmatrix} x \\ y \end{pmatrix} = (x\ y) \begin{pmatrix} x \\ y \end{pmatrix} = \left| \begin{pmatrix} x \\ y \end{pmatrix} \right|^2,$$

$$よって \quad \left| f_P \begin{pmatrix} x \\ y \end{pmatrix} \right| = \left| \begin{pmatrix} x \\ y \end{pmatrix} \right|$$

が成り立つことによって保証されます．基底の長さももちろん変わりません．したがって，'直交変換は曲線の形や大きさを変えません'．

行列 A の固有値や固有ベクトルを求める方法の詳細は後回しにして，議論の全体を眺めてみましょう．標準基底 $\vec{e}_1$, $\vec{e}_2$ が変換 $f_P : P$ によって新たな基底 $\vec{a}$, $\vec{b}$ になるとしましょう：

$$P\vec{e}_1 = \vec{a}, \quad P\vec{e}_2 = \vec{b} \quad \left(|\vec{a}| = |\vec{b}| = 1\right).$$

このとき基底の直交性が保たれることは

$$\vec{a}^T \vec{b} = (1\ 0)P^T P \begin{pmatrix} 0 \\ 1 \end{pmatrix} = (1\ 0)\begin{pmatrix} 0 \\ 1 \end{pmatrix} = 0,$$

$$\text{よって}\quad \vec{a} \perp \vec{b} = 0$$

からわかります．よって，この基底は正規直交基底です．

この変換によって標準基底のベクトル $\begin{pmatrix} x \\ y \end{pmatrix} = x\vec{e}_1 + y\vec{e}_2$ は新しいベクトルで表されます：

$$\begin{pmatrix} x \\ y \end{pmatrix} = u\vec{a} + v\vec{b} = u P\vec{e}_1 + v P\vec{e}_2 = P(u\vec{e}_1 + v\vec{e}_2)$$

$$= P \begin{pmatrix} u \\ v \end{pmatrix} \left(= \begin{pmatrix} u \\ v \end{pmatrix}_P \text{とおく} \right).$$

よって，未知の曲線 $C_? : (x\ y) A \begin{pmatrix} x \\ y \end{pmatrix} = 1$ は曲線

$$C_P : (u\ v)_P A \begin{pmatrix} u \\ v \end{pmatrix}_P = 1, \quad \begin{pmatrix} u \\ v \end{pmatrix}_P = P \begin{pmatrix} u \\ v \end{pmatrix} = u\vec{a} + v\vec{b}$$

に（形や大きさを変えずに）変換されます．

このとき，P をうまく選んで基底 $\vec{a}$, $\vec{b}$ が，行列 A の固有値 α, β に対応する，固有ベクトルになったとしましょう：

$$A\vec{a} = \alpha \vec{a}, \quad A\vec{b} = \beta \vec{b}.$$

すると

$$A \begin{pmatrix} u \\ v \end{pmatrix}_P = A(u\vec{a} + v\vec{b}) = u\alpha\vec{a} + v\beta\vec{b} = u\alpha P\vec{e}_1 + v\beta P\vec{e}_2$$

$$= P\left(u\alpha\vec{e}_1 + v\beta\vec{e}_2\right)$$

となります．

§9.3 2次曲線と行列の対角化

ここで，$\alpha\begin{pmatrix}1\\0\end{pmatrix} = D\begin{pmatrix}1\\0\end{pmatrix}$, $\beta\begin{pmatrix}0\\1\end{pmatrix} = D\begin{pmatrix}0\\1\end{pmatrix}$ を満たす行列 D を求めましょう．直感的には $D = \begin{pmatrix}\alpha & 0\\0 & \beta\end{pmatrix}$ ですが，$D = \begin{pmatrix}p & r\\q & s\end{pmatrix}$ とおいて

$$D\begin{pmatrix}1\\0\end{pmatrix} = \begin{pmatrix}p & r\\q & s\end{pmatrix}\begin{pmatrix}1\\0\end{pmatrix} = \begin{pmatrix}p\\q\end{pmatrix} = \alpha\begin{pmatrix}1\\0\end{pmatrix}, \quad D\begin{pmatrix}0\\1\end{pmatrix} = \begin{pmatrix}p & r\\q & s\end{pmatrix}\begin{pmatrix}0\\1\end{pmatrix} = \begin{pmatrix}r\\s\end{pmatrix} = \beta\begin{pmatrix}0\\1\end{pmatrix},$$

$$\text{よって} \quad p = \alpha,\ q = r = 0,\ s = \beta$$

より確かめられます．よって

$$A\begin{pmatrix}u\\v\end{pmatrix}_P = P(uD\vec{e}_1 + vD\vec{e}_2) = PD(u\vec{e}_1 + v\vec{e}_2) = PD\begin{pmatrix}u\\v\end{pmatrix},$$

$$\text{よって} \quad A\begin{pmatrix}u\\v\end{pmatrix}_P = PD\begin{pmatrix}u\\v\end{pmatrix}, \quad D = \begin{pmatrix}\alpha & 0\\0 & \beta\end{pmatrix}$$

が得られます．

したがって，C_P の方程式は

$$C_P : (u\ v)_P A\begin{pmatrix}u\\v\end{pmatrix}_P = 1 \Leftrightarrow (u\ v)_P\left(A\begin{pmatrix}u\\v\end{pmatrix}_P\right) = 1 \Leftrightarrow (u\ v)P^T\left(PD\begin{pmatrix}u\\v\end{pmatrix}\right) = 1$$

$$\Leftrightarrow (u\ v)D\begin{pmatrix}u\\v\end{pmatrix} = 1 \Leftrightarrow \alpha u^2 + \beta v^2 = 1$$

と標準形になります．よって，未知の曲線 $C_?$ を特定するには，基底を行列 A の固有ベクトル $\vec{a}, \vec{b}$ にとればよいことがわかります．また $C_?$ の2つの対称軸の方向は固有ベクトル $\vec{a}, \vec{b}$ の方向であること，その2つの方向が直交することもわかりますね．

またこれらのことは，

$$A\begin{pmatrix}u\\v\end{pmatrix}_P = PD\begin{pmatrix}u\\v\end{pmatrix} \Leftrightarrow AP\begin{pmatrix}u\\v\end{pmatrix} = PD\begin{pmatrix}u\\v\end{pmatrix}$$

において $\begin{pmatrix}u\\v\end{pmatrix}$ は任意のベクトルなので省くことができ，行列を用いて

$$AP = PD \Leftrightarrow D = P^{-1}AP$$

のように表すことができます．

9.3.2.3 固有値問題

行列 A の固有値・固有ベクトルを決定しましょう．それらを決める 2 つの方程式

$$A\vec{a} = \alpha\vec{a} \quad (\vec{a} = P\vec{e}_1, \quad |\vec{a}| = 1),$$
$$A\vec{b} = \beta\vec{b} \quad (\vec{b} = P\vec{e}_2, \quad |\vec{b}| = 1)$$

をまとめて扱うように固有値を $\overset{\text{ラムダ}}{\lambda}$，対応する固有ベクトルを $\begin{pmatrix} p \\ q \end{pmatrix}$ で表しましょう:

$$A\begin{pmatrix} p \\ q \end{pmatrix} = \lambda \begin{pmatrix} p \\ q \end{pmatrix}, \quad \left|\begin{pmatrix} p \\ q \end{pmatrix}\right| = 1.$$

この方程式を

$$(A - \lambda I)\begin{pmatrix} p \\ q \end{pmatrix} = \vec{0}$$

と表すと解法が見えてきます．もし，行列 $A - \lambda I$ の逆行列 $(A - \lambda I)^{-1}$ が存在するとすれば，それを方程式の両辺に左から掛けると $\begin{pmatrix} p \\ q \end{pmatrix} = \vec{0}$ となり，$\left|\begin{pmatrix} p \\ q \end{pmatrix}\right| = 1$ に矛盾します．よって逆行列は存在せず，$A - \lambda I$ の行列式は 0 になります:

$$|A - \lambda I| = 0.$$

これは A の固有値を決定する方程式になるので，A の **固有方程式** といいます．

行列 A を成分表示して固有値を求めましょう．A は対称行列 ($A = A^T$) としていましたので，一般に $A = \begin{pmatrix} a & b \\ b & d \end{pmatrix}$ の形です．よって，固有方程式は

$$\begin{vmatrix} a - \lambda & b \\ b & d - \lambda \end{vmatrix} = \lambda^2 - (a + d)\lambda + ad - b^2 = 0$$

となります．λ の 2 次方程式を解いて固有値

$$\lambda = \frac{1}{2}(a + d \pm \sqrt{(a-d)^2 + 4b^2}) = \alpha, \beta$$

を得ます．我々が関心のあるのは曲線 $C_?$ に xy 項がある $b \neq 0$ のときで，その場合には異なる 2 実数解があります．

§9.3 2次曲線と行列の対角化

固有値 $\lambda = \alpha, \beta$ に対応する固有ベクトル $\begin{pmatrix} p \\ q \end{pmatrix}$ を求めるには，方程式

$$(A - \lambda I)\begin{pmatrix} p \\ q \end{pmatrix} = \vec{0} \Leftrightarrow \begin{pmatrix} a-\lambda & b \\ b & d-\lambda \end{pmatrix}\begin{pmatrix} p \\ q \end{pmatrix} = \begin{pmatrix} 0 \\ 0 \end{pmatrix} \Leftrightarrow \begin{cases} (a-\lambda)p + bq = 0 \\ bp + (d-\lambda)q = 0 \end{cases}$$

を p, q について解きます．このとき，$(A - \lambda I)^{-1}$ は存在しないので，方程式 $(a-\lambda)p + bq = 0$ と $bp + (d-\lambda)q = 0$ は同値です[9]．この場合は片方の方程式から p と q の比のみが決まり，$p : q = b : (\lambda - a) (= (\lambda - d) : b)$ より

$$\begin{pmatrix} p \\ q \end{pmatrix} = k_\lambda \begin{pmatrix} b \\ \lambda - a \end{pmatrix}, \quad k_\lambda = \pm \frac{1}{\sqrt{b^2 + (\lambda - a)^2}}$$

となります．比例定数 k_λ は $\left|\begin{pmatrix} p \\ q \end{pmatrix}\right| = 1$ を満たすために必要です．λ に α, β を代入して，対応する固有ベクトル $\vec{a}, \vec{b}$ が

$$\vec{a} = k_\alpha \begin{pmatrix} b \\ \alpha - a \end{pmatrix}, \quad \vec{b} = k_\beta \begin{pmatrix} b \\ \beta - a \end{pmatrix}$$

と表されます．

ここで練習問題です．行列 $A = \begin{pmatrix} 1 & 2 \\ 2 & -2 \end{pmatrix}$ の固有値 $\alpha, \beta \ (\alpha > \beta)$ と対応する固有ベクトル $\vec{a}, \vec{b}$ を求めよ．ノーヒントです．答は $\alpha = 2, \beta = -3,$

$$\vec{a} = \pm \frac{1}{\sqrt{5}}\begin{pmatrix} 2 \\ 1 \end{pmatrix}, \quad \vec{b} = \pm \frac{1}{\sqrt{5}}\begin{pmatrix} 1 \\ -2 \end{pmatrix} \quad \text{(複号同順とは限らない)}$$

です．$A\vec{a} = 2\vec{a}, A\vec{b} = -3\vec{b}$ を確かめましょう．また $\vec{a}$ と $\vec{b}$ が直交することも確かめましょう．

固有ベクトル $\vec{a}, \vec{b}$ は符号の不定性を除いて定まりました．今度は

$$\vec{a} = P\vec{e}_1, \quad \vec{b} = P\vec{e}_2, \quad P^T P = I$$

を用いて，基底を変換する行列 P を求めましょう．

$$P = \begin{pmatrix} p & r \\ q & s \end{pmatrix}$$

---

[9] 2直線 $ax + by = 0, \ cx + dy = 0$ の交点を求める方程式は $A = \begin{pmatrix} a & b \\ c & d \end{pmatrix}$ として $A\begin{pmatrix} x \\ y \end{pmatrix} = \vec{0}$ と表されますね．このとき，A^{-1} が存在しないなら，つまり $ad - bc = 0 \Leftrightarrow a : b = c : d$ ならば，2直線は一致しますね．これと同じことです．

と成分表示して上式に代入すると

$$\vec{a} = \begin{pmatrix} p & r \\ q & s \end{pmatrix}\begin{pmatrix} 1 \\ 0 \end{pmatrix} = \begin{pmatrix} p \\ q \end{pmatrix}, \quad \vec{b} = \begin{pmatrix} p & r \\ q & s \end{pmatrix}\begin{pmatrix} 0 \\ 1 \end{pmatrix} = \begin{pmatrix} r \\ s \end{pmatrix}$$

となるので，P の第 1 列の成分は $\vec{a}$ の成分に一致し，第 2 列の成分は $\vec{b}$ の成分に一致しますね．よって，基底を変換する行列 P は固有ベクトル $\vec{a}, \vec{b}$ を並べて作られる行列であることがわかります．このことを

$$P = \begin{pmatrix} \vec{a} & \vec{b} \end{pmatrix}$$

と表しましょう．なお，このとき P が直交行列であるための条件 $P^T P = I$ は，$|\vec{a}| = 1, |\vec{b}| = 1, \vec{a} \perp \vec{b}$ より自動的に満たされています．固有ベクトルに符号の不定性があっても $P^T P = I$ を満たすのを確かめましょう．

議論で抜けていた部分がこれで補われました．今までの議論を簡単にまとめてみましょう．未知の曲線 $C_?: (x \ y)A\begin{pmatrix} x \\ y \end{pmatrix} = 1$ を調べるために，ベクトル $\begin{pmatrix} x \\ y \end{pmatrix} = x\vec{e}_1 + y\vec{e}_2$ の基底を，標準基底 $\vec{e}_1, \vec{e}_2$ から，直交行列 P を用いて，行列 A の固有ベクトル $\vec{a} = P\vec{e}_1, \vec{b} = P\vec{e}_2$ で置き換えました：

$$\begin{pmatrix} x \\ y \end{pmatrix} = u\vec{a} + v\vec{b} = P\begin{pmatrix} u \\ v \end{pmatrix}.$$

固有値 $\lambda = \alpha, \beta$ は固有方程式 $|A - \lambda I| = 0$ から定まり，固有ベクトル $\vec{p} = \vec{a}, \vec{b}$ は方程式 $(A - \lambda I)\vec{p} = \vec{0}$ によって定まります．また，このとき $P = \begin{pmatrix} \vec{a} & \vec{b} \end{pmatrix}$ と定まります．

この変換によって，$C_?$ は

$$C_P : (u \ v)P^{-1}AP\begin{pmatrix} u \\ v \end{pmatrix} = 1$$

に変換され，C_P に現れる行列は

$$P^{-1}AP = D = \begin{pmatrix} \alpha & 0 \\ 0 & \beta \end{pmatrix}$$

と対角行列になるので，固有値から未知の曲線 $C_?$ の種類と形状が，固有ベクトルの方向から対称軸の方向がわかります．

9.3.2.4 対角化の一般化

これまでの議論を一言でいうと，'複雑なものを簡単なものに直す方法がある'ということでしょうか．このすばらしい方法の一般化や適用範囲の拡張が試みられ，それはますます発展しています．

基底の変換は図形の方程式とは無関係に行うことができるので，扱う対象は2変数関数 $(x \quad y)A\begin{pmatrix}x\\y\end{pmatrix}$ でも構いません．また，この方法は，そのままの形で，n 変数の場合，つまり，一般の n 次元ベクトル $\vec{x}$ の場合に一般化することができます．何を $\vec{x}$ とするかは問題の対象によって千差万別ですが，ベクトルの演算法則を満たすものならば何でも構いません．大学の「線形代数」の講義はこのような n 次元ベクトル $\vec{x}$ が対象で，講義の約半分が n 元連立1次方程式に，残りの半分近くが対角化・固有値問題に当てられます．

両端が固定され，その間にバネでつながれた n 個の重りの振動の振る舞いの問題では，重りの釣り合いの位置からの変位が $\vec{x}$ になります．大学で工学系の分野に進まれる人は，この問題を固有値問題の練習としてやらされるでしょう．我々は積分の章でバネで結ばれた2つの重りの問題をとり上げ，行列の対角化・固有値問題との関係を具体的に議論します．振動が関係する問題では，力学的振動の他に，音波や電気回路にまで対角化の応用が広がっています．

確率に現れる'いろいろな状態'を並べたものもベクトル $\vec{x}$ とすることができます．その場合にはある状態から他の状態へ遷移する確率を行列にしたのが我々の行列 A に当たります．この分野でも行列の対角化は重要な位置を占めています．特に原子や電子などの極微の世界を扱う「量子力学」の分野では，その理論の組み立てそのものが行列の対角化から始まります．

第10章　複素数

　第2章の方程式で見たように，複素数 $x+iy$ (x, y は実数，$i^2=-1$) は，2次方程式の判別式が負の場合に，解が虚数になることにその起源があります．そのことが知られたのは負数でさえ数と認めない時代ですから，複素数を数と認めるには長い長い期間が必要でした．例えば，9世紀のアラビアの数学者アル・ファリズミ (Al-Khwarizmi, 780頃〜850頃) は虚数はもちろん負数の解をもつ2次方程式もわざと扱いませんでした．それらを数と考えなかったからです．他の国々の数学者も16世紀までは同様でした．複素数が実数と同様の数とはっきり認められるのは19世紀になってからです[1]．

　1545年に出版されたイタリアの数学者カルダノ (Girolamo Cardano, 1501〜1576) の著作には3次方程式の解の公式が載っていました．その公式によると，§§2.3.2で見たように，実数解をもつ場合であっても，計算の途中の段階で解の式がいったん虚数の3乗根の和の形になり，その和が実数になるとはとうてい思われませんでした．このことは多くの数学者の興味を複素数へ向かわせ，その後300年もの間，虚数と格闘させることになりました．

　ほとんど全ての数学者が負数解や虚数解を認めない中，オランダの数学者A. ジラールは，1629年の著書の中で，それらに大きな注意を払っています．ようやく複素数を受け入れる小さな流れができたのです．

　§1.1で議論したように，デカルトは1637年の著作『幾何学』において実数と数直線上の線分の対応を考え，それによって正数と共に負数も数直線上の点として表すことができました．複素数についても，それがある意味で自然な存在として受け入れられるためには，'複素数の幾何学的解釈' が必要であった

---

[1] 複素数の歴史およびトピックスはポール・J・ナーイン著『虚数の話』(好田順治訳，青土社) に詳しく載っています．

と思われます．2つの複素数 $p + iq$, $r + is$ の和

$$(p + iq) + (r + is) = (p + r) + i(q + s) \quad (p, q, r, s は実数)$$

は2つのベクトル $\begin{pmatrix} p \\ q \end{pmatrix}$, $\begin{pmatrix} r \\ s \end{pmatrix}$ の和

$$\begin{pmatrix} p \\ q \end{pmatrix} + \begin{pmatrix} r \\ s \end{pmatrix} = \begin{pmatrix} p + r \\ q + s \end{pmatrix}$$

と同様の規則に従います．よって，複素数を平面上に表す試みは自然な発想でした．

　複素数を平面上に点として表してそれらの和をベクトルの和のように扱い，さらに，§§4.1.1で学んだ極座標のように，その点を長さと角を用いて表す，いわゆる「極形式」を導入し，複素数の積を平面上で表すことに成功したのは，デンマークの地図制作者・測量技術者のウェッセル（Caspar Wessel, 1745～1818）でした．その研究は1797年に発表されました．極形式には上述したカルダノの虚数のパラドックスを解く鍵が潜んでいたのです．第7章ベクトルの始めに述べたように，彼の仕事は100年もの間日の目を見ることはなく歴史に埋もれてしまいました．

　やや遅れて1806年にフランスの数学者アルガン（Jean Robert Argand, 1768～1822）もウェッセルと同様の複素数演算の幾何学的解釈を試みましたが，それを多くの学者が知り活発な議論が起こったのは1813年以後になってからのことでした．複素数はその計算規則が実数のものと同じであり，それを使うと一連の問題が解きやすくなり，内部矛盾をまったく含まないので，次第に複素数の理論的基礎付けを待つ雰囲気になっていったようです．

　数学の王者ガウス（Karl Friedrich Gauss, 1777～1855，ドイツ）は，早くから複素数演算の幾何学的解釈が身近なものになっていましたが，彼は自分の研究の発表には慎重で，虚数認知派の勢いが強まったタイミングを計ったかのように，1831年になってから数全般に関する研究を公表しました．彼は，その研究の中で初めて「複素数」(complex number) の用語を用い，それまでの呼び名「架空の数」を精算しました．正・負の実数を特別な場合として含む数，つまり複素数を一般的・形式的に完全に基礎づける理論が得られたのです．複

素数は，これまで実数に対して成立していた全ての計算法則を満たす最も一般的な数として「複素平面」と呼ばれる平面上の点と 1 : 1 の対応がなされました．また，i は '数' $\sqrt{-1}$ というよりは複素数を表すための '記号' と見なされました．この究極的考察によって，19世紀の中頃には，複素数の意味付けとその公認は事実上終わりました．

§10.1 複素数

10.1.1 複素数の計算規則

今まで漠然としていた複素数の概念と計算規則を明確にし，その計算法則を書き下すところから始めましょう．

$$a + ib \qquad (a, b \text{ は実数}, i^2 = -1)$$

の形で表される数を **複素数** といい，特に $b = 0$ の場合は実数を表します．$b \neq 0$ のときは **虚数** といい，特に $a = 0, b \neq 0$ の場合の ib を **純虚数** といいます．記号 i を **虚数単位** と呼びましょう．複素数を表すのに文字 z やギリシャ文字などがしばしば用いられます．複素数 $z = a + ib$ の a を z の **実部**，b を **虚部** といい，それを表すのに便利な記号

$$a = \operatorname{Re} z, \quad b = \operatorname{Im} z \qquad (z = a + ib)$$

を用いることもあります．

2つの複素数 $a + ib, c + id$ が等しいことは

$$a + ib = c + id \iff a = c, b = d \qquad (a, b, c, d \text{ は実数})$$

と定義しなければなりません．なぜならば，$a - c = i(d - b)$ と移行して両辺を2乗すると $(a - c)^2 = -(d - b)^2$ （左辺 ≥ 0, 右辺 ≤ 0）となるからです．これから複素数 $a + ib, c + id$ の和・差は

$$(a + ib) \pm (c + id) = (a \pm c) + i(b \pm d)$$

と定義され，複素数の和・差はまた複素数になります．複素数 $a + ib, c + id$ の積は $i^2 = -1$ より

$$(a + ib)(c + id) = (ac - bd) + i(ad + bc)$$

§10.1 複素数

と定義されます．この式は複素数の積がまた複素数になることを意味します．
複素数 $a+ib$, $c+id$ の商 $\dfrac{a+ib}{c+id}$ は

$$\frac{1}{c+id} = \frac{c-id}{(c+id)(c-id)} = \frac{c-id}{c^2+d^2}$$

に注意すると

$$\frac{a+ib}{c+id} = \frac{ac+bd}{c^2+d^2} + i\frac{bc-ad}{c^2+d^2} \qquad (\text{ただし } c^2+d^2 \neq 0)$$

と定義すべきことになります．よって複素数の商もまた複素数です．

　これらの四則演算の定義を理論の出発点とすると，もはや虚数単位 i は複素数を表すための単なる記号になり，$i^2 = -1$ を使うことなく議論を進めることができます．これが公式に認められた複素数の理論です．とはいっても，$i^2 = -1$ を使うほうが簡単なので，我々は公式の理論を念頭におきつつ，$i^2 = -1$ を用いて議論を進めていきましょう．

　上の四則演算の定義から，任意の複素数 z_1, z_2, z_3 に対して，

$$z_1 + z_2 = z_2 + z_1, \qquad z_1 z_2 = z_2 z_1, \qquad \text{（交換法則）}$$
$$z_1 + (z_2 + z_3) = (z_1 + z_2) + z_3, \qquad z_1(z_2 z_3) = (z_1 z_2) z_3, \qquad \text{（結合法則）}$$
$$z_1(z_2 + z_3) = z_1 z_2 + z_1 z_3, \qquad (z_1 + z_2)z_3 = z_1 z_3 + z_2 z_3 \qquad \text{（分配法則）}$$

が成り立ちますね．これらの法則と §§1.3.1 で学んだ真の基本仮定としての公理

$$z_1 = z_2 \implies z_2 = z_1, \qquad \text{（対称律）}$$
$$z_1 = z_2 \text{ かつ } z_2 = z_3 \implies z_1 = z_3 \qquad \text{（推移律）}$$

によって複素数の計算が実行されます．

　なお，複素数の商のところで，複素数 $z = a + ib$ に対して複素数

$$\bar{z} = a - ib = a + i(-b)$$

を考えましたが，これは z の **共役複素数** $\bar{z}$ と呼ばれる重要なものです：

$$z = a + ib \text{ に対して } \bar{z} = a + i(-b) \qquad (z + \bar{z} = 2\operatorname{Re} z, \quad z - \bar{z} = 2i\operatorname{Im} z).$$

10.1.2 複素数と平面上の点の対応

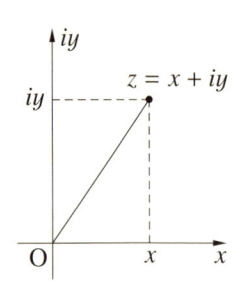

実数 x, y の組 (x, y) に対して座標平面上の点 $P(x, y)$ を $1:1$ に対応させることができました. 同様に, 複素数 $z = x + iy$ を表すのに架空の座標平面を考えて, 座標が (x, y) である点 $P(x, y)$ を複素数 $z = x + iy$ に対応させれば, 平面上の点と複素数は $1:1$ に対応します. このような平面を **複素平面** といいましょう. 複素数 z を表す点 P を点 $P(z)$ と表したり, その点を単に '点 z' ということもあります. 実平面を複素平面に置き換えるには, 点 (x, y) を点 $z = x + iy$ に替えるだけで済みます.

ここでは, 座標 (x, y) を '座標 (x, iy)' と表してより複素数の座標らしくしましょう. 実数に対応する点 $(x, i0)$ がその上にある座標軸を **実軸** と呼び x で表しましょう. また, 純虚数に対応する点 $(0, iy)$ がその上にある座標軸を **虚軸** と呼び iy で表しましょう.

複素数を平面上の点として表すと, '複素数の四則演算を目で見る' ことができ, この忌まわしい数？の理解の大きな助けになります.

10.1.3 複素数の和・差

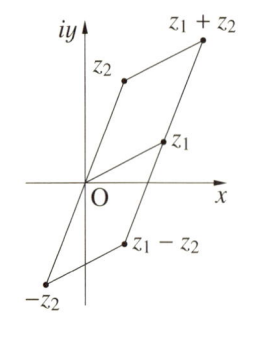

2 つの複素数 $z_1 = x_1 + iy_1$, $z_2 = x_2 + iy_2$ の和・差は,
$$z_1 \pm z_2 = (x_1 \pm x_2) + i(y_1 \pm y_2)$$
ですから, z_1, z_2 の実部と虚部の和・差で表され, 平面ベクトルの和・差と同じように '平行四辺形の法則' を用いて考えれば済みます. このことから, まだベクトルがなかった時代に, 複素数で代用したことがうなずけます.

それらの共役複素数 $\overline{z_1} = x_1 - iy_1$, $\overline{z_2} = x_2 - iy_2$ の和・差は
$$\overline{z_1} \pm \overline{z_2} = (x_1 - iy_1) \pm (x_2 - iy_2) = (x_1 \pm x_2) - i(y_1 \pm y_2) = \overline{z_1 \pm z_2},$$
よって $\overline{z_1 \pm z_2} = \overline{z_1} \pm \overline{z_2}$.

§10.1 複素数

位置ベクトル $\overrightarrow{OA}$ に実数 k を掛けたベクトル $k\overrightarrow{OA}$ は $\overrightarrow{OA}$ を k 倍した位置ベクトルです．同様に，複素平面上の点 A に対応する複素数を $z = a + ib$ とし，それに実数 k を掛けると $kz = (ka) + i(kb)$ になり，この複素数は位置ベクトル $k\overrightarrow{OA}$ の終点に対応します．このことは，2 点 A, B を $m:n$ に内・外分する点 P, Q を表すのに用いられた公式

$$\overrightarrow{OP} = \frac{m\overrightarrow{OB} + n\overrightarrow{OA}}{m+n}, \quad \overrightarrow{OQ} = \frac{m\overrightarrow{OB} - n\overrightarrow{OA}}{m-n}$$

が，ベクトルを複素数に替えれば，そのまま成り立つことを意味します．よって，複素平面上の 2 点 z_A, z_B を $m:n$ に内分，外分する点 z_P, z_Q は

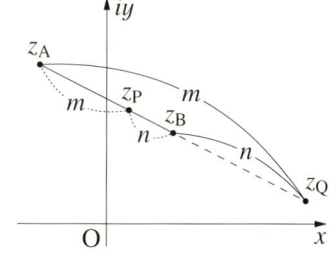

$$z_P = \frac{mz_B + nz_A}{m+n}, \quad z_Q = \frac{mz_B - nz_A}{m-n}$$

によって与えられます．

10.1.4 極形式

複素数 $z = x + iy$ に対して，複素平面上の点 z と原点 O の距離を複素数 z の **絶対値** といい，$|z|$ で表します：

$$z = x + iy \text{ のとき } \quad |z| = \sqrt{x^2 + y^2}.$$

このとき，z の共役複素数 $\bar{z} = x - iy$ を考えると

$$z\bar{z} = |z|^2, \quad |z| = \sqrt{z\bar{z}}, \quad |\bar{z}| = |z|$$

であることに注意しましょう．

2 つの複素数 $z_1 = x_1 + iy_1$, $z_2 = x_2 + iy_2$ の差の絶対値 $|z_1 - z_2|$ を考えます．$z_1 - z_2 = (x_1 - x_2) + i(y_1 - y_2)$ だから，$|z_1 - z_2| = \sqrt{(x_1 - x_2)^2 + (y_1 - y_2)^2}$．したがって，

$$|z_1 - z_2| \text{ は 2 点 } z_1, z_2 \text{ の距離}$$

を表すことがわかります．

では，ここで問題です．$z = x + iy$ を複素数の変数として，方程式 $|z - z_0| = r$ ($r > 0$) は複素平面上でどんな図形を表すか．ヒント：2点 z, z_0 の距離が一定値 r です．答は，中心が z_0，半径が r の円です．$z_0 = x_0 + iy_0$ (x_0, y_0 は実数) とおいて確かめてみましょう．$z - z_0 = (x + iy) - (x_0 + iy_0) = (x - x_0) + i(y - y_0)$ と実部・虚部に分けると

$$|z - z_0| = r \Leftrightarrow |(x - x_0) + i(y - y_0)|^2 = r^2 \Leftrightarrow (x - x_0)^2 + (y - y_0)^2 = r^2$$

ですから，確かに中心 $z_0 = x_0 + iy_0$，半径が r の円ですね．一般に，複素平面上の図形の方程式は，実変数 x, y を用いて表すと，実平面上の方程式に一致します．

複素平面上で，複素数 $z = x + iy$ を表す点を $P(z)$ とするとき，$r = \mathrm{OP} = |z|$ とし，動径 OP の表す一般角（つまり，回転角）を θ ($-\infty < \theta < \infty$) とすると

$$x = r\cos\theta, \quad y = r\sin\theta$$

ですから，

$$z = r(\cos\theta + i\sin\theta) \qquad (\text{極形式})$$

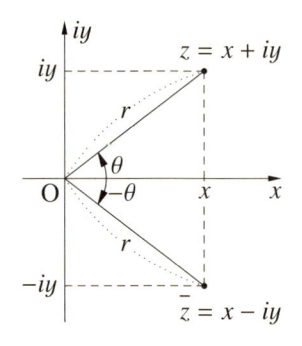

と表すことができ，複素数 $z = x + iy$ の **極形式** といいます．r は z の絶対値で，θ は z の **偏角** (argument) と呼ばれ，$\arg z$ で表します：

$$\theta = \arg z.$$

複素数 $z = x + iy$ の極形式に対して，その共役複素数 $\bar{z} = x + i(-y)$ の極形式は

$$\bar{z} = r(\cos(-\theta) + i\sin(-\theta))$$

と表されます．よって，

$$|\bar{z}| = |z|, \quad \arg \bar{z} = -\arg z$$

が成り立ちます．

$z = x + iy$ の絶対値 r は $r = \sqrt{x^2 + y^2}$ ですから，z の偏角 θ は

$$\cos\theta = \frac{x}{r}, \quad \sin\theta = \frac{y}{r}$$

§10.1 複素数

を満たす角 θ として求められます．このとき，θ に対して，通常は $0 \leq \theta < 2\pi$，または，$-\pi < \theta \leq \pi$ の範囲で考えても問題はないのですが，累乗根を求めるときなどには $-\infty < \theta < \infty$ の範囲で考える必要が出てきます．偏角の重要性は追々理解していくでしょう．

ここで練習問題をやってみましょう．$z = \sqrt{3} + i$ を極形式で表せ．ただし，偏角については $-\infty < \arg z < \infty$ とする（可能な偏角を全て書き下せということです）．ヒント：$r = |\sqrt{3} + i1| = \sqrt{3+1} = 2$ より，$\cos\theta = \frac{\sqrt{3}}{2}$，$\sin\theta = \frac{1}{2}$ ですね．よって，$\theta = \frac{\pi}{6} + 2n\pi$（$n$ は整数）と表されます．

これらより，答は

$$\sqrt{3} + i = 2\left\{\cos\left(\frac{\pi}{6} + 2n\pi\right) + i\sin\left(\frac{\pi}{6} + 2n\pi\right)\right\} \qquad (n\text{ は整数}).$$

10.1.5 極形式を用いた複素数の積・商

10.1.5.1 複素数の積

複素数の積を極形式で計算してみましょう．2つの複素数 z_1, z_2 を

$$z_1 = r_1(\cos\theta_1 + i\sin\theta_1), \quad z_2 = r_2(\cos\theta_2 + i\sin\theta_2)$$

とすると，加法定理がうまく使うことができ

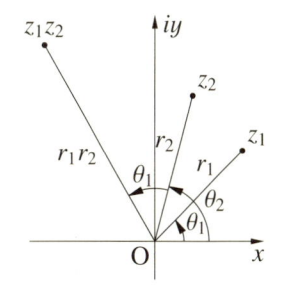

$$\begin{aligned}z_1 z_2 &= r_1 r_2(\cos\theta_1 + i\sin\theta_1)(\cos\theta_2 + i\sin\theta_2) \\ &= r_1 r_2\{(\cos\theta_1\cos\theta_2 - \sin\theta_1\sin\theta_2) \\ &\quad + i(\sin\theta_1\cos\theta_2 + \cos\theta_1\sin\theta_2)\},\end{aligned}$$

よって $\quad z_1 z_2 = r_1 r_2\{\cos(\theta_1 + \theta_2) + i\sin(\theta_1 + \theta_2)\}$

が得られます．これから積 $z_1 z_2$ は絶対値が $r_1 r_2$，偏角が $\theta_1 + \theta_2$ の複素数であることがわかります．よって，2つの複素数 z_1, z_2 の積 $z_1 z_2$ について

$$|z_1 z_2| = |z_1||z_2|, \qquad \arg(z_1 z_2) = \arg z_1 + \arg z_2$$

が成り立ちます．雑な表現をすると，'複素数 z_1 に複素数 z_2 を掛けることは，点 z_1 を原点の周りに $\arg z_2$ だけ回転して $|z_2|$ 倍すること' といってもよいでしょう．

z の共役複素数 $\bar{z}$ が $|\bar{z}| = |z|$, $\arg \bar{z} = -\arg z$ を満たすことに注意すると, z_1, z_2 の共役複素数 $\overline{z_1}$, $\overline{z_2}$ の積については

$$|\overline{z_1}\,\overline{z_2}| = |\overline{z_1}||\overline{z_2}| = |z_1||z_2| = |z_1 z_2|,$$

$$\text{よって}\quad |\overline{z_1}\,\overline{z_2}| = |z_1 z_2|,$$

$\arg(\overline{z_1}\,\overline{z_2}) = \arg \overline{z_1} + \arg \overline{z_2} = -\arg z_1 - \arg z_2 = -(\arg z_1 + \arg z_2) = -\arg(z_1 z_2),$

$$\text{よって}\quad \arg(\overline{z_1}\,\overline{z_2}) = -\arg(z_1 z_2)$$

が成り立ちます. これは

$$\overline{z_1}\,\overline{z_2} = \overline{(z_1 z_2)}$$

であることを示しています.

ここで練習です. $i = r(\cos\theta + i\sin\theta)$ $(0 \leq \theta < 2\pi)$ とおいて i^2 を求め, r と θ を決定せよ. ヒント: $i^2 = r^2(\cos 2\theta + i\sin 2\theta)$ ですね. これを $i^2 = -1$ と比較すると $r^2 \cos 2\theta = -1$, $r^2 \sin 2\theta = 0$ ですから, $\cos^2 2\theta + \sin^2 2\theta = 1$ を用いて $r = 1$ が決まります. よって, $\cos 2\theta = -1$, $\sin 2\theta = 0$ より $2\theta = \pi$, よって $\theta = \dfrac{\pi}{2}$ となります. この問題の意図は, $\arg i = \dfrac{\pi}{2}$ であるのを確かめることで, 純虚数がその上にある'虚軸は実軸に直交する'ことを確認してもらうことです. なお, $i = \cos\dfrac{\pi}{2} + i\sin\dfrac{\pi}{2}$ より, z に i を掛けることは点 z を原点の周りに $90°$ だけ回転した点に移すことを意味します.

10.1.5.2 複素数の商

複素数 $z_1 = r_1(\cos\theta_1 + i\sin\theta_1)$, $z_2 = r_2(\cos\theta_2 + i\sin\theta_2)$ の商 $\dfrac{z_1}{z_2}$ $(z_2 \neq 0)$ を求めましょう. $z_2 \overline{z_2} = |z_2|^2 = r_2^2$ に注意して,

$$\frac{z_1}{z_2} = \frac{z_1 \overline{z_2}}{z_2 \overline{z_2}} = \frac{r_1(\cos\theta_1 + i\sin\theta_1)r_2(\cos(-\theta_2) + i\sin(-\theta_2))}{|z_2|^2}$$

$$= \frac{r_1}{r_2}\bigl(\cos(\theta_1 - \theta_2) + i\sin(\theta_1 - \theta_2)\bigr)$$

が得られます. よって, 複素数 z_1, z_2 の商 $\dfrac{z_1}{z_2}$ $(z_2 \neq 0)$ について,

$$\left|\frac{z_1}{z_2}\right| = \frac{|z_1|}{|z_2|}, \qquad \arg\left(\frac{z_1}{z_2}\right) = \arg z_1 - \arg z_2$$

が成り立ちます．商 $\dfrac{z_1}{z_2}$ が表す点は，点 z_1 を原点の周りに角 $-\arg z_2$ だけ回転して $\dfrac{1}{|z_2|}$ 倍したところにあります．

z_1，z_2 の共役複素数 $\overline{z_1}$，$\overline{z_2}$ の商 $\dfrac{\overline{z_1}}{\overline{z_2}}$ に対して，

$$\dfrac{\overline{z_1}}{\overline{z_2}} = \overline{\left(\dfrac{z_1}{z_2}\right)} \quad (z_2 \neq 0)$$

が成り立ちます．これを示すのは君たちの練習問題にしましょう．

10.1.6 複素平面上の角

複素平面上に 3 点 $A(z_A)$, $B(z_B)$, $C(z_C)$ をとり，$\angle BAC = \theta$ を求めましょう．複素数 $z_B - z_A$，$z_C - z_A$ が表す点をそれぞれ B′, C′ とすると，$\overrightarrow{AB} = \overrightarrow{OB'}$, $\overrightarrow{AC} = \overrightarrow{OC'}$ が成り立ちますね．よって，$\angle BAC = \angle B'OC'$ です．このとき

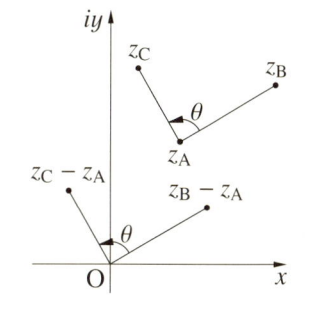

$$\angle B'OC' = \arg(z_C - z_A) - \arg(z_B - z_A) = \arg\left(\dfrac{z_C - z_A}{z_B - z_A}\right)$$

に注意すると

$$\angle BAC = \theta = \arg\left(\dfrac{z_C - z_A}{z_B - z_A}\right)$$

が得られます．ただし，角 θ については，半直線 AB を点 A の周りに回転して半直線 AC に重ねるときの回転角と見なすので $-\pi < \theta \leqq \pi$ とします．

では，偏角に関する問題をやってみましょう．複素平面上に 2 定点 $A(z_A)$，$B(z_B)$ をとる．このとき，$\arg\left(\dfrac{z - z_A}{z - z_B}\right) = \theta$（＝一定）を満たす点 $P(z)$ はどのような図形を描くか．ここでは，簡単のために $z_A = a > 0$, $z_B = -a$, $\theta = +90°$ とします．出題のねらいは，表式

$$\arg\left(\dfrac{+a - z}{-a - z}\right) = +90°$$

を眺めて，答が見えるようになることです．

複素数 $\dfrac{z-a}{z+a}$ の偏角が与えられているので，偏角が定義できるための条件 $z \neq \pm a$ に注意すると，偏角の条件は複素数 $\dfrac{z-a}{z+a}$ の極表示を用いて

$$\dfrac{z-a}{z+a} = \left|\dfrac{z-a}{z+a}\right|(\cos 90° + i\sin 90°)$$
$$= i\left|\dfrac{z-a}{z+a}\right| \quad (z \neq \pm a)$$

のように表すことができます．

　ここで両辺の実部・虚部を比較すればよいのですが，そのままやるとグジャグジャになります．今の場合は

$$\dfrac{z-a}{z+a} = X + iY \quad （X, Y は実数）$$

とおいて，実部・虚部についての条件を求めるとスッキリします．

$$\dfrac{z-a}{z+a} = i\left|\dfrac{z-a}{z+a}\right| \Leftrightarrow X + iY = i|X+iY| \Leftrightarrow X = 0, Y = |Y|$$
$$\Leftrightarrow X = 0, Y \geqq 0$$

ですから（確かめましょう），求める条件は

$$\dfrac{z-a}{z+a} = X + iY,\ X = 0,\ Y \geqq 0 \quad (z \neq \pm a)$$

に同値です．$(z+a)\overline{(z+a)} = |z+a|^2$，および

$$(z-a)\overline{(z+a)} = z\bar{z} - a^2 + a(z-\bar{z}) = |z|^2 - a^2 + 2aiy \quad (y = \mathrm{Im}\,z)$$

に注意すると，

$$\dfrac{z-a}{z+a} = \dfrac{(z-a)\overline{(z+a)}}{(z+a)\overline{(z+a)}} = \dfrac{|z|^2 - a^2 + 2aiy}{|z+a|^2}$$

なので

$X = 0,\ Y \geqq 0 \Leftrightarrow |z|^2 - a^2 = 0,\ 2ay \geqq 0,$
　よって　$|z| = a,\ y \geqq 0 \quad (z \neq \pm a)$

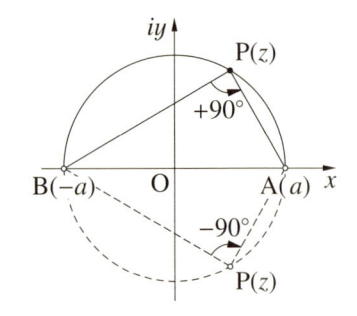

を得ます．よって，答は線分 AB を直径とする半円です．

半円となったのは $\arg\left(\dfrac{+a-z}{-a-z}\right) = \angle \mathrm{BPA} = +90°$ を複素数の偏角，つまり回転角としたためです．この結果は，2 定点 A，B と動点 P に対して，

$$3\text{ 点 A，B，P が同一円周上にある} \Leftrightarrow \angle \mathrm{BPA} = \text{一定}$$

という，いわゆる「円周角の定理」の一例になっています．

この例にならって，$\mathrm{A}(a)$，$\mathrm{B}(-a)$，$\theta = $ 一定 の場合を試みるとよいでしょう．今度は，半円でなく円弧になります．

§10.2　ド・モアブルの定理

10.2.1　ド・モアブルの定理

複素数における重要な定理を証明しましょう．$z = \cos\theta + i\sin\theta$ とすると，複素数の積の性質から，

$$z^2 = zz = \cos(\theta + \theta) + i\sin(\theta + \theta) = \cos 2\theta + i\sin 2\theta$$
$$z^3 = z^2 z = \cos(2\theta + \theta) + i\sin(2\theta + \theta) = \cos 3\theta + i\sin 3\theta$$

これを繰り返すと，任意の自然数 n に対して，

$$(\cos\theta + i\sin\theta)^n = \cos n\theta + i\sin n\theta \qquad (n \text{ は自然数})$$

が成り立ちます．これを **ド・モアブルの定理** といいます．

この定理は容易に一般化できます．$z = \cos\theta + i\sin\theta$ のとき，$|z| = 1$ なので，

$$z^{-n} = \dfrac{1}{z^n} = \dfrac{\overline{z}^n}{(z\overline{z})^n} = \dfrac{\overline{z}^n}{|z|^{2n}} = \overline{z}^n, \qquad \text{よって} \quad z^{-n} = \overline{z}^n$$

となり，したがって

$$(\cos\theta + i\sin\theta)^{-n} = (\cos(-\theta) + i\sin(-\theta))^n$$
$$= \cos(-n\theta) + i\sin(-n\theta) \qquad (n \text{ は自然数})$$

が成り立ちます．これはド・モアブルの定理の指数が整数に拡張できることを意味します．

一般に，複素数 z と自然数 n に対して，方程式 $w^n = z$ を満たす複素数 w を z の n 乗根といい，$z^{\frac{1}{n}}$ で表します：

$$w^n = z \iff w = z^{\frac{1}{n}}.$$

この記法は $\sqrt[n]{a}$ が一般に実数を表すのと区別するために用いられ，$a^{\frac{1}{n}}$ は複素数になります．

上の定義によって，ド・モアブルの定理の拡張限界が現れます．まず，$w = 1^{\frac{1}{n}}$ つまり n 次方程式 $w^n = 1$ の解は，$\cos 2k\pi + i \sin 2k\pi = 1$ （k は整数）に注意すると，ド・モアブルの定理を用いて確かめられるように，

$$w = 1^{\frac{1}{n}} = \cos \frac{2k\pi}{n} + i \sin \frac{2k\pi}{n} \qquad (k = 0, 1, 2, \cdots, n-1)$$

です（詳細は次の§§で議論します）．このことは $(\cos\theta + i\sin\theta)^{\frac{1}{n}}$ を求める際に利用できます．$\left\{\left(\cos\frac{\theta}{n} + i\sin\frac{\theta}{n}\right) \cdot 1^{\frac{1}{n}}\right\}^n = \cos\theta + i\sin\theta$ に注意すると，

$$(\cos\theta + i\sin\theta)^{\frac{1}{n}} = \cos\frac{\theta + 2k\pi}{n} + i\sin\frac{\theta + 2k\pi}{n}$$

$(k = 0, 1, 2, \cdots, n-1)$ となることがわかります．この結果は，期待されない付加的な偏角 $\frac{2k\pi}{n}$ をもたらしますね．

10.2.2　1 の n 乗根

1 の n 乗根（n は自然数）を求めましょう．この問題は複素数の偏角にまつわる微妙な問題を含んでいるので，2 通りの解法をしましょう．1 の n 乗根は n 個の異なる複素数を解にもちます．

$z = 1^{\frac{1}{n}} = r(\cos\theta + i\sin\theta)$ とおきましょう．このとき $1^{\frac{1}{n}}$ の偏角 θ については，$0 \le \theta < 2\pi$ と制限しても構いません．よって

$$z^n = r^n(\cos\theta + i\sin\theta)^n = r^n(\cos n\theta + i\sin n\theta) = 1$$

より，実部・虚部を比較して $r^n \cos n\theta = 1$，$r^n \sin n\theta = 0$ を得ます．これより $r = 1$，および $0 \le \theta < 2\pi$ とすると，$n\theta = 2k\pi$ $(k = 0, 1, 2, \cdots, n-1)$，よって $\theta = \frac{2k\pi}{n}$ となるので，

$$1^{\frac{1}{n}} = \cos\frac{2k\pi}{n} + i\sin\frac{2k\pi}{n} \qquad (k = 0, 1, 2, \cdots, n-1)$$

§10.2 ド・モアブルの定理

が得られます．このとき，$\cos\theta$，$\sin\theta$ の周期性から，$k<0$，または，$k \geqq n$ の場合の解は $k=0, 1, 2, \cdots, n-1$ のもののどれかに一致することに注意しましょう．例えば，$k=n$ のとき $\cos\dfrac{2n\pi}{n}=\cos 0$，$\sin\dfrac{2n\pi}{n}=\sin 0$ ですから，その場合は $k=0$ の場合に一致します．

もう 1 つの解法は前の §§ のド・モアブルの定理を使う方法です．$|1|=1$，また，1 の偏角については一般に '$\arg 1 = 2k\pi$ (k は整数) である' ことに注意すると，
$$1 = \cos 2k\pi + i\sin 2k\pi \qquad (k \text{ は整数})$$
と表されます．よって，下式の両辺を n 乗するとわかるように
$$1^{\frac{1}{n}} = \cos\frac{2k\pi}{n} + i\sin\frac{2k\pi}{n} \qquad (k \text{ は整数})$$
です．このとき，三角関数の周期性より，$k=0, 1, 2, \cdots, n-1$ と制限することができます．

以上の議論から，1 の n 乗根は n 個の異なる解をもちますね．一般の複素数 α の n 乗根 $z=\alpha^{\frac{1}{n}}$ についても同様のことがいえます．というのは z は n 次方程式 $z^n=\alpha$ の解として得られるからです．

1 の 3 乗根 $1^{\frac{1}{3}}=\cos\dfrac{2k\pi}{3}+i\sin\dfrac{2k\pi}{3}$ ($k=0, 1, 2$) の各々を z_k と記して具体的に書き下すと，

$$\begin{cases} z_0 = \cos 0 + i\sin 0 = 1 \\ z_1 = \cos\dfrac{2\pi}{3} + i\sin\dfrac{2\pi}{3} = \dfrac{-1+i\sqrt{3}}{2} \\ z_2 = \cos\dfrac{4\pi}{3} + i\sin\dfrac{4\pi}{3} = \dfrac{-1-i\sqrt{3}}{2} \end{cases}$$

となります．z_0，z_1，z_2 は複素平面上の単位円の円周を 3 等分する点で，正三角形の頂点になります．同様に，1 の n 乗根が表す点は単位円周を n 等分し，正 n 角形の頂点になります．

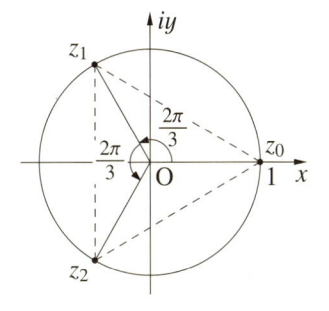

1 の 3 乗根については，もちろん，3 次方程式 $z^3-1=0$ を解いても得られますね．$z^3-1=0 \Leftrightarrow (z-1)(z^2+z+1)=0$ より，再び解 $z=1, \dfrac{-1\pm i\sqrt{3}}{2}$ が得られます．

では，ここで問題をやりましょう．原点を中心とする半径 r の円周上に正 n 角形 $A_0 A_1 \cdots A_{n-1}$ を描く．ただし，$A_0(r, 0)$ とする．ここで，x 軸上に点 $P(a, 0)$ $(a > 0)$ をとり，P と各頂点 A_k との距離 PA_k を考えるとき，それらの積について

$$PA_0 PA_1 \cdots PA_{n-1} = |OP^n - r^n|$$

が成り立つことを示せ．

これはコーツの定理と呼ばれる有名なものです．超難問のように感じませんか？ すぐピーンときた人は 1 の n 乗根をよ～く理解した人です．ヒント：複素平面上で考えます．正 n 角形の各頂点 A_k は r^n の n 乗根 z_k：

$$z_k = (r^n)^{\frac{1}{n}} = r\left(\cos\frac{2k\pi}{n} + i\sin\frac{2k\pi}{n}\right) \quad (k = 0, 1, \cdots, n-1)$$

が表す点です．ここで

$$\begin{aligned} PA_0 PA_1 \cdots PA_{n-1} &= |a - z_0||a - z_1|\cdots|a - z_{n-1}| \\ &= |(a - z_0)(a - z_1)\cdots(a - z_{n-1})| \end{aligned}$$

および $|OP^n - r^n| = |a^n - r^n|$ に注意するとそろそろ見えてくるでしょう．

n 次式 $z^n - r^n$ は，方程式 $z^n - r^n = 0$ の解 $z_0, z_1, \cdots, z_{n-1}$ を用いて

$$z^n - r^n = (z - z_0)(z - z_1)\cdots(z - z_{n-1})$$

と因数分解できますね．因数分解の等式は恒等式なので，$z = a$ とおいて両辺の絶対値をとればほぼできあがりです．仕上げは君たちの仕事です．

§10.3 方程式

10.3.1 複素係数の 2 次方程式

例として，方程式 $z^2 - 2iz - 2 - i\sqrt{3} = 0$ を解いてみましょう．因数分解は簡単にはできそうもありませんね．複素数は，実数と同じ計算法則を満たすので，2 次方程式の解の公式はそのまま使えます．よって，

$$z = i \pm \sqrt{D'}, \quad \text{ただし} \quad D' = (-i)^2 + 2 + i\sqrt{3} = 1 + i\sqrt{3}$$

です．

§10.3 方程式

この解が複素数であることを示しましょう．$(\pm\sqrt{D'})^2 = D'$ だから $\pm\sqrt{D'}$ は $(D')^{\frac{1}{2}}$ のことです．$\arg(1+i\sqrt{3}) = \frac{\pi}{3} + 2k\pi$（$k$ は整数）に注意すると

$$D' = 1 + i\sqrt{3} = 2\left\{\cos\left(\frac{\pi}{3} + 2k\pi\right) + i\sin\left(\frac{\pi}{3} + 2k\pi\right)\right\} \qquad (k \text{ は整数})$$

と表されます．議論をスッキリさせるためには複素数の積の性質を逆に使い

$$D' = 2\left(\cos\frac{\pi}{3} + i\sin\frac{\pi}{3}\right)(\cos 2k\pi + i\sin 2k\pi) \qquad (k \text{ は整数})$$

としておくほうがよいでしょう．すると，拡張されたド・モアブルの定理より

$$(D')^{\frac{1}{2}} = \sqrt{2}\left(\cos\frac{\pi}{6} + i\sin\frac{\pi}{6}\right)(\cos k\pi + i\sin k\pi) = \sqrt{2}\left(\cos\frac{\pi}{6} + i\sin\frac{\pi}{6}\right)\cdot 1^{\frac{1}{2}}$$

が得られます．ここで k の偶数，奇数に対応して

$$1^{\frac{1}{2}} = \cos k\pi + i\sin k\pi = \pm 1$$

となるので，

$$(D')^{\frac{1}{2}} = \pm\sqrt{2}\left(\cos\frac{\pi}{6} + i\sin\frac{\pi}{6}\right) = \pm\sqrt{2}\left(\frac{\sqrt{3}}{2} + i\frac{1}{2}\right)$$

が得られます．よって，最終的に

$$z = i \pm \sqrt{D'} = i \pm \sqrt{2}\left(\frac{\sqrt{3}}{2} + i\frac{1}{2}\right)$$

$$= \pm\frac{\sqrt{6}}{2} + i\frac{2\pm\sqrt{2}}{2} \qquad \text{（複号同順）}$$

となります．確かに複素数になりましたね．

もう 1 題やってみましょう．方程式は $z^2 - (3+i4)z - 1 + i5 = 0$ です．解の公式より

$$z = \frac{3 + i4 \pm \sqrt{D}}{2}, \qquad D = -3 + i4$$

を得ます．ここで判別式 D については

$$D = -3 + i4 = 5\{\cos(\theta + 2k\pi) + i\sin(\theta + 2k\pi)\}$$
$$= 5(\cos\theta + i\sin\theta)(\cos 2k\pi + i\sin 2k\pi),$$

ただし $\cos\theta = \frac{-3}{5},\ \sin\theta = \frac{4}{5}$ （$-\pi < \theta \leq \pi$, k は整数）

と表すことができます．

今度は θ をすぐには求められませんね．先の問題と同様にして

$$\pm\sqrt{D} = D^{\frac{1}{2}} = \pm\sqrt{5}\left(\cos\frac{\theta}{2} + i\sin\frac{\theta}{2}\right)$$

が得られます．ここで半角公式

$$\cos^2\frac{\theta}{2} = \frac{1+\cos\theta}{2}, \qquad \sin^2\frac{\theta}{2} = \frac{1-\cos\theta}{2}$$

を用います．今の場合，$0 < \theta < \pi$ に制限できるので，$\cos\frac{\theta}{2} > 0$，$\sin\frac{\theta}{2} > 0$ に注意して

$$\begin{aligned}
D^{\frac{1}{2}} &= \pm\sqrt{5}\left(\sqrt{\frac{1+\cos\theta}{2}} + i\sqrt{\frac{1-\cos\theta}{2}}\right) \\
&= \pm\sqrt{5}\left(\sqrt{\frac{1}{2}\left(1-\frac{3}{5}\right)} + i\sqrt{\frac{1}{2}\left(1+\frac{3}{5}\right)}\right) \\
&= \pm(1+i2)
\end{aligned}$$

が得られます．よって，最終的に

$$\begin{aligned}
z &= \frac{1}{2}\left(3+i4+D^{\frac{1}{2}}\right) = \frac{1}{2}\left(3+i4\pm(1+i2)\right) \\
&= 2+i3, \quad 1+i
\end{aligned}$$

を得ます．元の方程式 $z^2 - (3+i4)z - 1 + i5 = 0$ が $(z-2-i3)(z-1-i) = 0$ と因数分解できることを確かめましょう．

以上の例から，一般の複素係数 2 次方程式の解法は明らかになったでしょう．まず，解の公式を用いて解き，判別式 $D = a + ib$（a, b は実数）を極表示します：

$$\begin{aligned}
D &= a + ib \\
&= r(\cos(\theta + 2k\pi) + i\sin(\theta + 2k\pi)) \\
&= r(\cos\theta + i\sin\theta)(\cos 2k\pi + i\sin 2k\pi), \quad (-\pi < \theta \leq \pi, \; k \text{ は整数})
\end{aligned}$$

ただし $r = \sqrt{a^2+b^2}$, $\cos\theta = \frac{a}{r}$, $\sin\theta = \frac{b}{r}$.

次に，

$$\pm\sqrt{D} = D^{\frac{1}{2}} = \pm\sqrt{r}\left(\cos\frac{\theta}{2} + i\sin\frac{\theta}{2}\right)$$

を半角公式を用いて計算し，解の公式に代入して整理すればできあがりです．

10.3.2　3次方程式とカルダノのパラドックス

§§2.3.2 カルダノの公式と虚数のパラドックスで議論したことを検証しましょう．一般の実数係数 3 次方程式 $ax^3 + bx^2 + cx + d = 0$ から得られるそれに同値な 3 次方程式

$$x^3 + 3px + 2q = 0 \qquad (p, q \text{ は実数})$$

を考えます．カルダノが得たこの方程式の解の公式は，解を $x = u + v$ とすると

$$u = \sqrt[3]{-q + \sqrt{\Delta}}, \quad v = \sqrt[3]{-q - \sqrt{\Delta}}, \quad \text{ただし} \quad \Delta = q^2 + p^3$$

と表されます（この 3 乗根は複素数を与えると見なします）．この公式が '正しい解' を与えることはそれが方程式を満たすことから確かめられましたね．

物議をかもす問題は $\Delta < 0$ の場合に起こりました．例えば，方程式

$$(x-1)(x-4)(x+5) = x^3 - 21x + 20 = 0$$

の解 1, 4, -5 は全て実数です．ところが，このとき，$p = -7$, $q = 10$ なので，$\Delta = -243$．よって，解 $x = u + v$ の u, v は

$$u = \sqrt[3]{-10 + \sqrt{-243}}, \quad v = \sqrt[3]{-10 - \sqrt{-243}}$$

と表されます．和 $u + v$ が 1, 4, -5 であることは上の方程式から一目瞭然です．しかし，u, v は虚数の 3 乗根です．その和が実数 1, 4, -5 (のどれか，または，全部) になるとはその当時は信じられませんでした．

以下，電卓の助けも借りながら，$x = u + v = 1, 4, -5$ となることを示しましょう．まず，$D = -10 + \sqrt{-243}$ とすると $-10 - \sqrt{-243}$ はその共役複素数 $\overline{D}$ ですね．よって，偏角の不定性に注意すると

$$D, \overline{D} = -10 \pm i\sqrt{243}$$
$$= \sqrt{343} \{\cos(\pm\theta \pm 2k\pi) + i\sin(\pm\theta \pm 2k\pi)\}$$
$$= \sqrt{343} \{\cos(\pm\theta) + i\sin(\pm\theta)\} \{\cos(\pm 2k\pi) + i\sin(\pm 2k\pi)\},$$
$$\cos\theta = \frac{-10}{\sqrt{343}}, \quad \sin\theta = \frac{\sqrt{243}}{\sqrt{343}} \qquad (-\pi < \theta \leq \pi, k \text{ は整数})$$

と表すことができます．

これから
$$u,\ v = D^{\frac{1}{3}},\ \overline{D}^{\frac{1}{3}}$$
$$= \sqrt[6]{343}\left\{\cos\left(\pm\frac{\theta}{3}\right) + i\sin\left(\pm\frac{\theta}{3}\right)\right\}\left\{\cos\left(\pm\frac{2k\pi}{3}\right) + i\sin\left(\pm\frac{2k\pi}{3}\right)\right\}$$

となります．したがって，どの k についても $v = \overline{u}$ が成り立ち

$$x = u + v = u + \overline{u} = 2\,\mathrm{Re}\,u = \text{実数}$$

であることがわかります（$\mathrm{Re}\,(a + ib) = a$ （a, b は実数））．

ここで
$$u = \sqrt[6]{343}\left(\cos\frac{\theta}{3} + i\sin\frac{\theta}{3}\right)\left(\cos\frac{2k\pi}{3} + i\sin\frac{2k\pi}{3}\right)$$
$$= \sqrt[6]{343}\left(\cos\frac{\theta}{3} + i\sin\frac{\theta}{3}\right)\cdot 1^{\frac{1}{3}}$$

です．

　関数電卓を用いましょう．$\cos\theta = \dfrac{-10}{\sqrt{343}}$ だから，$\theta = 122.6801839°$．よって，$\dfrac{\theta}{3} = 40.89339465°$ が得られます（数値はもちろん近似値です）．この値から $\cos\dfrac{\theta}{3} = 0.755928946$, $\sin\dfrac{\theta}{3} = 0.65465367$ となりますが，$\sqrt[6]{343} = 2.645751311$ を用いて

$$\sqrt[6]{343}\cos\frac{\theta}{3} = 2, \qquad \sqrt[6]{343}\sin\frac{\theta}{3} = 1.732050808 = \sqrt{3}$$

に注意し，また，既に得た結果 $1^{\frac{1}{3}} = 1,\ \dfrac{-1 \pm i\sqrt{3}}{2}$ を用いると，最終結果

$$x = 2\,\mathrm{Re}\,u = \begin{cases} 2\,\mathrm{Re}\left(\sqrt[6]{343}\left(\cos\dfrac{\theta}{3} + i\sin\dfrac{\theta}{3}\right)\cdot 1\right) = 4 \\ 2\,\mathrm{Re}\left(\sqrt[6]{343}\left(\cos\dfrac{\theta}{3} + i\sin\dfrac{\theta}{3}\right)\cdot \dfrac{-1 \pm i\sqrt{3}}{2}\right) = -5,\ 1 \end{cases}$$

が得られ，カルダノの公式は‘正しい解を全て与える’ことがわかります．

　以上の議論から，複素数の不思議で面白い性質が読みとれたと思います．その性質は一見無用とも思える偏角の不定性に起因していますね．複素数 $a + ib$ は，本当は，$(a + ib)(\cos 2k\pi + i\sin 2k\pi)$（$k$ は整数）のことであると考えているほうがよいでしょう．

10.3.3 代数学の基本定理

§§2.4.3 で議論したように,n 次の方程式は,k 重解を k 個の解と見なすと,n 個の解をもつことが知られています.§§2.4.3 では果たせなかった「代数学の基本定理」の証明,つまり「複素係数 n 次方程式は少なくとも 1 個の複素数解をもつ」をここで示しましょう.

証明の骨子は,複素係数の n 次の複素数の多項式

$$P(z) = a_n z^n + a_{n-1} z^{n-1} + \cdots + a_1 z + a_0 \qquad (a_n \neq 0)$$

について,その絶対値 $|P(z)|$ の最小値は 0 であることを示すことです.これは $P(z) = 0$ を満たす複素数 z が存在することを意味します.以下,多少の準備をしてから本題に入りましょう.

10.3.3.1 複素数の連続関数

証明に必要なことは '多項式 $P(z)$ が z の連続関数であること' です.それは何故かを考えながら以下を読みましょう.連続性の厳密な議論は微分の章に回すことにして,ここでは直感的な議論で間に合わせます.

実数の関数 $f(x)$ が $x = a$ で連続とは,関数値 $f(a)$ が存在し,変数 x が a からごく僅かに変化するとき $f(x)$ も $f(a)$ からごく僅かに変化することです.関数のグラフでいうと,'グラフが $x = a$ で切れてない' ことです.ある範囲で切れるところがない関数は,その範囲で連続関数です.2 次・3 次関数など,君たちの知っている関数のほとんどは,切れてるところがなく,実数の全範囲で連続関数です.不連続な点をもつ代表的な関数は $f(x) = \dfrac{1}{x}$ などの分数関数で,分母が 0 のところで不連続です.

複素変数 z の関数 $f(z)$ についても同様のことがいえます.$z = \alpha$ で $f(\alpha)$ が存在し,変数 z が α からごく僅かに変化した($|z - \alpha|$ がごく小さい)とき,$f(z)$ も $f(\alpha)$ からごく僅かに変化する($|f(z) - f(\alpha)|$ がごく小さい)とき,関数 $f(z)$ は $z = \alpha$ で連続であるといいます.関数 $f(z)$ が複素 z 平面上のある領域の各点で連続であるとき,$f(z)$ はその領域で連続であるといいます.

$z = r(\cos\theta + i\sin\theta)$ と極形式で表しておいて,z の多項式の連続性を調べま

しょう．z の変化は r と θ の変化として表され，それらが共に連続的に変化するならば，z の実部 $r\cos\theta$ と虚部 $r\sin\theta$ は共に連続的に変化し，したがって，z が連続的に変化します．

複素係数の単項式 $a_k z^k$ $(k = 0, 1, 2, \cdots)$ については，

$$|a_k z^k| = |a_k| r^k, \qquad \arg(a_k z^k) = \arg a_k + k\theta$$

ですから，r と θ が連続的に変化するとき，つまり z が連続的に変化するとき $a_k z^k$ は連続的に変化します．よって，$a_k z^k$ は全複素平面上で z の連続関数です．

多項式を調べるために，複素平面上に 2 点 $P(a_k z^k)$, $Q(a_l z^l)$ $(k, l = 0, 1, 2, \cdots)$ をとりましょう．2 項式 $a_k z^k + a_l z^l$ はベクトルの和 $\overrightarrow{OP} + \overrightarrow{OQ}$ に対応します．z が連続的に変化するとき，$a_k z^k$, $a_l z^l$, よって，$\overrightarrow{OP}$, $\overrightarrow{OQ}$ は連続的に変化し，したがって平行四辺形の法則によって $\overrightarrow{OP} + \overrightarrow{OQ}$ が連続的に変化するので，対応する $a_k z^k + a_l z^l$ も連続的に変化します．項数が増えても，同様にベクトルに対応させれば，z と共に連続的に変化することがわかります．よって，多項式 $P(z) = a_n z^n + a_{n-1} z^{n-1} + \cdots + a_1 z + a_0$ は全複素平面上で z の連続関数になります．

10.3.3.2 定理

定理を 2 つほど学んでおきましょう．複素平面上に 2 点 $A(z_A)$, $B(z_B)$ をとると，

$$|\overrightarrow{OA} + \overrightarrow{OB}| \leq |\overrightarrow{OA}| + |\overrightarrow{OB}|$$

が成り立ちますね．等号成立は $\overrightarrow{OA}$ と $\overrightarrow{OB}$ が同じ向きのときです．同様に

$$||\overrightarrow{OA}| - |\overrightarrow{OB}|| \leq |\overrightarrow{OA} + \overrightarrow{OB}|$$

が成り立ちます．等号成立は $\overrightarrow{OA}$ と $\overrightarrow{OB}$ が反対向きのときです．これらを複素数 z_A, z_B を用いて表すと

$$||z_A| - |z_B|| \leq |z_A + z_B| \leq |z_A| + |z_B|$$

のようになります．

§10.3 方程式

次に，和 $r^p + r^{p+1} + r^{p+2} + \cdots + r^q$ ($r \neq 1$, p, q は整数, $p < q$) を求める公式を導きましょう．

$$(1 - r)(r^p + r^{p+1} + r^{p+2} + \cdots + r^q) = r^p - r^{q+1}$$

より，頻繁に用いられる公式

$$r^p + r^{p+1} + r^{p+2} + \cdots + r^q = \frac{r^p - r^{q+1}}{1 - r} \qquad (r \neq 1)$$

が得られます．

10.3.3.3 代数学の基本定理

準備が整いました．複素係数の n 次多項式

$$P(z) = a_n z^n + a_{n-1} z^{n-1} + \cdots + a_1 z + a_0 \qquad (a_n \neq 0)$$

は複素変数 z の連続関数です．よって，複素平面上の 2 点 O と $P(z)$ の距離 $|P(z)|$ は z の実数値連続関数になります．

まず，$|P(z)|$ の振る舞いを調べましょう．$z \neq 0$ のとき

$$P(z) = a_n z^n + a_{n-1} z^{n-1} + \cdots + a_0 = z^n \left(a_n + \frac{a_{n-1}}{z} + \cdots + \frac{a_0}{z^n} \right)$$

と表せます．これから $|z|$ が十分に大きいとき，先に示した絶対値の定理より

$$|P(z)| = |z^n| \left| a_n + \frac{a_{n-1}}{z} + \cdots + \frac{a_0}{z^n} \right| \geq |z^n| \left(|a_n| - \left| \frac{a_{n-1}}{z} + \cdots + \frac{a_0}{z^n} \right| \right)$$

が成り立ちます．このとき $\left| \frac{a_{n-1}}{z} + \cdots + \frac{a_0}{z^n} \right|$ は十分に小さくなり，例えば

$$\left| \frac{a_{n-1}}{z} + \cdots + \frac{a_0}{z^n} \right| < \frac{1}{2} |a_n|$$

のようにできます．よって，$|z| = R$ が十分に大きいとき（$x < y \Leftrightarrow -x > -y$ に注意して）

$$|P(z)| > R^n \left(|a_n| - \frac{1}{2} |a_n| \right) = \frac{1}{2} |a_n| R^n$$

となるので，$|z| \to \infty$ のとき $|P(z)| \to \infty$ が成立します．

一方，$|z| = r (< R)$ のとき

$$|P(z)| = |a_n z^n + a_{n-1} z^{n-1} + \cdots + a_0| \leq |a_n z^n| + |a_{n-1} z^{n-1}| + \cdots + |a_0|$$
$$= |a_n| r^n + |a_{n-1}| r^{n-1} + \cdots + |a_0|$$

となります．ここで $|a_0|, |a_1|, \cdots, |a_n|$ の最大のものを A とすると，

$$|P(z)| \leq A \left(1 + r^1 + r^2 + \cdots + r^{n-1} + r^n\right) = A \frac{1 - r^{n+1}}{1 - r} \qquad (r \neq 1)$$

が得られます．ここで，十分に大きな R に対して，$|z| = r << R$ のとき

$$|P(z)| \leq A \frac{1 - r^{n+1}}{1 - r} << \frac{1}{2} |a_n| R^n$$

が成り立つことに注意しましょう．

　以上のことから，荒っぽい言い方をすると，$|P(z)|$ は複素平面上の z に対して，お椀のような形になる関数値の分布をしていて，その最小値を $|z| < R$ の領域で，つまり有限の領域でとることがわかります．そこで，$|P(z)|$ は $z = \alpha$ で最小として，最小値を $|P(\alpha)|$ としましょう．

　次に，最小値 $|P(\alpha)|$ が 0 であることを示します．その方法は $|P(\alpha)| \neq 0$ と仮定して矛盾を引き出すいわゆる背理法です．そのために，複素関数

$$f(z) = \frac{P(z + \alpha)}{P(\alpha)} \qquad (P(\alpha) \neq 0)$$

を考えて，$|f(z)|$ を 1 より小さくできることを導きます．この方法は，0 でない最小値 $|P(\alpha)|$ ならば，それより小さなものが存在することを示そうということです（悪魔の呟き：0 で割ったら，どんなインチキもできるわさ！）．

　$P(z + \alpha)$ は n 次の多項式，$P(\alpha)$ は定数ですから，$f(z)$ は n 次の多項式になり，特に $f(0) = 1$ ですから

$$f(z) = 1 + b_1 z + \cdots + b_n z^n \qquad (b_n \neq 0)$$

のように表されます．$b_1 = 0$ などの可能性があるので，$b_1, b_2, \cdots, b_n$ のうち 0 でない最初のものを b_m (m は $1, 2, \cdots, n$ のどれか) とすると，

$$f(z) = 1 + b_m z^m + \cdots + b_n z^n \qquad (b_m \neq 0)$$

と表されます．

さて，$\arg(b_m z^m) = -\pi$ となるように $z = z'$ を選んで，$|z'| = r$ とすると，
$$b_m z'^m = -|b_m| r^m$$
と表すことができます．ここで $|b_m| = b$ とおいて，$|b_m|, \cdots, |b_n|$ のうちで最大のものを B としましょう．すると，十分に小さな r に対して

$$|f(z')| = |1 + b_m z'^m + \cdots + b_n z'^n| \leq |1 + b_m z'^m| + |b_{m+1} z'^{m+1}| + \cdots + |b_n z'^n|$$

$$\leq |1 - br^m| + B(r^{m+1} + \cdots + r^n) = 1 - br^m + B \frac{r^{m+1} - r^{n+1}}{1 - r}$$

$$< 1 - br^m + B \frac{r^{m+1}}{1 - r} = 1 - \frac{r^m}{1 - r}(b - br - Br) < 1,$$

よって $\quad |f(z')| = \dfrac{|P(z' + \alpha)|}{|P(\alpha)|} < 1$

が成り立ちます．よって，$\beta = z' + \alpha$ とおくと，$P(\alpha) \neq 0$ ならば

$$|P(\beta)| < |P(\alpha)|$$

が成り立つことになり，$|P(\alpha)|$ が最小値であることに反します．したがって，$P(\alpha) = 0$ を満たす複素数 α が存在しなければなりません．

よって，複素係数 n 次方程式 $P(z) = a_n z^n + a_{n-1} z^{n-1} + \cdots + a_0 = 0$ は，次数 n によらずに，少なくとも 1 個の複素数解をもつことが示されました．

この基本定理から，上の n 次方程式 $P(z) = 0$ は，既に §§2.4.3 で議論したように，重複を含めて n 個の解 α_k ($k = 1, 2, \cdots, n$) をもつことが示され，n 次多項式 $P(z)$ は

$$P(z) = a(z - \alpha_1)(z - \alpha_2) \cdots (z - \alpha_n)$$

のように因数分解されます．

§10.4　複素平面上の図形と複素変換

ベクトルの方程式が図形を表すのと同じように，複素数の方程式は図形を表します．また，ベクトルの関数が変換（例えば，線形変換）を表すように，複素数の関数は複素平面上の変換を表します．この複素変換は科学・技術の両分野で重要です．

10.4.1 複素平面上の図形

10.4.1.1 円

円を表す最も簡単な方法は方程式を用いることです．方程式
$$C : |z - z_0| = r$$
は複素平面上の 2 点 z, z_0 の距離が常に一定値 r であることを表しますから，C は中心が z_0，半径が r の円を表します．

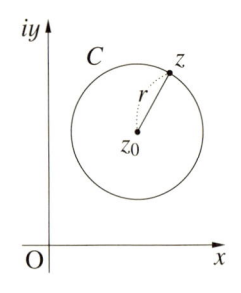

$$z = x + iy, \quad z_0 = x_0 + iy_0$$

と実数で表すと，$z - z_0 = (x - x_0) + i(y - y_0)$ ですから，
$$C : (x - x_0)^2 + (y - y_0)^2 = r^2$$

のように表され，実平面上の方程式と同じ形になります．

平面ベクトルを用いた円 C のパラメータ表示

$$C : \begin{pmatrix} x \\ y \end{pmatrix} = \begin{pmatrix} x_0 \\ y_0 \end{pmatrix} + r \begin{pmatrix} \cos\theta \\ \sin\theta \end{pmatrix}$$

がありましたが，複素数を用いても

$$C : z = z_0 + r(\cos\theta + i\sin\theta)$$

のように，円 C のパラメータ表示ができます．点 z は点 z_0 を実軸方向に $r\cos\theta$，虚軸方向に $ir\sin\theta$ だけ移動した点になっていますね．

ここで練習問題です．方程式 $z\bar{z} - (2+i)\bar{z} - (2-i)z = 0$ は複素平面上でどんな図形を表すか．ヒント：$2 - i = \overline{2+i}$ に注意します．

$$\begin{aligned}
z\bar{z} - (2+i)\bar{z} - (2-i)z &= z\bar{z} - (2+i)\bar{z} - \overline{(2+i)}z \\
&= (z - (2+i))(\bar{z} - \overline{(2+i)}) - (2+i)\overline{(2+i)} \\
&= |z - (2+i)|^2 - |2+i|^2 = 0
\end{aligned}$$

のように変形されます．よって，$|z - (2+i)| = |2+i|$ が得られるので，答は，中心 $2+i$，半径 $\sqrt{5}$ の円ですね．

§10.4 複素平面上の図形と複素変換

10.4.1.2 直線

実平面上で，点 (x_0, y_0) を通り方向ベクトル $\begin{pmatrix} l \\ m \end{pmatrix}$ の直線 ℓ のパラメータ表示は

$$\ell : \begin{pmatrix} x \\ y \end{pmatrix} = \begin{pmatrix} x_0 \\ y_0 \end{pmatrix} + t \begin{pmatrix} l \\ m \end{pmatrix} \quad (t \text{ は実数})$$

と表されましたね．ここで

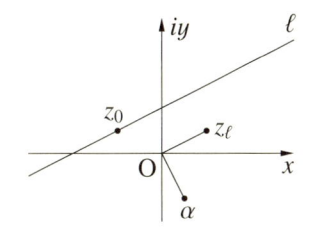

$$z_0 = x_0 + iy_0, \quad z_\ell = l + im$$

とおくと，複素平面上の直線のパラメータ表示

$$\ell : z = z_0 + t z_\ell$$

が得られます．

ベクトル表現の ℓ でパラメータ t を消去するには，ベクトル方程式の両辺に法線ベクトル $\begin{pmatrix} m \\ -l \end{pmatrix}$ を内積すればよく，直線 ℓ の内積表示

$$\ell : \begin{pmatrix} m \\ -l \end{pmatrix} \cdot \begin{pmatrix} x \\ y \end{pmatrix} = \begin{pmatrix} m \\ -l \end{pmatrix} \cdot \begin{pmatrix} x_0 \\ y_0 \end{pmatrix}$$

が得られます．

この内積表示を複素数で表すには，ℓ の法線ベクトル $\begin{pmatrix} m \\ -l \end{pmatrix}$ に対応する複素平面上の点 $\alpha = m - il$ を導入して，内積 $\begin{pmatrix} m \\ -l \end{pmatrix} \cdot \begin{pmatrix} x \\ y \end{pmatrix} = mx - ly$ をうまく表すようにするのが理に適っています．ただし，積 αz ではうまくいかず，$\overline{\alpha} z$ を考えると

$$\overline{\alpha} z = (m + il)(x + iy) = mx - ly + i(lx + my)$$

となって $mx - ly$ が現れます．このとき実部だけが関係するので

$$\ell : \text{Re}(\overline{\alpha} z) = \text{Re}(\overline{\alpha} z_0)$$

のように表すことができます．なお，$\alpha = -i z_\ell$ なので，α は点 z_ℓ を O の周りに $-90°$ だけ回転した点です．

ここで練習問題です．複素平面上で方程式 $|z - \alpha| = |z - \beta|$ ($\alpha \neq \beta$) を満たす点 z はどのような図形を描くか．ヒント：z と α の距離が z と β の距離に等しいですね．答は 2 点 α, β を結ぶ線分の垂直 2 等分線です．

10.4.2 複素平面上の変換

平面上の点を平面上の点に移すことを平面上の **変換** といいます．複素平面上の点 z が変換 f によって複素平面上の点 w に移されるとき，これを

$$w = f(z)$$

と表し，これを複素関数といいます．このとき点 z がある図形 D 上を動くならば，一般に点 w はある図形 D' 上を動きます．このことを変換 f は D を D' に移すといい，D は原像，D' は D の像といわれます．

10.4.2.1 変換の例

複素平面上の点 z が直線

$$\ell : z = z_0 + t z_\ell \quad (z_0 = x_0 + i y_0,\ z_\ell = l + im)$$

上を動くとき，関数

$$w = f(z) = r(\cos\alpha + i\sin\alpha)z$$

によって得られる点 w はどのような図形上を動くでしょうか．

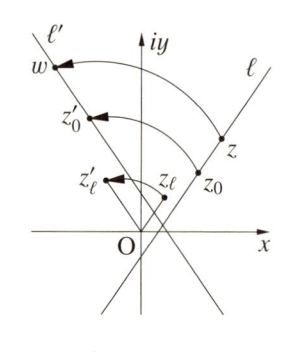

点 z が直線 ℓ 上にある条件 $z = z_0 + t z_\ell$ を関数に代入すると，w についての方程式，つまり ℓ が変換 f によって移った像

$$\ell' : w = r(\cos\alpha + i\sin\alpha)z_0 + tr(\cos\alpha + i\sin\alpha)z_\ell$$

が得られますから，点 w は点 $z'_0 = r(\cos\alpha + i\sin\alpha)z_0$ を通り，方向ベクトルに当たる複素数が $z'_\ell = r(\cos\alpha + i\sin\alpha)z_\ell$ の直線上を動きますね．これは関数 $f(z)$ が点 z を原点の周りに角 α だけ回転し，r 倍した点に移すことを考えれば当然のことですね．

同じ変換によって，円 $C : z = z_0 + R(\cos\theta + i\sin\theta)$ はどんな図形に移されるか調べましょう．

$$w = r(\cos\alpha + i\sin\alpha)z_0 + r(\cos\alpha + i\sin\alpha)R(\cos\theta + i\sin\theta)$$
$$= r(\cos\alpha + i\sin\alpha)z_0 + rR(\cos(\alpha+\theta) + i\sin(\alpha+\theta))$$

§10.4 複素平面上の図形と複素変換

とするまでもなく，中心 $z_0' = r(\cos\alpha + i\sin\alpha)z_0$，半径 rR の円に変換されることがわかりますね．

今度は円 C の方程式を

$$C : |z - z_0| = R$$

とパラメータを用いないで表し，同じ変換 $w = f(z) = r(\cos\alpha + i\sin\alpha)z$ によって，円 C が移される図形 C' を考えましょう．

円 C はその方程式 $|z - z_0| = R$ を満たす点 z の集合ですね．同様に，図形 C' は C' の方程式を満たす点 w の集合です．よって，C' の方程式，つまり変数 w が関係する方程式を導けばよいわけです．w と z は変換の式 $w = r(\cos\alpha + i\sin\alpha)z$ によって結びつけられ，また z の方程式 $|z - z_0| = R$ は用意されています．そこで，$w = r(\cos\alpha + i\sin\alpha)z$ を z について解き，w で表された z を方程式 $|z - z_0| = R$ に代入すれば w の方程式が得られますね．

$$w = r(\cos\alpha + i\sin\alpha)z \Leftrightarrow z = \frac{1}{r}\{\cos(-\alpha) + i\sin(-\alpha)\}w$$

と $|z - z_0| = R$ より，w の方程式

$$\left|\frac{1}{r}\{\cos(-\alpha) + i\sin(-\alpha)\}w - z_0\right| = R$$

が得られます．後はこれを整理するだけです．$|\cos(-\alpha) + i\sin(-\alpha)| = 1$ に注意すれば簡単な練習でしょう．

$$C' : |w - r(\cos\alpha + i\sin\alpha)z_0| = rR$$

が得られますね．これは先ほど円 C のパラメータ表示を用いて得られた結果に一致します．

10.4.2.2　1 次分数変換

複素平面上の変換で重要なものは 1 次分数変換です．ここでは，複素平面上の円 $C : |z - a| = 1$ が変換

$$w = f(z) = \frac{1}{z - 2}$$

によって移される図形 C' を調べます．簡単のために，$a = 2, 1$ の場合を考えましょう．

先に議論したように，変数 z で書かれている方程式 $|z-a|=1$ を w で表せば図形 C' の方程式になります．$w = \dfrac{1}{z-2}$ より，$z = \dfrac{2w+1}{w}$，よって

$$C' : \left|\dfrac{2w+1}{w} - a\right| = 1 \Leftrightarrow \left|\dfrac{(2-a)w+1}{w}\right| = 1$$

が得られるので，後はこれを整理するだけです．

$a = 2$ のとき，直ちに $C' : |w| = 1$ となるので，C' は単位円ですね．もし，元の図形が，円 $C : |z-2| = 1$ の代わりに，円 C の外側 $|z-2| > 1$ ならば，移される図形は不等式

$$\left|\dfrac{1}{w}\right| > 1 \Leftrightarrow |w| < 1$$

で表されるので，単位円の内側になりますね．

$a = 1$ のときは，

$$C' : \left|\dfrac{w+1}{w}\right| = 1 \Leftrightarrow |w+1| = |w|$$

だから，C' は 2 点 -1, 0 から等距離にある点の軌跡，つまり直線 $\mathrm{Re}\, w = -\dfrac{1}{2}$ になります．

では，ここで問題です．上の問題で $a = 0$ の場合には C' はどんな図形となるか．ヒント：$C' : \left|\dfrac{2w+1}{w}\right| = 1$ となります．（これを

$$C' : \dfrac{\left|w + \dfrac{1}{2}\right|}{|w|} = \dfrac{1}{2}$$

と変形して，アポロニウスの円に気づくのは初めての人には難しいでしょう）．今の場合 $w = u + iv$（u, v は実数）とおいて，u, v の方程式を求めるのが確実な方法です．C' の方程式に代入して整理すると

$$C' : \left(u + \dfrac{2}{3}\right)^2 + v^2 = \dfrac{1}{9}$$

が得られるので，C' は中心 $-\dfrac{2}{3}$，半径 $\dfrac{1}{3}$ の円です．C' の方程式を w で表すには，

$$\left(u + \dfrac{2}{3}\right)^2 + v^2 = \left|u + \dfrac{2}{3} + iv\right|^2 = \left|w + \dfrac{2}{3}\right|^2$$

より $C' : \left|w + \dfrac{2}{3}\right| = \dfrac{1}{3}$ と表すことができます．

§10.4 複素平面上の図形と複素変換

最後に興味ある問題をやってみましょう．変換

$$w = f(z) = \frac{z-i}{z+i}$$

によって複素平面の上半面 $D : \mathrm{Im}\, z > 0$ はどのような領域に移るか．まず，変換式 $w = \frac{z-i}{z+i}$ を z について解いて，不等式 $\mathrm{Im}\, z > 0$ を w で表すのは今までと同じです．

$$\mathrm{Im}\, z = \mathrm{Im}\left(-i\frac{w+1}{w-1}\right) > 0 \qquad (w \neq 1)$$

となるので，後はこれをうまく整理すればよいですね．分母を実数にするために，分母・分子に $\overline{w-1}$ を掛けると

$$\mathrm{Im}\left(-i\frac{(w+1)\overline{(w-1)}}{|w-1|^2}\right) > 0$$

となりますが，分母の $|w-1|^2 > 0$ より，この条件式は

$$\mathrm{Im}\left(-i(w+1)\overline{(w-1)}\right) > 0$$

と簡単になります．ここで

$$\mathrm{Im}\,(-i(a+ib)) = -a = -\mathrm{Re}\,(a+ib) \qquad (a, b \text{ は実数})$$

ですから，さらに簡単になり，

$$-\mathrm{Re}\left((w+1)\overline{(w-1)}\right) > 0 \Leftrightarrow \mathrm{Re}\left(|w|^2 - (w-\overline{w}) - 1\right) < 0$$

となります．ここで，$w - \overline{w} = 2i\,\mathrm{Im}\,w$ より，最終的に

$$|w|^2 - 1 < 0 \Leftrightarrow |w| < 1$$

が得られます．よって，変換 $w = f(z) = \frac{z-i}{z+i}$ によって，複素平面の'上半面が単位円の内部に移されます'．このような変換は理論的に重要なものです．なお，この変換によって無限遠 $|z| = \infty$ は 1 点 $w = 1$ に移されることを確認しましょう．

10.4.3 非線形変換と非実数性

前の§§で議論した複素変換 $w = f(z)$ を，$w = u + iv$, $z = x + iy$ と実変数を用いて表してみましょう．例えば，$f(z) = r(\cos\alpha + i\sin\alpha)z$ は行列の章で議論した線形変換

$$\begin{cases} u = ax + by \\ v = cx + dy \end{cases} \quad (a, b, c, d \text{ は実数})$$

の形になりますが，多くの場合は，例えば $f(z) = \dfrac{1}{z-2}$ のように，線形変換では表すことができない，**非線形変換**

$$\begin{cases} u = f(x, y) \\ v = g(x, y) \end{cases} \quad (f(x, y), g(x, y) \text{ は実数関数})$$

の形になります．$w = f(z)$ の形の変換は上の形に書けますが，その逆は一般に成り立ちません．

線形変換の場合は，変換式を $\begin{pmatrix} u \\ v \end{pmatrix} = A \begin{pmatrix} x \\ y \end{pmatrix}$, $A = \begin{pmatrix} a & b \\ c & d \end{pmatrix}$ と表すと明らかなように，A^{-1} があるときは，当然のことながら同値関係

$$x, y \text{ が実数} \Leftrightarrow u, v \text{ が実数}$$

が成り立ちます．非線形変換の場合にも，先に議論した例については，変換式 $w = f(z)$ および z を w で表した式からわかるように「x, y が実数 $\Leftrightarrow u, v$ が実数」が成り立ちます．しかしながら，このことは実数変数で表された一般の非線形変換については成り立ちません．以下，受験生を悩ませた典型的問題で例解しましょう．

その非線形変換は

$$\begin{cases} u = x + y \\ v = xy \end{cases}$$

という簡単なものです．x, y が実数のとき u, v は実数であるのは明らかです：

$$x, y \text{ が実数} \Rightarrow u, v \text{ は実数．}$$

§10.4 複素平面上の図形と複素変換

逆に u, v が実数のとき x, y は実数となるかどうか調べましょう．上の関係式を x, y について解きます．$v = xy = x(u-x) = (u-y)y$ より，2次方程式，つまり非線形方程式

$$x^2 - ux + v = 0, \qquad y^2 - uy + v = 0$$

が得られ，$u = x + y$ に注意すると

$$x, y = \frac{u \pm \sqrt{D}}{2}, \qquad D = u^2 - 4v$$

となります．このとき $v = xy$ が成り立つことに注意すると

$$\begin{cases} u = x + y \\ v = xy \end{cases} \Leftrightarrow x, y = \frac{u \pm \sqrt{D}}{2}, \quad D = u^2 - 4v$$

であることがわかります．

上の同値関係は，x, y が実数であるときはもちろん，それらが互いに複素共役な虚数のとき（$D < 0$ のとき）も u, v は実数になることを表しています．実際，p を任意の実数，q を任意の負数とするとき，

$$x, y = \frac{p \pm \sqrt{q}}{2} = \frac{p \pm i\sqrt{-q}}{2}$$

は実数の

$$u = p, \quad v = \frac{p^2 - q}{4}$$

を与えます．このように，非線形変換においては 'u, v を実数に制限しても x, y が実数にならない場合' があります．

このような現象のために，次の非線形問題は要注意です．

点 $P(x, y)$ は原点を中心とし半径 1 の円（単位円）の内部を動く．このとき，変換 $u = x + y, \ v = xy$ によって移された点 $Q(u, v)$ の動く領域を求めよ．ヒント：u と v の満たす不等式を求めます．

点 $P(x, y)$ は単位円内にあるので，変換式を利用して

$$x^2 + y^2 < 1 \Leftrightarrow (x+y)^2 - 2xy < 1 \Leftrightarrow u^2 - 2v < 1 \Leftrightarrow v > \frac{1}{2}u^2 - \frac{1}{2}$$

が得られます．このとき，点 (x, y) は単位円内にあるのに $v > \frac{1}{2}u^2 - \frac{1}{2}$ だって！ もしそうなら，点 (u, v) は無限遠の点が可能？ これは変だ！と嗅ぎつけます．そこで，$u = x + y$, $v = xy$ から

$$x, y = \frac{u \pm \sqrt{u^2 - 4v}}{2}$$

を求めて，x, y が虚数でも u, v は実数になることに気づき，条件

$$D = u^2 - 4v \geqq 0 \Leftrightarrow v \leqq \frac{u^2}{4}$$

をつけ加えます．

以上の議論から，点 $Q(u, v)$ の動く領域は xy 平面上であることに注意すると，変数 u, v で書かれた条件を変数 x, y で書き直し，

$$\frac{1}{2}x^2 - \frac{1}{2} < y \leqq \frac{x^2}{4}$$

が得られます．作図は君たちに任せましょう．

第11章　数列

　自然数の列 1, 2, 3, 4, 5, … や，ガマの油売りのときに現れる数の列 1, 2, 4, 8, 16, 32, … のようにある規則に従って順に数を書き並べたものを**数列** (sequence) といいます．自然数の数列のある数と次の数の差は一定で，このような数列を「等差数列」といいます．またガマの油売りの数列のある数と次の数の比は一定で，このような数列を「等比数列」といいます．

　4000 年くらい前には，古代バビロニア人や古代エジプト人は等差数列や等比数列を既に知っており，それらについての知識は生産物の分配や遺産の配分などといった経済生活や社会的実用性と結びついて発展しました．

　紀元前 5 世紀，古代ギリシャでは既に自然数・偶数・奇数の数列の和の公式

$$1 + 2 + 3 + \cdots + n = \frac{1}{2}n(n+1),$$
$$2 + 4 + 6 + \cdots + 2n = n(n+1),$$
$$1 + 3 + 5 + \cdots + (2n-1) = n^2$$

が知られていました．ユークリッド (Euclid, 前 365 頃〜275) の『原論』には，一般の等比数列の和の公式と実質的に同じ定理が載っています．

　興味ある数列は素数の数列 2, 3, 5, 7, 11, … です．この数列の一般の n 番目の素数を知ることはできませんが，既に紀元前 3 世紀には，アレクサンドリアの学者エラトステネス (Eratosthenes, 前 275 頃〜194 頃) が特定の n 番目の素数を知る方法を述べています．この方法は「エラトステネスの篩」と呼ばれています．

アルキメデス（Archimedes, 前 287 頃～212）は，幾何と力学のいくつかの問題を解くために，自然数の平方の和の公式

$$1^2 + 2^2 + 3^2 + \cdots + n^2 = \frac{1}{6}n(n+1)(2n+1)$$

を導入しましたが，この公式は既に知られていたようです．

数列は，円周率 π の計算などのように，極限的計算を必要とする場合には必然的に現れます．半径 r の円の円周は $2\pi r$ ですが，その円に内接する正 n 角形の周の長さを l_n，外接する正 n 角形の周の長さを L_n とすると，図を描いてみるとほぼ明らかなように

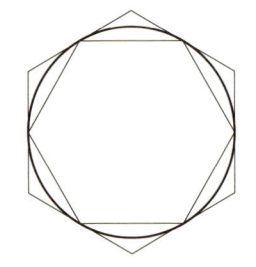

$$l_3 < l_4 < l_5 < \cdots < 2\pi r < \cdots < L_5 < L_4 < L_3$$

が成り立ちますね．テキストの図では内接・外接する正 6 角形を描いています．

アルキメデスは内接・外接する正 6 角形から始めて，順に辺の数を倍にしていって正 96 角形の場合まで調べ，$l_{96} < 2\pi r < L_{96}$ から

$$3\frac{10}{71} < \pi < 3\frac{1}{7} \quad (3.14084507 < \pi < 3.142857142)$$

であることを示しました．彼の方法は，2000 年間にわたって多くの著名な数学者に採用され，また現在まで広く用いられています．また，この方法は円の面積を求めるときにも用いられました．

アルキメデスが用いた不等式 $l_n < 2\pi r < L_n$ から直ちに厳密な議論が導かれます．この不等式が有限の n について成り立ち，$n \to \infty$ の極限で $l_\infty = L_\infty$ ならば

$$2\pi r = l_\infty (= L_\infty)$$

が成立しますね．これから π の値をいくらでも精度よく計算することが可能です．このような定理は「はさみうちの原理」といわれ，極限に関する厳密な議論をするときには，頻繁に用いられます．1680 年代に始まった微分・積分の基礎付けはこの原理に負っているといってもよいでしょう．数列の重要性はむしろ極限計算と結びついています．

§11.1　数列

11.1.1　数列

　ある規則に従って順に数を並べたものを数列といいましたが，その1つ1つの数は **項** といわれます．数列は，その各項に順序を表す番号がつけられていて，一般に

$$a_1, a_2, a_3, \cdots, a_n, \cdots$$

などのように表され，これは簡単に $\{a_n\}$ とも書かれます．各項は，初めから，**初項**，第2項，第3項，$\cdots$ といい，n 番目の項を **第 n 項** といいます．第 n 項を各項の代表と考えるとき，それを **一般項** といいます．

　数列全体の項の個数を **項数** といい，項数が有限な数列を **有限数列**，項が限りなく続く数列を **無限数列** といいます．有限数列の最後の項は **末項** といわれます．

　数列の項を順に加えていって得られる和を **級数** といいます．無限数列 $\{a_n\}$ から作られた級数の最初の n 項の和：

$$S_n = a_1 + a_2 + \cdots + a_n$$

は **第 n 部分和** と呼ばれる重要な量です．

　数列には，基本的な等差数列や等比数列の他に，種々のタイプのものがあり，また一般項が未知な扱いにくいものが数知れずあります．扱いにくい数列の代表格を挙げれば，素数の数列 $\{2, 3, 5, 7, 11, \cdots\}$ でしょうか．

11.1.2　等差数列

　初項を a_1 として，それに次々に定数 d を加えて作られた数列 $\{a_n\}$：

$$a_1, a_2 = a_1 + d, a_3 = a_2 + d, a_4 = a_3 + d, \cdots$$

を **等差数列** といい，加えられる定数 d を **公差** といいます．等差数列 $\{a_n\}$ では，一般に

$$a_{n+1} - a_n = d \quad (n = 1, 2, 3, \cdots)$$

なので，隣り合う 2 項の差は一定です．$a_1 = 1$, $d = 1$ の場合が自然数の数列ですね．

等差数列 $\{a_n\}$ の一般項 a_n は，初項 a_1 に公差 d を $n-1$ 回加えたのだから

$$a_n = a_1 + (n-1)d$$

と表されますね．

この等差数列の初項 a_1 から第 n 項 a_n までの和 S_n を求めてみましょう．

$$a_1 + a_n = a_2 + a_{n-1} = \cdots = a_k + a_{n-(k-1)} = \cdots = a_n + a_1$$

に注意すると

$$S_n = a_1 + a_2 + \cdots + a_n$$
$$= \frac{1}{2}n(a_1 + a_n) = \frac{1}{2}n\{2a_1 + (n-1)d\}$$

が容易に導かれますね．

ここで練習です．この章の始めに述べた，古代ギリシャ人が知っていたという自然数・偶数・奇数の数列の和の公式を導け．各自で導きましょう．

数列の問題には，ほとんど意味がないけれど，嫌らしいものが多くあります．1 題やってみましょう．初項 2, 公差 3 の等差数列の初項からの和が初めて 170 を越えるのは第何項目か．ヒント：題意の不等式を求めた後の処理が本題です．一般項が $a_n = 2 + 3(n-1)$ より，第 n 項目で 170 を越えるとすると，求める条件は

$$S_n = \frac{1}{2}n(3n+1) > 170, \quad \text{よって} \quad 3n^2 + n - 340 > 0$$

ですね．上の不等式を解くのに，自然数 n を実数 x に拡張しておいて

$$x < \frac{-1 - \sqrt{4081}}{6}, \quad \frac{-1 + \sqrt{4081}}{6} < x$$

と解き，$\sqrt{4081} = 63.88\cdots$ などとやってると嫌になってきます．自然数で考えれば済むのだから

$$3n^2 + n - 340 > 0, \quad \text{よって} \quad n^2 + \frac{n}{3} > 113 + \frac{1}{3}$$

§11.1 数列

と簡単にしておいて，見当をつけるのがスッキリしています．不等式の左辺は $n > 0$ で増加するのを見ておくと，$n = 10$ は満たさないけれど，$n = 11$ は満たすのを容易に確認できるでしょう．ある程度問題に慣れてきたら'スッキリ感'を求めて努力するのが数学を嫌いにならずに済むコツです．

11.1.3 Σ 記号と階差

§§9.2.2.2 で Σ 記号を学びましたね．その定義を数列を用いて表しましょう．$p, q\, (p \leqq q)$ が整数のとき

$$\sum_{k=p}^{q} a_k = \begin{cases} a_p + a_{p+1} + \cdots + a_q & (p < q) \\ a_p & (p = q) \end{cases}$$

と表されます．これから 2 つの数列 $\{a_n\}$, $\{b_n\}$ について

$$\sum_{k=p}^{q}(a_k \pm b_k) = \sum_{k=p}^{q} a_k \pm \sum_{k=p}^{q} b_k$$

が得られます．また，定数 c について

$$\sum_{k=p}^{q} ca_k = c\sum_{k=p}^{q} a_k, \qquad \sum_{k=p}^{q} c = c(q - p + 1)$$

が成り立ちます．

等差数列 $\{a_n\}$ については $a_{n+1} - a_n = d$ （d は公差）が成り立ちましたね．一般の数列 $\{a_n\}$ についても

$$b_n = a_{n+1} - a_n$$

は重要な量で，それから作られる数列 $\{b_n\}$ は数列 $\{a_n\}$ の **階差数列** と呼ばれます（階差は階段の段差にたとえた用語）．このテキストでは，階差数列 $\{b_n\}$ の一般項 $b_n = a_{n+1} - a_n$ を数列 $\{a_n\}$ の **階差** と呼ぶことにしましょう．

一般の数列 $\{a_n\}$ の階差 $a_{n+1} - a_n = b_n$ の和

$$\sum_{k=1}^{n-1}(a_{k+1} - a_k) = \sum_{k=1}^{n-1} b_k \qquad (n - 1 \geqq 1)$$

を考えると，左辺は

$$\sum_{k=1}^{n-1}(a_{k+1} - a_k) = (a_2 - a_1) + (a_3 - a_2) + \cdots + (a_{n-1} - a_{n-2}) + (a_n - a_{n-1})$$
$$= (a_n - a_{n-1}) + (a_{n-1} - a_{n-2}) + \cdots + (a_3 - a_2) + (a_2 - a_1)$$
$$= a_n - a_1$$

となり，階差の和 $\sum_{k=1}^{n-1}(a_{k+1} - a_k)$ に現れる項は '頭' と '尻尾' を残して打ち消し合います．よって

$$a_n - a_1 = \sum_{k=1}^{n-1} b_k, \quad \text{よって} \quad a_n = a_1 + \sum_{k=1}^{n-1} b_k \quad (n \geq 2)$$

が得られます．これは階差と元の数列の関係を表しています．

11.1.4 等比数列

数列 $\{a_n\}$ が初項 a_1 に対して次々に一定の実数 r を掛けて作られるとき，$\{a_n\}$ は **等比数列** と呼ばれ，r を **公比** といいます．このとき，一般に

$$a_{n+1} = a_n r, \quad \text{よって} \quad \frac{a_{n+1}}{a_n} = r$$

なので，隣り合う 2 項の比は一定です．

等比数列 $\{a_n\}$ の一般項 a_n は，初項 a_1 に公比 r を $n-1$ 回掛けたものになるので

$$a_n = a_1 r^{n-1}$$

と表され，a_n は，$r \neq 1$ のとき，n と共に指数関数的に増加または減少します．

ここで複利計算の問題をやってみましょう．複利計算とは一定期間ごとに利息を元金に繰り入れ，その全体を元金とする利息計算です．年利率 x ％の複利で a_0 万円を借りました．n 年後の借金 a_n 万円を求めましょう．k 年後の借金と $k+1$ 年後の借金の関係は，年単位の複利計算では

$$a_{k+1} = a_k + \frac{x}{100} a_k = a_k \left(1 + \frac{x}{100}\right)$$

§11.1 数列

です．$r = 1 + \frac{x}{100}$ とおくと，$a_{k+1} = a_k r$ と表され，複利の元利合計は等比数列になります．よって，n 年後の借金は

$$a_n = a_0 r^n = a_0 \left(1 + \frac{x}{100}\right)^n \quad (万円)$$

となります．もし，ピッカピカのスポーツカーを衝動買いして，400 万円を年利 10 ％で借りたとすると，3 年後の元利合計は $a_3 = 400 \times 1.1^3 \fallingdotseq 532$ 万円にもなりますね．たったの年利 10 ％でですよ．

次に，等比数列 $\{a_n\}$ の初項から第 n 項までの和

$$S_n = \sum_{k=1}^{n} a_k = \sum_{k=1}^{n} a_1 r^{k-1}$$

を求めてみましょう．階差をうまく使います．$r \neq 1$ のとき

$$S_n = \sum_{k=1}^{n} a_1 r^{k-1} = \sum_{k=1}^{n} \frac{a_1 r^{k-1}(r-1)}{r-1} = \sum_{k=1}^{n} \frac{a_1 r^k - a_1 r^{k-1}}{r-1}$$

$$= \sum_{k=1}^{n} \frac{a_{k+1} - a_k}{r-1}$$

と変形すると，$a_{k+1} - a_k$ は数列 $\{a_k\}$ の階差だから，$\sum_{k=1}^{n}(a_{k+1} - a_k) = a_{n+1} - a_1$ が成り立ち，よって

$$S_n = \sum_{k=1}^{n} a_k = \frac{a_{n+1} - a_1}{r-1} \quad (r \neq 1)$$

が得られます．なお，$r = 1$ のときは $S_n = na_1$ ですね．

先ほど，年利率 x ％で a_0 万円を借りたとき，n 年後の借金は $a_n = a_0 r^n$ 万円 ($r = 1 + \frac{x}{100}$) でしたね．そこで，1 年後から A 万円ずつ返していき，n 年後に完済するようにしましょう．この計算は，1 年後から年利率 x ％の複利計算で，毎年 A 万円を定額貯金して，n 年後に a_n 万円になることと同じですね．

1 年後に返却した A 万円は n 年後に元利合計が Ar^{n-1} 万円になりますね．同様に，k 年後に返した A 万円の n 年後の元利合計は Ar^{n-k} 万円ですね．よっ

て，1 年後から n 年後まで返却した金額の元利合計が a_n 万円なので

$$a_n = a_0 r^n = \sum_{k=1}^{n} A r^{n-k} = Ar^{n-1} + Ar^{n-2} + \cdots + Ar + A$$
$$= \frac{Ar^n - A}{r - 1}$$

が成立します．よって，

$$A = \frac{a_0 r^n (r-1)}{r^n - 1} = \frac{a_0 (r-1)}{1 - r^{-n}}$$

なので，$a_0 = 400$ 万円を年利率 10％ ($r = 1.1$) で借りたとして，$n = 3$ 年で返そうとすると，毎年 $A ≒ 161$ 万円必要になります．これは月に約 13 万 4 千円ですから無理ですね．5 年で返す場合は，$A ≒ 106$ 万円です．これでもまず無理でしょう．

§11.2　階差と数列の和

11.2.1　分数の和

$$\sum_{k=1}^{n} \frac{1}{k(k+1)} = \frac{1}{1 \cdot 2} + \frac{1}{2 \cdot 3} + \cdots + \frac{1}{n(n+1)}$$

を求めてみましょう．一見不可能に見えますが，階差を利用すると，手品のように簡単になります．

分母の k と $k+1$ が 1 だけ異なることに注意すると

$$\frac{1}{k(k+1)} = \frac{(k+1) - k}{k(k+1)} = \frac{1}{k} - \frac{1}{k+1} = -\left(\frac{1}{k+1} - \frac{1}{k} \right)$$

のように部分分数に分解できます．ここで $\frac{1}{k+1} - \frac{1}{k}$ が数列 $\left\{ \frac{1}{k} \right\}$ の階差であることに注意すると

$$\sum_{k=1}^{n} \frac{1}{k(k+1)} = \sum_{k=1}^{n} \left(\frac{1}{k} - \frac{1}{k+1} \right) = \frac{1}{1} - \frac{1}{n+1}$$

のように階差の項の頭と尻尾が残りますね．

ここで練習です．

$$S = \sum_{k=1}^{n} \frac{1}{k(k+1)(k+2)}$$

を求めよ．ヒント：もちろん階差を利用します．

$$\frac{1}{k(k+1)(k+2)} = \frac{1}{2}\frac{(k+2)-k}{k(k+1)(k+2)} = \frac{1}{2}\left(\frac{1}{k(k+1)} - \frac{1}{(k+1)(k+2)}\right)$$

のように，隣り合う自然数の積の形の部分分数に分解しておいて，さらに部分分数に分解します．よって

$$S = \frac{1}{2}\sum_{k=1}^{n}\left\{\left(\frac{1}{k} - \frac{1}{k+1}\right) - \left(\frac{1}{k+1} - \frac{1}{k+2}\right)\right\} = \frac{1}{2}\left\{\left(1 - \frac{1}{n+1}\right) - \left(\frac{1}{2} - \frac{1}{n+2}\right)\right\}$$

ですね．最後の整理は君の仕事です．

11.2.2 隣り合う自然数の積の和

この章の始めで述べたように，アルキメデスは自然数の平方の和の公式

$$\sum_{k=1}^{n} k^2 = \frac{1}{6}n(n+1)(2n+1)$$

を導きましたが，あなたならどのように導くでしょうか．ここでは，階差の規則性を調べることによって，一般的議論からアルキメデスの公式を含む一連の公式を導いてみましょう．

2 次の数列 $\{k(k+1)\}$ の階差を考えると，

$$(k+1)(k+2) - k(k+1) = 2(k+1)$$

ですから，規則性があるように見えます．3 次の数列 $\{k(k+1)(k+2)\}$ の階差は

$$(k+1)(k+2)(k+3) - k(k+1)(k+2) = 3(k+1)(k+2).$$

さらに，一般に数列 $\{k(k+1)\cdots(k+p)\}$ ($p = 1, 2, 3, \cdots$) の階差は

$$(k+1)(k+2)\cdots(k+p+1) - k(k+1)\cdots(k+p)$$
$$= (p+1)(k+1)(k+2)\cdots(k+p)$$

となって，見事な規則性が見られます．この定理を実用するためには

$$k(k+1)\cdots(k+p) - (k-1)k\cdots(k+p-1)$$
$$= (p+1)k(k+1)\cdots(k+p-1) \qquad (p = 1, 2, 3, \cdots)$$

としておくほうがよいでしょう．この定理から $p = 1$ のとき

$$\sum_{k=1}^{n} k = \sum_{k=1}^{n} \frac{1}{2}\{k(k+1) - (k-1)k\}$$
$$= \frac{1}{2}n(n+1). \tag{p1}$$

$p = 2$ のとき

$$\sum_{k=1}^{n} k(k+1) = \sum_{k=1}^{n} \frac{1}{3}\{k(k+1)(k+2) - (k-1)k(k+1)\}$$
$$= \frac{1}{3}n(n+1)(n+2). \tag{p2}$$

$p = 3$ のとき

$$\sum_{k=1}^{n} k(k+1)(k+2) = \sum_{k=1}^{n} \frac{1}{4}\{k(k+1)(k+2)(k+3) - (k-1)k(k+1)(k+2)\}$$
$$= \frac{1}{4}n(n+1)(n+2)(n+3) \tag{p3}$$

など，隣り合う自然数の積の和の公式が得られます．

よって，(p1), (p2) より

$$\sum_{k=1}^{n} k^2 = \sum_{k=1}^{n} \{k(k+1) - k\} = \frac{1}{3}n(n+1)(n+2) - \frac{1}{2}n(n+1)$$
$$= \frac{1}{6}n(n+1)(2n+1)$$

が導かれますね．

では，ここで問題です．

$$\sum_{k=1}^{n} k^3 = \left\{\frac{n(n+1)}{2}\right\}^2$$

を導け．ノーヒントでやってみましょう．

§11.3 漸化式

11.3.1 漸化式

等差数列 $\{a_n\}$ が未知で，その階差数列 $\{b_n\}$ が既知であるときは，階差の関係式

$$a_{n+1} - a_n = b_n \Rightarrow a_n = a_1 + \sum_{k=1}^{n-1} b_k \quad (n \geq 2)$$

より，もし初項 a_1 が与えられるならば，一般項 a_n が既知になる，つまり，数列 $\{a_n\}$ が既知になります。

未知の等比数列 $\{a_n\}$ についても，公比 r と初項 a_1 が与えられれば，一般項についての関係式 $a_{n+1} = ra_n$ から，一般項が $a_n = a_1 r^{n-1}$ と既知になりますね。

上の議論は容易に一般化できます．一般の未知の数列 $\{a_n\}$ についても，初項 a_1 および一般項についての関係式 $a_{n+1} = f(a_n)$ などが与えられれば，その数列は既知になることが以下の議論でわかります．ここで，$f(a_n)$ は a_n の式で，関数 $f(x)$ の x に a_n を代入したものです．$a_{n+1} = f(a_n)$ は，項 a_n が定まると隣の項 a_{n+1} が定まることを意味します．これを '隣接関係' といいましょう．一般項についての関係式を具体的に書き表すと

$$a_{n+1} = f(a_n) \Leftrightarrow a_2 = f(a_1), \quad a_3 = f(a_2), \quad a_4 = f(a_3), \quad \cdots$$

ですから，初項 a_1 が与えられると a_2 が定まり，よって a_3 が定まり，よって a_4 が定まり，…．よって，数列 $\{a_n\}$ の全ての項が順次定まっていきますね．荒っぽい言い方をすれば，'全ての項に対して隣接関係が与えられるとき，最初の項を定めると全てが定まる' でしょうか．

このように数列 $\{a_n\}$ を芋づる式に決定することを '数列の帰納的定義' といい，それを可能にする一般項の隣接関係式を **漸化式** といいます．'漸化' は '漸 と変化していくこと' を意味し，今の場合は関係式 $a_{n+1} = f(a_n)$ で n を変化させて用いることから，'漸化式' は '項を次々と変えていく等式' を意味します．今の場合の漸化式 $a_{n+1} = f(a_n)$ は 2 つの項の間の隣接関係式なので「2 項間漸化式」といい，その代表的なものが等差数列・等比数列の関係式で

す．漸化式には $a_{n+1} = g(a_n, a_{n-1})$ $(= pa_n + qa_{n-1}$ など）のように 3 つの項の関係を与えるものもあり，これを「3 項間漸化式」といいます．

　数列 $\{a_n\}$ の漸化式と初項を与えて'一般項 a_n を n の式として具体的に書き下す'ことを"漸化式を解く"といいます．ただし，漸化式と初項（必要なら初めの数項）から数列は必ず定まりますが，漸化式が解ける場合は実際には限られています．例えば，$f(a_n)$ が a_n の 2 次式だったら，a_n を n の式として書き下すことは特別の場合を除いて既に無理です．

11.3.2　2 項間漸化式

11.3.2.1　2 項間漸化式

　ここでは，数列 $\{a_n\}$ の基本的な **2 項間漸化式**
$$a_{n+1} = f(a_n) = pa_n + q \quad (p, q \text{ は定数})$$
を調べてみましょう．これは，$p = 1$ のとき等差数列，$q = 0$ のとき等比数列の漸化式になっていますね．それらについては既に調べたので，以下 $p \neq 1$, $q \neq 0$ としましょう．

　まず，漸化式 $a_{n+1} = pa_n + q$ の階差をとってみましょう：
$$\begin{aligned} a_{n+2} - a_{n+1} &= (pa_{n+1} + q) - (pa_n + q) \\ &= p(a_{n+1} - a_n). \end{aligned}$$

定数 q が消えましたね．よって，$b_n = a_{n+1} - a_n$ とおくと，上式は数列 $\{b_n\}$ が公比 p の等比数列であることを示し，それから $\{b_n\}$ が求まり，よって数列 $\{a_n\}$ も求まります．それを実行するのは君たちに任せましょう．

　上の漸化式の階差をとったことのメリットは等比数列にできたことです．漸化式 $a_{n+1} = pa_n + q$ を等比数列にするだけならばもっと簡単な方法があります．定数 q の一部 α を左辺に振り分けたとして，漸化式を
$$a_{n+1} - \alpha = p(a_n - \alpha) \quad (\Leftrightarrow \ a_{n+1} = pa_n + q)$$
のように表せばよいわけです．どう振り分けたかは元の漸化式と比較すればわかります：
$$\alpha = p\alpha + q \quad (q = \alpha - p\alpha). \hfill \text{（特性方程式）}$$

§11.3 漸化式

これから $\alpha = \dfrac{q}{1-p}$ と決まります．上式を「特性方程式」ということがあります．

よって，$b_n = a_n - \alpha$ とおくと，$b_{n+1} = pb_n$ が成り立ち

$$b_n = b_1 p^{n-1} \Leftrightarrow a_n - \alpha = (a_1 - \alpha)p^{n-1}$$

が得られます．よって，初項 a_1 が与えられると数列 $\{a_n\}$ は定まりますね．

ここで，定数 α の意味を考えてみましょう．漸化式 $a_{n+1} = pa_n + q$ において a_n, a_{n+1} の両方を α で置き換えると，特性方程式 $\alpha = p\alpha + q$ になるので，α は $a_n = a_{n+1}$ を満たす定数 a_n のことであると解釈できます．そんな $a_n = \alpha$ があるのでしょうか．それを調べるために $a_n - \alpha = (a_1 - \alpha)p^{n-1}$ の絶対値を考えてみましょう：

$$|a_n - \alpha| = |a_1 - \alpha||p|^{n-1}.$$

この等式から，$|p| < 1$ の場合には，$n \to \infty$ のとき（n が限りなく大きくなっていくとき）$|p|^{n-1} \to 0$（限りなく 0 に近づいていく）だから，

$$n \to \infty \text{ のとき } |a_n - \alpha| \to 0 \quad (\Leftrightarrow a_n \to \alpha)$$

が成り立ちます．よって，$a_\infty = \alpha$ が成立し，このとき $n = \infty$ ですから $a_n = a_{n+1}$ となります．よって，上述の解釈は可能です．

$|p| > 1$ の場合はどうでしょうか．$a_n = \alpha$ とすると，$|p|^{n-1} = \left|\dfrac{1}{p}\right|^{-n+1} = 0$ が成り立つためには $n = -\infty$ です．つまり，$a_{-\infty} = \alpha$ であることが要求されます．n は自然数としていましたから，このことは一見不可能なように思えます．しかし，うまい抜け道があります．いったん，数列 a_n を '整数を定義域とする n の関数 $a(n)$ に拡張' しておいて（漸化式も同様に拡張），我々が最後にとり出すのは n が自然数の部分だとすると問題は起こりません．詭弁のように聞こえるかもしれませんが，§§11.1.2 の練習問題の不等式を解く際に，自然数 n をいったん実数に拡張しておいて計算しましたね．それと同じことです．

よって，$|p| < 1$ のとき $\alpha = a_\infty$，$|p| > 1$ のとき $\alpha = a_{-\infty}$ と解釈できます．

なお，特に $a_1 = \alpha$ の場合は，$a_n - \alpha = (a_1 - \alpha)p^{n-1} = 0$ より，全ての n に対して $a_n = \alpha$ が成り立ちます．

11.3.2.2 アルキメデスの π の近似計算

この章の始めに述べたアルキメデスによる π の近似計算を現代風にアレンジして議論してみましょう．彼は円に内接・外接する正 6 角形から始めてそれらの辺の数を 2 倍・2 倍と大きくしていきました．何故でしょう．それは以下の議論でわかります．彼の漸化式の方法をより易しくして議論しましょう．

半径 1 の円の円周を $l(=2\pi)$，円に内接，外接する正 $6 \cdot 2^{n-1}$ 角形の周を改めてそれぞれ l_n, L_n としましょう．このとき 1 辺を望む中心角は $\theta_n = \dfrac{360°}{6 \cdot 2^{n-1}}$ ですね．正 6 角形 ($n=1$) のとき，$\theta_1 = 60°$，$l_1 = 6 \cdot 2 \sin \dfrac{\theta_1}{2} = 6$，$L_1 = 6 \cdot 2 \tan \dfrac{\theta_1}{2} = \dfrac{12}{\sqrt{3}}$ ですね（右図を利用して確かめましょう）．

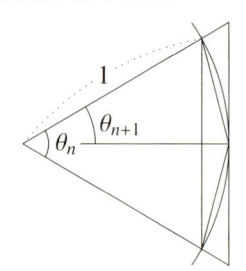

この手の問題を考えるときは漸化式を立てることを念頭におき，正 6 角形と正 12 角形の関係を調べ，正 $6 \cdot 2^{n-1}$ 角形と正 $6 \cdot 2^n$ 角形の関係に注意します．

内・外接する正 $6 \cdot 2^{n-1}$ 角形のとき，l_n, L_n については，先の図より

$$l_n = 6 \cdot 2^{n-1} \cdot 2 \sin \frac{\theta_n}{2}, \qquad L_n = 6 \cdot 2^{n-1} \cdot 2 \tan \frac{\theta_n}{2}$$

となるので，$\sin \theta = \tan \theta \cos \theta$（$\theta$ は任意の角）に注意すると

$$l_n = L_n \cos \frac{\theta_n}{2}$$

が成り立つことがわかります．この関係式より $l_n < l < L_n$ において $n \to \infty$ とすると $l_\infty = L_\infty$ が得られ，よって，この章の始めで説明したはさみうちの原理より $l = l_\infty$ となります．

辺の数を 2 倍にした正 $6 \cdot 2^n$ 角形のとき，l_{n+1} は同様に

$$l_{n+1} = 6 \cdot 2^n \cdot 2 \sin \frac{\theta_{n+1}}{2}$$

となります．このとき，中心角の間に関係

$$\theta_{n+1} = \frac{\theta_n}{2}$$

§11.3 漸化式

が成り立ちますね．よって，倍角公式 $\sin 2\theta = 2\sin\theta\cos\theta$ を用いると，l_n と l_{n+1} の関係，つまり漸化式が得られます：

$$l_n = 6 \cdot 2^n \sin\frac{\theta_n}{2} = 6 \cdot 2^n \sin\theta_{n+1} = 6 \cdot 2^n \cdot 2\sin\frac{\theta_{n+1}}{2}\cos\frac{\theta_{n+1}}{2},$$

よって $\quad l_n = l_{n+1}\cos\frac{\theta_{n+1}}{2}.$

この漸化式の n に $1, 2, 3, \cdots, n-1$ を代入したものを辺々掛けると

$$l_1 = l_2 \cos\frac{\theta_2}{2}$$
$$l_2 = l_3 \cos\frac{\theta_3}{2}$$
$$\cdots\cdots$$
$$l_{n-2} = l_{n-1} \cos\frac{\theta_{n-1}}{2}$$
$$\times)\quad l_{n-1} = l_n \cos\frac{\theta_n}{2}$$
$$\overline{\quad l_1 = l_n \cos\frac{\theta_2}{2}\cos\frac{\theta_3}{2}\cdots\cos\frac{\theta_n}{2}.\quad}$$

よって，

$$l_n = \frac{l_1}{\cos\frac{\theta_2}{2}\cos\frac{\theta_3}{2}\cdots\cos\frac{\theta_n}{2}}$$

が得られ，漸化式が解けたことになります．この操作は漸化式 $l_n = l_{n+1}\cos\frac{\theta_{n+1}}{2}$ の対数をとって得られる階差 $\log l_{n+1} - \log l_n = -\log\cos\frac{\theta_{n+1}}{2}$ を加えることと同じです．

$n = 5$，つまり正96角形のとき，$l_1 = 6$，$\theta_k = \dfrac{360°}{6 \cdot 2^{k-1}}$ より，

$$l_5 = \frac{6}{\cos 15°\cos\frac{15°}{2}\cos\frac{15°}{4}\cos\frac{15°}{8}} = 6.2820639\cdots$$

となります．そこで，$l_5 = L_5\cos\frac{\theta_5}{2}$ を用いて L_5 を求めると

$$\frac{l_5}{2} < \frac{l}{2} = \pi < \frac{L_5}{2} \quad\Leftrightarrow\quad 3.14103195\cdots < \pi < 3.1427146\cdots$$

が得られます．この結果はアルキメデスのものと有効数字4桁まで一致しています．

アルキメデスの生きた時代は紀元前 3 世紀ですからまだ三角関数の表はなく，彼が用いたのは $l_n = 6 \cdot 2^n \sin \frac{\theta_n}{2}$，$L_n = 6 \cdot 2^n \tan \frac{\theta_n}{2}$ および $\theta_n = 2\theta_{n+1}$ から得られる連立漸化式

$$l_{n+1} = \sqrt{l_n L_{n+1}}, \qquad L_{n+1} = \frac{2l_n L_n}{l_n + L_n}$$

でした．彼はこの漸化式をどのように用いたのか考えてみましょう．

11.3.3 フィボナッチ数列と 3 項間漸化式

11.3.3.1 フィボナッチ数列

細菌やアメーバのような単細胞生物は，環境がよいと，一定時間（簡単のために 1 時間とします）が経つたびに分裂して 2 倍・2 倍と増殖していきますね．すると，始め 1 個の細菌は n 時間後には 2^n 個にも増えてしまいますね．図の黒丸 ● がその始めの様子を表しています．

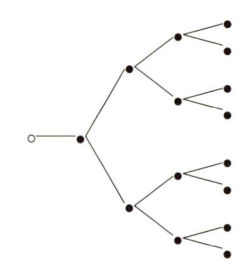

ところで，この図に白丸 ○ の部分を加えると，木の枝が分かれていく様子に見えませんか．この図は実際の木の正確な枝分かれを表すわけではありませんが，多細胞生物の組織や個体の増殖でも似たような法則に従うことが考えられます．

13 世紀の初めというからまだ中世のまっただ中の頃です．イタリアの数学者フィボナッチ（Leonardo Fibonacci，1174 頃～1250 頃）は，兎(うさぎ)の個体繁殖について考えある数列を見いだしました．話を理想化して議論しますが，得られた数列は，「フィボナッチ数列」と呼ばれ興味ある事柄を多く含みます．

雄雌 1 対の子兎がいます．子兎は 1 ヵ月後には成長して親になり，その後 1 ヵ月ごとに（雄雌）1 対の子供を産むとしましょう．生まれた子供も同様にして 2 ヵ月経つと 1 対の子供を産み始めます．最初の 1 対の子兎は n ヵ月後には何対になっているでしょうか．とりあえずは 12 ヵ月後，つまり 1 年後の対の数を調べましょう．

§11.3 漸化式

始めの月を $n = 0$ とし，n ヵ月後には兎は a_n 対になるとしましょう．$a_0 = a_1 = 1$ 対は明らかですね．2 ヵ月後には子供が生まれるので $a_2 = 1 + 1 = 2$ 対ですね．3 ヵ月後には，親はまた子供を産み，子は親になるので $a_3 = 2 + 1 = 3$ 対になりますね．図では $n = 5$ まで描いてありますが，子供の対を白丸 ○ で，親の対を黒丸 ● で表しています．それを参考にして一般項 a_n がどのように表されるか調べましょう．一気にはいかないので，漸化式を考えましょう．2 項間漸化式が無理なら 3 項間漸化式で，全ての n で無理なら $n \geq 2$ で試みましょう．

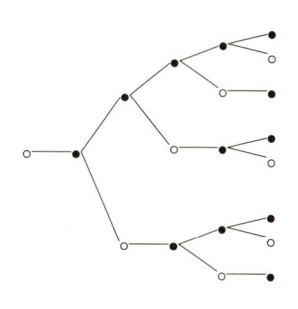

まずは a_n を表にしてみましょう．この表をじっと眺めて，何らかの規則性がないかどうかを考えましょう．

n	0	1	2	3	4	5	$\cdots$
a_n	1	1	2	3	5	8	$\cdots$

（じっと凝視してみましょう…）．$n \geq 2$ の場合を考えると，$2 = 1 + 1$，$3 = 1 + 2$，$5 = 2 + 3$，$8 = 3 + 5$ だから，全ての $n \geq 2$ について a_n はその前の 2 項を加えたもの，つまり

$$a_n = a_{n-2} + a_{n-1} \qquad (n \geq 2)$$

が成り立ちそうですね．

次に，これで間違いないことを確認しましょう．まず，全ての $n \geq 0$ に対して，a_n は親の対 $\bullet_n$ と子の対 $\circ_n$ からなっていますね：

$$a_n = \bullet_n + \circ_n \qquad (n \geq 0)$$

（$\bullet_0 = 0$，$\circ_0 = 1$，および，$\bullet_1 = 1$，$\circ_1 = 0$ です）．このとき，子の対は必ず親の対から生まれるので，$\circ_n$ は 1 ヵ月前の親の対 $\bullet_{n-1}$ $(n \geq 1)$ に等しいですね：

$$\circ_n = \bullet_{n-1} \qquad (n \geq 1).$$

また，親の対は 1 ヵ月前には親の対か子の対のどちらかなので，

$$\bullet_n = \bullet_{n-1} + \circ_{n-1} = a_{n-1} \qquad (n \geq 1)$$

が成り立ちますね．また，この式は $n \geq 1$ で成り立つので，n を $n-1$ で置き換えて代わりに $n \geq 2$ とした

$$\bullet_{n-1} = \bullet_{n-2} + \circ_{n-2} = a_{n-2} \qquad (n \geq 2)$$

も成り立ちますね．よって，これらのことから

$$a_n = \bullet_n + \circ_n = (\bullet_{n-1} + \circ_{n-1}) + \bullet_{n-1} = a_{n-1} + a_{n-2} \qquad (n \geq 2)$$

であることが確かめられました．

この漸化式に従ってもう一度表を作ってみましょう．

n	0	1	2	3	4	5	6	7	8	9	10	11	12	13	$\cdots$
a_n	1	1	2	3	5	8	13	21	34	55	89	144	233	377	$\cdots$

初め子供の 1 対であったものが 1 年後には 233 対にもなります．

　この数列が現実の兎の繁殖の問題に適用できるかどうかはともかく，野の花の花弁（花びら）の枚数についてはある意味で適用できます．百合は 3 枚，キンポウゲや桜草は 5 枚，ヒエンソウは 8 枚，マリーゴールドは 13 枚，アスターは 21 枚，デイジーは 3 種類あってそれぞれ 34，55，89 枚など，ほとんどの花がフィボナッチ数列に該当する数の花弁をもつそうです．そうそう，クローバーの葉っぱは 3 枚でしたね．また，欅（けやき）の木の枝分かれの様子はこの数列にほぼ従うといわれています．これらの一致は単なる偶然とは思えませんね．

11.3.3.2　フィボナッチ数列と黄金比

　兎の繁殖の問題から得られた数列が花や木と関係があるとは驚きますね．実は君たちをさらに驚かすフィボナッチ数列と植物の深い関係が知られています．そのキーワードは'ひまわりの種の配置'ということにしておきましょう．そのことを調べるためには，フィボナッチ数列の隣り合う項の比 $b_n = \dfrac{a_{n+1}}{a_n}$ の極限の値 b_∞ を必要とするので，先にその値について議論します．

　まず，$b_n\ (n = 0, 1, 2, \cdots)$ を並べてみましょう：

$$b_n = \frac{a_{n+1}}{a_n} = \frac{1}{1}, \frac{2}{1}, \frac{3}{2}, \frac{5}{3}, \frac{8}{5}, \frac{13}{8}, \frac{21}{13}, \frac{34}{21}, \frac{55}{34} = 1.6176\cdots, \frac{89}{55} = 1.6\dot{1}\dot{8}, \cdots$$

以下の漸化式の議論で示されるように，この比はある値 Φ（ファイ）に近づきます：

§11.3 漸化式

$$b_\infty = 1.6180339887\cdots = \frac{1+\sqrt{5}}{2} = \Phi.$$

実はこの値 Φ は特別な数で，比 $\Phi:1$（または，$1:\Phi$）は，なんと，人が最も美しいと感じるといわれる調和の比「黄金比」，つまり $\frac{1+\sqrt{5}}{2}:1$ に一致します．黄金比は，線分 AB 上に点 P をとって AP:PB = AB:AP を満たすようにしたときの比 AP:PB のことです[1]．黄金比は古代ギリシャ時代から人々に好まれ，テレホンカードや新書版コミックスの縦横の辺の比など多くのものに用いられています．有名なギリシャ彫刻 'ミロのビーナス' の 'へそから計った上下の長さの比' は黄金比とのことです．

$b_\infty = \Phi$ を確かめるために，フィボナッチ数列の 3 項間漸化式

$$a_{n+2} = a_{n+1} + a_n \qquad (n \geqq 0, \quad a_0 = a_1 = 1)$$

を途中まで解いて調べましょう．この漸化式は，2 項間漸化式 $a_{n+1} = pa_n + q$ と同様，等比数列化して解くことができます．つまり，ある定数 $\alpha, \beta\ (\alpha > \beta)$ を導入して，問題の漸化式を

$$a_{n+2} - \alpha a_{n+1} = \beta(a_{n+1} - \alpha a_n) \quad (\Leftrightarrow\ a_{n+2} = a_{n+1} + a_n \qquad (n \geqq 0)$$

のように表すことができます．$b_n = a_{n+1} - \alpha a_n$ とおくと，$b_{n+1} = \beta b_n$ と等比数列の漸化式になりますね．

上式の α が黄金比 Φ になることが示されます．漸化式は n によらずに成り立つので，両漸化式の a_{n+1}, a_n の係数を比較することができ，

$$\alpha + \beta = 1, \quad \alpha\beta = -1$$

が得られます．この関係から，α, β を解とする方程式 $(x-\alpha)(x-\beta) = 0$ は $x^2 - x - 1 = 0$ となるので，

$$x = \frac{1 \pm \sqrt{5}}{2} = \alpha,\ \beta \qquad (\alpha > \beta)$$

が得られ，α が黄金比 Φ であることがわかります．

---

[1] AP $= x$, PB $= 1$ とすると，$x:1 = (x+1):x \Leftrightarrow x^2 - x - 1 = 0$ より，$x = \frac{1+\sqrt{5}}{2}\ (> 0)$ が得られます．

さて，比 $b_n = \frac{a_{n+1}}{a_n}$ は n が大きくなるにつれて黄金比 Φ に近づいていくことを示しましょう．漸化式の両辺を a_{n+1} で割ると，

$$a_{n+2} - \alpha a_{n+1} = \beta(a_{n+1} - \alpha a_n) \Leftrightarrow \frac{a_{n+2}}{a_{n+1}} - \alpha = \beta(1 - \alpha \frac{a_n}{a_{n+1}})$$

より

$$b_{n+1} - \alpha = \frac{\beta}{b_n}(b_n - \alpha)$$

が得られますね．この等式を具体的に書き下すと

$$b_1 - \alpha = \frac{\beta}{b_0}(b_0 - \alpha), \quad b_2 - \alpha = \frac{\beta}{b_1}(b_1 - \alpha), \quad b_3 - \alpha = \frac{\beta}{b_2}(b_2 - \alpha),$$
$$\cdots, \quad b_{n-1} - \alpha = \frac{\beta}{b_{n-2}}(b_{n-2} - \alpha), \quad b_n - \alpha = \frac{\beta}{b_{n-1}}(b_{n-1} - \alpha), \quad \cdots$$

ですから，それらを辺々掛け合わせて

$$b_n - \alpha = \frac{\beta^n}{b_0 b_1 b_2 \cdots b_{n-1}}(b_0 - \alpha),$$
$$\text{よって} \quad |b_n - \alpha| = \left|\frac{\beta^n}{b_0 b_1 b_2 \cdots b_{n-1}}\right||b_0 - \alpha|$$

を得ます．ここで，$a_{k+1} > a_k > 0$ より $b_k > 1 \ (k \geqq 0)$，かつ $|\beta| = \frac{\sqrt{5}-1}{2} < 1$ だから，$n \to \infty$ のとき，$b_0 b_1 b_2 \cdots b_{n-1} > 1$，$|\beta|^n \to 0$ となり，よって

$$n \to \infty \text{ のとき } |b_n - \alpha| \to 0 \Leftrightarrow b_n \to \alpha \left(= \frac{1+\sqrt{5}}{2} = \Phi\right)$$

が成り立ち，比 $b_n = \frac{a_{n+1}}{a_n}$ は黄金比に限りなく近づいていきますね．

11.3.3.3 黄金角と植物の成長

　菊科の植物ひまわりは大きな花を咲かせますね．その花は，外周に舌状花と呼ばれる黄色の花びら（花弁）があり，その内側に，管状花または筒状花と呼ばれる褐色の小さな細長い花が千個ぐらいぎっしりと詰まっています．理科事典などでその写真を見るとよいでしょう．内側の管状花はそれぞれ受粉して根元に黒い種をつけます．ひまわりの花はとても大きいのでその構造が肉眼でも観察できます．

§11.3 漸化式

　右図を見てみましょう．これはひまわりの花の花弁と管状花の付け根の配置の模式図で，ほぼ種の配置に当たるものです．実際にはもっと数が多いのですが，模式図と同様に狭いスペースにぎっしりと収まる配置になっています．模式図では螺旋状の曲線が見えますね．しかも，（中心から外側に向かって）右回り（時計回り）のものと，それらと交叉して左回り（反時計回り）のものが何本もありますね．それらの本数を数えてみましょう（図の螺旋を鉛筆でなぞって感動しましょう）．右回りのものが 8 本，左回りのものが 13 本ありますね．その数 8, 13 は，なんと，フィボナッチ数列の a_5, a_6 項です．

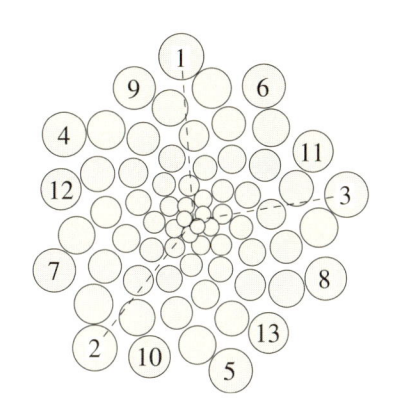

　実際の花の配列も交叉する螺旋模様が見られ，右回りと左回りのものの本数が，ひまわりの種類によって，34 と 55，55 と 89，および 89 と 144 のものがあるそうです[2]．これらの数もフィボナッチの数になっています．さらに，松の木の松かさやパイナップルの実の鱗模様にも右回り・左回りの螺旋が認められ，五葉松で 5 本と 8 本，赤松で 8 本と 13 本，パイナップルでは 8 本と 13 本あるとのことです．

　この螺旋の数が草花の花弁の数を基本的に説明します．右回りか左回りの螺旋の組の一方の螺旋の外縁に花弁が並ぶのです．すると螺旋の数が花弁の数に一致し，その配置も正しいものになります．上の模式図でいうと，①〜⑧または①〜⑬の位置に花弁がつくわけです．試しに庭の小菊の花を摘んで調べてみたところ，その構造はひまわりと同じで，外側は花弁がとり囲み内側には管状花がぎっしりと詰まっていて，花弁の数はフィボナッチ数の 55 でした．

　なぜフィボナッチ数がこれほどまでに顕著に現れるのでしょうか．これはもう単なる偶然で片づけられる問題ではありませんし，まさか植物の遺伝子がその数を意図的に選んでいるとも思えません．遺伝子が全てを決定するわけでは

---

[2] インターネットをやっている人は，「Fibonacci sunflower」で検索すると，この交叉螺旋模様が実物のひまわり写真で載っているウェブサイトがいくらでも見つかります．

なく‘物理的条件が加わってフィボナッチ数を導く’と考えるほうがむしろ自然でしょう．

　植物の若芽の先端には成長点（茎頂；shoot apex）という盛んに細胞分裂をしている細胞群がありますね．成長点は，それをとり巻く頂点リング（apical ring）と呼ばれる環状領域に，「原基」（primordium）と呼ばれる新たな細胞を生み出し，各々の原基は 1 個の葉や花弁・管状花に成長していきます．よって，ひまわりの花弁や管状花の配置は原基の配置そのものであり，原基の生成過程のメカニズム（仕組み）がわかれば理解できます．そのメカニズムは管状花やその種がぎっしりと密に分布することを説明するはずです．

　花の原基は生まれた順に成長して花を咲かせていきます．ひまわりの花は外側のものから順に左回りに咲いていき次第に内側に至るそうです．このことはより先にできた原基はより外側にあることを意味します．ひまわりの花の模式図を利用してそれから何がわかるかを調べましょう．番号①〜⑬は中心から遠い順，つまり原基ができた順を表します．著しい特徴が現れたのは，各原基と中心にある成長点を結び，ある原基と次に生まれた原基のなす中心角を計ってみたときでした．番号①と②の角は 137.5° に極めて近く，②と③の角も 137.5°，③と④の角も，他の場合も同様に共通の角度 137.5° になります．

　もし仮にこの共通の角度が 90° であったとしたら，原基は交叉螺旋ではなく十字の模様に連なり，原基のないスペースが大半になりますね．実際，この角度 137.5° は非常に厳しい角度であり，これから僅かに 0.5° ずれただけでも，左右に交叉する螺旋模様の片方の組はほとんど消え失せて残りの組の螺旋だけになり，隣り合う螺旋の間には原基が分布しないスカスカの部分が出てきます．よって，原基がぎっしりと密に収まる交叉螺旋模様はこの特別な角度に起因することがわかります．このことが知られたのは 1837 年のことでした．

　人々はこの重要な角度を「黄金角」と呼び，それを導くことを試みました．もし黄金角が $360° \times \frac{m}{n}$（m, n は自然数）の形であれば，それを n 倍すると 360° の倍数になるので，中心から見て同じ方向に原基が並ぶような配置になります．このような場合には原基がぎっしりと収まる配置にはなりません．よって，黄金角は何倍しても 360° の倍数にならないように，360°×無理数 の形になる必要があります．その無理数もできるだけ簡単な分数では近似し難いもの

§11.3 漸化式

がよいわけです．整数論の数学者は，昔から，分数近似が最もし難い無理数が黄金比 $\Phi = \dfrac{1+\sqrt{5}}{2} = 1.618\cdots$ であることを知っていました．

　数学者はごく当然のように黄金比 Φ と黄金角の関係を調べました．最も単純なのは，黄金角が円周角 $360°$ を文字通り黄金比 $\Phi:1$ に分ける角，いや $\Phi > 1$ だから，黄金比 $1:\Phi$ に分ける角です：

$$\text{黄金角} = 360° \times \frac{1}{1+\Phi} = 360° \times \frac{1}{1+\dfrac{1+\sqrt{5}}{2}}$$

この値を計算してみましょう．まさに望ましい値

$$\text{黄金角} = 137.507764\cdots \text{（度）}$$

が得られますね．'植物は角度に対して黄金比を体現している'のでした．このことを知ったら，君たちの教科書にもフィボナッチ数列が載っていることが肯（うなず）けるでしょう．

　これでこの問題は一応の解決をみました．ただし，植物が黄金角を選ぶ理由を'美の追究のため'とはいかないでしょう．より根本にある自然の摂理を求めるパイオニア的試みが，ごく最近の 1993 年になってから，フランスの二人の数理物理学者ドゥアディ（S. Douady）とクデ（Y. Couder）によってなされました．彼らの基本的考え（仮説）は「成長点の周りの頂点リング上に，原基は同じ時間間隔で次々に形成され，それらは同一の電荷か磁荷をもつかのように互いに反発して放射状に移動する」というものです．この仮定により，次々に生まれる原基はすぐ前にできた原基からできるだけ遠ざかるように移動し，より先にできたものは中心からより遠ざかることになります．彼らは磁場の中（磁石の N 極と S 極の間）にシリコンオイルを張った丸い皿をおき，その真ん中に磁性（磁石の性質）をもつ小さな液滴を同じ時間間隔で垂らして，それらが散っていく様子を磁場の強さや液滴を垂らす時間間隔を変えながら観察しました．多くの場合に得られた液滴の配列模様は，まさにひまわりの花で観察された，黄金角と交叉螺旋のパターンになりました．また，そのことはコンピュータ実験でも確認されました[3]．

---

[3] より詳しい解説は，イアン・スチュアート著『自然の中に隠された数学』（吉永良正 訳，草思社）に載っています．この本は一種の啓蒙書で，知らず知らずのうちに読者を数学と自然科学の最新の研究動向にまで導きます．

彼らの研究は植物の成長に関する基本的なメカニズムを解明するためのヒントを与えていました．例えば，もし原基が花でなく葉の原基であって，それらが次々と生まれる間に茎や枝が成長すれば，葉は茎や枝の周りに螺旋状に配置される互生（ごせい）といわれる葉のつき方になります．さらに，葉が枝に分化すると，枝分かれの様子がこのメカニズムで説明できます．全ての葉が最も効率よく日の光を受けるように配置されていることは，葉の原基の配置に現れる黄金角と交叉螺旋によって説明されるでしょう．

ドゥアディとクデの仕事は，「phyllotaxis（フィロタクシス）」と呼ばれ，原基に由来する全ての植物要素の配列を研究する，新たな分野を開拓しました．多くの数理物理学者・生物化学者が植物の成長に関する研究に着手し，細胞レベルや分子レベルで関係する問題が多方面から調べられ，今まさに phyllotaxis は発展の途上段階にあるようです．

11.3.3.4　3項間漸化式

$a_{n+2} = f(a_{n+1}, a_n)$ の形の漸化式は，3つの項が関係し，**3項間漸化式** と呼ばれます．ここでは

$$a_{n+2} = pa_{n+1} + qa_n \quad (p, q \text{ は定数})$$

のタイプのものを議論しましょう．$q = 0$ のときは2項間漸化式になるので $q \neq 0$ とします．また，フィボナッチ数列との関係から，初項を a_0 としましょう．

既に見たように，このタイプのものは，定数 α, β を導入して，等比数列化して解くことができます：

$$a_{n+2} - \alpha a_{n+1} = \beta(a_{n+1} - \alpha a_n) \Leftrightarrow a_{n+2} = pa_{n+1} + qa_n.$$

$b_n = a_{n+1} - \alpha a_n$ とおくと，等比数列の漸化式 $b_{n+1} = \beta b_n$ になっていますね．元の漸化式と比較して，

$$\alpha + \beta = p, \quad \alpha\beta = -q$$

が得られます．ここで，α, β を解とする方程式 $(x - \alpha)(x - \beta) = 0$ を考えると，上式よりそれらを決定する方程式

$$x^2 = px + q \quad (x = \alpha, \beta) \qquad \text{（特性方程式）}$$

§11.3 漸化式

が得られます．この方程式は，形式的には，元の漸化式で a_{n+2}, a_{n+1}, a_n をそれぞれ x^2, x, 1 で置き換えると得られますね．

$b_n = a_{n+1} - \alpha a_n$ とおいて漸化式 $b_{n+1} = \beta b_n$ を解くと

$$b_n = b_0 \beta^n \Leftrightarrow a_{n+1} - \alpha a_n = (a_1 - \alpha a_0)\beta^n \qquad (n \geq 0) \qquad \text{(A)}$$

が得られます．ただし，これではまだ a_n が n の式では表されていませんね．そのためには，漸化式 $a_{n+2} - \alpha a_{n+1} = \beta(a_{n+1} - \alpha a_n)$ が

$$a_{n+2} - \beta a_{n+1} = \alpha(a_{n+1} - \beta a_n)$$

とも表されることを使います．$c_n = a_{n+1} - \beta a_n$ とおくと，同様に

$$c_n = c_0 \alpha^n \Leftrightarrow a_{n+1} - \beta a_n = (a_1 - \beta a_0)\alpha^n \qquad (n \geq 0) \qquad \text{(B)}$$

が得られます．

2式 (A), (B) の差をとると

$$-(\alpha - \beta)a_n = (a_1 - \alpha a_0)\beta^n - (a_1 - \beta a_0)\alpha^n \qquad (n \geq 0)$$

のように，不要な a_{n+1} が消えます．これから，$\alpha \neq \beta$ のときは，a_0, a_1 を与えると，一般項 a_n が n の式として表され，漸化式が解けたことになります．

$\alpha = \beta$ のときは，(A) または (B) より

$$a_{n+1} - \alpha a_n = (a_1 - \alpha a_0)\alpha^n \qquad (n \geq 0)$$

となりますね．よって，$\alpha \neq 0$ なら両辺を α^n で割ることができて

$$\frac{a_{n+1}}{\alpha^n} - \frac{a_n}{\alpha^{n-1}} = (a_1 - \alpha a_0) \qquad (n \geq 0)$$

が得られます．条件 $\alpha \neq 0$ は，$q \neq 0$ としていましたので，関係式 $\alpha\beta = -q$ と $\alpha = \beta$ より保証されます．ここで，$d_n = \dfrac{a_n}{\alpha^{n-1}}$ とおくと，上の漸化式は等差数列の漸化式

$$d_{n+1} - d_n = (a_1 - \alpha a_0) \qquad (n \geq 0)$$

になります．よって，

$$d_n = d_0 + (a_1 - \alpha a_0)n \Leftrightarrow \frac{a_n}{\alpha^{n-1}} = \frac{a_0}{\alpha^{-1}} + (a_1 - \alpha a_0)n \qquad (n \geq 0)$$

が得られます．これで事実上解けましたね．

ここで，練習問題です．漸化式 $a_{n+2} = 5a_{n+1} - 6a_n$ を解け．ただし，初項を a_1 として $a_1 = 2$, $a_2 = 5$ とする．ヒント：初項が a_0 でないので，単に公式に当てはめてもだめです．自分で公式を作る気持ちでやりましょう．答は一般項が $a_n = 2^{n-1} + 3^{n-1}$ $(n \geq 1)$ ですね．

§11.4 数学的帰納法

11.4.1 帰納法の原理

2 項間漸化式

$$a_{n+1} = \frac{a_n}{a_n + 1} \qquad (a_1 = 1)$$

を解いてみましょう．うまい方法は後で行うことにして，ここでは一般項を泥臭い方法で予測して，それを正当化することを考えましょう．

$a_1 = 1$ と漸化式から，$a_2 = \frac{1}{2}$ と決まり，それを漸化式に代入すると a_3 が求まり，… とやっていくと，数列 $\{a_n\}$ が

$$\frac{1}{1}, \quad \frac{1}{2}, \quad \frac{1}{3}, \quad \frac{1}{4}, \quad \frac{1}{5}, \quad \cdots$$

となりますね．よって，一般項は

$$P(n): a_n = \frac{1}{n} \qquad (n = 1, 2, 3, \cdots) \qquad \text{(命題)}$$

と推測されますね．この等式は真か偽のどちらかであるので，一般項 a_n についての命題 $P(n)$ といいましょう．

さて，この命題 $P(n): a_n = \frac{1}{n}$ が全ての自然数 n に対して正しいことを証明しなくてはなりません．上の作業では $n = 5$ までは a_n を正しく求めています．その作業を単にそのまま続けていっても $n = 100$ までは続かないでしょう．たとえ $n = 1000$ まで a_n を求めたとしても証明にはなりません．

証明するためには，任意の自然数を代入できる，文字を用いる必要があります．例えば，文字 k を用いると，$n = k$ のとき，漸化式 $a_{k+1} = \frac{a_k}{a_k + 1}$ と推測の式 $a_k = \frac{1}{k}$ から

$$a_k = \frac{1}{k} \text{ が真ならば } a_{k+1} = \frac{1}{k+1} \text{ も真である} \qquad \text{(A)}$$

§11.4 数学的帰納法

ことが示されます（各自確認しましょう）．これが証明に必要な本質部分であり，上の論理関係(A)は全ての自然数 k に対して成り立ちます．つまり，論理記号 $\Rightarrow$ を用いてそれらをコンパクトに（簡潔に）書き下すと

$$a_1 = \frac{1}{1} \Rightarrow a_2 = \frac{1}{2} \Rightarrow a_3 = \frac{1}{3} \Rightarrow \cdots \Rightarrow a_n = \frac{1}{n} \Rightarrow \cdots \tag{B}$$

のように表され，論理の連鎖関係が得られます．

よって，証明を完成させるために必要なことは

$$P(1): a_1 = \frac{1}{1} \text{ が真であることを示す}$$

ことです．これは，初項が $a_1 = 1$ と与えられているので自明ですね．

このような証明方法，つまり，命題 $P(1)$ が真であることと論理関係(A)を示すことによって，論理の連鎖関係(B)から，全ての自然数 n について $P(n)$ が次々に真であることを示す方法は **数学的帰納法** と呼ばれています．この証明方法は，将棋倒しで，駒が次々と倒れていく様子に喩えることができます．つまり，駒を隣り合わせて立てることを論理関係(A)，つまり論理の連鎖関係(B)に対応させ，始めの駒を倒すことを $P(1)$ が真であることを示すことに対応させることができます．

厳密にいうと，数学では論理の出発点となる基本仮定は全て公理ということにするので，我々には自明に見える数学的帰納法の原理は，第1章で議論した対称律・推移律，および背理法の原理である排中律と並ぶ公理に当たります．

この問題の解答の書き方を述べておきましょう：一般項を $a_n = \frac{1}{n}$ と推測します．$n = 1$ のとき，$a_1 = 1 = \frac{1}{1}$ ですから推測は真ですね．$n = k$ ($k \geq 1$) のとき，$a_k = \frac{1}{k}$ とすると，漸化式より $a_{k+1} = \frac{1}{k+1}$ が成立します．よって，$n = k$ のとき推測が真であれば $n = k+1$ のときも推測は真です．したがって，数学的帰納法により，全ての自然数 n に対して $a_n = \frac{1}{n}$ が成立します．

ここで練習として，第10章複素数のところで学んだド・モアブルの定理を帰納法で厳密に証明することを宿題としておきましょう．

最後に，漸化式 $a_{n+1} = \frac{a_n}{a_n + 1}$ ($a_1 = 1$) を帰納法を用いないで解いてみましょう．a_n が分子・分母の両方にあるから複雑になっていますね．分子の a_n

を消しましょう．$a_n > 0 \ (n \geq 1)$ は明らかなので，分子・分母を a_n で割ると

$$a_{n+1} = \cfrac{1}{1 + \cfrac{1}{a_n}}$$

となりますね．この式をじっとにらむと，両辺の逆数をとればよいことがわかりますね：

$$\frac{1}{a_{n+1}} = 1 + \frac{1}{a_n}.$$

つまり，$\frac{1}{a_n}$ を b_n などとおくと，等差数列の漸化式 $b_{n+1} = b_n + 1 \ (b_1 = \frac{1}{a_1} = 1)$ が得られますね．これを解いて $b_n = b_1 + (n-1) = n$．よって，帰納法と同じ結果 $a_n = \frac{1}{n}$ が得られます．

分数漸化式で分子の定数項がないタイプのもの

$$a_{n+1} = \frac{pa_n + 0}{ra_n + s}$$

は両辺の逆数をとって $b_n = \frac{1}{a_n}$ とおけば，既に議論したタイプの漸化式になります．

11.4.2 不等式の証明

11.4.2.1 例題

帰納法でなければ解けない問題もあり，その代表格が不等式の問題です．1 題やっておきましょう．n を任意の自然数とするとき，不等式

$$\frac{1}{\sqrt{1}} + \frac{1}{\sqrt{2}} + \frac{1}{\sqrt{3}} + \cdots + \frac{1}{\sqrt{n}} < 2\sqrt{n}$$

を証明せよ．手強そうですね．

この命題を $P(n)$ とし，左辺を $S(n)$ とおきましょう．$n = 1$ のとき，$P(1)$：$1 < 2\sqrt{1}$ となるが，これは明らかに成立します．$n = k \ (k \geq 1)$ のとき $P(k)$ が成立すると仮定します：

$$P(k) : S(k) = \frac{1}{\sqrt{1}} + \frac{1}{\sqrt{2}} + \cdots + \frac{1}{\sqrt{k}} < 2\sqrt{k}.$$

§11.4 数学的帰納法

本題はここからです．頭の中で，成立すると仮定した命題 $P(k)$ と証明すべき命題

$$P(k+1): S(k+1) = \frac{1}{\sqrt{1}} + \frac{1}{\sqrt{2}} + \cdots + \frac{1}{\sqrt{k}} + \frac{1}{\sqrt{k+1}} < 2\sqrt{k+1}$$

を意識しながら進めます．$P(k)$ が成立するとき

$$S(k+1) = S(k) + \frac{1}{\sqrt{k+1}} < 2\sqrt{k} + \frac{1}{\sqrt{k+1}}$$

となりますが，これは項の数を少なくする重要なステップです．したがって

$$2\sqrt{k} + \frac{1}{\sqrt{k+1}} < 2\sqrt{k+1} \qquad (*)$$

を示せばできあがりです．

普通の解答では，この不等式 $(*)$ を証明するのに，「右辺 − 左辺」を考えてそれが正であることを導きますが，かなり巧妙な式変形の技術が要ります．ここでは不等式 $(*)$ を，同値変形によって自明な不等式に導きましょう．分母 (>0) を払うことから始めて，両辺が正であることから，「$x^2 < y^2 \Leftrightarrow |x| < |y|$」を利用して，両辺を 2 乗します：

$$(*) \Leftrightarrow 2\sqrt{k(k+1)} + 1 < 2(k+1) \Leftrightarrow 2\sqrt{k(k+1)} < 2k+1$$
$$\Leftrightarrow 4k(k+1) < 4k^2 + 4k + 1, \quad k > 0$$
$$\Leftrightarrow 0 < 1, \quad k > 0.$$

よって，$(*)$ は成立します．

この式変形では同値記号 $\Leftrightarrow$ の代わりに「よって」の記号 $\Rightarrow$ などを用いてはいけません．そのために 2 乗したときに，元に戻せるように，「$k>0$」をつけ加えたわけです．よって，「$0<1, \ k>0$」から $(*)$ を導くことができます．また，いったん「$0<1$」を導いておいて，それから式変形を逆にたどって $(*)$ を導き直すような解答にする場合には，「よって」で繋いでいって構いません．

$(*)$ が成立するので，$P(k)\,(k \geq 1)$ が成立するとき $P(k+1): S(k+1) < 2\sqrt{k+1}$ も成立します．よって，数学的帰納法により，全ての自然数 n に対して

$$P(n): 1 + \frac{1}{\sqrt{2}} + \cdots + \frac{1}{\sqrt{n}} < 2\sqrt{n}$$

は成立します．

11.4.2.2　二項係数・二項不等式

$(x+y)^n$ の展開式を一般の n に対してきれいに表すことができます．その表式は「二項定理」と呼ばれ，その展開係数を **二項係数** といいます．その導出は組合せの議論を用いて行うのが相応しいのですが，この章と微分の章で必要になるので，数学的帰納法を用いてここでとりあえず導いておきます．

2次・3次の場合は，$(x+y)^2 = x^2 + 2xy + y^2$, $(x+y)^3 = x^3 + 3x^2y + 3xy^2 + y^3$ のように展開されることはよく知っていますね．これらの展開係数をスッキリと表すことを考えましょう．

n が任意の自然数のとき，展開式

$$(x+y)^n = \sum_{k=0}^{n} {}_nC_k x^{n-k} y^k = {}_nC_0 x^n + {}_nC_1 x^{n-1} y + \cdots + {}_nC_n y^n$$

によって二項係数 ${}_nC_k$ を定めると，それは

$$ {}_nC_k = \frac{n!}{k!(n-k)!} \qquad (k = 0, 1, \cdots, n)$$

のように表されることが知られています．ただし，n の **階乗** $n!$ は，n が自然数のとき $n! = 1 \cdot 2 \cdot 3 \cdots n$ と定義されます．

$n!$ は（大学で習う）ある複素変数の関数の特別な場合，つまりその変数が自然数になった場合，とも見なすこともできます．ここではその関数から得られる結果に従って，$n!$ を n が 0 および負の整数の場合に拡張して定めておきましょう[4]：$0! = 1$, $\dfrac{1}{n!} = 0$ $(n = -1, -2, -3, \cdots)$．この拡張によって，望ましい結果 ${}_nC_0 = {}_nC_n = 1$ $(n \geq 0)$，および，$k < 0$ または $k > n$ のとき ${}_nC_k = 0$ が自動的に得られます（確かめましょう）．

さて，帰納法によって，${}_nC_k = \dfrac{n!}{k!(n-k)!}$ が全ての自然数に対して成立することを示しましょう．$(x+y)^1 = {}_1C_0 x + {}_1C_1 y = x + y$ は明らかに成り立ちますね（2乗・3乗のときも確かめておきましょう）．

次に，$(x+y)^{n-1}$ $(n \geq 2)$ のときに成り立つと仮定する，つまり

$$(x+y)^{n-1} = \sum_{k=0}^{n-1} {}_{n-1}C_k x^{n-1-k} y^k$$

---

[4] その非常に興味ある関数については積分の章で議論します．

§11.4 数学的帰納法

において，
$$_{n-1}C_k = \frac{(n-1)!}{k!(n-1-k)!}$$
と仮定したとき，$_nC_k = \dfrac{n!}{k!(n-k)!}$ が導かれることを示しましょう．

$(x+y)^n = (x+y)^{n-1}(x+y)$ なので

$$(x+y)^n = \left(\sum_{k=0}^{n-1} {}_{n-1}C_k x^{n-1-k} y^k\right)(x+y)$$
$$= \sum_{k=0}^{n-1} {}_{n-1}C_k x^{n-k} y^k + \sum_{k=0}^{n-1} {}_{n-1}C_k x^{n-1-k} y^{k+1}.$$

ここで，上式の第 2 項で $k+1 = l$ とおくと，$0 \leqq k \leqq n-1$ より $1 \leqq l \leqq n$ だから，

$$(x+y)^n = \sum_{k=0}^{n-1} {}_{n-1}C_k x^{n-k} y^k + \sum_{l=1}^{n} {}_{n-1}C_{l-1} x^{n-l} y^l$$
$$= \sum_{k=0}^{n-1} {}_{n-1}C_k x^{n-k} y^k + \sum_{k=1}^{n} {}_{n-1}C_{k-1} x^{n-k} y^k.$$

ここで，上式を 1 つの Σ でまとめるために，${}_{n-1}C_n = 0$，${}_{n-1}C_{-1} = 0$ を利用すると，

$$(x+y)^n = \sum_{k=0}^{n} ({}_{n-1}C_k + {}_{n-1}C_{k-1}) x^{n-k} y^k$$

と整理できます．

よって，$_nC_k$ の定義によって
$$_nC_k = {}_{n-1}C_k + {}_{n-1}C_{k-1}$$
となりますから，成り立つと仮定した式 $_{n-1}C_k = \dfrac{(n-1)!}{k!(n-1-k)!}$ を用いて計算すると，$k! = (k-1)!k$ などに注意して

$$_nC_k = \frac{(n-1)!}{k!(n-1-k)!} + \frac{(n-1)!}{(k-1)!(n-k)!}$$
$$= \frac{(n-1)!\{(n-k)+k\}}{k!(n-k)!}$$
$$= \frac{n!}{k!(n-k)!}$$

が得られます．

したがって，$(x+y)^{n-1}$ のとき成り立つと仮定すると $(x+y)^n$ のときも成り立つので，数学的帰納法によって証明されました．

次に，$(x+y)^n = \sum_{k=0}^{n} {}_nC_k x^{n-k} y^k$ から，不等式

$$(1+h)^n \geq 1 + nh + \frac{1}{2}n(n-1)h^2 \qquad (n \geq 2, \ h > 0)$$

を導きましょう．これをこのテキストでは「二項不等式」といいましょう．

${}_nC_k > 0$ ですから，$(1+h)^n$ で $h > 0$ のとき

$$(1+h)^n \geq {}_nC_0 + {}_nC_1 h + {}_nC_2 h^2$$
$$= 1 + nh + \frac{1}{2}n(n-1)h^2$$

と，簡単に得られますね．

§11.5 数列・級数の極限

ようやく数列の最重要領域に立ち入ってきました．ニュートンやライプニッツに始まる近代数学は"極限に真正面から立ち向かう"学問でした．'正しい極限操作を行うこと'は実数や関数の連続性を厳密に議論するために必須です．君たちは $0.999999\cdots = 1$ が当たり前と思いますか？

11.5.1 無限数列の極限

項が限りなく続く数列を無限数列といいましたね．無限数列 $\{a_n\}$ において，n が限りなく大きくなっていくときの状態を，$n \to \infty$ のときの **極限** といいます．用語「極限」はもう既に使っていて，$\{a_n\}$ の極限を 'a_∞' などと表しました．しかしながら，a_∞ それ自身は，∞ になったり，値が定まらない場合があるなど，きちんと定義されたものではありません．無限に関わりをもつ極限の議論はかなりデリケートであり，慎重に扱う必要があります．極限を考えるときは 'n が有限であるきちんと定義された一般項 a_n から始めた議論のみが信用できる'のです．

§11.5 数列・級数の極限

'n が限りなく大きくなるとき，a_n が有限なある一定の値 α に限りなく近づいていくならば，無限数列 $\{a_n\}$ は **極限値** α に **収束** する' といい，このことを

$$n \to \infty \quad \text{のとき} \quad a_n \to \alpha,$$

$$\text{または} \quad a_n \to \alpha \quad (n \to \infty),$$

$$\text{または} \quad \lim_{n\to\infty} a_n = \alpha$$

などと表します．lim は limit （極限）を表す記号です．

例えば，$a_n = 1 + 2^{-n}$ については，$n \to \infty$ のとき a_n は極限値 1 に限りなく近づくので，$\lim_{n\to\infty} a_n = 1$ と表され，また数列 $\{a_n\}$ は 1 に収束するといわれます．なお，$a_n = c$ （定数）のときにも表現「$a_n \to c \quad (n \to \infty)$」は使われ，また $\lim_{n\to\infty} a_n = \alpha$ の簡略表現 $a_\infty = \alpha$ はよく用いられます．

数列の一般的な議論に備えて，'a_n が α に限りなく近づく' とは，もう少し明確に，'a_n と α の差の大きさが限りなく 0 に近づく' ということ，つまり

$$\lim_{n\to\infty} a_n = \alpha \Leftrightarrow |a_n - \alpha| \to 0 \quad (n \to \infty)$$

と定めておきましょう．いずれ問題になるのは '限りなく近づく' ということの意味です．

無限数列 $\{a_n\}$ が収束しないときは，（ア）a_n の値が限りなく大きくなっていく，（イ）a_n が負で $|a_n|$ が限りなく大きくなっていく，（ウ）大きくなったり小さくなったりを繰り返し，**振動** するなどの場合があります．その全ての場合に **発散** するといい，それぞれ

(ア) $\lim_{n\to\infty} a_n = \infty$ （数列 $\{a_n\}$ は正の無限大に発散する）

(イ) $\lim_{n\to\infty} a_n = -\infty$ （数列 $\{a_n\}$ は負の無限大に発散する）

(ウ) $\lim_{n\to\infty} a_n$ は存在しない （数列 $\{a_n\}$ は振動する）

と表すこともあります．

無限大 ∞ は数でないので，表現 $\lim_{n\to\infty} a_n = \infty$ は 'a_n が際限なく大きくなっていく状態を表している' ことに注意しましょう．（ウ）の振動する場合の代表例は $a_n = (-1)^n$ です．'$\lim_{n\to\infty} a_n$ は n の偶数・奇数によらずに定数に近づくかどうかを問うている' ことに注意しましょう．

11.5.2 極限計算の例

極限の計算はかなり微妙です．しっかり練習しておきましょう．

11.5.2.1 基本例題

まずはいわゆる $\dfrac{\infty}{\infty}$ の形のものから：

$$\lim_{n \to \infty} \frac{2n+3}{4n-5} = \lim_{n \to \infty} \frac{2+\dfrac{3}{n}}{4-\dfrac{5}{n}} = \frac{2+0}{4-0} = \frac{1}{2}.$$

極限計算をするときには，分子・分母共に ∞ に近づく形を避けて，$\dfrac{有限}{有限}$ の形に直して計算します．

$$\lim_{n \to \infty} \frac{2n+3}{4n^2-5n} = \lim_{n \to \infty} \frac{\dfrac{2}{n}+\dfrac{3}{n^2}}{4-\dfrac{5}{n}} = \frac{0+0}{4-0} = 0$$

のように，分母が 0 に近づかなければ分子は 0 に近づいても構いません．

$$\lim_{n \to \infty} \frac{2n^2+3n}{4n-5} = \lim_{n \to \infty} \frac{n\left(2+\dfrac{3}{n}\right)}{4-\dfrac{5}{n}} = \infty$$

のように ∞ に近づく因数が避けられない場合，その因数は 1 個にするのがわかりやすいでしょう．

次に，いわゆる $\infty - \infty$ の形です：

$$\lim_{n \to \infty}\left(\sqrt{n^2+2n}-n\right) = \lim_{n \to \infty} \frac{n^2+2n-n^2}{\sqrt{n^2+2n}+n} = \lim_{n \to \infty} \frac{2}{\sqrt{1+\dfrac{2}{n}}+1} = \frac{2}{1+1} = 1.$$

分子から根号を外す，いわゆる「分子有理化」を行います．

11.5.2.2 無限等比数列

$a_n = r^n$（r は実数）のとき，$r > 0$, $r \neq 1$ の場合は指数関数 r^x で定義域を自然数にしたものを考えればよいでしょう．$r = 1$ のときは $a_n = 1$ ですね．

$-1 < r \leqq 0$ のときは $|r^n| = |r|^n < 1$ です．$r = -1$ のときは $a_n = (-1)^n$ です．$r < -1$ のときは $|r| > 1$ で，a_n の符号は交互に変わります．これらから

$$r > 1 \text{ のとき} \quad \lim_{n \to \infty} r^n = +\infty,$$

$$r = 1 \text{ のとき} \quad \lim_{n \to \infty} r^n = 1,$$

$$|r| < 1 \text{ のとき} \quad \lim_{n \to \infty} r^n = 0,$$

$$r \leqq -1 \text{ のとき} \quad \lim_{n \to \infty} r^n \text{ は振動する（発散する）}$$

となることがわかります．

簡単な例題は

$$\lim_{n \to \infty} \frac{3^n + (-2)^n}{3^n - (-2)^n} = \lim_{n \to \infty} \frac{1 + \left(-\frac{2}{3}\right)^n}{1 - \left(-\frac{2}{3}\right)^n} = \frac{1+0}{1-0} = 1$$

です．3^n も 2^n も無限大に発散しますが，大きくなるスピードは 3^n のほうがずっと速いことに注意しましょう．

11.5.2.3 重要な例題

4つの例題をとり上げます．1つ目は $\infty \times 0$ の形の定理

$$\lim_{n \to \infty} nx^n = 0 \quad (|x| < 1)$$

です．これは初等的な証明が難しいことで知られており，先に §§11.4.2.2 で学んだ二項不等式

$$(1+h)^n \geqq 1 + nh + \frac{1}{2}n(n-1)h^2 \quad (h > 0, \quad n = 2, 3, 4, \cdots)$$

を用います．与式に同値な $|nx^n - 0| = n|x|^n \to 0 \ (n \to \infty)$ を示します．$|x| < 1$ より，$|x| = \dfrac{1}{1+h} \ (h > 0)$ とおけるので，二項不等式より得られる不等式

$$(1+h)^n > \frac{1}{2}n(n-1)h^2 \iff \frac{1}{(1+h)^n} < \frac{2}{n(n-1)h^2}$$

を用いると

$$(0 <) n|x|^n = \frac{n}{(1+h)^n} < \frac{2n}{n(n-1)h^2} = \frac{\frac{2}{n}}{\left(1-\frac{1}{n}\right)h^2} \to 0 \quad (n \to \infty)$$

となります．これは $n|x|^n$ が 0 と $\dfrac{2}{(n-1)h^2}$ に'挟まれ'，しかも $n \to \infty$ のとき $\dfrac{2}{(n-1)h^2}$ が限りなく 0 に近づいていくという状況です．こんなときには $n|x|^n$ は 0 に押しやられてしまいますね：$n|x|^n \to 0 \ (n \to \infty)$．

このことは「はさみうちの原理」と呼ばれる重要かつ頻繁に用いられる定理で，高校数学の範囲内では証明ができないので'原理'とされています．その定理の証明には極限に関する深い内容が潜んでいるので，次の §§ で議論しましょう．

なお，二項定理から得られるより強力な不等式を用いると，任意の自然数 p に対して，$\lim\limits_{n\to\infty} n^p x^n = 0 \ (|x|<1)$ を示すことができます．我と思わん方は挑戦してみてください．ヒント：$\dfrac{1}{2}n(n-1) = {}_nC_2$ は n の 2 次式です．n の $p+1$ 次式を見つけるとうまくいきます．

次のものは指数関数 a^x が $x=0$ で連続であることを事実上示す定理

$$\lim_{n\to\infty} \sqrt[n]{a} = \lim_{n\to\infty} a^{\frac{1}{n}} = 1 \quad (a>0)$$

です．関数 $f(x)$ が $x=c$ で連続とは，x に c を単に代入した関数値 $f(c)$ と $f(x)$ の差が $x \to c$ のときいくらでも小さくなることでしたね．$a\,(>0)$ によらずに上の等式が成り立つとき，$a^{-\frac{1}{n}} = \left(\dfrac{1}{a}\right)^{\frac{1}{n}} \to 1 \ (n \to \infty)$ も成り立ち，よって $a^0 = 1$ ですから，$a^x \to a^0 \ (x \to 0)$ が成り立つ，つまり a^x が $x=0$ で連続なことを表していますね．

（ア）$a=1$ のときは明らかですね．（イ）$a>1$ のときは，二項不等式から得られるより簡単な不等式 $(1+h)^n > 1+nh \ (h>0)$ を用います．$a>1$ より $\sqrt[n]{a} > 1$ だから，$\sqrt[n]{a} = 1+h_n \ (h_n>0)$ とおけます（h_n は h の値が n に依存することを表します）．このとき，$a = (1+h_n)^n > 1+nh_n$ だから $0 < h_n < \dfrac{a-1}{n}$ が成り立ちます．よって，$\dfrac{a-1}{n} \to 0 \ (n \to \infty)$ だから，0 と $\dfrac{a-1}{n}$ に挟まれた h_n は，はさみうちの原理によって極限値 0 をもちます．よって，$\sqrt[n]{a} = 1+h_n$

§11.5 数列・級数の極限

より
$$\lim_{n\to\infty} h_n = 0 \Leftrightarrow \lim_{n\to\infty} \sqrt[n]{a} = 1$$
が成り立ちます．

（ウ）$0 < a < 1$ のときは $\frac{1}{a} > 1$ だから，$\sqrt[n]{\frac{1}{a}} = 1 + h_n$ とおくと，（イ）の場合と同様にして，$\sqrt[n]{\frac{1}{a}} \to 1 \, (n \to \infty)$，つまり $\sqrt[n]{a} \to 1 \, (n \to \infty)$ が得られます．

3 題目は ∞^0 の形の
$$\lim_{n\to\infty} \sqrt[n]{n} = n^{\frac{1}{n}} = 1$$
です．これは練習問題にしておきましょう．ヒント：$\sqrt[n]{n} = 1 + h_n$ とおくと，$n = (1+h_n)^n$．二項不等式を用いて上の例を参考にしながらやってみましょう．なお，∞^0 の形のものが必ずしも 1 になるとは限りません．注意しましょう．

最後の例は君たちの誰もが一瞬ハテナ？と疑問に思う無限小数の問題
$$0.9999\cdots = 0.\dot{9} = 1 ?$$
です．おかしいと思う理由は 9 が限りなく並んでいる表式の意味がつかめないためです．"「$0.9999\cdots$」の意味は理解している" などと思っては決してなりません．まず，問題の意味を明確にするために極限として $0.9999\cdots$ となる数列 $\{a_n\}$ を考えましょう．我々は '有限なものはよく理解している' ので
$$a_n = 1 - \frac{1}{10^n} = 0.\underbrace{999\cdots 9}_{n \text{ 個}} \quad (n \geq 1)$$
から出発すればよいですね．よって問題の正しい立て方は
$$n \to \infty \quad \text{のとき} \quad 0.\underbrace{999\cdots 9}_{n \text{ 個}} = 1 - \frac{1}{10^n} \to 1 \,?$$
です．よって，この問題は '0. 以下の小数位に 9 を並べて得られる数列を考えるとき，それは 1 に向かって限りなく近づいていくか' と問うています．1 はこの数列の極限値，つまり「向かう先」を表すのであって，9 を無限個並べ終えたときに得られる数は 1 に等しいという意味ではありません（数学は '無限回の操作をなし終える' などとは決して企てません）．よって，無限小数 $0.9999\cdots$ の正しい表式は

$$0.9999\cdots = \lim_{n\to\infty}\left(1 - \frac{1}{10^n}\right)$$

です．このように捉え(とら)えると明らかですね．答はもちろんイエスです．

よって，無限小数 $0.9999\cdots$ は極限値の意味で 1 つの実数を定め，その数が自然数 1 に等しいわけです．同様に無限小数 $1.000\cdots$ は 1 つの実数を定め，それも 1 です．つまり，自然数 1 の無限小数表示はただ 1 通りでないというだけのことです．他の自然数や有理数でも同様です．これで納得がいきますね．重要なことは'ある無限小数はただ 1 つの実数を定める'ということで，これによって実数の連続性が保証されています．

11.5.2.4 極限の基本定理

2 つの数列 $\{a_n\}$, $\{b_n\}$ が収束して $\lim_{n\to\infty} a_n = \alpha$, $\lim_{n\to\infty} b_n = \beta$ とします．このとき，和差積商などの極限について，次の基本定理が成り立ちます：

(A) $\lim_{n\to\infty} k a_n = k \lim_{n\to\infty} a_n = k\alpha$ （k は定数），

(B) $\lim_{n\to\infty}(a_n \pm b_n) = \lim_{n\to\infty} a_n \pm \lim_{n\to\infty} b_n = \alpha \pm \beta$,

(C) $\lim_{n\to\infty} a_n b_n = \lim_{n\to\infty} a_n \cdot \lim_{n\to\infty} b_n = \alpha\beta$,

(D) $\lim_{n\to\infty} \dfrac{a_n}{b_n} = \dfrac{\lim_{n\to\infty} a_n}{\lim_{n\to\infty} b_n} = \dfrac{\alpha}{\beta}$ （$b_n \neq 0$, $\beta \neq 0$）．

どれも自明に思えるもので，これまでの議論で既に事実上使っていますが，非常に大切な定理です．以下の証明は，完全に厳密とはいえませんが，高校数学では十分でしょう．

(A) については，k が有限なので

$$|k a_n - k\alpha| = |k(a_n - \alpha)| \to |k(\alpha - \alpha)| = 0 \quad (n \to \infty)$$

よって $\lim_{n\to\infty} k a_n = k\alpha$．

(B) についても同様に，

$$|(a_n \pm b_n) - (\alpha \pm \beta)| = |(a_n - \alpha) \pm (b_n - \beta)| \to |0 \pm 0| = 0 \quad (n \to \infty).$$

§11.5 数列・級数の極限

(C) については，b_n, α が有限なので

$$|a_n b_n - \alpha\beta| = |(a_n - \alpha)b_n + \alpha(b_n - \beta)| \to |0 + 0| = 0 \quad (n \to \infty)$$

となって成立します．

(D) についても

$$\frac{a_n}{b_n} - \frac{\alpha}{\beta} = \frac{a_n\beta - \alpha b_n}{b_n\beta} = \frac{(a_n - \alpha)\beta - \alpha(b_n - \beta)}{b_n\beta}$$

と変形すれば，同様に示すことができます．

これらの定理を用いると，§§6.1.1 で議論した指数法則が実数の指数に対して成り立つことがわかります．実数 p, q に収束する有理数の数列をそれぞれ $\{p_n\}$, $\{q_n\}$ とすると，全ての自然数 n に対して

$$a^{p_n} a^{q_n} = a^{p_n + q_n}, \qquad (ab)^{p_n} = a^{p_n} b^{p_n}, \qquad (a^{p_n})^{q_n} = a^{p_n q_n}$$

が成り立つことまでは示されています．そこで，極限の定理 (C)，(B) より

$$\lim_{n\to\infty} a^{p_n} \cdot \lim_{n\to\infty} a^{q_n} = \lim_{n\to\infty} a^{p_n + q_n} \Leftrightarrow a^p a^q = a^{p+q},$$

$$\lim_{n\to\infty} (ab)^{p_n} = \lim_{n\to\infty} a^{p_n} \cdot \lim_{n\to\infty} b^{p_n} \Leftrightarrow (ab)^p = a^p b^p$$

が得られます．ただし，$(a^p)^q = a^{pq}$ を示すには，指数関数の連続性を用いるので，それは微分の章で行いましょう．

11.5.3 極限に関する定理

11.5.3.1 収束の厳密な定義とはさみうちの原理

はさみうちの原理は特殊な場合には既に用立てました．**はさみうちの原理の一般的な形は以下の表現です**：

3 つの数列 $\{a_n\}$, $\{b_n\}$, $\{c_n\}$ があり，それらの一般項について，$b_n \leqq a_n \leqq c_n$ のとき，

$$b_n \to \alpha \text{ かつ } c_n \to \alpha \ (n \to \infty) \Rightarrow a_n \to \alpha \ (n \to \infty)$$

が成り立つ．

イメージ的には $n = \infty$ で $\alpha \leqq a_\infty \leqq \alpha$ ですから，成り立つのは当然ですが，極限の問題，つまり無限の問題の微妙さと，証明されない命題は公理とせざるを得ない数学の立場から，この原理を放置しておくわけにはいきません．以下，理論武装をしっかりとしてからこの原理を証明しましょう．

数列 $\{a_n\}$ が α に収束することを，n が限りなく大きくなるとき a_n は α に'限りなく近づく'といいましたね．この'限りなく近づく'ことをきちんというにはどうすればよいでしょうか．極限の議論をする以前に用いられていた数学用語で述べるのは簡単ではありませんね．今から行う議論では，'限りなく近づく'という言い方をやめて，全て有限の範囲で議論し，収束することを不等式を用いて表すことを試みます．

「$a_n \to \alpha$ $(n \to \infty)$」を有限の n の範囲で何とか表そうとすれば，「'十分大きな' n に対して近似 $a_n \fallingdotseq \alpha$ が成り立ち，n を大きくすればするほどその近似をいくらでも上げることができる」という言い方ができますね．これがヒントです．このことは，不十分ながら，不等式を用いて次のように表すことができます：

十分大きな番号 n_ε をとると，n_ε に応じて十分小さい正数 ε があり，
$n > n_\varepsilon$ である全ての n に対して，$|a_n - \alpha| < \varepsilon$ とすることができる．

感覚的にはこれで肯けると思います．不十分な点は，'ε がいくらでも小さくなることの保証がない'ことです．この点を改良して，ε のほうを先に定めておいて，番号 n_ε を後から決めるようにしたのが次の表現です：

任意に（小さな）正数 ε を定めたとき，それに対応して
（十分に大きな）番号 n_ε を選ぶことができ，
$n > n_\varepsilon$ である全ての n に対して，$|a_n - \alpha| < \varepsilon$ が成り立つ．

数列 $\{a_n\}$ が α に収束するとき，この ε の値は，いくらでも 0 に近い正数（例えば，$\frac{1}{千兆}$）にとることができ，感覚的には'限りなく 0 に近い正数'と見なして構いません．この表現が現代数学における数列の収束の厳密な定義である，つまり「$a_n \to \alpha$ $(n \to \infty)$」が意味することと定めます．以後，以上のことを簡潔に

§11.5 数列・級数の極限

$$a_n \to \alpha \quad (n \to \infty) \Leftrightarrow 全ての n > n_\varepsilon に対して \quad |a_n - \alpha| < \varepsilon$$

と表すことにしましょう．

準備ができたところで，はさみうちの原理

$$b_n \leqq a_n \leqq c_n \text{ のとき，} b_n \to \alpha \text{ かつ } c_n \to \alpha \ (n \to \infty) \Rightarrow a_n \to \alpha \quad (n \to \infty)$$

を証明しましょう．以下，簡単のために，紛れがないときは $n \to \infty$ を省略します．

収束の新たな定義を用いると，（0にいくらでも近くとれる）正数 ε を定めたとき，番号 n_ε をうまく選んで，

$$b_n \to \alpha \Leftrightarrow 全ての n > n_\varepsilon に対して \quad |b_n - \alpha| < \varepsilon \quad (\alpha - \varepsilon < b_n < \alpha + \varepsilon),$$

かつ

$$c_n \to \alpha \Leftrightarrow 全ての n > n_\varepsilon に対して \quad |c_n - \alpha| < \varepsilon \quad (\alpha - \varepsilon < c_n < \alpha + \varepsilon)$$

と表すことができますね．ここで，$b_n \leqq a_n \leqq c_n$ だから

$$\alpha - \varepsilon < b_n \leqq a_n \leqq c_n < \alpha + \varepsilon$$

が成り立ち，よって

$$全ての n > n_\varepsilon に対して \quad \alpha - \varepsilon < a_n < \alpha + \varepsilon \Leftrightarrow a_n \to \alpha \quad (n \to \infty)$$

が成り立つので，あっという間に証明されました．

ついでに，2つの数列 $\{a_n\}, \{b_n\}$ が関連する定理

$$a_n < b_n \ (n > n_0) \text{ のとき} \quad a_n \to \alpha, b_n \to \beta \quad (n \to \infty) \Rightarrow \alpha \leqq \beta$$

も証明しておきましょう（$a_n \leqq b_n$ としても成立します）．有限の n のとき $a_n < b_n$ なのに $a_\infty = b_\infty$ の場合があり，しかし $a_\infty > b_\infty$ はないということです．等号が成立する簡単な例は $a_n = 1 - \dfrac{1}{n}$, $b_n = 1 + \dfrac{1}{n}$ などです．

$a_n \to \alpha, b_n \to \beta$ より

$$全ての n > n_\varepsilon に対して \quad \alpha - \varepsilon < a_n < \alpha + \varepsilon, \quad \beta - \varepsilon < b_n < \beta + \varepsilon$$

が成り立ちます．ここで ε を十分に小さくとると $n_0 < n_\varepsilon$ とできて，$a_n < b_n$ が成り立ち

$$\alpha - \varepsilon < \beta + \varepsilon \Leftrightarrow \alpha - \beta < 2\varepsilon$$

が得られます．ε はいくらでも 0 に近くとれるので

$$\alpha - \beta \leqq 0 \iff \alpha \leqq \beta$$

が成立します．実際，もし仮に $\alpha > \beta$ とすると $0 < \alpha - \beta$ ですが，ε はいくらでも小さい正数にとれるので，

$$0 < 2\varepsilon < \alpha - \beta$$

が成り立ちます．よって，$\alpha - \beta < 2\varepsilon$ および $2\varepsilon < \alpha - \beta$ より

$$\alpha - \beta < \alpha - \beta \iff 0 < 0$$

となって矛盾するので，$\alpha > \beta$ となることはありません．よって，$\alpha \leqq \beta$ です．

11.5.3.2 収束の基本定理

数列 $\{a_n\}$ が収束するための条件を考えましょう．例として，$a_n = 1 - \dfrac{1}{n}$ を考えると，この数列は

$$a_1 < a_2 < a_3 < \cdots < a_n < a_{n+1} < \cdots$$

となるので，各項は単調に増加していきます．このような数列を **単調増加** 数列といいます．またこの数列は

全ての n について　$a_n \leqq M$　（M は 1 以上の任意の定数）

を満たしますね．このように数列の全ての項がある定数 M 以下のとき，その数列は **上に有界** であるといわれ，M をその数列の 1 つの **上界** といいます（界は限界の意味です）．

数列の収束に関する基本定理の 1 つは

上に有界な単調増加数列 $\{a_n\}$ は収束する

というもので，直感的には明らかでしょう．全ての n について $a_n < a_{n+1}$，$a_n \leqq M$ とすると，まず気づくのは，隣り合う項が限りなく近づいていく必要があることです：

$$a_{n+1} - a_n \to 0 \quad (n \to \infty).$$

§11.5 数列・級数の極限

もし，そうでないとすると，全ての n に対して $a_{n+1} - a_n > e$ を満たす正数 e が存在します．よって
$$a_2 - a_1 > e, \quad a_3 - a_2 > e, \quad \cdots, \quad a_n - a_{n-1} > e$$
より
$$a_n - a_1 > e(n-1)$$
が成り立ち，右辺は n と共にいくらでも大きくなるので，$a_n > M$ となる a_n が存在することになりますね．よって，$a_{n+1} - a_n \to 0 \quad (n \to \infty)$ です．これは直ちにわかるように
$$a_m - a_n \to 0 \quad (m, n \to \infty)$$
と同じことですね．

次に，**上限** と呼ばれる「最小の上界」を考えましょう．今の場合，この上限を α とすると，それが a_n の極限値になります．

$a_m - a_n \to 0 \quad (m, n \to \infty)$ が成り立つので，次の2条件を満たす実数 α が存在し，それが数列 $\{a_n\}$ の上限になります：

(1°) 全ての n について $\quad a_n \leq \alpha$．
(2°) 正数 ε を任意に定めるとき，$\alpha - \varepsilon < a_{n_\varepsilon}$ となる項 a_{n_ε} がある．

条件 (2°) は α より小さい上界がないことを保証しています．よって，数列 $\{a_n\}$ は単調増加数列なので，任意に（小さな）正数 ε を定めると，全ての $n > n_\varepsilon$ について，$\alpha - \varepsilon < a_n \leq \alpha$ が成り立ちます．正数 ε はいくらでも小さくできるので，はさみうちの原理によって，a_n の極限値は α です．よって，上に有界な単調増加数列 $\{a_n\}$ は α に収束します．

全ての n について $a_n > a_{n+1}$ となる数列 $\{a_n\}$ を **単調減少** 数列といい，全ての n について $a_n \geq M$ となる定数 M があるとき数列 $\{a_n\}$ は **下に有界** といいます．「下に有界な単調減少数列は収束する」ことを示すのは君たちの宿題にしましょう．単調に増加または減少する数列を **単調数列** といいます．また，上にも下にも有界なとき，単に **有界** といいます．以上の議論から，数列の収束に関する基本定理：

$$\text{有界な単調数列は収束する}$$

が成り立ちますね．

11.5.4 級数の極限

11.5.4.1 無限級数

§§11.1.1 で述べたように，数列の各項を順に加えていったものを **級数** といいます．数列 $\{a_n\}$ が無限数列のときは，その級数 S は（初項を a_1 として）

$$S = \sum_{n=1}^{\infty} a_n = a_1 + a_2 + a_3 + \cdots + a_n + \cdots$$

のように表され，**無限級数** といいます．

実は，上の表現は無限大 ∞ が直に現れるので，無限級数の厳密な定義とはいえず，簡略表現と見なされます．厳密な定義は，まず第 n 項までの **部分和**

$$S_n = \sum_{k=1}^{n} a_k = a_1 + a_2 + a_3 + \cdots + a_n$$

を用意しておいて，新たに無限数列 $\{S_n\}$ を考え，その極限

$$S = \lim_{n \to \infty} S_n = \lim_{n \to \infty} \sum_{k=1}^{n} a_k$$

が有限な一定値に収束するならば，これを **無限級数の和** S と定めるものです．無限級数が収束しないときは発散するといいます．

例えば，$a_n = \dfrac{1}{n(n+1)}$ $(n \geq 1)$ のとき

$$S = \lim_{n \to \infty} \sum_{k=1}^{n} \frac{1}{k(k+1)} = \lim_{n \to \infty} \sum_{k=1}^{n} \left(\frac{1}{k} - \frac{1}{k+1} \right) = \lim_{n \to \infty} \left(1 - \frac{1}{n+1} \right) = 1.$$

無限級数についての基本定理は §§11.5.2.4 の極限に関する基本定理 (A), (B) に類似なものです：

$$\sum_{k=1}^{\infty} a_k = A, \quad \sum_{k=1}^{\infty} b_k = B \text{ が収束して，その和を } A, B \text{ とすると，}$$

$$\sum_{k=1}^{\infty} k a_k = kA \quad (k \text{ は定数}), \quad \sum_{k=1}^{\infty} (a_k \pm b_k) = A \pm B.$$

§11.5 数列・級数の極限   355

証明は，$\sum_{k=1}^{n} a_k = A_n$ とすると，基本定理 (A) より

$$\sum_{k=1}^{\infty} k a_k = \lim_{n \to \infty} \sum_{k=1}^{n} k a_k = \lim_{n \to \infty} k \sum_{k=1}^{n} a_k = \lim_{n \to \infty} k A_n = k \lim_{n \to \infty} A_n = kA.$$

他のものも同様に示されるので確かめましょう．

　無限級数についての1つの注意は'加える項の順序を変えてはいけない'ことです．たとえその無限級数が収束するときでも，加える順序を変えると，一般に，級数の和の値が変わることが知られています．このことについては §11.7.1 で議論します．

11.5.4.2　無限等比級数

　無限等比数列 $\{ar^{n-1}\}$ $(n \geq 1)$ の無限級数 S を考えましょう．部分和は

$$S_n = \sum_{k=1}^{n} ar^{k-1} = \begin{cases} \dfrac{a(1-r^n)}{1-r} & (r \neq 1) \\ an & (r = 1) \end{cases}$$

です．ここで，$r \neq 1$ のとき

$$\lim_{n \to \infty} r^n = \begin{cases} 0 & (|r| < 1) \\ \text{発散} & (|r| > 1, \text{ または } r = -1) \end{cases}$$

ですから，$a \neq 0$ のとき

$$S = \lim_{n \to \infty} \sum_{k=1}^{n} ar^{k-1} = \begin{cases} \dfrac{a}{1-r} & (|r| < 1) \\ \text{発散} & (|r| \geq 1) \end{cases}$$

となりますね．

　では，ここで練習問題です．無限級数を用いて $0.9999\cdots = 1$ であることを示せ．ヒント：

$$0.9999\cdots = \frac{9}{10} + \frac{9}{10^2} + \frac{9}{10^3} + \cdots + \frac{9}{10^n} + \cdots$$

ですから，

$$0.9999\cdots = \lim_{n \to \infty} \sum_{k=1}^{n} \frac{9}{10^k}$$

となりますね．部分和の計算でミスをしなければ 1 になります．

§11.6 ゼノンのパラドックスと極限

紀元前5世紀のギリシャの哲学者ゼノン（Zenon，前490頃～429頃）が考案したパラドックス（逆理，背理）「アキレスは亀に追いつけない」のことはよく知っていますね．彼はまた「飛んでいる矢は実は止まっている」とも主張しました．事実は，もちろん違いますね．しかしながら彼は単なるソフィスト（詭弁家）などではなく，曖昧でない首尾一貫した運動理論を構築することがいかに難しいかを指摘したのです．

当時のピタゴラス派の数学者は自然数とそれらの比（分数）のみを考え，無理数の存在をひた隠しにしたぐらいですから，数の連続性を議論できるわけもなく，ましてや，時間が連続的に流れることを数によって表現することは困難でした．論理を重視するギリシャ人は仕方なく幾何学に傾斜していき，'動かないもの'を研究対象にしたのです．無限操作と真っ正面から向き合うことがいかに難しいことであったかは，その後2000年も経た17世紀後半になってから，ニュートンが速度を初めて正しく定義したことを思い起こすと納得できるでしょう．

11.6.1 アキレスと亀

正確を期すために，用語'時刻'と'時間'を区別して用いましょう．時間は2つの時刻の間の意味で使います．時刻0でアキレスと亀は，それぞれ $x=0$ と $x=d(>0)$ の位置から走り出し，速度は一定として，亀の速度を $v(>0)$，アキレスは（簡単のために）$2v$ としましょう（速度の厳密な定義は微分の章で議論します）．すると，任意の時刻 $t(\geq 0)$ でのアキレスと亀の位置 $x(t)_\text{ア}$，$x(t)_\text{亀}$ は

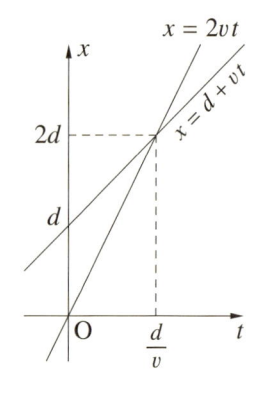

$$x(t)_\text{ア} = 2vt, \qquad x(t)_\text{亀} = d + vt$$

と表されます．これから直ちにアキレスが亀に追いつく時刻は $t=\dfrac{d}{v}$，位置は $x=2d$ となりますね．現在ではこれほど簡単な問題なのです．ゼノンの時代

§11.6 ゼノンのパラドックスと極限

には '位置を時刻の関数として表す' 考えはありませんでした.

ところがどっこい，ゼノンは問題を別な形で提起しました．アキレスが亀の位置 d まで進んだとき，アキレスの半分の速度の亀は $\frac{d}{2}$ だけ先の位置にいる，アキレスがそこに着いたときには亀はさらに $\frac{d}{2^2}$ だけ進み，そこにいくとさらに $\frac{d}{2^3}$ だけ先に亀はいる．よって，このことをいくら繰り返しても，アキレスは亀に"いつまで経っても追いつけない"というわけです.

いつまで経っても追いつけないかどうか，つまり 'それらの時間の和が無限になるかどうか' 計算してみましょう．アキレスが d だけ進むのにかかる時間は $\frac{d}{2v}$, $\frac{d}{2}$ だけ進むのに $\frac{d}{2^2v}$, $\frac{d}{2^2}$ には $\frac{d}{2^3v}$, $\cdots$．よって，これらの時間の和 T が有限であれば追いつけることになります．

$$T = \frac{d}{2v} + \frac{d}{2^2v} + \cdots + \frac{d}{2^nv} + \cdots$$

より

$$T = \lim_{n\to\infty} \frac{d}{v} \sum_{k=1}^{n} \frac{1}{2^k} = \lim_{n\to\infty} \frac{d}{v} \frac{\frac{1}{2} - \frac{1}{2^{n+1}}}{1 - \frac{1}{2}} = \frac{d}{v}$$

が得られます．よって，先に行った初等計算に一致する有限の値になりましたね．

このような無限等比級数の和の問題に当時の数学者が既にとり組んでいたとの記録もありますが，数を無限個加えたときにその和が有限になる場合があるとはまだ思いつかなかったようです．ゼノンにこの結果を突きつけたらギャフンというでしょうか．

11.6.2 飛んでいる矢は止まっている

ゼノンはさらに次のような難問を提起しました．飛んでいる矢を各時刻で考える．各時刻はそれ以上分割できない瞬間であり，各瞬間において矢は止まっている．'時間は瞬間から成り立っている' のだから，各瞬間で静止しているものが飛べるはずがない．どうです．一見して説得力のある議論でしょう．これでたじろいではいけません．

この難問に立ち向かうには「瞬間」，つまり時間（間隔）Δt を'限りなく'小さくしていって得られるものについて根本から考え直す必要があります．瞬間を捕えることから始めましょう．最もわかりやすいのは写真です．シャッターの露出時間 Δt を短くしていけば瞬間にたどり着けますね．現在では露出時間 Δt を $\frac{1}{百万}$ 秒にしても鮮明な写真が撮れるものがあるそうです．ただし，露出時間が 0 でない限り必ずピンボケ（ピントが合わないためにぼけるのでなく，矢が動いているために不鮮明になること）になります．

では，露出時間 Δt を限りなく小さくしていって，$\Delta t \to 0$ の極限では，つまり $\Delta t = 0$ ではどうなるでしょう．その極限ではシャッターを切らないのと同じだから，フィルムは真っ黒で何も写らないことは明らかです．つまり，我々が知覚可能な瞬間というのは Δt が非常に小さいけれども 0 ではない時間間隔であって，$\Delta t \to 0$ の極限としての 0 瞬間は絶対に見ることができない想像上の瞬間です．よって，我々は'知覚可能な微小瞬間'と'極限としての 0 瞬間'を区別して考え，後者の 0 瞬間を扱うときには細心の注意を払わねばなりません．

以後，前者の微小瞬間を「可能瞬間」，後者の 0 瞬間を「極限瞬間」と呼びましょう．ゼノンがいう瞬間は極限瞬間 $\Delta t = 0$ のほうです．'各瞬間において矢は止まっている'と主張しましたが，もし仮に極限瞬間を写すことができたとすれば，ピンボケはまったくなくなり'矢は止まって見える'はずです．このことは'ある時刻に矢はある位置にある'ことと同じです．ゼノンは，極限瞬間を想像して，'止まって見える'ことを'止まっている'といったのであって，仮に極限瞬間の写真が連続的に撮れたとすれば矢の位置は移動することがわかるでしょう．もともと'矢が止まっている'かどうかは，'異なる 2 つの時刻で矢の位置が変化したかどうか'を調べることによってのみ判別可能なのです．1 つの時刻で運動の有無をわかろうとするのはどだい無理なのです．

可能瞬間と測定不可能な極限瞬間を区別しないとどういうことが起こるかを具体的な極限操作で調べてみましょう．アキレスの位置 $x(t) = 2vt$ において，時刻 $t = \frac{d}{v}$ のとき，彼は亀に追いつきました．簡単のために $v = d = 1$ とすると $x(t) = 2t$ と表され，そのとき $t = 1$ で追いつき，$x(1) = 2$ ですね．

ここで時刻 $t = 0$ と $t = 1$ の間を十分に大きな自然数 n で n 等分すると，時

§11.6 ゼノンのパラドックスと極限

間間隔 $0 \leq t \leq 1$ を可能瞬間 $\Delta t_n = \dfrac{1}{n}$ に n 等分することができます．そのとき

$$x(1) = 2(\underbrace{\Delta t_n + \Delta t_n + \cdots + \Delta t_n}_{n \text{ 個}}) = 2\Delta t_n \times n$$

が成り立ちますね．

このとき，n を限りなく大きくしていっても構わないことは

$$x(1) = \lim_{n\to\infty} 2(\Delta t_n \times n) = \lim_{n\to\infty} 2\left(\frac{1}{n} \times n\right) = 2$$

が成り立つことからわかります（改めて注意しておきますが，n は限りなく大きくなっていきますが，∞ には決してなりません）．このとき，$\lim\limits_{n\to\infty}$ の極限操作を受ける可能瞬間 Δt_n は'いくらでも 0 に近くなるが 0 そのものではない'量になります．正確にいうと，可能瞬間 $\Delta t_n\ (\neq 0)$ は，'任意の（小さな）正数 ε を定めたとき，適当な n_ε が選べて，全ての $n > n_\varepsilon$ に対して $|\Delta t_n| < \varepsilon$ となる'量です．このような量のことを**無限小**の量といい，数学で扱える対象になります．つまり，無限小量としての可能瞬間 Δt_n は 0 に収束する数列の項であり，そのとき数学の対象になるわけです．

さて，可能瞬間 Δt_n を極限瞬間にすることは Δt_n を $\lim\limits_{n\to\infty} \Delta t_n = 0$ にすることです．それは絶対にやってはいけない誤り

$$x(1) = \lim_{n\to\infty} 2(\Delta t_n \times n) = 2\lim_{n\to\infty} \Delta t_n \times \lim_{n\to\infty} n = 0 \times \infty$$

を犯すことを意味します．$0 \times \infty$ としてしまうと，その値は定まりませんね．このことは，'極限瞬間を直接用いるような計算は無意味である'ことを意味し，極限瞬間は数学が扱う対象にはなり得ません．したがって，微分の章で（瞬間の）速度を定義するのは無限小量としての可能瞬間を用いて実行されるときにのみ可能です．我々が使いこなせる瞬間は，決して 0 になることがない，無限小としての瞬間であることを肝に銘じておきましょう．

現在ではゼノンのパラドックスは数学者・自然科学者にとってはもはや解決済みの問題と見なされ，哲学者にとっては無限をどのように認識するかの問題として残されているようです[5]．

---

[5] 無限や極限のパラドックスに興味をもった人は，足立恒雄 著『無限のパラドクス』（講談社）を一読されることを勧めます．無限や極限の理解が深まり，歴史的背景もわかります．著者が冒頭で「数学的無限論には今やパラドックスも謎も存在しない」と先に結論を述べているのは強烈です．

11.6.3 瞬間の個数

ゼノンのパラドックスより遥かに頭をひねる難問？を紹介しましょう．アキレスの位置と時刻の関係 $x = 2t$ ($0 \leq t \leq 1$) を表す座標平面を考えましょう．横軸の区間 $[0, 1]$ には時刻または極限瞬間に対応する点が連続的に並んでいます．縦軸の区間 $[0, 2]$ にはアキレスが各々の極限瞬間に占めた位置を表す点が連続的に並びます．区間 $[0, 2]$ 上にある点の個数は区間 $[0, 1]$ 上にある点の個数の 2 倍あるでしょうか．大きさがない点の不思議な性質を覗いてみましょう．

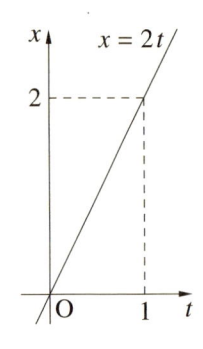

関係 $x = 2t$ を用いて調べます．実数 t を区間 $[0, 1]$ 上で任意に 1 つ定めると区間 $[0, 2]$ 上の実数 $x = 2t$ がただ 1 つ対応し，異なる t には異なる x が対応しますね．よって，区間 $[0, 1]$ 上の点と区間 $[0, 2]$ 上の点は 1 : 1 に対応します．ということは何を意味するかというと，両区間上にある点の個数は等しいということです．そんな馬鹿な！と絶対に否定する人，ホントかな？と疑いながらも理屈は通っていると思う人，自分は正解を知っているよという人などさまざまでしょう．

同様の問題を時間軸の 2 つの区間で考えると，極限瞬間の質(たち)の悪さがより浮かび上がってきます．対応関係 $T = 2t$ ($0 \leq t \leq 1$) を考えると，区間 $[0, 1]$ 上の点と区間 $[0, 2]$ 上の点は 1 : 1 に対応しますね．よって，両区間上にある点の個数は等しくなりますが，時間軸上の点は時刻，つまり極限瞬間を表すので，$[0, 1]$ にある極限瞬間の個数は $[0, 2]$ にある極限瞬間の個数に等しいことになります．つまり，1 分間にある瞬間の数と 2 分間にある瞬間の数は同じだといっています．ここまでいわれたら，もう，馬鹿にするのもいい加減にしろ！ですね．（ごめんしてチョ．）

このようなインチキ議論の間に，君たちはその悪の元凶に気づいたことと思います．長さが 0 でない区間に点や極限瞬間は無数にあります．2 つの区間上の点の間に 1 : 1 対応をつけたとしても，'所詮は無限個と無限個の大小を比較している' わけです．それらが比較できるはずがないことは，無限大の性質 $2 \times \infty = \infty$ から明らかですね．極限瞬間をもち出すと必ず無限大の困難に遭

遇します．以上の議論が示していることは，線分を切ると無数の点が現れる，つまり線分の要素は点である，がしかし，点を連続的に無限個並べても（長さが一定の）線分にはならない，つまり'線分は点を並べて得られるものではない'ということです．

瞬間とは無限小の可能瞬間 $\Delta t\, (\neq 0)$ のことであるとすると，瞬間の個数は時間 $[0,1]$ では $\dfrac{1}{\Delta t}$ 個，時間 $[0,2]$ では $\dfrac{2}{\Delta t}$ 個となって当然な結果，つまり両者とも有限で後者のほうが2倍多い，になりますね．

最後に，無限大には大小関係はつかないといいましたが，1:1 対応がつか̇ない̇場合には無限大の'サイズ'の違いを計ることができる理論があります．第1章で言及したドイツの数学者カントル（Georg Cantor, 1845〜1918）は，1870年代に，1:1 対応の概念を武器にして「無限集合論」をうち立てました．彼は無限集合の要素の個数（もちろん，無限個）に対応する量を「基数」（濃度）と呼び，基数の大小で集合の大小を比較しました．例えば，区間 $[0,1]$ と区間 $[0,2]$ については 1:1 対応がつくのでそれらは同じ基数の集合であるという具合です（両区間における極限瞬間の個数は基数の意味で同じです）．自然数の集合と有理数の集合も同じ基数です．しかしながら，彼は，有理数の集合と実数の集合では 1:1 対応が成り立たず，後者の基数のほうが大きいことを示しました．つまり，荒っぽくいえば，有理数より無理数のほうが'遥かに多く'，数直線上の有理数の近所は無理数ばかりというわけです．

§11.7 無限級数の積

微分の章で指数関数や三角関数を無限級数を用いて表します．そこで必要になる無限級数の積についての議論を前もってしておきます．

11.7.1 無限級数の絶対収束

§§11.5.4.1 で，無限級数は収束する場合でも，一般に，加える項の順序を変えてはいけないことに注意しました．事実，後で示すように，項の順序を変えると和の値が変わる場合があります．もちろん，順序を変えて加えてもよい場

合もあり，それは，無限級数 $\sum_{k=1}^{\infty} a_k$ に対して，各項をその絶対値で置き換えた無限級数 $\sum_{k=1}^{\infty} |a_k|$ が収束する場合です．そのとき，その無限級数は **絶対収束** するといい，以下の定理が成り立ちます：

$\sum_{k=1}^{\infty} a_k$ が絶対収束するとき，項の順序を変えて得られる級数を $\sum_{k=1}^{\infty} a'_k$ とすると

$$\sum_{k=1}^{\infty} a_k = A \Rightarrow \sum_{k=1}^{\infty} a'_k = A.$$

無限数列 $\{a'_k\}$ は，例えば，$\{a_k\}$ の奇数番目の項と偶数番目の項を全て入れ替えたものを考えればイメージがわくでしょう．もちろん，項の順序は任意に変更して構いません．以下，この定理を証明しましょう．

無限級数 $\sum_{k=1}^{\infty} a_k$ が収束することは，すぐ後で見るように，それが絶対収束することから自然に導かれます．

まず，$\sum_{k=1}^{\infty} |a'_k| = \sum_{k=1}^{\infty} |a_k|$ を示しましょう．それには，意外な方法ですが，$\sum_{k=1}^{\infty} |a'_k| \leq \sum_{k=1}^{\infty} |a_k|$ および $\sum_{k=1}^{\infty} |a'_k| \geq \sum_{k=1}^{\infty} |a_k|$ を示せばよいですね．$\sum_{k=1}^{n} |a'_k|$ において，$a'_1, a'_2, \cdots, a'_n$ は，番号 N を十分大きくとると，$a_1, a_2, \cdots, a_N$ の中に含まれるので

$$\sum_{k=1}^{n} |a'_k| \leq \sum_{k=1}^{N} |a_k| \leq \sum_{k=1}^{\infty} |a_k|, \quad \text{よって} \quad \sum_{k=1}^{n} |a'_k| \leq \sum_{k=1}^{\infty} |a_k|$$

が成り立ちます．この不等式は n によらないので，$n \to \infty$ のとき

$$\sum_{k=1}^{\infty} |a'_k| \leq \sum_{k=1}^{\infty} |a_k|$$

が成り立ちます（§§11.5.3.1 のはさみうちの原理のところで示した定理：$a_n \leq b_n$ のとき，$a_n \to \alpha$, $b_n \to \beta$ ($n \to \infty$) ならば $\alpha \leq \beta$ において $b_n = \beta$（定数）とした場合と考えるとよいでしょう）．同様に，$\sum_{k=1}^{n} a_k$ において，$a_1, a_2, \cdots, a_n$ は番号 N' を十分大きくとると $a'_1, a'_2, \cdots, a'_{N'}$ に含まれるので

$$\sum_{k=1}^{n} |a_k| \leq \sum_{k=1}^{N'} |a'_k| \leq \sum_{k=1}^{\infty} |a'_k|, \quad \text{よって} \quad \sum_{k=1}^{\infty} |a_k| \leq \sum_{k=1}^{\infty} |a'_k|$$

§11.7 無限級数の積

が成り立ち，したがって，両不等式から

$$\sum_{k=1}^{\infty} |a'_k| = \sum_{k=1}^{\infty} |a_k| \qquad (*)$$

が得られます．これは，無限級数が絶対収束するときは，項の絶対値の無限級数において項を加える順序を変更しても収束値が変わらないことを意味します．

上の結果 (*) を利用して $\sum_{k=1}^{\infty} a'_k = \sum_{k=1}^{\infty} a_k$ を示しましょう．

$$a_k = \begin{cases} p_k & (a_k \geqq 0) \\ -q_k & (a_k < 0) \end{cases}$$

とおくと ($a_k = p_k$ のとき $q_k = 0$，$a_k = -q_k$ のとき $p_k = 0$ とします)，$p_k \geqq 0$，$q_k \geqq 0$ で，$\sum_{k=1}^{n} a_k$ はそれらを用いて

$$\sum_{k=1}^{n} a_k = \sum_{k=1}^{n} p_k - \sum_{k=1}^{n} q_k$$

と表されます．よって，$n \to \infty$ のとき

$$\sum_{k=1}^{\infty} a_k = \lim_{n \to \infty} \left(\sum_{k=1}^{n} p_k - \sum_{k=1}^{n} q_k \right) = \lim_{n \to \infty} \sum_{k=1}^{n} p_k - \lim_{n \to \infty} \sum_{k=1}^{n} q_k$$

と表すことができ，$\sum_{k=1}^{\infty} p_k$ と $\sum_{k=1}^{\infty} q_k$ は収束するので，$\sum_{k=1}^{\infty} a_k$ は収束します．

同様に，

$$a'_k = \begin{cases} p'_k & (a'_k \geqq 0) \\ -q'_k & (a'_k < 0) \end{cases}$$

とおくと，$p'_k (\geqq 0)$，$q'_k (\geqq 0)$ を項とする級数は収束するので

$$\sum_{k=1}^{\infty} a'_k = \lim_{n \to \infty} \left(\sum_{k=1}^{n} p'_k - \sum_{k=1}^{n} q'_k \right) = \lim_{n \to \infty} \sum_{k=1}^{n} p'_k - \lim_{n \to \infty} \sum_{k=1}^{n} q'_k$$

となります．ここで，$\lim_{n \to \infty} \sum_{k=1}^{n} p'_k$ は p_k の順序を変えて全て加えた級数，また $\lim_{n \to \infty} \sum_{k=1}^{n} q'_k$ は q_k の順序を変えて全て加えた級数です．それらは絶対収束するの

で (∗) より加える順を元の p_k, q_k の順に戻しても収束値は変わりません：

$$\sum_{k=1}^{\infty} a'_k = \lim_{n \to \infty} \sum_{k=1}^{n} p'_k - \lim_{n \to \infty} \sum_{k=1}^{n} q'_k = \lim_{n \to \infty} \sum_{k=1}^{n} p_k - \lim_{n \to \infty} \sum_{k=1}^{n} q_k = \sum_{k=1}^{\infty} a_k.$$

よって，絶対収束する無限級数は項の順序を任意に変えて加えてもよいこと：

$$\sum_{k=1}^{\infty} a'_k = \sum_{k=1}^{\infty} a_k$$

が示されました．

最後に，収束はするけれども絶対収束ではない無限級数についてコメントしておきましょう．そのような無限級数は **条件収束** するといわれ，加える項の順を変えると収束値が変わります．一例を挙げると

$$B = \sum_{k=1}^{\infty} \frac{(-1)^{k-1}}{k} = 1 - \frac{1}{2} + \frac{1}{3} - \frac{1}{4} + \frac{1}{5} - \frac{1}{6} + \frac{1}{7} - \cdots = \log 2$$

であることが知られていますが，無限級数 B の項をその絶対値で置き換えて得られる級数

$${}_{\|}B = \sum_{k=1}^{\infty} \frac{1}{k} = 1 + \frac{1}{2} + \frac{1}{3} + \frac{1}{4} + \frac{1}{5} + \frac{1}{6} + \cdots$$

は，君たちの教科書にも載っているように，発散します．

級数 B で項の順序を変更して，例えば，正の項を 2 個，負の項を 1 個ずつ交互にとって作った級数にすると

$$1 + \frac{1}{3} - \frac{1}{2} + \frac{1}{5} + \frac{1}{7} - \frac{1}{4} + \cdots = \frac{3}{2} \log 2$$

となります．一般に，級数 B で正の項を p 個，負の項を q 個ずつ交互にとって作った級数の和は $\log 2 + \frac{1}{2} \log \frac{p}{q}$ であることが知られています．

何故このようなことになるかを直感的に理解するには，'加える項の先取りと後回しが果てしなく続く' と考えれば不思議ではなくなるでしょう．任意の条件収束級数に対して，原理的には，項の順序をうまく変えると望みの値に収束させることもできることが証明されています．

11.7.2 無限級数の積

絶対収束する無限級数は加える項の順を任意に変えてよいことを利用し，無限級数の積を考えましょう．条件収束する無限級数に対しては以下の議論は成り立ちません．

絶対収束する 2 つの無限級数を $A = \sum_{k=1}^{\infty} a_k$, $B = \sum_{l=1}^{\infty} b_l$ としましょう．それらの第 n 項までの和を $A_n = \sum_{k=1}^{n} a_k$, $B_n = \sum_{l=1}^{n} b_l$, 項の絶対値の和を $''\!A_n = \sum_{k=1}^{n} |a_k|$, $''\!B_n = \sum_{l=1}^{n} |b_l|$, および $''\!A = ''\!A_\infty$, $''\!B = ''\!B_\infty$ と表しておきましょう．

無限級数の積 AB は無限和 $\sum_{k=1}^{\infty} a_k$ と $\sum_{l=1}^{\infty} b_l$ を先に計算してからそれらの積を求めるという意味ですね．今の場合，$\{A_n\}$, $\{B_n\}$ が収束するので

$$AB = A_\infty B_\infty = \lim_{n \to \infty} A_n \cdot \lim_{n \to \infty} B_n = \lim_{n \to \infty} A_n B_n,$$

よって　$AB = \lim_{n \to \infty} A_n B_n$

が成り立ちます．積 AB を展開すると，項 $a_k b_l$ の無限和の形で表されますが，項の順を任意にとってよいかどうかが問題です．もし任意でよいとすると

$$\begin{aligned} AB &= a_1 b_1 + (a_2 b_1 + a_1 b_2) + (a_3 b_1 + a_2 b_2 + a_1 b_3) \\ &\quad + (a_4 b_1 + a_3 b_2 + a_2 b_3 + a_1 b_4) + \cdots \\ &= \lim_{n \to \infty} \sum_{k=1}^{n} \chi_k \quad (\chi_k = a_k b_1 + a_{k-1} b_2 + \cdots + a_2 b_{k-1} + a_1 b_k) \end{aligned}$$

のように表すことができます．以下，絶対収束する級数 A, B についてはこのことが成り立つことを示しましょう．

$X_n = \sum_{k=1}^{n} \chi_k = \sum_{k=1}^{n} (a_k b_1 + a_{k-1} b_2 + \cdots + a_1 b_k)$, $X = X_\infty = \sum_{k=1}^{\infty} \chi_k$ とおき，また

$$''\!\chi_k = |a_k||b_1| + |a_{k-1}||b_2| + \cdots + |a_1||b_k|,$$

$''\!X_n = \sum_{k=1}^{n} ''\!\chi_k$, $''\!X = ''\!X_\infty$ とおいて，まず，$''\!X = ''\!A \, ''\!B$ を示しましょう．

$''\!X_n$ の全ての項は $''\!A_n ''\!B_n = \sum_{k=1}^{n} |a_k| \cdot \sum_{l=1}^{n} |b_l|$ を展開して得られる項に含まれますね．よって，

$$''\!X_n \leq ''\!A_n ''\!B_n, \quad \text{よって} \quad n \to \infty \text{ のとき} \quad ''\!X \leq ''\!A \, ''\!B$$

が成り立ちます．同様に，$''A_n''B_n$ の全ての項は

$$''X_{2n-1} = \sum_{k=1}^{2n-1} (|a_k||b_1| + |a_{k-1}||b_2| + \cdots + |a_1||b_k|)$$

に含まれますね．よって，

$$''A_n''B_n \leq ''X_{2n-1}, \quad \text{よって} \quad n \to \infty \text{ のとき} \quad ''A''B \leq ''X$$

が成り立ちます．したがって，両不等式より

$$''X = ''A''B$$

が得られます．

次に，X_n の全ての項は $A_n B_n$ に含まれるので，差 $A_n B_n - X_n$ をとると，X_n の項は全て打ち消され，$A_n B_n$ の項のみが残ります．$''A_n''B_n - ''X_n$ でも同様です．よって，

$$|A_n B_n - X_n| \leq ''A_n''B_n - ''X_n$$

が成り立ちますが，このとき $''X = ''A''B$ だから

$$|A_n B_n - X_n| \to 0 \quad (n \to \infty)$$

が成り立ちます．そこで $|AB - X_n|$ を考えると

$$|AB - X_n| = |AB - A_n B_n + A_n B_n - X_n| \leq |AB - A_n B_n| + |A_n B_n - X_n|$$

ですが，$|A_n B_n - X_n| \to 0$ です．$|AB - A_n B_n|$ については

$$|AB - A_n B_n| = |(A - A_n)(B - B_n) + (A - A_n)B_n + A_n(B - B_n)| \to 0 \quad (n \to \infty)$$

です．したがって，無限級数 A, B が絶対収束するとき

$$|AB - X_n| \to 0 \quad (n \to \infty) \Leftrightarrow AB = X$$

$$\Leftrightarrow \sum_{k=1}^{\infty} a_k \cdot \sum_{l=1}^{\infty} b_l = \sum_{k=1}^{\infty} (a_k b_1 + a_{k-1} b_2 + \cdots + a_1 b_k) \quad (X_{\infty})$$

が示されました．

第12章　微分－基礎編

　論理を重視する古代ギリシャ人は，ユークリッドに代表されるように，厳密な幾何学を構築しました．しかし，文字記号をあまり用いないこともあって，代数のほうは幾何学と比べてギリシャ時代以降もその発展は遅々としたものでした．

　17世紀前半，文字記号の導入と普及がなされ，デカルトによって座標と関数が導入されるに至って，変数や関数の概念が数学や物理に浸透し，猛烈な数学発展の新しい時代が始まりました．動く物体の位置を時間の関数として考えることができるようになったのです．これによって'数学が運動を扱う'基礎ができました．

　数学で速度を扱うときは，分速や秒速などの平均速度ではあまり役に立たず，瞬間の速度を考える必要があります．瞬間速度を得るためには，単に時間間隔を0とするのではだめで，極限操作によって限りなく0に近づいていく瞬間を考えねばなりません．ここに，数学が極限を扱う必要が生じたのでした．極限を正しく扱うことは，ニュートン（Isaac Newton, 1642〜1727，イギリス）によって1670〜71年頃に実行に移され，約10年ほど遅れて，ドイツの大数学者ライプニッツ（Gottfried Wilhelm Leibniz, 1646〜1716）が，接線を見いだす方法として，それに成功しました．

　ニュートンやライプニッツによって切り開かれた極限を扱う数学「解析学」は，その後大発展を遂げて自然科学や工学の発展を促しました．現在我々人類が豊かでゆとりある生活ができるのもその数学のおかげであるといっても過言ではないでしょう．

§12.1　0 に近づける極限操作

12.1.1　瞬間速度

　ニュートンはリンゴが落ちるのを見て万有引力の法則を発見したとされています．その真偽のほどはともかく，彼が動く物体をどのように数式表現するかを考えたことは間違いありません．一直線上を運動する物体を考えてみましょう．その位置 x は時刻 t と共に変化するので，x は t の関数 $x(t)$ です（厳密には関数 $x(t)$ は位置 x との混用を避けるために $f(t)$ などと表すべきですが，誤解されないときは気にせずに用いましょう）．

　瞬間速度を議論するために，速さ (speed) から始めましょう．平均の速さは，よく知られているように，「動いた距離÷要した時間」で表されますね．速さは正の量なので，負の値の場合も考慮した速度 (velocity) に拡張するときは，動いた距離を変位（位置の変化）に，要した時間を時刻の差に置き換えて，「平均速度＝変位÷時刻差」とすれば正しく表されます．この拡張によって，物体が直線のどちらの側に向かっているかもわかります．よって，時刻 t_1 と t_2 の間の平均速度 $v_{t_1 \sim t_2}$ は，変位 Δx[1] が $\Delta x = x(t_2) - x(t_1)$，時刻差 Δt が $\Delta t = t_2 - t_1$ と表されるので，

$$v_{t_1 \sim t_2} = \frac{\Delta x}{\Delta t} = \frac{x(t_2) - x(t_1)}{t_2 - t_1}$$

となります．$\Delta t = 1$ 分（秒）ならば，分速（秒速）です．

　さて，時刻 t_1 における瞬間の速度 $v(t_1)$ を考えましょう．自然科学で大いに役立つのはこの瞬間速度のほうです．瞬間速度は，単純に $t_2 = t_1$ として時刻差 Δt を 0 としたいところですが，そうすると変位 Δx も $x(t_1) - x(t_1) = 0$ となるので，$v(t_1)$ は $\frac{0}{0}$ の形になって定まりません．

　この困難を克服するために，ニュートンが考えたのは，t_1 を固定しておいて，時刻差 $\Delta t (= t_2 - t_1)$ を，0 と異なる値をとりながら，0 に限りなく近づけていく操作でした．つまり，$\Delta t \to 0$ の極限（$\lim_{\Delta t \to 0}$ と表す）を考え，時刻 t_1 に

---

[1] Δx はデルタ・エックスと読みます．Δ は difference（差）の頭文字 d の大文字 D に当たるギリシャ文字です．

§12.1　0 に近づける極限操作

おける瞬間速度を

$$v(t_1) = \lim_{\Delta t \to 0} \frac{\Delta x}{\Delta t} = \lim_{\Delta t \to 0} \frac{x(t_1 + \Delta t) - x(t_1)}{\Delta t}$$

と定義することでした．これは Δt を 0 に収束する数列 $\{\Delta t_n\}$ の一般項 Δt_n と考え，$n \to \infty$ の極限を求めることと同じです．Δt は限りなく 0 に近づいていきますが，決して 0 にはなりません．$\lim_{\Delta t \to 0}$ 操作の結果として得られる瞬間速度 $v(t_1)$ は，'Δt が 0 に到達した 暁 にはそうなる予定の極限値' としての速度です．

このことを簡単な場合 $x(t) = t^2$ で例解しましょう：

$$v(t_1) = \lim_{\Delta t \to 0} \frac{\Delta x}{\Delta t} = \lim_{\Delta t \to 0} \frac{x(t_1 + \Delta t) - x(t_1)}{\Delta t} = \lim_{\Delta t \to 0} \frac{(t_1 + \Delta t)^2 - t_1^2}{\Delta t}$$

$$= \lim_{\Delta t \to 0} \frac{t_1^2 + 2t_1 \Delta t + (\Delta t)^2 - t_1^2}{\Delta t} = \lim_{\Delta t \to 0} \frac{2t_1 \Delta t + (\Delta t)^2}{\Delta t}$$

$$= \lim_{\Delta t \to 0} (2t_1 + \Delta t) = 2t_1$$

となりますね．分母の Δt は 0 にならないとしましたから，それは分子の Δt に打ち消されます．最後の極限操作 $\lim_{\Delta t \to 0}(2t_1 + \Delta t) = 2t_1$ は，0 ではない Δt が 0 に向かって限りなく近づくとき，$2t_1$ ではない $2t_1 + \Delta t$ が $2t_1$ に (到達はしませんがそれに) 向かって限りなく近づくことを表します．記号 $\lim(\cdots)$ は $(\cdots)$ が近づく先を表すことに注意しましょう．

天才ニュートンは，このような極限操作によって，(絶対に測定はできない) '極限としての瞬間' $\Delta t \to 0$ に対して得られるべき瞬間速度を計算することを可能にし，$\dfrac{0}{0}$ の不定形についての正しい対処法を与えたのでした．一般の $x(t)$ についても同様に考えると，分子・分母に現れる Δt が打ち消し合って，$v(t_1)$ は有限の定まった値になることが期待されます．

上の計算では，分母 Δt の極限値が 0 なので，数列の極限計算の場合と同様，

$$v(t_1) = \lim_{\Delta t \to 0} \frac{\Delta x}{\Delta t} = \frac{\lim_{\Delta t \to 0} \Delta x}{\lim_{\Delta t \to 0} \Delta t} \quad \left(= \frac{0}{0} \right)$$

などとしてはいけません．

今の例 $x(t) = t^2$ では時刻 t_1 での瞬間速度が $v(t_1) = 2t_1$ になりました．t_1 は任意なので，$v(t_1) = 2t_1$ において t_1 を t で置き換えると任意の時刻 t における瞬間速度 $v(t) = 2t$ になります．よって，この例では瞬間速度が時間に比例して増大します．落下物体はこれに相当する運動をします．

ではここで問題です．位置が $x(t) = at + b$ に従って運動するとき瞬間速度 $v(t)$ は一定値 a になることを示せ．ヒント：時刻 t と $t + \mathit{\Delta} t$ の間の平均速度から始めるとよいでしょう．その際，$x(t)$ が時刻 t の 1 次式であるときは平均速度と瞬間速度は一致することを確認しましょう．ついでに，位置が一定，つまり $x(t) = c$ ならば，平均速度と瞬間速度は共に 0 であることを同様の計算で確かめましょう．

なお，現在では，単に速度といったときには，ほとんどの場合，瞬間速度を意味します．

12.1.2　接線とその傾き

瞬間速度を求める問題を一般化しましょう．時刻 t を任意の変数 x に置き換え，位置 $x = x(t)$ を関数 $y = f(x)$ に置き換えます．このとき平均速度に当たるものは，x が a から b まで変化したとき，y の**増分**（変化量）$\mathit{\Delta} y = f(b) - f(a)$ と x の増分 $\mathit{\Delta} x = b - a$ の比

$$\frac{\mathit{\Delta} y}{\mathit{\Delta} x} = \frac{f(b) - f(a)}{b - a}$$

です．これを x が a から b まで変化したときの関数 $y = f(x)$ の **平均変化率** といいます．

瞬間速度に当たるものは，$b = a + \mathit{\Delta} x$ とおいたとき，平均変化率で $\mathit{\Delta} x \to 0$ としたときの極限において得られる '極限変化率' とでもいうべき

$$f'(a) = \lim_{\mathit{\Delta} x \to 0} \frac{\mathit{\Delta} y}{\mathit{\Delta} x} = \lim_{\mathit{\Delta} x \to 0} \frac{f(a + \mathit{\Delta} x) - f(a)}{\mathit{\Delta} x}$$

です．ただし，$f'(a)$ は右辺の極限値が存在する（有限な一定値になる）ときのみ意味があります．そのとき，$f(x)$ は $x = a$ で **微分可能** であるといい，一定値 $f'(a)$ は関数 $y = f(x)$ の $x = a$ における **微分係数** といわれます．

§12.1 0 に近づける極限操作

さて，以上の極限操作が何をしているのか，関数 $y = f(x)$ のグラフを用いて詳しく調べましょう．グラフ上に 2 点 A$(a, f(a))$，P$(a + \varDelta x, f(a + \varDelta x))$ をとると，平均変化率 $\frac{\varDelta y}{\varDelta x}$ は '直線 AP の傾き' を表していますね．ここで，P $\to$ A とする，つまり点 P をグラフの曲線に沿って点 A に，P = A とはせずに，任意の方法で限りなく近づけましょう．A の付近で行きつ戻りつしながら近づいても構いません．このとき，$\varDelta x \to 0$ となるので，直線 AP の傾きは微分係数 $f'(a)$ の値に限りなく近づきます．したがって，直線 AP は点 A を通り傾きが $f'(a)$ の直線 AT に限りなく近づいていきます．この直線 AT を関数 $y = f(x)$ のグラフ上の点 A$(a, f(a))$ における **接線**，A をその **接点** と定めましょう[2]．よって，微分係数 $f'(a)$ はグラフ上の点 A$(a, f(a))$ における '接線 AT の傾き' の意味をもちます．

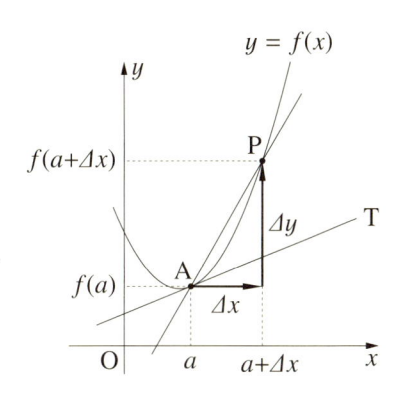

では，ここで問題です．3 次関数 $y = f(x) = x^3$ の微分係数 $f'(a)$ と $x = a$ における接線を求めよ．ヒント：y の増分は

$$\varDelta y = f(a + \varDelta x) - f(a) = (a + \varDelta x)^3 - a^3$$
$$= a^3 + 3a^2 \varDelta x + 3a(\varDelta x)^2 + (\varDelta x)^3 - a^3.$$

また，点 A$(a, f(a))$ を通り傾きが m の直線は $y - f(a) = m(x - a)$ です．答は $f'(a) = 3a^2$ です．また，微分係数が接線の傾きなので，接線の方程式は $y - a^3 = 3a^2(x - a)$ ですね．

ここで，n 次関数 $y = f(x) = x^n$ の微分係数 $f'(a)$ を求めておきましょう．y の増分 $\varDelta y = (a + \varDelta x)^n - a^n$ を求めるために因数分解の公式

$$x^n - a^n = (x - a)(x^{n-1} + x^{n-2}a + \cdots + xa^{n-2} + a^{n-1}) = (x - a)\sum_{k=1}^{n} x^{n-k}a^{k-1}$$

---

[2] 接線をこのように P $\to$ A の方式で定義すると，関数として表すことができない一般の曲線（例えば円）の接線も厳密に定義されることに注意しましょう．その場合には接線の傾きが ∞ になっても構いません．

を用い，簡単のために，x の増分 Δx を h で表すと

$$f'(a) = \lim_{h \to 0} \frac{(a+h)^n - a^n}{h} = \lim_{h \to 0} \frac{(a+h-a)\sum_{k=1}^{n}(a+h)^{n-k}a^{k-1}}{h}$$
$$= \lim_{h \to 0} \sum_{k=1}^{n}(a+h)^{n-k}a^{k-1} = \sum_{k=1}^{n} a^{n-k}a^{k-1} = na^{n-1}$$

となり，分母の h が打ち消されます．したがって，重要な公式：

$$f(x) = x^n \quad \text{のとき} \quad f'(a) = na^{n-1}$$

が得られました．

§12.2 関数の極限

12.2.1 関数の極限・関数の連続

ここでまず，連続変数についての極限の意味をきちんとしておきましょう．数列の場合と同様に，関数 $f(x)$ に対して，連続変数 x が，a とは異なる値をとりながら，a に任意の方法で限りなく近づくときに，$f(x)$ の値が一定値 α に限りなく近づくならば，$f(x)$ の極限値は α であるといい，

$$x \to a \quad \text{のとき} \quad f(x) \to \alpha, \quad \text{または} \quad \lim_{x \to a} f(x) = \alpha$$

などと表します．厳密にいうと，§§11.5.3.1 で議論したときと同じように，正数 ε を任意に（いくらでも小さく）与えるとき，それに対応して（いくらでも小さい）正数 δ が，不等式

$$0 < |x - a| < \delta \quad \text{のとき} \quad |f(x) - \alpha| < \varepsilon$$

を満たすように定められるとき，つまり，$0 < |x - a| < \delta$ を満たす全ての x に対して，$|f(x) - \alpha| < \varepsilon$ が必ず満たされるとき，$\lim_{x \to a} f(x) = \alpha$ と定義しましょう．連続関数のグラフを頭に描くと，与えられた ε に対応して δ を定められることがイメージできます．$f(x) = x^2$, $a = 1$ の場合でやってみましょう．

「$x \to a$」は 'x が，a とは異なる値をとりながら，a に（任意の方法で）限りなく近づく' ことを表し，単に x に a を代入することではありません．単に

§12.2 関数の極限

代入して得られるのは関数値 $f(a)$ です．よって，一般に，'$\lim_{x \to a} f(x)$ と $f(a)$ は別物'です．両者をなぜ区別するかは以下の議論でわかります．

このことを例解するために，関数

$$f(x) = \frac{x^2 - 1}{x - 1} = \begin{cases} x + 1 & (x \neq 1) \\ 定義されない & (x = 1) \end{cases}$$

を考えましょう．まず，$x \to a \, (a \neq 1)$ のとき

$$\lim_{x \to a} f(x) = \lim_{x \to a}(x + 1) = a + 1, \quad f(a) = a + 1$$

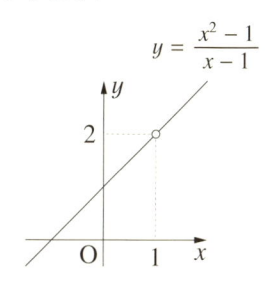

ですから，両者は一致します．次に，$x \to a \, (a = 1)$ のとき

$$\lim_{x \to 1} f(x) = \lim_{x \to 1} \frac{x^2 - 1}{x - 1} = \lim_{x \to 1}(x + 1) = 2, \quad f(1) は定義されない$$

より，両者は一致しません．一致しないとき，その点でグラフは'切れて'不連続になっていますね．

この例から，両者の一致・不一致が関数の連続・不連続を表すことは明らかでしょう．実際，関数の連続・不連続の定義は次の通りです：

$$f(x) が x = a で連続 \quad \Leftrightarrow \quad \lim_{x \to a} f(x) = f(\lim_{x \to a} x) = f(a),$$

$$f(x) が x = a で不連続 \quad \Leftrightarrow \quad \lim_{x \to a} f(x) \neq f(\lim_{x \to a} x) = f(a).$$

12.2.2 極限の基本定理

極限の計算に必要な定理を挙げておきましょう．一部は既に黙って利用しています．§§11.5.2.4 で学んだ数列の極限についての基本定理：

$\lim_{n \to \infty} a_n, \lim_{n \to \infty} b_n$ が有限な一定値になるとき

(A) $\lim_{n \to \infty} k a_n = k \lim_{n \to \infty} a_n \quad (k は定数)$，

(B) $\lim_{n \to \infty}(a_n \pm b_n) = \lim_{n \to \infty} a_n \pm \lim_{n \to \infty} b_n \quad$（複号同順），

(C) $\lim_{n \to \infty} a_n b_n = \lim_{n \to \infty} a_n \cdot \lim_{n \to \infty} b_n,$

(D) $\lim_{n \to \infty} \dfrac{a_n}{b_n} = \dfrac{\lim_{n \to \infty} a_n}{\lim_{n \to \infty} b_n} \quad (b_n \neq 0, \, \lim_{n \to \infty} b_n \neq 0)$

に対応して，関数の極限についても以下の定理が成り立ちます：

$\lim_{x \to a} f(x)$, $\lim_{x \to a} g(x)$ が有限な一定値になるとき

(1°) $\lim_{x \to a} kf(x) = k \lim_{x \to a} f(x)$ （k は定数），

(2°) $\lim_{x \to a} (f(x) \pm g(x)) = \lim_{x \to a} f(x) \pm \lim_{x \to a} g(x)$ （複号同順），

(3°) $\lim_{x \to a} f(x)g(x) = \lim_{x \to a} f(x) \cdot \lim_{x \to a} g(x)$,

(4°) $\lim_{x \to a} \dfrac{f(x)}{g(x)} = \dfrac{\lim_{x \to a} f(x)}{\lim_{x \to a} g(x)}$ （$g(x) \neq 0$, $\lim_{x \to a} g(x) \neq 0$）．

その証明は数列の場合と同様でよいのですが，より厳密にするために，極限値について以下のように定めましょう．$\lim_{x \to a} f(x) = \alpha$ であるとは，任意の（小さい）正数 ε が与えられたとき，それに対応して（小さい）正数 δ が定められ，$0 < |x - a| < \delta$ のとき $|f(x) - \alpha| < \varepsilon$ が（必ず）成り立つことである：

$\lim_{x \to a} f(x) = \alpha \iff 0 < |x - a| < \delta$ のとき $|f(x) - \alpha| < \varepsilon$.

よって，例えば，(1°) については，$0 < |x - a| < \delta$ のとき $|f(x) - \alpha| < \varepsilon$ が成り立つので

$|kf(x) - k\alpha| = |k||f(x) - \alpha| < |k|\varepsilon$, よって $|kf(x) - k\alpha| < |k|\varepsilon$

が成立します．正数 $|k|\varepsilon$ は 0 にいくらでも近くできるので，$\lim_{x \to a} kf(x) = k\alpha$ が示されたことになります．(2°) については，$\lim_{x \to a} g(x) = \beta$, つまり，$0 < |x - a| < \delta$ のとき $|g(x) - \beta| < \varepsilon$ も成り立つとして，

$|(f(x) \pm g(x)) - (\alpha \pm \beta)| = |(f(x) - \alpha) \pm (g(x) - \beta)|$
$< |f(x) - \alpha| + |g(x) - \beta|$
$< 2\varepsilon$

より，$|(f(x) \pm g(x)) - (\alpha \pm \beta)| < 2\varepsilon$ が得られます．したがって，(1°) の場合と同様の議論より $\lim_{x \to a} (f(x) \pm g(x)) = \lim_{x \to a} f(x) \pm \lim_{x \to a} g(x)$ が成り立ちます．他の場合も同様です（やってみましょう）．

12.2.3 接線の存在

§§12.1.2 で接線とその傾きを議論しました．関数のグラフの曲線上に定点 A と動点 P をとり，P を A に限りなく近づけていったとき，直線 AP の極限として得られる直線 AT が点 A における接線であると定めましたね．ここでは接線が存在するための条件を調べてみましょう．関数のグラフにおいては，接線の存在は微分係数が有限な一定値となることに同じです．

関数 $y = f(x)$ が多項式で表されるような場合には，そのグラフは '滑らか' なので，グラフ上の全ての点で微分係数が確定し，接線が存在しますね．用語「滑らか」は数学用語で，正しくは，'関数 $y = f(x)$ の微分係数 $f'(a)$ が存在してそれが区間 I で連続的に変化するとき，$y = f(x)$ のグラフは区間 I で滑らかである' といいます．よって，接線はグラフの曲線が滑らかに変化する区間上で存在します．

関数の不連続点において接線は存在するのでしょうか．微分係数の定義 $f'(a) = \lim_{\Delta x \to 0} \dfrac{f(a + \Delta x) - f(a)}{\Delta x}$ を用いて調べましょう．この定義より，$f(a)$ が定義されない（存在しない）ときは，$f'(a)$ つまり接線の傾きが定義されないので，$x = a$ で接線はありません．

次に，関数 $y = f(x)$ が $x = a$ で不連続であっても，$f(a)$ は存在する場合の接線の有無を考えてみましょう．例として，ガウスの関数

$$y = f(x) = [x] = x を超えない最大の整数$$

を考えましょう．この関数は，n を任意の整数として，$n \leq x < n + 1$ のとき $[x] = n$ であり，したがって，$x = n$ で不連続で，$f(n) = n$ です．$x = 1$ で不連続なので，点 A(1, 1) で接線が引けるかどうか調べましょう．

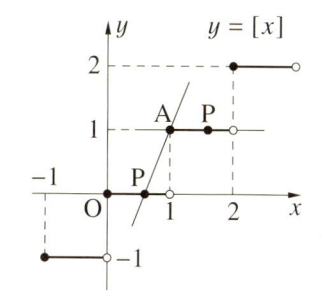

まず，このことを図で理解するには，グラフ上の動点 $P(1 + \Delta x, f(1 + \Delta x))$ を考えるとよいでしょう．$\Delta x > 0$ のときは P は A の右側に，$\Delta x < 0$ のときは A の左側にあるので，場合によって直線 AP の傾きが違うことが明白です．また，不連続点 A に対しては，（任意の近づき方）$P \to A$ そのものが不可能なので，不連続点での接線は存在しないことが明らかです．

次に，このことを微分係数の定義を用いて調べましょう．

$$f'(1) = \lim_{\Delta x \to 0} \frac{f(1 + \Delta x) - f(1)}{\Delta x}$$

の極限値が存在して一定値になれば接線は存在し，極限値がなければ接線はありません．よって，極限値の有無を慎重に議論しましょう．

第1に注意すべきことは，記号 $\Delta x \to 0$ は，Δx を 0 に限りなく近づけるとき，その方法については何も述べられていないので，'任意の方法で近づけてよい' ことを意味します（数学では，述べられていないことは条件が付かないことを意味します）．よって，Δx は，一般に，正になったり負になったりしながら 0 に近づきます．よって，上式に対して，どの $\Delta x \to 0$ に対しても有限な同一の値が得られるときのみ，$\Delta x \to 0$ に対する極限値が存在することになります．特に，Δx が正の値を保ったまま 0 に近づけることを $\Delta x \to +0$ で表し，逆に Δx が負の値を保ったまま 0 に近づけることを $\Delta x \to -0$ で表します．

同様のことは記号 $x \to a$ にも当てはまり，この場合 x は a に任意の方法で近づきます．記号 $x \to a + 0$ や $x \to a - 0$ の意味は明らかでしょう．

$$f(a + 0) = \lim_{x \to a+0} f(x)$$

は x が $x > a$ のまま a に近づくときの $f(x)$ の極限を表し，**右極限** $f(a + 0)$ といいます．また $f(a - 0) = \lim_{x \to a-0} f(x)$ は x が $x < a$ のまま a に近づくときの $f(x)$ の極限を表し，**左極限** $f(a - 0)$ といいます．また，極限値

$$f'(a + 0) = \lim_{\Delta x \to +0} \frac{f(a + \Delta x) - f(a)}{\Delta x}$$

が存在するならば，関数 $f(x)$ は $x = a$ で **右微分可能** であるといい，$f'(a + 0)$ を **右微分係数** といいます．同様に，極限値

$$f'(a - 0) = \lim_{\Delta x \to -0} \frac{f(a + \Delta x) - f(a)}{\Delta x}$$

が存在するとき，関数 $f(x)$ は $x = a$ で **左微分可能** であるといい，$f'(a - 0)$ を **左微分係数** といいます．

さて，ガウス関数の問題に戻って，上で考えた任意の近づき方 $\Delta x \to 0$ のうち，2つの近づき方 $\Delta x \to +0$ と $\Delta x \to -0$ を考えてみましょう．微分係数

§12.3 導関数

$f'(1) = \lim_{\Delta x \to 0} \frac{f(1+\Delta x) - f(1)}{\Delta x}$ が存在することは，右微分係数 $f'(1+0)$ と左微分係数 $f'(1-0)$ が一致することを意味します．したがって，両者が一致しない場合は $f'(1)$ が存在しないことを意味します．

$\Delta x > 0$ のとき，$f(1+\Delta x) = f(1) = 1$，また $\Delta x < 0$ のとき，$f(1+\Delta x) = 0$ ですから，

$$f'(1+0) = \lim_{\Delta x \to +0} \frac{f(1+\Delta x) - f(1)}{\Delta x} = 0, \quad f'(1-0) = \lim_{\Delta x \to -0} \frac{f(1+\Delta x) - f(1)}{\Delta x} = \infty$$

となり，それらは一致しません．よって，微分係数 $f'(1)$ は存在せず，よって接線の傾きが確定しないので，$x = 1$ での接線はありません．

右微分係数・左微分係数を考えると，折れ線の頂点やその類の点（尖点）においても接線はないことがわかります．例えば，関数 $f(x) = |x^2 - 1|$ のグラフ上の尖点 A(1, 0) に対して，

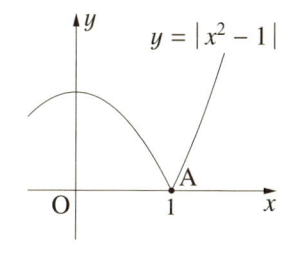

$$f(1+\Delta x) = \begin{cases} +(1+\Delta x)^2 - 1 & (\Delta x > 0) \\ -(1+\Delta x)^2 + 1 & (\Delta x < 0) \end{cases}$$

ですから，容易に確かめられるように，$f'(1+0) = 2$，$f'(1-0) = -2$ となり，$f'(1)$ は存在しません．グラフ上の動点 $P(1+\Delta x, f(1+\Delta x))$ で考えても同様に $f'(1+0)$ と $f'(1-0)$ の違いがわかります．

なお，関数 $f(x)$ が $x = a$ で微分可能ならば，$\lim_{\Delta x \to 0} \{f(a+\Delta x) - f(a)\} = 0$ が成り立つ，つまり $\lim_{x \to a} f(x) = f(a)$ が成り立つので，関数 $f(x)$ は $x = a$ で連続であることがわかります．

§12.3　導関数

12.3.1　導関数

関数 $y = f(x) = x^n$ の $x = a$ における微分係数 $f'(a)$ は na^{n-1} で与えられたように，一般の関数 $y = f(x)$ の微分係数 $f'(a)$ は a に対応して定まり，a を変数と見なせば a の関数になります．そこで，a を x に置き換えて得られる関数

$$f'(x) = \lim_{\Delta x \to 0} \frac{\Delta y}{\Delta x} = \lim_{\Delta x \to 0} \frac{f(x+\Delta x) - f(x)}{\Delta x}$$

が存在するとき，つまりある区間 I の全ての x に対して微分可能なとき'$f(x)$ は区間 I で微分可能'といい，$f'(x)$ を関数 $f(x)$ の **導関数** といいます．上の極限操作 $\lim_{\Delta x \to 0}$ の最中には x は定数として扱い，$\lim_{\Delta x \to 0}$ が終わった後に変数扱いにします．関数 $f(x)$ からその導関数 $f'(x)$ を求めることを **微分する** といいます．

n 次関数の導関数については

$$f(x) = x^n \text{ のとき } \quad f'(x) = nx^{n-1} \quad (n = 0, 1, 2, \cdots)$$

となりますね．

導関数は微分学の基本となる関数で，高校数学ではその全てといってもよいほどです．導関数は多くの数学者によって研究され，そのため多くの記法が今も使われています．関数 $y = f(x)$ の導関数を表す記号としては，$f'(x)$ の他に

$$\{f(x)\}', \quad y', \quad \frac{dy}{dx}, \quad \frac{df(x)}{dx}, \quad \frac{d}{dx}f(x)$$

なども用いられます．記号 dx, dy は「微分」（微々たる増分の意味）と呼ばれ，後で議論するように，無限小量のように考えることができます．

ではここで練習問題です．

$$(1) \quad \left\{\frac{1}{x}\right\}' = -\frac{1}{x^2}, \quad (2) \quad \left\{\sqrt{x}\right\}' = \frac{1}{2\sqrt{x}}$$

を示せ．ヒント：導関数の定義式を用います．(2) では分子有理化が必要です．これらは公式 $\{x^n\}' = nx^{n-1}$ で $n = -1, \frac{1}{2}$ とした場合に当たります．

12.3.2　導関数の基本公式

関数 $y = ax^2 + bx$ の導関数 y' を求めましょう．y の増分が

$$\Delta y = a(x + \Delta x)^2 + b(x + \Delta x) - ax^2 - bx = (2ax + a\Delta x + b)\Delta x$$

ですから，

$$y' = \lim_{\Delta x \to 0} \frac{\Delta y}{\Delta x} = \lim_{\Delta x \to 0} \frac{(2ax + a\Delta x + b)\Delta x}{\Delta x} = 2ax + b$$

となり，$ax^2 + bx$ の各項を個別に微分したものの和になっていますね．このような性質が一般的に成立すればとても便利ですね．

§12.3 導関数

実際，一般に導関数について以下の性質が成り立ちます：

(Ⅰ) $\{kf(x)\}' = kf'(x)$ （k は定数），

(Ⅱ) $\{f(x) \pm g(x)\}' = f'(x) \pm g'(x)$ （複号同順），

(Ⅲ) $\{f(x)g(x)\}' = f'(x)g(x) + f(x)g'(x)$,

(Ⅳ) $\left\{\dfrac{f(x)}{g(x)}\right\}' = \dfrac{f'(x)g(x) - f(x)g'(x)}{g(x)^2}$ （$g(x) \neq 0$）．

証明には §§12.2.2 で学んだ極限の基本定理 ($1°$–$4°$) を用います．(Ⅰ) については，基本定理 ($1°$) $\lim\limits_{x \to a} kf(x) = k\lim\limits_{x \to a} f(x)$ を利用すると

$$\{kf(x)\}' = \lim_{\Delta x \to 0} \frac{kf(x+\Delta x) - kf(x)}{\Delta x} = k\lim_{\Delta x \to 0} \frac{f(x+\Delta x) - f(x)}{\Delta x} = kf'(x).$$

和・差の微分 (Ⅱ) は練習問題にしましょう．ヒント：使うのは基本定理 ($2°$) ですね．

積の微分 (Ⅲ) は基本定理 ($2°$) と ($3°$) を用います：

$$\begin{aligned}
&\{f(x)g(x)\}' \\
&= \lim_{\Delta x \to 0} \frac{f(x+\Delta x)g(x+\Delta x) - f(x)g(x)}{\Delta x} \\
&= \lim_{\Delta x \to 0} \left\{\frac{f(x+\Delta x) - f(x)}{\Delta x} g(x+\Delta x) + f(x)\frac{g(x+\Delta x) - g(x)}{\Delta x}\right\} \\
&= \lim_{\Delta x \to 0} \frac{f(x+\Delta x) - f(x)}{\Delta x} g(x+\Delta x) + \lim_{\Delta x \to 0} f(x)\frac{g(x+\Delta x) - g(x)}{\Delta x} \\
&= \lim_{\Delta x \to 0} \frac{f(x+\Delta x) - f(x)}{\Delta x} \cdot \lim_{\Delta x \to 0} g(x+\Delta x) + \lim_{\Delta x \to 0} f(x) \cdot \lim_{\Delta x \to 0} \frac{g(x+\Delta x) - g(x)}{\Delta x} \\
&= f'(x)g(x) + f(x)g'(x).
\end{aligned}$$

商の微分 (Ⅳ) については，今示した (Ⅲ) を利用しましょう．$h(x) = \dfrac{f(x)}{g(x)}$ とおくと，$f(x) = g(x)h(x)$．よって，$f'(x) = g'(x)h(x) + g(x)h'(x)$ ですから

$$\left\{\frac{f(x)}{g(x)}\right\}' = h'(x) = \frac{f'(x) - g'(x)h(x)}{g(x)} = \frac{f'(x)g(x) - f(x)g'(x)}{g(x)^2}$$

が得られます．

ここで，(IV) の特別な場合として，重要な公式

$$\left\{\frac{1}{f(x)}\right\}' = \frac{-f'(x)}{f(x)^2} \qquad (f(x) \neq 0)$$

が得られます．

ではここで練習問題です．n が負の整数のとき，$\{x^n\}' = nx^{n-1}$ が成り立つことを示せ．ノーヒントです．また，n が負の半整数，つまり $n = \frac{1}{2} - m$ (m は自然数) のときも成立することを示せ．ヒント：$\{\sqrt{x}\}'$ についての公式は示されています．

§12.4 関数のグラフ

12.4.1 関数の増減

12.4.1.1 近傍での増減と微分

関数 $y = f(x)$ の $x = a$ の近くにおける増減を調べることから始めましょう．$x = a$ の近くを拡大していくと，$y = f(x)$ のグラフはだんだん直線的に見えてきて，$x = a$ での接線と重なってきますね．この直線的に見えるほどの近くを $x = a$ の **近傍**[3] といいましょう．

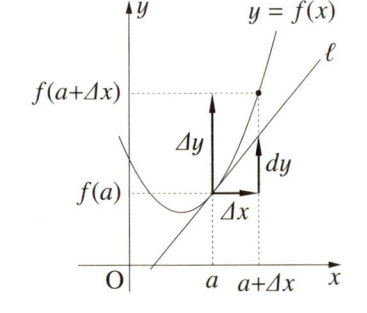

$y = f(x)$ のグラフとその接線との関係を $x = a$ の近傍で調べてみましょう．x の増分 Δx に対し，y の増分は $\Delta y = f(x + \Delta x) - f(x)$ ですね．これに対して，$x = a$ における接線 $\ell : y - f(a) = f'(a)(x-a)$ のほうの増分を dy で表すと，$\Delta x = x - a$，$dy = y - f(a)$ ですから

$$dy = f'(a)\Delta x$$

ですね．この dy がまさに **微分** と呼ばれる量です．増分 Δy と微分 dy は，グラフが直線のように見える近傍では微少量となり，そこで $\Delta y \fallingdotseq dy$ が成り立ちます．

---

[3] 近傍は数学用語です．ここではその厳密な意味では使っていません．

§12.4 関数のグラフ

したがって，$x = a$ の近傍では y の増分が $\varDelta y \fallingdotseq dy = f'(a)\varDelta x$ と表され，微分係数 $f'(a)$ の符号が $x = a$ における関数の増減を決めます：

$f'(a) > 0$ ならば $x = a$ の近傍で $f(x)$ は増加し，

$f'(a) < 0$ ならば $x = a$ の近傍で $f(x)$ は減少する．

ここで，関数 $y = f(x)$ の（任意の x における）微分 $dy = f'(x)\varDelta x$ についてコメントしておきましょう．$\varDelta x$ は関数 x に対する増分とも解釈できますが，その微分 dx は $dx = \{x\}'\varDelta x = 1\varDelta x$ ですから，$dx = \varDelta x$ が成り立ち，したがって，

$$dy = f'(x)dx, \quad \text{すなわち} \quad \frac{dy}{dx} = f'(x)$$

が得られます．$\dfrac{dy}{dx}$ は $f'(x)$ の意味で使われる記号そのものです．接線の傾きの感じがよく出ていますね．

微分の記号 dx や dy はニュートンとほぼ同時代に微分積分学を創始したライプニッツによって用いられた記号です．当時は微分 dx や dy は，0 とは異なるけれどもそれに向かって限りなく近づいていく量，すなわち無限小と見なされ，それらの比 $\dfrac{dy}{dx}$ をとらずに $dy = f'(x)dx$ のような形のまま議論されました．そのため，無限小の概念や論理の展開が厳密とはいえず，現在では極限操作の方法に置き換えられました．しかしながら，厳密なことをいい出さない限り，無限小としての微分 dx, dy のもつ圧倒的な説得力は捨てがたく，今後このテキストでは用法に注意しながらそれらを無限小の意味でしばしば使うことにしましょう．

12.4.1.2 区間における増減

関数 $f(x) = x^2$ の導関数は $f'(x) = 2x$ ですから，$f'(x) > 0\ (x > 0)$ より区間 $x > 0$ の全ての点で関数 $f(x)$ は増加し，よって $f(x)$ はこの区間全体で増加しています．同様に，$f'(x) < 0\ (x < 0)$ より $f(x)$ は区間 $x < 0$ 全体で減少していますね．この例からわかるように，一般に

$f'(x) > 0$ となる区間で $f(x)$ は増加し，

$f'(x) < 0$ となる区間で $f(x)$ は減少する．

また，関数 $f(x) = x^3$ では $f'(x) = 3x^2$ なので，実数の全区間で $f'(x) \geqq 0$ が成り立ち，1 点 $x = 0$ を除いて全区間で明白に増加しています．このような場合，$f'(x) = 0$ となる例外の点 $x = 0$ も含めて，実数の全区間で増加するとしたほうが自然ですね．このことをふまえて区間における増加や減少を定めるには，導関数を用いずに，次のように定義します：

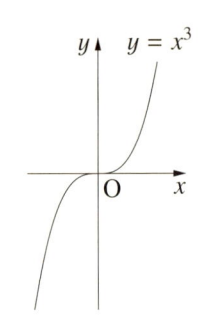

x_1, x_2 が区間 A 上の $x_1 < x_2$ を満たす任意の 2 点であるとき
$$f(x) \text{ が区間 } A \text{ で増加} \Leftrightarrow f(x_1) < f(x_2),$$
$$f(x) \text{ が区間 } A \text{ で減少} \Leftrightarrow f(x_1) > f(x_2).$$

増減に関するこんな定義には注意しましょう．

12.4.2 　増減表と極大・極小

関数 $f(x) = x^3 - 3x$ の増減を調べてグラフの概形を描きましょう．導関数 $f'(x) = 3(x^2 - 1)$ より，$x < -1$ で $f'(x) > 0$，$x = -1$ で $f'(x) = 0$，$-1 < x < 1$ で $f'(x) < 0$，$x = 1$ で $f'(x) = 0$，$1 < x$ で $f'(x) > 0$．よって，$x < -1$ と $1 < x$ で関数は増加し，$-1 < x < 1$ で減少します．

増減が複雑なときに便利な表，**増減表**を用いるとスッキリします．表で記号 ↗ は関数の増加の状態を，↘ は減少の状態を表します．$x = -1$ の近傍では関数が増

x	$\cdots$	-1	$\cdots$	1	$\cdots$
$f'(x)$	$+$	0	$-$	0	$+$
$f(x)$	↗	2	↘	-2	↗

加の状態から減少の状態に変わり，$x = -1$ がその境目です．このとき関数 $f(x)$ はその境目 $x = -1$ で **極大** であるといい，関数値 $f(-1) = 2$ を **極大値** といいます．また，$x = 1$ の近傍では減少の状態から増加の状態に変わり，$x = 1$ がその境目なので $f(x)$ は $x = 1$ で **極小** であるといい，$f(1) = -2$ を **極小値** といいます．

一般に連続関数 $f(x)$ が，$x = a$ の近傍で増加の状態から減少の状態に変わり，$x = a$ がその境目のとき，関数 $f(x)$ は $x = a$ で極大であるといい $f(a)$ を極大値といいます．逆に，$x = a$ の近傍で減少の状態から増加の状態に変わり，

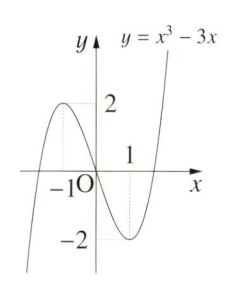

§12.4 関数のグラフ

$x = a$ がその境目のとき，関数 $f(x)$ は $x = a$ で極小であるといい $f(a)$ を極小値といいます．極大値と極小値を合わせて **極値** といいます．

この定義から，折れ線の頂点でも極大・極小となる場合があり，極大点・極小点で微分係数が 0 である必要はありません．また，関数の定義域の端点では，その近傍でたかだか増加・減少の状態の片方しかないので，そこで極大や極小になることはありません．

極大値・極小値の計算が容易でない場合があります．関数 $f(x) = x^3 - 3x^2 - 3x$ を例にとると，$f'(x) = 3(x^2 - 2x - 1)$ より $x = 1 \pm \sqrt{2}$ で $f'(x) = 0$ になります．よって，増減表を書くと（任せます），$x = 1 - \sqrt{2}$ で極大になりますが，その極大値 $f(1 - \sqrt{2})$ の計算は意外にてこずります．このような場合，

$$x = 1 - \sqrt{2} \quad \text{より} \quad (x-1)^2 = 2, \quad \text{よって} \quad x^2 - 2x - 1 = 0$$

となることを利用します．$P(x) = x^2 - 2x - 1$ とおくと $P(1 - \sqrt{2}) = 0$ となるのがミソです．そこで，$f(x)$ を $P(x)$ で割ると

$$f(x) = P(x)(x - 1) - 4x - 1$$

となり，$f(1 - \sqrt{2}) = -4(1 - \sqrt{2}) - 1 = -5 + 4\sqrt{2}$ が得られます．この方法は，関数値を求める際に，既に応用されていましたね．

12.4.3 曲線の凹凸と第 2 次導関数

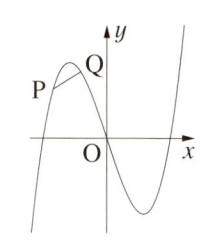

今まで見てきたように，導関数 $f'(x)$ が連続的に変化する関数 $y = f(x)$ のグラフは滑らかな曲線を描きますね．そのような曲線のもう 1 つの特徴は曲線の凹凸です．例えば，関数 $y = x^3 - 3x$ のグラフは区間 $x < 0$ で **上に凸**，区間 $x > 0$ で **下に凸** になっています．正確にいうと，区間 $x < 0$ で上に凸であるとは，区間 $x < 0$ にある曲線上に任意な 2 点 P，Q をとるとき，線分 PQ より曲線の弧 $\overset{\frown}{PQ}$ のほうが必ず上にあることをいいます．同様に，下に凸も線分と弧の関係を用いて定めます．

曲線の凹凸を導関数 $f'(x)$ の増減によって定めることもできます．上に凸の区間では，導関数 $f'(x)$，つまり接線の傾きが x の増加に伴って減少していますね．接線の代わりに定規を用いて確かめましょう．また，下に凸の区間では，導関数 $f'(x)$ が x の増加と共に増加しますね．

関数 $f(x)$ がある区間で増加（減少）することはその導関数 $f'(x)$ がその区間で正（負）であることでした．導関数 $f'(x)$ は関数なのでさらに微分することができ，その導関数は $\{f'(x)\}'$ となります．よって，$f'(x)$ の増減を $\{f'(x)\}'$ の正負で表すことができ，グラフの凹凸を次のように定めることができます：

関数 $y = f(x)$ のグラフについて，区間 I で
$f(x)$ が上に凸 $\Leftrightarrow$ $f'(x)$ が減少 $\Leftrightarrow$ $\{f'(x)\}' < 0$，
$f(x)$ が下に凸 $\Leftrightarrow$ $f'(x)$ が増加 $\Leftrightarrow$ $\{f'(x)\}' > 0$．

$\{f'(x)\}'$ は関数 $f(x)$ の **第 2 次導関数** または **2 階導関数** と呼ばれ，通常 $f''(x)$ または y'' で表されます．曲線の凹凸が変わる境目の点を **変曲点** といい，変曲点ならば $f''(x) = 0$ です（逆は成り立ちません．反例は $f(x) = x^4$）．

関数 $y = f(x) = x^3 - 3x$ の $f''(x)$ の符号を調べて，グラフの凹凸が上で議論した通りであることを確かめましょう．$f'(x) = 3(x^2 - 1)$，よって $f''(x) = 6x$ ですから，$x < 0$ のとき $f''(x) < 0$ より区間 $x < 0$ で上に凸，また $x > 0$ のとき $f''(x) > 0$ より区間 $x > 0$ で下に凸になりますね．このとき $x = 0$ が $f''(x)$ の符号の変わる境い目になり，$f(0) = 0$ なので変曲点は原点 O です．

第 2 次導関数 $f''(x)$ から得られる凹凸の結果も増減表に書き込むと関数のグラフの様子がより詳細にわかります．その結果が右表です．記号 ⌒ は上に凸で増加の状態を，⌢ は上に凸で減少を，⌣ は下に凸で減少を，⌥ は下に凸で増加を表します．

x	$\cdots$	-1	$\cdots$	0	$\cdots$	1	$\cdots$
$f'(x)$	$+$	0	$-$	$-$	$-$	0	$+$
$f''(x)$	$-$	$-$	$-$	0	$+$	$+$	$+$
$f(x)$	⌒	2	⌢	0	⌣	-2	⌥

第 2 次導関数が現実的な意味をもつ場合があります．それは変数 x が時刻を表すときなどです．物体の位置を y，時刻を t で表すと，$y = y(t)$ の導関数 $y'(t)$ は物体の速度を表しますね．ここで，速度の（瞬間的）変化率を考えると，それは第 2 次導関数 $y''(t)$ で表され，「加速度」といわれます．よく知られている

ように，無重力状態で物を投げると，まっすぐ飛んでいき速度は変化しませんね．速度の変化が現れるのは力が働いたときで，その結果である加速度 $y''(t)$ は物体に働く力の大きさを表すことになります．実際，落下の問題で y が地表からの高さを表すとき，$y''(t) = -g$（一定）で，重力の大きさを F，物体の質量を m とすると $F = mg$ が成り立ちます．

§12.5　種々の微分法と導関数

12.5.1　合成関数・逆関数・パラメータ表示の微分法

関数 $y = (ax + b)^n$ の導関数を求めるときに，その定義に従って愚直に極限計算をするのはしんどいですね．関数 $y = (ax + b)^n$ は，$u = g(x) = ax + b$，$y = f(u) = u^n$ とおくと，合成関数 $y = f(g(x))$ の形に表すことができます．よって，合成関数を微分する方法を考えれば済みます．

一般の合成関数 $y = f(g(x))$ を $y = f(u)$，$u = g(x)$ と表しておいて，導関数の定義

$$y' = \frac{dy}{dx} = \lim_{\Delta x \to 0} \frac{\Delta y}{\Delta x}$$

に基づいて考えます．x の増分 Δx に対応する y の増分

$$\Delta y = f(g(x + \Delta x)) - f(g(x))$$

は，$y = f(u)$ と $u = g(x)$ によって 2 段階に分けることができます．まず，Δx に対応して u の増分 $\Delta u = g(x + \Delta x) - g(x)$ が定まり，次に Δu に対応して $\Delta y = f(u + \Delta u) - f(u)$ が定まると考えることができます．

このように考えると，増分の比 $\frac{\Delta y}{\Delta x}$ を $\frac{\Delta y}{\Delta u} \cdot \frac{\Delta u}{\Delta x}$ と変形しておいて，$\Delta x \to 0$ の極限をとることができます．よって，$\Delta x \to 0$ のとき $\Delta u \to 0$ であることに注意すると，

$$\begin{aligned}\frac{dy}{dx} &= \lim_{\Delta x \to 0} \frac{\Delta y}{\Delta x} = \lim_{\Delta x \to 0} \frac{\Delta y}{\Delta u} \cdot \frac{\Delta u}{\Delta x} \\ &= \lim_{\Delta u \to 0} \frac{\Delta y}{\Delta u} \cdot \lim_{\Delta x \to 0} \frac{\Delta u}{\Delta x} = \frac{dy}{du} \cdot \frac{du}{dx}\end{aligned}$$

が成り立ち，よって，合成関数の微分法

$$y = f(u),\ u = g(x) \quad \text{のとき} \quad \frac{dy}{dx} = \frac{dy}{du} \cdot \frac{du}{dx}$$

が得られます．

この結果は，§§12.4.1.1 で議論したように，微分 dx, dy, du を無限少の量と見なしたとき，'割り算' $\frac{dy}{dx}$ の間に $1 = \frac{1}{du}du$ を差し挟んだ形になっています．このようなことは微分の商に対して可能です．

$y = f(u),\ u = g(x)$ より，表式 $\frac{dy}{dx} = \frac{dy}{du} \cdot \frac{du}{dx}$ は，$\frac{dy}{du} = f'(u) = f'(g(x))$ などに注意して，

$$\frac{d}{dx}f(g(x)) = f'(g(x))g'(x)$$

のように表すこともできます．表式 $f'(g(x))$ は導関数 $f'(u)$ に対して $u = g(x)$ を代入したもので，敢えて書くと $f'(g(x)) = \frac{df(g(x))}{dg(x)}$ です．紛れることのないように注意しましょう．

では，ここで練習です．始めに挙げた例 $y = (ax+b)^n$ の導関数を求めよ．ノーヒントにしましょう．答は

$$\{(ax+b)^n\}' = n(ax+b)^{n-1}a$$

です．これは非常にしばしば用いられる公式です．

次に，逆関数の微分法を考えましょう．例えば，関数 $y = f(x) = x^n$（n は自然数）のとき，これを x について解くと $x = f^{-1}(y) = \sqrt[n]{y}$ が得られます．そのとき，x と y を入れ替えて得られる $y = f^{-1}(x) = \sqrt[n]{x}$ を関数 $y = f(x) = x^n$ の逆関数といいます．この逆関数を微分するのは容易ではなさそうです．関数のほうの導関数を利用することを考えましょう．

一般に，逆関数 $y = f^{-1}(x)$ を x について解いて得られる $x = f(y)$ は元の逆関数と同値です．よって，$y = f^{-1}(x)$ の導関数は，微分 dx, dy を無限少量と考えると，

$$\frac{dy}{dx} = \frac{1}{\frac{dx}{dy}} = \frac{1}{f'(y)}$$

で与えられます．

§12.5 種々の微分法と導関数

少々乱暴でしたね．正しくは，$\Delta x \to 0$ のとき $\Delta y \to 0$ なので，

$$\frac{dy}{dx} = \lim_{\Delta x \to 0} \frac{\Delta y}{\Delta x} = \lim_{\Delta x \to 0} \frac{1}{\frac{\Delta x}{\Delta y}} = \frac{\lim_{\Delta x \to 0} 1}{\lim_{\Delta y \to 0} \frac{\Delta x}{\Delta y}} = \frac{1}{\frac{dx}{dy}} = \frac{1}{f'(y)}$$

とします．$f'(y)$ は $y = f^{-1}(x)$ を用いると x で表されます．

逆関数 $y = f^{-1}(x) = \sqrt[n]{x}$ (n は自然数) で例解しましょう．記号 f^{-1} は省き

$$y = \sqrt[n]{x} \Leftrightarrow x = y^n$$

に注意します．よって，

$$\frac{dy}{dx} = \frac{1}{\frac{dx}{dy}} = \frac{1}{ny^{n-1}} = \frac{1}{nx^{\frac{n-1}{n}}} = \frac{1}{n} x^{\frac{1-n}{n}}$$

となります．元の関数の定義域には注意しましょう．

では，練習問題です．関数 $y = \sqrt{x+1}$ を微分せよ．ヒントは不要でしょう．答は $y' = \dfrac{1}{2\sqrt{x+1}}$ です．

円 $x^2 + y^2 = r^2$ は $x = r\cos\theta$, $y = r\sin\theta$ などとパラメータ表示できますね．このとき，変数 x, y はパラメータ θ の関数になり，x と y は θ を媒介として関数関係にあります．一般に，曲線のパラメータ表示が $x = f(t)$, $y = g(t)$ であるとき，導関数 $\dfrac{dy}{dx}$ を求めましょう．逆関数の微分の場合と同様，微分 dx, dy, dt で考えると，直ちに

$$\frac{dy}{dx} = \frac{\frac{dy}{dt}}{\frac{dx}{dt}} = \frac{g'(t)}{f'(t)}$$

となりますね．極限を用いて厳密に導くのは君の仕事にします．上の円のパラメータ表示 $x = r\cos\theta$, $y = r\sin\theta$ の場合，

$$\frac{dy}{dx} = \frac{r\cos\theta}{-r\sin\theta} = -\frac{1}{\tan\theta}$$

ですね．これは点 $(r\cos\theta, r\sin\theta)$ における円の接線の傾きです．

12.5.2　曲線の方程式の微分法

円 $x^2+y^2=r^2$ を考えます．$x^2+y^2=r^2$ を y について解くと，$y=\pm\sqrt{r^2-x^2}$ なので，厳密にいうと y は x の関数ではありません．しかしながら，x 軸の上側では $y=+\sqrt{r^2-x^2}$，下側では $y=-\sqrt{r^2-x^2}$ ですから，'適当な領域を定めると y は x の関数になります'．そのような関数を「陰関数」といいます．方程式 $x^2+y^2=r^2$ の y を x の陰関数と見なして，その導関数を求めましょう．

円上に 2 点 A(x, y), P($x+\varDelta x$, $y+\varDelta y$) をとると，それらは円の方程式を満たします：
$$x^2+y^2=r^2, \qquad (x+\varDelta x)^2+(y+\varDelta y)^2=r^2.$$

それらの差をとって $\varDelta x$ で割ると，
$$\frac{(x+\varDelta x)^2-x^2}{\varDelta x}+\frac{(y+\varDelta y)^2-y^2}{\varDelta x}=0$$

が得られます．$\varDelta x \to 0$ の極限を考えると，
$$\lim_{\varDelta x\to 0}\frac{(x+\varDelta x)^2-x^2}{\varDelta x}+\lim_{\varDelta x\to 0}\frac{(y+\varDelta y)^2-y^2}{\varDelta x}=0 \Leftrightarrow \frac{dx^2}{dx}+\frac{dy^2}{dx}=0$$

となるので，これは方程式 $x^2+y^2=r^2$ の両辺を x で微分したことに当たります．よって，合成関数の微分法を用いて
$$2x+2y\frac{dy}{dx}=0, \quad \text{よって} \quad \frac{dy}{dx}=-\frac{x}{y}$$

を得ます．これは $y=+\sqrt{r^2-x^2}$ または $y=-\sqrt{r^2-x^2}$ の導関数に同値です．

$\dfrac{dy}{dx}$ が接線の傾きであることを確かめましょう．先ほど円上に 2 点 A(x, y), P($x+\varDelta x$, $y+\varDelta y$) をとって，$\varDelta x \to 0$ の極限を考えましたね．このとき，P は円に沿って A に限りなく近づいていきます．よって，$\dfrac{dy}{dx}=\lim\limits_{\varDelta x\to 0}\dfrac{\varDelta y}{\varDelta x}$ は点 A における接線の傾きを表します．

よって，円上の点 (a, b) での接線の傾きは $-\dfrac{a}{b}$ となるので，その点における接線の方程式は
$$y-b=-\frac{a}{b}(x-a)$$

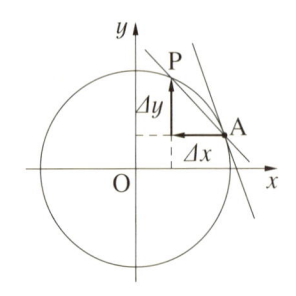

です．$a^2 + b^2 = r^2$ を用いて整理すると，よく知られた結果 $ax + by = r^2$ が得られます．

一般の曲線 $f(x, y) = 0$ の場合についても同様です．$f(x, y) = 0$ の両辺を x で微分します：

$$\frac{df(x, y)}{dx} = 0.$$

この方程式は $\frac{dy}{dx}$ を含むので，それについて解くと $\frac{dy}{dx}$ が x, y の式で表されます．

では，練習問題です．放物線 $y^2 = 4px$ 上の点 $A(pa^2, 2pa)$ における接線は

$$y = \frac{x}{a} + pa$$

であることを示せ．ノーヒントです．

12.5.3 　三角関数の微分

12.5.3.1 　三角関数の極限

三角関数の導関数を求めるには次の極限の定理が必須です：

$$\lim_{\theta \to 0} \frac{\sin \theta}{\theta} = 1 \quad （\theta はラジアン単位）.$$

この定理は初等幾何を用いて証明されます．半径が 1 で中心角 θ (rad) の扇形 OAP の弧 $\overset{\frown}{AP}$ の端点 P から半径 OA に垂線 PH を引き，点 A で OA に立てた垂線と OP の交点を T とします．このとき，△OAP < 扇形 OAP < △OAT が成り立つので，$0 < \theta < \frac{\pi}{2}$ のとき，

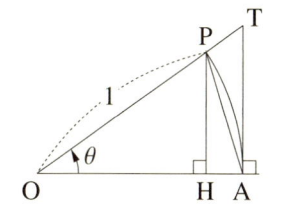

$$\sin \theta < \theta < \tan \theta$$

が得られます．$\sin \theta$ で割って逆数をとると

$$1 > \frac{\sin \theta}{\theta} > \cos \theta$$

となります．

この不等式は，$\dfrac{\sin(-\theta)}{-\theta} = \dfrac{\sin\theta}{\theta}$，$\cos(-\theta) = \cos\theta$ なので，$-\dfrac{\pi}{2} < \theta < 0$ のときも成り立ちます．よって，$\lim\limits_{\theta \to 0}\cos\theta = 1$ だから，θ を 0 に収束する数列の一般項 θ_n などと見なすと，はさみうちの原理が利用できて

$$1 \geq \lim_{\theta \to 0}\frac{\sin\theta}{\theta} \geq 1, \quad \text{よって} \quad \lim_{\theta \to 0}\frac{\sin\theta}{\theta} = 1$$

が成立します．

この定理から導かれる重要な極限

$$\lim_{\theta \to 0}\frac{1 - \cos\theta}{\theta} = 0, \quad \lim_{\theta \to 0}\frac{1 - \cos\theta}{\theta^2} = \frac{1}{2}$$

を示すことは練習問題にしましょう．ヒント：

$$1 - \cos\theta = \frac{1 - \cos^2\theta}{1 + \cos\theta} = \frac{\sin^2\theta}{1 + \cos\theta}.$$

12.5.3.2 三角関数の導関数

三角関数の導関数で基本となるのは次の 3 つです：

$$\{\sin x\}' = \cos x, \quad \{\cos x\}' = -\sin x, \quad \{\tan x\}' = \frac{1}{\cos^2 x}.$$

前の 2 つを示すとき，先に学んだ三角関数の極限と加法定理

$$\sin(\alpha + \beta) = \sin\alpha\cos\beta + \cos\alpha\sin\beta, \quad \cos(\alpha + \beta) = \cos\alpha\cos\beta - \sin\alpha\sin\beta$$

を用います．

簡単のために増分 $\mathit{\Delta}x$ を h と略記すると

$$\begin{aligned}
\{\sin x\}' &= \lim_{h \to 0}\frac{\sin(x + h) - \sin x}{h} = \lim_{h \to 0}\frac{(\sin x\cos h + \cos x\sin h) - \sin x}{h} \\
&= \lim_{h \to 0}\left(\sin x\frac{\cos h - 1}{h} + \cos x\frac{\sin h}{h}\right) = \sin x \cdot 0 + \cos x \cdot 1 \\
&= \cos x,
\end{aligned}$$

$$\begin{aligned}
\{\cos x\}' &= \lim_{h \to 0}\frac{\cos(x + h) - \cos x}{h} = \lim_{h \to 0}\frac{(\cos x\cos h - \sin x\sin h) - \cos x}{h} \\
&= \lim_{h \to 0}\left(\cos x\frac{\cos h - 1}{h} - \sin x\frac{\sin h}{h}\right) = \cos x \cdot 0 - \sin x \cdot 1 \\
&= -\sin x.
\end{aligned}$$

§12.5 種々の微分法と導関数

これらから，商の微分法を用いると

$$\{\tan x\}' = \left\{\frac{\sin x}{\cos x}\right\}' = \lim_{h \to 0} \frac{\{\sin x\}' \cos x - \sin x \{\cos x\}'}{\cos^2 x} = \frac{\cos^2 x + \sin^2 x}{\cos^2 x}$$
$$= \frac{1}{\cos^2 x}.$$

これらの公式の導出過程からわかるように，$\sin x$ と $\cos x$ は全ての実数 x に対して微分可能であり，その結果，全ての実数 x で連続になります．

さて，練習問題です．公式

$$\{\sin^n(ax+b)\}' = an \sin^{n-1}(ax+b) \cos(ax+b),$$
$$\{\cos^n(ax+b)\}' = -an \cos^{n-1}(ax+b) \sin(ax+b)$$

を導け．ヒント：$u = ax + b$, $v = \sin u$ などとおき，合成関数の微分法を 2 段階に使います．

12.5.4 指数関数・対数関数の微分

12.5.4.1 指数関数の連続性と指数法則

§§6.1.1 で議論したように，実数の指数 a^p ($a > 0$) は，実数 p に収束する有理数の数列 $\{p_n\}$ を考えて，極限

$$\lim_{n \to \infty} a^{p_n} = a^p$$

として定義されました．そのため，指数関数 a^x ($a > 0$) の連続性はまだ示されておらず，もし不連続なら，指数関数は微分不可能です．また，連続の性質を用いなければ，実数 p, q に対する指数法則

$$(a^p)^q = a^{pq}$$

を示すことはできません．

指数関数 $f(x) = a^x$ が連続関数であることを示しましょう．§§11.5.2 で

$$\lim_{n \to \infty} \sqrt[n]{a} = \lim_{n \to \infty} a^{\frac{1}{n}} = 1 \qquad (a > 0)$$

が成り立つことを議論しました．

また，実数 p, q に対して指数法則 $a^p a^q = a^{p+q}$ が成り立つことは §§11.5.2.4 で議論したことに注意しましょう．

$a > 1$ のとき，$-\frac{1}{n} < h_n < \frac{1}{n}$ を満たす任意の数列 $\{h_n\}$ に対して

$$a^{-\frac{1}{n}} < a^{h_n} < a^{\frac{1}{n}}$$

が成り立ちます．よって，はさみうちの原理より，$n \to \infty$ のとき $h_n \to 0$ で，

$$\lim_{n \to \infty} a^{h_n} = 1 \Leftrightarrow \lim_{h \to 0} a^h = 1$$

が得られます．これから，任意の実数 c に対して，

$$\lim_{x \to c} a^x = \lim_{x \to c} a^c a^{x-c} = a^c \lim_{x \to c} a^{x-c} = a^c \cdot 1 = a^c$$

よって，

$$\lim_{x \to c} a^x = a^c \qquad (a > 1)$$

が成り立ちます．これを $0 < a < 1$ の場合に示すのは，君たちに任せましょう．ヒント：違うところは $a^{\frac{1}{n}} < a^{h_n} < a^{-\frac{1}{n}}$ だけです．それができたら指数関数の連続性が完全に示されます．

指数法則 $(a^p)^q = a^{pq}$ （p, q は実数）を示しましょう．任意の実数 p, q に対して，$\{p_m\}$, $\{q_n\}$ をそれぞれ p, q に収束する有理数列とすれば，§§6.1.1 で示したように

$$(a^{p_m})^{q_n} = a^{p_m q_n}$$

が成り立ちますね．よって，指数関数の連続性：$\lim_{m \to \infty} a^{p_m} = a^{p_\infty} = a^p$ より

$$\lim_{m \to \infty} (a^{p_m})^{q_n} = \lim_{m \to \infty} a^{p_m q_n} \Leftrightarrow (a^p)^{q_n} = a^{p q_n}$$

が得られ，したがって

$$\lim_{n \to \infty} (a^p)^{q_n} = \lim_{n \to \infty} a^{p q_n} \Leftrightarrow (a^p)^q = a^{pq}$$

が得られます．これで，§§11.5.2.4 の議論と併せて，実数指数に対する指数法則が全て示されました：

$$a^p a^q = a^{p+q}, \qquad (ab)^p = a^p b^p, \qquad (a^p)^q = a^{pq} \qquad (p, q \text{ は実数}).$$

12.5.4.2　指数関数の導関数

指数関数 $f(x) = a^x$ ($a > 0$) の導関数を求めましょう．

$$f'(x) = \lim_{\Delta x \to 0} \frac{a^{x+\Delta x} - a^x}{\Delta x} = \lim_{\Delta x \to 0} a^x \frac{a^{\Delta x} - 1}{\Delta x}$$

$$= a^x \lim_{\Delta x \to 0} \frac{a^{0+\Delta x} - a^0}{\Delta x} = a^x f'(0)$$

となります．$f'(0)$ は関数 $y = f(x) = a^x$ のグラフ上の点 $(0, 1)$ における接線の傾きであり，右図から読みとれるように，それは a の値と共に変化します．

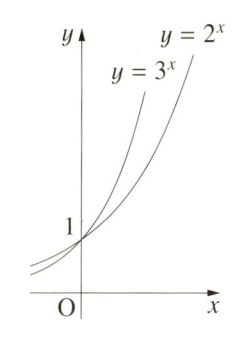

そこで，まず，$f'(0) = 1$ となる場合を考えましょう．その場合の a を文字 e で表すと，約束によって

$$\{e^x\}' = e^x$$

が成り立ちます．e は無理数で，$e = 2.7182818\cdots$ であることが知られています．

$a = e$ のとき $f'(0) = 1$ ですから，微分係数の定義より

$$\lim_{\Delta x \to 0} \frac{e^{\Delta x} - 1}{\Delta x} = 1,$$

または，$\Delta x = h$ とおいて，

$$\lim_{h \to 0} \frac{e^h - 1}{h} = 1$$

が成り立ちます．

一般の指数関数 a^x の導関数については，$a = e^\alpha$ とおいて底が e の対数をとると，$\log_e a = \alpha$ なので，$a^x = e^{\alpha x} = e^{x \log_e a}$ が成り立ちます．よって，合成関数の微分法より，

$$\{a^x\}' = \left\{ e^{x \log_e a} \right\}' = e^{x \log_e a} \log_e a = a^x \log_e a$$

となるので，

$$\{a^x\}' = a^x \log_e a \qquad (a > 0, \ a \neq 1)$$

が得られます．

ここで，練習問題です．関数 $y = e^{2x} \sin 3x$ を微分せよ．ノーヒントです．答は $y' = 2e^{2x} \sin 3x + 3e^{2x} \cos 3x$ ですね．

12.5.4.3　対数関数の導関数

対数関数 $y = \log_a x$ は $x = a^y$ に同値ですから，$y = \log_a x$ は指数関数 $y = a^x$ の逆関数になっていますね．したがって，対数関数の導関数は逆関数の微分法を用いて得られ，そのとき底が e の場合が簡単です．底が e である対数 $\log_e x$ を **自然対数** といい，微分積分法では主に自然対数を考えるので，底 e は省略して単に $\log x$（または $\ln x$）と書きます．文字 e はしばしば「自然対数の底」といわれます．

対数関数 $y = \log x$ の導関数は，$x = e^y$ より $\dfrac{dx}{dy} = e^y$ だから，

$$\frac{dy}{dx} = \frac{1}{\dfrac{dx}{dy}} = \frac{1}{e^y} = \frac{1}{x}$$

したがって，

$$\{\log x\}' = \frac{1}{x} \qquad (x > 0)$$

が得られます．

一般の対数関数 $y = \log_a x$ の導関数は

$$\{\log_a x\}' = \frac{1}{x \log a} = \frac{\log_a e}{x}$$

となります．これを示すのは君たちに任せましょう．最後の式を導くとき，対数の底の変換公式 $\log_a M = \dfrac{\log_b M}{\log_b a}$ を用います．

しばしば用いられる導関数の公式に

$$\{\log |x|\}' = \frac{1}{x} \qquad (x \neq 0)$$

があります．$x > 0$ のときは既に示されています．$x < 0$ のときは合成関数の微分法を用いて，

$$\{\log |x|\}' = \frac{d \log |x|}{dx} = \frac{d \log (-x)}{dx} = \frac{1}{-x} \cdot (-1) = \frac{1}{x}$$

と示されます．

では，ここで練習問題です．

$$\{\log |ax + b|\}' = \frac{a}{ax + b}, \qquad \{\log |f(x)|\}' = \frac{f'(x)}{f(x)}$$

を示せ．ヒントは不要でしょう．

§12.5 種々の微分法と導関数

対数を利用した微分法は非常に有用です．例として，'実数次数' の関数 $y = x^\alpha$ ($x > 0$, α は実数) を微分してみましょう．まず，両辺の（自然）対数をとると $\log y = \alpha \log x$ ですね．そこで両辺を微分すると，

$$\frac{y'}{y} = \frac{\alpha}{x}, \quad \text{よって} \quad y' = y\frac{\alpha}{x} = x^\alpha \frac{\alpha}{x} = \alpha x^{\alpha-1}$$

したがって，公式

$$\{x^\alpha\}' = \alpha x^{\alpha-1} \qquad (x > 0, \ \alpha \text{ は実数})$$

が得られます．このように対数をとって微分する方法を **対数微分法** といいます．

では，練習問題です．関数 $y = x^x$ ($x > 0$) を微分せよ．よく出てくる有名問題です．ヒントは不要ネ．答は

$$\{x^x\}' = x^x(\log x + 1).$$

指数関数の導関数のところで，e を定める等式 $\displaystyle\lim_{h \to 0}\frac{e^h - 1}{h} = 1$ を得ました．これから対数関数の底 e を極限値として表す定理

$$\lim_{x \to \pm\infty}\left(1 + \frac{1}{x}\right)^x = e$$

を導きましょう（$x \to \pm\infty$ の符号 $\pm$ は $+$，$-$ のどちらでも構いません）．$e^h - 1 = k$ とおくと，$h = \log(k+1)$ で，$h \to 0$ のとき $k \to 0$ となるので，

$$\lim_{k \to 0}\frac{k}{\log(k+1)} = 1, \quad \text{よって} \quad \lim_{k \to 0}\frac{\log(k+1)}{k} = 1 \Leftrightarrow \lim_{k \to 0}\log(k+1)^{\frac{1}{k}} = 1$$

が成立します．ここで，対数関数は連続関数なので，連続の性質 $\displaystyle\lim_{x \to a}f(x) = f(a)$ を用いると，対数の底は e であることに注意して

$$\lim_{k \to 0}\log(k+1)^{\frac{1}{k}} = \log\left(\lim_{k \to 0}(k+1)^{\frac{1}{k}}\right) = 1 \Leftrightarrow \lim_{k \to 0}(k+1)^{\frac{1}{k}} = e$$

が得られます．$k \to 0$ の右極限 $k \to +0$ または左極限 $k \to -0$ を考えて，$k = \dfrac{1}{x}$ とおくと，$k \to \pm 0$ のとき $x \to \pm\infty$ となるので上の定理が得られます．

$x = 10000$ のとき，電卓計算を行うと，e の近似値として 2.718 が得られます．

第13章　微分－発展編

§13.1　ロピタルの定理

2つの関数 $f(x)$, $g(x)$ が $f(a) = 0$, $g(a) = 0$ となるとき，それらの関数の商の極限について非常に有用な定理

$$\lim_{x \to a} \frac{f(x)}{g(x)} = \lim_{x \to a} \frac{f'(x)}{g'(x)}$$

があります．以下，かなり厳密な議論に基づいてそれを導きましょう．

13.1.1　平均値の定理

13.1.1.1　ロルの定理

まずは，16世紀のフランスの数学者ロル（Michel Rolle，1652～1719）が証明したごく当たり前の定理，**ロルの定理**から始めましょう：

> 関数 $f(x)$ は閉区間 $[a, b]$ で連続，開区間 (a, b) で微分可能なとき，
> $f(a) = f(b) = 0$ ならば $f'(c) = 0$ を満たす c $(a < c < b)$ が存在する．
> （ロルの定理）

この定理は，両端で0になる関数のグラフについて，接線の傾きが0になる点が開区間 (a, b) 上に少なくとも1個は必ずあることを述べています．右図を見れば，証明の必要があるのかと思われるほどに明らかですね．ただし，図を利用するなどの素朴な議論は，§§1.5.1で議論したように，首尾一貫しているという保証がありません．教育的配慮もかねて，公理に基づいた厳密な議論をしてみましょう．以下の証

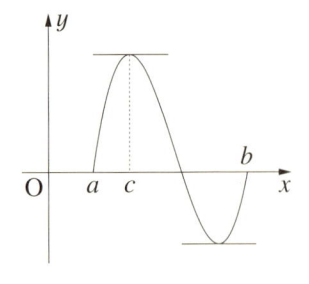

§13.1 ロピタルの定理

明は，グラフにまったく頼ることなく，完全に論理的に進められます．なお，'開区間 (a, b) で微分可能' としたのは，区間の境界 $x = a, b$ で微分できない（右微分または左微分のみ可能）ためです．

まず，$f(x)$ が恒等的に 0，つまり $f(x) = 0$ $(a \leq x \leq b)$ ならば，$f'(x)$ は恒等的に 0 ですから，全ての c $(a < c < b)$ で $f'(c) = 0$ です．

$f(x)$ が恒等的に 0 でないときは，$f(x)$ の値が正または負になるところがあります．そこで，$f(x) > 0$ となるところがある場合を考えましょう．その場合，$f(x)$ が最大となる c $(a < c < b)$ があります．$f(c)$ が最大値であること，および $f(x)$ が c で微分可能 ($f'(c) = f'(c + 0) = f'(c - 0)$) であることを利用して，$f'(c) = 0$ を示します．c で最大ですから，$\Delta x > 0$ のとき，区間 $[c, c + \Delta x]$ における $f(x)$ の平均変化率は非正です（※平らな場合も考える）：

$$\frac{f(c + \Delta x) - f(c)}{\Delta x} \leq 0.$$

よって，右微分係数 $f'(c + 0)$ は

$$f'(c + 0) = \lim_{\Delta x \to +0} \frac{f(c + \Delta x) - f(c)}{\Delta x} \leq 0$$

となります．一方，$\Delta x < 0$ のとき，区間 $[c + \Delta x, c]$ における $f(x)$ の平均変化率は非負：

$$\frac{f(c + \Delta x) - f(c)}{\Delta x} \geq 0.$$

よって，

$$f'(c - 0) = \lim_{\Delta x \to -0} \frac{f(c + \Delta x) - f(c)}{\Delta x} \geq 0$$

が得られます．以上の議論から，

$$0 \leq f'(c - 0) = f'(c) = f'(c + 0) \leq 0, \quad \text{よって} \quad f'(c) = 0$$

が成り立ちます．（どうです．こんな議論なら文句のつけようがないでしょう）．$f(x) < 0$ となる区間がある場合は，$f(x)$ が最小となる c $(a < c < b)$ が存在し，上の場合と同様に，

$$0 \geq f'(c - 0) = f'(c) = f'(c + 0) \geq 0, \quad \text{よって} \quad f'(c) = 0$$

が成り立ちます（練習問題として，やってみましょう）．

13.1.1.2 平均値の定理

ロルの定理から，**平均値の定理** が導かれます：

関数 $f(x)$ が閉区間 $[a, b]$ で連続，開区間 (a, b) で微分可能なとき，$\dfrac{f(b) - f(a)}{b - a} = f'(c)$ を満たす c $(a < c < b)$ が存在する．（平均値の定理）

この定理を証明するために，2 点 $A(a, f(a))$, $B(b, f(b))$ を通る直線の方程式

$$y = \frac{f(b) - f(a)}{b - a}(x - a) + f(a)$$

を利用しましょう．関数 $f(x)$ とこの直線の式との差を

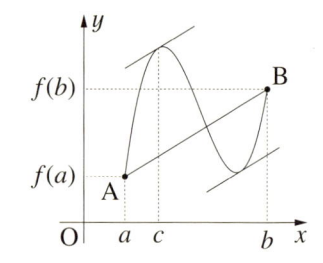

$$F(x) = f(x) - \left\{ \frac{f(b) - f(a)}{b - a}(x - a) + f(a) \right\}$$

とおくと，$F(x)$ は閉区間 $[a, b]$ で連続，開区間 (a, b) で微分可能な関数で，

$$F(a) = F(b) = 0$$

が成り立ち，$F(x)$ はロルの定理が成立するための条件を満たします．したがって，ロルの定理より $F'(c) = 0$ を満たす c $(a < c < b)$ が存在します．よって，

$$F'(c) = f'(c) - \frac{f(b) - f(a)}{b - a} = 0 \Leftrightarrow f'(c) = \frac{f(b) - f(a)}{b - a}$$

を満たす c $(a < c < b)$ が存在し，平均値の定理が示されました．

平均値の定理の意味は，関数 $y = f(x)$ のグラフにおいて，開区間 (a, b) にある曲線上のある点で，その点における接線の傾きが区間 $[a, b]$ における $f(x)$ の平均変化率 $\dfrac{f(b) - f(a)}{b - a}$ と一致するような点があることですね．

では，ここで練習問題です．関数 $f(x)$ が閉区間 $[a, b]$ で連続で，開区間 (a, b) で恒等的に $f'(x) = 0$ ならば，$f(x)$ は定数になることを示せ．ヒント：閉区間 $[a, b]$ 上の任意の x に対して，閉区間 $[a, x]$ で平均値の定理を適用します．$\dfrac{f(x) - f(a)}{x - a} = f'(c)$ を満たす c $(a < c < x)$ が存在しますね．平均値の定理の式に $f(x)$ を巻き込むのがミソです．

§13.1 ロピタルの定理

13.1.1.3 コーシーの平均値の定理

ロピタルの定理を直接導くのに用いられるのは，フランスの数学者コーシー（Augustin Louis Cauchy, 1789～1857）による，**コーシーの平均値の定理**といわれるものです：

関数 $f(x)$, $g(x)$ は閉区間 $[a, b]$ で連続，開区間 (a, b) で微分可能で，$g'(x) \neq 0$ のとき

$$\frac{f(b) - f(a)}{g(b) - g(a)} = \frac{f'(c)}{g'(c)}$$ を満たす c $(a < c < b)$ が存在する．

（コーシーの平均値の定理）

この定理は $g(x) = x$ の特別な場合として平均値の定理を含みます．

この定理を証明するには，ロルの定理が利用できるように，平均値の定理の場合と同様

$$F(x) = \{g(b) - g(a)\}\{f(x) - f(a)\} - \{f(b) - f(a)\}\{g(x) - g(a)\}$$

とおきます．こうすると，$F(a) = F(b) = 0$ が成り立ちますね．よって，

$$F'(c) = \{g(b) - g(a)\}f'(c) - \{f(b) - f(a)\}g'(c) = 0$$

を満たす c $(a < c < b)$ が存在しますね．注意すべき点は $g(b) - g(a) \neq 0$ を示さないといけないことです．$g'(x) \neq 0$ の条件は開区間 (a, b) の全ての x に対して成り立ちます．よって，平均値の定理より $g(b) - g(a) = (b - a)g'(c')$ を満たす c' $(a < c' < b)$ が存在して，$g'(c') \neq 0$ ですから，$g(b) - g(a) \neq 0$ ですね．

13.1.2 ロピタルの定理

13.1.2.1 ロピタルの定理の基本形

さて，いよいよロピタル（Guillaume F.A.M. de L'Hôpital, 1661～1704, フランス）の名を冠する**ロピタルの定理**です：

関数 $f(x)$, $g(x)$ は a を含む区間で連続で，高々 a を除いて微分可能で，$g'(x) \neq 0$ であり，$f(a) = g(a) = 0$ のとき，有限な極限値 $\lim_{x \to a} \dfrac{f'(x)}{g'(x)}$ が存在するならば，

$$\lim_{x \to a} \frac{f(x)}{g(x)} = \lim_{x \to a} \frac{f'(x)}{g'(x)}.$$

（ロピタルの定理Ⓐ）

こんな定理が成立しても特に不思議ではないことは，$f'(a)$, $g'(a)$ が存在して $g'(a) \neq 0$ のとき，$x = a + \Delta x$ とおくと $x \to a \Leftrightarrow \Delta x \to 0$ で，$f(a) = g(a) = 0$ だから，

$$\lim_{x \to a} \frac{f(x)}{g(x)} = \lim_{\Delta x \to 0} \frac{f(a + \Delta x) - f(a)}{g(a + \Delta x) - g(a)} = \lim_{\Delta x \to 0} \frac{\dfrac{f(a + \Delta x) - f(a)}{\Delta x}}{\dfrac{g(a + \Delta x) - g(a)}{\Delta x}}$$

$$= \frac{f'(a)}{g'(a)}$$

が成り立つことから納得がいくと思います．ロピタルの定理の重要な点は '$f'(a)$, $g'(a)$ が存在しない場合でも成立する' ことです．

$a < x$ と $x < a$ の場合に分けて考えましょう．閉区間 $[a, x]$ でコーシーの平均値の定理を適用すると，$f(a) = g(a) = 0$ に注意して，

$$\frac{f(x) - f(a)}{g(x) - g(a)} = \frac{f(x)}{g(x)} = \frac{f'(x')}{g'(x')}$$

を満たす x' $(a < x' < x)$ があります．ここで，$x \to a+0$ のとき $x' \to a+0$ で，このとき

$$\lim_{x' \to a+0} \frac{f'(x')}{g'(x')} = \lim_{x \to a+0} \frac{f'(x)}{g'(x)}$$

なので

$$\lim_{x \to a+0} \frac{f(x)}{g(x)} = \lim_{x \to a+0} \frac{f'(x)}{g'(x)}$$

が成り立ちます．同様に，閉区間 $[x, a]$ でコーシーの平均値の定理を適用して，

$$\lim_{x \to a-0} \frac{f(x)}{g(x)} = \lim_{x \to a-0} \frac{f'(x)}{g'(x)}$$

が得られます（確かめましょう）．

ここで，$\lim_{x \to a} \dfrac{f'(x)}{g'(x)}$ が存在する場合を考えているので，

$$\lim_{x \to a+0} \frac{f'(x)}{g'(x)} = \lim_{x \to a-0} \frac{f'(x)}{g'(x)}, \quad \text{よって} \quad \lim_{x \to a+0} \frac{f(x)}{g(x)} = \lim_{x \to a-0} \frac{f(x)}{g(x)}$$

が成り立ち，

§13.1 ロピタルの定理

$$\lim_{x \to a} \frac{f(x)}{g(x)} = \lim_{x \to a} \frac{f'(x)}{g'(x)}$$

が得られます．

　この定理が受験生に重宝がられる理由を練習問題で見てみましょう．既に学んだ公式 $\lim_{x \to 0} \frac{1 - \cos x}{x^2} = \frac{1}{2}$ をロピタルの定理を用いて確かめよ．ヒント：ロピタルの定理は繰り返し用いても構いません．

13.1.2.2　ロピタルの定理の発展形1

　ロピタルの定理Ⓐで，a を無限大にした場合も成立します：
関数 $f(x)$, $g(x)$ は十分大きな全ての x について微分可能で，
$\lim_{x \to \infty} f(x) = \lim_{x \to \infty} g(x) = 0$ のとき，有限な極限値 $\lim_{x \to \infty} \frac{f'(x)}{g'(x)}$ が存在するならば，

$$\lim_{x \to \infty} \frac{f(x)}{g(x)} = \lim_{x \to \infty} \frac{f'(x)}{g'(x)}. \qquad (\text{ロピタルの定理Ⓑ})$$

　証明は，上式で $x = \frac{1}{t}$ とおいて，合成関数の微分法を用いればよいのですが，微妙な点があるので丁寧に導きましょう．t の関数 $F(t)$, $G(t)$ が閉区間 $[0, b]$ で連続で，開区間 $(0, b)$ で微分可能で，$G'(t) \ne 0$ のとき，$F(0) = G(0) = 0$ ならば，ロピタルの定理Ⓐを導いたときと同様にして，

$$\lim_{t \to +0} \frac{F(t)}{G(t)} = \lim_{t \to +0} \frac{F'(t)}{G'(t)} = \lim_{t \to +0} \frac{\frac{dF(t)}{dt}}{\frac{dG(t)}{dt}}$$

を得ます．ここで，$F(t) = f\left(\frac{1}{t}\right)$, $G(t) = g\left(\frac{1}{t}\right)$ とおいて，$x = \frac{1}{t}$ とすると

$$\lim_{t \to +0} \frac{f(x)}{g(x)} = \lim_{t \to +0} \frac{\frac{df(x)}{dt}}{\frac{dg(x)}{dt}} = \lim_{t \to +0} \frac{\frac{df(x)}{dx}\frac{dx}{dt}}{\frac{dg(x)}{dx}\frac{dx}{dt}} = \lim_{t \to +0} \frac{f'(x)}{g'(x)},$$

$$\text{よって} \quad \lim_{t \to +0} \frac{f(x)}{g(x)} = \lim_{t \to +0} \frac{f'(x)}{g'(x)}$$

が得られます．ここで，$t \to +0$ のとき $x \to +\infty$ だから

$$\lim_{x \to \infty} \frac{f(x)}{g(x)} = \lim_{x \to \infty} \frac{f'(x)}{g'(x)}$$

が成り立ちます．

同様に，ロピタルの定理Ⓐで a を負の無限大にした場合も成立します．ロピタルの定理Ⓑの導き方と同じなので挑戦してみましょう．

では，練習問題です．
$$\lim_{x \to \infty} x^n \sin^n \frac{1}{x}$$

を求めよ．まず，与式 $= \lim_{x \to \infty} \left(\sin^n \frac{1}{x}\right) / \left(\frac{1}{x}\right)^n$ と変形して，$x = \frac{1}{t}$ とおくと，$x \to \infty$ のとき $t \to +0$．よって，

$$\text{与式} = \lim_{t \to +0} \frac{\sin^n t}{t^n} = \lim_{t \to +0} \left(\frac{\sin t}{t}\right)^n = \left(\lim_{t \to +0} \frac{\sin t}{t}\right)^n = \left(\lim_{t \to +0} \frac{(\sin t)'}{(t)'}\right)^n = \left(\lim_{t \to +0} \frac{\cos t}{1}\right)^n$$

より，与式 $= \left(\frac{1}{1}\right)^n = 1$ となります．

13.1.2.3　ロピタルの定理の発展形2

ロピタルの定理Ⓐで $f(a)$, $g(a)$ が正または負の無限大のときも成立します：関数 $f(x)$, $g(x)$ は a を含む区間で，a を除いて微分可能で，$g'(x) \neq 0$ であり，$|f(x)| \to \infty$, $|g(x)| \to \infty$ $(x \to a)$ のとき，有限な極限値 $\lim_{x \to a} \frac{f'(x)}{g'(x)}$ が存在するならば，

$$\lim_{x \to a} \frac{f(x)}{g(x)} = \lim_{x \to a} \frac{f'(x)}{g'(x)}. \qquad (\text{ロピタルの定理Ⓒ})$$

証明は少々巧妙です．閉区間 $[x, y]$ $(a < x < y)$，または，$[y, x]$ $(y < x < a)$ でコーシーの平均値の定理を適用し，$x \to a$ の極限，続いて $y \to a$ の極限を考えます．

まず，

$$\frac{f(x)}{g(x)} = \frac{f(x) - f(y)}{g(x)} + \frac{f(y)}{g(x)} = \frac{g(x) - g(y)}{g(x)} \frac{f(x) - f(y)}{g(x) - g(y)} + \frac{f(y)}{g(x)}$$
$$= \left\{1 - \frac{g(y)}{g(x)}\right\} \frac{f(x) - f(y)}{g(x) - g(y)} + \frac{f(y)}{g(x)}$$

と変形しておきます．コーシーの平均値の定理より

$$\frac{f(x) - f(y)}{g(x) - g(y)} = \frac{f'(x')}{g'(x')}$$

§13.1 ロピタルの定理

を満たす $x'\,(a<x<x'<y,\ $ または, $y<x'<x<a)$ が存在します. よって,

$$\frac{f(x)}{g(x)}=\left\{1-\frac{g(y)}{g(x)}\right\}\frac{f'(x')}{g'(x')}+\frac{f(y)}{g(x)}\qquad (a<x<x'<y,\ \text{または},\ y<x'<x<a)$$

が成り立ちます. ここで, $x\to a$ のとき $|g(x)|\to\infty$ なので,

$$\frac{g(y)}{g(x)}\to 0,\qquad \frac{f(y)}{g(x)}\to 0\qquad (x\to a)$$

となり,

$$\lim_{x\to a}\frac{f(x)}{g(x)}=\lim_{x\to a}\frac{f'(x')}{g'(x')}\qquad (a<x<x'<y,\ \text{または},\ y<x'<x<a)$$

が得られます. 次に, 上式で $y\to a$ の極限を考えますが, 左辺は y に依存しないので, 右辺のみに関係します. $y\to a$ のとき, $a<x'<y$ より $x'\to a$ なので

$$\lim_{x\to a}\frac{f(x)}{g(x)}=\lim_{y\to a}\lim_{x\to a}\frac{f'(x')}{g'(x')}=\lim_{x'\to a}\frac{f'(x')}{g'(x')}=\lim_{x\to a}\frac{f'(x)}{g'(x)}$$

が得られ, $|f(x)|\to\infty,\ |g(x)|\to\infty\ (x\to a)$ のときも

$$\lim_{x\to a}\frac{f(x)}{g(x)}=\lim_{x\to a}\frac{f'(x)}{g'(x)}$$

が成立します. (より厳密な議論をするには, 先ほどの等式

$$\frac{f(x)}{g(x)}=\left\{1-\frac{g(y)}{g(x)}\right\}\frac{f'(x')}{g'(x')}+\frac{f(y)}{g(x)}\qquad (a<x<x'<y,\ \text{または},\ y<x'<x<a)$$

において, $\dfrac{g(y)}{g(x)}\to 0,\ \dfrac{f(y)}{g(x)}\to 0$ を満たすような同時極限操作 $x\to a$ かつ $y\to a$ を行います. これは, x が a に近づく速さを y が a に近づく速さよりも十分に速くすれば可能です. このとき, $x'\to a$ です.)

このロピタルの定理©は a が正または負の無限大になるときも成立します. ロピタルの定理⑬,©の導出方法を参考にしてその証明に挑戦するとよいでしょう.

なお, ロピタルの定理は $\lim\limits_{x\to a}\dfrac{f'(x)}{g'(x)}$ が正または負の無限大のときも成立することが示されます. これは $\lim\limits_{x\to a}\dfrac{g'(x)}{f'(x)}=0$ と同じですから, $\dfrac{g(x)}{f(x)}$ についてのロピタルの定理を考えると納得がいくでしょう.

では，練習問題です．$\lim_{x\to 0} x\log|x|$ を求めよ．ヒント：分数形に直しましょう．答は 0 です．なお，この問題では $f'(a)$, $g'(a)$ に当たるものが存在しない場合であることに注意しましょう．同様にして，重要な定理

$$\lim_{x\to +0} x^\alpha \log x = 0 \qquad (\alpha > 0)$$

を示しましょう．α は任意に小さい正数で構いません．$x \to +0$ のとき $\log x$ は非常にゆっくりと負の無限大に発散することがわかります．

§13.2 テイラーの定理と関数の近似式

関数電卓で $\sin 10°$ と打つと，あっという間に 0.173648177 などと出てきますね．有効数字が 32 桁の答 0.17364817766693034885171662676931 もパソコンの電卓を使うと訳(わけ)はありません．関数を実用する際には近似計算が欠かせません．近似計算の原理を学びましょう．

13.2.1 高次導関数

関数 $f(x)$ の微分係数の定義

$$\lim_{\Delta x\to 0}\frac{f(a+\Delta x)-f(a)}{\Delta x} = \lim_{x\to a}\frac{f(x)-f(a)}{x-a} = f'(a) \qquad (x = a+\Delta x)$$

より，a の近傍で

$$\frac{f(x)-f(a)}{x-a} \fallingdotseq f'(a) \Leftrightarrow f(x) \fallingdotseq f(a) + f'(a)(x-a)$$

が成り立ち，$f(x)$ が関数値 $f(a)$ と微分係数 $f'(a)$ を用いて近似されます．実際，平均値の定理 $f(x)-f(a) = f'(c)(x-a)$ (c は a と x の間) から，$f'(c) \fallingdotseq f'(a)$ のときはよい近似であることがわかります．

さらに，近似を望む精度に高める方法があります．その原理は平均値の定理を一般化した「テイラーの定理」にあり，$f(x)$ を何度も微分した **高次導関数**（高階導関数）の知識が必要になります．まずは，高次導関数を学びましょう．

関数 $f(x)$ の 2 次導関数 $f''(x) = \{f'(x)\}'$ については既に学びました．$f''(x)$ がさらに微分可能なときは 3 次・4 次・$\cdots$・n 次導関数が存在します．関数

§13.2 テイラーの定理と関数の近似式

$y = f(x)$ が n 回まで微分可能なとき，$f(x)$ は **n 回微分可能** であるといい，$f(x)$ の n 次導関数を記号

$$y^{(n)}, \quad f^{(n)}(x), \quad \{f(x)\}^{(n)}, \quad \frac{d^n y}{dx^n}, \quad \frac{d^n f(x)}{dx^n}, \quad \frac{d^n}{dx^n} f(x)$$

などで表します．記号 $\dfrac{d^n y}{dx^n}$ は，y' を $\dfrac{dy}{dx}$ と書いたのと同様に，$\dfrac{d}{dx} \cdot \dfrac{d}{dx} \cdots \dfrac{dy}{dx}$ の意味で書いたものと思われます．なお，統一的な記述のために，$f^{(0)}(x) = f(x)$, $f^{(1)}(x) = f'(x)$ なども用いましょう．

例として x^α （α は実数）の n 次導関数を求めてみましょう．$\{x^\alpha\}' = \alpha x^{\alpha-1}$，よって 2 次導関数は $\{x^\alpha\}^{(2)} = \alpha(\alpha-1)x^{\alpha-2}, \cdots$，ですから

$$\{x^\alpha\}^{(n)} = \alpha(\alpha-1)\cdots(\alpha-n+1)x^{\alpha-n}$$

ですね．

13.2.2 テイラーの定理

13.2.2.1 テイラーの定理

一般の n 次の多項式は，常に

$$f(x) = a_n(x-a)^n + a_{n-1}(x-a)^{n-1} + \cdots + a_1(x-a) + a_0$$

の形に書くことができます．実際，$f(x)$ を $(x-a)^n$ で割り，次に，その余りを $(x-a)^{n-1}$ で割り，$\cdots$ と続けていくと，上の形が得られます．このとき，係数 $a_0, a_1, \cdots, a_n$ を高次の微分係数 $f^{(k)}(a)$ ($k = 0, 1, \cdots, n$) を用いて表すことができます．

まず，$f(a) = a_0$．次に，
$$f'(x) = na_n(x-a)^{n-1} + (n-1)a_{n-1}(x-a)^{n-2} + \cdots + 2a_2(x-a) + a_1$$
より，$f'(a) = a_1$．

$$f''(x) = n(n-1)a_n(x-a)^{n-2} + (n-1)(n-2)a_{n-1}(x-a)^{n-3} + \cdots + 3\cdot 2 a_3(x-a) + 2a_2$$
より，$f''(a) = 2a_2$．

$$f^{(3)}(x) = n(n-1)(n-2)a_n(x-a)^{n-3} + (n-1)(n-2)(n-3)a_{n-1}(x-a)^{n-4} + \cdots$$
$$+ 4\cdot 3\cdot 2 a_4(x-a) + 3\cdot 2 a_3$$

より，$f^{(3)}(a) = 3!a_3$．これを続けていって，

$$f^{(k)}(a) = k!\,a_k \Leftrightarrow a_k = \frac{f^{(k)}(a)}{k!} \qquad (k = 0,\ 1,\ 2,\cdots,\ n)$$

であることがわかります ($0! = 1$)．よって，n 次の多項式については

$$f(x) = \frac{f^{(n)}(a)}{n!}(x-a)^n + \frac{f^{(n-1)}(a)}{(n-1)!}(x-a)^{n-1} + \cdots + f'(a)(x-a) + f(a)$$
$$= \sum_{k=0}^{n} \frac{f^{(k)}(a)}{k!}(x-a)^k$$

のように表示できます．ただし，$(x-a)^0 = 1$ です．

練習しておきましょう．$f(x) = x^3$ を上の形に直せ．ヒント：$f'(x) = 3x^2$, $f''(x) = 6x$, $f^{(3)}(x) = 6$ ですね．よって，答は

$$f(x) = (x-a)^3 + 3a(x-a)^2 + 3a^2(x-a) + a^3$$

ですね．右辺を展開して x^3 に戻ることを確認しましょう．

テイラーの定理 は，平均値の定理を一般化し，一般の関数についても上の表示と類似のものが成り立つことを示します：

関数 $f(x)$ は閉区間 $[a,\ b]$ で n 次導関数が連続で，
開区間 $(a,\ b)$ で $n+1$ 回微分可能ならば，

$$f(b) = \sum_{k=0}^{n} \frac{f^{(k)}(a)}{k!}(b-a)^k + \frac{f^{(n+1)}(c)}{(n+1)!}(b-a)^{n+1}$$

を満たす c $(a < c < b)$ が存在する． （テイラーの定理）

$n = 0$ のとき，この定理は平均値の定理に戻りますね．

テイラーの定理の証明は，

$$f(b) = \sum_{k=0}^{n} \frac{f^{(k)}(a)}{k!}(b-a)^k + \frac{p}{(n+1)!}(b-a)^{n+1} \qquad (*)$$

と仮定してみたとき，

$$p = f^{(n+1)}(c) \qquad (a < c < b)$$

であることを示せば済みます．

§13.2 テイラーの定理と関数の近似式

そのために，平均値の定理の場合と同様，ロルの定理を用いましょう．今度は

$$F(x) = f(b) - \left\{ \sum_{k=0}^{n} \frac{f^{(k)}(x)}{k!}(b-x)^k + \frac{p}{(n+1)!}(b-x)^{n+1} \right\}$$

とおくと，(∗) より

$$F(a) = F(b) = 0$$

が成り立ちます（$(b-x)^0 = 1$ に注意）．よって，ロルの定理より

$$F'(c) = 0 \qquad (a < c < b)$$

を満たす c が存在します．

さて，$F'(x)$ を計算して上の条件 $F'(c) = 0$ を役立てましょう．以下の計算で，$k = 1, 2, 3, \cdots, n$ のとき $l = k-1$ とおくと，$l = 0, 1, 2, \cdots, n-1$ です．

$$-F'(x) = \sum_{k=0}^{n} \frac{f^{(k+1)}(x)}{k!}(b-x)^k - \sum_{k=1}^{n} \frac{f^{(k)}(x)}{(k-1)!}(b-x)^{k-1} - \frac{p}{n!}(b-x)^n$$

$$= \sum_{k=0}^{n} \frac{f^{(k+1)}(x)}{k!}(b-x)^k - \sum_{l=0}^{n-1} \frac{f^{(l+1)}(x)}{l!}(b-x)^l - \frac{p}{n!}(b-x)^n$$

$$= \frac{f^{(n+1)}(x)}{n!}(b-x)^n - \frac{p}{n!}(b-x)^n$$

$$= \frac{f^{(n+1)}(x) - p}{n!}(b-x)^n.$$

よって，$F'(c) = 0$ より $p = f^{(n+1)}(c)$ が得られ，定理は証明されました．

テイラーの定理は，$a > b$ のときでも，$a > c > b$ とすれば成り立ちます．証明の過程を見直して確かめましょう．

（テイラーの定理）の表現では，$b = x$ とか $b = a+h$ とおいた形もよく用いられます．また，$c = a + \theta(b-a)$ $(0 < \theta < 1)$ が成り立つので，c の代わりに θ を用いることもあります．

特に $a = 0$ の場合は**マクローリン**[1]**の定理**とも呼ばれます：

$$f(x) = \sum_{k=0}^{n} \frac{f^{(k)}(0)}{k!}x^k + \frac{f^{(n+1)}(\theta x)}{(n+1)!}x^{n+1} \qquad (0 < \theta < 1). \qquad \text{(M)}$$

この表示では，$b = x$ とおいて，$a = 0$ より $c = \theta b = \theta x$ を用いました．

---

[1] Colin Maclaurin, 1698〜1746, イギリス．

テイラーの定理やマクローリンの定理に現れる最後の項は **剰余項** といわれ，関数の近似の誤差を評価する際に重要になります．

13.2.2.2 剰余項の別表現

テイラーの定理：

$$f(x) = \sum_{k=0}^{n} \frac{f^{(k)}(a)}{k!}(x-a)^k + R_{n+1}, \qquad R_{n+1} = \frac{f^{(n+1)}(c)}{(n+1)!}(x-a)^{n+1}$$

(c は a と x の間) の剰余項

$$R_{n+1} = f(x) - \sum_{k=0}^{n} \frac{f^{(k)}(a)}{k!}(x-a)^k \qquad (**)$$

は重要なので，その別表現を調べておきましょう．上式より R_{n+1} は，x を固定したとき a の関数と見なすことができるので，$F(a) = R_{n+1}$ とおきましょう．

関数 $F(a)$，$G(a) = x - a$ にコーシーの平均値の定理を適用します．$F(x) = 0$，$G(x) = 0$ に注意すると

$$\frac{F(a) - F(x)}{G(a) - G(x)} = \frac{F(a)}{G(a)} = \frac{F'(c')}{G'(c')} \qquad (c' は a と x の間)$$

より，

$$F(a) = -F'(c')(x-a) \qquad (c' は a と x の間)$$

となるので，($**$) を用いて $F'(c')$ を求めましょう．テイラーの定理の証明のときと同様にして，

$$F'(a) = -\frac{f^{(n+1)}(a)}{n!}(x-a)^n$$

が得られます（確かめましょう）．よって，$c' = a + \theta'(x-a)$ $(0 < \theta' < 1)$ とおくと，$x - c' = (1 - \theta')(x - a)$ だから，

$$F'(c') = -\frac{f^{(n+1)}(c')}{n!}\{(1-\theta')(x-a)\}^n.$$

よって，「コーシーの剰余項」と呼ばれる，剰余項の別表現

$$R_{n+1} = F(a) = \frac{f^{(n+1)}(c')}{n!}(1-\theta')^n(x-a)^{n+1} \qquad \text{(Rc)}$$

($c' = a + \theta'(x-a)$，$0 < \theta' < 1$) が得られます．この表現は対数関数の近似を考えるときに用いられます．

13.2.3 関数の n 次式近似と関数電卓の原理

13.2.3.1 近似と誤差

簡単のために，マクローリンの定理 (M)：

$$f(x) = \sum_{k=0}^{n} \frac{f^{(k)}(0)}{k!} x^k + \frac{f^{(n+1)}(\theta x)}{(n+1)!} x^{n+1} \qquad (0 < \theta < 1)$$

を用いて，それから剰余項をとり除いて得られる，関数 $f(x)$ の 'n 次の近似式'

$$f_n(x) = \sum_{k=0}^{n} \frac{f^{(k)}(0)}{k!} x^k$$

を議論しましょう．重要な点は，上の近似式は整式であり，'整式はいくらでも精度よく計算できる' ことです．マクローリンの定理 (M) の剰余項は整式ではなく，その絶対値

$$\varepsilon_{n+1}(x) = \left| \frac{f^{(n+1)}(\theta x)}{(n+1)!} x^{n+1} \right|$$

は近似の **誤差** といわれます．

誤差 $\varepsilon_{n+1}(x)$ の大きさを評価しましょう．分母 $(n+1)!$ は n が大きくなると急速に増大します．$|x| < m$ (m は自然数) とすると，

$$\frac{|x|^{n+1}}{(n+1)!} = \frac{|x|^{m-1}}{(m-1)!} \cdot \frac{|x|}{m} \cdot \frac{|x|}{m+1} \cdot \ldots \cdot \frac{|x|}{n+1} < \frac{|x|^{m-1}}{(m-1)!} \cdot \left(\frac{|x|}{m} \right)^{n-m+2}$$

が成り立つので，十分に大きな n をとれば $\frac{|x|^{n+1}}{(n+1)!}$ は十分に小さくなります．よって，$|f^{(n+1)}(\theta x)|$ が n の増加と共に急速に増大することがない場合には，十分に大きな n に対して，誤差 ε_{n+1} は十分に小さくなることが期待されます．

誤差 ε_{n+1} は未知の θ を含むのでその大きさを精確に評価することはできず，実用上は，ε_{n+1} より大きな **誤差の限界** と呼ばれる計算可能な量 δ_{n+1} を考え，それを誤差の代用とします．

誤差の限界 δ_{n+1} が十分に小さいと評価できる場合には，関数 $f(x)$ の n 次近似式

$$f_n(x) = \sum_{k=0}^{n} \frac{f^{(k)}(0)}{k!} x^k$$

は十分に意味があります．実用上，上の表式に誤差の限界 δ_{n+1} をつけて

$$f(x) = \sum_{k=0}^{n} \frac{f^{(k)}(0)}{k!} x^k \pm \delta_{n+1}$$

のように書くこともあります．

13.2.3.2 指数関数の近似

指数関数 $f(x) = e^x$ の近似を考えましょう．マクローリンの定理 (M) で，$f^{(k)}(x) = e^x$ だから

$$e^x = \sum_{k=0}^{n} \frac{x^k}{k!} + \frac{e^{\theta x}}{(n+1)!} x^{n+1} \qquad (0 < \theta < 1)$$

が得られます．誤差の限界 δ_{n+1} は $e^{\theta x} < e^{|x|}$ より，例えば

$$\delta_{n+1} = \frac{e^{|x|}}{(n+1)!} |x|^{n+1}$$

のようにとると評価できます．$n \gg |x|$ のとき，δ_{n+1} は十分に小さくなりますね．

$x = 1$ として，対数の底 e の近似

$$e = \sum_{k=0}^{n} \frac{1}{k!} \pm \delta_{n+1}$$

を評価してみましょう．この場合，$\delta_{n+1} = \dfrac{e}{(n+1)!}$ ですが，$e = 2.718\cdots < 3$ なので，誤差の限界を

$$\delta_{n+1} = \frac{3}{(n+1)!}$$

と評価しましょう．ちなみに $n = 10$ のとき，つまり始めの 11 項を計算すると，$\delta_{n+1} \fallingdotseq 7.5 \times 10^{-8}$ なので，上の近似式は $n = 10$ のとき有効数字が少なくとも 7 桁の精度で e の近似値を与えます．実際，$e \fallingdotseq \sum_{k=0}^{10} \frac{1}{k!}$ で計算すると $e \fallingdotseq 2.718281801\cdots$ が得られ，知られている値 $e = 2.7182818284590\cdots$ と比べると有効数字 8 桁の精度で一致しますね．δ_{n+1} は n の増加と共に急速に 0 に近づいていくことに注意しましょう．

13.2.3.3 三角関数の近似

$f(x) = \sin x$ のとき,マクローリンの定理 (M):

$$f(x) = \sum_{k=0}^{n} \frac{f^{(k)}(0)}{k!} x^k + \frac{f^{(n+1)}(\theta x)}{(n+1)!} x^{n+1} \quad (0 < \theta < 1)$$

を用いて,近似式を求めましょう.

$\{\sin x\}' = \cos x,\ \{\cos x\}' = -\sin x$ より,$f^{(0)}(x) = \sin x$,$f^{(1)}(x) = \cos x$,$f^{(2)}(x) = -\sin x$,$f^{(3)}(x) = -\cos x$,$f^{(4)}(x) = \sin x$,$\cdots$ となるので

$$f^{(k)}(x) = \begin{cases} (-1)^l \sin x & (k = 2l) \\ (-1)^l \cos x & (k = 2l+1) \end{cases} \quad (l = 0, 1, 2, \cdots).$$

よって,

$$f^{(k)}(0) = \begin{cases} 0 & (k = 2l) \\ (-1)^l & (k = 2l+1) \end{cases} \quad (l = 0, 1, 2, \cdots)$$

が得られます.

k が偶数のとき $f^{(k)}(0) = 0$ なので,マクローリンの定理 (M) で n を $2n-1$ に置き換えると,

$$\sin x = \sum_{l=0}^{n-1} \frac{(-1)^l}{(2l+1)!} x^{2l+1} + \frac{(-1)^n \sin \theta x}{(2n)!} x^{2n} \quad (0 < \theta < 1)$$

が得られます.よって,誤差 ε_{2n} は

$$\varepsilon_{2n} = \frac{|\sin \theta x|}{(2n)!} |x|^{2n}$$

となります.誤差の限界 δ_{2n} については,$|\sin \theta x| \leq 1$,および,$\sin x$ の周期が 2π なので $-\pi \leq x \leq \pi$ と制限でき,x に依存しない形で

$$\varepsilon_{2n} \leq \frac{1}{(2n)!} \pi^{2n} = \delta_{2n}$$

とすることができます.

$n = 10$ のとき,

$$\delta_{20} \fallingdotseq 3.6 \times 10^{-9}$$

となるので,この近似は有効数字が少なくとも 8 桁の精度になります.

$\cos x$ についても，同様に

$$\cos x = \sum_{l=0}^{n} \frac{(-1)^l}{(2l)!} x^{2l} + \frac{(-1)^{n+1} \sin \theta x}{(2n+1)!} x^{2n+1} \qquad (0 < \theta < 1)$$

となることが示されます．それは君の仕事にしましょう．符号に注意．最後の項から誤差の限界は，$\sin x$ の場合と同様にして，

$$\delta_{2n+1} = \frac{\pi^{2n+1}}{(2n+1)!}$$

とできます．

$n = 25$ のとき，つまり 26 項を計算すると，誤差の限界は $\delta_{51} \fallingdotseq 1.46 \times 10^{-41}$ ほどの微々たるものになります．

ここで，関数 $f(x)$ の n 次近似式

$$f_n(x) = \sum_{k=0}^{n} \frac{f^{(k)}(0)}{k!} x^k$$

を直接用いて，$f(x)$ が n と共に近似されていく様子を見てみましょう．例として，三角関数をとりましょう：

$$\sin x \fallingdotseq \sum_{l=0}^{n-1} \frac{(-1)^l}{(2l+1)!} x^{2l+1} = f_{2n-1}(x), \qquad \varepsilon_{2n} = \frac{|\sin \theta x|}{(2n)!} |x|^{2n}.$$

まず，$f_1(x) = x$ ですが，図からわかるように，これは 1 次式によって $\sin x$ を原点付近で近似しようというわけですから，$x = 0$ での接線にならざるを得ませんね．次に，$f_3(x) = x - \frac{x^3}{6}$ は 3 次式ですから，$x \fallingdotseq 0$ 付近での近似がよくなり，また近似の範囲も広がります．7 次の近似 $f_7(x)$ になると，区間 $[-\pi, \pi]$ においては肉眼ではもう $\sin x$ と区別がつきませんね．これらの様子は誤差の式 $\varepsilon_{2n} = \frac{|\sin \theta x|}{(2n)!} |x|^{2n}$ からもわかるように，x を定めればそこでの近似は近似式の次数と共によくなっていき，また近似できる範囲もその次数と共に広がっていきますね．

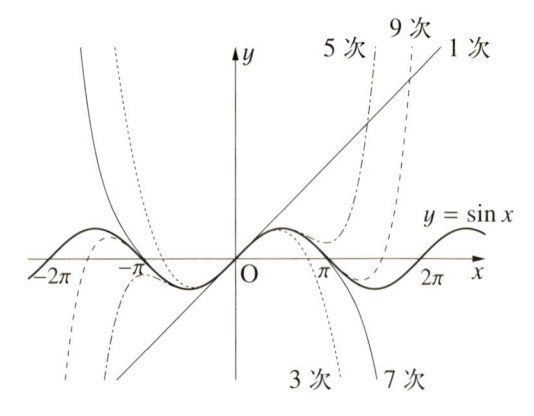

13.2.3.4　対数関数の近似

対数関数の近似は注意が要ります．議論がしやすいように

$$f(x) = \log(1+x) \qquad (-1 < x)$$

としましょう．$f'(x) = (1+x)^{-1}, f''(x) = -(1+x)^{-2}, f^{(3)}(x) = (-1)(-2)(1+x)^{-3}$, … だから，$f^{(0)}(0) = 0$ および

$$f^{(k)}(x) = \frac{(-1)^{k-1}(k-1)!}{(1+x)^k}, \qquad f^{(k)}(0) = (-1)^{k-1}(k-1)! \qquad (k \geqq 1)$$

が得られます．

よって，マクローリンの定理 (M) より，

$$\begin{aligned}\log(1+x) &= \sum_{k=1}^{n} \frac{(-1)^{k-1}(k-1)!}{k!} x^k + \frac{(-1)^n n!}{(n+1)!(1+\theta x)^{n+1}} x^{n+1} \\ &= \sum_{k=1}^{n} \frac{(-1)^{k-1}}{k} x^k + \frac{(-1)^n}{n+1}\left(\frac{x}{1+\theta x}\right)^{n+1} \qquad (0 < \theta < 1)\end{aligned}$$

が得られます．

今の場合，上式の剰余項の絶対値，つまり誤差 ε_{n+1} については，$r = \dfrac{x}{1+\theta x}$ とおくと，$|r| > 1$ のとき

$$\lim_{n \to \infty} \varepsilon_{n+1} = \lim_{n \to \infty} \frac{|r|^{n+1}}{n+1} = \infty$$

だから，n が大きくなるとき，全ての $x(>-1)$ について誤差が小さくなるとは限りません．よって，$n \to \infty$ のとき $\varepsilon_{n+1} \to 0$ となるための条件は $|r| \leqq 1$ です．その x の範囲は，$x > -1$, $0 < \theta < 1$ より $1 + \theta x > 0$ に注意すると，

$$-1 \leqq \frac{x}{1+\theta x} \leqq 1 \Leftrightarrow -1 - \theta x \leqq x, \ x \leqq 1 + \theta x \Leftrightarrow \frac{-1}{1+\theta} \leqq x \leqq \frac{1}{1-\theta}$$

となります．

θ は x に依存するので上の不等式を正確には解けませんが，$0 < \theta < 1$ を利用すると，n が大きいとき誤差 ε_{n+1} が小さくなるための '安全な x' の範囲が得られます．$0 < \theta < 1$ より

$$1 < 1 + \theta < 2 \Leftrightarrow 1 > \frac{1}{1+\theta} > \frac{1}{2} \Leftrightarrow -1 < \frac{-1}{1+\theta} < -\frac{1}{2}.$$

同様にして，
$$1 < \frac{1}{1-\theta} < +\infty$$
が得られるので（確かめましょう），
$$-\frac{1}{2} \leq x \leq 1$$
ならば確実に ε_{n+1} が小さくなることがわかります．

先に議論したコーシーの剰余項 (Rc) を用いるとこの範囲を $-1 < x \leq 1$ まで広げることができます．マクローリンの定理 (M) と (Rc) より，一般に
$$f(x) = \sum_{k=0}^{n} \frac{f^{(k)}(0)}{k!} x^k + R_{n+1},$$
$$R_{n+1} = \frac{f^{(n+1)}(\theta' x)}{n!} (1-\theta')^n x^{n+1} \qquad (0 < \theta' < 1)$$
のように表されます．$f(x) = \log(1+x)$ については，コーシーの剰余項は
$$R_{n+1} = \frac{(-1)^n}{(1+\theta' x)^{n+1}} (1-\theta')^n x^{n+1}$$
となり，よって，誤差 ε_{n+1} は
$$\varepsilon_{n+1} = |R_{n+1}| = \frac{1}{1-\theta'} \left| \frac{(1-\theta')x}{1+\theta' x} \right|^{n+1}$$
となります．

$\varepsilon_{n+1} \to 0 \, (n \to \infty)$ となる条件は，$-1 < x, \, 0 < \theta' < 1$ より，
$$-1 < \frac{(1-\theta')x}{1+\theta' x} < 1 \Leftrightarrow -1 - \theta' x < (1-\theta')x < 1 + \theta' x$$
となります．$-1 - \theta' x < (1-\theta')x$ から $-1 < x$ が得られます．$(1-\theta')x < 1 + \theta' x$ については，$-1 < x \leq 0$ のときは満たされています．$x > 0$ のときは
$$(1-\theta')x < 1 + \theta' x \Leftrightarrow (1-2\theta')x < 1$$
より，$1 - 2\theta' < 0$ なら満たされているので，$1 - 2\theta' > 0$，つまり $\theta' < \frac{1}{2}$ なら
$$x < \frac{1}{1-2\theta'}$$
で，$0 < \theta' < \frac{1}{2}$ より $1 < \frac{1}{1-2\theta'}$ となるので，$x \leq 1$ が得られます．よって，$-1 < x \leq 1$ のとき $\varepsilon_{n+1} \to 0 \, (n \to \infty)$ となります．

範囲 $-1 < x \leq 1$ はこれ以上広げられません．実際，n 次近似

$$\log(1+x) \fallingdotseq \sum_{k=1}^{n} \frac{(-1)^{k-1}}{k} x^k$$

において，$|x| > 1$ のとき

$$\lim_{n \to \infty} \frac{(-1)^{n-1}}{n} x^n$$

は発散し，よって近似式も n と共に発散します．$x = -1$ のときは，$\log(1+x)$ の導関数そのものが存在しないので，マクローリンの定理が成り立ちません．

点 $x = -1$ は原点から 1 の距離にあって，$|x| < 1$ のとき $\log(1+x)$ の剰余項 R_{n+1} は $n \to \infty$ で消滅し，n 次近似はいくらでも大きな n についても成立するというわけです．一般に，x を複素数としたとき，複素数の関数 $f(x)$ の原点から最も近い微分不可能な複素数点を α とすると，$|x| < |\alpha|$ のとき $R_{n+1} \to 0$ $(n \to \infty)$ となることが知られています．それは大学の講義で習います．

§13.3　関数の無限級数表示

13.3.1　無限級数表示

指数関数や三角関数の n 次式近似において，誤差 ε_{n+1} は $n \to \infty$ の極限で 0 になることがわかりました．また，対数関数 $\log(1+x)$ については $-1 < x \leq 1$ のときそうなりました．一般に，テイラーの定理

$$f(x) = \sum_{k=0}^{n} \frac{f^{(k)}(a)}{k!} (x-a)^k + \frac{f^{(n+1)}(c)}{(n+1)!} (x-a)^{n+1} \qquad (c \text{ は } a \text{ と } x \text{ の間})$$

より，関数 $f(x)$ が無限回微分可能で，$|x-a| < R$ のとき，$n \to \infty$ で誤差 ε_{n+1} が消滅するならば，つまり

$$\varepsilon_{n+1} = \left| \frac{f^{(n+1)}(c)}{(n+1)!} (x-a)^{n+1} \right| \to 0 \qquad (n \to \infty)$$

が成り立つならば，$f(x)$ はべきの形の無限級数

$$f(x) = \sum_{k=0}^{\infty} \frac{f^{(k)}(a)}{k!} (x-a)^k \qquad (|x-a| < R) \qquad \text{（テイラー展開）}$$

の形に表すことができますね．この表式を関数 $f(x)$ の **テイラー展開** または **テイラー級数** といいます．特に $a = 0$ の場合

$$f(x) = \sum_{k=0}^{\infty} \frac{f^{(k)}(0)}{k!} x^k \qquad (|x| < R) \qquad (\text{マクローリン展開})$$

を **マクローリン展開** またはマクローリン級数といいます．

無限級数 $\sum_{k=0}^{\infty} f_k(x)$ に対して，その導関数は「項別微分の定理」といわれる

$$\frac{d}{dx} \sum_{k=0}^{\infty} f_k(x) = \sum_{k=0}^{\infty} f_k'(x) \qquad (\text{P}_\infty)$$

によって計算できます．この定理が成立するための条件は $f_k'(x)$ の存在と無限級数 $\sum_{k=0}^{\infty} f_k'(x)$ の収束です．その証明には積分の知識が必要なので，それは積分の章で行うことにして，ここではその定理 (P_∞) を前もって利用しましょう．

13.3.2　指数関数・三角関数の無限級数表示

§§13.2.3.2 指数関数の近似で議論したように，指数関数は

$$e^x = \sum_{k=0}^{n} \frac{x^k}{k!} + \frac{e^{\theta x}}{(n+1)!} x^{n+1} \qquad (0 < \theta < 1)$$

と表されました．§§13.2.3.1 の近似と誤差のところで議論したように，$|x| < m$ (m は自然数) のとき，

$$\frac{|x|^{n+1}}{(n+1)!} = \frac{|x|^{m-1}}{(m-1)!} \cdot \frac{|x|}{m} \cdot \frac{|x|}{m+1} \cdot \cdots \cdot \frac{|x|}{n+1} < \frac{|x|^{m-1}}{(m-1)!} \cdot \left(\frac{|x|}{m}\right)^{n-m+2}$$

だから，剰余項 R_{n+1} については

$$|R_{n+1}| = \frac{e^{\theta x}}{(n+1)!} |x|^{n+1} < \frac{e^{\theta x} |x|^{m-1}}{(m-1)!} \cdot \left(\frac{|x|}{m}\right)^{n-m+2} \to 0 \qquad (n \to \infty)$$

が成り立ちます．よって，全ての実数 x について，指数関数のマクローリン展開

$$e^x = \sum_{k=0}^{\infty} \frac{x^k}{k!} = \lim_{n \to \infty} \sum_{k=0}^{n} \frac{x^k}{k!} \qquad (|x| < \infty)$$

が成立します．

§13.4　複素数の極形式と複素指数関数　　　　　　　　　　　　　　　　　　**417**

　この表式は '指数関数を無限べき級数で定義した' とも解釈することができます．事実，この表式から項別微分の定理 (P_∞) を用いて $\{e^x\}' = e^x$ が導かれます：

$$\{e^x\}' = \sum_{k=0}^{\infty} \frac{d}{dx}\frac{x^k}{k!} = \sum_{k=0}^{\infty} \frac{kx^{k-1}}{k!} = \sum_{k=1}^{\infty} \frac{x^{k-1}}{(k-1)!} = e^x.$$

　また，指数関数のマクローリン展開は絶対収束する（各項をその絶対値で置き換えた級数が収束する）級数なので，§§11.7.2 の無限級数の積の定理 (X_∞)

$$\sum_{k=0}^{\infty} a_k \cdot \sum_{l=0}^{\infty} b_l = \sum_{n=0}^{\infty}(a_n b_0 + a_{n-1}b_1 + \cdots + a_0 b_n) = \sum_{n=0}^{\infty}\sum_{k=0}^{n} a_{n-k}b_k$$

を用いて指数法則 $e^x e^y = e^{x+y}$ を導くこともできます：
二項定理 $(x+y)^n = \sum_{k=0}^{n} {}_nC_k x^{n-k} y^k$，${}_nC_k = \frac{n!}{k!(n-k)!}$ に注意すると

$$e^x e^y = \sum_{k=0}^{\infty}\frac{x^k}{k!}\sum_{l=0}^{\infty}\frac{y^l}{l!} = \sum_{n=0}^{\infty}\sum_{k=0}^{n}\frac{x^{n-k}}{(n-k)!}\frac{y^k}{k!}$$

$$= \sum_{n=0}^{\infty}\frac{1}{n!}\sum_{k=0}^{n} {}_nC_k x^{n-k}y^k = \sum_{n=0}^{\infty}\frac{(x+y)^n}{n!} = e^{x+y}.$$

　§§13.2.3.3 の三角関数の近似の議論より，三角関数についてもマクローリン展開

$$\cos x = \sum_{l=0}^{\infty}\frac{(-1)^l}{(2l)!}x^{2l}, \quad \sin x = \sum_{l=0}^{\infty}\frac{(-1)^l}{(2l+1)!}x^{2l+1} \quad (|x| < \infty)$$

が成り立ちます．この表式も三角関数の定義と見なせます．
　では，ここで練習問題．上の表式から $\{\sin x\}' = \cos x$，$\{\cos x\}' = -\sin x$ を導け．ヒントは無用でしょう．項別微分の定理が使えるのは微分した級数が収束するときです．

§13.4　複素数の極形式と複素指数関数

　複素数がその真価を発揮し始めるのは，変数が複素数の指数関数を考えたときです．複素指数関数と三角関数の驚くべき関係や，e と i と π の間の神秘的な関係 $e^{i\pi} = -1$ にしびれましょう．

13.4.1 極形式と指数関数

複素数の章で，複素数 z の絶対値を r，偏角を θ とすると $z = r(\cos\theta + i\sin\theta)$ と表されることを学びましたね．前の § の無限級数表示の結果を用いると，驚くべき関係 $e^{ix} = \cos x + i\sin x$ を導くことができます．この関係を導く際に，§§11.7.1 で議論したように，絶対収束する無限級数は項の順序を自由に変えても収束値が変わらないことを利用します．

三角関数のマクローリン展開より

$$\cos x + i\sin x = \sum_{l=0}^{\infty} \frac{(-1)^l}{(2l)!} x^{2l} + i\sum_{l=0}^{\infty} \frac{(-1)^l}{(2l+1)!} x^{2l+1}$$

と表すことができますね．ここで，$-1 = i^2$ に注意すると，

$$(-1)^l x^{2l} = (ix)^{2l}, \qquad i(-1)^l x^{2l+1} = (ix)^{2l+1}$$

であり，三角関数のマクローリン展開は絶対収束級数なので，和をとる順を変えることができ

$$\cos x + i\sin x = \sum_{l=0}^{\infty} \frac{(ix)^{2l}}{(2l)!} + \sum_{l=0}^{\infty} \frac{(ix)^{2l+1}}{(2l+1)!} = \sum_{k=0}^{\infty} \frac{(ix)^k}{k!}$$

のように表すことができます．

ここで，指数関数のマクローリン展開

$$e^x = \sum_{k=0}^{\infty} \frac{x^k}{k!}$$

で x を ix で置き換えた式

$$e^{ix} = \sum_{k=0}^{\infty} \frac{(ix)^k}{k!}$$

によって e^{ix} を定義すると，**オイラーの公式**

$$e^{ix} = \cos x + i\sin x$$

が成り立ちます．特に $x = \pi$ のときには e, i, π を結ぶ神秘的な関係

$$e^{i\pi} = -1$$

が得られます．

§13.4 複素数の極形式と複素指数関数

e^{ix} の無限級数は，$|ix| = |x|$ ですから，全ての実数 x に対して収束します．また，その導関数については

$$\{e^{ix}\}' = \sum_{k=0}^{\infty} \frac{ik(ix)^{k-1}}{k!} = i\sum_{k=1}^{\infty} \frac{(ix)^{k-1}}{(k-1)!} = ie^{ix}$$

より，指数関数として満たすべき性質

$$\{e^{ix}\}' = ie^{ix}$$

を満たします．

以上の議論から，複素数 z の絶対値を r，偏角を θ とすると

$$z = r(\cos\theta + i\sin\theta) = re^{i\theta}$$

と表すことができます．

13.4.2 複素変数の指数関数・三角関数と複素微分

複素数 $z = x + iy$（x, y は実数）の無限べき級数によって定義される複素指数関数

$$e^z = \sum_{k=0}^{\infty} \frac{z^k}{k!} \qquad (|z| < \infty)$$

を考えましょう．この無限級数は任意の複素数 z に対して絶対収束しますね（$|z| = r$ として確かめましょう）．以下，e^z は，微分学の立場における，指数関数の定義

$$\{e^z\}' = e^z$$

を満たすことを示しましょう．

まずは複素関数 $w = f(z)$ の微分係数の定義から．複素 z 平面上の1点を α とし，z の α からの'増分'を $\Delta z = z - \alpha$，対応する w の'増分'を $\Delta w = f(\alpha + \Delta z) - f(\alpha)$ としましょう．複素 z 平面上で，点 z が点 α に任意の経路を通って限りなく近づくことを $z \to \alpha$，または増分 Δz を用いて，$\Delta z \to 0$ で表しましょう．$z \to \alpha$ のとき，有限な

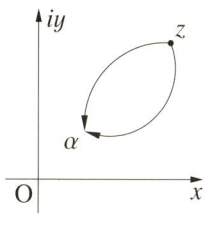

$$f'(\alpha) = \lim_{\Delta z \to 0} \frac{\Delta w}{\Delta z} = \lim_{\Delta z \to 0} \frac{f(\alpha + \Delta z) - f(\alpha)}{\Delta z}$$

が存在する（確定する）とき，$f'(\alpha)$ を複素関数 $w = f(z)$ の α における微分係数といいます．上式は z が任意の方向から α に近づいても極限値が存在して，その極限値が近づく方向に依存しないことを要求しているので，非常に強い条件になっています．

$f'(\alpha)$ が存在するとき，
$$\lim_{z \to \alpha}(f(z) - f(\alpha)) = 0 \quad (\Leftrightarrow \lim_{z \to \alpha}|f(z) - f(\alpha)| = 0)$$
が成り立つので，$f(z)$ は α で連続であることに注意しましょう．以下に見るように，z^n は微分可能，よって z の多項式も微分可能です．このことは，代数学の基本定理の証明の際に必要であった条件，つまり，複素数 z の多項式は連続関数であることが厳密に示されることを意味します．

マクローリン展開はべき級数なので，微分係数を求めるには z^n の導関数を調べれば済みます．公式 $w^n - z^n = (w-z)(w^{n-1} + w^{n-2}z + w^{n-3}z^2 + \cdots + z^{n-1})$ を用いると
$$\begin{aligned}\{z^n\}' &= \lim_{\Delta z \to 0} \frac{(z + \Delta z)^n - z^n}{\Delta z} \\ &= \lim_{\Delta z \to 0} \frac{(z + \Delta z - z)\{(z + \Delta z)^{n-1} + (z + \Delta z)^{n-2}z + \cdots + z^{n-1}\}}{\Delta z} \\ &= z^{n-1} + z^{n-2}z + \cdots + z^{n-1} = nz^{n-1},\end{aligned}$$
$$\text{よって} \quad \{z^n\}' = nz^{n-1} \quad (n \text{ は自然数}).$$

この結果は全ての複素数 z について成り立ちますね．よって，項別微分の定理より
$$\{e^z\}' = \sum_{k=0}^{\infty} \frac{d}{dz}\frac{z^k}{k!} = \sum_{k=1}^{\infty} \frac{z^{k-1}}{(k-1)!} = e^z, \quad \text{よって} \quad \{e^z\}' = e^z.$$

では，ここで問題をやりましょう．複素指数関数は絶対収束級数であることを利用して指数法則 $e^z e^w = e^{z+w}$ を満たすことを示せ．ヒント：二項定理 $(x+y)^n = \sum_{k=0}^{n} {}_nC_k x^{n-k} y^k$ は x, y が複素数のときも成り立ちます．

三角関数のマクローリン展開で実変数 x を複素変数 z で置き換えた複素三角関数
$$\cos z = \sum_{l=0}^{\infty} \frac{(-1)^l}{(2l)!} z^{2l}, \quad \sin z = \sum_{l=0}^{\infty} \frac{(-1)^l}{(2l+1)!} z^{2l+1} \quad (|z| < \infty)$$

§13.4 複素数の極形式と複素指数関数

を考えると，容易に確かめられるように，微分関係

$$\{\cos z\}' = -\sin z, \qquad \{\sin z\}' = \cos z$$

を満たします．また，指数関数との関係 $e^{ix} = \cos x + i\sin x$ を複素数で置き換えた関係

$$e^{iz} = \cos z + i\sin z$$

も成り立ちます（確かめましょう）．さらに，$\cos(-z) = +\cos z$, $\sin(-z) = -\sin z$ が成り立つので，

$$\cos z = \frac{e^{iz} + e^{-iz}}{2}, \qquad \sin z = \frac{e^{iz} - e^{-iz}}{2i}$$

のように，三角関数は指数関数を用いて表すことができます．

以上，指数関数・三角関数で例解したように，複素関数の導関数は実数の場合と同じです．実数の微分公式はそのまま複素数の公式になります．実数で微分可能な範囲は複素平面上の領域に拡張されます．

第14章　積分

　積分とは '全体を微小な部分に分け，それらをまた積み上げること' の意味で，その手法の起源は，微分の誕生より遥かに早く，古代ギリシャ時代は紀元前3世紀のアルキメデス（Archimedes，前287頃〜212）にまでさかのぼります．彼は著書『放物線の求積法』において放物線と直線で囲まれた図形 D の面積を求めるため，頂点が放物線上にある一連の三角形を用いて D を覆い尽くす方法を用い，さらに D に外接する多角形も用いて，はさみうちの原理から厳密に面積を求めました[1]．

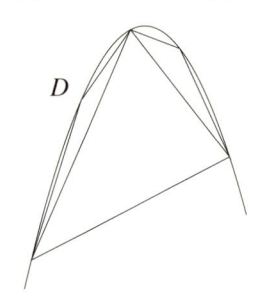

　彼の方法は，2000年の時を経て，17世紀の後半にニュートンやライプニッツによって構築された微分・積分法の基礎的準備段階で多大な貢献をしました．事実，ライプニッツは "アルキメデスの著作をきわめた者にとっては，近世の数学者たちの成功は驚くことではない" と述べています．

　我々はアルキメデスの方法の本質を引き継ぎ，より簡単でより広い応用範囲をもつ「区分求積法」から積分に入っていきましょう．

　積分法は面積や体積の計算だけでなく，ニュートンが行ったように，物体に働く力から物体の速度や位置を計算するときなどにも用いられます．位置を微分すれば速度になることは既に学びましたが，逆に速度から位置を求めることも必要になります．したがって，一般に，微分すると $f(x)$ になる関数 $F(x)$ がニュートンの関心事でした．この $f(x)$ から $F(x)$ を求めることが $f(x)$ のグラフの '面積' を求めること，つまり $f(x)$ の積分に同等なことが示されました．

---

[1] アルキメデスの方法は高木貞治先生の名著『解析概論』（岩波書店）において具体的に論じられています．その部分は高校生にもわかる書き方になっています．

'微分と積分は反対の演算'だったのです．このことは「微積分学の基本定理」として表されました．それは積分を学ぶ際の最も重要な定理であり，多くの問題を解くときの指針になっています．

§14.1 区分求積法

積分を最もよく理解するために「区分求積法」から入っていきましょう．この方法はまさに'目で見て'納得できます．

14.1.1 直角三角形の区分求積

底辺 $OA = a$，高さ $AB = b$ の直角三角形 $\triangle OAB$ の面積 S は $\frac{1}{2}ab$ ですね．ここでは，$\triangle OAB$ を千切り状に細分し，個々の細片を長方形（以下，これを'短冊'といいましょう）で近似してその微小面積を求め，そしてそれらの総和として $\triangle OAB$ の面積を近似計算しましょう．そのときに，近似の面積が $\triangle OAB$ の面積 S より小さいもの S_m と，大きいもの S_M を考えて，$\triangle OAB$ を無限に細分した極限で $S_m = S_M = \frac{1}{2}ab$ が成り立つことを示しましょう．よって，この方法は「はさみうちの原理」を用いた厳密なとり扱いになります．

$\triangle OAB$ の底辺 OA を n 等分し，各分点から底辺に対する垂線を引いて $\triangle OAB$ を区分します．O を原点，A を x 軸上の点とすると，$\triangle OAB$ の斜辺 OB が表す直線は

$$y = f(x) = \frac{b}{a}x$$

と表されます．このとき，底辺 OA の各分点の x 座標を x_k ($k = 0, 1, \cdots, n$)，区分幅を $\Delta x (= x_k - x_{k-1})$ とすると

$$x_0 = 0, \ x_k = k\Delta x, \ x_n = n\Delta x = a \quad \left(\Delta x = \frac{a}{n}\right)$$

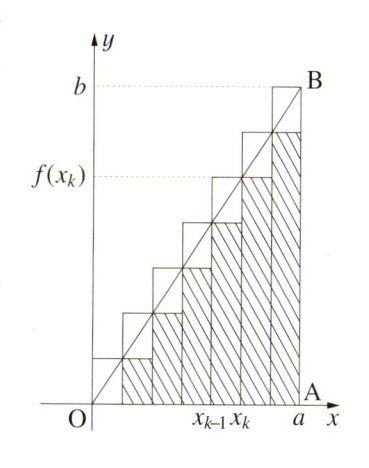

と表され，$x = x_k$ のときの斜辺の高さは $f(x_k)$ です．

△OAB を区分した各部分は平べったい台形になりますね．我々は，一般的な場合に備えて，その台形の面積を短冊の面積で近似しましょう．はさみうちの議論に向けて，短冊は台形に含まれるものと台形を含むものの 2 種類を用意します：区間 $[x_{k-1}, x_k]$ における $f(x)$ の最小値は $f(x_{k-1})$，最大値は $f(x_k)$ なので，それらは底辺が区分幅 $\varDelta x$，高さが $f(x_{k-1})$ と $f(x_k)$ の短冊とします．このように設定すると，△OAB の面積 S を 2 通りの近似 S_m, S_M：

$$S_m = f(x_0)\varDelta x + f(x_1)\varDelta x + \cdots + f(x_{n-1})\varDelta x = \sum_{k=1}^{n} f(x_{k-1})\varDelta x,$$

$$S_M = f(x_1)\varDelta x + f(x_2)\varDelta x + \cdots + f(x_n)\varDelta x = \sum_{k=1}^{n} f(x_k)\varDelta x$$

で表すことができます．S_m は△OAB に含まれる階段状の領域（図の斜線部分）の面積，S_M は△OAB を含む階段状の領域の面積ですね．よって，

$$S_m < S < S_M$$

が成り立ちます．

　分割の個数 n を無限にしていった極限で S_m, S_M を計算しましょう．

$$\varDelta x = \frac{a}{n}, \qquad x_k = k\varDelta x, \qquad f(x_k) = \frac{b}{a}x_k$$

ですから，

$$S_m = \sum_{k=1}^{n} f(x_{k-1})\varDelta x = \sum_{k=1}^{n} \frac{b}{a}(k-1)\frac{a}{n}\cdot\frac{a}{n} = \frac{ab}{n^2}\sum_{k=1}^{n}(k-1),$$

$$S_M = \sum_{k=1}^{n} f(x_k)\varDelta x = \sum_{k=1}^{n} \frac{b}{a}k\frac{a}{n}\cdot\frac{a}{n} = \frac{ab}{n^2}\sum_{k=1}^{n}k.$$

ここで，

$$\sum_{k=1}^{n}(k-1) = \frac{1}{2}n(n-1), \qquad \sum_{k=1}^{n}k = \frac{1}{2}n(n+1)$$

より，$n \to \infty$ のとき

$$S_m = \frac{ab}{n^2}\frac{1}{2}n(n-1) \to \frac{1}{2}ab, \qquad S_M = \frac{ab}{n^2}\frac{1}{2}n(n+1) \to \frac{1}{2}ab$$

が得られます．

したがって，はさみうちの原理より，$n \to \infty$ の極限で

$$S = S_m = S_M = \frac{1}{2}ab$$

が成り立ち，△OAB を区分して面積を求めることが正当化されます．事実，S_m と S_M の差異 $S_M - S_m$ は，△OAB の斜辺を含む n 個の微小短冊（図の白抜きの長方形）の面積の総和であり，$n \to \infty$ の極限で個々の短冊が消滅するのはもちろん，それらの総和も

$$S_M - S_m = \frac{ab}{n^2} \sum_{k=1}^{n} \{k - (k-1)\} = \frac{ab}{n^2} n \to 0$$

のように消え失せます．よって，△OAB の面積 S は S_m と S_M のどちらを用いても正しく計算できます．以上のように，面積・体積などの量を細分し，簡単な図形で近似し，近似値の和を求め，その極限値としてその量の値を求める方法を **区分求積法** といいます．

ここで，△OAB の斜辺の傾きを m，底辺 OA の長さを x とすると，斜辺を表す直線は $y = f(x) = mx$，高さ AB は mx になりますね．そのとき，△OAB の面積は

$$S = \frac{1}{2}mx^2$$

と表され，S は x の関数になるので，S を $S(x)$ と書きましょう．$S(x)$ は直線 $y = f(x) = mx$ と x 軸の間の区間 $[0, x]$ における面積と見なせますね．このとき，$S(x)$ を微分すると

$$S'(x) = mx = f(x)$$

となるので，導関数 $S'(x)$ は求積を行った関数 $f(x)$ に一致しましたね．これは単なる偶然ではありません．そのことは間もなく理解されるでしょう．

14.1.2 x 軸より下にある直線の区分求積

前の §§ で，関数 $f(x)$ とその区分求積 $S(x)$ の間に，関係 $S'(x) = f(x)$ が見られました．その関係は非常に重要であると考えられます．その関係が任意の関数に対して成り立つように区分求積を拡張することを企てましょう．

関数が負の場合も考慮して区分求積を考えましょう．直線 $y = f(x) = m(x - a)$（ただし，$a > 0$, $m < 0$）の区間 $[0, b]$ ($b > a$) についての区分求積を考えます．今度は，$x < a$ のとき $f(x) > 0$，そして $x > a$ のとき $f(x) < 0$ です．区間 $[0, b]$ を n 等分して，区分幅を $\Delta x = \dfrac{b}{n}$，分点を $x_k = k\Delta x$ ($k = 0, 1, \cdots, n$) とすると，区間 $[x_{k-1}, x_k]$ の微小短冊の '面積' は大きいほうが $f(x_{k-1})\Delta x$，小さいほうが $f(x_k)\Delta x$ です．前の §§ の場合と同じですね．ただし，こうすると，$f(x) < 0$ の区間 $[a, b]$ においては短冊の '面積' は負の値をもつとして勘定することになり，その結果，区間 $[a, b]$ での区分求積への寄与は x 軸より下にある三角形の面積にマイナスをつけたものになります．このように区分求積を拡張して定義しましょう．何故そうするかはすぐわかります．

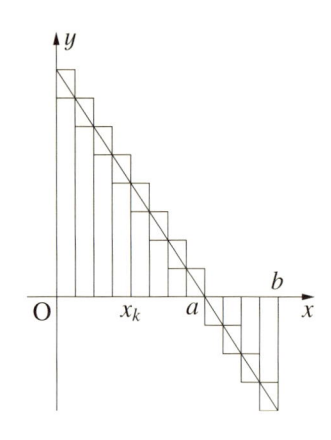

この区分求積を $S(b)$ と書くと，前の §§ の S_M, S_m に対応して

$$S(b) = \lim_{n \to \infty} \sum_{k=1}^{n} f(x_{k-1})\Delta x,$$

または
$$S(b) = \lim_{n \to \infty} \sum_{k=1}^{n} f(x_k)\Delta x$$

で与えられます．どちらで計算しても

$$S(b) = \frac{1}{2}mb(b - 2a)$$

となるのを確かめるのは君の仕事です．

$S(b)$ の値を '面積' の観点から確かめてみましょう．$m < 0$ に注意すると，区間 $[0, a]$ では $\dfrac{1}{2}a(-ma)$，区間 $[a, b]$ では負の面積 $\dfrac{1}{2}m(b-a)^2$ となるので，それらを加えると区分求積の結果に一致しますね．事実，$b = 2a$ のときは，x 軸より上の面積と下の面積（> 0 として）が等しくなるので，$S(2a) = 0$ です．

$S(b)$ を微分すると，$S'(b) = m(b - a)$，よって

$$S'(x) = m(x - a) = f(x)$$

§14.1 区分求積法

となって，直角三角形の場合と同様に，$S(x)$ の導関数は '求積される関数' $f(x)$ になりますね．区分求積で $f(x) < 0$ の区間の '面積' を負の値にしたのは $S'(x) = f(x)$ が $f(x) < 0$ の場合でも成立するようにするためです．

さらに，$0 < b < a$ とした場合には区間 $[0, b]$ で直線 $y = f(x)$ と x 軸の間にある領域は台形状になり，その面積は，台形公式より

$$\frac{1}{2}b(f(0) + f(b)) = \frac{1}{2}b(-ma + m(b-a)) = \frac{1}{2}mb(b-2a) = S(b)$$

となって区分求積の結果に一致します．このことは，区間 $[0, b]$ における区分求積の計算においては a と b の大小関係を考慮する必要がないことを意味します．これは，区分求積は面積の計算に役立ちますが，それ自身は必ずしも面積を与えないからです．

さらに，$b < 0$ とした場合には，区間 $[b, 0]$ にある図形はやはり台形になり，その面積は

$$\frac{1}{2}|b|(f(0) + f(b)) = \frac{1}{2}|b|(-ma + m(b-a)) = -\frac{1}{2}mb(b-2a) = -S(b)$$

となるので，区分求積 $S(b)$ はその面積の反対符号の値になりますね．これは，$b < 0$ とした場合には，'区分幅' $\Delta x = \dfrac{b}{n}$ が負になるためです．このことは積分を拡張して定義するときに役立つでしょう．

14.1.3 放物線の区分求積

区分求積ができるのは直線だけではありません．放物線 $y = f(x) = x^2$ の区間 $[a, b]$ における区分求積 $S(b)$ を求めましょう．区間 $[a, b]$ を n 等分して区分幅を $\Delta x = \dfrac{b-a}{n}$ とすると，各分点は $x = x_k = a + k\Delta x$ $(k = 0, 1, \cdots, n)$ と表されます．簡単のために $a > 0$ とすると，区間 $[x_{k-1}, x_k]$ における $f(x)$ の最小値は $f(x_{k-1})$，最大値は $f(x_k)$ となるので，

$$S_m = \sum_{k=1}^{n} f(x_{k-1})\Delta x, \qquad S_M = \sum_{k=1}^{n} f(x_k)\Delta x,$$

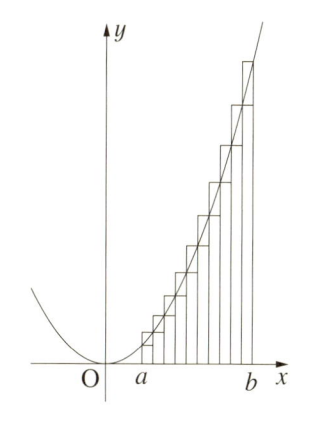

とすると，$S_m < S(b) < S_M$ が成り立ちますね．

S_M を計算しましょう．$\Delta x = \dfrac{b-a}{n}$ に注意して，

$$\begin{aligned}
S_M &= \sum_{k=1}^{n}(a+k\Delta x)^2 \Delta x = \sum_{k=1}^{n}\{a^2 + 2ak\Delta x + k^2(\Delta x)^2\}\Delta x \\
&= \{a^2 n + 2a\frac{1}{2}n(n+1)\Delta x + \frac{1}{6}n(n+1)(2n+1)(\Delta x)^2\}\Delta x \\
&\to \{a^2 + a(b-a) + \frac{1}{3}(b-a)^2\}(b-a) = \frac{1}{3}(b^3 - a^3) \quad (n\to\infty)
\end{aligned}$$

が得られます．

S_m も同じ結果になりますが，それを確かめるために $S_M - S_m$ を計算しましょう：

$$S_M - S_m = \sum_{k=1}^{n}\{(a+k\Delta x)^2 - (a+(k-1)\Delta x)^2\}\Delta x = \sum_{k=1}^{n}(2a + (2k-1)\Delta x)(\Delta x)^2$$

より

$$S_M - S_m = \frac{(b+a)(b-a)^2}{n} \to 0 \quad (n\to\infty)$$

となりますね．

したがって，はさみうちの原理より

$$S(b) = \frac{1}{3}(b^3 - a^3)$$

が得られ，b を x とおいて微分すると，またもや $S'(x) = x^2 = f(x)$ が成り立ちます．このことは関係 $S'(x) = f(x)$ が一般の関数に対して成り立つことを強く示唆しています．

§14.2 定積分

さて，いよいよ積分にとりかかりましょう．この§で行うのは「定積分」と呼ばれているもので，一般の関数を対象とし，区分求積で扱った'面積'の計算をより厳密に行います．

14.2.1 定積分の定義

関数 $f(x)$ は，当分の間，区間 $[a, b]$ で連続（よって，そこで有界）であるとしましょう．$f(x)$ が連続なとき積分は可能です．区間 $[a, b]$ に対して，分点 x_k ($k = 0, 1, 2, \cdots, n$) を

$$a = x_0 < x_1 < x_2 < \cdots < x_{k-1} < x_k < \cdots < x_{n-1} < x_n = b$$

のようにとり，区間 $[a, b]$ を n 個の小区間 $[x_{k-1}, x_k]$ ($k = 1, 2, \cdots, n$) に分割しましょう．そのとき，各区分幅 $\Delta x_k = x_k - x_{k-1}$ は等分割 $\Delta x = \dfrac{b-a}{n}$ である必要はありません．$f(x)$ は一般に増減するので，区分求積の S_m, S_M に当たるものはちょっと複雑になります．分割した各小区間 $[x_{k-1}, x_k]$ ($k = 1, 2, \cdots, n$) における $f(x)$ の最小値を m_k，最大値を M_k として，2つの級数

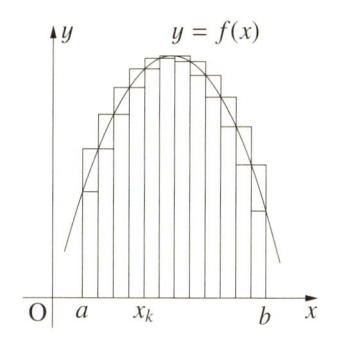

$$S_m = \sum_{k=1}^{n} m_k \Delta x_k, \qquad S_M = \sum_{k=1}^{n} M_k \Delta x_k$$

を考えます．以下，全ての k に対して $\Delta x_k \to 0$ となるように $n \to \infty$ の極限を考え，そのとき S_m と S_M が同一の極限値 I に収束することを示しましょう．この収束値の一致は $f(x)$ の連続性より得られますが，もしそうでないときは定積分は定義されません．

証明は後で行いますが，$S_m \to I$, $S_M \to I$ が成り立つとき，各小区間 $[x_{k-1}, x_k]$ 上の任意の t_k ($x_{k-1} \leqq t_k \leqq x_k$) に対して

$m_k \leqq f(t_k) \leqq M_k$，よって $\quad S_m = \displaystyle\sum_{k=1}^{n} m_k \Delta x_k \leqq \sum_{k=1}^{n} f(t_k) \Delta x_k \leqq \sum_{k=1}^{n} M_k \Delta x_k = S_M$

となるので，無限級数

$$\lim_{n \to \infty} \sum_{k=1}^{n} f(t_k) \Delta x_k \qquad (n \to \infty \text{ のとき } \Delta x_k \to 0 \text{ とする})$$

も，はさみうちの原理より I に収束し，そのとき連続関数 $f(x)$ は **積分可能** であるといわれます．

したがって，特に $t_k = x_k$ または x_{k-1} とすると

$$I = \lim_{n\to\infty} \sum_{k=1}^{n} f(x_k)\Delta x_k, \quad \text{または} \quad I = \lim_{n\to\infty} \sum_{k=1}^{n} f(x_{k-1})\Delta x_k$$

と表すことができます．この I を関数 $f(x)$ の a から b までの **定積分** といい，

$$I = \int_a^b f(x)\,dx$$

で表します（記号の読み方や意味は後で説明します）．定積分を定義するにはこのように少々複雑な手続きが必要です．

さて，上の定積分を正当化しましょう．関数 $f(x)$ が連続なとき S_m, S_M は，$n \to \infty$ のとき，同じ極限値に収束することを示しましょう．

$$S_M - S_m = \sum_{k=1}^{n}(M_k - m_k)\Delta x_k$$

において，M_k と m_k は各小区間 $[x_{k-1}, x_k]$ における $f(x)$ の最大値と最小値ですが，その差 $\varepsilon(k) = M_k - m_k$ は，$f(x)$ の連続性から，区分幅 $\Delta x_k = x_k - x_{k-1} \to 0$ のとき，k によらずに 0 になりますね．そこで，n を固定したときの $\varepsilon(k)$ の最大値を ε_n とすると，$\varepsilon_n \to 0\ (n \to \infty)$ が成り立ち，よって

$$(0 <)S_M - S_m = \sum_{k=1}^{n}\varepsilon(k)\Delta x_k < \sum_{k=1}^{n}\varepsilon_n(x_k - x_{k-1}) = \varepsilon_n(x_n - x_0) \to 0 \quad (n \to \infty)$$

が成り立ち，したがって，$|S_M - S_m| \to 0\ (n \to \infty)$ が成り立つので，$n \to \infty$ のとき $S_m \to I$ ならば $S_M \to I$ です．

S_m と S_M が有界であることは，m_k の最小値を m，M_k の最大値を M とすると

$$\sum_{k=1}^{n} m\Delta x_k < S_m < S_M < \sum_{k=1}^{n} M\Delta x_k, \quad \sum_{k=1}^{n}\Delta x_k = x_n - x_0 = b - a$$

からわかります．

最後に，$S_M = \sum\limits_{k=1}^{n} M_k \Delta x_k$ は分割数 n と共に減少し，$S_m = \sum\limits_{k=1}^{n} m_k \Delta x_k$ は反対に増加して，それらは同一の極限値 I に向かうことを示しましょう．例えば，

§14.2　定積分

$n = n_x$ のときの隣り合う分点 x_{k-1}, x_k ($x_{k-1} < x_k$) が $n = n_{x'}$ のときに

$$x_{k-1} = x'_{l-1} < x'_l < x'_{l+1} = x_k$$

になったとし，区間 $[x'_{l-1}, x'_l]$, $[x'_l, x'_{l+1}]$ における最大値をそれぞれ M'_l, M'_{l+1} とします．すると，$M'_l \leqq M_k$, $M'_{l+1} \leqq M_k$ だから

$$M_k \Delta x_k \geqq M'_l \Delta x'_l + M'_{l+1} \Delta x'_{l+1} \qquad (\Delta x'_l = x'_l - x'_{l-1})$$

が成り立ち，したがって

$$S_M = \sum_{k=1}^{n_x} M_k \Delta x_k \geqq \sum_{l=1}^{n_{x'}} M'_l \Delta x'_l$$

となります．つまり，S_M は n と共に減少します．このとき，S_M は下に有界なので，その数列は収束します．同様にして，S_m は n と共に増加し，上に有界なので，その数列は収束します（示すのは君の仕事にしましょう）．このとき，$S_M - S_m \to 0$ ($n \to \infty$) が成り立つので，それらは同じ極限値 I に収束します．

以上のことから，任意の t_k ($x_{k-1} \leqq t_k \leqq x_k$) に対して，$m_k \leqq f(t_k) \leqq M_k$ が成り立つので

$$I = \lim_{n \to \infty} \sum_{k=1}^{n} f(t_k) \Delta x_k \qquad (n \to \infty \text{ のとき } \Delta x_k \to 0 \text{ とする})$$

となりますね．これは，この定積分が短冊のとり方によらない，つまり底辺 Δx_k，高さ $f(t_k)$ の短冊としたとき t_k によらずに積分が確定することを意味します[2]．

---

[2] 定積分の定義を完全に厳密にするときは議論はより複雑になります．区間 $[a, b]$ の各小区間 $[x_{k-1}, x_k]$ 上の任意の t_k ($x_{k-1} \leqq t_k \leqq x_k$) に対して，区分幅 Δx_k を小さくしていく方法に**よらずに**

$$\lim_{n \to \infty} \sum_{k=1}^{n} f(t_k) \Delta x_k \qquad (n \to \infty \text{ のとき } \Delta x_k \to 0 \text{ とする})$$

が有限の一定値 I になるとき，$f(x)$ は区間 $[a, b]$ で積分可能（リーマン積分可能）であるといい，この I を $f(x)$ の a から b までの定積分といいます．この積分の定義は先の定義よりも強い条件が課せられてるために，$f(x)$ が不連続関数の場合でも積分が可能な場合があります．

関数 $f(x)$ の a から b までの定積分 I を表す

$$\int_a^b f(x)\,dx = \lim_{n\to\infty} \sum_{k=1}^n f(x_k)\Delta x_k \qquad (\Delta x_k = x_k - x_{k-1}),$$
$$a = x_0 < x_1 < \cdots < x_{k-1} < x_k < \cdots < x_{n-1} < x_n = b$$

に現れる $\int$ や dx の記号は，ニュートンと並ぶ微積分学の創始者，ライプニッツが使用しました．

$f(x_k)\Delta x_k$ は底辺 Δx_k，高さ $f(x_k)$ の短冊の'面積'ですが，$n \to \infty$ のとき $\Delta x_k \to 0$ です．彼は Δx_k を x の増分と見なして，$n \to \infty$ のとき，それは限りなく 0 に近づく増分，つまり §§12.4.1.1 でコメントした無限小量の意味での微分 dx であると考えました．これが記号 dx の由来です．その考えは厳密には正しくはありませんが，'いくらでも細くなる短冊'のイメージを的確に表しています．記号 $\int$ は integral と読み，和 (sum) をとる記号 $\sum$ の意味で用いられます．$\int$ は昔使われていたラテン語の S の字体，もしくはドイツ語の S の筆記体であるといわれます．したがって，「$\int_a^b f(x)\,dx$」は「区間 $[a, b]$ を無限小幅 dx の小区間に分割し，各 x における無限小幅の短冊の'面積'$f(x)\,dx$ を求めて，$x = a$ から b までそれらを $\int = \sum$ したもの」を意味します．積分される関数 $f(x)$ を **被積分関数** といい，$\int_a^b$ の a は定積分の **下端**，b は **上端** と呼ばれます．

積分記号を用いると，前の §§ で行った関数 $f(x) = x^2$ の区間 $[a, b]$ における区分求積 $S(b)$ は

$$S(b) = \int_a^b x^2\,dx = \frac{1}{3}(b^3 - a^3)$$

と表されますね．積分を実行した後では，積分記号の中の変数（積分変数）x は消え失せ，積分の上端 b と下端 a のみが残りますね．よって，定積分は上端と下端についての 2 変数関数になります．積分変数はどの文字を用いてもよいので，x の代わりに t などを用いて $\int_a^b t^2\,dt$ と書いても構いません．積分変数のように，計算の途中でのみ現れる変数のことを **ダミー変数** といいます（dummy＝替え玉，身代わり）．

なお，定積分の定義に現れる分割幅 Δx_k は，後ほど出てくる「置換積分」の議論を除くほとんどの場合に，k によらない一定の分割幅 Δx で済ませること

ができます．よって，簡単のために以後の議論では区分求積を定積分と同一視することを許しましょう．

14.2.2 定積分の基本性質と拡張

定積分の定義から以下の基本性質が導かれます：

$(1°)$ $\displaystyle\int_a^b \{f(x) \pm g(x)\}dx = \int_a^b f(x)dx \pm \int_a^b g(x)dx$ （複号同順），

$(2°)$ $\displaystyle\int_a^b cf(x)dx = c\int_a^b f(x)dx$ （c は定数），

$(3°)$ $\displaystyle\int_a^b f(x)dx = \int_a^c f(x)dx + \int_c^b f(x)dx$ （$a < c < b$），

$(4°)$ $[a, b]$ で $f(x) \leqq g(x)$ ならば $\displaystyle\int_a^b f(x)dx \leqq \int_a^b g(x)dx$，

$(5°)$ $\left|\displaystyle\int_a^b f(x)dx\right| \leqq \int_a^b |f(x)|dx$ （$a < b$）．

これらは定積分の定義と'面積'の観点からほぼ明らかでしょう．$(1°)$ については，その積分の近似の和は，区分求積の記号を用いると

$$\sum_{k=1}^n \{f(x_k) \pm g(x_k)\}\Delta x = \sum_{k=1}^n f(x_k)\Delta x \pm \sum_{k=1}^n g(x_k)\Delta x$$

が成り立ち，$n \to \infty$ とすれば積分の関係になります．$(2°)$ も同様なので君たちに任せます．

$(3°)$ は，c が小区間 $[x_{m-1}, x_m]$ にあるとすると，

$$\sum_{k=1}^n f(x_k)\Delta x = \sum_{k=1}^{m-1} f(x_k)\Delta x + \sum_{k=m}^n f(x_k)\Delta x$$

と分けておいて，$n \to \infty$ とすると，そのとき $m \to \infty$，また $x_{m-1} \to c$, $x_m \to c$ となるので成立します．

$(4°)$ と $(5°)$ は練習問題にしましょう．$(5°)$ のヒント：$|x+y| \leqq |x| + |y|$ です．

これらに加えて，積分を拡張するための新たな定義

$$(6°) \quad \int_a^a f(x)dx = 0,$$

$$(7°) \quad \int_a^b f(x)dx = -\int_b^a f(x)dx \quad (a \leqq b)$$

を定積分の性質としてつけ加えましょう．

(6°) はごく当然な性質です．定積分の定義をする際に，積分の下端 < 上端として議論を展開したのでこの性質が要請されます．

(7°) の性質は定積分を下端 > 上端の場合に拡張するときの要請です．この拡張がごく自然であることを示しておきましょう．a, b の大小を問わないとき，a を下端，b を上端とする定積分 $\int_a^b f(x)dx$ を以下のように一般化できます．a と b の間の区間 ($[a, b]$ または $[b, a]$) を D として，区間 D を n 等分し，それらの分点を 'a に近いほうから' $a = x_0, x_1, \cdots, x_n = b$ とすると $x_k = a + k\Delta x_{ab}$, $\Delta x_{ab} = \dfrac{b-a}{n}$ と表されて，Δx_{ab} は $b > a$ のとき正，$b < a$ のとき負になります．このとき，

$$\int_a^b f(x)dx = \lim_{n\to\infty} \sum_{k=1}^n f(x_k)\Delta x_{ab}$$

が成り立ち，$a < b$ のときは元の定積分の定義と同じになります．一方，この定義によると

$$\int_b^a f(x)dx = \lim_{n\to\infty} \{f(x_n) + f(x_{n-1}) + \cdots + f(x_1)\}\Delta x_{ba}$$

となるので，$\Delta x_{ba} = \dfrac{a-b}{n} = -\Delta x_{ab}$ に注意すると

$$\int_b^a f(x)dx = -\lim_{n\to\infty} \sum_{k=1}^n f(x_k)\Delta x_{ab} = -\int_a^b f(x)dx$$

となり，(7°) が導かれます．この拡張によって今まで区分幅 (> 0) としていた Δx を x の増分 ($\leqq 0$) と見なすことができます．この $\Delta x \leqq 0$ の拡張は定積分 $\int_a^x f(t)dt$ の導関数 $\dfrac{d}{dx}\int_a^x f(t)dt$ を議論するときに有用です．

§14.3 微積分学の基本定理と原始関数・不定積分

14.3.1 微積分学の基本定理

定積分を区分求積によって求めるのは，無限級数を求めるのと大差なく，多くは望めません．また計算も容易ではありません．微積分学の創始者たちは積分を容易に求めるための基本定理を見いだしました：定積分

$$G(x) = \int_a^x f(t)dt$$

の被積分関数 $f(t)$ を区間 I で連続な関数，a を I 上の点とするとき，I 上の任意の点 x に対して

$$G'(x) = \frac{d}{dx}\int_a^x f(t)dt = f(x) \qquad \text{（微積分学の基本定理）}$$

が成り立ち，これを **微積分学の基本定理** といいます．この定理は '積分と微分は互いに逆の演算である' ことを述べています．以下，これを示しましょう．

まず，導関数の定義に従って $G'(x) = \lim_{\Delta x \to 0}\dfrac{G(x+\Delta x) - G(x)}{\Delta x}$ を計算します．前の §§ の定積分の基本性質 (3°)（と，$\Delta x < 0$ のとき (7°)）より

$$G(x + \Delta x) = \int_a^{x+\Delta x} f(t)dt = \int_a^x f(t)dt + \int_x^{x+\Delta x} f(t)dt$$

となるので

$$G(x + \Delta x) - G(x) = \int_x^{x+\Delta x} f(t)dt$$

が得られ，よって，

$$G'(x) = \lim_{\Delta x \to 0}\frac{\int_x^{x+\Delta x} f(t)dt}{\Delta x}$$

となります．

次に，$\int_x^{x+\Delta x} f(t)dt$ が Δx で '割り切れる' 形になるように工夫しましょう．x と $x + \Delta x$ の間の閉区間を $\Delta \mathrm{I}$ とすると，$f(x)$ は区間 $\Delta \mathrm{I}$ で連続で，そこでの最大値を M，最小値を m とすると，$\Delta \mathrm{I}$ 上の任意の点 t に対して，

$$m \leq f(t) \leq M, \quad \text{よって} \quad m|\Delta x| \leq f(x)|\Delta x| \leq M|\Delta x| \qquad (*)$$

が成り立ちます．また，基本性質（4°）より，$\int_a^b c\,dx = c(b-a)$（c は定数）に注意すると，$m \leqq f(t) \leqq M$ から，$\Delta x > 0$ のとき

$$m\Delta x \leqq \int_x^{x+\Delta x} f(t)\,dt \leqq M\Delta x \qquad (**)$$

が成り立ちます．もし $\Delta x < 0$ のときはそれらの不等号の向きが反対のものが得られます．

さて，$f(t)$ は $\Delta\mathrm{I}$ で連続で，そこで $m \leqq f(t) \leqq M$ ですから，$m \leqq m_c \leqq M$ を満たす任意の m_c に対して，$f(t_c) = m_c$ となる t_c が $\Delta\mathrm{I}$ 上に存在します[3]．よって，このこと，および $(*)$, $(**)$ から，

$$\int_x^{x+\Delta x} f(t)\,dt = \int_x^{x+\Delta x} f(t_{\Delta x})\,dt = f(t_{\Delta x})\Delta x$$

を満たす $t_{\Delta x}$ が $\Delta\mathrm{I}$ 上に存在します[4]．したがって，

$$G'(x) = \lim_{\Delta x \to 0} \frac{\int_x^{x+\Delta x} f(t)\,dt}{\Delta x} = \lim_{\Delta x \to 0} \frac{f(t_{\Delta x})\Delta x}{\Delta x}$$
$$= \lim_{\Delta x \to 0} f(t_{\Delta x})$$

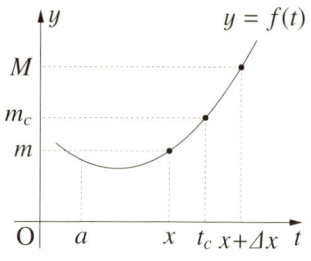

となります．ここで，$f(t)$ は連続関数なので $\displaystyle\lim_{\Delta x \to 0} f(t_{\Delta x}) = f(\lim_{\Delta x \to 0} t_{\Delta x})$ となり，$t_{\Delta x}$ は x と $x+\Delta x$ の間にあるので，$\Delta x \to 0$ のとき $t_{\Delta x} \to x$ となって

$$G'(x) = \frac{d}{dx}\int_a^x f(t)\,dt = f(x)$$

が得られ，微積分学の基本定理は証明されました．

14.3.2　原始関数と不定積分

前の §§ で得られた微積分学の基本定理を利用しやすい形に直しましょう．導関数が恒等的に 0 になる関数は，接線の傾きを考えるまでもなく，定数関数だけですね．よって，2 つの微分可能な関数 $G(x)$, $F(x)$ に対して

---

[3] 直感的には明らかですね．このことは「中間値の定理」と呼ばれ，大学では証明します．
[4] これは「積分の平均値の定理」といわれます．

§14.3 微積分学の基本定理と原始関数・不定積分

$$G'(x) = F'(x) \Leftrightarrow G(x) = F(x) + C \qquad (C \text{ は任意の定数})$$

が恒等的に成り立ちます．よって，

$$\frac{d}{dx}\int_a^x f(t)dt = F'(x) \qquad (F'(x) = f(x))$$

となる関数 $F(x)$ を導入すると，この恒等式は

$$\int_a^x f(t)dt = F(x) + C \qquad (F'(x) = f(x), \quad C \text{ はある定数})$$

に同値です．上式の定数 C は定まります．上式で $x = a$ とすると積分値は 0 となるので，$0 = F(a) + C$ となり，したがって，

$$\int_a^x f(t)dt = F(x) - F(a) \qquad (F'(x) = f(x)) \qquad (\text{微分積分法の基本公式})$$

が得られます．この式は「微分積分法の基本公式」と呼ばれ，多くの関数に対してその定積分を求める際に有用です．例えば，被積分関数が $f(x) = x^\alpha$ (α は実数) のとき，$F'(x) = f(x) = x^\alpha$ となる関数 $F(x)$ は

$$F(x) = \frac{x^{\alpha+1}}{\alpha+1} + C \qquad (\alpha \neq -1, C \text{ は任意定数})$$

だから，$\alpha \neq -1$ のとき

$$\int_a^x t^\alpha dt = \frac{x^{\alpha+1}}{\alpha+1} - \frac{a^{\alpha+1}}{\alpha+1}$$

がたちどころに得られます．これを区分求積法で求めるのは難しいでしょう．

微分すると被積分関数 $f(x)$ になる関数 $F(x)$ は，積分法で決定的な役割をもち，関数 $f(x)$ の **原始関数** といわれます．定積分では必ず原始関数の差が現れますね．簡略記号

$$\Big[F(x)\Big]_a^b = F(b) - F(a)$$

はよく用いられ，

$$\int_a^b f(x)dx = \Big[F(x)\Big]_a^b \qquad (F'(x) = f(x))$$

などと表します．

定積分には原始関数の差が現れますね．定積分を求めるには原始関数さえわかればよいので，積分を表すもっと簡単な記号を用いましょう．そのためには定積分の記号から上端・下端を削除した積分を考えて

$$f(x) = F'(x) \Leftrightarrow \int f(x)dx = F(x) + C \quad (C \text{ は任意定数})$$

のように定義し，その積分が原始関数＋任意定数を表すようにすると便利です．その積分 $\int f(x)dx$ を関数 $f(x)$ の **不定積分** といい，また不定積分に現れる任意定数 C は **積分定数** といわれます．不定積分の定義より

$$\frac{d}{dx}\int f(x)dx = f(x), \quad \int F'(x)dx = F(x) + C$$

が成り立ち，また定積分との関係については，強いて表すと

$$\int_a^b f(x)dx = \left[\int f(x)dx\right]_a^b$$

となります（通常はこんな書き方はしませんが）．

不定積分については基本性質

(F1) $\quad \int kf(x)dx = k\int f(x)dx \quad$ (k は定数)，

(F2) $\quad \int \{f(x) \pm g(x)\}dx = \int f(x)dx \pm \int g(x)dx$

が成り立ちます．不定積分はその導関数によって定義されたので，これらの証明は両辺を微分してそれらが一致すれば完了します．

14.3.3 不定積分の基本公式

微分の公式から得られる不定積分の基本公式を以下にまとめましょう．公式に現れる C はもちろん積分定数です．それらの証明は両辺を微分して一致することを示せば済みます．

$$\int x^\alpha dx = \frac{x^{\alpha+1}}{\alpha + 1} + C \quad (\alpha \neq -1),$$

$$\int (ax+b)^\alpha dx = \frac{1}{a} \cdot \frac{(ax+b)^{\alpha+1}}{\alpha + 1} + C \quad (\alpha \neq -1),$$

§14.3　微積分学の基本定理と原始関数・不定積分

$$\int \{f(x)\}^\alpha f'(x)\,dx = \frac{\{f(x)\}^{\alpha+1}}{\alpha+1} + C \qquad (\alpha \neq -1),$$

$$\int \frac{1}{x}\,dx = \log|x| + C,$$

$$\int \frac{dx}{ax+b} = \frac{1}{a}\log|ax+b| + C,$$

$$\int \frac{dx}{x^2 - a^2} = \frac{1}{2a}\log\left|\frac{x-a}{x+a}\right| + C,$$

$$\int \frac{f'(x)}{f(x)}\,dx = \log|f(x)| + C,$$

$$\int \sin x\,dx = -\cos x + C, \qquad \int \cos x\,dx = \sin x + C,$$

$$\int \tan x\,dx = -\log|\cos x| + C,$$

$$\int \sin^2 x\,dx = \frac{1}{2}\left(x - \frac{1}{2}\sin 2x\right) + C,$$

$$\int \cos^2 x\,dx = \frac{1}{2}\left(x + \frac{1}{2}\sin 2x\right) + C,$$

$$\int \sin^n x \cos x\,dx = \frac{\sin^{n+1} x}{n+1} + C,$$

$$\int \cos^n x \sin x\,dx = -\frac{\cos^{n+1} x}{n+1} + C,$$

$$\int e^x\,dx = e^x + C, \qquad \int a^x\,dx = \frac{a^x}{\log a} + C \qquad (a > 0, \quad a \neq 1),$$

$$\int e^{ax+b}\,dx = \frac{1}{a}e^{ax+b} + C.$$

どれも両辺を微分して確かめます．$\int \tan x\,dx$ を積分して求めるには，

$$\tan x = \frac{\sin x}{\cos x} = \frac{-\{\cos x\}'}{\cos x}$$

と変形して $\int \frac{f'(x)}{f(x)}\,dx = \log|f(x)| + C$ を利用します．$\int \sin^2 x\,dx$ については $\sin^2 x = \frac{1}{2}(1 - \cos 2x)$ を利用します．$\int \cos^2 x\,dx$ も同様です．

§14.4　定積分と面積

14.4.1　面積の基本公式

14.4.1.1　x の区間における面積の基本公式

区分求積で議論したように，関数 $f(x)$ の定積分は，$f(x) > 0$ の区間では $y = f(x)$ のグラフと x 軸の間の領域の面積を与え，$f(x) < 0$ の区間では $y = f(x)$ と x 軸の間の領域の面積の値を負にしたものを与えます．よって，区間 $[a, b]$ で $y = f(x)\,(\lessgtr 0)$ のグラフと x 軸の間にある領域の面積 S は

$$S = \int_a^b |f(x)|\,dx$$

で与えられます．

区間 $[a, b]$ で 2 つの曲線 $y = f(x)$ と $y = g(x)$ の間にある領域の面積 S を求めましょう．関数の差 $f(x) - g(x)$ は x におけるそれらのグラフの高さの差を，つまり $g(x)$ の高さを基準にして計った $f(x)$ の高さを表しますね．よって，$|f(x) - g(x)|$ は高さの差の大きさを表すので，区分求積のように高さ $|f(x) - g(x)|$，幅 dx の短冊の和を考えると，

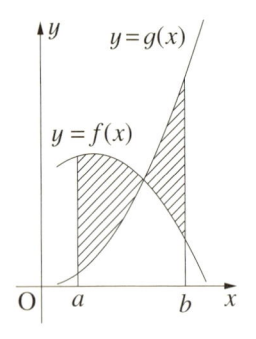

$$S = \int_a^b |f(x) - g(x)|\,dx$$

と表されます．

では，ここで問題です．

$$\int_\alpha^\beta (x - \alpha)(x - \beta)\,dx = -\frac{1}{6}(\beta - \alpha)^3$$

を示せ．また，放物線 $y = ax^2 + bx + c$ と直線 $y = mx + k$ が $x = \alpha, \beta\,(\alpha < \beta)$ で交わるとき，それらで囲まれた図形

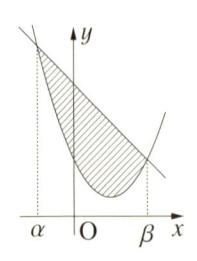

§14.4 定積分と面積

の面積は
$$S = \frac{|a|}{6}(\beta - \alpha)^3$$
で表されることを示せ．この面積公式は，あまり言いたくないのですが，センター試験対策には最適です．ヒント：積分については，2次式 $(x-\alpha)(x-\beta)$ を展開して積分すると，その後整理するのが意外に面倒くさいのです．公式 $\int (x-p)^n dx = \frac{(x-p)^{n+1}}{n+1} + C$ が利用できるように

$$(x-\alpha)(x-\beta) = (x-\alpha)\{(x-\alpha) + (\alpha-\beta)\} = (x-\alpha)^2 + (\alpha-\beta)(x-\alpha)$$

と変形しておくと，積分後の整理が容易です．

面積については，放物線と直線が $x = \alpha, \beta$ で交わるので，関数の差は

$$ax^2 + bx + c - (mx + k) = a(x-\alpha)(x-\beta)$$

と因数分解されます．よって，

$$S = \int_\alpha^\beta |a(x-\alpha)(x-\beta)| dx$$

となりますが，積分区間 $[\alpha, \beta]$ において $a(x-\alpha)(x-\beta)$ の符号は変わらないので，絶対値記号を積分の外に出して

$$S = \int_\alpha^\beta |a(x-\alpha)(x-\beta)| dx = \left| \int_\alpha^\beta a(x-\alpha)(x-\beta) dx \right|$$

とすることができます（場合分けして確かめましょう）．

上の問題で得られた公式を用いると，この章の始めに紹介したアルキメデスが著書『放物線の求積法』で述べた定理を非常に簡単に証明できます．その定理は「任意の放物線に対して，その上の任意の異なる2点を P, Q とし，それらの中点 M を通り放物線の軸に平行な直線と放物線の交点を R としたとき，放物線と直線 PQ で囲まれる図形の面積を S とすると

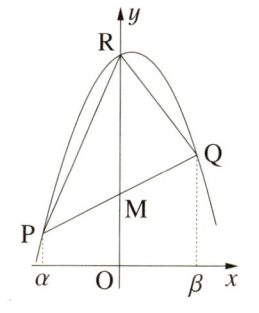

$$S = \frac{4}{3}\triangle \text{PQR}$$

である」というものです．

2300 年前のアルキメデスに負けてはいられません．挑戦してみましょう．計算を簡単にするヒント：放物線を $y = f(x) = ax^2 + bx + c$，放物線上の 2 点を $P(\alpha, f(\alpha))$，$Q(\beta, f(\beta))$ としたとき，P，Q の中点が y 軸上にくるように $\alpha + \beta = 0$ の条件をつけても一般性は失われません．そうすると，$R(0, f(0))$ です．△PQR の面積も工夫すれば簡単に求まります．

ついでながら，3 次関数 $C : y = ax^3 + bx^2 + cx + d$ のグラフが直線 $\ell : y = mx + k$ と 3 点 $x = \alpha, \beta, \gamma$ ($\alpha < \beta < \gamma$) で交わるとき，
$$ax^3 + bx^2 + cx + d - (mx + k) = a(x - \alpha)(x - \beta)(x - \gamma)$$
となります．よって，C と ℓ で囲まれる部分で区間 $[\alpha, \beta]$ にあるほうの面積は
$$S = \int_\alpha^\beta |a(x-\alpha)(x-\beta)(x-\gamma)|\,dx = \left| \int_\alpha^\beta a(x-\alpha)(x-\beta)(x-\gamma)\,dx \right|$$
で与えられます．このとき，
$$\int_\alpha^\beta a(x-\alpha)(x-\beta)(x-\gamma)\,dx = \frac{a}{12}(\beta - \alpha)^3 (2\gamma - \alpha - \beta)$$
を示すことを練習問題にしましょう．特に，$\beta = \gamma$，つまり C と ℓ が $x = \beta$ で接するとき
$$\int_\alpha^\beta a(x-\alpha)(x-\beta)^2\,dx = \frac{a}{12}(\beta - \alpha)^4.$$

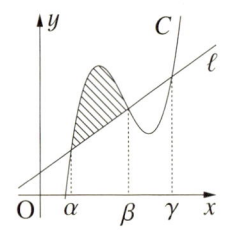

14.4.1.2　y の区間における面積の基本公式

面積を求めるときに x の区間でなく y の区間で求めることもよくあります．曲線が $x = f(y)$ で表されるとき，y の区間 $a \leqq y \leqq b$ で $x = f(y)$ と y 軸の間の部分の面積は
$$S = \int_a^b |f(y)|\,dy$$
で表されます．また，区間 $a \leqq y \leqq b$ における 2 つの曲線 $x = f(y)$，$x = g(y)$ の間の部分の面積は
$$S = \int_a^b |f(y) - g(y)|\,dy.$$

§14.4 定積分と面積

例題として，曲線 $C: y = f(x) = \log x$ の接線 ℓ が原点を通るとき，C と ℓ および x 軸で囲まれた領域の面積を求めてみましょう．まず，接線 ℓ を求めるためには接点 P を求める必要があります．$P(\alpha, f(\alpha))$ とすると，P での接線の傾きは $f'(\alpha) = \dfrac{1}{\alpha}$ であり，一方，図からわかるように $f'(\alpha) = \dfrac{\log \alpha}{\alpha}$ です．よって，$\log \alpha = 1$ だから $\alpha = e$ と決まります．よって，接線が $\ell : y = \dfrac{x}{e}$，接点が $P(e, 1)$ と定まります．次に，問題の図形は y の区間 $[0, 1]$ における C と ℓ の間の部分になるので，曲線の方程式を $C: x = e^y$，$\ell : x = ey$ と表すと，$e^y \geqq ey$ より

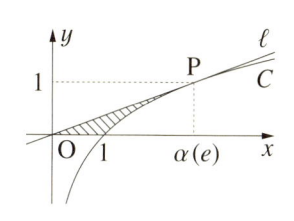

$$S = \int_0^1 \{e^y - ey\} dy$$

と表されます．積分を実行して $S = \dfrac{e}{2} - 1$ となることを確かめましょう．なお，この面積は，x 積分を用いて，$S = \dfrac{1}{2} e \cdot 1 - \int_1^e \log x \, dx$ から求めることもできます．

14.4.1.3 極座標を用いた面積の基本公式

曲線が極座標 (r, θ) を用いて表されることもあります．動径 $r = \sqrt{x^2 + y^2}$ が角 θ の連続関数として表されるとき，つまり $r = f(\theta)$ のとき，この曲線と原点を始点とする半直線 $\theta = \alpha$ と $\theta = \beta$ で囲まれた部分（右図の図形 $\overparen{OAB}$）の面積を求める公式を導きましょう．厳密な議論は後回しにして，まず直感的に導きます．

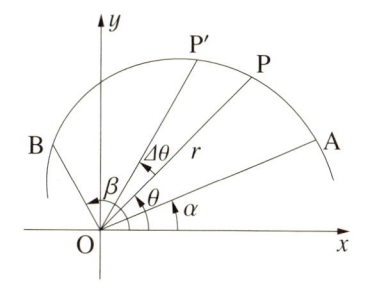

まず，角 α から角 β までを n 等分する角

$$\theta_k = \alpha + k\Delta\theta, \qquad \left(\Delta\theta = \frac{\beta - \alpha}{n}, \quad k = 0, 1, \cdots, n\right)$$

を用意して，半直線 $\theta = \theta_k$ で図形 $\overparen{OAB}$ を n 個の微小な '扇形' に分割します．図の扇形 $\overparen{OPP'}$ をその '扇形' の代表としましょう．

角 $\Delta\theta$ が十分に小さいとき，'扇形' $\overparen{OPP'}$ の面積 ΔS は半径 OP の円の扇形の面積で近似され，$OP = r = f(\theta)$ とすると

$$\Delta S \fallingdotseq \pi r^2 \cdot \frac{\Delta\theta}{2\pi} = \frac{1}{2}\{f(\theta)\}^2 \Delta\theta$$

となります．

区分求積の場合と同様，微小角 $\Delta\theta$ が限りなく小さくなって無限小角 $d\theta$ になっていったとき，無限小面積

$$dS = \frac{1}{2}r^2 d\theta$$

を角 $\theta = \alpha$ から β まで寄せ集める（$\int$ する）と全体の面積

$$S = \int_\alpha^\beta \frac{1}{2}r^2 d\theta = \int_\alpha^\beta \frac{1}{2}\{f(\theta)\}^2 d\theta$$

が得られます．

この公式を厳密に導くには次のようにします．$r = f(\theta)$ が θ の連続関数のとき，角 α から角 θ までの面積を $S(\theta)$ とすると，$S(\theta)$ は連続・微分可能な関数です．このとき，微積分学の基本定理を導いた §§14.3.1 の議論のときと同様，積分の平均値の定理より

$$\text{'扇形' } \overparen{OPP'} = S(\theta + \Delta\theta) - S(\theta) = \pi\{f(\theta_c)\}^2 \cdot \frac{\Delta\theta}{2\pi} \qquad (\theta \leq \theta_c \leq \theta + \Delta\theta)$$

となる角 θ_c が存在します．よって，

$$S'(\theta) = \lim_{\Delta\theta \to 0} \frac{S(\theta + \Delta\theta) - S(\theta)}{\Delta\theta} = \lim_{\Delta\theta \to 0} \frac{1}{2}\{f(\theta_c)\}^2$$
$$= \frac{1}{2}\{f(\theta)\}^2$$

したがって，

$$\int_\alpha^\beta \frac{1}{2}\{f(\theta)\}^2 d\theta = \int_\alpha^\beta S'(\theta) d\theta = S(\beta) - S(\alpha) = S$$

が成立します．

例解しましょう．底辺と高さが 1 の直角二等辺三角形に上の公式を適用すると，その正しい面積 $\dfrac{1}{2}$ を与えることを確かめましょう．その三角形を直線 $\ell : x+y = 1$ と x 軸，y 軸に囲まれた部分として表します．ℓ 上の点 $\mathrm{P}(x, y)$ の極座標を (r, θ) とすると，$x = r\cos\theta$, $y = r\sin\theta$ だから，ℓ の方程式 $x + y = 1$ に代入して

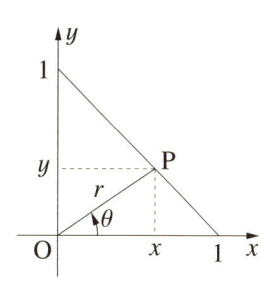

$$r\cos\theta + r\sin\theta = 1, \quad \text{よって} \quad r = \frac{1}{\cos\theta + \sin\theta}$$

が得られます．よって，上の公式を用いて，直角二等辺三角形の面積は

$$S = \int_0^{\frac{\pi}{2}} \frac{1}{2} r^2 d\theta = \frac{1}{2} \int_0^{\frac{\pi}{2}} \frac{d\theta}{(\cos\theta + \sin\theta)^2}$$

で与えられます．

$(\cos\theta + \sin\theta)^{-2}$ の原始関数の求め方は次の § で議論する「置換積分法」という積分の技術を用いますが，関数の商の微分公式より容易に確かめられるように

$$\left\{ \frac{-\cos\theta}{\cos\theta + \sin\theta} \right\}' = \frac{1}{(\cos\theta + \sin\theta)^2}$$

なので，原始関数がわかり

$$S = \frac{1}{2} \left[\frac{-\cos\theta}{\cos\theta + \sin\theta} \right]_0^{\frac{\pi}{2}} = \frac{1}{2}(0 - (-1)) = \frac{1}{2}$$

と正しい面積の値が得られます．

§14.5　積分の技術

関数が与えられたとき，それを微分するのはそう難しいことではありません．しかしながら，それを積分するのは一般に難しく，不可能な場合も少なくありません．ここでは積分の基本的な技術，部分積分法と置換積分法を学びましょう．

14.5.1 部分積分法

関数の積の微分公式

$$\{f(x)g(x)\}' = f'(x)g(x) + f(x)g'(x)$$

の両辺を不定積分または定積分して移行すると，**部分積分法** の公式

$$\int f'(x)g(x)\,dx = f(x)g(x) - \int f(x)g'(x)\,dx,$$

$$\int f(x)g'(x)\,dx = f(x)g(x) - \int f'(x)g(x)\,dx,$$

$$\int_a^b f'(x)g(x)\,dx = \Big[f(x)g(x)\Big]_a^b - \int_a^b f(x)g'(x)\,dx,$$

$$\int_a^b f(x)g'(x)\,dx = \Big[f(x)g(x)\Big]_a^b - \int_a^b f'(x)g(x)\,dx$$

が得られます．当然のことながら，この公式は関数の積の積分に役立ちます．

例として，$\int x\cos x\,dx$ を求めましょう．$\{x\}' = 1$ に着目すると

$$\int x\cos x\,dx = \int x\{\sin x\}'\,dx = x\sin x - \int \sin x\,dx = x\sin x + \cos x + C$$

となります．

部分積分法を用いると対数関数の積分公式

$$\int \log x\,dx = x\log x - x + C$$

が得られます．これを導くのは練習問題にしましょう．ヒント：$\{\log x\}' = \dfrac{1}{x}$ なので，被積分関数 $\log x$ を $\{x\}' \log x$ と見なすのが常套手段です．

ついでに，受験対策用の公式

$$\int_\alpha^\beta (x-\alpha)^2(x-\beta)^2\,dx = \frac{1}{30}(\beta-\alpha)^5$$

も問題としましょう．ヒント：$(x-\alpha)^2(x-\beta)^2 = \{\frac{1}{3}(x-\alpha)^3\}'(x-\beta)^2$．この積分は 4 次関数のグラフが直線と 2 点で接するときそれらで囲まれた面積を求める際に現れる積分です．

14.5.2 置換積分法

関数 $f(x)$ の積分 $\int f(x)dx$ を直接求めるのが難しいときに, x をパラメータ t の微分可能な関数 $x = g(t)$ をうまく選んで置換し, 積分変数を x から t に置き換える方法があります. 例えば, $\int \sqrt{r^2 - x^2}\,dx$ は $x = r\cos t$ などとおけば積分が実行できるようになります. その方法が与える公式を形式的に導いた後, その意味を考えましょう.

$x = g(t)$ と考えたとき, $f(x)$ の原始関数を $F(x)$ ($F'(x) = f(x)$) として $F(x)$ を t で微分します. 合成関数の微分法より

$$\frac{dF(x)}{dt} = \frac{dF(x)}{dx}\frac{dx}{dt}, \quad \text{よって} \quad \frac{dF(x)}{dt} = f(x)\frac{dx}{dt}$$

が得られます. これを t の関数と見て, 両辺を変数 t について不定積分すると

$$F(x) + C = \int f(x)\frac{dx}{dt}dt$$

よって, $F(x) + C = \int f(x)dx$ より

$$x = g(t) \text{ のとき} \quad \int f(x)dx = \int f(x)\frac{dx}{dt}dt,$$

$$\text{ただし, 正しい表記法は} \quad \int f(x)dx = \int f(g(t))g'(t)dt$$

が得られます. これが **置換積分法** の公式です. 形式的には dx を dt で割って dt を掛ければよいので, 覚えやすい公式です.

定積分 $\int_a^b f(x)\,dx$ の置換積分を考えるとその意味がわかります. $x = g(t)$ と置換するとき, $a = g(\alpha)$, $b = g(\beta)$ としましょう. このとき注意すべきことは, 方程式 $a = g(t)$, $b = g(t)$ を満たす解 t が α, β 以外に存在すると t 積分に直すときにその積分範囲が定まらなくなります. a と b の間にある任意の数 c についても方程式 $c = g(t)$ を満たす t がただ 1 つでないと困ります. よって, 関数 $x = g(t)$ は値域

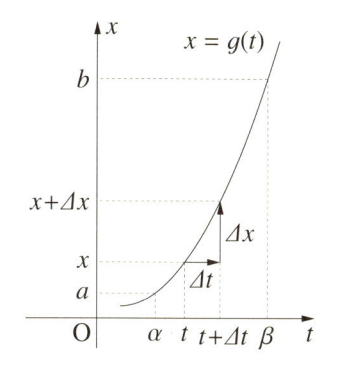

$a \leq x \leq b$ ($a < b$ として) に対して単調関数となるように制限しなくてはなりません（関数 $x = g(t)$ の選び方は制限されるために，単調関数の制限はかなりきつい条件です．うまく選べないような場合は，x の積分区間 $[a, b]$ を分割して，そうできるようにします）．

$\int_a^b f(x)\,dx$ を区分求積で考えると，§§14.2.1 の定積分の定義式の記号を用いて

$$\int_a^b f(x)\,dx = \lim_{n \to \infty} \sum_{k=1}^n f(x_k)\Delta x$$

のように表されましたね．このとき，細短冊の高さは $f(x_k)$，底辺は Δx ですが，置換 $x = g(t)$ で $x_k = g(t_k)$ と対応させると，$f(x_k) = f(g(t_k))$ で，また

$$\Delta x = \frac{\Delta x}{\Delta t_k}\Delta t_k \qquad (\Delta t_k = t_{k+1} - t_k)$$

と表されるので，短冊の面積を変えることなく

$$\lim_{n \to \infty} \sum_{k=1}^n f(x_k)\Delta x = \lim_{n \to \infty} \sum_{k=1}^n f(g(t_k))\frac{\Delta x}{\Delta t_k}\Delta t_k$$

と式変形ができます．したがって，n を限りなく大きくしていくと，

$$\frac{\Delta x}{\Delta t_k} \to \frac{dx}{dt}, \qquad \Delta t_k \to dt$$

のように無限小増分 dx, dt，つまりで微分で置き換えられます．よって，区分求積は t 積分の形になり，$a = g(\alpha)$, $b = g(\beta)$ の対応を用いて

$$\lim_{n \to \infty} \sum_{k=1}^n f(g(t_k))\frac{\Delta x}{\Delta t_k}\Delta t_k = \int_\alpha^\beta f(g(t))\frac{dx}{dt}dt$$

と表すことができ，定積分についての置換積分法の公式

$$x = g(t) \text{ のとき}, \quad \int_a^b f(x)\,dx = \int_\alpha^\beta f(g(t))\frac{dx}{dt}dt$$

が得られます．関数 $g(t)$ は α と β の間で単調に増加または減少するものを選びます．

§14.5　積分の技術

例題として，半径 r の円 $C: x^2 + y^2 = r^2$ の面積を計算してみましょう．円 C は x 軸，y 軸に関して対称なので，第 1 象限にある部分の面積の 4 倍で

$$S = 4\int_0^r |y|\,dx = 4\int_0^r \sqrt{r^2 - x^2}\,dx$$

と表されますね．置換 $x = g(t)$ を行うときは根号がなくなるように，$x = r\cos t$ または $x = r\sin t$ を選ぶとよいでしょう．前者のほうを選ぶと，$0 = r\cos\frac{\pi}{2}$，$r = r\cos 0$ より置換後の積分範囲は $\frac{\pi}{2}$ から 0 までで，そのとき $|y| = r\sin t$，また $\frac{dx}{dt} = -r\sin t$ となるので

$$S = 4\int_0^r \sqrt{r^2 - x^2}\,dx = 4\int_{\frac{\pi}{2}}^0 r\sin t \cdot (-r\sin t)\,dt \qquad \begin{array}{c|c} x & 0 \to r \\ \hline t & \frac{\pi}{2} \to 0 \end{array}$$

と置換されますね．よって，$\sin^2 t = \frac{1}{2}(1 - \cos 2t)$ だから，積分の上端と下端を入れ替えて計算すると

$$S = 2r^2 \int_0^{\frac{\pi}{2}} (1 - \cos 2t)\,dt = 2r^2 \left[t - \frac{1}{2}\sin 2t \right]_0^{\frac{\pi}{2}} = \pi r^2$$

と正しい値になりましたね．置換を $x = r\sin t$ とする方法は練習問題にしましょう．

§§14.4.1.3 の極座標を用いた面積の例題のところで

$$\int \frac{d\theta}{(\cos\theta + \sin\theta)^2} = \frac{-\cos\theta}{\cos\theta + \sin\theta} + C$$

であることを用いました．この原始関数を置換積分法を用いて導きましょう．

被積分関数が $\sin\theta$ と $\cos\theta$ の関数であるとき，$\tan\frac{\theta}{2} = t$ と置換すれば，積分が実行できる場合が多いことが知られています．今の場合，$(\cos\theta + \sin\theta)^2 = 1 + \sin 2\theta$ なので，$\tan\theta = t$ と置換すればうまくいきます．底辺 1，高さ t の直角三角形を作ると，斜辺は $\sqrt{1 + t^2}$ ですから

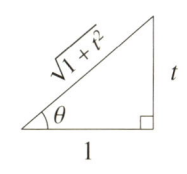

$$\sin 2\theta = 2\sin\theta\cos\theta = 2\frac{t}{\sqrt{1+t^2}}\frac{1}{\sqrt{1+t^2}} = \frac{2t}{1+t^2}$$

と表され，また $t = \tan\theta$ の両辺を θ で微分して dt, $d\theta$ を微分と考えると

$$\frac{dt}{d\theta} = \frac{1}{\cos^2\theta} = 1 + t^2, \quad \text{よって} \quad \frac{d\theta}{dt} = \frac{1}{1+t^2} \quad \text{または} \quad d\theta = \frac{1}{1+t^2}dt$$

となります．よって，

$$\int \frac{d\theta}{(\cos\theta + \sin\theta)^2} = \int \frac{d\theta}{1+\sin 2\theta} = \int \frac{1}{1+\frac{2t}{1+t^2}} \frac{1}{1+t^2}dt = \int \frac{dt}{(t+1)^2}$$

と積分できる形になりました．

$$\int \frac{dt}{(t+1)^2} = \frac{-1}{t+1} = \frac{-1}{\tan\theta + 1} = \frac{-\cos\theta}{\sin\theta + \cos\theta} \quad \text{（積分定数省略）}$$

で完了です．

§14.6　体積と曲線の長さ

14.6.1　立体図形の体積

　積分を利用すると立体図形の体積も計算することができます．立体図形 A が与えられたとき，A を薄いスライスに切り刻み，各スライスの体積を求めて全部加えると全体積 V が求まりますね．これは区分求積そのものです．

　具体的には，座標軸を考えて，立体図形 A を x 軸に垂直な平面で '厚み' $\varDelta x$ のスライスに区分していきます．A が $a \leqq x \leqq b$ の範囲にあるとき，区分位置を区分求積の場合と同様に

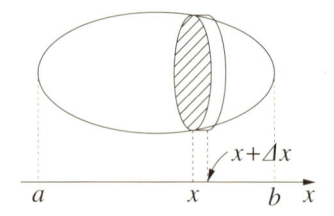

$$x = x_k = a + k\varDelta x, \quad \varDelta x = \frac{b-a}{n} \quad (k = 0, 1, \cdots, n)$$

としましょう．x_k における切り口の断面積を $S(x_k)$ とすると，その位置のスライスの微小体積 $\varDelta V$ は近似的に

$$\varDelta V \fallingdotseq S(x_k)\varDelta x$$

§14.6 体積と曲線の長さ

と表されますね．したがって，

$$V = \lim_{n\to\infty} \sum_{k=1}^{n} S(x_k)\Delta x = \int_a^b S(x)dx$$

となることは明らかでしょう．これが体積を求める基本公式です．

厳密な議論にしたい人は，a から x までの体積を $V(x)$ として区間 $[x, x+\Delta x]$ における断面積 S の最大値 M，最小値 m を考えるとよいでしょう．すると，区間 $[x, x+\Delta x]$ にある任意の $x_{\Delta x}$ に対して $m \leq S(x_{\Delta x}) \leq M$，よって

$$m\Delta x \leq S(x_{\Delta x})\Delta x \leq M\Delta x$$

が成り立ちます．また $\Delta V = V(x+\Delta x) - V(x)$ ですが，

$$m\Delta x \leq \Delta V \leq M\Delta x$$

が成り立ち，$\Delta x \to 0$ のとき $m \to S(x)$，$M \to S(x)$ となります．したがって，

$$V'(x) = \lim_{\Delta x \to 0} \frac{V(x+\Delta x) - V(x)}{\Delta x} = \lim_{\Delta x \to 0} \frac{S(x_{\Delta x})\Delta x}{\Delta x} = S(x)$$

が成り立ち，

$$V'(x) = S(x) \Leftrightarrow \frac{dV(x)}{dx} = S(x) \ (\Leftrightarrow dV(x) = S(x)dx)$$

を積分すると体積の公式が得られます．

この公式を用いて半径 r の球 K の体積 $V(r)$ が $\frac{4}{3}\pi r^3$ であることを示しましょう．球 K は xy 平面上の円

$$C : x^2 + y^2 = r^2$$

を x 軸の周りに回転して得られます．よって，円 C の上半円 $C_上 : y = \sqrt{r^2 - x^2}$ を考えれば済みます．

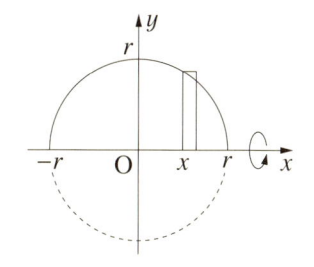

x 座標が x のときの球 K の断面積 $S(x)$ は $C_上$ の方程式を用いて，

$$S(x) = \pi y^2 = \pi(r^2 - x^2)$$

となるので，全体積は $x \geq 0$ の部分の 2 倍になることに注意して

$$V(r) = 2\int_0^r S(x)dx = 2\int_0^r \pi(r^2 - x^2)dx = 2\pi\left[r^2 x - \frac{1}{3}x^3\right]_0^r = \frac{4}{3}\pi r^3$$

と正しい値が得られます．

ところで，球の体積 $V(r) = \frac{4}{3}\pi r^3$ は半径 r の関数として表されますが，その導関数は

$$V'(r) = \frac{dV(r)}{dr} = 4\pi r^2$$

となって，半径 r の球面の表面積 $S(r)$ に一致しますね．これは単なる偶然でしょうか．微分の定義式

$$\frac{dV(r)}{dr} = \lim_{\Delta r \to 0} \frac{V(r + \Delta r) - V(r)}{\Delta r} \ (= S(r) = 4\pi r^2)$$

をじっと睨(にら)むと理由がわかります．体積の差 $V(r+\Delta r) - V(r)$ は半径 $r + \Delta r$ の球から半径 r の球をとり除いた厚み Δr の薄皮の部分の体積ですね．よって，その薄皮の面積は近似的に半径 r の球の表面積 $S(r)$ となりますから

$$V(r+\Delta r) - V(r) \fallingdotseq S(r)\Delta r \Leftrightarrow \frac{V(r+\Delta r) - V(r)}{\Delta r} \fallingdotseq S(r)$$

$$\Leftrightarrow \frac{dV(r)}{dr} = S(r)$$

が成り立ちます．これで理解できましたね．

この関係から，$dV(r)$ を体積の微分，つまり体積の無限小増分と考えて，それを dV と書くと，

$$dV = S(r)dr$$

となるので，その無限小体積を寄せ集めて球の体積を求めるもう 1 つの公式

$$V(r) = \int_0^{V(r)} dV = \int_0^r S(r)dr$$

が得られます．これを厳密に導出するのは君たちに任せましょう．

14.6.2　曲線の長さ

　区分求積の考え方は曲線の長さを求めるときにも役立ちます．曲線 $C : f(x, y) = 0$ の長さ L を求める公式を作りましょう．C 上の 2 点 (x, y)，$(x + \Delta x, y + \Delta y)$ の間の微小長さ ΔL はその 2 点間の距離にほぼ等しいですね：

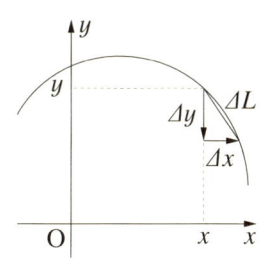

$$\Delta L \fallingdotseq \sqrt{(\Delta x)^2 + (\Delta y)^2}.$$

よって，その 2 点を限りなく近づけていくと，微分の関係として

$$dL = \sqrt{(dx)^2 + (dy)^2}$$

が得られます．

　このとき，曲線 C が関数 $y = f(x)\,(a \leqq x \leqq b)$ の形で与えられていれば，

$$dL = \sqrt{(dx)^2 + (dy)^2} = \sqrt{1 + \left(\frac{dy}{dx}\right)^2}\,|dx|$$

より，dL を $a \leqq x \leqq b$ で寄せ集めると，長さの公式

$$L = \int_a^b \sqrt{1 + \left(\frac{dy}{dx}\right)^2}\,dx$$

が得られます．

　曲線 C がパラメータ t を用いて，

$$C : x = f(t), \quad y = g(t) \quad (\alpha \leqq t \leqq \beta)$$

と表されるときは

$$dL = \sqrt{\left(\frac{dx}{dt}\right)^2 + \left(\frac{dy}{dt}\right)^2}\,|dt|$$

より C のパラメータ表示に対する長さの公式

$$L = \int_\alpha^\beta \sqrt{\left(\frac{dx}{dt}\right)^2 + \left(\frac{dy}{dt}\right)^2}\,dt$$

が導かれます．

以上の導出は厳密ではありませんが，そうするには dx や dy などを Δx や Δy に戻しておいて式変形し，最後に $\lim \sum$ するときに dx, dy にすればよいので難しくはありません．それは練習問題にしましょう．

曲線の長さを求める例題をやってみましょう．ネックレスを着けるとその垂れた形状は放物線によく似た「けんすい線」(catenary) と呼ばれる曲線：

$$y = \frac{a}{2}\left(e^{\frac{x}{a}} + e^{-\frac{x}{a}}\right)$$

になることが知られています．けんすい線は重いひもが重力で自然に垂れるときの形です．簡単のため $a = 1$ として，$-b \leqq x \leqq b$ の区間でけんすい線の長さ L を計りましょう．

$$1 + \left(\frac{dy}{dx}\right)^2 = 1 + \left\{\frac{1}{2}(e^x - e^{-x})\right\}^2 = \frac{1}{4}(e^{2x} + 2 + e^{-2x}) = \left\{\frac{1}{2}(e^x + e^{-x})\right\}^2$$

より，けんすい線が y 軸対称であることに注意すると

$$L = \int_{-b}^{b} \sqrt{1 + \left(\frac{dy}{dx}\right)^2}\, dx = 2\int_{0}^{b} \frac{1}{2}(e^x + e^{-x})\, dx = \left[e^x - e^{-x}\right]_0^b = e^b - e^{-b},$$

よって　　$L = e^b - e^{-b}$

が得られます．

§14.7　無限級数の項別微分積分

§§13.3.1 で関数の無限級数 $\sum_{k=1}^{\infty} f_k(x)$ を議論しました．その際，その導関数について，項別微分の定理：

$$\frac{d}{dx}\sum_{k=1}^{\infty} f_k(x) = \sum_{k=1}^{\infty} f_k'(x)$$

を証明なしで利用しました．この定理をこの § で証明し，その成立条件を調べましょう．

14.7.1 一様収束と連続性

　関数の数列，略して「関数列」$\{F_n(x)\}$ の収束を考えましょう．関数列 $F_n(x)$ $(n = 1, 2, 3, \cdots)$ は関数ですからその'定義域が必要'で，それを区間 I とすると，'収束性も区間 I 全体で考える'ことになります．重要な場合は関数列 $\{F_n(x)\}$ の項が級数

$$F_n(x) = \sum_{k=1}^{n} f_k(x)$$

になるときで，無限級数 $F_\infty(x)$ の微分や積分が可能かどうかは重要な問題です．

　区間 I 上の任意の点 x で関数列 $\{F_n(x)\}$ が収束するとき，$F(x) = \lim_{n\to\infty} F_n(x)$ とおけば，区間 I 上で定義された関数 $F(x)$ が定まります．このとき，§§11.5.3.1 で議論した数列の極限の定義より，区間 I 上の各点 x において，任意の（小さい）正数 ε に対応して番号 $n_\varepsilon(x)$ が定まり

$$n > n_\varepsilon(x) \quad \text{ならば} \quad |F_n(x) - F(x)| < \varepsilon$$

となりますが，一般には番号 $n_\varepsilon(x)$ は ε だけでなく点 x にも依存します．ここで'もし $n_\varepsilon(x)$ を区間 I 上の点 x に無関係に定めることができるならば，関数列 $\{F_n(x)\}$ は区間 I 上で関数 $F(x)$ に **一様収束** する'といいます：

　　$\{F_n(x)\}$ を区間 I 上で定義された関数列とする．任意の（小さい）正数 ε に対応して番号 n_ε が定まり，区間 I 上の全ての点 x に対して

$$n > n_\varepsilon \quad \text{ならば} \quad |F_n(x) - F(x)| < \varepsilon$$

　　となるとき，関数列 $\{F_n(x)\}$ は区間 I 上で関数 $F(x)$ に **一様に収束する** という．

　特に，関数列 $\{F_n(x)\}$ の項が級数 $F_n(x) = \sum_{k=1}^{n} f_k(x)$ のときは，無限級数 $\sum_{k=1}^{\infty} f_k(x)$ は区間 I 上で関数 $F(x)$ に一様に収束するといいます．さらに，無限級数 $\sum_{k=1}^{\infty} |f_k(x)|$ が一様収束するとき，無限級数 $\sum_{k=1}^{\infty} f_k(x)$ は'一様に絶対収束する'といいます．一様に絶対収束する級数は，当然ながら，一様に収束しますね．

§§13.2.3.2 で議論した指数関数の近似を用いて一様収束を例解しましょう．$F(x) = e^x$ とするとテイラーの定理より

$$F(x) = e^x = \sum_{k=0}^{n} \frac{x^k}{k!} + \frac{e^{\theta x}}{(n+1)!} x^{n+1} \qquad (0 < \theta < 1)$$

となりましたね．このとき，

$$F_n(x) = \sum_{k=0}^{n} \frac{x^k}{k!}$$

とすると，

$$|F_n(x) - F(x)| = \frac{e^{\theta x}}{(n+1)!} x^{n+1} \ (= \varepsilon(n, x) \text{ とおく}) \qquad (0 < \theta < 1)$$

です．さて，区間 I を $|x| \leq R$ とすると

$$\varepsilon(n, x) < \frac{e^R}{(n+1)!} R^{n+1} \ (= \varepsilon(n) \text{ とおく})$$

が得られます．$n \to \infty$ のとき $\varepsilon(n) \to 0$ であることは既に確かめてあるので，

$$\varepsilon = \frac{e^R}{(n_\varepsilon + 1)!} R^{n_\varepsilon + 1}$$

とおくと

$$n > n_\varepsilon \quad \text{ならば} \quad |F_n(x) - F(x)| < \varepsilon$$

が成り立ち，n_ε が x によらないので無限級数 $\sum_{k=0}^{\infty} \frac{x^k}{k!}$ ($|x| \leq R$) は $F(x) = e^x$ に一様収束しますね．三角関数 $\sin x, \cos x$ についても同様の議論ができます．

さて，極限として得られた $F(x)$ が連続関数であるかどうかは重要です．これに関しては次の定理があります：

関数列 $\{F_n(x)\}$ の各項 $F_n(x)$ ($n = 1, 2, 3, \cdots$) は区間 I で連続な関数とする．このとき，関数列 $\{F_n(x)\}$ が I で一様に収束すれば，その極限 $F(x) = \lim_{n \to \infty} F_n(x)$ も区間 I で連続な関数である．

§14.7 無限級数の項別微分積分

区間 I 上の任意の点を a とするとき，$\lim_{x \to a} F(x) = F(a)$ を示せば十分ですね．まず，$\{F_n(x)\}$ の一様収束性より，任意の正数 ε に対応して n_ε が定まり，区間 I 上の全ての点 x において

$$n > n_\varepsilon \quad \text{ならば} \quad |F_n(x) - F(x)| < \varepsilon$$

となります．次に，全ての n に対して $F_n(x)$ は連続関数ですから，$F_n(x)$ は区間 I 上の任意の点 a において連続です．よって，§§12.2.1 で議論した関数の連続の定義より，正数 ε に対して，正数 δ_ε が定まって

$$|x - a| < \delta_\varepsilon \quad \text{ならば} \quad |F_m(x) - F_m(a)| < \varepsilon \quad （m \text{ は自然数}）$$

とすることができます．これらから，$n > n_\varepsilon$ かつ $|x - a| < \delta_\varepsilon$ のとき

$$
\begin{aligned}
|F(x) - F(a)| &= |F(x) - F_n(x) + F_n(x) - F_n(a) + F_n(a) - F(a)| \\
&\leq |F(x) - F_n(x)| + |F_n(x) - F_n(a)| + |F_n(a) - F(a)| \\
&< 3\varepsilon
\end{aligned}
$$

となり，よって，

$$|x - a| < \delta_\varepsilon \quad \text{ならば} \quad |F(x) - F(a)| < 3\varepsilon$$

が成り立ち，正数 3ε はいくらでも 0 に近い値にできるので，$F(x)$ は a で連続です．a は区間 I 上の任意の点なので，$F(x)$ は区間 I で連続になります．

14.7.2 無限級数の項別微分積分

関数の無限級数 $\sum_{k=1}^{\infty} f_k(x)$ を微分したり積分したりするときに，級数の '各項を別々に' 微分あるいは積分してよいのでしょうか．以下，議論しましょう．

まずは基本となる定理から：

> $F_n(x)$ $(n = 1, 2, 3, \cdots)$ が区間 $[a, b]$ で連続な関数で，関数列 $\{F_n(x)\}$ が区間 $[a, b]$ で一様に収束するならば，極限 $F(x) = \lim_{n \to \infty} F_n(x)$ も $[a, b]$ で連続で
> $$\int_a^b \lim_{n \to \infty} F_n(x) \, dx = \lim_{n \to \infty} \int_a^b F_n(x) \, dx$$
> が成り立つ．

極限 $F(x)$ が区間 $[a, b]$ で連続であることは前の §§ で示しました．関数列 $\{F_n(x)\}$ が $[a, b]$ で一様に収束するとき，任意の正数 ε に対応して n_ε が定まり，$a \leqq x \leqq b$ のとき

$$n > n_\varepsilon \quad \text{ならば} \quad |F_n(x) - F(x)| < \varepsilon$$

が成り立ちます．よって，§§ 14.2.2 で議論した定積分の基本性質より

$$\left| \int_a^b F_n(x) dx - \int_a^b F(x) dx \right| = \left| \int_a^b (F_n(x) - F(x)) dx \right| \leqq \int_a^b |F_n(x) - F(x)| dx$$
$$< \int_a^b \varepsilon dx = \varepsilon(b - a)$$

よって，

$$\left| \int_a^b F_n(x) dx - \int_a^b F(x) dx \right| < \varepsilon(b - a)$$

が成り立ちます．このとき，$\varepsilon(b - a)$ は 0 にいくらでも近くできるので，$\lim_{n \to \infty} \int_a^b F_n(x) dx = \int_a^b F(x) dx$ が成り立ちます．

したがって，特に，$F_n(x) = \sum_{k=1}^n f_k(x)$ のときは

$$\int_a^b \sum_{k=1}^n f_k(x) dx = \sum_{k=1}^n \int_a^b f_k(x) dx$$

と表されることに注意すると以下の定理が得られます：

無限級数 $\sum_{k=1}^\infty f_k(x)$ が区間 $[a, b]$ で一様収束するならば，$\sum_{k=1}^\infty f_k(x)$ は $[a, b]$ で連続な関数で

$$\int_a^b \sum_{k=1}^\infty f_k(x) dx = \sum_{k=1}^\infty \int_a^b f_k(x) dx \qquad \text{（項別積分）}$$

が成り立つ．

よって，この定理は無限級数の和 $\sum_{k=1}^\infty f_k(x)$ は項別に積分できることを示しています．

§14.7 無限級数の項別微分積分

上の定理は，区間 $[a, b]$ 上に任意の 2 点 c, x をとると，

$$\int_c^x \sum_{k=1}^{\infty} f_k(t)\,dt = \sum_{k=1}^{\infty} \int_c^x f_k(t)\,dt$$

のように表すことができ，これを用いると関数の無限級数の項別微分の定理が得られます：

各級数 $\sum_{k=1}^{n} f_k(x)$ ($n = 1, 2, 3, \cdots$) は区間 $[a, b]$ で連続で，区間 (a, b) で微分可能とする．このとき，無限級数 $\sum_{k=1}^{\infty} f_k(x)$ および $\sum_{k=1}^{\infty} f_k'(x)$ が $[a, b]$ で一様収束するならば，和 $\sum_{k=1}^{\infty} f_k(x)$ も $[a, b]$ で連続，区間 (a, b) で微分可能であり

$$\frac{d}{dx} \sum_{k=1}^{\infty} f_k(x) = \sum_{k=1}^{\infty} f_k'(x) \qquad \text{（項別微分）}$$

が成り立ち，関数の無限級数の和 $\sum_{k=1}^{\infty} f_k(x)$ を項別に微分することができる．

その証明は巧妙です．$G(x) = \sum_{k=1}^{\infty} f_k'(x)$ とおくと，$G(x)$ は仮定より区間 $[a, b]$ で一様収束するので $[a, b]$ で連続であり，区間 $[a, b]$ 上に任意の 2 点 c, x をとると

$$\int_c^x \sum_{k=1}^{\infty} f_k'(t)\,dt = \sum_{k=1}^{\infty} \int_c^x f_k'(t)\,dt = \sum_{k=1}^{\infty} (f_k(x) - f_k(c))$$
$$= \sum_{k=1}^{\infty} f_k(x) - \sum_{k=1}^{\infty} f_k(c)$$

と項別積分ができます．よって，

$$\sum_{k=1}^{\infty} f_k(x) = \int_c^x \sum_{k=1}^{\infty} f_k'(t)\,dt + C \qquad \left(C = \sum_{k=1}^{\infty} f_k(c)\right)$$

が成り立ちます．よって，$\sum_{k=1}^{\infty} f_k(x)$ は積分で表されたので，区間 $[a, b]$ で連続，

区間 (a, b) で微分可能であることがわかります．したがって，両辺を微分して $\frac{d}{dx}\sum_{k=1}^{\infty} f_k(x) = \sum_{k=1}^{\infty} f'_k(x)$ が得られます．

この定理を証明せずに用いた §§13.3.2 の議論をもう一度眺めてみましょう．

§14.8　広義積分

14.8.1　広義積分の定義

今まで扱ってきた定積分 $\int_a^b f(x)\,dx$ については被積分関数 $f(x)$ は閉区間 $[a, b]$ で連続（よって，そこで有界）であるとしてきました．その場合には積分が可能だからです．この § では $f(x)$ が有限個の不連続点をもつ場合，有界でない場合，また積分区間が閉区間でない $(a, b]$ や無限区間 $[a, \infty)$ などの場合を議論しましょう．このような積分を「広義積分」といい，今までの積分を「狭義積分」ということがあります．

被積分関数が $f(x) = x^{-\frac{1}{2}}$ の場合，$x \to +0$ のとき $f(x) \to +\infty$ ですから，$f(x)$ は開区間 $(0, \infty)$ で連続です．よって，$0 < \delta < 1$ のとき，閉区間 $[\delta, 1]$ で積分

$$I_\delta = \int_\delta^1 f(x)\,dx = \int_\delta^1 x^{-\frac{1}{2}}\,dx$$

は定義でき，

$$I_\delta = \left[2\sqrt{x}\right]_\delta^1 = 2(1 - \sqrt{\delta})$$

となります．このとき，$\delta \to +0$ としても

$$\lim_{\delta \to +0} I_\delta = \lim_{\delta \to +0} \int_\delta^1 f(x)\,dx$$

は有限な値に確定します．このような場合，$f(x)$ の閉区間 $[0, 1]$ における積分を

$$\int_0^1 f(x)\,dx = \lim_{\delta \to +0} \int_\delta^1 f(x)\,dx$$

によって定義することができます．

§14.8 広義積分

一般に, $f(x)$ が区間 $(a, b]$ で連続なとき, 極限値 $\lim_{\delta \to +0} \int_{a+\delta}^{b} f(x)\,dx$ が存在すれば,

$$\int_{a}^{b} f(x)\,dx = \lim_{\delta \to +0} \int_{a+\delta}^{b} f(x)\,dx$$

と定義しましょう. 区間 $[a, b)$ で連続なときも同様に定義します.

$f(x)$ が区間 $[a, b]$ 内の 1 点 c を除いて連続なときは, 極限値

$$\lim_{\delta \to +0} \int_{a}^{c-\delta} f(x)\,dx + \lim_{\delta' \to +0} \int_{c+\delta'}^{b} f(x)\,dx$$

が存在するならば, それを $\int_{a}^{b} f(x)\,dx$ と定義しましょう. $\delta = \delta'$ としてはいけません. 区間 $[a, b]$ 内の有限個の点で不連続な場合も同様に定義します.

積分区間が無限になるときも同様に考えます. $f(x)$ が区間 $[a, \infty)$ で連続なとき

$$\lim_{t \to \infty} \int_{a}^{t} f(x)\,dx$$

が存在するならば, それを $\int_{a}^{\infty} f(x)\,dx$ と定義します. 区間 $(-\infty, b]$ や $(-\infty, \infty)$ における積分も同様です.

14.8.2 広義積分の収束

広義積分は極限を利用して定義しました. その極限が存在するとき, つまり広義積分が定義できるとき, 無限級数の用語を借りて, 広義積分は '収束する' といい, また極限が存在しないときは '発散する' といいましょう.

広義積分 $\int_{0}^{b} x^{\alpha}\,dx\ (\alpha < 0, 0 < b)$ の収束・発散を考えましょう. $\alpha < 0$ だから $x \to +0$ のとき $x^{\alpha} \to +\infty$ です.

$$\int_{0}^{b} x^{\alpha}\,dx = \lim_{\delta \to +0} \int_{\delta}^{b} x^{\alpha}\,dx$$

ですが, $\alpha \neq -1$ のとき,

$$\int_{\delta}^{b} x^{\alpha}\,dx = \left[\frac{x^{\alpha+1}}{\alpha+1}\right]_{\delta}^{b} = \frac{b^{\alpha+1} - \delta^{\alpha+1}}{\alpha+1}$$

となるので，

$$\lim_{\delta \to +0} \delta^{\alpha+1} = \begin{cases} 0 & (-1 < \alpha) \\ \infty & (\alpha < -1) \end{cases}$$

より

$$\int_0^b x^\alpha \, dx = \begin{cases} \dfrac{b^{\alpha+1}}{\alpha + 1} & (-1 < \alpha < 0) \\ \infty & (\alpha < -1) \end{cases}$$

となります．$\alpha = -1$ のときは

$$\int_0^b x^{-1} \, dx = \lim_{\delta \to +0} \int_\delta^b x^{-1} \, dx = \lim_{\delta \to +0} \Big[\log |x| \Big]_\delta^b = \lim_{\delta \to +0} (\log b - \log \delta) = \infty$$

となります．したがって，$\int_0^b x^\alpha \, dx$ は $-1 < \alpha$ のとき収束し，$\alpha \leqq -1$ のとき発散します．

次に，広義積分

$$\int_a^\infty x^\alpha \, dx = \lim_{t \to \infty} \int_a^t x^\alpha \, dx \qquad (0 < a)$$

を調べましょう．

$$\int_a^t x^\alpha \, dx = \begin{cases} \dfrac{t^{\alpha+1} - a^{\alpha+1}}{\alpha + 1} & (\alpha \neq -1) \\ \log t - \log a & (\alpha = -1) \end{cases}$$

において，

$$\lim_{t \to \infty} t^{\alpha+1} = \begin{cases} \infty & (-1 < \alpha) \\ 0 & (\alpha < -1) \end{cases}, \qquad \lim_{t \to \infty} \log t = \infty$$

だから，$\int_a^\infty x^\alpha \, dx$ は $\alpha < -1$ のとき収束し，$-1 \leqq \alpha$ のとき発散します．

今度は

$$\int_a^b \frac{dx}{x} \qquad (a < 0 < b)$$

を調べましょう．関数 $f(x) = \dfrac{1}{x}$ は，$f(-x) = -f(x)$ を満たすので原点に関して対称で，$f(x) \to \pm\infty \ (x \to \pm 0)$ ですね．

§14.8 広義積分

$$\int_a^b \frac{dx}{x} = \lim_{\delta \to +0} \int_a^{-\delta} \frac{dx}{x} + \lim_{\delta' \to +0} \int_{\delta'}^b \frac{dx}{x}$$
$$= \lim_{\delta \to +0} (\log \delta - \log |a|) + \lim_{\delta' \to +0} (\log b - \log \delta')$$
$$= -\infty + \infty = 存在しない$$

となるので注意しましょう．これは $\delta = \delta'$ とはしないためです．よって，$a < 0 < b$ のとき，形式的に

$$\int_a^b \frac{dx}{x} = \Bigl[\log |x|\Bigr]_a^b = \log b - \log |a|$$

とするのは誤りです．

同様に，$\int_a^b \frac{dx}{x-c}$ $(a < c < b)$ も発散します．広義積分

$$\int_a^b |x-c|^\alpha dx \qquad (a < c < b)$$

が収束するのは $\alpha > -1$ のときですね（確かめましょう）．

14.8.3 解析的階乗関数

§§11.4.2.2 で二項係数 $_n C_k$ を議論したとき，$n!$ の n を 0 や負の整数にまで拡張して考えましたね．そのことを正当化するために，興味ある関数 $\underset{\text{ガンマ}}{\Gamma}(x)$ を紹介しましょう．それは x が自然数 n のとき

$$\Gamma(n+1) = n!$$

という性質を満たします．

広義積分によって定義される関数：

$$\Gamma(x) = \frac{1}{x(x+1)(x+2)\cdots(x+m)} \int_0^\infty e^{-t} t^{x+m} dt \qquad (m は自然数)$$

を調べましょう．現れる積分それ自身は

$$\gamma(x) = \int_0^\infty e^{-t} t^{x+m} dt = \lim_{\delta \to +0} \lim_{T \to \infty} \int_\delta^T e^{-t} t^{x+m} dt$$

によって定められます．

任意の実数 x に対して，被積分関数 $e^{-t}t^{x+m}$ は t が十分に大きくなると急速に 0 に近づきますね．よって，$\int_0^\infty e^{-t}t^{x+m}dt$ は収束します．また，$e^{-t} < 1\ (t > 0)$ より，$x \neq -m-1$ のとき

$$(0 <) \int_\delta^T e^{-t}t^{x+m}dt < \int_\delta^T t^{x+m}dt = \frac{T^{x+m+1} - \delta^{x+m+1}}{x+m+1}$$

となるので，$x > -m-1$ のとき $\int_0^T e^{-t}t^{x+m}dt$ は収束することがわかります．したがって，関数 $\Gamma(x)$ は，分母の因数のために 0 と負の整数を除いて，$x > -m-1$ ではきちんと定義された関数になります．もし $m \to \infty$ とすると，$\Gamma(x)$ は 0 と負の整数を除く実数全体で定義できます．

さて，$x > 0$ のとき $\gamma(x)$ を部分積分してみましょう．

$$\gamma(x) = \int_0^\infty \{-e^{-t}\}' t^{x+m}dt = \left[-e^{-t}t^{x+m}\right]_0^\infty - \int_0^\infty (-e^{-t})(x+m)t^{x+m-1}dt$$

よって，

$$\gamma(x) = (x+m)\int_0^\infty e^{-t}t^{x+m-1}dt$$

が得られます．さらに部分積分を繰り返すと，$x > 0$ のとき

$$\gamma(x) = (x+m)(x+m-1)\cdots(x+1)x\int_0^\infty e^{-t}t^{x-1}dt$$

が得られます．これを確かめるのは練習問題にしましょう．したがって，

$$\Gamma(x) = \int_0^\infty e^{-t}t^{x-1}dt \qquad (x > 0)$$

となります．

ここで，上式を積分して，

$$\Gamma(1) = \Gamma(2) = 1, \qquad \Gamma(x+1) = x\Gamma(x) \quad (x > 0)$$

となることを確かめるのは君たちの仕事です．

関係式 $\Gamma(x+1) = x\,\Gamma(x)$ から，$\Gamma(2) = 1\,\Gamma(1) = 1$，$\Gamma(3) = 2\,\Gamma(2)$，$\cdots$，$\Gamma(n+1) = n\Gamma(n)$ となり，したがって

$$\Gamma(n+1) = n! \qquad (n = 1, 2, 3\cdots)$$

が得られ，$n!$ を与える関数があることがわかります．そこで，階乗を実数に拡張してその定義を $x! = \Gamma(x+1)$ とすると，$0! = 1$ となり，また負の整数 $-n$ については $(-n)! = \infty$（発散の意味）とすることになります．

君たちは大学でこの「解析的階乗関数」と呼ばれる $\Gamma(x)$ を複素関数 $\Gamma(z)$ として習い，複素 z 平面上で議論するでしょう．

§14.9　微分方程式

14.9.1　ニュートンとリンゴ

"ニュートンはリンゴが落ちるのを見て万有引力を発見した"という有名な逸話がありますね．真偽はともかく，このことをちょっと真面目に考えてみましょう．無重力の宇宙船の中ではリンゴは落ちないで静止していることを考えると，重力が働くと始め静止しているものが動き出して，そのスピードはどんどん大きくなる，つまり速度の変化が現れることがわかりますね．

物体の位置に対して，空間で正しく表現できるように，ベクトルを用いて位置を $\vec{r}(t)$ と表すと，その速度 $\vec{v}(t)$ は，位置の瞬間的変化の割合ですから，ベクトルの x 成分を考えていた今までの場合と同様

$$\vec{v}(t) = \frac{d\vec{r}(t)}{dt} = \lim_{\Delta t \to 0} \frac{\vec{r}(t+\Delta t) - \vec{r}(t)}{\Delta t}$$

と定義されます．x 成分などを考えると今までの定義に一致します．

速度 $\vec{v}(t)$ は一般に時間と共に変化します．そこで，速度の瞬間的変化の割合 $\vec{a}(t)$ を加速度 (acceleration) といい

$$\vec{a}(t) = \frac{d\vec{v}(t)}{dt} = \lim_{\Delta t \to 0} \frac{\vec{v}(t+\Delta t) - \vec{v}(t)}{\Delta t}$$

で定義しましょう．

さて，速度が変化する，つまり加速度が 0 でなくなるためにはその原因があり，ニュートンはそれが質量 (mass) をもつ物質に働く力 $\vec{F}$ (force) のせいであることを見抜いたわけです．質量は重さのもとになる量で，同じ大きさの力を受けても質量が大きいと速度は変化しにくく（加速度の大きさが小さく），質

量が小さいと速度はたやすく変化する（加速度の大きさが大きい）ことから，加速度は物体に働く力に比例し，物体の質量 m に反比例する：

$$\vec{a}(t) = k\frac{\vec{F}}{m}$$

とニュートンは考えました．もし多くの力が働くときは $\vec{F}$ はそれらの全合力です．ここで，比例定数 k が 1 になるように力の単位をとると上式は

$$m\vec{a}(t) = \vec{F}$$

と表されます．これが有名な「ニュートンの運動方程式」です．

　ニュートンの運動方程式は"物体に力が働いた結果として速度が変化するという原因と結果の結びつき，つまり**因果関係**を表しており，それらを等号 = で結びつけることによって量的関係に焼き直しています"．現在，この方程式は肉眼で見えるほどに大きい物質に対して成立することが検証されています．力 $\vec{F}$ は，重力の他，人為的な力や摩擦力また電気・磁気的力でもよく，また力 $\vec{F}$ は一般には物体の位置の関数であり，時には時間や物体の速度にも関係します．

　ニュートンの運動方程式を速度を用いて

$$m\frac{d\vec{v}(t)}{dt} = \vec{F}$$

のように表しましょう．力 $\vec{F}$ が既知のとき，"未知の関数 $\vec{v}(t)$ の導関数を含む方程式"は積分を用いて解くことができます．その結果として，速度 $\vec{v}(t)$ は時間の関数として既知になります．このような方程式を**微分方程式**といいます．ニュートンは，この方程式を重力に適用して，地球は太陽の周りを楕円軌道を描いて回っていることを力学的に示しました．

　簡単に例解するために，リンゴが落下する場合を考えて方程式の z 成分をとり，$\vec{v}(t)$ の z 成分を $v_3(t)$ と表しましょう．このとき，摩擦を無視すると，力 $\vec{F}$ は鉛直下向きに質量に比例した大きさで働く重力で，その z 成分は地球の表面（地表）辺りでは極めてよい近似で $-mg$ と表されることが知られており，定数 $g \fallingdotseq 9.8 \text{ m/s}^2$ は「重力加速度」といわれます．よって，得られる微分方程式

$$m\frac{dv_3(t)}{dt} = -mg$$

§14.9 微分方程式

は，右辺が定数ですから，簡単に不定積分でき

$$v_3(t) = -gt + C$$

を得ます．

ここで '積分定数 C が重要な役割を担います'．リンゴが $t = 0$ で落下し始めたとすると，$v_3(0) = 0$ よって $C = 0$ で，そのとき $v_3(t) = -gt$ となります．もし，リンゴを初速度 $v_3(0) = v_{初}$ (> 0) で真上に放り投げる問題だったなら $C = v_{初}$, $v_3(t) = -gt + v_{初}$ となります．このように積分定数 C は微分方程式の解で微分と直接には無関係な部分を受け持ちます．定数 C を決める条件は「初期条件」といわれます．

さて，$v_3(t) = -gt$ が求まったので，リンゴの位置 $\vec{r}(t)$ の z 成分 $z(t)$ を微分方程式

$$\frac{dz(t)}{dt} = v_3(t) = -gt$$

を初期条件 $z(0) = z_0$ (> 0) で解いてみましょう．練習問題です．

$$z(t) = -\frac{1}{2}gt^2 + z_0$$

となりましたね．この解からリンゴは落下地点から時間の 2 乗に比例して遠ざかるように落下していくことがわかります．

では，ここで問題です．レントゲン写真やガンの治療，考古学の年代測定などに使われる放射性元素は放射線を放出して崩壊し，量が減っていきます．その量が半分になるまでに要する時間を「半減期」といいますね．さて，時刻 t のときの質量が $m = m(t)$ の放射性元素の崩壊速度 $\frac{dm}{dt}$ (< 0) は，ちょっと考えれば当たり前のことですが，そのときの質量 m に比例しますね：

$$\frac{dm}{dt} = -km \qquad (k \text{ は正の比例定数}).$$

初期条件を $m(0) = m_0$ としてこの微分方程式を解き，放射性元素の質量が時間と共に指数関数的に減少することを示せ．ヒント：dm や dt を微分と考えると

$$dm = -km\,dt \Leftrightarrow \frac{dm}{m} = -k\,dt$$

が成り立ちますね．後は積分するだけです（質量を $m(t)$ と書かずに m と書いた理由がこの変形にあります）．

両辺を不定積分すると

$$\int \frac{dm}{m} = -\int k\,dt \Leftrightarrow \log m = -kt + C$$

となり（左辺の積分定数は右辺に移項したと考えます），したがって，$m(0) = m_0$ より

$$m = e^{-kt+C} = e^{-kt}e^C$$
$$= m_0 e^{-kt}$$

と減少する指数関数そのものになります．

さて，ニュートンの運動方程式は力学の多くの分野に適用され100年を経ずして各分野の基本となる微分方程式が確立しました．弦の振動理論ではCDでおなじみのデジタル録音のための基礎理論が確立し，流体や熱伝導の問題に適用されるとそれらの理論の基礎となる微分方程式ができました．近年，天気予報がよく当たるようになってきましたが，そのための基礎理論は200年前にはできあがっており，予報の精度を上げるのはスーパーコンピュータの計算速度にかかっています[5]．

電気や磁気の現象を調べる基礎理論も微分方程式から作られています．宇宙の現象を調べるアインシュタインの「相対性理論」や原子の大きさほどの極微の世界の現象を調べる「量子力学」もその基礎方程式は微分方程式です．人間を含む自然の全てを明らかにしてくれるのは微分方程式であるといってもいい過ぎではないでしょう．

---

[5] 2002年3月というからごく最近です．「地球シミュレータ」という世界最速のスーパーコンピュータが日本人の手で完成されました．これはそれまで最速であったアメリカのものの5倍の計算速度を誇ります．地球シミュレータは今のところ全地球を10km四方に細分して解析し，全世界の気象予報をするだけでなく，海水温度・降雨量・地殻運動の追跡を行って，今後100年間に起こる台風や地震・噴火などの自然災害を予測することを目指しています．さらに，研究者たちは化学物質と人体の相互作用をシミュレイト（コンピュータ実験）して新薬の開発を促進することも可能だと述べています．このような企てを実行するのは君かもしれません．

14.9.2 ボールの軌跡

ニュートンの運動方程式を用いて，ボールを投げたときや野球の打者が打ったとき，ボールの軌跡がほぼ放物線を描いて飛んでいくことを確かめましょう．簡単のために，ボールが飛んでいく平面は xz 平面であるとし，ベクトルを成分表示するときは y 成分を省略しましょう．この約束で重力を表すと，ボールの質量を m，ボールに働く力を $\vec{F}$ として

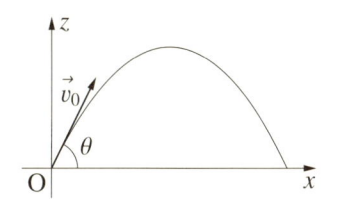

$$\vec{F} = \begin{pmatrix} 0 \\ -mg \end{pmatrix}$$

と表されます．したがって，ニュートンの運動方程式は空気の摩擦抵抗を無視すると

$$m\frac{d\vec{v}(t)}{dt} = \begin{pmatrix} 0 \\ -mg \end{pmatrix} = m\begin{pmatrix} 0 \\ -g \end{pmatrix}$$

と表されます．

t 積分は各成分ごとに行えばよいので，それらの結果をまとめて書くと

$$\vec{v}(t) = \int \begin{pmatrix} 0 \\ -g \end{pmatrix} dt = \begin{pmatrix} C_1 \\ -gt + C_3 \end{pmatrix} = \begin{pmatrix} 0 \\ -gt \end{pmatrix} + \begin{pmatrix} C_1 \\ C_3 \end{pmatrix}$$

が得られます．ボールは $t = 0$ で飛び出したとして，その初速 $\vec{v_0}$ の大きさを v_0，角度を θ とすると，

$$\begin{pmatrix} C_1 \\ C_3 \end{pmatrix} = \vec{v_0} = \begin{pmatrix} v_0 \cos\theta \\ v_0 \sin\theta \end{pmatrix}$$

となり，よって，ボールの速度は

$$\frac{d\vec{r}(t)}{dt} = \vec{v}(t) = \begin{pmatrix} v_0 \cos\theta \\ -gt + v_0 \sin\theta \end{pmatrix}$$

と表されます．

上式を積分して

$$\vec{r}(t) = \begin{pmatrix} x(t) \\ z(t) \end{pmatrix} = \int \begin{pmatrix} v_0 \cos\theta \\ -gt + v_0 \sin\theta \end{pmatrix} dt = \begin{pmatrix} (v_0 \cos\theta)t + C_1 \\ -\frac{1}{2}gt^2 + (v_0 \sin\theta)t + C_3 \end{pmatrix}$$

が得られます．簡単のために，ボールの飛び出した位置を $\vec{r}(0) = \vec{0}$ とすると，積分定数は $C_1 = C_3 = 0$ となります．

さて，ボールの軌跡を見るためには，ボールの x 座標と z 座標の関係を求めなければなりません．x と z は

$$\begin{cases} x = (v_0 \cos\theta) t \\ z = -\frac{1}{2} g t^2 + (v_0 \sin\theta) t \end{cases}$$

と，時間 t を媒介して関係がついているので，t を消去すれば直接の関係が得られます．よって，

$$z = -\frac{1}{2} g \left(\frac{x}{v_0 \cos\theta} \right)^2 + v_0 \sin\theta \frac{x}{v_0 \cos\theta}$$

が得られ，ボールの軌跡は放物線であることがわかります．

ところで，初速の大きさ v_0 が一定のとき，ボールを最も遠くに飛ばすには $45°$ の角度で打ち出せばよいことが知られています．それを確かめましょう．ヒント：ボールが地面に落ちてくる位置 x は，$z = 0$ のときだから

$$x = \frac{2 v_0^2 \sin\theta \cos\theta}{g} = \frac{v_0^2 \sin 2\theta}{g}$$

です．$0° < \theta < 90°$ で x の最大値を求めればよいですね．

x が最大になるのは $\sin 2\theta = 1$ のときで，そのとき $2\theta = 90°$，つまり $\theta = 45°$ が確かめられます．

14.9.3　バネで結んだ重りの運動と行列の対角化

バネで結んだ重りの運動を考えましょう．初めに 1 個の重りの問題を扱います．そこでかなりレベルの高い積分の技術を学習します．次に，バネで結ばれた 2 個の重りの運動を調べます．そこでは未知の変数が 2 個現れます．まず，変数を分離する普通の方法で解き，次に，行列の章で学んだ行列の対角化の方法を適用してみましょう．対角化の方法は君たちが大学で学ぶ数学のよい見本になるでしょう．

§14.9 微分方程式

14.9.3.1 バネによる振動

バネが伸びたり縮んだりする振動運動の様子を調べましょう．バネは，自然の長さ（自然長）から伸ばしたり縮めたりすると元の自然長に戻ろうとする力が働き，その力の大きさは，伸縮が小さいとき，その伸び・縮みの長さに比例することが知られています（フックの法則）．今，壁のある平らで摩擦のない床面に質量 m の重りをおき，バネは重りと壁に結ばれているとしましょう．バネが自然長になっているときの重りの位置を基準に考え，基準の位置からの重りの変位を x としましょう．バネが伸びているとき $x>0$，縮んでいるとき $x<0$ です．このとき，重りに働くバネの力 F は，$x>0$ のとき縮む力，$x<0$ のとき伸びる力で

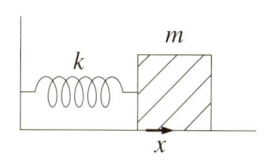

$$F = -kx \quad (k > 0)$$

と表され，比例定数 k は「バネ定数」といいバネの強さを表します．

さて，ニュートンの運動方程式は，摩擦がないとしているので，重りの速度を $v = \dfrac{dx}{dt}$ とすると

$$m\frac{dv}{dt} = -kx \Leftrightarrow \frac{dv}{dt} = -\omega^2 x \quad \left(\omega = \sqrt{\frac{k}{m}}\right)$$

となります．ω（オメガ）は運動方程式を解いたとき振動の「角振動数」といわれるものになります．この微分方程式を解くわけですが，それにはちょっとしたトリックが要ります．

$$\frac{dv^2}{dt} = 2v\frac{dv}{dt}, \quad \frac{dx^2}{dt} = 2x\frac{dx}{dt} = 2xv$$

が利用できるので，運動方程式の両辺に $2v$ を掛けると

$$2v\frac{dv}{dt} = -2v\omega^2 x \Leftrightarrow \frac{dv^2}{dt} = -\omega^2 \frac{dx^2}{dt}$$

となり，直ちに積分できます：$v^2 = -\omega^2 x^2 + C$．よって，積分定数を $\omega^2 A^2$ ($A > 0$) と書くと

$$v^2 = \omega^2(A^2 - x^2)$$

が得られ，両辺の根号をとると

$$v = \frac{dx}{dt} = \pm\omega\sqrt{A^2 - x^2}$$

のように，重りの速度を変位 x の関数として表すことができます．

さて，x を時間 t の関数として表しましょう．それには上式を

$$\frac{\pm dx}{\sqrt{A^2 - x^2}} = \omega dt, \quad \text{よって} \quad \int \frac{\pm dx}{\sqrt{A^2 - x^2}} = \int \omega dt$$

と式変形して積分します（この手の手続きはもう慣れましたね）．右辺は積分定数を δ とすると

$$\int \omega dt = \omega t + \delta$$

ですね．左辺の積分を実行するには置換積分法が必要です．$x = A\sin\theta$ と置換しましょう．すると，

$$\sqrt{A^2 - x^2} = A|\cos\theta|, \qquad \frac{dx}{d\theta} = A\cos\theta$$

ですから，積分定数は右辺に移項したと見なして積分すると

$$\int \frac{\pm dx}{\sqrt{A^2 - x^2}} = \int \frac{\pm A\cos\theta d\theta}{A|\cos\theta|} = \int d\theta = \theta$$

が得られます[6]．以上のことから，

$$\theta = \omega t + \delta, \quad \text{よって} \quad \sin\theta = \sin(\omega t + \delta)$$

が得られるので，$x = A\sin\theta$ より

$$\frac{dv}{dt} = -\omega^2 x \quad \text{のとき} \quad x = A\sin(\omega t + \delta) \quad \left(\omega = \sqrt{\frac{k}{m}}\right)$$

と，確かに振動する解が得られました．

---

[6] 簡単のために $\pm|\cos\theta| = \cos\theta$ として，符号の問題を無視しました．どうしても納得できない人は，場合分けして，マイナスのときは

$$-\int d\theta = -\theta + \pi$$

とすると，最後の段階でプラスの場合に一致することがわかります．つまり，符号の問題は積分定数の書き方に押し込められるわけです．積分定数は最後に初期条件で決まります．

このような単純な振動を「単振動」といい，床の摩擦や空気抵抗を無視した場合の振動になります．バネと重りを天井に吊して上下に振動させる場合も同じ解になります．A は $|x|$ の最大値を与えるので，単振動の「振幅」といい，また $\omega t + \delta$ を振動の「位相」，δ を「初期位相」といい，それらは初期条件を与えれば決定されます．具体的な初期条件を与えずに解かれた微分方程式の解は「一般解」と呼ばれます．上の一般解が運動方程式を満たすことを確かめるのは練習問題にしましょう．

14.9.3.2　バネで結んだ 2 個の重りの運動

今度は摩擦のない床面にバネで結んだ 2 個の重りをおき，回転しないように設定して，バネの伸縮方向の運動を考えましょう．容易に想像できるように，2 つの重りは，振動しながら，全体として等速運動をすることがわかります．もしこの設定にリアリティーを求めるならば一酸化炭素 CO のような 2 原子分子の振動運動を考えるとよいでしょう．

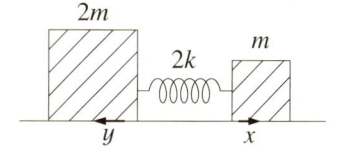

簡単のために，2 つの重りの質量を m, $2m$，バネ定数を $2k$ としましょう．また，バネが自然長になったある時刻の 2 つの重りの位置を基準として，基準の位置からの変位を，軽い重りのほうが x，重たいほうが y としましょう．

運動方程式は変位 x, y を用いて表すのが都合がよいので，加速度 a を第 2 次導関数の記法：

$$a = \frac{dv}{dt} = \frac{d}{dt}\left(\frac{dx}{dt}\right) = \frac{d^2x}{dt^2}$$

を用いて書きましょう．変位の差 $x-y$ はバネの伸縮量を表し，伸びているとき正，縮んでいるとき負ですね．よって，2 つの重りの運動方程式は

$$\begin{cases} m\dfrac{d^2x}{dt^2} = -2k(x-y) \\ 2m\dfrac{d^2y}{dt^2} = +2k(x-y) \end{cases} \Leftrightarrow \begin{cases} \dfrac{d^2x}{dt^2} = -2\kappa(x-y) \\ \dfrac{d^2y}{dt^2} = \kappa(x-y) \end{cases} \quad \left(\kappa = \dfrac{k}{m}\right)$$

のように表されます．

2つの重りが互いに影響し合うので，2つの微分方程式は変位 x と y の両方を含みますね．このままでは解くことは叶いません．解くためには $\dfrac{d^2x}{dt^2} = -\omega^2 x$ のように，両辺に同じ形の変位（例えば，$x-y$ など）が現れるようにする必要があります．以下，その方法を，この §§ では普通のやり方で，次の §§ では一般化が可能なやり方で，つまり行列の対角化法を用いて解説しましょう．

問題が簡単なので，運動方程式を少し眺めると

$$\begin{cases} \dfrac{d^2x}{dt^2} - \dfrac{d^2y}{dt^2} = \dfrac{d^2(x-y)}{dt^2} = -3\kappa(x-y) \\ \dfrac{d^2x}{dt^2} + 2\dfrac{d^2y}{dt^2} = \dfrac{d^2(x+2y)}{dt^2} = 0 \end{cases} \Leftrightarrow \begin{cases} \dfrac{d^2u}{dt^2} = -3\kappa u \quad (u = x - y) \\ \dfrac{d^2v}{dt^2} = 0 \quad (v = x + 2y) \end{cases}$$

のような組合せを作ると，解ける形になります．

先に解いた微分方程式 $\dfrac{d^2x}{dt^2} = -\omega^2 x$ の一般解が $x = A\sin(\omega t + \delta)$ の形であることを利用すると，微分方程式 $\dfrac{d^2u}{dt^2} = -3\kappa u$ の一般解は

$$u = x - y = 3A\sin(\omega t + \delta) \quad \left(\omega = \sqrt{3\kappa} = \sqrt{\dfrac{3k}{m}},\ A > 0\right)$$

のように表すことができます．また，微分方程式 $\dfrac{d^2v}{dt^2} = 0$ は直ちに積分できて，一般解は

$$v = x + 2y = 3v_0 t + 3x_0$$

と表されます．したがって，変位 x, y の一般解

$$\begin{cases} x = v_0 t + x_0 + 2A\sin(\omega t + \delta) \\ y = v_0 t + x_0 - A\sin(\omega t + \delta) \end{cases} \quad \left(\omega = \sqrt{\dfrac{3k}{m}},\ A > 0\right)$$

が得られます．この解は，軽いほうの重りが重いほうの重りの2倍の振幅で振動し，2つの重り全体は一般に等速で移動していくことを示しています．この解が間違いなく運動方程式を満たすことを確かめるのは君の仕事です．

この問題では2つの重りの運動方程式を解くのにそれぞれ2回積分しましたので4個の積分定数 v_0, x_0, A, δ が現れました．初期条件によってこれらを定めると2つの重りの‘運動は完全に予測可能’になります．ニュートンの運動

§14.9 微分方程式

学を発展させたフランスの数学者・天文学者ラプラス（Pierre Simon Laplace, 1749～1827）はこのことを一般化して，'ある時刻の宇宙の状態が定まれば，その先の任意の時刻の状態も完全に決定される' という世界観を提示しました．つまり，自然界のあらゆる現象を瞬時に計算できる存在（「ラプラスの悪魔」）がいれば，ある瞬間に全宇宙の状態を知るとその後のいかなる未来も見通すことができるというわけです．この決定論的世界観は 19 世紀の人々にとって主流の考え方でした．先に紹介したスーパーコンピュータ「地球シミュレータ」による気象予報はこの観点に近づく試みともいえるでしょう．

20 世紀に入って極微の世界で成り立つ「量子力学」が生まれると状況は一変しました．量子力学は始めから確率の力学であり，位置と速度は同時には定まらない，つまり初期条件は完全には定められないというわけです．やはり，未来は完全には定まっていないのです．

14.9.3.3 バネで結んだ重りの運動と行列の対角化

前の §§ で議論したように，2 つの重りはバネを通じて互いに影響し合うので，それらの単独の運動方程式はそのままでは解けない形になりました．しかしながら，新しい '変位' $u = x - y$ と $v = x + 2y$ を考えると，それらの運動方程式は $\frac{d^2 u}{dt^2} = -3\kappa u$, $\frac{d^2 v}{dt^2} = 0$ となり，u と v は無関係になって解けたわけです．その前者は，バネ定数と質量の比が $3\kappa = \frac{3k}{m}$ である場合に，1 個の重りが単独でバネに結ばれているときの運動方程式を表しています．また後者は，（2 つの重りの質量が m, $2m$ なので）$v = 1x + 2y$ は 2 つの重りの重心の座標の変位に対応し，重心の運動にはバネの力が関係しないことを表しています．

数学は，多くの重りがバネで結ばれているときでも，それらの運動方程式をうまく組み合わせれば '単独のバネと重りの問題に還元できて解けるようになる' ことを明らかにしました．電気回路の問題も，数学的構造はバネで結ばれた多くの重りの問題と同じであることがわかり，同様の数学理論が適用できます．その理論が §9.3 で議論した行列の対角化と固有値問題についての理論です．以下，その観点からバネで結んだ 2 つの重りの問題を見直してみましょう．対角化の議論を忘れた人は復習しておきましょう．

変位 x, y をベクトルの成分と考えると両者を同時に扱うことができます。そのベクトルの運動方程式は

$$\frac{d^2}{dt^2}\begin{pmatrix}x\\y\end{pmatrix} = \begin{pmatrix}-2\kappa(x-y)\\ \kappa(x-y)\end{pmatrix} = \begin{pmatrix}-2\kappa & 2\kappa\\ \kappa & -\kappa\end{pmatrix}\begin{pmatrix}x\\y\end{pmatrix} = \kappa A\begin{pmatrix}x\\y\end{pmatrix}, \quad A = \begin{pmatrix}-2 & 2\\ 1 & -1\end{pmatrix}$$

と表すことができます。これを'変位' u, v を導入して解けた場合：

$$\frac{d^2}{dt^2}\begin{pmatrix}u\\v\end{pmatrix} = \begin{pmatrix}-3\kappa u\\ 0\cdot v\end{pmatrix} = \begin{pmatrix}-3\kappa & 0\\ 0 & 0\end{pmatrix}\begin{pmatrix}u\\v\end{pmatrix} = \kappa D\begin{pmatrix}u\\v\end{pmatrix}, \quad D = \begin{pmatrix}-3 & 0\\ 0 & 0\end{pmatrix}$$

と比較すると違いがわかります。元の運動方程式に現れる行列 A には非対角成分が現れるのに対し，解くことができるほうの行列 D は対角行列になっていますね。つまり，'運動方程式を解くには現れる行列を対角行列にする' ことが必要なのです。

以下，2 つのベクトル $\begin{pmatrix}x\\y\end{pmatrix}$ と $\begin{pmatrix}u\\v\end{pmatrix}$ の関係を調べることから始めて，行列の対角化の復習をしましょう。両ベクトルを結ぶ行列 P を考えて

$$\begin{pmatrix}x\\y\end{pmatrix} = P\begin{pmatrix}u\\v\end{pmatrix} \Leftrightarrow \begin{pmatrix}u\\v\end{pmatrix} = P^{-1}\begin{pmatrix}x\\y\end{pmatrix}$$

とすると，$u = x - y$, $v = x + 2y$，よって

$$\begin{pmatrix}u\\v\end{pmatrix} = \begin{pmatrix}x-y\\x+2y\end{pmatrix} = \begin{pmatrix}1 & -1\\ 1 & 2\end{pmatrix}\begin{pmatrix}x\\y\end{pmatrix}$$

ですから，

$$P = \begin{pmatrix}1 & -1\\ 1 & 2\end{pmatrix}^{-1} = \frac{1}{3}\begin{pmatrix}2 & 1\\ -1 & 1\end{pmatrix}$$

となります。よって，

$$\begin{pmatrix}x\\y\end{pmatrix} = P\begin{pmatrix}u\\v\end{pmatrix} = P\left\{u\begin{pmatrix}1\\0\end{pmatrix} + v\begin{pmatrix}0\\1\end{pmatrix}\right\} = u\frac{1}{3}\begin{pmatrix}2\\-1\end{pmatrix} + v\frac{1}{3}\begin{pmatrix}1\\1\end{pmatrix}$$

のように変形して，

$$\begin{pmatrix}x\\y\end{pmatrix} = u\vec{a} + v\vec{b}, \quad \vec{a} = \frac{1}{3}\begin{pmatrix}2\\-1\end{pmatrix}, \quad \vec{b} = \frac{1}{3}\begin{pmatrix}1\\1\end{pmatrix}$$

§14.9 微分方程式

と表すと，非対角行列 A に対して

$$\begin{cases} A\begin{pmatrix}2\\-1\end{pmatrix} = \begin{pmatrix}-2 & 2\\1 & -1\end{pmatrix}\begin{pmatrix}2\\-1\end{pmatrix} = \begin{pmatrix}-6\\3\end{pmatrix} = -3\begin{pmatrix}2\\-1\end{pmatrix} \\ A\begin{pmatrix}1\\1\end{pmatrix} = \begin{pmatrix}-2 & 2\\1 & -1\end{pmatrix}\begin{pmatrix}1\\1\end{pmatrix} = \begin{pmatrix}0\\0\end{pmatrix} = 0\begin{pmatrix}1\\1\end{pmatrix} \end{cases}$$

が成り立ちます．よって，ベクトル $\vec{a}, \vec{b}$ は行列 A に対して，それぞれ固有値 $-3, 0$ をもつ固有ベクトルになります．したがって，関係式

$$\begin{pmatrix}x\\y\end{pmatrix} = P\begin{pmatrix}u\\v\end{pmatrix} = u\vec{a} + v\vec{b}$$

は $\begin{pmatrix}x\\y\end{pmatrix} = x\begin{pmatrix}1\\0\end{pmatrix} + y\begin{pmatrix}0\\1\end{pmatrix}$ の標準基底 $\begin{pmatrix}1\\0\end{pmatrix}, \begin{pmatrix}0\\1\end{pmatrix}$ から固有ベクトルの基底 $\vec{a}, \vec{b}$ へ変換したことを表します．

行列 A の固有値・固有ベクトルが求まると A を対角化して運動方程式を解く一般的方法がわかります．まず，

$$P = \frac{1}{3}\begin{pmatrix}2 & 1\\-1 & 1\end{pmatrix} = \begin{pmatrix}\vec{a} & \vec{b}\end{pmatrix}$$

ですから，基底を変換する行列 P は固有ベクトルを並べた行列であることがわかります[7]．また，対角行列 D は行列 A の固有値を対角成分とする行列です．A と D の関係については，

$$\frac{d^2}{dt^2}\begin{pmatrix}u\\v\end{pmatrix} = \kappa D\begin{pmatrix}u\\v\end{pmatrix}, \qquad \begin{pmatrix}u\\v\end{pmatrix} = P^{-1}\begin{pmatrix}x\\y\end{pmatrix}, \qquad \frac{d^2}{dt^2}\begin{pmatrix}x\\y\end{pmatrix} = \kappa A\begin{pmatrix}x\\y\end{pmatrix}$$

より，

$$\frac{d^2}{dt^2}\begin{pmatrix}u\\v\end{pmatrix} = \kappa D\begin{pmatrix}u\\v\end{pmatrix} \Leftrightarrow P^{-1}\frac{d^2}{dt^2}\begin{pmatrix}x\\y\end{pmatrix} = (P^{-1}\kappa AP)P^{-1}\begin{pmatrix}x\\y\end{pmatrix}$$

なので

$$P^{-1}AP = D = \begin{pmatrix}-3 & 0\\0 & 0\end{pmatrix}$$

---

[7] 今の場合，固有ベクトル $\vec{a}, \vec{b}$ が直交しないので，§9.3 のようには変換行列 P を直交行列にできませんが，$\vec{a}, \vec{b}$ は線形独立なので P の逆行列 P^{-1} は存在して対角化の議論はできます．その証明は少々長くなるので，次の §§ に回しましょう．

が得られます．この関係を直接確かめるのは練習問題にしましょう．

最後に，A の固有値・固有ベクトルを求める方法で問題を扱ってみましょう．元の運動方程式

$$\frac{d^2}{dt^2}\begin{pmatrix} x \\ y \end{pmatrix} = \kappa A \begin{pmatrix} x \\ y \end{pmatrix}, \qquad A = \begin{pmatrix} -2 & 2 \\ 1 & -1 \end{pmatrix}$$

において，行列 A の固有値を λ，固有ベクトルを $\begin{pmatrix} p \\ q \end{pmatrix} \neq \vec{0}$ とすると

$$A\begin{pmatrix} p \\ q \end{pmatrix} = \lambda \begin{pmatrix} p \\ q \end{pmatrix} \Leftrightarrow (A - \lambda I)\begin{pmatrix} p \\ q \end{pmatrix} = \vec{0}$$

でしたね（I は単位行列）．このとき，$\begin{pmatrix} p \\ q \end{pmatrix} \neq \vec{0}$ ですから，$(A - \lambda I)$ の逆行列はなく，よってその行列式は 0 になります：

$$|A - \lambda I| = \begin{vmatrix} -2 - \lambda & 2 \\ 1 & -1 - \lambda \end{vmatrix} = \lambda^2 + 3\lambda = 0.$$

これが固有値を決定する固有方程式で，それを解いて固有値 $\lambda = -3, 0$ が得られます．

固有値が定まると固有ベクトルが求まります．固有値 $\lambda = -3$ に対応する固有ベクトルは

$$(A-(-3)I)\begin{pmatrix} p \\ q \end{pmatrix} = \vec{0} \Leftrightarrow \begin{pmatrix} -2+3 & 2 \\ 1 & -1+3 \end{pmatrix}\begin{pmatrix} p \\ q \end{pmatrix} = \begin{pmatrix} 0 \\ 0 \end{pmatrix} \Leftrightarrow p+2q = 0 \Leftrightarrow \begin{pmatrix} p \\ q \end{pmatrix} = C_1 \begin{pmatrix} 2 \\ -1 \end{pmatrix}$$

となります．定数 C_1 は 0 でない任意の実数にとれますが，ここでは先に行った方法に合わせて $\frac{1}{3}$ にしましょう．同様に，固有値 $\lambda = 0$ に対応する固有ベクトルが

$$\begin{pmatrix} p \\ q \end{pmatrix} = C_2 \begin{pmatrix} 1 \\ 1 \end{pmatrix}$$

となることを示すのは練習問題です．$C_2 = \frac{1}{3}$ としましょう．

固有ベクトルが定まると，それらを並べて作った行列

$$P = \frac{1}{3}\begin{pmatrix} 2 & 1 \\ -1 & 1 \end{pmatrix}$$

§14.9 微分方程式

を用いて運動方程式を書き直し，

$$\begin{pmatrix} u \\ v \end{pmatrix} = P^{-1} \begin{pmatrix} x \\ y \end{pmatrix}, \qquad \frac{d^2}{dt^2} \begin{pmatrix} u \\ v \end{pmatrix} = P^{-1} \kappa A P \begin{pmatrix} u \\ v \end{pmatrix}$$

とすると，$P^{-1}AP$ が固有値を対角成分に並べた対角行列 D になるので，解ける方程式

$$\frac{d^2}{dt^2} \begin{pmatrix} u \\ v \end{pmatrix} = \kappa \begin{pmatrix} -3 & 0 \\ 0 & 0 \end{pmatrix} \begin{pmatrix} u \\ v \end{pmatrix} \Leftrightarrow \frac{d^2 u}{dt^2} = -3\kappa u, \quad \frac{d^2 v}{dt^2} = 0$$

が得られます．

以上が対角化の方法です．バネで結ばれた 2 個の重りで例解しましたが，この方法は多くの重りがバネで結ばれているときにも適用できます．そのときは多くの未知数が関係してきますが，運動方程式を高次の行列を用いて表せば同様のやり方で解ける形の方程式に直すことができます．複雑な電気回路でも同様に解けます．その詳細は大学の「線形代数」の講義で学びます．

14.9.3.4　変換行列 P が直交行列でない場合の対角化

行列 A の固有ベクトル $\vec{a}, \vec{b}$ が直交しない場合には基底を変換する行列 P は直交行列になりません．しかしながら，$\vec{a}, \vec{b}$ が線形独立なときには対角化の議論はできることを示しましょう．

$$P^{-1}AP = D, \qquad D = \begin{pmatrix} \alpha & 0 \\ 0 & \beta \end{pmatrix}$$

の形で A が対角化できるとすると，その必要十分条件は A が線形独立な固有ベクトルをもつことであることがわかります：

$$P = \begin{pmatrix} a & b \\ c & d \end{pmatrix}$$

とおくと，P^{-1} は存在するので $ad - bc \neq 0$．よって，2 つのベクトル $\begin{pmatrix} a \\ c \end{pmatrix}, \begin{pmatrix} b \\ d \end{pmatrix}$ は線形独立です．また，$P^{-1}AP = D$ より $AP = PD$ なので

$$AP = A \begin{pmatrix} a & b \\ c & d \end{pmatrix} = \begin{pmatrix} A \begin{pmatrix} a \\ c \end{pmatrix} & A \begin{pmatrix} b \\ d \end{pmatrix} \end{pmatrix}, \qquad PD = \begin{pmatrix} a & b \\ c & d \end{pmatrix} \begin{pmatrix} \alpha & 0 \\ 0 & \beta \end{pmatrix} = \begin{pmatrix} \alpha \begin{pmatrix} a \\ c \end{pmatrix} & \beta \begin{pmatrix} b \\ d \end{pmatrix} \end{pmatrix}$$

を比較して，
$$A\begin{pmatrix}a\\c\end{pmatrix} = \alpha\begin{pmatrix}a\\c\end{pmatrix}, \qquad A\begin{pmatrix}b\\d\end{pmatrix} = \beta\begin{pmatrix}b\\d\end{pmatrix}$$

が得られます．よって，$\begin{pmatrix}a\\c\end{pmatrix}$, $\begin{pmatrix}b\\d\end{pmatrix}$ は A の固有ベクトルであることがわかり，それらは線形独立です．これが対角化に必要な条件，つまり必要条件です．

必要条件はまた十分条件でもあることを示しましょう．$\begin{pmatrix}a\\c\end{pmatrix}$, $\begin{pmatrix}b\\d\end{pmatrix}$ は A の線形独立な固有ベクトルで，その固有値を α, β とします．このとき，$P = \begin{pmatrix}a & b\\c & d\end{pmatrix}$ とおくと，

$$AP = A\begin{pmatrix}a & b\\c & d\end{pmatrix} = \begin{pmatrix}A\begin{pmatrix}a\\c\end{pmatrix} & A\begin{pmatrix}b\\d\end{pmatrix}\end{pmatrix} = \begin{pmatrix}\alpha\begin{pmatrix}a\\c\end{pmatrix} & \beta\begin{pmatrix}b\\d\end{pmatrix}\end{pmatrix}$$
$$PD = \begin{pmatrix}a & b\\c & d\end{pmatrix}\begin{pmatrix}\alpha & 0\\0 & \beta\end{pmatrix} = \begin{pmatrix}\alpha\begin{pmatrix}a\\c\end{pmatrix} & \beta\begin{pmatrix}b\\d\end{pmatrix}\end{pmatrix}$$

より，$AP = PD$ です．したがって，固有ベクトルは線形独立より P^{-1} が存在し，

$$P^{-1}AP = D, \qquad D = \begin{pmatrix}\alpha & 0\\0 & \beta\end{pmatrix}$$

が成り立ち，A の対角化が十分に可能です．

第15章　確率・統計

　ギャンブルは古来より人を夢中にさせるものであったようです．どっちに賭けるほうが得か，ギャンブラーは真剣に考えたことでしょう．3次方程式の解の公式で名高い16世紀のイタリアの数学者カルダノ（Girolamo Cardano, 1501～1576）は専門の賭博師でもあったとのことです．数学者や物理学者は，本人が賭博をやらなくても，ギャンブル好きな貴族に相談をもちかけられて確率の問題に関心をもったようです．地動説を唱えたガリレオ（Galileo Galilei, 1564～1642，イタリア）は『さいころ賭博に関する考察』という論文を発表していますが，当時のイタリアではさいころ賭博が盛んで，ガリレオが受けた相談は"3個のさいころを同時に振るとき，その目の数の和が9のときと10のときでは，それぞれ6通りで同じなのに，実際には10のほうが少し出やすいように思われるので調べてほしい"というものでした（当時の計算法が誤りで，貴族の経験則のほうが正しいのです．後で議論しましょう）．

　"人間は考える葦(あし)である"で有名な17世紀の数学者・哲学者パスカル（Blaise Pascal, 1623～1662，フランス）にもちかけられた相談はもっと生々しいようです．"2人で賭けをしていて，その賭けは最終的に勝ったほうが全ての賭け金を貰えるとする．ところが（当局に踏み込まれて）この賭けを途中で止めたとき，途中の結果から判断すると賭け金をどのように配分すればよいか"というものです（後で議論しましょう）．確率論に関する基礎研究はパスカルから始まったといわれており，彼は二項係数 $_nC_k$ に対して初めて用語「組合せ」を導入し，二項係数を三角形に配列した所謂(いわゆる)「パスカルの三角形」に理論的な基礎を与えました．

　確率論はその後多くの数学者の手を経て次第に内容が増し，フランスの数学者・物理学者ラプラス（Pierre Simon Laplace, 1749～1827）に至って，いわゆる「古典確率論」が1812年の大著『確率の解析的理論』に集大成されまし

た．彼が確率を定義するときに用いた用語"同程度に確からしい"の根拠付けについては，その後の確率論において種々の議論を巻き起こしましたが，高校数学の範囲ではその直感的わかりやすさの故にあまり問題にしないで用いています．20世紀になってから，確率論は，ロシアの数学者コルモゴロフ（Andrei Nikolaevich Kolmogorov, 1903～1987）によって，数学的に曖昧さがない公理論的な形で基礎付けがなされました．

現在，確率論は，ギャンブルの勝率はもちろん，人口統計・降水確率・分子の熱拡散運動（ブラウン運動）・各種保険の保険料の計算・年金の計算・遺伝学・商品の品質管理や販売計画・株価変動予測・その他の広い分野に応用されています．アメリカのディズニーランドの建設に当たっては，それを砂漠の真ん中に造って採算がとれるかどうかが大学の数学研究所に依頼され，あらゆる条件を詳細に検討した結果，確率的に採算がとれるとの結論を得て，GOサインが出ました．現在，企業が工場を建設したり，支店を出したり，新製品を開発したりする場合には確率計算を用いた検定が重要視されています．

§15.1 場合の数と確率

15.1.1 事象と確率

15.1.1.1 コイン投げ

1個のコインをn回投げて表が出る割合を考えましょう．コインはその円板という形状のゆえに，n回投げるとその約半分は表，残りの半分は裏が出ますね（実際に10円玉を何度も投げてみて確かめましょう）．実際，投げる回数nをいくらでも多くしていくと表が出る割合は$\frac{1}{2}$に近づいていくことが予想され，実際そうなります．このとき，表が出る「経験的確率」または「統計的確率」は$\frac{1}{2}$であるといいます．今の場合，表が出る確率を調べるためにコインを投げる試みを繰り返しましたね．一般に，ある現象の背後に潜む何らかの'数学的な仕組みを探る目的で行う実験や観察'を**試行**といいます．また，今の場合コイン投げの試行の結果として表や裏が出ましたが，結果として起こる事柄を**事象**といいます．

さて，今の場合，表と裏が同時に出ることはありませんね．1個のコイン投

§15.1 場合の数と確率

げの試行では表が出る事象，裏が出る事象はそれぞれ個々に起こる事象なので'それ以上細かく分けることができない事象'ですね．このような細分不可の事象を一般に **根元事象** といいます．異なる根元事象は同時に起こることはありません．一般に，同時に起こることがない 2 つの事象は **排反事象** と呼ばれます．また，表と裏のどちらが出てもよいという事象を考えるとその事象は必ず起こりますね．一般に，根元事象の全てを合わせた事象を **全事象** といい，その事象は必ず起こります．

ところで，試行の結果として個々に起こる根元事象は個々に観測される事柄でもあり，それを専門用語で「サンプル点」(標本点) といいます．よって，表や裏が出る根元事象はしばしばサンプル点として扱われます．

根元事象 (サンプル点) の全体，つまり全事象は根元事象を要素とする集合 U と考えることができ，1 個のコイン投げの場合は $U = \{$表が出る, 裏が出る$\}$ または簡略して $U = \{$表, 裏$\}$ などのように表すことができます．この根元事象の集合 $U = \{$表, 裏$\}$ をコイン投げ試行についての **サンプル空間** (標本空間) といいます．サンプル空間 $U = \{$表, 裏$\}$ は 1 個のコインを投げるときに考えるべき全ての事柄を含んでいますね．一般の試行についてもサンプル空間，つまり全事象を考えることが確率の問題を考える基本になります．

さて，コイン投げの問題で表が出る確率が $\frac{1}{2}$ であることを理論的に考えましょう．そのためには 'コインには表と裏があるから半分は表が出る' ということに '理屈をつければよい' わけです．そこで，全事象 $U = \{$表, 裏$\}$ の各根元事象は '同程度に起こりやすい' と仮定してみましょう．この仮定は自然なものとして受け入れられますね．その仮定を数値で表すには，根元事象の集合 $U = \{$表, 裏$\}$ の要素の数 2，つまり根元事象の総数 2 を用いて，表が出るかまたは裏が出るかの各根元事象の起こる確率はそれぞれ $\frac{1}{2}$ であると仮定すればよいわけです．このような確率を「数学的確率」または「理論的確率」といいます．一般に，統計的確率と理論的確率が一致しそれらの間に矛盾がないことは後で示されます．確率の大きさを記号 P で表しましょう (P は probability (確率) の頭文字)．表が出る確率は $P = \frac{1}{2} = 0.5$ ですが，これは 1 回当たりの試行に換算すると表が 0.5 回出ることを表していますね．一般に，確率 P は '1 回の試行に対して' ある事象が起こる割合を表します．

全事象 U の根元事象の総数が重要であることがわかったので，その数を一般に $n(U)$ で表しましょう．$U = \{表, 裏\}$ のとき $n(U) = 2$ です．このとき，表が出る確率を $P(表)$，裏が出る確率を $P(裏)$ とすると，各根元事象が同程度に起こりやすいという仮定は，

$$P(表) = P(裏) = \frac{1}{n(U)}$$

と表されます．

各根元事象の個数はいうまでもなく 1 ですが，事象を明示するためにその数を $n(表), n(裏)$ などと書くと

$$P(表) = \frac{n(表)}{n(U)}, \qquad P(裏) = \frac{n(裏)}{n(U)}$$

と表されます．この表現を用いると，数学的確率は事象の数の比で表されることが明確になります．

根元事象の数を表すときに，$n(表) = 1$ を"表が出る **場合の数** は 1 通り"，$n(U) = 2$ を"全事象の場合の数は 2 通り"などという言い方もよくなされます．一般に，確率では異なるものが'何通りあるか'は重要で，事象 A に関する試行において，A の根元事象の数 $n(A)$ を「事象 A の場合の数」，試行の全事象 U の根元事象の総数 $n(U)$ を「全事象の場合の数」ということがあります．また，用語「場合の数」は，文字を並べるときなどに何通りの並べ方があるかなど，異なる種類の数を表すときにも用いられます．

次に，2 個のコインを同時に投げる試行の場合の数（根元事象の数）を調べましょう．もし同種のコインなら，問題を簡単にするために，色をつけて区別がつくようにしておきましょう．それらのコインを C_1, C_2 として，C_1 が表，C_2 が裏となる根元事象を (表, 裏) などと表しましょう．すると，サンプル空間，つまり全事象 U は，それぞれのコインの表・裏を考えると

$$U = \{(表, 表), (表, 裏), (裏, 表), (裏, 裏)\}$$

となりますね．根元事象 (表, 裏) と (裏, 表) は異なることに注意しましょう．4 つの根元事象の各々が 4 回に 1 回の割合で起こる，つまり $n(U)$ 回に 1 回の割合で起こることはいうまでもありません．ここで，片方のコインだけが表と

なる事象を A とすると

$$A = \{(表, 裏), (裏, 表)\}$$

です．よって，この試行においては各根元事象の起こり方は同程度に確からしいので，事象 A の場合の数 $n(A) = 2$，全事象の場合の数 $n(U) = 4$ より，4 回投げると 2 回の割合で事象 A が起こることがわかります．よって，事象 A の起こる数学的確率 $P(A)$ は $n(A)$ と $n(U)$ の比をとって

$$P(A) = \frac{n(A)}{n(U)} = \frac{2}{4} = \frac{1}{2}$$

となります．実際に 2 個の 10 円玉を 40 回投げてみると，(表, 表) と出たのが 9 回，(裏, 裏) が 10 回，(表, 裏) または (裏, 表) が 21 回となりました．この僅か 40 回の試行でも得られる事象 A の統計的確率は $\frac{21}{40} = 0.525$ となって数学的確率の結果にほぼ一致しました．

15.1.1.2 余事象・和事象・積事象

2 つの区別できるコイン C_1，C_2 を同時に投げる試行の全事象 U は

$$U = \{(表, 表), (表, 裏), (裏, 表), (裏, 裏)\}$$

このとき，片方のコインだけが表となる事象を A とすると

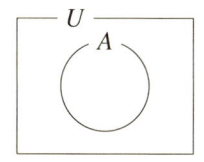

$$A = \{(表, 裏), (裏, 表)\}$$

でした．事象 A と全事象 U は根元事象の集合なので，それらはベン図を用いて表すことができます．

　一般に，全事象 U のうち A でない事象を A の **余事象** といい，$\bar{A}$ で表します（$\bar{A}$ は A バーと読む）．ベン図でいうと，余事象 $\bar{A}$ は U から A をとり除いた部分です．今の場合，

$$\bar{A} = \{(表, 表), (裏, 裏)\}$$

となるので，$\bar{A}$ は同じ面が出る事象を表します．場合の数については明らかに

$$n(\bar{A}) = n(U) - n(A)$$

が成り立つので，どの根元事象も同程度に確からしいとき，事象 $\bar{A}$ が起こる確率は

$$P(\bar{A}) = \frac{n(U) - n(A)}{n(U)} = 1 - P(A)$$

と表すことができます．

では，ここで問題です．区別がつく 5 個のコインを同時に投げたとき，少なくとも 1 個は表が出る確率 P を求めよ．ヒントはありません．

その事象を A としましょう．考慮すべき根元事象は (表, 表, 表, 表, 表) から (裏, 裏, 裏, 裏, 裏) まであり，よって全事象 U の場合の数 $n(U)$ は $2^5 = 32$ 通りありますね．そのうち事象 A が何通りあるか，それを直接数える気にはなりませんね．A の余事象 $\bar{A}$ は全て裏が出る場合の 1 通りしかないので，余事象の確率を用いて $P = 1 - \dfrac{1}{32} = \dfrac{31}{32}$ となります．もちろん，どの根元事象も同程度に確からしいと見なしています．

2 つのコインを投げる場合に戻りましょう．片方のコインだけが表になる事象

$$A = \{(表, 裏), (裏, 表)\}$$

に加えて，コイン C_1 が表となる事象 B を考えましょう：

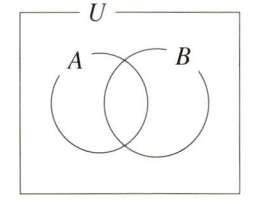

$$B = \{(表, 表), (表, 裏)\}.$$

一般に，A または B が起こる事象を A と B の **和事象** といい，記号 $A \cup B$ で表します（$A \cup B$ は A または B と読みます）．今の場合，

$$A \cup B = \{(表, 表), (表, 裏), (裏, 表)\}$$

ですね．

また，A と B に共通する事象を A と B の **積事象** といい，記号 $A \cap B$ で表します（$A \cap B$ は A かつ B と読みます）．ベン図でいうと，積事象 $A \cap B$ は A と B の共通部分です．今の場合，$A \cap B$ は片方のコインだけが表でかつコイン C_1 が表となる事象ですから

$$A \cap B = \{(表, 裏)\}$$

です．

§15.1 場合の数と確率

場合の数については，一般に，ベン図からわかるように

$$n(A \cup B) = n(A) + n(B) - n(A \cap B)$$
$$\Leftrightarrow n(A \cap B) = n(A) + n(B) - n(A \cup B)$$

が成り立ちますね．したがって，確率については，どの根元事象も同程度に確からしいとすると

$$P(A \cup B) = P(A) + P(B) - P(A \cap B)$$
$$P(A \cap B) = P(A) + P(B) - P(A \cup B)$$

が成り立ちます．

なお，片方のコインだけが表になる事象 A に対して，B を両方のコインが共に表になる事象などとした場合には A と B は同時には起こらない排反事象になり，$A \cap B$ は要素（根元事象）がない空集合 $\emptyset$ になります．このような場合には $n(A \cap B) = 0$ となるので，和事象 $A \cup B$ の確率は

$$P(A \cup B) = P(A) + P(B) \quad (A \text{ と } B \text{ が排反事象のとき})$$

となります．

ここで問題です．区別がつく 3 個のコイン C_1, C_2, C_3 を同時に投げるとき，1 個だけ表が出る事象を A，コイン C_1 が表となる事象を B とする．このとき，A または B の事象が起こる確率を求めよ．ヒントなしです．

全事象 U の場合の数 $n(U)$ は $2^3 = 8$ 通りありますね．事象 A の場合の数 $n(A)$ はどのコインが表になるかで 3 通りあります．事象 B の場合の数 $n(B)$ は，コイン C_2, C_3 の表裏は関係がないので，$n(B) = 1 \cdot 2^2 = 4$ 通り．積事象 $A \cap B$ はコイン C_1 だけが表の場合になるから $n(A \cap B) = 1$ 通り．よって，

$$P(A \cup B) = P(A) + P(B) - P(A \cap B) = \frac{3}{8} + \frac{4}{8} - \frac{1}{8} = \frac{3}{4}.$$

15.1.1.3 ガリレオへのサイコロ相談

ガリレオが受けた相談"3 個のさいころを同時に振るとき，その目の数の和が 9 のときと 10 のときでは，それぞれ 6 通りで同じなのに，実際には 10 のほうが少し出やすいように思われるので調べてほしい"に対する解答を考えま

しょう．もちろんサイコロは正しく作られていてどの目の出方も同じであるとします．

目の数の和が9になる事象を 和$_9$，10になる場合を 和$_{10}$ としましょう．ガリレオの時代の人々は，事象 和$_9$ が起こる全ての場合をサイコロの目で表すと

[サイコロの目の組み合わせ図：6通り]

となるので，事象 和$_9$ が起こる場合の数は6通り（つまり，根元事象の数は6）であるとして，それらはどれも同じ割合で起こると考えたわけです．この考えは9を6以下の3つの自然数の和に表すと6通りに表され：

$$9 = 1+2+6 = 1+3+5 = 1+4+4 = 2+2+5 = 2+3+4 = 3+3+3,$$

それらに同じ頻度を対応させるのと同じですね．同様に，事象 和$_{10}$ については

$$10 = 1+3+6 = 1+4+5 = 2+2+6 = 2+3+5 = 2+4+4 = 3+3+4$$

より，和$_9$ の場合と同じく

[サイコロの目の組み合わせ図：6通り]

の6通りの目の出方があります．当時の貴族たちはそれら12通りの目の出方の各々は同じ割合で起こると考えたのでした．このように考えると事象 和$_9$ と 和$_{10}$ はほぼ同じ割合で起こりますね．

3つのサイコロを9400回振る実験が実際になされ[1]，和$_9$ は1072回起こって全体の11.4％，和$_{10}$ は1175回で全体の12.5％でした．この実験からもわかるように，ガリレオに相談した貴族の経験通りに，和$_{10}$ のほうが起こりやすいことはほぼ疑いようがありません．当時の計算法はどこを誤ったのでしょうか，しばらくの間自ら考え，それから以下の議論に入っていきましょう．ヒント：先ほどのコインの問題ではコインを色分けしましたね．

3個のさいころは区別がつかないように作られていますが，色をつけると結果は変わるでしょうか．変わりませんね．'サイコロの区別がつくようにして

---

[1] 文部省検定済み教科書『高等学校の確率・統計』（三省堂出版；1990年発行）

§15.1 場合の数と確率 489

振っても同じ結果を得る'ことは明らかでしょう．当時の計算法で見過ごしていたことは3つのサイコロを別物と考えることでした．

　サイコロを区別することは場合の数を調べるときに決定的に重要です．例えば，先ほどの ⚀⚁⚅ と並べたサイコロはそれらの3個を区別してはいません．3つのサイコロ (dice) を $D_赤, D_青, D_黄$ などと区別して，振ったサイコロをそれらの順に並べ替えることにすると，⚀⚁⚅ に対して実際には

⚀⚁⚅　⚁⚀⚅　⚀⚅⚁　⚁⚅⚀　⚅⚀⚁　⚅⚁⚀

の6通りが現れます．つまり，当時の貴族のいう事象 ⚀⚁⚅ は実は場合の数を6通り（根元事象の数を6）として考えるのが正しいのです．そのことはイメージ的には6通りに書かれた和

$$1+2+6,\quad 1+6+2,\quad 2+1+6,\quad 2+6+1,\quad 6+1+2,\quad 6+2+1$$

をある意味で別物と見なすことに当たるでしょうか．このようにこれまで1通りと見られていた場合の数を6通りに訂正する必要があります．このような訂正は出た目が全て異なる場合には全て同じです．練習問題として ⚀⚁⚂ の場合でそのことを確かめましょう．よって，出た目が全て異なる場合は6通りと数え直す必要があります．

　次に，3個のうち2個が同じ目の場合 ⚀⚅⚅ を $D_赤, D_青, D_黄$ と区別して先ほどと同様に場合の数を数え直しましょう．実際には

⚀⚅⚅　⚅⚀⚅　⚅⚅⚀

と並べ直すのが正しく，今度は場合の数は1通りを3通りと訂正しなければなりませんね．⚁⚁⚅ でも同様です．

　3つとも同じ目が出た ⚁⚁⚁ の場合はどうでしょう．$D_赤, D_青, D_黄$ の順に並べ替えてもやはり ⚁⚁⚁ と並びますね．よって，この場合の場合の数は1通りのままです．

　以上のことから，事象 和$_9$ について場合の数を訂正したものを表にすると

⚀⚁⚅：6通り，　⚀⚂⚄：6通り，　⚀⚃⚃：3通り，

⚁⚁⚄：3通り，　⚁⚂⚃：6通り，　⚂⚂⚂：1通り

となるので，事象 和$_9$ の正しい場合の数 $n(和_9)$ は

$$n(和_9) = 6 + 6 + 3 + 3 + 6 + 1 = 25 通り$$

となりますね．

同様に，事象 和$_{10}$ の場合に場合の数が $n(和_{10}) = 27$ 通りとなることを確かめるのは練習問題です．ほとんど答ですが，ヒント：

⚀ ⚂ ⚅ ：6 通り， ⚀ ⚃ ⚄ ：6 通り， ⚁ ⚂ ⚄ ：3 通り，

⚁ ⚃ ⚄ ：6 通り， ⚁ ⚄ ⚄ ：3 通り， ⚂ ⚂ ⚃ ：3 通り．

この問題では全事象 U の場合の数（根元事象の総数）$n(U)$ は，1 個のサイコロの目が 6 通りですから，D$_赤$，D$_青$，D$_黄$ の順に並べて考えるとわかるように

$$n(U) = 6 \times 6 \times 6 = 216 通り$$

あります．それら 216 通りある根元事象のどれもが同程度に起こりやすいと考えられるので，各根元事象はサイコロを $n(U) = 216$ 回振ると 1 回の割合で起こります．したがって，出る回数はその事象の場合の数に比例し，$n(和_9) = 25$ 通り，$n(和_{10}) = 27$ 通りですから，事象 和$_{10}$ のほうが起こりやすいことがわかります．確率 P の表現を用いると

$$P(和_9) = \frac{n(和_9)}{n(U)} = \frac{25}{216} \fallingdotseq 0.116, \quad P(和_{10}) = \frac{n(和_{10})}{n(U)} = \frac{27}{216} = 0.125$$

となります．これは先ほどの 9400 回サイコロを振って得られた実験結果，つまり 和$_9$ の場合が全体の 11.4 ％，和$_{10}$ の場合が全体の 12.5 ％に極めて近い値ですね．

では，ここで問題です．3 個のサイコロを同時に振る試行を 1000 回繰り返す．そのうちサイコロの目が全て同じになるのは約何回か．ヒント：そんな場合は ⚀ ⚀ ⚀ 〜 ⚅ ⚅ ⚅ です．その事象を A とすると $n(A) = 6$ 通りですから，1000 回のうち

$$P(A) \times 1000 = \frac{6}{216} \times 1000 \fallingdotseq 28 回$$

しか出ませんね．

15.1.2 順列と組合せ

確率の本格的な計算に備えて場合の数の数え方を訓練しておきましょう．ある事象の場合の数の数え方が，あるものを並べるときの並べ方に同値であったり，あるものをとり出す場合のとり出し方に同値であることはよくあります．並べ方を「順列」，とり出し方を「組合せ」といいます．

15.1.2.1 重複順列

3個のサイコロを1列に並べるとき，異なる並べ方が何通りあるか考えましょう． ⚀⚁⚂ と ⚀⚂⚁ はもちろん違う並べ方です．実際に ⚀⚀⚀ から ⚅⚅⚅ まで並べてみるとわかるように，各サイコロには6通りの異なる目があり，それを3個並べる並べ方は $6^3 = 216$ 通りありますね．

n 種類の旗 $\boxed{1}, \boxed{2}, \cdots, \boxed{n}$ が何枚でもあります．この中から k 枚を選んで1列に並べ，旗の信号を作ります．このとき，同種の旗を繰り返して何回選んでもよいとします．旗の信号は何通り作れるでしょうか．実際に並べ

$\underbrace{\boxed{h_1}\boxed{h_2}\cdots\boxed{h_k}}_{k \text{ 枚}}$

それぞれ n 種類

ることを想像するとわかります．旗の各位置に立ってどの旗にしようかと考えると，旗は n 種類あるので，各位置で n 通りの旗の選び方がありますね．よって，旗を k 枚並べると n^k 通りの並べ方があります．

一般に，異なる n 個のものの中から，同じものを何回でも選ぶことを認めて k 個とり出し，1列に並べたものを，「n 個のものから k 個とる **重複順列**」といいます．その重複順列の総数を記号 ${}_n\Pi_k$ で表すと（Π は π の大文字）

$${}_n\Pi_k = n^k \qquad \text{（重複順列）}$$

です．

ではここで問題です．お年玉をたくさん貰ったA君は無駄使いせずに貯金しました．その後，A君は新発売されたゲームソフトが欲しくなり貯金を下ろしに行ったのですが，4桁の数字の暗証番号が思い出せません．しばらく考えて，千の位は1か2，百の位は0でない偶数，十の位は5か6，一の位は奇数であるところまでは思い出しました．忘れた数字は適当に入力するとして，彼は預金を下ろせるでしょうか．下ろせる確率を求めなさい．ただし，暗証番号

を三度続けて入力ミスするとそれ以上受け付けてもらえません．簡単のため，入力ミスをした後でまた同じ番号を入力するかもしれないとしましょう．ヒント：彼が思い出した部分は正しいとして，その中から無差別に数が選び出されます．

この問題の場合，数字を選ぶ全事象の場合の数は千の位で2通り，百の位で4通りなどと考えると，全部で $2 \times 4 \times 2 \times 5$ の80通りあります．その80通りの数のどれも平等に選ばれると考えます．入力する番号は1通りですが，三度のチャンスがあり，二度目・三度目に正しく入力する場合も考えます．よって，預金を下ろせる確率は

$$P = \frac{1}{80} + \frac{(80-1) \cdot 1}{80^2} + \frac{(80-1)^2 \cdot 1}{80^3} \fallingdotseq \frac{3}{80} = 0.0375$$

です．この確率の値では預金を下ろすのは絶望的ですね．

15.1.2.2　順列

ア，イ，ウと書いたカード3枚 ア イ ウ から2枚をとって並べる方法は，全部で

ア イ　　ア ウ　　イ ア　　イ ウ　　ウ ア　　ウ イ

の6通りですね．

何故そうなったかを考えてみましょう．最初の文字を選ぶときは3通りありますが，次の文字を選ぶときは，各文字のカードが'1枚ずつしかない'ために，$3-1 = 2$通りしか選べません．よって，並べ方の総数は

$$3 \times 2 = 6 \text{ 通り}$$

になります．これは，各カードが何枚でもある場合の結果 $3^2 = 9$ 通りとまったく違いますね．

n 人から k 人を選んで1列に並べることを考えましょう．最初の人を選ぶときは n 通り，2人目は $n-1$ 通り，3人目は $n-2$ 通り，$\cdots$，最後の k 人目の場合は $n-k+1$ 通りですから，並べ方の総数は

$$n(n-1)(n-2)\cdots(n-k+1) \text{ 通り}$$

となります．もし n 人全員を並べるとその総数は $n!$ 通りですね．

§15.1 場合の数と確率

一般に，異なる n 個のものから，重複せずに異なる k 個のものをとり出して 1 列に並べたものを「n 個のものから k 個とる **順列**」といいます．その順列の総数を記号 $_n\mathrm{P}_k$ で表すと（P は permutation（順列）の頭文字です）

$$_n\mathrm{P}_k = n(n-1)(n-2)\cdots(n-k+1) \qquad \text{(順列)}$$

ですね．

$_n\mathrm{P}_k$ は階乗を用いて表すことができます．

$$n(n-1)(n-2)\cdots(n-k+1) = \frac{n(n-1)(n-2)\cdots(n-k+1)\cdot(n-k)!}{(n-k)!}$$

$$= \frac{n!}{(n-k)!}$$

より

$$_n\mathrm{P}_k = \frac{n!}{(n-k)!}$$

となります．この形に表しておいて，§§14.8.3 で議論した解析的階乗関数に従って $0! = 1$, （負の整数）$! = \infty$ と約束すると，

$$_n\mathrm{P}_0 = \frac{n!}{n!} = 1, \qquad _0\mathrm{P}_0 = \frac{0!}{0!} = 1, \qquad k > n \text{ のとき } _n\mathrm{P}_k = \frac{n!}{(n-k)!} = 0$$

とすることになります．以下，そうしましょう．

では，ここで問題です．あるクラブの代表 5 人が大会に出場することになり，1 列に並んで記念写真を撮ることになった．代表 5 人の中には A 君と B さんがいて，A 君は B さんに密かに恋している．2 人が隣り合って並ぶ確率はいくらか．ただし，並ぶ位置は単なる偶然で決まるものとする．ヒント：一般に，確率の問題はさまざまな考え方ができ，解法は何通りもあるのが普通です．単にその問題が解けたと満足しないで，別の解法がないかと探るほうが後で役に立ってきます．一般的には場合分けが少ない解法が合理的ですが，場合分けが避けられない場合もあり，場合分けでミスをしない訓練も必要です．この問題では，A 君と B さんが隣り合う並び方の総数の求め方を工夫して，場合分けしないで済む解法を見つけましょう．

まず，全事象の場合の数（根元事象の総数）$n(U)$ は 5 人が 1 列に並ぶ順列の総数ですから，$n(U) = {}_5\mathrm{P}_5 = 120$ 通りありますね．このとき，根元事象は 5 人の並び方の各々であり，どの並び方も同程度に起こりやすいと考えます．よって，どの並び方も $\dfrac{1}{120}$ の確率で起こるとします．

次に，A君とBさんが隣り合う並び方です．その場合の数を $n(AB)$ としましょう．2人を A, B と略記し，隣り合って並んだ状態を AB や BA で表しましょう．すぐに気がつく解法は，並ぶ位置を 12345 とすると，AB または BA が 12, 23, 34, 45 の位置にある場合で場合分けしておいて，残りの位置に他の3人が並ぶというものです：

AB345　1AB45　12AB5　123AB　および　AB を BA に変えたもの．

よって，2人が並ぶ4通りの位置の各々に対して他の3人が残りの位置に並ぶ順列を考えればよいから，2人が並ぶ場合の数は

$$n(AB) = 4 \times {}_3P_3 \times 2 = 48 \text{ 通り}$$

です．この式で最後の×2は2人の並び方が AB または BA の2通りあるためです．

この問題でより合理的な考え方は A, B の2人を1人と見なして，'4人' が並ぶ順列を考えることです．すると，1人と見なした2人を AB または BA に戻す手続きを最後に行って

$$n(AB) = {}_4P_4 \times 2 = 48 \text{ 通り}$$

となります．

以上のことから，A君とBさんが隣り合う確率は

$$P(AB) = \frac{n(AB)}{n(U)} = \frac{48}{120} = \frac{2}{5}$$

となります．A君，期待してよいですよ．

ついでに，5人がクラブの旗の周りに輪になって写真を撮る場合を考えましょう．この場合は5人の相対的位置のみを問題にします．5人の並び方の総数を $n(U)$ として，輪をどこかで切って5人を1列に並ばせることを考えると，${}_5P_5$ と $n(U)$ の間には

$$ {}_5P_5 = n(U) \times 5 $$

の関係が成り立つので

$$ n(U) = \frac{{}_5P_5}{5} = 4! \text{ 通り}$$

となりますね．

§15.1 場合の数と確率

一般に，異なる n 個のものを円形に並ばせたものを **円順列** といい，その総数は
$$\frac{{}_n\mathrm{P}_n}{n} = (n-1)!$$
で与えられます．

なお，この場合に A 君と B さんが隣り合う確率は
$$P(AB) = \frac{3! \times 2}{4!} = \frac{1}{2}$$
となることを確かめましょう．ヒント：先の順列の問題で 2 人が 12 の位置にいる場合の並びを輪の並びに直すと考えるのがよいでしょう．

15.1.2.3 組合せ

abcd の 4 文字から 2 文字を単に選び出す方法の総数 N を考えましょう．実際に選び出すと

ab　ac　ad　bc　bd　cd

なので $N = 6$ 通りですね．これを論理的に考えてみましょう．abcd から 2 文字を選ぶことは，abcd から 2 文字とって並べる順列 ${}_4\mathrm{P}_2$ の中間段階に当たり，2 文字はまだ並べられていません．よって，N と ${}_4\mathrm{P}_2$ には
$$ {}_4\mathrm{P}_2 = N \times 2!$$
の関係があり，これから
$$N = \frac{{}_4\mathrm{P}_2}{2!} = \frac{4!}{2! \cdot 2!} = 6 \text{ 通り}$$
と求まります．

一般に，異なる n 個のものから，順序を考えずに k 個を選んで 1 組にしたものを「n 個のものから k 個をとる **組合せ**」といい，その総数を記号 ${}_n\mathrm{C}_k$ で表します（C は combination（組合せ）の頭文字です）．このとき，選んだ k 個を並べると ${}_n\mathrm{P}_k$ になるので
$${}_n\mathrm{P}_k = {}_n\mathrm{C}_k \times k!$$
が成り立ち，したがって
$${}_n\mathrm{C}_k = \frac{{}_n\mathrm{P}_k}{k!} = \frac{n!}{k! \cdot (n-k)!} \qquad \text{（組合せ）}$$

が得られます．この $_nC_k$ は既に学んだ二項係数 $_nC_k$ と同じものであり，それについては後で議論しましょう．

　階乗の定義を拡張したので

$$_nC_0 = 1, \qquad _0C_0 = 1, \qquad k > n \text{ のとき } _nC_k = 0$$

とすることになります．

　ここで問題です．

$$_nC_k = \frac{n!}{k!(n-k)!} = \frac{n!}{(n-k)!(n-(n-k))!} = {_nC_{n-k}}, \text{ よって } \quad _nC_k = {_nC_{n-k}}$$

が成り立ちますね．何故 $_nC_k = {_nC_{n-k}}$ なのでしょうか．納得がいく説明をせよ．ヒントは不要でしょう．

　n 個の中から k 個を選ぶと，残される $n-k$ 個は決まりますね．よって，組合せは1つの集団を2つの集団に分ける方法を述べていると解釈できます．よって，n 個の集団を k 個の集団と $n-k$ 個の集団に分ける方法の総数が $_nC_k$ で，$n-k$ 個の集団と k 個の集団に分ける総数が $_nC_{n-k}$ ですからそれらは当然一致しますね．

　右図の格子模様を道路と見立てて，地点 O から地点 A まで最短距離で行く方法の総数を考えましょう．図の矢印は1区画を進む方向を表し，O から A に最短で行く1つの例が示されています．まず，最短距離で行くための条件は何かと考えてみると，→ と進むのが4回，↑ が3回ですね．次に，通った路を区別するにはどうすればよいでしょうか．例で示したものは

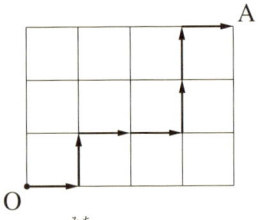

$$\begin{array}{ccccccc} 1 & 2 & 3 & 4 & 5 & 6 & 7 \\ \rightarrow & \uparrow & \rightarrow & \rightarrow & \uparrow & \uparrow & \rightarrow \end{array}$$

の順で進んでいます．矢印の上の数字が進む方向の順番を表しています．この表で → と ↑ の入れ替えを行うと通る路が異なってきますね．通る路を区別するのは順番を表す数字1〜7に対応する → と ↑ の違いというわけです．

　以上の議論より，O から A に最短距離で行く方法の総数 N がわかります．数字1〜7から4つを選んで → を対応させ，残りの3つに ↑ を対応させます．

その総数は7個から4個をとる組合せの数なので

$$N = {}_7C_4 = 35 \text{ 通り}$$

の異なる行き方がありますね．もし歩き方に癖がない人が歩くとすると，どの最短路も $\frac{1}{35}$ の確率で選ばれますね．

応用問題です．文字aが p 個，bが q 個，cが r 個の合計 n 個ある．それら n 個の文字を1列に並べる方法の総数 N を求めよ．ヒント：aを $\to$，bを $\uparrow$ で置き換えてみると，前の最短距離の問題と考え方はほとんど同じでよいことがわかります．

文字を並べる位置を $1 \sim n$ として，$1 \sim n$ から p 個を選んで文字aを並べます．次に残りの $n - p$ 個の位置から q 個を選んでbを並べます．それでcを並べる位置も決まります．よって，このような並べ方の総数は組合せの数え方で求められ

$$N = {}_nC_p \cdot {}_{n-p}C_q = \frac{n!}{p!q!r!} \text{ 通り} \quad (p + q + r = n)$$

となります．この問題は，'同じものを並べる' 場合には，順列の数え方ではなく，'組合せの数え方' になることを示しています．

なお，この並べ方の問題は次の部屋割りの問題と答の数が一致します：n 人の人をA室に p 人，B室に q 人，C室に残りの r 人を割り当てる方法の総数を求めよ．実際に解いてみて一致することを確かめましょう．

15.1.2.4 重複組合せ

お団子6個 ○○○○○○ を団子に目がないA，B，Cの3兄弟で分ける方法の総数 N を考えましょう．団子を割ってはいけません．2個ずつ分ければ平等なのですが，最悪の場合1個も貰えない人がいる場合もあるとします．しばらくの間考えてみましょう．団子は区別がつかないので，単純な組合せの問題ではありませんね．場合分けで解けないことはありませんが，勉強にはなりません．アイデアで勝負してみましょう．すんなり解けなかった人は一晩じっくり考えてみてください．この問題はその価値があります．

まず，例としてAに3個，Bに2個，Cに1個分けた場合を図にしてみま

しょう．

$$\underbrace{\bigcirc\bigcirc\bigcirc}_{A}\underbrace{\bigcirc\bigcirc}_{B}\underbrace{\bigcirc}_{C}$$

3人のとり分はよくわかりますが，この図では計算ができるようにはなっていません．もう一工夫が要ります．団子を1列に並べたのがヒントになっています．3人のとり分さえわかればよいのです．

今度は団子の間に間仕切りを入れてみましょう．

$$\bigcirc\bigcirc\bigcirc\blacksquare\bigcirc\bigcirc\blacksquare\bigcirc$$

これでも3人のとり分はわかりますね．間仕切りの位置を変えてみるとわかるように，'間仕切りのおき方と分配の仕方が1:1に対応'していますね．よって，間仕切りのおき方の総数が分配方法の総数 N になります．

このように団子と間仕切りを並べると計算ができる形になります．そのためにそれらの上に位置を示す数字を付けてみましょう．数字を'間仕切りの上にも付ける'のがミソです．

$$\overset{1}{\bigcirc}\;\overset{2}{\bigcirc}\;\overset{3}{\bigcirc}\;\overset{4}{\blacksquare}\;\overset{5}{\bigcirc}\;\overset{6}{\bigcirc}\;\overset{7}{\blacksquare}\;\overset{8}{\bigcirc}$$

これで見えてきたでしょう．この問題は団子6個と間仕切り2個を1列に並べる方法の総数 N を求める問題になりました．それらをおく位置1〜8を考えて，その中から2ヵ所を選んで間仕切りに対応させると残りの位置は団子になります．よって，N は異なる8個から2個とる組合せの総数になりますね：

$$N = {}_8C_2 = \frac{8 \cdot 7}{2!} = 28 \text{ 通り}.$$

解けてしまうと簡単ですが，団子に間仕切りという余計なものを加えて，かつそれらを同等に扱うという発想は誰にでもできるものではありません．確率は苦手だという人は'自分にはない考え方を吸収して自分のものにする'という気持ちで学ぶのがよいでしょう．

この分配の問題では誰かが1個も貰えない場合もあります．極端な話，Aが6個とも独り占めする場合はこれです：$\bigcirc\bigcirc\bigcirc\bigcirc\bigcirc\bigcirc\blacksquare\blacksquare$．

§15.1　場合の数と確率

　では，ここで問題です．上の問題で，3 人とも少なくとも 1 個は貰えるとしたら，分配の方法は何通りあるか．ヒント：難しく考えないこと．

　先に 1 個ずつ分けておいて，残りの 3 個を分ける方法を考えればよいわけです．間仕切りは 2 個だから，先の問題と同様にして

$$_5C_2 = 10 \text{ 通り}$$

ありますね．

　何百年も続くお菓子の福屋の饅頭 ㊩，㊟，㊾ は，19 代目がヤング向けに味つけを加味してからさらに評判がよくなり，売れ行きを伸ばしています．饅頭は一人 6 個限定ですが，㊩㊟㊾ の種類は問いません．饅頭の大好きな A さんは 6 個ずつ毎日違う組合せで買うことにしました．そのような買い方をすると買い終えるまでに何日かかるでしょうか．

　団子の問題で練習したので，一発で片づけましょう．㊩ を 3 個，㊟ を 2 個，㊾ を 1 個買う例を

```
 1   2   3   4   5   6   7   8
㊩  ㊩  ㊩  ■  ㊟  ㊟  ■  ㊾
```

と表せば納得できますね．団子 6 個を 3 人で分ける場合と完全に同じ数え方になります．よって，間仕切りをおく位置を毎日変えるとやり終えるのに

$$_8C_2 = 28 \text{ 日},$$

つまり，ほぼ 1 ヵ月かかりますね．

　このタイプの問題を一般化しましょう．異なる n 個のものから，重複を許して k 個選んで 1 組にしたものを「n 個のものから k 個とる **重複組合せ**」といい，その総数を記号 $_nH_k$ で表します．$_nH_k$ の値は下の例

```
 1   2   3   4   5   6   7   8              k+n-1
①  ①  ①  ■  ②  ②  ■  ③  ...  ■  Ⓝ  ...  Ⓝ
```

からわかるように k 個の ○ と $n-1$ 個の間仕切りを並べるので，

$$_nH_k = {_{k+n-1}C_{n-1}} = {_{n+k-1}C_k}$$

となります．

では，ここで問題です．生け花の先生が 5 種類の花を用いて花を生けるとき，種類に関係なく 6 本の枝を使いました．花の配置を考えないとすると，何通りの生け方が可能か．ノーヒントです．

花を 6 本並べ，花の種類を区別するのに $5-1$ 個の間仕切りをおくから

$$_5H_6 = {}_{5+6-1}C_6 = {}_{10}C_6 = {}_{10}C_4 = 210 \text{ 通り}$$

の生け方がありますね．

15.1.2.5 二項定理とパスカルの三角形

数列の章で学んだ二項定理

$$(x+y)^n = \sum_{k=0}^{n} {}_nC_k x^{n-k} y^k$$

に現れる二項係数 ${}_nC_k$ が組合せの考え方から導かれることを示しましょう．それには $(x+y)^n$ の展開がどのように行われるかを見れば済みます．

$$(x+y)^n = \overbrace{(x+y)}^{1}\overbrace{(x+y)}^{2}\overbrace{(x+y)}^{3}\cdots\overbrace{(x+y)}^{n-1}\overbrace{(x+y)}^{n}$$

と展開前の因数 $(x+y)$ の位置に 1 から n まで番号を振っておきます．展開して得られる項は各因数 $(x+y)$ から x または y のどちらか一方のみを選び出して掛け合わせると得られますね．$x^{n-k}y^k$ 項は n 個の因数から k 個を選んで y をとり，残りの $n-k$ 個の因数から x を選んで掛け合わせると得られます．よって，$x^{n-k}y^k$ 項の係数は y をとる k 個の因数を選ぶ方法の総数で，その数はまさに n 個から k 個をとる組合せの数 ${}_nC_k$ となりますね．

二項係数を求めるのに，かなり昔から用いられていた，いわゆる **パスカルの三角形** について議論しましょう．それは右図で表され，$(x+y)^n$ の展開項 $x^{n-k}y^k$ の係数を与えます．パスカルはこの三角形を組合せを用いて説明しました．

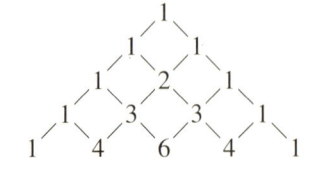

1 段目の頂点 1 の位置から ／ や ＼ の路を通って最短距離で，例えば 3 の位置まで行くのに何通りの方法があるかを調べてみましょう．先に議論した

§15.1 場合の数と確率

格子状道路の場合と同様に考えると，今度は ╱ や ╲ と進み，3 に行くには $_3C_1 = {_3C_2} = 3$ 通りの方法がありますね．同様に 4 に行くには $_4C_1 = {_4C_3} = 4$ 通り，6 に行くには $_4C_2 = 6$ 通りの方法があります．

このようにパスカルの三角形を読むと，それは一般に右図のように書くことができます．$_0C_0$ の位置から $_nC_k$ まで行くのに $_nC_k$ 通りの方法があるというわけです．

さて，例えば $_4C_2$ に最短で行くにはその直前の $_3C_1$ か $_3C_2$ を通らねばなりませんので，$_4C_2$ に行くには $_3C_1 + {_3C_2}$ 通りの方法があることになります．つまり，$_4C_2 = {_3C_1} + {_3C_2}$ が成り立ちます．このことはそのまま一般化できて

$$_nC_k = {_{n-1}C_{k-1}} + {_{n-1}C_k}$$

が成り立ちます．この公式は数列の章で二項係数を議論したときに既に得られていましたね．

では，ここで問題です．二項定理を利用して公式：

$$_nC_0 + {_nC_1} + {_nC_2} + \cdots + {_nC_n} = 2^n$$

を導け．ヒントはないほうがよいでしょう．

$$2^n = (1+1)^n = \sum_{k=0}^{n} {_nC_k}$$

で終りです．

二項定理を利用して確率計算で役に立つ公式：

$$\sum_{k=0}^{n} k \, {_nC_k} x^{n-k} y^k = n(x+y)^{n-1} y$$

を導きましょう．二項定理

$$(x+y)^n = \sum_{k=0}^{n} {_nC_k} x^{n-k} y^k$$

の式は x, y についての恒等式なので，微分しても等号は成り立ちますね．よって，両辺を y で微分すると

$$n(x+y)^{n-1} = \sum_{k=0}^{n} k\,{}_nC_k x^{n-k} y^{k-1}$$

が得られ，両辺に y を掛ければ終りです．得られた式はまた x, y についての恒等式になります．実際に用いられる公式は $y = p$, $x = 1 - p$ とおいて得られる

$$np = \sum_{k=0}^{n} k\,{}_nC_k p^k (1-p)^{n-k}$$

です．

§15.2　確率

今まで学んできたことを吟味し，確率の基礎を体系化しましょう．

15.2.1　確率の基本性質

今まで学んできた確率ではある試行に対する全事象の根元事象の総数 $n(U)$ は有限であり，各根元事象は同程度に確からしく起こると考えました．しかしながら，例えば 100 人でジャンケンをして勝者が決まるまでの回数についての確率を考えると，いつまで経っても決まらない場合もあるので，$n(U) = \infty$ の場合も考えなければなりません．また，矢を的に当てる問題では当たる点の 1 つ 1 つが根元事象になるので，根元事象を連続量として扱う必要があります．

根元事象が同程度に起こりやすいという仮定は種々の問題をはらんでいます．鉛玉を埋め込んだ'いかさまサイコロ'を振る場合には，出る目は同程度に確からしいとはできませんね．また，区別がつかない 2 つのコインを投げるとき，根元事象として 2 つとも表，1 つだけ表，2 つとも裏とした場合には同程度に起こりやすいの仮定は無効ですね．

その仮定を真に疑わせる問題が連続事象の場合に示されました：円とそれに内接する正三角形があるとき，円の任意の弦の長さが正三角形の 1 辺の長さよ

り大きくなる確率を考えます．このとき，弦の引き方によって答が変わります：(ア) 正三角形の1つの辺に平行に弦を引く場合は，弦の中点 P は円の直径上にありますが，直径上のどの点にあるのも同程度に確からしいと考えると，確率は $\frac{1}{2}$ ですね．また，(イ) 1つの頂点を一方の端点とする弦を引く場合は，弦の他方の端点 Q は円周上にありますが，円周上のどの点にあるのも同程度に確からしいと考えると，確率は $\frac{1}{3}$ となります．つまり，'何が根元事象であるか' または '何が同程度に確からしいか' が定かでないのです．この不定性は「ボーランドの逆説」として知られ，ラプラス流の確率論の見直しを促しました．

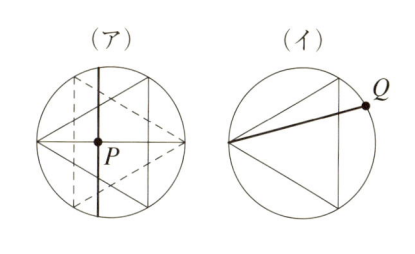

やがて，これらの問題に対処できるように，確率論に公理的基礎付けがなされました．その理論で用いられる数学は積分を根本から見直すという高度なものですが，その出発点は以下のようなものです．ある試行を行ったときに起こる任意の事象 A を考えると，それは何も起こらない空事象 $\emptyset$ から必ず起こる全事象 U までさまざまなものが考えられます．よって，事象 A の起こる確率 $P(A)$ については

(1°) $P(\emptyset) = 0, \quad P(U) = 1$

として

(2°)   任意の事象 A に対して $0 \leq P(A) \leq 1$

が成り立つと仮定します（当たり前ですね）．

また，根元事象はそれらのどれかが起こると他のものは起こらないので互いに排反事象になっています．そのことを一般化して，事象 $A_1, A_2, A_3, \cdots, A_n$ （一般に $n = \infty$）が互いに排反事象のとき，それらの和事象の確率については，$A_k \cap A_l = \emptyset \ (k \neq l)$ なので

(3°) $P(A_1 \cup A_2 \cup A_3 \cup \cdots \cup A_n) = P(A_1) + P(A_2) + P(A_3) + \cdots + P(A_n)$

が成り立つと仮定します．公理的確率論では基本的にはこれら3つの性質を確率の基本性質（公理）と考えます．

(3°) に現れる事象 A_k が根元事象 e_k で, n が有限なときは, $P(e_k)$ は根元事象の確率となります．このとき，必要があれば，同程度に確からしいという仮定をつけ加えて

$$P(e_k) = \frac{1}{n(U)}$$

とします．つまり，公理的確率論では '同程度に確からしいという仮定は経験的法則' と見なします．

高校数学では，任意の事象 A, B に対して，(1°-3°) と集合の性質から導かれる余事象の確率の性質

(4°)　　$P(\bar{A}) = 1 - P(A)$

および，排反事象でない場合の和事象の確率の性質

(5°)　　$P(A \cup B) = P(A) + P(B) - P(A \cap B)$

を基本性質に加えます．

15.2.2　確率の積と条件付き確率

15.2.2.1　くじ引き

まず，くじ引きの問題に慣れておきましょう．箱の中に 10 本のくじが入っていて，そのうち 3 本は当たりくじ，7 本は外れくじです．くじを 2 本続けて引く試行を考えましょう．1 本目は当たる事象を $1_\bigcirc$, 2 本目は当たる事象を $2_\bigcirc$ などと表しましょう．$1_\bigcirc$ は 2 本目の当たり・外れを問わない事象を意味し，$2_\bigcirc$ は 1 本目の当たり・外れはどうでもよい事象です．

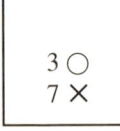

始めに，事象 $1_\bigcirc$ が起こる確率を考えましょう．くじは 2 本引くのだから，まず 1 本目を引き，次に 2 本目を引くとしましょう．すると，この試行の全事象 U の場合の数 $n(U)$ は，10 本のくじは（裏に通し番号を打ったりして）区別がつくと考えたとき，10 本から 2 本を引く順列 $_{10}P_2 = 10 \cdot 9$ となります．事象 $1_\bigcirc$ の場合の数 $n(1_\bigcirc)$ は，1 本目が当たりで 2 本目はどちらでもよいから，$n(1_\bigcirc) = 3 \cdot 9$ 通りです．よって，その確率は，どのくじも同程度に引かれる

§15.2 確率

ので

$$P(1_\bigcirc) = \frac{3 \cdot 9}{10 \cdot 9} = \frac{3}{10}$$

となります．この結果は，たぶん君たちが予想していたように，くじを 2 本引いて 1 本目は当たる確率はくじを 1 本だけ引いたときに当たる確率 $\frac{3}{10}$ に一致しますね．

次に，1 本目の当たり外れを問わない事象 $2_\bigcirc$ の確率はどうでしょうか．場合の数 $n(2_\bigcirc)$ は 1 本目の当たり外れを考慮して

$$n(2_\bigcirc) = 3 \cdot 2 + 7 \cdot 3 \text{ 通り}$$

となります．よって，その確率は

$$P(2_\bigcirc) = \frac{3 \cdot 2 + 7 \cdot 3}{10 \cdot 9} = \frac{3}{10}$$

となって $P(1_\bigcirc)$ に一致しますね．これは 'くじ引きは引く順に関係なく公平である' ことの 1 つの証拠です．

くじ引きは公平であることの一般的な証明を行っておきましょう．それを場合分けの方法で行うのは無理なので，全事象 U の新たな設定を考えます．つまり，10 本のくじを順に全て引く試行を考え，くじは当たりと外れの区別だけをします．よって，その根元事象は，引く順を考慮すると，例えば

1	2	3	4	5	6	7	8	9	10
○	×	○	×	○	×	×	×	×	×

のように表すことができます．これは 1, 3, 5 本目が当たる場合の根元事象の例です．よって，全事象 U の場合の数は 1〜10 番から 3 ヵ所選んで当たりくじを対応させる組合せの総数 $_{10}C_3$ 通りとなります：$n(U) = {}_{10}C_3$.

k 本目は当たる場合の数 $n(k_\bigcirc)$ は，k 番目に当たりくじを対応させておいて，残りの 9 ヵ所のうち 2 ヵ所に当たりくじを対応させればよいので，$_9C_2$ 通りあります：$n(k_\bigcirc) = {}_9C_2$. したがって，k 本目は当たる確率は

$$P(k_\bigcirc) = \frac{n(k_\bigcirc)}{n(U)} = \frac{{}_9C_2}{{}_{10}C_3} = \frac{9 \cdot 8}{2!} \cdot \frac{3!}{10 \cdot 9} = \frac{3}{10}$$

となり，この結果は k によりませんね．何番目に引いても当たる確率は同じです．

上の例で見たように，全事象の設定方法は問題の捉え方によって変わります．問題に応じてうまく設定すると解法が容易になりますね．順序を問わない場合は組合せの数え方ができるように設定するとよいでしょう．

15.2.2.2 　確率の積・条件付き確率

さて，本題に入りましょう．3本の当たりくじ・7本の外れくじの入った箱から順に2本を引く試行で，1本目も2本目も当たりくじを引く事象 $1_\circ \cap 2_\circ$ を調べましょう．くじは全て区別がつくとすると，その試行の全事象の場合の数は $_{10}P_2$ 通り，事象 $1_\circ \cap 2_\circ$ の場合の数は $3 \cdot 2$ 通りありますから，その確率は

$$P(1_\circ \cap 2_\circ) = \frac{3 \cdot 2}{10 \cdot 9} = \frac{3}{10} \cdot \frac{2}{9} = P(1_\circ) \cdot \frac{2}{9}$$

と表すことができます．上式の $\frac{2}{9}$ は，1本目の当たりくじをとり去った残り9本のくじから，当たりくじを引く確率になっていますね．その確率については $\frac{2}{9} \neq P(2_\circ)$ ですから，$\frac{2}{9}$ を $P_{1_\circ}(2_\circ)$ と書くと，1本目も2本目も当たりが出る確率は

$$P(1_\circ \cap 2_\circ) = P(1_\circ) \cdot P_{1_\circ}(2_\circ) \quad \left(\Leftrightarrow \frac{3 \cdot 2}{10 \cdot 9} = \frac{3}{10} \cdot \frac{2}{9} \right)$$

と表されます．

上式は，一般に'積事象の確率は確率の積の形で表すことができる'ことを示唆しています．2本とも当たる確率 $P(1_\circ \cap 2_\circ)$ は1本目が当たる確率 $P(1_\circ)$ と'1本目が当たった状況の下で'2本目が当たる確率 $P_{1_\circ}(2_\circ)$ との積であるということができます．このとき注意すべきことは，$P(1_\circ \cap 2_\circ)$ に関する全事象がくじを2本引く試行についての事象であるのに対して，$P(1_\circ)$ と $P_{1_\circ}(2_\circ)$ を求める際の実質的全事象は'くじを1本引く試行についての事象'と考えてよいことです．このために，積事象の確率を求める計算が著しく軽減されます．

同様に，2本目は外れくじを引く事象を $2_\times$ と書くと，1本目は当たりで2本目が外れとなる確率は

$$P(1_\circ \cap 2_\times) = P(1_\circ) P_{1_\circ}(2_\times)$$

§15.2 確率

と表すことができます．このとき $P_{1_\bigcirc}(2_\times) = \dfrac{7}{9}$ であることを示し，分数 $\dfrac{7}{9}$ の意味することを考えましょう（練習問題です）．

導出しましょう．事象 $1_\bigcirc \cap 2_\times$ の場合の数は $3 \cdot 7$ 通りあるから

$$P(1_\bigcirc \cap 2_\times) = \frac{3 \cdot 7}{10 \cdot 9} = \frac{3}{10} \cdot \frac{7}{9} = P(1_\bigcirc) P_{1_\bigcirc}(2_\times)$$

より明らかですね．この確率 $P_{1_\bigcirc}(2_\times) = \dfrac{7}{9}$ は当たりくじを 1 本抜いた 9 本のくじのうちから 7 本ある外れくじを引く確率です．よって，くじを 2 本続けて引いて 1 本目が当たりくじで 2 本目が外れである確率は，1 本目が当たりである確率 $P(1_\bigcirc)$ と，1 本目が当たりである状況の下で，2 本目が外れる確率 $P_{1_\bigcirc}(2_\times)$ との積で表されます．

以上の議論から，3 本目を引いたときに外れる事象を $3_\times$ とすると，事象 $1_\bigcirc \cap 2_\times \cap 3_\times$ が起こる確率は

$$P(1_\bigcirc \cap 2_\times \cap 3_\times) = \frac{3}{10} \cdot \frac{7}{9} \cdot \frac{6}{8} = \frac{7}{40}$$

のように積の形で求めることができます．これなら簡単ですね．

上の議論は直ちに一般化できます．2 つの事象 A, B の積事象 $A \cap B$ を考え，関係式

$$P(A \cap B) = P(A) \cdot P_A(B)$$

によって確率 $P_A(B)$ を定義します．$P_A(B)$ は，事象 A が起こったという条件の下で，事象 B が起こる **条件付き確率** と呼ばれます．その確率の値は一般には

$$P_A(B) = \frac{P(A \cap B)}{P(A)} \qquad \text{（条件付き確率）}$$

から求められます．このとき，事象 $A \cap B$ が起こる試行についての全事象 U の場合の数 $n(U)$ が定義でき，よって事象 A, $A \cap B$ の場合の数 $n(A)$, $n(A \cap B)$ が定義できる場合には

$$P_A(B) = \frac{P(A \cap B)}{P(A)} = \frac{n(A \cap B)}{n(U)} \cdot \frac{n(U)}{n(A)} = \frac{n(A \cap B)}{n(A)},$$

$$\text{よって} \quad P_A(B) = \frac{n(A \cap B)}{n(A)}$$

となるので，条件付き確率 $P_A(B)$ は，全事象を U から A に改めた場合の積事象 $A \cap B$ の確率という意味付けができます．先に議論した例題は全てこれに当てはまります．例えば，$P_{1_\bigcirc}(2\times) = \dfrac{7}{9}$ では $n(1_\bigcirc) = 3 \cdot 9$，$n(1_\bigcirc \cap 2\times) = 3 \cdot 7$ です．

では，ここで問題です．上のくじ引きの問題でくじを順に 3 本引くとき，始めの 2 本のうち 1 本だけ当たりくじを引き，3 本目は外れである確率を求めよ．ヒント：解法は何通りもありますが，場合分けをしなくて済む方法があります．当たりくじは 1 本目でも 2 本目でもよいので，始めの 2 本を 2 本一緒にまとめて引いても構いません．すると，始めの 2 本を引く試行についての全事象の場合の数は，くじは全て区別がつくとして，10 本から 2 本を引く組合せの総数 $_{10}C_2$ と見なすことができます．

始めの 2 本を引くことの全事象の場合の数を組合せの考えで数えた場合には，そのうちの 1 本が当たる事象の場合の数も組合せの考えで求めます．1 本当たり・1 本外れなので，その場合の数は $_3C_1 \cdot {}_7C_1$ です．3 本目を引くときは当たりくじ・外れくじが 1 本ずつ減っていることを考慮すると，求める確率は，確率の積の性質を利用して

$$P = \frac{{}_3C_1 \cdot {}_7C_1}{{}_{10}C_2} \cdot \frac{6}{8} = \frac{7}{20}$$

となります．この方法はぜひマスターしましょう．

この問題を 3 本のくじを順に引くという考え方で解いてみます．場合分けと確率の積の性質を完全に用いると

$$P = \frac{3}{10} \cdot \frac{7}{9} \cdot \frac{6}{8} + \frac{7}{10} \cdot \frac{3}{9} \cdot \frac{6}{8} = \frac{7}{20}$$

です．3 本目を引くときに確率の積の性質を用いると

$$P = \frac{3 \cdot 7 + 7 \cdot 3}{{}_{10}P_2} \cdot \frac{6}{8} = \frac{7}{20}$$

となります．確率の積を用いなければ

$$P = \frac{3 \cdot 7 \cdot 6 + 7 \cdot 3 \cdot 6}{{}_{10}P_3} = \frac{7}{20}$$

となります．

§15.2 確率

では，条件付き確率の問題をやってみましょう．上のくじ引きの問題で，既に当たりくじが2本引かれているとき，5番目に引く人が当たりくじを引く確率を求めよ．ヒント：難しく考える必要はありません．

確率の積の性質を利用します．5番目に引くのだから，残っているくじは6本，そのうち当たりくじは1本だから，求める確率は $P = \dfrac{1}{6}$ ですね．

最後に，条件付き確率問題の傑作といわれている古典的大学入試問題をじっくり考えてみましょう：5回に1回の割合で帽子を忘れる癖のあるK君が，正月にA，B，Cの3軒をこの順に年始回りをして家に帰ったとき，帽子を忘れてきたことに気がついた．2軒目の家Bに忘れてきた確率を求めよ．ヒント：'帽子を忘れてきた' という条件の下でその確率を求めます．この問題では条件付き確率の関係式 $P(A \cap B) = P(A)P_A(A \cap B)$ を用いないと解けません．

3軒のうちのどこかで帽子を忘れてきた事象を X，特に A，B，C で忘れた事象をそれぞれ A，B，C で表しましょう．この問題の全事象はこの3つの事象に加えてどこにも忘れてこない事象 $\overline{\mathsf{X}}$ からなります．X = A ∪ B ∪ C，また X ∩ B = B であることに注意しましょう．よって，条件付き確率の関係式から

$$P(\mathsf{X} \cap \mathsf{B}) = P(\mathsf{X})P_\mathsf{X}(\mathsf{X} \cap \mathsf{B}) \iff P(\mathsf{B}) = P(\mathsf{X})P_\mathsf{X}(\mathsf{B})$$

が得られます．上式の $P(\mathsf{B})$ は単に B で帽子を忘れてきた確率（その全事象は忘れてこない事象 $\overline{\mathsf{X}}$ を含む）で，忘れてきたという前提条件は考慮されていません．そのことを考慮した確率は $P_\mathsf{X}(\mathsf{B})$ のほうで，これが求めるものです．

この問題を場合の数で考えるのは難しいので，$P_\mathsf{X}(\mathsf{B})$ を直接求める代わりに $P(\mathsf{B})$ と $P(\mathsf{X})$ を利用します．X = A ∪ B ∪ C において，事象 A，B，C は互いに排反事象なので

$$P(\mathsf{X}) = P(\mathsf{A}) + P(\mathsf{B}) + P(\mathsf{C})$$

が成り立ちます．K君は5回に1回の割合で帽子を忘れる癖があり，A，B，Cの順で回るので，確率の積の性質を用いると

$$P(\mathsf{A}) = \frac{1}{5}, \qquad P(\mathsf{B}) = \frac{4}{5} \cdot \frac{1}{5}, \qquad P(\mathsf{C}) = \frac{4}{5} \cdot \frac{4}{5} \cdot \frac{1}{5}$$

が得られます．$P(\mathsf{B})$ の $\dfrac{4}{5}$ は A で忘れなかったことを表します．$P(\mathsf{C})$ も同様．

よって，

$$P(\mathsf{X}) = \frac{1}{5} + \frac{4}{5} \cdot \frac{1}{5} + \frac{4}{5} \cdot \frac{4}{5} \cdot \frac{1}{5} = \frac{61}{125}$$

となるので
$$P_\mathsf{X}(\mathsf{B}) = \frac{P(\mathsf{B})}{P(\mathsf{X})} = \frac{4}{25} \cdot \frac{125}{61} = \frac{20}{61}$$
が得られます．

なお，この条件付き確率を $P(\mathsf{B})$, $P(\mathsf{X})$ を参考にして
$$P_\mathsf{X}(\mathsf{B}) = \frac{4 \cdot 1 \cdot 5}{1 \cdot 5^2 + 4 \cdot 1 \cdot 5 + 4^2 \cdot 1}$$

と書くと場合の数を用いた考察ができます．目の数が 1～5 しかない 5 面体のサイコロを考え，1～4 の目が出たら忘れないとし，5 の目が出たら忘れるとします．K 君が立ち寄った家で悪魔がこのサイコロを振って，忘れる・忘れないを決めます．この試行の全事象は 5^3 通りあり，上式の分子が場合の数 $n(\mathsf{B})$, 分母が $n(\mathsf{X})$ です．ただし，上式に現れる 5，例えば分母の第 1 項 $1 \cdot 5^2$ の 5 については，A で既に忘れてしまったので，B, C ではどの目でもよいと考えます．分母の $n(\mathsf{X})$ にはどこにも忘れてこない事象 $\overline{\mathsf{X}}$ の場合の数 4^3 が含まれていませんね．このことが忘れてきたという条件を表しています．全事象の場合の数が $n(\mathsf{X}) + 4^3 = 5^3$ であることを確かめましょう．

15.2.3 独立事象の確率

15.2.3.1 事象の独立

1 つのサイコロを 2 回振る試行で，1 回目に ⚀ が出る事象を $1_⚀$，2 回目に ⚁ が出る事象を $2_⚁$ として，積事象 $1_⚀ \cap 2_⚁$ が起こる確率を考えます．その確率を求めなさいといわれると，全員が
$$P(1_⚀ \cap 2_⚁) = \frac{1}{6} \cdot \frac{1}{6} = \frac{1}{36}$$
と解答するでしょう．これはもちろん正解です．以下，厳密な扱いをして上式の意味を考えましょう．

サイコロを 2 回振る試行ですから，全事象の場合の数は 6^2 通りあります．このとき，事象 $1_⚀$ は，2 回目の目を指定しないので，$1 \cdot 6$ 通りあります．同様に，事象 $2_⚁$ の場合の数は $6 \cdot 1$ 通りあります．よって，それらの事象が起こる確率は
$$P(1_⚀) = \frac{1 \cdot 6}{6^2} = \frac{1}{6}, \qquad P(2_⚁) = \frac{6 \cdot 1}{6^2} = \frac{1}{6}$$

と，当然の結果になります．また，積事象 $1_\boxdot \cap 2_\boxdot$ の場合の数は 1 通りなので，その確率は

$$P(1_\boxdot \cap 2_\boxdot) = \frac{1}{6^2} = \frac{1}{6} \cdot \frac{1}{6}$$

となり，

$$P(1_\boxdot \cap 2_\boxdot) = P(1_\boxdot) \cdot P(2_\boxdot)$$

の関係が成り立ちます．

一方，積事象の確率は条件付き確率を用いて積の形に書けて

$$P(1_\boxdot \cap 2_\boxdot) = P(1_\boxdot) \cdot P_{1_\boxdot}(2_\boxdot)$$

と表されますね．これと先ほどの結果から

$$P_{1_\boxdot}(2_\boxdot) = P(2_\boxdot)$$

が成り立ちます．この式の意味は，1 回目に ⚀ が出たときに 2 回目に ⚁ が出る確率は（1 回目に出た目を問わずに）2 回目に ⚁ が出る確率に等しいというわけですから，1 回目に出た目は 2 回目に出る目に影響しないということです．至極当然ですね．

このようにある事象が他の事象に影響を与えないことはよくあることです．先に議論したくじ引きの問題でも，もし引いたくじを元に戻して引き直すとすれば，前の結果は後の結果に影響しませんね．一般に，事象 A が事象 B に影響を及ぼさないことは

$$P_A(B) = P(B), \quad \text{または} \quad P(A \cap B) = P(A) \cdot P(B)$$

として表され，B は A に **独立** であるといいます．このとき，$A \cap B = B \cap A$ に注意して

$$P_A(B) = P(B) \Leftrightarrow \frac{P(A \cap B)}{P(A)} = P(B) \Leftrightarrow \frac{P(B \cap A)}{P(B)} = P(A) \Leftrightarrow P_B(A) = P(A),$$

$$\text{よって} \quad P_A(B) = P(B) \Leftrightarrow P_B(A) = P(A)$$

が導かれるので，B は A に独立なとき A は B に独立になります．したがって，

$$P(A \cap B) = P(A) \cdot P(B) \qquad (A \text{ と } B \text{ は独立})$$

が成り立つとき，'事象 A と B は独立' であると定義するほうがよいでしょう．事象 A と B が独立でないとき，A と B は **従属** であるといいます．

なお，先ほどのサイコロ振りですが，サイコロを 1 回振ることを 1 つの試行と見なし，続けて振ることを試行を繰り返すということがあります．この場合，前の試行の結果と後の試行の結果が互いに影響しないことをこれらの '試行は独立' であるということもあります．一般に，2 つの試行を行うとき，一方の試行の結果が他方の試行の結果とは無関係に決まるとき，それらの試行は独立であるといいます．

2 つの試行 S（例えば，サイコロ振り）と T（例えば，コイン投げ）を考え，試行 S における任意の事象を A_S，試行 T における任意の事象を A_T としましょう．このとき，試行 S, T を合わせたものを 1 つの試行 U と考えることができ，A_S, A_T は試行 U の事象と見なすことができます．このとき，A_S, A_T を合わせ考えた事象は試行 U の積事象 $A_S \cap A_T$ として表されます．その確率は，一般に

$$P(A_S \cap A_T) = P(A_S) \cdot P_{A_S}(A_T)$$

となり，特に試行 S, T が独立ならば

$$P(A_S \cap A_T) = P(A_S) \cdot P(A_T)$$

となります．なお，異なる試行を合わせて 1 つの試行と見なしたり，その逆に 1 つの試行を複数の事象に分解することは，特に断りなく行われます．その辺は状況から判断しましょう．

ここで練習問題です．A，B の 2 人がジャンケンをします．3 回行って全てアイコになる確率を求めよ．ヒント：各回のジャンケンを 1 つの試行と考えると，ジャンケンは独立な試行です．

グー・チョキ・パーの組合せを考えると（グー，グー）から（パー，パー）までの 9 通りで，そのうちアイコになるのは 3 通り．よって，アイコになる確率は $\frac{1}{3}$ です．ジャンケンは独立試行なので，3 回共アイコである確率は

$$P = \left(\frac{1}{3}\right)^3 = \frac{1}{27}$$

ですね．

15.2.3.2 反復試行の確率

コインやサイコロを投げる試行を繰り返す場合は同じ条件で繰り返しますね．このような繰り返しの試行を **反復試行** といい，各回の試行は独立な試行になります．

サイコロを n 回振る反復試行において，⚀ が n 回のうち k 回出る確率 $P(k)$ を求めましょう．まず，始めの k 回で ⚀ が出てしまい，残りの回には出ない確率 P_0 は，サイコロ振りが独立試行なので

$$P_0 = \left(\frac{1}{6}\right)^k \left(\frac{5}{6}\right)^{n-k}$$

ですね．次に，1～n 回のうちの任意に選ばれた k 回で ⚀ が出て残りの $n-k$ 回では出ない場合を考えましょう．例えば，⚀ 以外の目を ⊡ として

$$\begin{array}{ccccccc} 1 & 2 & 3 & \cdots & & \cdots & n \\ \boxed{⊡} & \underbrace{\boxed{⚀}}_{1\text{個目}} & \boxed{⊡} & \cdots & \underbrace{\boxed{⚀}}_{k\text{個目}} & \cdots & \boxed{⊡} \end{array}$$

です．この場合の確率も ⚀ の出る回に関係なく $\left(\frac{1}{6}\right)^k \left(\frac{5}{6}\right)^{n-k} = P_0$ となりますね．よって，n 回のうちから ⚀ が出る k 回を選ぶ方法の総数は ${}_nC_k$ 通りあり，それら ${}_nC_k$ 通りある事象は互いに排反事象だから，求める確率 $P(k)$ はそれらの確率の単なる和になります：

$$P(k) = {}_nC_k \left(\frac{1}{6}\right)^k \left(\frac{5}{6}\right)^{n-k}.$$

この結果は直ちに一般化できます．反復試行において，1回の試行で事象 A の起こる確率を p とします．この試行を n 回繰り返すとき，A が k 回起こる確率 $P(k)$ は

$$P(k) = {}_nC_k\, p^k (1-p)^{n-k} \qquad (k = 0,\ 1,\ 2, \cdots, n)$$

で与えられます．

では，ここで問題です．A，B の 2 人がジャンケンを 5 回した．(1) A が 4 回以上勝つ確率を求めよ．(2) A が少なくとも 1 回は勝つ確率を求めよ．(3) A が 3 回勝つ，しかも連続して勝つ確率を求めよ．(4) A が始

1	2	3	4	5
勝	勝	勝	勝	勝

めの3回は連続して勝つ確率を求めよ．(5) Aが3回以上連続して勝つ確率を求めよ．ヒント：1回のジャンケンでどちらかが勝つ，負ける，引き分ける確率は全て $\frac{1}{3}$ です．(2) は利口に対処します．(4) は問題の意味をとり違えないように．(5) は場合分けで間違えないように．

(1) Aが4回または5回勝つ場合ですね．勝たない場合は負けか引き分けです．よって，その確率は

$$P = {}_5C_4\left(\frac{1}{3}\right)^4\frac{2}{3} + {}_5C_5\left(\frac{1}{3}\right)^5 = \frac{11}{243}.$$

(2) 1回勝つ〜5回勝つ場合の確率を求めて加える気にはならないでしょう．「少なくとも1回は勝つ」の余事象は「1回も勝てない」です．よって，余事象の確率を用いて

$$P = 1 - \left(\frac{2}{3}\right)^5 = \frac{211}{243}.$$

(3) 連続3回勝つ場合は，1〜3, 2〜4, 3〜5回目を勝つ場合の3通りあります．よって，

$$P = 3\left(\frac{1}{3}\right)^3\left(\frac{2}{3}\right)^2 = \frac{4}{81}.$$

(4) 後の2回は勝っても勝たなくても構いません．よって，

$$P = \left(\frac{1}{3}\right)^3\left(\frac{3}{3}\right)^2 = \frac{1}{27}.$$

(5) 5回連続して勝つ確率は (1) で求められていて

$$\left(\frac{1}{3}\right)^5 = \frac{1}{243}.$$

4回連続して勝つ確率は1〜4回目勝つまたは2〜5回目勝つの2通りあり，その確率は

$$2\left(\frac{1}{3}\right)^4\frac{2}{3} = \frac{4}{243}.$$

3回連続して勝つのは以下の場合です：(ア) 1〜3回目に勝ち，4回目は勝たず，5回目は勝っても勝たなくてもよい．(イ) 2〜4回目に勝ち，1回目と5回目は勝たない．(ウ) 3〜5回目に勝ち，2回目は勝たず，1回目は勝っても勝たなくてもよい．よって，(ア) 〜 (ウ) の確率は

$$\left(\frac{1}{3}\right)^3\frac{2}{3} \times 2 + \left(\frac{1}{3}\right)^3\left(\frac{2}{3}\right)^2 = \frac{16}{243}.$$

これらから求める確率は

$$P = \frac{1+4+16}{243} = \frac{7}{81}$$

となります．なお，2～4回目に続けて勝ち，1回目と5回目は勝っても勝たなくてもよい場合を考えると，これは3回続けて勝つ場合の一部と，4回および5回続けて勝つ場合を含みます．

15.2.4 確率の漸化式

　K君は白ネズミを飼っています．ネズミを遊ばせようと3本の棒で三角形を作りました．その頂点A，B，Cには休憩用の板がついています．ネズミは各頂点から別の2つの頂点に等確率で移り，途中で引き返したときは移動しないと考えることにします．K君はネズミを頂点Aにおきました．ネズミが移動を n 回繰り返したとき，頂点Aに戻っている確率 $P_n(\mathrm{A})$ を求めましょう．

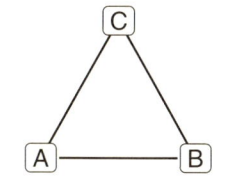

　ネズミは始めAにおかれたので移動前 ($n=0$) には確実にAにいます．このことは $P_0(\mathrm{A}) = 1$ と表されます．1回目の移動でネズミはB，またはCに等確率で移動します．このことを $P_1(\mathrm{B}) = P_1(\mathrm{C}) = \dfrac{1}{2}$ と表しましょう．一般に，移動を k 回繰り返したときにネズミが頂点Vにいる確率を $P_k(\mathrm{V})$ と書きましょう．よって，例えば2回移動したときにネズミがAにいる確率は，A→B→A または A→C→A と移動する場合で

$$P_2(\mathrm{A}) = \frac{1}{2}\cdot\frac{1}{2} + \frac{1}{2}\cdot\frac{1}{2} = P_1(\mathrm{B})\cdot\frac{1}{2} + P_1(\mathrm{C})\cdot\frac{1}{2}$$

と表すことができます．この関係式は後で役立ちます．

　ちょっと考えるとわかるように，この問題は今までのやり方で解くことはできません．解くためには数列の漸化式の形にする必要があります．そのためのポイントは2つあります．第1のポイントは，k 回移動したときにネズミはA，B，Cのどこかにいますが，必ずどこかにいますので

$$P_k(\mathrm{A}) + P_k(\mathrm{B}) + P_k(\mathrm{C}) = 1 \qquad (k = 0,\ 1,\ 2,\ \cdots)$$

が成り立ちます．これを「全確率保存則」といいましょう．第2のポイントは，$k+1$ 回移動したときにネズミが A にいるのはその直前に B または C にいる場合で，A に移る確率は共に $\frac{1}{2}$ なので，先の $P_2(A)$ を求めた例にならって

$$P_{k+1}(A) = (P_k(B) + P_k(C)) \cdot \frac{1}{2} \qquad (k = 0, 1, 2, \cdots)$$

が得られます．上式は全確率保存則を用いると，$p_k = P_k(A)$ と簡略して

$$p_{k+1} = \frac{1}{2}(1 - p_k), \quad \text{よって} \quad p_{k+1} = -\frac{1}{2}p_k + \frac{1}{2}$$

と表され，既に学んだ2項間漸化式になります．これを初項 $p_0 = 1$ の条件で解きます．

この漸化式を解くのは手頃な練習問題です．各自試みましょう．ヒント：上の漸化式に対する特性方程式

$$\alpha = -\frac{1}{2}\alpha + \frac{1}{2}$$

を考えます．これから $\alpha = \frac{1}{3}$ と定まります．

さて，解きましょう．漸化式から特性方程式を辺々引くと

$$p_{k+1} - \alpha = -\frac{1}{2}(p_k - \alpha)$$

が得られ，数列 $\{p_k - \alpha\}$ が等比数列であることがわかります．これから，

$$p_n - \alpha = \left(-\frac{1}{2}\right)^n (p_0 - \alpha)$$

が得られ，$\alpha = \frac{1}{3}$ と $p_0 = 1$ から最終的に

$$p_n = P_n(A) = \frac{2}{3}\left(-\frac{1}{2}\right)^n + \frac{1}{3}$$

となります．$P_2(A) = \frac{1}{2}$ であることを確かめましょう．

では，問題です．いたずら好きの A 坊はおいたが過ぎ，今日はおやつをあげないとお母さんに叱られました．ただし，もうしませんと泣いて頼むので，お母さんはサイコロゲームで A 坊が勝ったときはあげることにしました．ゲームのルールはちょっと複雑です．始め，おやつはお母さんが持っています．A 坊がサイコロを振ります．お母さんからおやつをとるためには3以下の目を出

§15.2 確率

さないといけません．運よくおやつが A 坊に移ってもまだゲームは終わりません．またサイコロを振ります．A 坊がおやつを持っていても，もし 5 または 6 の目が出たときはお母さんに返さないといけません．これを A 坊の年の数 5 だけ繰り返して，つまりサイコロを 5 回振って決着をつけます．そのとき，おやつが A 坊の所にあれば A 坊の勝ちです．A 坊が勝つ確率 $P_5(A)$ を求めなさい．ヒント：おやつは A 坊かお母さんのどちらかの所にあります．練習のために，サイコロを 2 回振ったとき，おやつが A 坊の所にある確率 $P_2(A)$，およびお母さんの所にある確率 $P_2(母)$ を直接求め，$P_2(A) + P_2(母) = 1$ を確かめましょう．$P_5(A)$ を場合分けの方法で解くのは面倒です．

サイコロを k 回振ったときに，おやつが K 坊の所にある確率を $P_k(A)$，お母さんの所にある確率を $P_k(母)$ としましょう．まず，確率 $P_2(A)$ については，おやつが 母→A→A または 母→母→A と移る場合で，

$$P_2(A) = \frac{3}{6} \cdot \frac{4}{6} + \frac{3}{6} \cdot \frac{3}{6} = P_1(A) \cdot \frac{2}{3} + P_1(母) \cdot \frac{1}{2}$$

と表されますね．$P_2(母)$ も同様に計算します．

次に，おやつは A 坊かお母さんのどちらかの所にあるので，全確率保存則

$$P_k(A) + P_k(母) = 1 \qquad (k = 0, 1, 2, \cdots)$$

が成り立ちます．

さて，サイコロを $k+1$ 回振ったときにおやつが A 坊の所にある確率 $P_{k+1}(A)$ は，その直前におやつが A 坊の所にあるかお母さんの所にあるかで分けて

$$P_{k+1}(A) = P_k(A) \cdot \frac{2}{3} + P_k(母) \cdot \frac{1}{2}$$

が得られます．ここで全確率保存則と簡略記号 $p_k = P_k(A)$ を用いると

$$p_{k+1} = \frac{2}{3} p_k + \frac{1}{2}(1 - p_k), \quad \text{よって} \quad p_{k+1} = \frac{1}{6} p_k + \frac{1}{2}$$

が得られます．

この漸化式を条件 $P_0(母) = 1$，つまり初項 $p_0 = 0$ として解きます．漸化式の特性方程式は $\alpha = \frac{1}{6}\alpha + \frac{1}{2}$ で，$\alpha = \frac{3}{5}$ と決まります．漸化式と特性方程式から

$$p_{k+1} - \alpha = \frac{1}{6}(p_k - \alpha)$$

が得られるので，これを解いて
$$p_n - \alpha = \left(\frac{1}{6}\right)^n (p_0 - \alpha).$$
よって，$\alpha = \dfrac{3}{5}$ と $p_0 = 0$ から
$$p_n = -\frac{3}{5}\left(\frac{1}{6}\right)^n + \frac{3}{5}$$
となります．今の場合，サイコロを 5 回振って決着をつけるので，A 坊がおやつを貰える確率は
$$p_5 = P_5(A) = -\frac{3}{5}\left(\frac{1}{6}\right)^5 + \frac{3}{5} \fallingdotseq 0.5999 \fallingdotseq 60\ \%$$
です．

15.2.5　連続事象の確率

15.2.5.1　一様分布

雨の日に長さ L の紐(ひも)を張り，雨粒が紐に落ちる点の分布を考えましょう．雨粒は紐にランダム（でたらめ，無作為）に当たるので，雨粒が紐のどこに落ちるのも同程度に確からしいと考えられます．よって，紐の上で長さ l の任意の区間を考えると，雨粒の落ちる数は長さ l のみに比例すると考えられ，これを雨粒の分布は **一様分布** であるといいます．よって，紐に当たる雨粒のうちその区間に落ちる確率 P は
$$P = \frac{l}{L}$$
と，長さの比で表されます．

紐が区間 $[0, L]$ にあり，長さ l の部分を区間 $[a, a+l]$ としましょう．そのとき，雨粒の当たる点を X で表すと，上の確率は
$$P(a \leq X \leq a+l) = \int_a^{a+l} p(x)\,dx \qquad \left(p(x) = \frac{1}{L}\right)$$
のように積分を用いて表すことができます．ここで，$p(x)$ は **確率密度** といわれ，今の場合，雨粒が一様に分布することを反映して，定数になります．

今度は一辺が 2 の正方形の板とそれに内接する円の部分を考えます．板に当たる雨粒のうち円の部分に当たる確率を求めましょう．雨粒は板に一様に当たると考えられるので，その確率は円の面積と板の面積の比で表されると考えら

れます．よって，板の位置を $-1 \leqq x \leqq 1$, $-1 \leqq y \leqq 1$, 雨粒の当たる点を (X, Y) とすると，その確率を

$$P(X^2 + Y^2 \leqq 1) = \frac{\pi 1^2}{2^2} = \frac{\pi}{4}$$

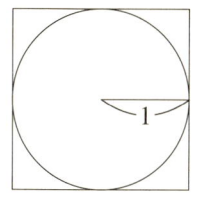

のように表すことができます．

コンピュータでは与えられた区間でランダムに数を発生させるプログラムを作ることができ，そのように作られた数を **乱数** といいます．今，区間 $-1 \leqq x \leqq 1$ と $-1 \leqq y \leqq 1$ で乱数を発生させて，その組 (x, y) を一辺が 2 の正方形上の点 (x, y) に対応させます．乱数で作られた点の総数を N，そのうち円内にある点の数を n とします．N が十分に大きいとき，n と N の比は円と正方形の面積の比になると考えられるので

$$\frac{n}{N} \fallingdotseq \frac{\pi}{4}, \quad \text{よって} \quad \pi \fallingdotseq \frac{4n}{N}$$

が成り立ち，これから π の近似値が得られます．例えば，$N = 1000$ のとき π の近似値として 3.12〜3.16 の値が得られます．このように乱数を用いて数学の問題を調べる方法を **モンテカルロ法** といいます．

15.2.5.2　ビュッフォンの針

コンピュータがない 18 世紀後半，数学と物理学に熱中したフランスの博物学者ビュッフォンは π の値を求めるのに面白い実験をしました．紙に間隔 $2d$ の平行線を多数引き，その上に長さ 2ℓ ($2\ell < 2d$) の針を何回も投げます．針が平行線と交わる割合を調べると π の値が求められるというのです．

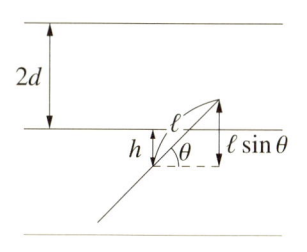

その原理はこうです．針の中心とその点から最も近い平行線の距離を h ($0 \leqq h \leqq d$)，針と平行線のなす角を θ ($0 \leqq \theta < \pi$) とすると，針と平行線が交わる条件は，図からわかるように

$$h \leqq \ell \sin \theta$$

です．

針をランダムにたくさん投げたとき，針の中心と向きはランダムになるので，h と θ の値の分布は $0 \leqq h \leqq d$ と $0 \leqq \theta < \pi$ で一様になると考えられます．よって，右図の θh 平面上の長方形を考えると，観測される点 (θ, h) がその長方形のどこであるかについては，どこも同程度に確からしいと考えられます．したがって，針と平行線が交わる確率は右図の長方形の面積に対する曲線 $h = \ell \sin\theta$ から下の部分の割合で表されます：

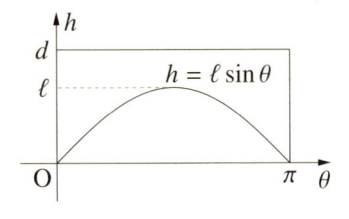

$$P(h \leqq \ell \sin\theta) = \frac{\int_0^\pi \ell \sin\theta\, d\theta}{\pi d} = \frac{\left[-\ell \cos\theta\right]_0^\pi}{\pi d} = \frac{2\ell}{\pi d}$$

一方，針を N 回投げてそのうち平行線と n 回交わるとすると，$\dfrac{n}{N}$ の値が近似的に $P(h \leqq \ell \sin\theta)$ に等しくなるので

$$\frac{n}{N} \fallingdotseq \frac{2\ell}{\pi d}, \quad \text{よって} \quad \pi \fallingdotseq \frac{2\ell N}{nd}$$

から π の近似値が計算できます．19 世紀後半～20 世紀初めまで多くの人がこの実験を試みたようで，$\pi \fallingdotseq 3.13$～3.16 の値が得られています．君たちも試しにやってみましょう．

§15.3　期待値と分散

15.3.1　期待値

15.3.1.1　パスカルの配分方法

この章の始めに紹介したパスカルが受けたギャンブル相談について議論しておきましょう．それは賭けの途中でゲームを止めざるを得ない場合に賭け金をどう配分するかという問題でした．その問題に対するパスカルの解法がフェルマーとの往復書簡に記されています．彼の示した配分方法が，勝負が決着する前に結果を予測して期待される値を求める理論，つまり確率論の始まりとされています．

その配分問題を簡単な例で議論しましょう．ゲームのルールは，A，B の二人が賭け金を 10 万円ずつ出し合って，先に 3 勝したほうが賭け金 20 万円を

§15.3　期待値と分散

総取りするというものです．Aが2勝，Bが1勝したところで，当局のがさ入れ（家宅捜索）があって二人はあわてて逃げ出します．途中で止めたときの結果を考慮すると，賭け金の20万円を公平に分けるにはどんな割合が適切かというわけです．Aが2勝，Bが1勝しているので勝ち数の比2:1で分けるのが適当とも考えられます．しかし，どちらかが1勝もしていない場合を考えると勝ち星がないほうの取り分がなくなるので，勝ち数の比で分けるのは公平とはいえません．

パスカルは'賭けを止めずに続行した場合を想定'して，A，Bの各々が3勝する確率を考え，その確率の比で配分するのが公平であると考えました．このとき，A，Bに力量の差はなくどちらが勝つ確率も $\frac{1}{2}$ であるとするのが公平です．Aが2勝，Bが1勝しているので，Aは残りのゲームを2敗せずに勝つ必要があり，Bはもう1敗もできません．よって，1回のゲームでAが勝つ事象をAとし，Bが勝つ事象をBとすると，AはAまたはBAで3勝し，BはBBで3勝します．したがって，A，Bの期待される取り分 E_A，E_B は

$$E_A = 20\,P(\mathsf{A} \cup \mathsf{BA}) = 20\left(\frac{1}{2} + \frac{1}{2}\cdot\frac{1}{2}\right) = 20\cdot\frac{3}{4} = 15\text{ 万円}$$

$$E_B = 20\,P(\mathsf{BB}) = 20\,\frac{1}{2}\cdot\frac{1}{2} = 20\cdot\frac{1}{4} = 5\text{ 万円}$$

のように計算され，期待される値は確率を用いて求めることができます．

15.3.1.2　期待値

A子さんは携帯電話を使いすぎて今月のお小遣いが千円ほど足りなくなりそうです．そこで，子供に甘いお父さんをサイコロ遊びに誘って小遣いをせしめることにしました．1個のサイコロを振ります．サイコロの目の数を変数 X で表すとき，$X = k$ ($k = 1, 2, \cdots, 6$) が出たら $200k$ 円頂戴というわけです．彼女が期待できる金額はいくらでしょうか．

期待できる金額とは，サイコロ遊びを何度も繰り返したとき，彼女が貰える金額の平均額を意味し，それを $E(200X)$ と表しましょう．目の数 $X = k$ のサイコロ $\boxed{k}$ が出たら $200k$ 円貰えますが，その確率は $P(X = k)\left(=\dfrac{1}{6}\right)$ なので，$\boxed{k}$ が出ることを考えて期待できる金額は $200k\,P(X = k)$ 円です．したがって，

$k = 1, 2, \cdots, 6$ の全体に対して期待できる金額は

$$E(200X) = \sum_{k=1}^{6} 200k\, P(X = k) = \sum_{k=1}^{6} 200k\, \frac{1}{6} = 200\frac{6 \cdot 7}{2}\frac{1}{6} = 700 \text{ 円}$$

となります．実際に彼女が振った結果は ⊡ で 400 円貰いました．なお，1 個のサイコロを振ったときに出る目の数 X の平均値 $E(X)$ は，同様に考えて

$$E(X) = \sum_{k=1}^{6} k\, P(X = k) = \sum_{k=1}^{6} k\, \frac{1}{6} = \frac{7}{2} = 3.5$$

となりますね．

　一般に，変数 X のとり得る値が $x_1, x_2, \cdots, x_n$ であるとき，それらに対応して確率 $P(X = x_k)$（ただし，$\sum_{k=1}^{n} P(X = x_k) = 1$）が定まるとき，$X$ は確率を伴った変数なので，それを **確率変数** といいます．このとき，$X = x_k$ と $P(X = x_k)$ の関数関係を確率変数 X の **確率分布** といいます．特に，上の例では $P(X = k)$ は定数であり，このような分布を，連続事象の場合と同様，**一様分布** といいます．我々は確率分布を多くの場合に理論的確率の分布として議論しますが，その分布は試行を無限に繰り返して得られる '統計的確率の分布に一致する' はずであり，今後の議論のためにもこのことを忘れないようにしましょう．

　確率変数 X の期待される値，または平均の値については

$$E(X) = \sum_{k=1}^{n} x_k P(X = x_k)$$

を確率変数 X の **期待値**，または **平均値** と定義します（E は expected value（期待値）の頭文字）．

　なお，確率変数 X の 1 次式 $aX + b$（a, b は定数）の期待値は

$$E(aX + b) = \sum_{k=1}^{n} (ax_k + b) P(X = x_k)$$

で与えられ，これから直ちに，定理

$$E(aX + b) = aE(X) + b \qquad (a, b \text{ は定数})$$

が得られます．各自で証明しましょう．

§15.3 期待値と分散

さて，1000 円にまだ足りない A 子さんは "ねえ，お父さん．100 円でいいから．" と今度はサイコロを 2 個振りました．出る目の数の和を X として $100X$ 円ほしいというのです．

X を確率変数として確率 $P(X = k)$ の分布を表す表を作ってみましょう．2 つのサイコロを区別すると，根元事象は目の数 1, 2, $\cdots$, 6 から 2 個とる重複順列の形で表されます：

$$\{(1,1); (1,2), (2,1); (1,3), (2,2), (3,1); \cdots ; (6,6)\}$$

全部で 36 通りありますね．例えば，$X = 2$ または 12 となる場合の数は共に 1 通りしかなく，また，$X = 7$ つまりサイコロの目の数の平均 3.5 の 2 倍となる事象は，最も多くて

$$\{(1,6), (2,5), (3,4), (4,3), (5,2), (6,1)\}$$

の 6 通りもあります．他の X の場合については練習問題にしましょう．

確率分布を表にすると

X	2	3	4	5	6	7	8	9	10	11	12
$P(X)$	$\frac{1}{36}$	$\frac{2}{36}$	$\frac{3}{36}$	$\frac{4}{36}$	$\frac{5}{36}$	$\frac{6}{36}$	$\frac{5}{36}$	$\frac{4}{36}$	$\frac{3}{36}$	$\frac{2}{36}$	$\frac{1}{36}$

となり，$X = 7$ で最大になる山型の分布になります．

A 子さんが期待できる金額は

$$E(100X) = \sum_{k=2}^{12} 100k \, P(X = k)$$

$$= \frac{100}{36}(2 \cdot 1 + 3 \cdot 2 + 4 \cdot 3 + 5 \cdot 4 + \cdots + 9 \cdot 4 + 10 \cdot 3 + 11 \cdot 2 + 12 \cdot 1)$$

$$= 700 \text{ 円}$$

となります．A 子さんは ⚀ ⚁ を出してめでたく 800 円をゲットしました．なお，出る目の数の和 X の平均値 $E(X)$ は 1 個のサイコロの場合の平均値 3.5 の 2 倍の 7 で，ここで確率が最も大きくなっていますね．

ところで，2つのサイコロを振ったときの $E(100X)$ については，それぞれのサイコロの目の数を X_1, X_2 とすると，$X = X_1 + X_2$ と考えることもできます．確率変数 X_1, X_2 の確率分布は $\frac{1}{6}$ の一様分布なので，

$$E(100X) = E(100(X_1 + X_2)) = \sum_{k=1}^{6} \sum_{l=1}^{6} 100(k+l)P(X_1 = k, X_2 = l)$$

$$= \sum_{k=1}^{6} \sum_{l=1}^{6} 100(k+l)\frac{1}{6^2} = 100\left(\sum_{k=1}^{6} k + \sum_{l=1}^{6} l\right)\frac{1}{6} = 100(3.5 + 3.5)$$

$$= 700 \text{ 円}$$

のようにして計算することもできます．

上の計算方法を一般化すると，確率変数 X, Y と確率分布 $P(X = x_k, Y = y_l)$ が与えられるとき，期待値 $E(X + Y)$ についての定理

$$E(X + Y) = E(X) + E(Y) = \sum_{k} x_k P(X = x_k) + \sum_{l} y_l P(Y = y_l)$$

が成り立ちます．ここで，$P(X = x_k) = \sum_{l} P(X = x_k, Y = y_l)$ は Y の値を問わない確率です．$P(Y = y_l)$ も同様です．なお，$\sum_{k}$ は $\sum_{k=1}^{n}$ などを表す簡略記号で，大学ではよく用いられます．上の定理の証明は簡単で

$$E(X + Y) = \sum_{k} \sum_{l} (k + l) P(X = x_k, Y = y_l)$$

$$= \sum_{k} k \sum_{l} P(X = x_k, Y = y_l) + \sum_{l} l \sum_{k} P(X = x_k, Y = y_l)$$

$$= \sum_{k} k P(X = x_k) + \sum_{l} l P(Y = y_l) = E(X) + E(Y)$$

で終りです．

なお，サイコロを 2 つ振ったときの確率変数 X は，各サイコロの目の数を X_1, X_2 とすると，$X = X_1 + X_2$ であり，このとき X_1, X_2 の分布は一様分布であるにもかかわらず，X の分布は X_1, X_2 の平均値 3.5 の和 7 をピークとする山型の分布になりましたね．その理由を X_1, X_2 の平均をとる確率変数 $\overline{X}_2 = \frac{X_1 + X_2}{2}$ を用いて考えてみましょう．

§15.3 期待値と分散

確率変数 $\overline{X}_2$ は，1 個のサイコロを振る場合と同様，その分布の範囲が $1 \leq \overline{X}_2 \leq 6$，平均値 $E(\overline{X}_2)$ が $E(X_1)$, $E(X_2)$ と同様に 3.5 となります．しかし，$\overline{X}_2$ は目の数の平均をとる確率変数なので，得られる $\overline{X}_2$ の値は X_1, X_2 の値と比べて平均値側に寄ったものが多くなります．このことは，君たちのクラスの平均身長を求めるときに，ランダムに 2 人のペアに分けておき，ペアの平均の値をデータとして平均身長を求めることを考えると理解できます．ペアのデータ値は元の各人の値と比べて平均身長により近いものの割合が多いはずです．したがって，平均をとる確率変数 $\overline{X}_2$ は平均値からのばらつきを小さくする働きをもち，$\overline{X}_2$ の確率分布は $\overline{X}_2 = E(\overline{X}_2) = 3.5$ で最大になる山型になると解釈できます．このように考えると，確率変数 $X = X_1 + X_2 = 2\overline{X}_2$ の分布が山型になるのは当然ですね．

もし，n 個 ($n \gg 1$) のサイコロを振って目の数の平均

$$\overline{X}_n = \frac{X_1 + X_2 + \cdots + X_n}{n} \qquad (n \gg 1)$$

を確率変数にすると，ばらつきを小さくする働きは遙かに強くなり，その確率分布は $\overline{X}_n = E(\overline{X}_n) = E(X_i)$ で最大になる極めて鋭い山型になることが予想され，そのことは後の § で証明されます．さらに，サイコロ振り以外の多くの場合においても，平均をとる確率変数 $\overline{X}_n$ の重要性が確率論における最も重要な 2 つの定理によって強調されるでしょう．それらの定理については後で議論します．

15.3.1.3　期待値の練習問題

練習問題をやりましょう．それぞれ 1, 2, 3, $\cdots$, n と書いた n 枚のカードがあり，それから無造作に 2 枚を引く．(1) 2 枚のカードに書かれた数字の小さいほうが k である確率を求めよ．(2) 小さいほうの数字の平均値を求めよ．ノーヒントでやってみましょう．どのくらいの値になるか予想してから始めるのがよいでしょう．

(1) は全事象の場合の数が，n 枚から 2 枚を引く組合せなので，${}_nC_2$ 通りあります．また，小さいほうの数字 X が k である場合の数は，大きいほうの数が $k+1, k+2, \cdots, n$ のどれかなので，$n-k$ 通りあります．よって，$X = k$ とな

る確率は
$$P(X = k) = \frac{n-k}{{}_nC_2} = \frac{2(n-k)}{n(n-1)}$$
です．(2) は (1) より
$$E(X) = \sum_{k=1}^{n-1} k \frac{2(n-k)}{n(n-1)} = \frac{2}{n(n-1)}\left\{n\frac{n(n-1)}{2} - \frac{(n-1)n(2n-1)}{6}\right\} = \frac{n+1}{3}$$
となります．予想は当たりましたか．

期待値の問題には Σ 計算の技術を要するものが多くあります．1 題やってみましょう．A, B の二人がジャンケンをして A が勝ったら終了する．ジャンケンの平均回数は何回だろうか．ただし，二人のどちらかが上手ということはない．君は何回と予想するかな？ Σ 計算で微分の公式
$$\sum_{k=1}^{n} kx^{k-1} = \frac{d}{dx}\sum_{k=1}^{n} x^k$$
は役に立ちます．

1 回のジャンケンで A が勝つ，負ける，引き分ける確率は全て $\frac{1}{3}$ です．よって，ジャンケンの回数を X として，k 回目に初めて A が勝つ確率は
$$P(X = k) = \left(\frac{2}{3}\right)^{k-1}\left(\frac{1}{3}\right)$$
よって，ジャンケンの平均回数 $E(X)$ は，いつまで経っても A が勝てない場合もあるので，$p = \frac{2}{3}$ とおくと
$$E(X) = \lim_{n\to\infty}\sum_{k=1}^{n} kp^{k-1}(1-p)$$
となります．これを計算するのに先の公式を用いると
$$E(X) = \lim_{n\to\infty}(1-p)\frac{d}{dp}\sum_{k=1}^{n} p^k = \lim_{n\to\infty}(1-p)\frac{d}{dp}\frac{p - p^{n+1}}{1-p}$$
$$= \lim_{n\to\infty}\left(1 - (n+1)p^n + \frac{p - p^{n+1}}{1-p}\right)$$
となります．ここで，$p = \frac{2}{3}$ より，$n \to \infty$ のとき $p^n \to 0$，$np^n \to 0$ なので
$$E(X) = 1 + \frac{p}{1-p} = \frac{1}{1-p} = 3 \text{ 回}$$
が得られます．3 回やれば平均して 1 回は勝つのだから当然の結果ですね．

15.3.2 分散と標準偏差

15.3.2.1 期待値からのずれ

前の§§で，A子さんはお父さんにお小遣いをねだってサイコロを振りましたね．1個のサイコロを振ったとき期待できる金額は700円でした．しかし，1個のサイコロの目の数 X はどれも同程度に出やすいので，平均的には700円だとしても，実際に振ったときに貰える金額はばらつきが大きく，平均額の700円からずれる場合が多いと思われます．このような場合には，期待値は実際に貰える金額のよい目安であるとはいえないでしょう．一方，サイコロを2個振った場合には，目の数の和 X に対する確率分布は7で最大で，7から離れると小さくなります．よって，X の平均が7になったことは，実際にサイコロを振ったときに7から大きくずれた X の値が出ることは多くないことを意味します．

このように，平均値を実際の試行で得られる値の目安として考えるときには，確率分布のばらつきの度合，よって平均値からずれる度合は大きな問題になります．

そこで，一般の確率変数 X に対して，実際の試行で得られる X の値のばらつきを数値的に表現することを考えましょう．それにはそれぞれの X の値とその期待値 $E(X)$ との差の2乗の平均値を表す X の **分散** といわれる量 $(X - E(X))^2$ が便利であり，それを記号 $V(X)$ で表しましょう．具体的には，X が個々にとり得る値を x_k ($k = 1, 2, \cdots, n$)，X の確率分布を $P(X = x_k)$ と書くと，X の分散は

$$V(X) = \overline{(X - E(X))^2} = \sum_k (x_k - m)^2 P(X = x_k) \quad (ただし，m = E(X))$$

と定義されます．$V(X)$ の V は variance（分散）の頭文字，また m は mean value（平均値）の頭文字です．

X のばらつきを考えるには $(X - E(X))^2$ より $|X - E(X)|$ のほうが適しているように思えますので，$|X - E(X)|$ に当たる量として **標準偏差** といわれる

$$\sigma(X) = \sqrt{V(X)}$$

が用意されています．$\overset{シグマ}{\sigma}$ は standard deviation（標準偏差）の頭文字 s に当た

るギリシャ文字で，Σ の小文字です．標準偏差はばらつきに関する議論で直接重要になる量であり，実際の試行で得られる X の値は，その大半が

$$|X - E(X)| < \sigma(X) \iff E(X) - \sigma(X) < X < E(X) + \sigma(X)$$

を満たすものといってよいでしょう．もし $\sigma(X) = 0$ ならば，ばらつきはまったくなく，$P(X = E(X)) = 1$ です．標準偏差 $\sigma(X)$ の詳しい議論は後で行うことにしましょう．なお，標準偏差は君たちが大嫌いな「偏差値」に直接関係しています．

練習として，1個のサイコロを振ったときに出る目の数 X の分散 $V(X)$ と標準偏差 $\sigma(X)$ を計算してみましょう．X の平均値は $E(X) = m \left(= \dfrac{7}{2}\right)$ ですから

$$\begin{aligned}
V(X) &= \sum_{k=1}^{6} (k-m)^2 P(X=k) = \sum_{k=1}^{6} (k^2 - 2mk + m^2) P(X=k) \\
&= \sum_{k=1}^{6} k^2 P(X=k) - 2m \sum_{k=1}^{6} k P(X=k) + m^2 \sum_{k=1}^{6} P(X=k) \\
&= E(X^2) - 2m E(X) + m^2 = E(X^2) - \{E(X)\}^2
\end{aligned}$$

と変形しておくと

$$E(X^2) = \sum_{k=1}^{6} k^2 P(X=k) = \frac{6 \cdot 7 \cdot 13}{6} \cdot \frac{1}{6} = \frac{7 \cdot 13}{6}$$

より

$$V(X) = E(X^2) - \{E(X)\}^2 = \frac{7 \cdot 13}{6} - \left(\frac{7}{2}\right)^2 = \frac{35}{12},$$

$$\sigma(X) = \sqrt{V(X)} = \sqrt{\frac{35}{12}} \fallingdotseq 1.7$$

が得られます．よって，出る目の数 X の大半は $E(X) - \sigma(X) < X < E(X) + \sigma(X)$ より $3.5 - 1.7 = 1.8 < X < 5.2 = 3.5 + 1.7$，つまり 2〜5 の目です．当たり前ですね．これは X の確率分布が一様なために標準偏差が大きくなったからです．$2 \leqq X \leqq 5$ となる確率は $\dfrac{4}{6} \fallingdotseq 67\%$ を占めます．このことを，$m = E(X)$，$\sigma = \sigma(X)$ と略記して，$P(|X - m| < \sigma) = \dfrac{4}{6}$ のように表しましょう．

§15.3　期待値と分散

上の計算で関係式

$$V(X) = E(X^2) - \{E(X)\}^2$$

を用いましたが，導出の過程で確率の一般的性質だけを用いていることからわかるように，これは分散に関する一般公式です．同様に，確率変数 X の1次式 $aX + b$ の分散について，公式

$$V(aX + b) = a^2 V(X) \quad （a, b は定数）$$

が成り立ちます．証明は簡単なので，各自でやってみましょう．

次に，2個のサイコロを振ったときに出た目の数の和 X の分散を計算しましょう．X の確率分布を直接用いるとただの計算になってしまうので，各々のサイコロの目の数を X_1, X_2 として $X = X_1 + X_2$ を用いましょう．まず，

$$V(X) = V(X_1 + X_2) = E((X_1 + X_2)^2) - \{E(X_1 + X_2)\}^2$$

において，$E(X_1 + X_2) = E(X_1) + E(X_2)$ だから，$E(X_1) = m_1$, $E(X_2) = m_2$ とおくと

$$\begin{aligned}V(X) &= E(X_1^2 + 2X_1 X_2 + X_2^2) - (m_1^2 + 2m_1 m_2 + m_2^2) \\ &= E(X_1^2) - m_1^2 + E(X_2^2) - m_2^2 + 2(E(X_1 X_2) - m_1 m_2) \\ &= V(X_1) + V(X_2) + 2(E(X_1 X_2) - m_1 m_2)\end{aligned}$$

となります．ここまでは期待値と分散の一般公式を用いて導かれます．

ここで，サイコロ振りの試行が独立試行であることを用いて，定理

$$E(X_1 X_2) = E(X_1) \cdot E(X_2) = m_1 m_2$$

が成り立つことを導きましょう．各々のサイコロの目の数 X_1, X_2 がそれぞれ k, l である事象を $X_1 = k$, $X_2 = l$ とすると，それらの事象は独立であるので $X_1 = k \cap X_2 = l$ が起こる確率について

$$P(X_1 = k \cap X_2 = l) = P(X_1 = k) \cdot P(X_2 = l)$$

が成り立ちますね．このとき，確率変数 X_1, X_2 は **独立** であるといいます．ただし，$P(X_1 = k)$ は X_2 の値を問わない確率，$P(X_2 = l)$ は X_1 の値を問わない確

率なので
$$P(X_1 = k) = \sum_{l=1}^{6} P(X_1 = k \cap X_2 = l), \qquad P(X_2 = l) = \sum_{k=1}^{6} P(X_1 = k \cap X_2 = l)$$
です．よって，
$$E(X_1 X_2) = \sum_{k=1}^{6}\sum_{l=1}^{6} kl P(X_1 = k \cap X_2 = l) = \sum_{k=1}^{6}\sum_{l=1}^{6} kl P(X_1 = k)P(X_2 = l)$$
$$= \sum_{k=1}^{6} k P(X_1 = k)\left(\sum_{l=1}^{6} l P(X_2 = l)\right) = E(X_1)E(X_2) = m_1 m_2$$

つまり，$E(X_1 X_2) = E(X_1)E(X_2) = m_1 m_2$ が成り立ちます．

以上のことから
$$V(X) = V(X_1 + X_2) = V(X_1) + V(X_2)$$
が成り立ち，1 個のサイコロを振る場合に得られた結果 $V(X_1) = V(X_2) = \dfrac{35}{12}$ より
$$V(X) = \frac{35}{6}, \qquad \sigma(X) = \sqrt{\frac{35}{6}} \fallingdotseq 2.4$$
が得られます．

X の平均値は $E(X) = m = 7$ だから，目の数の和 $X = 2 \sim 12$ のうちで，出るものの大半は，$7 - 2.4 = 4.6 < X < 9.4 = 7 + 2.4$ より，5～9 ですね．$5 \leqq X \leqq 9$ である確率は $\dfrac{4 + 5 + 6 + 5 + 4}{36} = \dfrac{2}{3} \fallingdotseq 67\%$ あります．このことは 1 個のサイコロを振ったときの例にならって，$P(|X - m| < \sigma) = \dfrac{2}{3}$ と表されますね．

上で行った式変形のやり方からわかるように，一般に確率変数 X, Y が独立であるとき
$$E(XY) = E(X) \cdot E(Y), \qquad V(X + Y) = V(X) + V(Y)$$
が成り立ちます．その証明は上で行ったものとほとんど同じなので，各自試みましょう．その際，X, Y のとる値を x_k, y_l 等として，和については簡略記号 $\sum\limits_{k}$, $\sum\limits_{l}$ を用いるのが便利です．

15.3.2.2 標準偏差に関する不等式

確率変数 X の値のばらつきを調べるのに標準偏差 $\sigma(X)$ が有効でした．実際の試行で得られる X の値の大半は，期待値を $m = E(X)$，標準偏差を $\sigma = \sigma(X)$ として，$|X - m| < \sigma$ の範囲にあり，それから外れることは少ないと述べました．右図は確率分布の代表例を表し，$X = m \pm \sigma$ の位置は $\pm \sigma$ で示されています．それに関して「チェビシェフの不等式」といわれる確率分布と標準偏差の関係を表す定理があります：

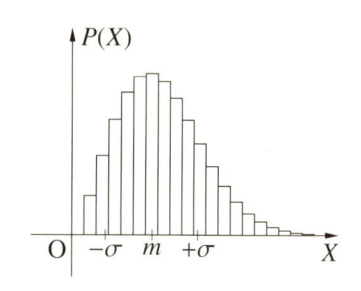

$$P(|X - m| \geq |z\sigma|) \leq \frac{1}{z^2} \quad (z\text{ は } 0 \text{ でない実数}).$$

この不等式は確率変数 X の分布に一般的な制限を与え，X の値が平均値 m から $|z\sigma|$ 以上離れている部分全体の確率は $\frac{1}{z^2}$ 以下になることを意味します．全確率は 1 ですから，この不等式は不等式

$$P(|X - m| < |z\sigma|) \geq 1 - \frac{1}{z^2}$$

と同じです．

この不等式を示しましょう．確率変数 X のとる値を $x_1, x_2, \cdots, x_n$，対応する確率分布を $p_1, p_2, \cdots, p_n$ と略記すると，分散 $V(X)$ は

$$\sigma^2 = E((X - m)^2) = \sum_k (x_k - m)^2 p_k$$

ですが，ここで k についての和で $|X - m| < |z\sigma|$ である部分の和をとる記号を

$$\sum_{|x_k - m| < |z\sigma|}$$

等で表すと

$$\sigma^2 = \sum_k (x_k - m)^2 p_k = \sum_{|x_k - m| < |z\sigma|} (x_k - m)^2 p_k + \sum_{|x_k - m| \geq |z\sigma|} (x_k - m)^2 p_k$$

$$\geq \sum_{|x_k - m| \geq |z\sigma|} (x_k - m)^2 p_k \geq \sum_{|x_k - m| \geq |z\sigma|} (z\sigma)^2 p_k = z^2 \sigma^2 \sum_{|x_k - m| \geq |z\sigma|} p_k$$

$$= z^2 \sigma^2 P(|X - m| \geq |z\sigma|)$$

が得られ，したがって，

$$\sigma^2 \geq z^2\sigma^2 P(|X-m| \geq |z\sigma|) \Leftrightarrow P(|X-m| \geq |z\sigma|) \leq \frac{1}{z^2}$$

が示されます．この不等式は X のとり得る値 $x_1, x_2, \cdots, x_n$ の個数が多いときに重要になります．

§15.4 二項分布

15.4.1 サイコロ振りと統計的確率

1個のサイコロを振る試行を何度も繰り返して ⊡ が出る回数 X の平均値 $E(X)$ とその標準偏差 $\sigma(X)$ を調べましょう（サイコロを何度も振る試行は多くのサイコロを同時に振る試行と考えても構いません）．振る回数を n とすると，6回に1回は ⊡ が出るはずだから，$E(X) = \dfrac{n}{6}$ が予想されます．また，実際の試行で得られる X の値のばらつきは平均値 $E(X)$ からそれほどずれないはずなので，回数 n が大きいときは $\sigma(X)$ は n に比べて非常に小さいことが予想されます．特に，サイコロが正しく作られていれば，$n \to \infty$ のとき，⊡ が出る比率が平均して6回に1回の割合からずれることはなくなると予想されます．そのことは，サイコロ振りの理論的確率と統計的確率が一致することの証でもあります．このことを検証しましょう．

まず，X の確率分布を求めて真面目に平均値 $E(X)$ を計算してみましょう．サイコロ振りの反復試行は独立試行です．よって，§§15.2.3.2 で議論したように，n 回振ったときに ⊡ が k 回出る確率 $P(X=k)$ は，1, 2, 3, $\cdots$, n 回から ⊡ が出る k 回を選ぶ方法の総数が $_nC_k$ なので

$$P(X=k) = {}_nC_k \left(\frac{1}{6}\right)^k \left(\frac{5}{6}\right)^{n-k}$$

となります．

よって，⊡ が出る平均回数 $E(X)$ は，簡単のため $p = \dfrac{1}{6}$ とおくと

$$E(X) = \sum_{k=0}^{n} k P(X=k) = \sum_{k=0}^{n} k \, {}_nC_k p^k (1-p)^{n-k}$$

§15.4 二項分布

で与えられます．これを計算するには §§15.1.2.5 で学んだ公式

$$np = \sum_{k=0}^{n} k \,_nC_k p^k (1-p)^{n-k}$$

が必要で，これを用いると直ちに

$$E(X) = np = \frac{n}{6}$$

が得られます．予想通り，平均して 6 回に 1 回は ⊡ が出ますね．

以上が真面目な計算です．$_nC_k$ を巻き込む Σ 計算が必要でしたね．この計算法だと標準偏差の計算はもっと面倒になります．そこで，標準偏差の計算にも使える要領のよい方法でやり直しましょう．

サイコロを振る i 回目の試行に対して，確率変数 X_i を考え，⊡ が出たら $X_i = 1$，⊡ が出なかったら $X_i = 0$ とします．すると，n 回の試行に対して ⊡ が出る回数 X は

$$X = X_1 + X_2 + X_3 + \cdots + X_n$$

となります．このとき，

$$E(X) = E(X_1 + X_2 + X_3 + \cdots + X_n) = \sum_{i=1}^{n} E(X_i)$$

が成り立ちますが，$E(X_i)$ の定義によって

$$E(X_i) = 1 \cdot p + 0 \cdot (1-p) = p$$

ですから

$$E(X) = \sum_{i=1}^{n} p = np = \frac{n}{6}$$

が得られます．これはうまい手ですね．

次に，X の分散 $V(X)$ を求めて標準偏差 $\sigma(X)$ を議論しましょう．上の方法は分散についても適用できます．サイコロを振る反復試行は独立試行なので，確率変数 X_i, X_j ($i \neq j$) は独立であり

$$V(X) = V(X_1 + X_2 + X_3 + \cdots + X_n) = \sum_{i=1}^{n} V(X_i)$$

が成り立ちます．よって，

$$V(X_i) = E(X_i^2) - \{E(X_i)\}^2 = \{1^2 p + 0^2(1-p)\} - \{p\}^2 = p(1-p)$$

より

$$V(X) = \sum_{i=1}^n p(1-p) = np(1-p), \qquad \sigma(X) = \sqrt{np(1-p)}$$

が得られます．

標準偏差 $\sigma(X)$ が $\sqrt{n}$ に比例して増加するので，1回当たりの試行に換算して起こる回数（相対度数）を表す確率変数，つまり $X_1, X_2, \cdots, X_n$ の平均をとる確率変数

$$\overline{X} = \frac{X}{n} = \frac{X_1 + X_2 + X_3 + \cdots + X_n}{n}$$

を考えましょう（平均をとる確率変数 $\overline{X}$ の一般的議論のために，この試行は n 個のサイコロを同時に振る試行と同じだと意識しておきましょう）．すると，

$$E(\overline{X}) = E\left(\frac{X}{n}\right) = \frac{1}{n} E(X) = p = \frac{1}{6}$$

となり，$E(\overline{X}) = \frac{1}{6}$ は平均して6回に1回の割合で ⦿ が出ることを直接表します．

このとき，標準偏差 $\sigma(\overline{X})$ については，$V(aX) = a^2 V(X)$，したがって，$\sigma(aX) = |a|\sigma(X)$ より

$$\sigma(\overline{X}) = \sigma\left(\frac{X}{n}\right) = \frac{1}{n} \sigma(X) = \frac{1}{n} \sqrt{np(1-p)}$$
$$= \sqrt{\frac{p(1-p)}{n}} = \sqrt{\frac{5}{36n}}$$

となります．よって，$\sigma(\overline{X})$ は $\sqrt{n}$ に反比例するので，$n \to \infty$ のとき $\sigma(\overline{X}) \to 0$ となります．このことは，サイコロを多く振れば振るほど，⦿ が出る比率は $\frac{1}{6}$ に近づいていき，それからずれることはなくなる，つまり統計的確率は $\frac{1}{6}$ であることを意味します．以上の議論は，もちろん，サイコロの他の目についても同様に成り立ちます．

このような収束は次の §§ で議論する「大数（たいすう）の法則」として知られており，統計的確率と理論的確率の一致を保証しています．

15.4.2 二項分布と大数の法則

前の §§ のサイコロ振りの反復試行の議論はそのまま一般化できます．ある試行において，事象 A の起こる確率を p とし，その試行を n 回繰り返します．そのとき，事象 A の起こる回数を確率変数 X とすれば，A が k 回起こる確率は

$$P(X = k) = {}_nC_k p^k (1-p)^{n-k} \qquad (k = 0, 1, 2, \cdots, n)$$

で表されます．このような確率の式で表される確率分布は特に有用な分布なので，これを**二項分布** (binomial distribution) といい，記号 $B(n, p)$ で表します．

二項分布は視聴率や世論等の統計調査，製品の抜きとり検査など，非常に大きな集団からサンプルをランダムに抽出する場合などにも現れます．集団の中である性質 A をもつものの比率が p であるとき，集団から n 個を選んでとり出します．性質 A をもつものの個数を X として $X = k$ である確率は，1 個ずつ順に n 個抽出して戻さないと考えると，p が 0 または 1 に極めて近い場合を除いて，よい近似で二項分布 $B(n, p)$ の確率分布 ${}_nC_k p^k(1-p)^{n-k}$ になりますね．

$B(n, p)$ に対して，確率変数 $X\,(= 1, 2, \cdots, n)$ の期待値と標準偏差は，サイコロ振りの反復試行の場合と同様にして

$$E(X) = np, \qquad \sigma(X) = \sqrt{np(1-p)}$$

で与えられます．また，相対度数を表す，または平均をとる確率変数 $\overline{X} = \dfrac{X}{n}$ の期待値と標準偏差は

$$E(\overline{X}) = p, \qquad \sigma(\overline{X}) = \sqrt{\dfrac{p(1-p)}{n}}$$

となります．

さて，理論的確率と統計的確率は一致すると述べました．そのことを上の結果と一般の場合に成り立つチェビシェフの不等式 $P(|X - m| \geq |z\sigma|) \leq \dfrac{1}{z^2}$ を用いて議論しましょう．チェビシェフの不等式の X は一般の確率変数でよいので，X を $\overline{X}$ に置き換え，$\sigma(\overline{X})$ を $\overline{\sigma}$ と書くと

$$P(|\overline{X} - p| \geq |z\overline{\sigma}|) \leq \dfrac{1}{z^2}$$

となります．ここで，$|z\overline{\sigma}| = \varepsilon\,(>0)$ とおくと

$$P(|\overline{X} - p| \geq \varepsilon) \leq \left(\dfrac{\overline{\sigma}}{\varepsilon}\right)^2$$

が得られます．全確率は 1 なので，この不等式は

$$P(|\overline{X} - p| < \varepsilon) \geq 1 - \left(\frac{\overline{\sigma}}{\varepsilon}\right)^2$$

と同じです．ここで，$n \to \infty$ のとき $\overline{\sigma} = \sigma(\overline{X}) \to 0$ なので，任意の $\varepsilon (> 0)$ に対して

$$\lim_{n \to \infty} P(|\overline{X} - p| < \varepsilon) = 1$$

が成り立ちます．

　これは，相対度数を表す，または平均をとる確率変数 $\overline{X} = \dfrac{X}{n}$ の平均値が p であるとき，試行回数 n またはサンプル数 n を大きくしていくと，平均をとる確率変数 $\overline{X}$ の得られる値のばらつき $\sigma(\overline{X})$ は小さくなっていき，$n \to \infty$ の極限では平均値 p からずれることはまったくなくなることを意味します．この定理は（ベルヌーイの）「大数の法則」といわれ，サイコロを何回も振るとき特定の目が 6 回に 1 回の割合で出ることを保証します．この法則の応用範囲は広く，例えば保険会社は，加入者数に対する死亡者数や事故者数が精確に予測可能であるので，保険料を算定する根拠として用います．また，この法則からわかることは，宝くじをたくさん買っても儲かることは少なく，うまく当てたら後は買わずに勝ち逃げするのが利口だということです．

　なお，大数の法則は確率分布が二項分布でなくとも導くことができます．n 個の確率変数 $X_1, X_2, \cdots, X_n$ を考えます．それらは独立な確率変数であり，また X_i の期待値 $E(X_i)$，標準偏差 $\sigma(X_i)$ はそれぞれ i によらない共通の値 m，σ であるとします．それらの確率変数は互いに影響しない同種のものなら何でもよいのですが，例えばサイコロを n 回振るとき i 回目に出た目の数を X_i とするとか，視聴率の調査で n 人をランダムに抽出するとき i 人目の人が人気の歌番組を見ていたかいないかで X_i を 1, 0 とするなどと思えばよいでしょう．

　このとき，平均をとる確率変数

$$\overline{X} = \frac{X_1 + X_2 + \cdots + X_n}{n}$$

の期待値と標準偏差は

$$E(\overline{X}) = m, \qquad \sigma(\overline{X}) = \frac{\sigma}{\sqrt{n}} \qquad (m = E(X_i), \quad \sigma = \sigma(X_i))$$

となります．これを確かめるのは練習問題としましょう．

§15.5 正規分布

上式の 2 つの標準偏差 $\sigma(\overline{X})$ と σ の関係は重要です。例えば，n 個のサイコロを振る例でいうと，$\overline{X}$ は出た目の数の平均をとる確率変数なので，$\overline{X}$ のばらつきは 1 個のサイコロを振る場合の X_i のばらつきに比べて $\frac{1}{\sqrt{n}}$ に減ることを意味します。このようなばらつきの減少は §§15.3.1.2 のサイコロを 2 個振る場合の議論から予想されていましたね。このとき，大雑把にいうと，確率分布 $P(\overline{X})$ は個々の分布 $P(X_i)$ を $\overline{X} = m$ の周りに $\frac{1}{\sqrt{n}}$ 倍だけ圧縮したようなものになります。

一方，チェビシェフの不等式は

$$P(|\overline{X} - m| \geq |z\sigma(\overline{X})|) \leq \frac{1}{z^2}$$

となるので，$\varepsilon = |z\sigma(\overline{X})| = \left|z\frac{\sigma}{\sqrt{n}}\right|$ とおくと，

$$P(|\overline{X} - m| \geq \varepsilon) \leq \left(\frac{\sigma}{\varepsilon\sqrt{n}}\right)^2 \Leftrightarrow P(|\overline{X} - m| < \varepsilon) \geq 1 - \left(\frac{\sigma}{\varepsilon\sqrt{n}}\right)^2$$

となります。これから，$n \to \infty$ のとき，任意の $\varepsilon (> 0)$ に対して

$$\lim_{n \to \infty} P(|\overline{X} - m| < \varepsilon) = 1 \qquad (\text{大数の（弱）法則})$$

が成り立つことが導かれます（確かめましょう）。これは「大数の(弱)法則」といわれる定理で，平均をとる確率変数 $\overline{X} = \frac{X_1 + X_2 + \cdots + X_n}{n}$ の確率分布 $P(\overline{X})$ は $n \to \infty$ のとき $\overline{X}$ の平均値 m に集中することを意味します。サイコロの例でいうと，n 個のサイコロを同時に振るとき，各サイコロの目の数の平均 $\overline{X}$ の確率分布 $P(\overline{X})$ は，$n \to \infty$ のとき $\overline{X}$ の平均値 $m = 3.5$ に集中し，それからずれることはなくなります。また，視聴率の例でいうと，サンプル数 n が非常に多くなると，ある調査で得られた視聴率が，非常に小さな誤差の範囲内で，真の視聴率を反映することを意味します。

§15.5 正規分布

サイコロを振る回数や視聴率のサンプル数が多くなると，確率分布関数はそのままでは扱いが難しくなります。扱い易くなるように，分布関数の近似を考えましょう。

15.5.1 離散分布から連続分布へ

的に向かって矢を射るとき，的の中心から矢が当たった位置までの距離を確率変数 X とすると，事象 $X = x$ $(\geqq 0)$ は連続事象です．このとき，1 点 $X = x$ となる確率は事実上 0 ですから，範囲 $a \leqq X < b$ などで矢が当たる確率 $P(a \leqq X < b)$ を考えることになります．$P(a \leqq X < b)$ は，§§15.2.5 で議論したように，確率密度 $p(x)$ を用いて

$$P(a \leqq X < b) = \int_a^b p(x)dx$$

と表すのが便利です．連続的に分布する確率密度 $p(x)$ を知るためには，矢を無数に射なければなりませんね．このとき，$p(x)$ はどんな曲線になるのでしょうか．

次の例として，ある人気テレビ番組の視聴率を考えましょう．視聴率は，テレビを所有する全世帯のうち，何世帯がその番組を見ていたかを示す比率 p です．全世帯を調べることはできないので，そのうちの n 世帯をサンプル[2]に選んで調べます．その番組を見ていた世帯数を確率変数 X とすると，ある調査で $X = k_s$ 世帯が見ていたなら視聴率 p は近似的に $\frac{k_s}{n}$ であると考えられます．ただし，サンプル数 n が小さいときは信用できないので，n をどのくらい大きくとれば十分であるか，また，結果のばらつき，つまり誤差がどのくらいあるかを考える必要があります．ばらつきを調べるためには，サンプルを何度もとり直して X の標準偏差を調べるようなことが必要になります．よって，確率を考慮した扱いが必要になります．

テレビを所有する世帯数 N は非常に多いので，n 世帯 $(n \ll N)$ のサンプルのうち $X = k$ 世帯がその番組を見ていた確率は，先に議論したように，二項分布：$P(X = k) = {}_nC_k p^k (1-p)^{n-k}$ $(k = 0, 1, 2, \cdots, n)$ で表されますね．近似的視聴率 $\frac{k_s}{n}$ やその誤差を正しく評価するためにはサンプル数 n をできる限り大きくする必要があります．それは二項分布の式が非常に大きい n に対してどの

---

[2] 用語 **サンプル（標本）** は統計学の用語です．サンプルを抜きとる集団を **母集団** といい，今の場合テレビを所有する全世帯を指します．§§15.1.1 のコイン投げの試行で根元事象の集合（全事象）をサンプル空間（標本空間）といいましたが，各サンプル世帯の視聴状態を根元事象と考えるとサンプル空間とサンプル全体は同質のものといえます．

§15.5 正規分布

ように近似されるかを調べればわかります．それについては次の§§で議論しましょう．

15.5.2 正規分布の導出

n が非常に大きいとき，二項分布 $B(n, p)$：

$$P(X = k) = {}_nC_k p^k q^{n-k} \quad (k = 0, 1, 2, \cdots, n),$$

$$E(X) = np, \quad V(X) = npq \quad (ただし，q = 1 - p)$$

がどのように近似されるかを調べましょう．正しくいうと，np と nq が共に大きいときの近似です．大数の法則によって，確率分布 $P(X = k)$（以下 $P(k)$ と略記）は X の平均値 np 付近に集中します．よって，平均値付近においてはよい近似となり，そこから遠いところでは消え失せるような $P(k)$ を求めることになります．

近似式を導くために，まず二項係数 ${}_nC_k = \dfrac{n!}{k!(n-k)!}$ に対して，§§14.8.3 で学んだ解析的階乗関数

$$\Gamma(x) = \int_0^\infty e^{-t} t^{x-1} dt \quad (x > 0), \quad \Gamma(x + 1) = x\Gamma(x), \quad \Gamma(n) = (n - 1)!$$

を利用しましょう（n は自然数，x は実数）．この関数を利用すると，${}_nC_k$ の k は実数に拡張でき，${}_nC_k$ は k の実数関数と見なせます．よって，二項分布 $P(k)$ も k の実数関数に拡張できます．図はその模式的な様子を表しています．

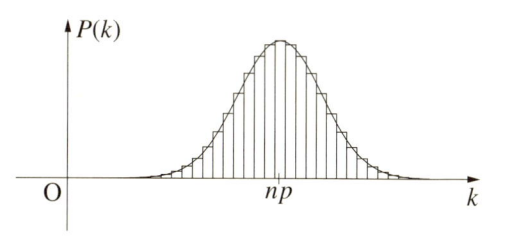

$P(k) = {}_nC_k p^k q^{n-k}$ は，$E(X) = np$ および大数の法則によって $k = np$ 付近に集中し，そこで $P(k)$ は最大になることが予想されます．よって，$k = np$ 付近における $P(k)$ の近似式を求めましょう．そのために，$P(k)$ の対数をとり，実数関数

$$f(k) = \log P(k) = \log {}_nC_k + k \log p + (n - k) \log q$$

を考えます．そのために §§13.2.2 で学んだテイラーの定理：

$$f(x) = \sum_{k=0}^{n} \frac{f^{(k)}(a)}{k!}(x-a)^k + \frac{f^{(n+1)}(a+\theta(x-a))}{(n+1)!}(x-a)^{n+1} \qquad (0 < \theta < 1)$$

を用いて，$k = np$ 付近における $f(k)$ の近似式を求めましょう．

$P(k)$ は $k = np$ で最大かつ極大，よって $f'(np) = 0$ となることが予想されるので，近似式は k の 2 次まで求める必要があります：

$$f(k) \fallingdotseq f(np) + f'(np)(k-np) + \frac{f''(np)}{2!}(k-np)^2.$$

$f'(k)$ を求めるためには，微分の公式を用いるか，または

$$\{\log {}_nC_k\}' = \lim_{\Delta k \to 0} \frac{\log {}_nC_{k+\Delta k} - \log {}_nC_k}{\Delta k}$$

のように平均変化率を考えて極限操作 $\Delta k \to 0$ をしなければいけません．求めるのは近似式ですから $\Delta k \to 0$ なしで済ませることを考えましょう．

そのために，1 次式 $ak+b$ については，任意の増分 Δk に対して，微分係数は平均変化率に一致する，つまり

$$\{ak+b\}' = \frac{a(k+\Delta k)+b-(ak+b)}{\Delta k} = a$$

が成り立つことに注意しましょう．関数 $y = \log x$ のグラフは，x が十分に大きいところでは，直線のように見えます．${}_nC_k$ は，二項係数の性質より，n および $k \fallingdotseq np$, $n-k \fallingdotseq nq$ が共に大きいところで大きな値をとり，よって $\log {}_nC_k$ は $k = np$ 付近の小さな区間においては k の 1 次式に近い振る舞いをします．よって，その導関数は $\Delta k = 1$ とする平均変化率で近似でき

$$\{\log {}_nC_k\}' \fallingdotseq \frac{\log {}_nC_{k+\Delta k} - \log {}_nC_k}{\Delta k} = \log \frac{{}_nC_{k+1}}{{}_nC_k} = \log \frac{k!(n-k)!}{(k+1)!(n-k-1)!}$$

$$= \log \frac{n-k}{k+1} \fallingdotseq \log \frac{n-k}{k}$$

となります．したがって，

$$f'(np) \fallingdotseq \log \frac{n-np}{np} + \log p - \log q = \log \frac{nqp}{npq} = \log 1 = 0$$

§15.5 正規分布

となります．$f'(np) \fallingdotseq 0$ の結果は $P(k)$ が $k \fallingdotseq np$ で最大になることを反映し，また微分係数を平均変化率で近似したことが適切であることを示しています．

$k = np$ 付近で

$$f''(k) = \{\log {}_nC_k\}'' \fallingdotseq \frac{-1}{n-k} - \frac{1}{k} = -\frac{n}{(n-k)k}$$

となるので，$f''(np)$ については，X の分散 $V(X)$ と標準偏差 $\sigma = \sigma(X)$ が $V(X) = \sigma^2 = npq$ であることに注意すると

$$f''(np) \fallingdotseq -\frac{n}{(n-np)np} = \frac{-1}{nqp} = \frac{-1}{\sigma^2}$$

が得られます．

よって，$f(k) = \log P(k)$ は $k = np$ 付近の2次近似で

$$f(k) \fallingdotseq f(np) - \frac{(k-np)^2}{2\sigma^2}$$

となり，したがって $f(np) = \log P(np)$ より

$$P(k) \fallingdotseq P(np) e^{-\frac{(k-np)^2}{2\sigma^2}} \quad \left(= P(np) \exp\left[-\frac{(k-np)^2}{2\sigma^2} \right] と書く \right)$$

が得られます．記号 $\exp[x] = e^x$ は x が複雑な式のときに，指数関数を見やすくするためによく用いられます．

後は比例定数 $P(np)$ を求めれば完成です．そのために全確率が 1 であることを用いましょう：

$$1 = \sum_{k=0}^{n} P(k) \fallingdotseq \sum_{k=0}^{n} P(np) \exp\left[-\frac{(k-np)^2}{2\sigma^2} \right].$$

ここで，上式の k は整数なので，その増分 $\Delta k = (k+1) - k = 1$ を考えると

$$1 \fallingdotseq \sum_{k=0}^{n} P(np) \exp\left[-\frac{(k-np)^2}{2\sigma^2} \right] \Delta k$$

のように表すことができ，区分求積法のように短冊の面積の和の形に表すことができます．よって，k を実数に拡張すると，よい近似で積分の形

$$1 \fallingdotseq \int_0^n P(np) \exp\left[-\frac{(k-np)^2}{2\sigma^2} \right] dk$$

に直すことができます．ここで，置換

$$t = \frac{k-np}{\sqrt{2}\sigma} \qquad \begin{array}{c|ccc} k & 0 & \to & n \\ \hline t & t_0 & \to & t_n \end{array} \qquad \left(t_0 = \frac{-np}{\sqrt{2}\sigma}, \quad t_n = \frac{nq}{\sqrt{2}\sigma}\right)$$

を行うと

$$1 \fallingdotseq \int_{t_0}^{t_n} P(np) e^{-t^2} \sqrt{2}\sigma\, dt = \sqrt{2}\sigma P(np) \int_{t_0}^{t_n} e^{-t^2} dt$$

となります．ここで，$n \to \infty$ のとき $t_0 \to -\infty$, $t_n \to +\infty$ であり，また e^{-t^2} は，n が十分に大きいとき，$t < t_0$ および $t > t_n$ で無視できるほど小さくなります．よって，$P(np)$ を求めることは，$t_0 \fallingdotseq -\infty$ および $t_n \fallingdotseq \infty$ の近似を行って

$$\int_{t_0}^{t_n} e^{-t^2} dt \fallingdotseq \int_{-\infty}^{\infty} e^{-t^2} dt \ (= I \text{ とおく})$$

の計算に帰着します．

　上の積分 I は君たちが大学で必ず演習する有名なもので

$$I = \int_{-\infty}^{\infty} e^{-t^2} dt = \sqrt{\pi}$$

となることが知られています．大学では華麗な方法で鮮やかに導きますが，ここでは高校生にも理解できる方法を用いましょう．e^{-t^2} は直接には積分できないので，何とか指数関数の形にもっていくための技巧を凝らします．

　無限級数の積 $\sum\limits_{k}^{\infty} a_k \sum\limits_{l}^{\infty} b_l$ は，それらが絶対収束するとき，和をとる順序を変えても構いませんね：

$$\sum_{k}^{\infty} a_k \sum_{l}^{\infty} b_l = \sum_{l}^{\infty} \sum_{k}^{\infty} a_k b_l.$$

積分 $\int_a^b f(x)\,dx$ も区分求積の形 $\lim\limits_{\Delta x \to 0} \sum\limits_k f(x_k) \Delta x$ で考えると積分は無限級数になるので，積分の積を考えたときは積分を行う順序を変えることができます：

$$\int_a^b f(x)\,dx \int_c^d g(y)\,dy = \int_c^d \left\{\int_a^b f(x)g(y)\,dx\right\} dy.$$

厳密な議論をしたい人は §§11.7.2 を参考にしてください．

§15.5 正規分布

e^{-t^2} は偶関数なので，$I = 2\int_0^\infty e^{-t^2}dt$ としておきましょう．まず，置換 $t = uv$（$v(>0)$ はパラメータ）を行います：

$$I = 2\int_0^\infty e^{-u^2v^2}vdu.$$

次に，$I = 2\int_0^\infty e^{-v^2}dv$ とも表せることを利用して，I^2 を考えます：

$$I^2 = 4\int_0^\infty e^{-v^2}dv \int_0^\infty e^{-u^2v^2}vdu.$$

そこで積分の順序を変えると

$$I^2 = 4\int_0^\infty \left\{\int_0^\infty e^{-(1+u^2)v^2}vdv\right\}du$$

となり，中括弧の中の積分：

$$J = \int_0^\infty e^{-(1+u^2)v^2}vdv$$

は，置換 $v^2 = s$ によって指数関数の積分の形になり，積分が実行できます：

$$J = \int_0^\infty e^{-(1+u^2)s}\frac{1}{2}ds = \left[-\frac{1}{2}\frac{e^{-(1+u^2)s}}{1+u^2}\right]_0^\infty = \frac{1}{2}\frac{1}{1+u^2}.$$

よって，

$$I^2 = 4\int_0^\infty \frac{1}{2}\frac{1}{1+u^2}du$$

となります．最後に，$u = \tan\theta$ と置換すると

$$\int_0^\infty \frac{1}{1+u^2}du = \frac{\pi}{2}$$

が得られます．これは練習問題にしましょう．したがって，

$$I^2 = 2\cdot\frac{\pi}{2} = \pi, \quad \text{よって} \quad I = \int_{-\infty}^\infty e^{-t^2}dt = \sqrt{\pi}$$

が得られます．

以上のことから

$$1 \fallingdotseq \sqrt{2}\sigma P(np)I = \sqrt{2}\sigma P(np)\sqrt{\pi}, \quad \text{よって} \quad P(np) \fallingdotseq \frac{1}{\sqrt{2\pi}\sigma}$$

と決まり，最終的に二項分布 $P(X = k) = {}_nC_k p^k q^{n-k}$ の n が非常に大きいときの近似の分布

$$P(X = k) = \frac{1}{\sqrt{2\pi}\,\sigma} \exp\left[-\frac{(k - np)^2}{2\sigma^2}\right] \qquad (np = E(X), \quad \sigma = \sigma(X) = \sqrt{npq}\,)$$

が得られます．この分布は**正規分布**（normal distribution）と呼ばれ，$N(np, \sigma^2)$ と表されます．np は X の平均値 $E(X)$，σ^2 は分散 $V(X)$ の値です．

なお，この近似を得るためにかなり荒っぽいことをやったように思えますが，実際には $n \fallingdotseq 100$ になると極めてよい近似になり，実用上は $np > 5$，$nq > 5$ であれば，二項分布を正規分布として扱って差し支えないとされています．

15.5.3　正規分布

正規分布を応用するにあたって，その性質や特徴を調べておきましょう．

15.5.3.1　正規分布と中心極限定理

正規分布 $N(m, \sigma^2)$：

$$P(X = k) = \frac{1}{\sqrt{2\pi}\,\sigma} \exp\left[-\frac{(k - m)^2}{2\sigma^2}\right] \qquad (m = E(X), \quad \sigma = \sqrt{V(X)}\,)$$

を調べましょう．二項分布の近似のときは $m = np$，$\sigma = \sqrt{npq}$ $(q = 1 - p)$ です．正規分布では $P(X = k)$ の k は全実数に拡張され，全確率が 1 であることは，前の §§ の議論から確かめられるように，積分を用いて

$$\int_{-\infty}^{\infty} P(X = k)\,dk = \int_{-\infty}^{\infty} \frac{1}{\sqrt{2\pi}\,\sigma} \exp\left[-\frac{(k - m)^2}{2\sigma^2}\right] dk = 1$$

のように表されます．二項分布のときは $0 \leq k \leq n$ でしたが，n が大きいときは $P(X < 0)$，$P(X > n)$ が非常に小さくなるので，$-\infty < k < \infty$ で議論したほうが都合がよいというわけです．

k が実数であることを表すには文字 x のほうが都合がよいので，以後正規分布 $N(m, \sigma^2)$ を表すときは

$$P(X = x) = p(x) = \frac{1}{\sqrt{2\pi}\,\sigma} \exp\left[-\frac{(x - m)^2}{2\sigma^2}\right] \qquad (m = E(X), \quad \sigma = \sqrt{V(X)}\,)$$

§15.5 正規分布

のようにしましょう．$p(x)$ はこの確率分布が連続分布の確率密度であることを表します．よって，$a \leqq X \leqq b$ である確率は積分を用いて

$$P(a \leqq X \leqq b) = \int_a^b p(x)\,dx = \int_a^b \frac{1}{\sqrt{2\pi}\sigma} \exp\left[-\frac{(k-m)^2}{2\sigma^2}\right]dx$$

と表されます[3]．

右図の山型の分布から納得できるように，正規分布は，君たちの身長の分布や，君たちの成績の分布（ただし，極端に上位や下位のものを除く），工業製品の規格からのずれの分布であるとか，農産物などの大きさや重量の分布，種々の実験の測定値の分布など，多くの場合に適用できる最も重要な確率分布になっています．

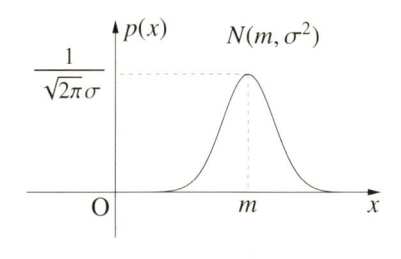

さらに，大数の法則を精密化した「中心極限定理」という一般的な定理が導かれており，それによると n が十分に大きいときの分布はほとんどの場合に正規分布として扱うことができます．中心極限定理の証明には高度な数学を必要とするので，ここでは定理の内容をサンプル抽出の例や多くのサイコロを振る例で述べましょう．

n 個のサンプルのそれぞれの確率変数を $X_1, X_2, \cdots, X_n$ として，それらは互いに独立でかつ共通の平均値 $E(X_i) = m$ と分散 $V(X_i) = \sigma^2$ をもつとします．各 X_i の確率分布 $P(X_i)$ は二項分布でなくても構いません．さて，大数の法則の場合と同じく，サンプルの平均をとる確率変数

$$\overline{X} = \frac{X_1 + X_2 + \cdots + X_n}{n}$$

を導入すると，既に学んだように

$$E(\overline{X}) = m, \qquad V(\overline{X}) = \frac{\sigma^2}{n}$$

---

[3] $\sum_{k=0}^{n} P(k)$ を積分に直すときに，増分 $\Delta k = 1$ を導入して，それを短冊の和 $\sum_{k=0}^{n} P(k)\Delta k$ としたことを考えると，有限の n に対しては

$$P(a \leqq X \leqq b) = \int_{a-\frac{1}{2}}^{b+\frac{1}{2}} p(x)\,dx$$

とするほうがよりよい近似になるでしょう．

を得ます．中心極限定理は，n が十分に大きいとき，確率変数 $\overline{X}$ の確率分布 $P(\overline{X})$ が正規分布 $N(m, \dfrac{\sigma^2}{n})$ で近似されることを保証する定理です．また，サイコロを n 個振る例でいうと，個々のサイコロの目の数 X_i の分布は一様分布ですが，$\overline{X}$ を確率変数にすると分布は一様でなくなり，特に n が十分に大きくなると $\overline{X}$ の分布は正規分布に近づくというわけです．

　この定理の重要な点は，確率変数として個々の X_i ではなく，それらの平均をとる確率変数 $\overline{X}$ を用いていることです．ただし，代わりに和をとる確率変数 $X = X_1 + X_2 + \cdots + X_n = n\overline{X}$ を用いても構いません．X を確率変数にすると，$E(X_i) = m$, $V(X_i) = \sigma^2$ のとき $E(X) = nm$, $V(X) = n\sigma^2$ となるので，中心極限定理は 'n が十分に大きいとき X の確率分布は正規分布 $N(nm, n\sigma^2)$ に近づく' という言い方になります．前の §§ で行った二項分布の正規分布近似ではこの確率変数 X が用いられました．

15.5.3.2　正規分布の標準化

正規分布 $N(m, \sigma^2)$：

$$P(X = x) = \frac{1}{\sqrt{2\pi}\,\sigma} \exp\left[-\frac{(x-m)^2}{2\sigma^2}\right] \qquad (m = E(X), \quad \sigma = \sqrt{V(X)})$$

において，$a \leqq X \leqq b$ の確率を求めるためには

$$P(a \leqq X \leqq b) = \int_a^b \frac{1}{\sqrt{2\pi}\,\sigma} \exp\left[-\frac{(x-m)^2}{2\sigma^2}\right]dx$$

ですから，積分を行う必要があります．この積分の原始関数は求められないので，積分は区分求積などを用いる近似の積分になります．そのために確率変数

$$Z = \frac{X-m}{\sigma} \qquad \left(z = \frac{x-m}{\sigma}\right)$$

を用いましょう．すると，確率 $P(a \leqq X \leqq b)$ は

$$z_a = \frac{a-m}{\sigma}, \qquad z_b = \frac{b-m}{\sigma}$$

とおくと，$z_a \leqq Z \leqq z_b$ に対する確率

$$P(z_a \leqq Z \leqq z_b) = \int_{z_a}^{z_b} \frac{1}{\sqrt{2\pi}} \exp\left[-\frac{z^2}{2}\right]dz$$

§15.5 正規分布

として表されます．よって，Z の確率密度 $P(Z = z) = p(z)$ は

$$p(z) = \frac{1}{\sqrt{2\pi}} \exp\left[-\frac{z^2}{2}\right]$$

となります．この確率分布は

$$E(Z) = \frac{E(X) - m}{\sigma} = 0, \qquad V(Z) = \frac{1}{\sigma^2} V(X - m) = 1$$

となるので，**標準正規分布** $N(0, 1)$ といわれます．

確率 $P(z_a \leqq Z \leqq z_b)$ は，確率

$$P(Z \leqq z) = \Phi(z) = \int_{-\infty}^{z} \frac{1}{\sqrt{2\pi}} \exp\left[-\frac{z'^2}{2}\right] dz'$$

の表を近似積分によって作っておくと

$$P(z_a \leqq Z \leqq z_b) = \Phi(z_b) - \Phi(z_a)$$

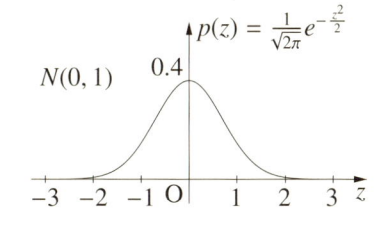

から求めることができます．$\Phi(z)$ の表はかなり膨大であり，また君たちの教科書の巻末付録に載っていますので，ここでは割愛しますが，それから得られる重要な確率の例を挙げておきましょう（以下，$\Phi(z)$ の数値を用いたところでは，$=$ は $\fallingdotseq$ を意味します）：

$$P(|X - m| \leqq 1\sigma) = P(|Z| \leqq 1) = 0.683,$$
$$P(|X - m| \leqq 2\sigma) = P(|Z| \leqq 2) = 0.954,$$
$$P(|X - m| \leqq 3\sigma) = P(|Z| \leqq 3) = 0.997.$$

これらの数値からわかることは，$|X - m| \leqq 1\sigma$ である確率が既に 68 % を占め，$|X - m| \leqq 3\sigma$ では 99.7 % と実質的に 100 % となることです．また，サンプル抽出の際の信頼度を調べるのによく用いられるのは確率が 95 % となる場合で，厳しく 99 % とする場合もあります：

$$P(|X - m| \leqq 1.96\sigma) = P(|Z| \leqq 1.96) = 0.95,$$
$$P(X - m \leqq 1.65\sigma) = P(Z \leqq 1.65) = 0.95,$$
$$P(|X - m| \leqq 2.58\sigma) = P(|Z| \leqq 2.58) = 0.99.$$

ここで，正規分布の簡単な応用例として大学入試センター試験のときなどで用いられる「偏差値」を議論しておきましょう．試験の点数は 100 点満点とは限りませんし，平均点も 50 点となることはまずありませんね．偏差値は平均が 50，標準偏差が 10 となるように点数を換算した値です．

君たちの点数を X として，X の分布は，平均値 m，標準偏差 σ の正規分布になっているとしましょう．このとき，確率変数

$$Y = 50 + \frac{X - m}{\sigma} \times 10 = 50 + Z \times 10$$

を導入すると，

$$E(Y) = 50 + \frac{E(X) - m}{\sigma} \times 10 = 50,$$

$$V(Y) = \frac{10^2}{\sigma^2} V(X - m) = 10^2, \quad \text{よって} \quad \sigma(Y) = 10$$

となって，点数がうまく換算されます．

そこで，君の偏差値が 65 であったとすると，$\Phi(z)$ の表から

$$P(Y \leq 65) = P(Z \leq 1.5) = \Phi(1.5) = 0.9332,$$

よって，$P(Y \geq 65) = 0.0668$ となります．これは，君が上位から 6.68 ％の順位にいることを表します．もし千人の受験希望者がいるとすると，君は上位から $1000 \times 0.0668 \fallingdotseq 67$ 番目であることがわかります．もし偏差値が 70 なら，$Z \leq 2$ なので $\Phi(2) = 0.9772$ を用い，上位から $(1 - 0.9772) \times 100 = 2.28$ ％の順位となります．

ただし，偏差値に一喜一憂する必要はありません．努力次第で学力は伸びていきます．'センター試験で計ることができる学力' は '高校レベルで必要とされる学力に対してどれほど要領よく学んでいるか' であって，君が '持続的努力によって獲得できるであろう真の能力を計れるような代物では決してないのです'．うまく第 1 希望の難関大学に入ったとしても，それで君の人生が死ぬまで巧くいくと保証されているなどと考えるのはまったくの幻想です．君が社会人になったら，何ヵ月も何年もかけてようやく解決できるような一連の問題に遭遇するでしょう．もっとも，そのような問題は，他人から与えられるというよりは，自分で作り出すようなものでしょうが．目先の試験にあまり囚わ

れずに君の真の能力を開発するための努力を続けましょう．そのキーワードは
"自分は，何のために生まれ，何のために生きているのか"です．

15.5.4 視聴率

15.5.4.1 視聴率の推定

既に触れた視聴率の問題を詳しく調べてみましょう．人気テレビ番組 A の真の視聴率を（未知の値）p として，これをテレビをもつ全世帯から n 世帯をサンプルとして抽出します．番組 A を見ていた世帯数を X とすると，$X = k$ である確率は二項分布 $B(n, p)$:

$$P(X = k) = {}_nC_k p^k (1-p)^{n-k}, \qquad (E(X) = np, \quad \sigma(X) = \sqrt{npq})$$

で表され，サンプル数 n が十分に大きいとき，それは正規分布 $N(np, \sigma^2)$:

$$P(X = k) = \frac{1}{\sqrt{2\pi}\sigma} \exp\left[-\frac{(k-np)^2}{2\sigma^2}\right] \qquad (\sigma^2 = np(1-p))$$

で非常によく近似されますね．

番組 A を見ていた世帯数がある調査で $X = k_s$ であるとすると，n が十分に大きいときは，大数の法則により，よい近似で $k_s \fallingdotseq E(X) = np$ が成り立つと考えられます．よって視聴率 p と分散 σ^2 が

$$p \fallingdotseq \frac{k_s}{n}, \qquad \sigma^2 \fallingdotseq \frac{k_s(n-k_s)}{n} \quad (= \sigma_s^2 \text{ とおく})$$

と推定されます．このような推定を **点推定** といいます．マスメディアが発表する視聴率はこの点推定による視聴率です．

点推定視聴率 $\dfrac{k_s}{n}$ がどれほど信頼できるかを確かめるにはサンプルを何度もとり直せばよいのですが，それは事実上不可能でしょう．それに代わるものとして確率分布と視聴世帯数 $X = k_s$，点推定による標準偏差 $\sigma \fallingdotseq \sigma_s$ を利用する方法があります．例えば，前の §§ の議論より，95％確かである確率は，$\sigma \fallingdotseq \sigma_s$ より

$$P(|X - np| \leq 1.96\sigma_s) = 0.95$$

となる X の範囲となり，これを利用すると 95 % の信頼度で真の視聴率 p の範囲がわかります：

$$|X - np| \leq 1.96\sigma_s \iff -1.96\sigma_s \leq X - np \leq 1.96\sigma_s$$
$$\iff X - 1.96\sigma_s \leq np \leq X + 1.96\sigma_s.$$

ここで，調査で得られた値 $X = k_s$ は確率が 95 % である X の範囲にあると考えられるので，不等式

$$k_s - 1.96\sigma_s \leq np \leq k_s + 1.96\sigma_s \qquad \text{(区間推定)}$$

が 95 % の確かさで成り立ちます．この不等式を n で割ると p が 95 % の信頼度で推定できます．このように，ある範囲を与えるような推定を **区間推定** といいます．

ある代表的な調査会社はサンプル数 n が関東・関西地区で 600 世帯とのことです．ある時間の視聴世帯数 X が $k_s = 200$ とすると，点推定視聴率は 33 % となります．これを 95 % の信頼度で区間推定してみましょう．上の (区間推定) の式で，$n = 600$，$k_s = 200$ を代入すると，

$$\sigma_s = \sqrt{\frac{k_s(n - k_s)}{n}} = 11.547$$

なので，
$$0.30 \leq p \leq 0.37$$

が得られ，真の視聴率 p は 95 % の信頼度で 30 % から 37 % の間にある，つまり $p = 33.5 \pm 3.5$ % と誤差が僅かに 3.5 % であることがわかります．

では，ここで練習をします．上の問題を 99 % の信頼度で区間推定せよ．ヒント：上の (区間推定) の式の 1.96 を 2.58 で置き換えればよいのですが，意味を理解するために前の §§ から読み返しましょう．$P(|X - np| \leq 2.58\sigma) = 0.99$ より同様にして

$$k_s - 2.58\sigma_s \leq np \leq k_s + 2.58\sigma_s$$

となるので，$n = 600$，$k_s = 200$，$\sigma_s = 11.547$ を代入して $0.28 \leq p \leq 0.38$ が得られるので，$p = 33 \pm 5$ % となりますね．

15.5.4.2 視聴率の検定

さて，あるハンサムな人気タレントのドラマはいつも高視聴率を維持し，今週は最高視聴率の 40 ％を記録しました．次の日，40 人学級のあるクラスでそのドラマを見た人を調べたところ 20 人いて，そのクラスの視聴率は 50 ％でした．ところが隣のクラスで調べてみると 12 人しかおらず，そのクラスでは 30 ％です．真の視聴率 p が 40 ％のとき，サンプル数が 600 のときは 95 ％の信頼度で視聴率の誤差は 2 ％程度です．40 人学級で視聴率が 50 ％とか 30 ％という結果になることはあるのでしょうか．調べてみましょう．

40 人学級のあるクラスを選ぶのは，視聴率が p である母集団からランダムに 40 世帯を抽出したと考えられますね．$n = 40$ 人のうち $X = k$ 人が見た確率分布は，彼らが個人の好みで見たとすると，二項分布 $B(n, p)$ で表され，また $n = 40$ は大きいのでそれは正規分布 $N(np, \sigma^2)$ で近似されますね．

さて，真の視聴率 p が 40 ％のとき，40 人学級で視聴率が 50 ％とか 30 ％という結果，つまり 40 人中 20 人が見たとか 12 人が見たとかいうのは，あり得ないとはいいませんが '妥当ではない' と考えてみましょう．このことは $X = 20$ や $X = 12$ が平均値 $E(X) = np$ の近くにはないことを意味します．確率でいうと，$N(np, \sigma^2)$ $(n = 40,\ p = 0.4,\ \sigma^2 = np(1 - p))$ において，$X = 20$ や $X = 12$ を含む区間 $|X - np| \geq z\sigma$ の確率の値が小さい：

$$P(|X - np| \geq z\sigma) = \alpha\ (\fallingdotseq 0)$$

と表すことができます．

この α の値をいくらにとればよいかは重要で，その数値は意義がある標準と考えられる値の意味で **有意水準** といわれます．多くの場合に理に叶う値と考えられるのは有意水準 $\alpha = 0.05$ で，40 人学級の視聴率が 50 ％以上または 30 ％以下となる確率は 5 ％もないことを表します．$\alpha = 0.05$ とすると，前の §§ の議論から

$$P(|X - np| \geq 1.96\sigma) = 0.05$$

が成り立つので，$X = 20$ や $X = 12$ は区間 $|X - np| \geq 1.96\sigma$ にあるはずです．

この区間は，$n = 40,\ p = 0.4$ ですから，$\sigma = \sqrt{9.6} = 3.1$ より

$$|X - 16| \geq 6.1$$

となり，$X = 20$ や $X = 12$ を代入してみると，共に $4 \geqq 6.1$ となって不等式を満たしません．この結果は，40人学級の視聴率が50％とか30％となるのは妥当でないとする '仮説' は誤りであり，その仮説は '捨てるべき' であると判定されたことを意味します．このような判定の仕方を仮説の**検定**といいます．

以上の議論から，$X = 20$ や $X = 12$ は

$$P(|X - np| \leqq 1.96\sigma) = 0.95$$

が成り立つ平均値 $E(X) = np$ の近くの区間 $|X - np| \leqq 1.96\sigma$ にあることになります．このことを，先に行った区間推定の議論に従って調べてみましょう．$n = 40$，$X = k_s = 20$ とすると，$p \fallingdotseq 0.5$ として $\sigma_s \fallingdotseq 3.16$ となりますから，上の不等式は，区間推定法より

$$|20 - 40p| \leqq 6.2$$

と表され，これを解いて，視聴率が95％の信頼度で

$$0.35 \leqq p \leqq 0.65$$

と推定され，真の視聴率 $p = 40$％を含みます．この結果は $p = 50 \pm 15$％と誤差が大きく，$n = 40$ 程度のサンプル数ではばらつきが大きくてあまり信用できる結果は得られないことを意味します．つまりこのクラスの視聴率が50％となったことは驚くに当たらないということです．同様のことは $X = 12$ としてもいえますが，それを確かめるのは君たちに任せましょう．

なお，上の問題で，視聴率が $p = 40$％であるとき，ある40人学級のクラスで20人もの人が見たというのは妥当であるか，と問題を設定すると検定の仕方が変わります．この問題設定では見た人数が多いことを問題にし，少ないのは構わないというわけです．よって，有意水準5％の検定を行うには，今度は

$$P(X - np \leqq 1.65\sigma) = 0.95$$

から得られる

$$P(X - np \geqq 1.65\sigma) = 0.05$$

を用います．先の議論と同様にして，$n = 40$，$X = 20$，$p = 0.4$，$\sigma \fallingdotseq 3.1$ より，不等式

$$20 - 16 \geqq 5.1$$

§15.5 正規分布

が得られます．これは満たされないので，20 人が見たというのは多すぎるという仮説は捨てることになります．このような検定を「片側検定」といい，先に行った平均値からのずれを調べる検定を「両側検定」といいます．

索引

■い
1次結合　191
1次独立　193, 216
1次変換　242
1：1対応　5
位置ベクトル　188
一様収束　455
一様分布　518, 522
一般角　102
因数定理　70

■う
上に凸　383
上に有界　352

■え
n 回微分可能　405
演算の公理　7
円順列　495

■お
オイラーの公式　418

■か
階差数列　315
階乗　94, 340
外積　234
外分点　138, 189
確率分布　522
確率変数　522
確率密度　518
下端　432
加法定理　117
関数　75

■き
幾何ベクトル　183

軌跡　128
期待値　522
基底　268
基本ベクトル　191
逆関数　96
逆行列　249
逆ベクトル　185
級数　354
境界　143
共役複素数　281
共有点　130
行列式　250
極形式　284
極限　342
極限値　343
極座標　105
極小　382
極小値　382
極大　382
極大値　382
極値　383
虚軸　282
虚数　65, 280
虚部　280
近傍　380

■く
偶関数　92
空間ベクトル　211
区間推定　550
区分求積法　425
組合せ　495

■け
計算法則　8
結合法則　8
ケーリー・ハミルトンの定理　253

原始関数	437
原像	94
検定	552

■こ

項	313
交換法則	8
公差	313
高次導関数	404
合成関数	97
合成数	41
交線	231
合同	47
恒等式	9
合同式	47
公倍数	45
公比	316
公約数	44
公理	7, 11
誤差	409
誤差の限界	409
コーシーの平均値の定理	399
弧度法	106
固有値	270
固有ベクトル	270
固有方程式	274
根元事象	483

■さ

最大公倍数	45
最大公約数	44
座標	77
座標軸	77
座標平面	77
3項間漸化式	334
サンプル	538
サンプル空間	483

■し

軸	81
試行	482
事象	482
指数	32, 164
指数法則	166
自然対数	394
下に凸	383
下に有界	353
実軸	282
実数	9
実数の連続性	41
実部	280
始点	178
斜交座標系	208
写像	98
周期	103
周期関数	103
集合	23, 28
重心	195
収束	343
従属	512
終点	178
自由度	222
十分条件	13
循環小数	35
純虚数	280
順列	493
上界	352
条件収束	364
条件付き確率	507
上端	432
剰余項	408
真数	172
真理集合	30

■す

数学的帰納法	43, 337
数直線	5
数ベクトル	183
数列	313
図形の変換	89
図形の方程式	78

■せ

正規分布	544
正弦定理	115
整式	68
正射影ベクトル	198
整数論の基本定理	50
正接	105
正則	250
正領域	143
積事象	486
積分可能	429
積分定数	438
積和公式	118
接線	125
絶対収束	362
絶対値	283
接点	125
漸化式	321

漸近線	161
線形結合	191
線形独立	193, 216
線形変換	242
全事象	483

■そ
素因数分解の一意性定理	42
像	94
双曲線	160
増減表	382
増分	370
素数	41

■た
対角行列	264
対偶	13
対称移動	92
対称行列	271
対称軸	80
代数学の基本定理	297
対数関数	172
対数微分法	395
第2次導関数	384
楕円	154
互いに素	45
ダミー変数	432
単位円	104
単位行列	248
単位ベクトル	187
単調関数	170
単調減少	170, 353
単調数列	353
単調増加	170, 352

■ち
置換積分法	447
頂点	81
重複組合せ	499
重複順列	491
直線のパラメータ表示	189
直角双曲線	163
直交行列	271
直交座標系	208
直交条件	131

■て
底	169, 172
定義	10
定積分	430

テイラー級数	416
テイラー展開	416
テイラーの定理	406
点推定	549
転置行列	265

■と
導関数	378
等差数列	313
同値	12
等比数列	316
独立	121, 511, 529
ド・モアブルの定理	289

■な
内積	198
内分点	138, 189
滑らか	375

■に
2階導関数	384
2項間漸化式	322
二項係数	340
二項分布	535
2進法	32

■は
場合の数	484
パイ π	37
倍角公式	118
倍数	41
排反事象	483
背理法	17
はさみうちの原理	349
パスカルの三角形	500
発散	343
半角公式	118
反復試行	513

■ひ
微積分学の基本定理	435
被積分関数	432
非線形変換	308
左極限	376
左微分可能	376
左微分係数	376
必要十分条件	13
必要条件	13
微分	380
微分可能	370

微分係数 370
微分する 378
微分方程式 466
表現行列 243
標準正規分布 547
標準偏差 527
標本空間 483

■ふ
複素数 68, 280
複素平面 282
不定積分 438
浮動小数点表示 175
部分集合 30
部分積分法 446
部分和 354
負領域 143
分散 527
分点 194
分配法則 8

■へ
平均値 522
平均値の定理 398
平均変化率 370
平行移動 140
ベクトル 180
変位 178
変域 61, 75
偏角 284
変曲点 384
ベン図 30
変数 60

■ほ
方向ベクトル 190
法線ベクトル 203, 221
放物線 149
母集団 538

■ま
マクローリン展開 416
マクローリンの定理 407

■み
右極限 376
右微分可能 376
右微分係数 376
未知数 59

■む
無限級数 354
無限集合 28
無限小 359
無限大 ∞ 17

■め
命題 12

■も
モンテカルロ法 519

■や
約数 41
矢線 178

■ゆ
有意水準 551
有界 353
有限集合 28
有限小数 34
有効数字 175
有理数 6
ユークリッドの互除法 46

■よ
要素 23, 28, 79
余弦定理 113
余事象 485

■ら
乱数 519

■り
領域 141

■れ
零行列 245
零ベクトル 186
連続関数 80

■ろ
ロピタルの定理 399
ロルの定理 396

■わ
和事象 486
和積公式 119

著者紹介

<ruby>宮<rt>みや</rt></ruby> <ruby>腰<rt>こし</rt></ruby> <ruby>忠<rt>ただし</rt></ruby>

1945年　北海道に生まれる
1977年　北海道大学大学院理学研究科博士課程修了
　　　　理学博士
　　　　大学院生・研究生時代，長らく大学の非常勤講師を務める
　　　　　（北大工学部，旭川医科大学，室蘭工業大学，その他私大等）
1987～93年　代々木ゼミナール札幌校講師（数学担当）
1993～00年　新宿SEG（科学的教育グループ）講師（数学担当）
現　在　フリー

高校数学+α：
基礎と論理の物語

2004年　9月25日　初版 1 刷発行
2018年　4月25日　初版23刷発行

著　者　宮　腰　　忠　Ⓒ 2004
発行者　南　條　光　章
発行所　共立出版株式会社
　　　　東京都文京区小日向 4-6-19
　　　　電話　東京(03)3947-2511番（代表）
　　　　郵便番号 112-0006
　　　　振替口座 00110-2-57035 番
　　　　URL http://www.kyoritsu-pub.co.jp/

印　刷　日経印刷
製　本　協栄製本

検印廃止
NDC 410
ISBN 978-4-320-01768-9
Printed in Japan

一般社団法人
自然科学書協会
会員

JCOPY　〈出版者著作権管理機構委託出版物〉
本書の無断複製は著作権法上での例外を除き禁じられています．複製される場合は，そのつど事前に，出版者著作権管理機構（TEL：03-3513-6969，FAX：03-3513-6979，e-mail：info@jcopy.or.jp）の許諾を得てください．

◆色彩効果の図解と本文の簡潔な解説により数学の諸概念を一目瞭然化！

ドイツ Deutscher Taschenbuch Verlag 社の『dtv-Atlas事典シリーズ』は，見開き2ページで1つのテーマが完結するように構成されている．右ページに本文の簡潔で分り易い解説を記載し，かつ左ページにそのテーマの中心的な話題を図像化して表現し，本文と図解の相乗効果で理解をより深められるように工夫されている．これは，他の類書には見られない『dtv-Atlas事典シリーズ』に共通する最大の特徴と言える．本書は，このシリーズの『dtv-Atlas Mathematik』と『dtv-Atlas Schulmathematik』の日本語翻訳版．

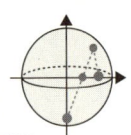

カラー図解 数学事典

Fritz Reinhardt・Heinrich Soeder [著]
Gerd Falk [図作]
浪川幸彦・成木勇夫・長岡昇勇・林 芳樹 [訳]

数学の最も重要な分野の諸概念を網羅的に収録し，その概略を分り易く提供．数学を理解するためには，繰り返し熟考し，計算し，図を書く必要があるが，本書のカラー図解ページはその助けとなる．

【主要目次】まえがき／記号の索引／序章／数理論理学／集合論／関係と構造／数系の構成／代数学／数論／幾何学／解析幾何学／位相空間論／代数的位相幾何学／グラフ理論／実解析学の基礎／微分法／積分法／関数解析学／微分方程式論／微分幾何学／複素関数論／組合せ論／確率論と統計学／線形計画法／参考文献／索引／著者紹介／訳者あとがき／訳者紹介

■菊判・ソフト上製本・508頁・定価（本体5,500円＋税）■

カラー図解 学校数学事典

Fritz Reinhardt [著]
Carsten Reinhardt・Ingo Reinhardt [図作]
長岡昇勇・長岡由美子 [訳]

『カラー図解 数学事典』の姉妹編として，日本の中学・高校・大学初年級に相当するドイツ・ギムナジウム第5学年から13学年で学ぶ学校数学の基礎概念を1冊に編纂．定義は青で印刷し，定理や重要な結果は緑色で網掛けし，幾何学では彩色がより効果を上げている．

【主要目次】まえがき／記号一覧／図表頁凡例／短縮形一覧／学校数学の単元分野／集合論の表現／数集合／方程式と不等式／対応と関数／極限値概念／微分計算と積分計算／平面幾何学／空間幾何学／解析幾何学とベクトル計算／推測統計学／論理学／公式集／参考文献／索引／著者紹介／訳者あとがき／訳者紹介

■菊判・ソフト上製本・296頁・定価（本体4,000円＋税）■

http://www.kyoritsu-pub.co.jp/　共立出版　（価格は変更される場合がございます）